중등수학

2-2

메가스터디 BOOKS

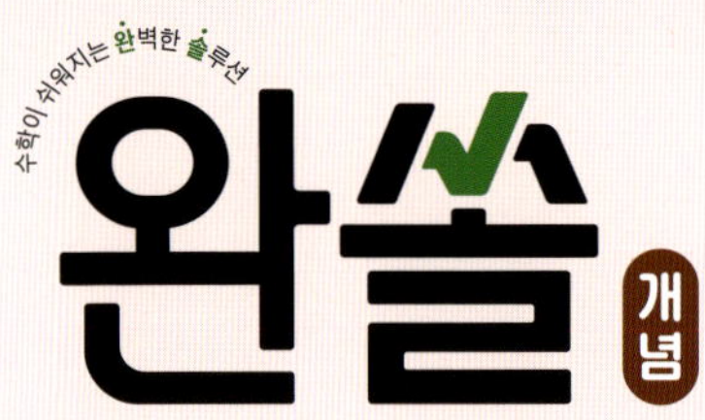

완쏠 개념

중등수학

2-2

중등수학 2-2

발행일	2024년 11월 15일
펴낸곳	메가스터디(주)
펴낸이	손은진
개발 책임	배경윤
개발	김민, 오성한, 신상희, 성기은, 김건지
디자인	이정숙, 신은지
마케팅	엄재욱, 김세정
제작	이성재, 장병미
주소	서울시 서초구 효령로 304(서초동) 국제전자센터 24층
대표전화	1661-5431(내용 문의 02-6984-6901 / 구입 문의 02-6984-6868,9)
홈페이지	http://www.megastudybooks.com
출판사 신고 번호	제 2015-000159호
출간제안/원고투고	메가스터디북스 홈페이지 <투고 문의> 등록

메가스터디BOOKS

'메가스터디북스'는 메가스터디㈜의 교육, 학습 전문 출판 브랜드입니다.
초중고 참고서는 물론, 어린이/청소년 교양서, 성인 학습서까지 다양한 도서를 출간하고 있습니다.

· **제품명** 완쏠 개념 중등수학 2-2
· **제조자명** 메가스터디㈜ · **제조년월** 판권에 별도 표기 · **제조국명** 대한민국 · **사용연령** 11세 이상
· **주소 및 전화번호** 서울시 서초구 효령로 304(서초동) 국제전자센터 24층 / 1661-5431

이 책의 **짜임새**

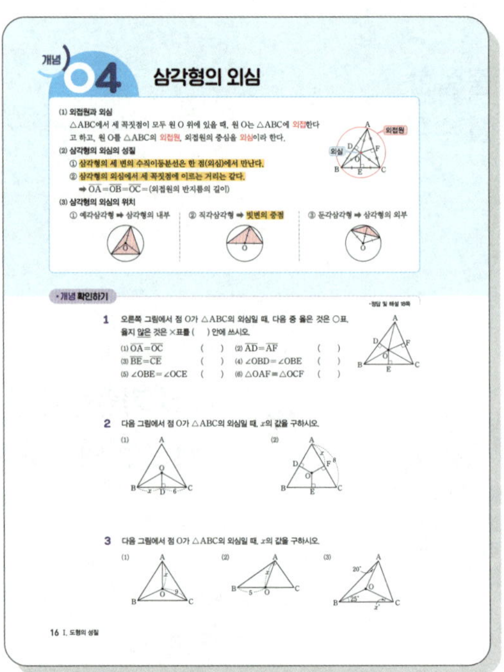

STEP 1

필수 개념 + 개념 확인하기

단원별로 꼭 알아야 하는 필수 개념과 그 개념을 확인하는 문제로 개념을 쉽게 이해할 수 있습니다.

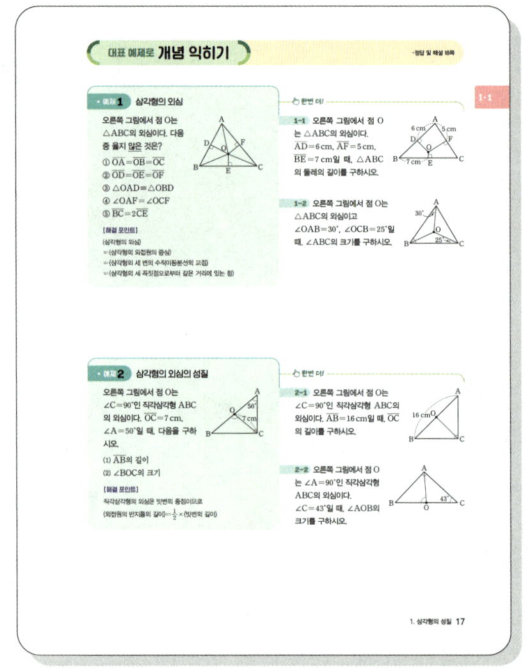

STEP 2

대표 예제로 개념 익히기

개념별로 자주 출제되는 유형으로 선정한 대표 예제, 이와 관련된 유제를 다시 풀어 보며 내신 기본기를 다질 수 있습니다.

STEP 3

실전 문제로 단원 마무리하기

중단원 학습 내용을 점검하는 다양한 난이도의 실전 문제(서술형 포함)로 내신 대비를 탄탄하게 할 수 있습니다.

단원 정리하기

마인드맵 & OX 문제로 단원 정리하기

중단원에서 학습한 개념을 마인드맵으로 구조화하여 이해하고, OX 문제에 답하며 개념 이해도를 스스로 점검할 수 있습니다.

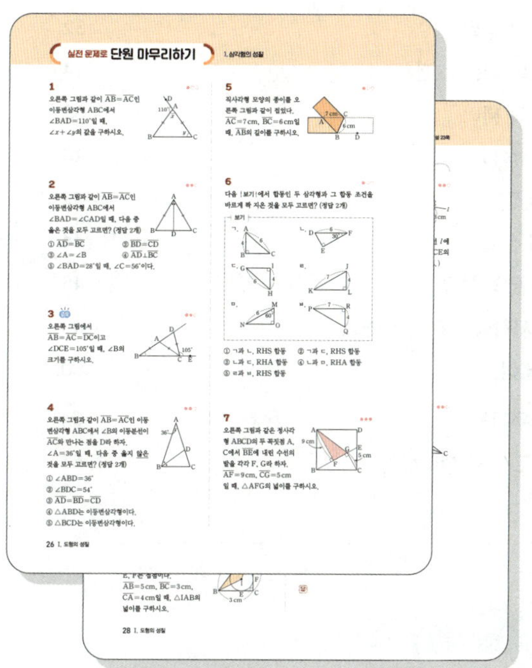

+ 본책 학습 후 "워크북"

본책의 각 개념에 대한 확인 문제, 대표 예제를 반복하여 풀며 내신 기본기를 더욱 탄탄하게 다지고 싶은 학생은 "워크북"까지 풀어 보세요!

이 책의 차례

III 확률

중등 2-1	I 수와 식의 계산	1 유리수와 순환소수
		2 식의 계산
	II 부등식과 연립방정식	3 일차부등식
		4 연립일차방정식
	III 일차함수	5 일차함수와 그 그래프
		6 일차함수와 일차방정식의 관계

*완쏠 개념 중등수학 2–1은 별도 판매합니다.

1

삼각형의 성질

<table>
<tr><td>**배웠어요**</td><td>**✓ 이번에 배워요**</td><td>**배울 거예요**</td></tr>
</table>

배웠어요	이번에 배워요	배울 거예요
• 여러 가지 삼각형 [초3~4] • 여러 가지 사각형 [초3~4] • 기본 도형 [중1] • 작도와 합동 [중1] • 평면도형의 성질 [중1]	**1. 삼각형의 성질** • 이등변삼각형의 성질 • 직각삼각형의 합동 조건 • 삼각형의 외심과 내심 **2. 사각형의 성질** • 평행사변형의 성질 • 평행사변형이 되는 조건 • 여러 가지 사각형의 성질	• 도형의 닮음 [중2] • 피타고라스 정리 [중2] • 삼각비 [중3] • 원의 성질 [중3]

세계의 여러 건축물의 모양을 살펴보면 삼각형 모양을 흔히 찾아볼 수 있습니다.

이집트의 피라미드는 삼각형 모양의 면으로 이루어져 있고, 프랑스의 에펠 탑은 기둥과 다리가 삼각형 모양을 이루고 있습니다.

이는 삼각형의 구조가 힘을 가해도 모양이 잘 변하지 않아 안정적이어서 건축물의 하중을 잘 지탱하기 때문입니다.

이 단원에서는 여러 가지 삼각형의 성질을 이해하고, 직각삼각형의 합동 조건, 삼각형의 외심과 내심에 대해 학습합니다.

▶ 새로 배우는 용어

증명, 접선, 접점, 접한다, 외심, 외접, 외접원, 내심, 내접, 내접원

1. 삼각형의 성질을 시작하기 전에

삼각형의 합동 조건 〔중1〕

1 다음 중 합동인 두 삼각형을 찾아 기호로 나타내고, 합동 조건을 말하시오.

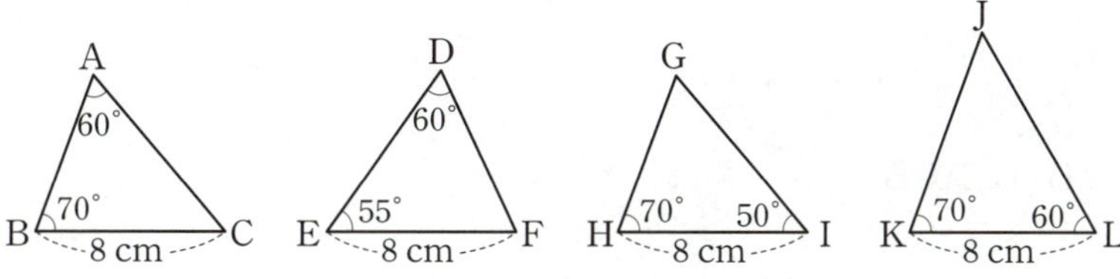

삼각형의 내각과 외각 〔중1〕

2 다음 그림의 삼각형에서 $\angle x$의 크기를 구하시오.

(1) 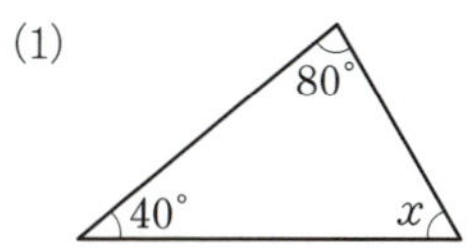

(2) 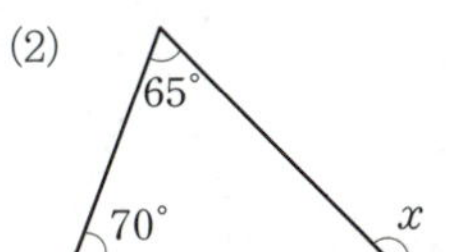

[정답] 1. △ABC≡△GHI, ASA 합동　2. (1) 60°　(2) 135°

이등변삼각형의 성질

(1) 이등변삼각형

두 변의 길이가 같은 삼각형

➡ $\overline{AB}=\overline{AC}$

① 꼭지각: 길이가 같은 두 변이 이루는 각 ➡ $\angle A$

② 밑변: 꼭지각의 대변 ➡ $\overline{BC}$

③ 밑각: 밑변의 양 끝 각 ➡ $\angle B$, $\angle C$

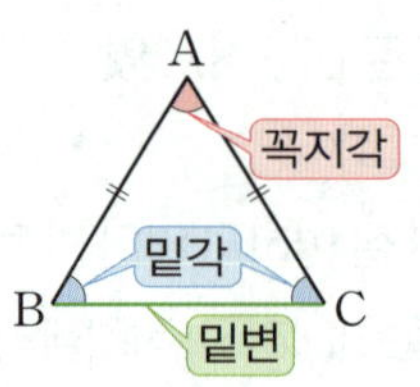

>> 정삼각형은 세 변의 길이가 같으므로 이등변삼각형이다.

(2) 이등변삼각형의 성질

① 이등변삼각형의 두 밑각의 크기는 같다.

➡ $\overline{AB}=\overline{AC}$이면 $\angle B=\angle C$

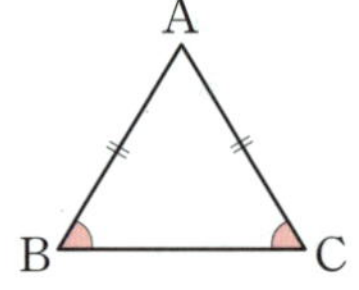

② 이등변삼각형의 꼭지각의 이등분선은 밑변을 수직이등분한다.

➡ $\overline{AB}=\overline{AC}$, $\angle BAD=\angle CAD$이면
  $\overline{BD}=\overline{CD}$, $\overline{AD}\perp\overline{BC}$

참고 밑변의 중점을 지나고 밑변에 수직인 직선을 밑변의 수직이등분선이라 한다.

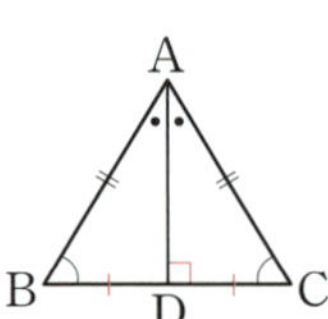

>> 이등변삼각형에서 다음은 모두 같다.
① 꼭지각의 이등분선
② 밑변의 수직이등분선
③ 꼭지각의 꼭짓점에서 밑변에 그은 수선
④ 꼭지각의 꼭짓점과 밑변의 중점을 잇는 선분

(3) 이등변삼각형의 성질의 응용

① 각의 이등분선이 있는 이등변삼각형

$\overline{AB}=\overline{AC}$인 이등변삼각형 ABC에서 $\angle B$의 이등분선과 $\overline{AC}$의 교점을 D라 할 때

(ⅰ) $\angle DBA=\angle DBC=\dfrac{1}{2}\angle ABC=\dfrac{1}{2}\angle C$

(ⅱ) $\angle ADB=\angle DBC+\angle C$

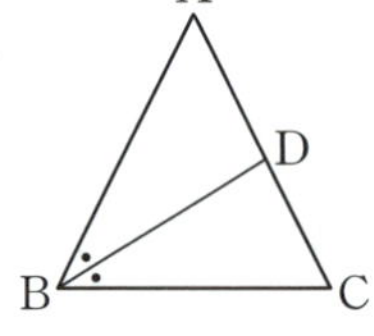

② 이웃한 이등변삼각형

$\overline{AB}=\overline{AC}=\overline{CD}$일 때

(ⅰ) 이등변삼각형 ABC에서 $\angle B=\angle ACB$
  ➡ $\angle DAC=2\angle B$

(ⅱ) 이등변삼각형 CDA에서 $\angle D=\angle DAC$

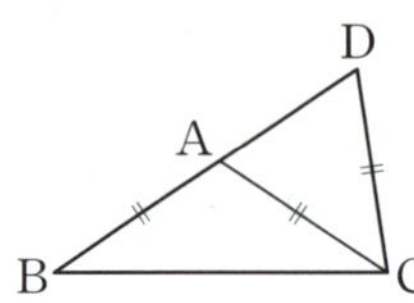

(4) 이등변삼각형이 되는 조건

두 내각의 크기가 같은 삼각형은 이등변삼각형이다.

➡ $\angle B=\angle C$이면 $\overline{AB}=\overline{AC}$

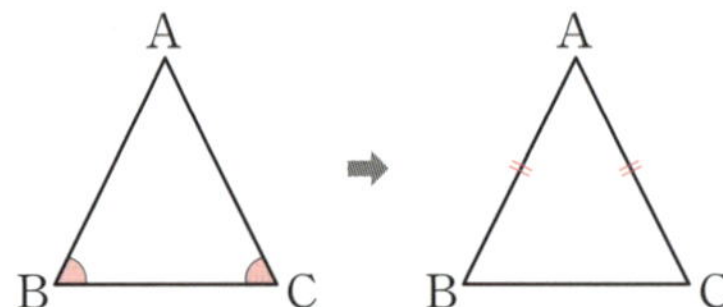

• 정답 및 해설 15쪽

1 다음 그림과 같이 $\overline{AB}=\overline{AC}$인 이등변삼각형 ABC에서 $\angle x$의 크기를 구하시오.

(1) 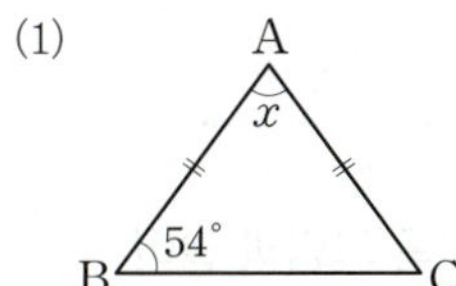

(2) 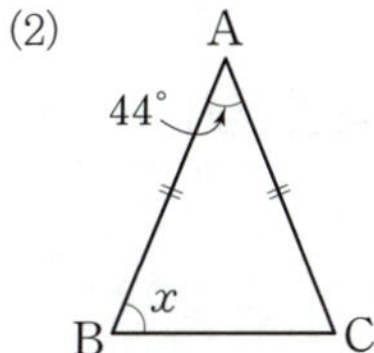

(3) 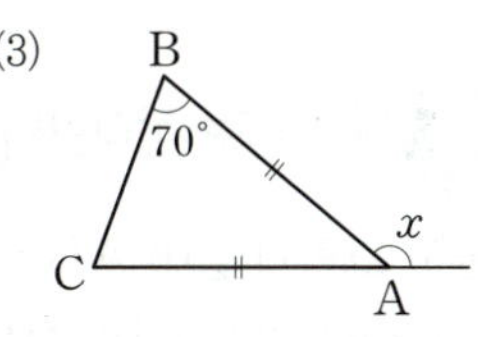

2 다음 그림에서 △ABC는 $\overline{AB}=\overline{AC}$인 이등변삼각형이고 $\overline{AD}$는 $\angle A$의 이등분선일 때, x, y의 값을 각각 구하시오.

(1) 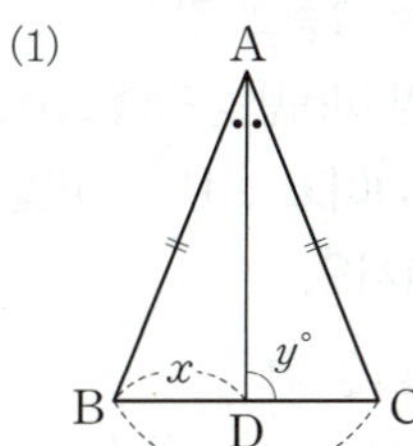

(2) 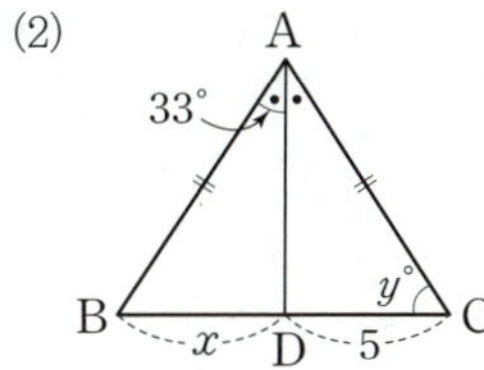

(3) 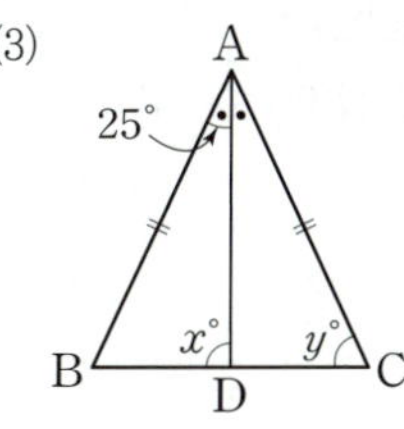

3 오른쪽 그림과 같이 $\overline{AB}=\overline{AC}$인 이등변삼각형 ABC에서 $\angle B$의 이등분선과 $\overline{AC}$의 교점을 D라 할 때, ☐ 안에 알맞은 것을 쓰시오.

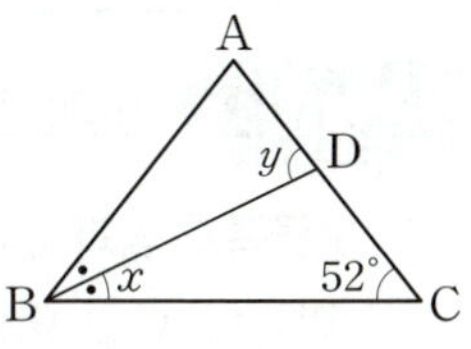

> △ABC에서 $\angle ABC=\angle C=$ ☐ 이므로
>
> $\angle x=\dfrac{1}{2}\angle ABC=$ ☐
>
> △DBC에서 $\angle y=52°+$ ☐ $=$ ☐

4 오른쪽 그림의 △ABC에서 $\overline{AC}=\overline{CD}=\overline{DB}$일 때, ☐ 안에 알맞은 것을 쓰시오.

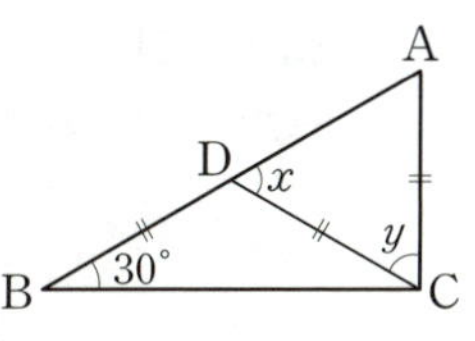

> △DBC에서 $\angle DCB=\angle B=$ ☐ 이므로
>
> $\angle x=30°+$ ☐ $=$ ☐
>
> △ADC에서 $\angle A=\angle ADC=$ ☐ 이므로
>
> $\angle y=180°-($ ☐ $+$ ☐ $)=$ ☐

5 다음 그림과 같은 △ABC에서 x의 값을 구하시오.

(1) 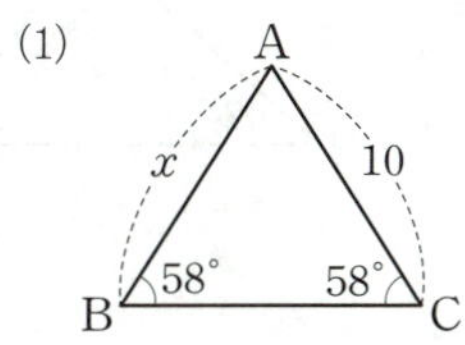

(2) 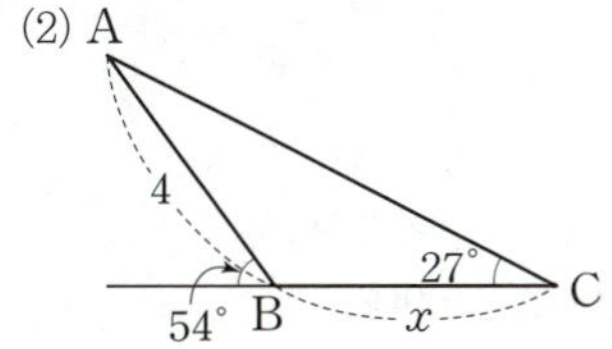

(3) 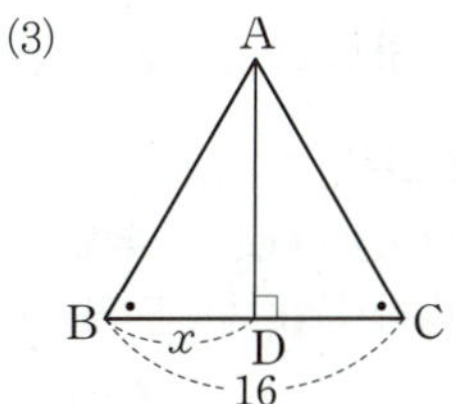

• 예제 **1**   이등변삼각형의 성질 (1) – 두 밑각의 크기

오른쪽 그림과 같이 $\overline{AB}=\overline{AC}$
인 이등변삼각형 ABC에서
$\angle ACD=102°$일 때, $\angle A$의 크
기를 구하시오.

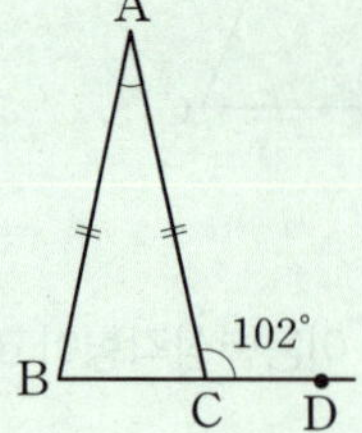

[해결 포인트]

이등변삼각형의 두 밑각의 크기는 같다.

☞ **한번 더!**

1-1 오른쪽 그림과 같이
$\overline{BA}=\overline{BC}$인 이등변삼각형
ABC에서 $\angle ABD=100°$일
때, $\angle x$의 크기를 구하시오.

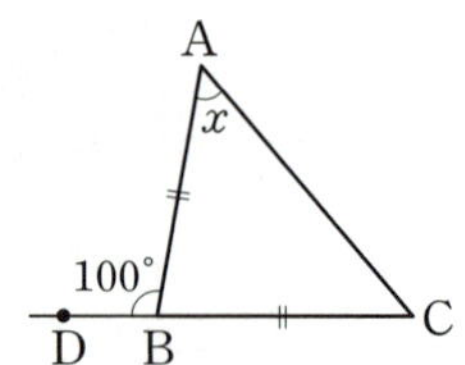

1-2 오른쪽 그림과 같이
$\overline{AB}=\overline{AC}$인 이등변삼각형 ABC에
서 $\overline{CB}=\overline{CD}$이고 $\angle B=70°$일 때,
다음을 구하시오.

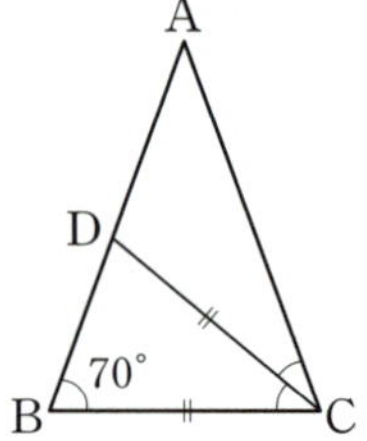

(1) $\angle BCD$의 크기

(2) $\angle ACD$의 크기

• 예제 **2**   이등변삼각형의 성질 (2) – 꼭지각의 이등분선

오른쪽 그림과 같이
$\overline{AB}=\overline{AC}$인 이등변삼각
형 ABC에서 $\angle A$의 이등
분선과 $\overline{BC}$의 교점을 D라
할 때, $x+y$의 값을 구하
시오.

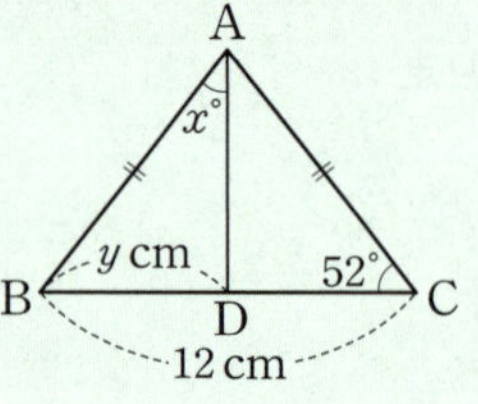

[해결 포인트]

이등변삼각형의 꼭지각의 이등분선은 밑변을 수직이등분한다.

☞ **한번 더!**

2-1 오른쪽 그림과 같이
$\overline{AB}=\overline{AC}$인 이등변삼각형
ABC에서 $\angle A$의 이등분선과
$\overline{BC}$의 교점을 D라 할 때, 다음
을 구하시오.

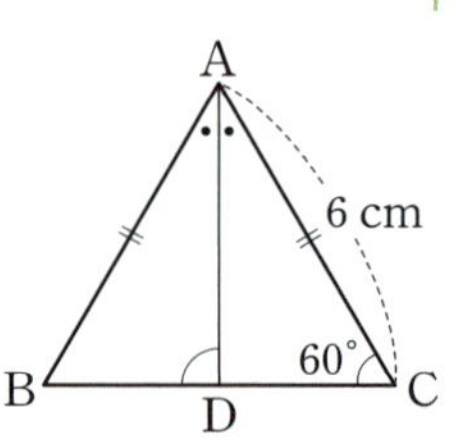

(1) $\angle ADB$의 크기

(2) $\overline{BD}$의 길이

• 예제 **3**   이등변삼각형의 성질의 응용 (1)

오른쪽 그림과 같은
△ABC에서
$\overline{AC}=\overline{CD}=\overline{DB}$이고
$\angle A=74°$일 때, $\angle B$의 크
기를 구하시오.

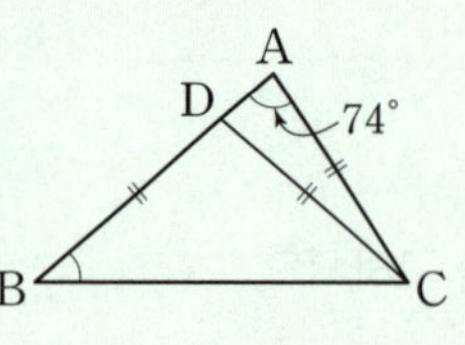

[해결 포인트]

이등변삼각형이 이웃한 경우에는 삼각형에서 한 외각의 크기는
그와 이웃하지 않는 두 내각의 크기의 합과 같음을 이용한다.

☞ **한번 더!**

3-1 다음 그림에서 $\overline{AB}=\overline{AC}=\overline{CD}$이고 $\angle B=42°$
일 때, $\angle x$의 크기를 구하시오.

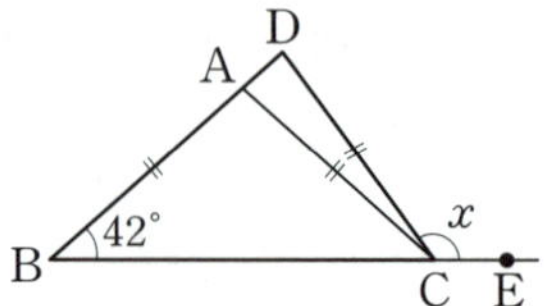

• 예제 4 이등변삼각형의 성질의 응용(2)

오른쪽 그림과 같이 $\overline{AB}=\overline{AC}$인 이등변삼각형 ABC에서 ∠B의 이등분선과 ∠C의 외각의 이등분선의 교점을 D라 하자. ∠A=50°일 때, 다음을 구하시오.

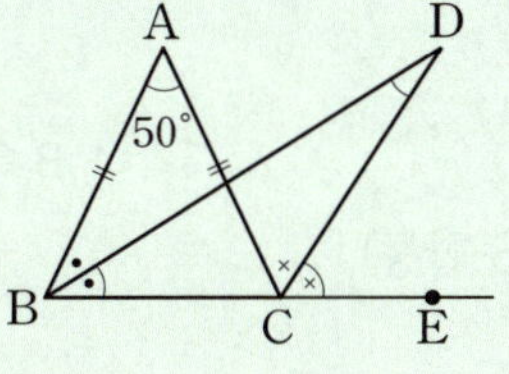

(1) ∠DBC의 크기
(2) ∠DCE의 크기
(3) ∠D의 크기

[해결 포인트]

△ABC에서 ∠ABC=∠ACB
△DBC에서 ∠DBC+∠BDC=∠DCE

✋ 한번 더!

4-1 오른쪽 그림과 같이 $\overline{AB}=\overline{AC}$인 이등변삼각형 ABC에서 ∠ABD=∠DBC, ∠ACD=∠DCE이고 ∠A=40°일 때, ∠BDC의 크기를 구하시오.

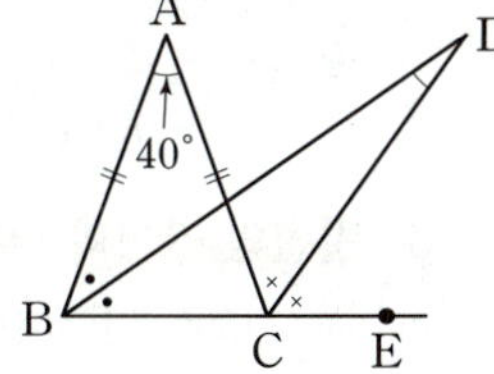

4-2 오른쪽 그림과 같이 $\overline{AB}=\overline{AC}$인 이등변삼각형 ABC에서 ∠B의 이등분선과 $\overline{AC}$의 교점을 D라 하자. ∠A=40°일 때, ∠BDC의 크기를 구하시오.

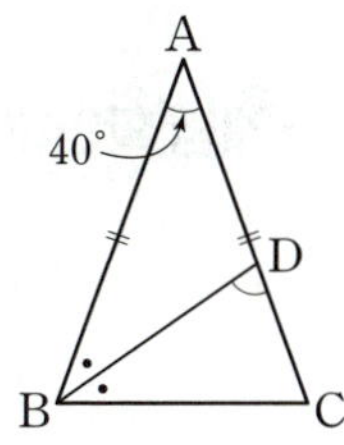

• 예제 5 이등변삼각형이 되기 위한 조건

오른쪽 그림과 같이 ∠C=90°인 직각삼각형 ABC에서 ∠B=∠DCB=50°이고 $\overline{BD}=7$ cm일 때, $\overline{AD}$의 길이를 구하시오.

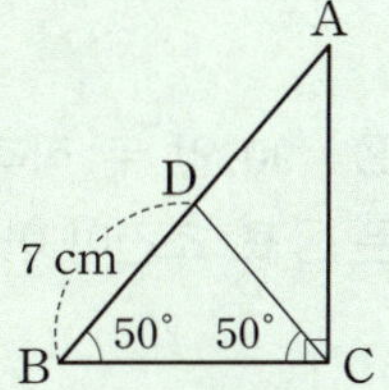

[해결 포인트]

두 내각의 크기가 같은 삼각형은 이등변삼각형이다.

✋ 한번 더!

5-1 오른쪽 그림과 같은 △ABC에서 $\overline{AD}=5$ cm, ∠A=28°, ∠BDC=56°, ∠BCE=124°일 때, $\overline{BC}$의 길이를 구하시오.

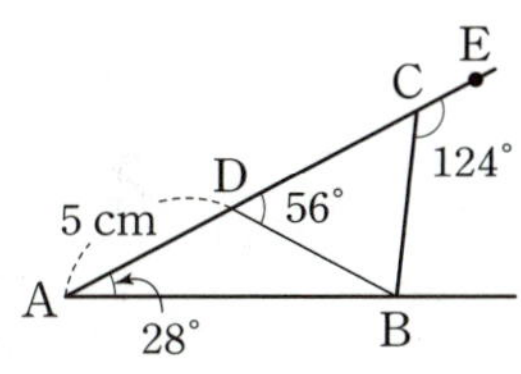

5-2 오른쪽 그림과 같이 직사각형 모양의 종이를 접었을 때, 다음 |보기|에서 옳은 것을 모두 고르시오.

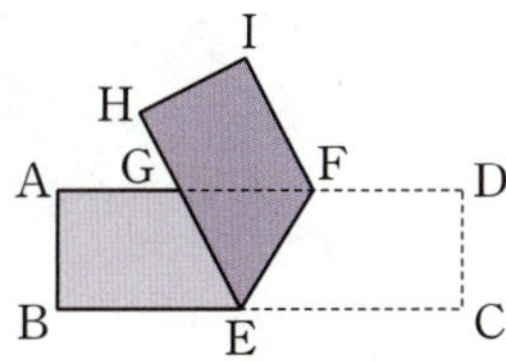

| 보기 |

ㄱ. $\overline{GE}=\overline{FE}$
ㄴ. ∠FGE=∠FEG
ㄷ. ∠AGH=180°−2∠FEC
ㄹ. △GEF는 이등변삼각형이다.

직각삼각형의 합동 조건

두 직각삼각형은 다음의 각 경우에 합동이다.

(1) **빗변의 길이와 한 예각의 크기가 각각 같을 때** (RHA 합동)
  ➡ $\angle C = \angle F = 90°$, $\overline{AB} = \overline{DE}$, $\angle B = \angle E$이면
    $\triangle ABC \equiv \triangle DEF$

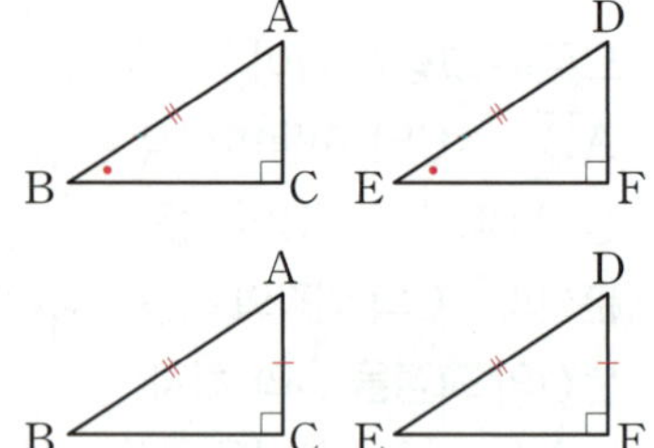

(2) **빗변의 길이와 다른 한 변의 길이가 각각 같을 때** (RHS 합동)
  ➡ $\angle C = \angle F = 90°$, $\overline{AB} = \overline{DE}$, $\overline{AC} = \overline{DF}$이면
    $\triangle ABC \equiv \triangle DEF$

주의 직각삼각형의 합동 조건을 이용할 때는 빗변의 길이가 같은지 반드시 확인해야 한다.

• 개념 확인하기

• 정답 및 해설 16쪽

1 다음 그림과 같은 두 직각삼각형이 합동임을 기호를 사용하여 나타내고, 합동 조건을 말하시오.

(1) 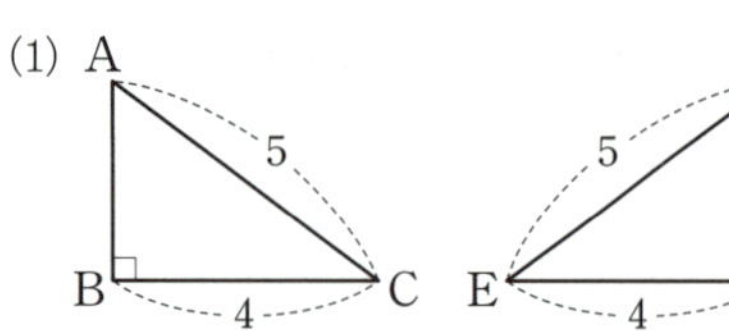

(2) 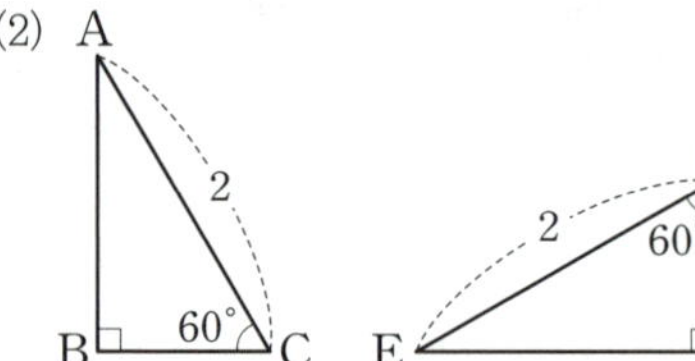

2 다음 중 오른쪽 그림과 같이 $\angle B = \angle E = 90°$인 두 직각삼각형 ABC, DEF가 합동이 되는 조건인 것은 ○표, 조건이 아닌 것은 ×표를 ( ) 안에 쓰시오.

(1) $\overline{AB} = \overline{DE}$, $\overline{AC} = \overline{DF}$ ( )

(2) $\angle A = \angle D$, $\angle C = \angle F$ ( )

(3) $\overline{BC} = \overline{EF}$, $\angle C = \angle F$ ( )

(4) $\overline{AC} = \overline{DF}$, $\angle A = \angle D$ ( )

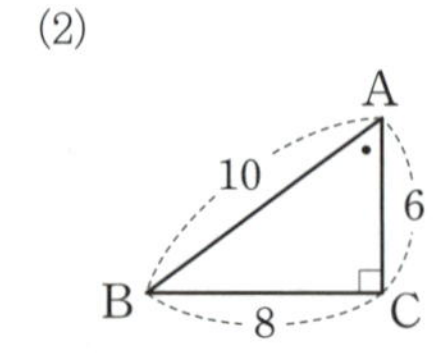

3 다음 그림과 같은 두 직각삼각형에서 x의 값을 구하시오.

(1) 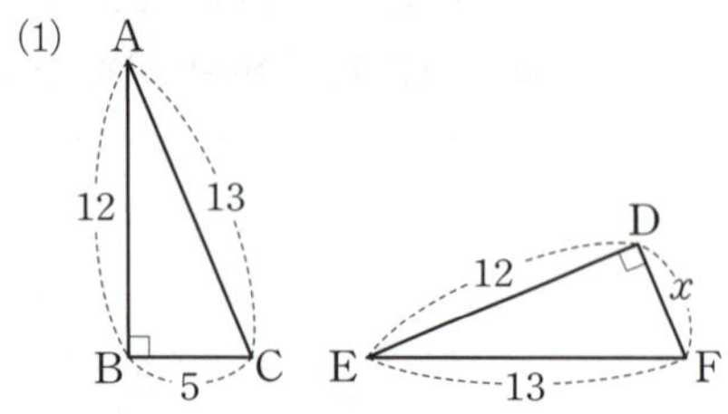

(2) 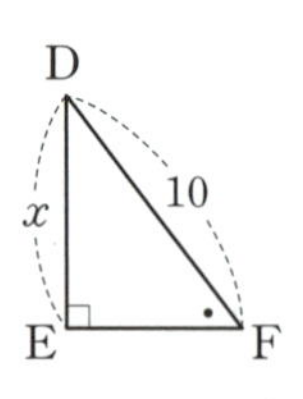

(단, $\angle A = \angle F$)

• 예제 1 　직각삼각형의 합동 조건 (1) – RHA 합동

오른쪽 그림과 같이 ∠B=90°이고 $\overline{AB}=\overline{BC}$인 직각삼각형 ABC의 두 꼭짓점 A, C에서 꼭짓점 B를 지나는 직선에 내린 수선의 발을 각각 D, E라 하자. $\overline{AD}=2\,cm$, $\overline{CE}=5\,cm$일 때, 다음 물음에 답하시오.

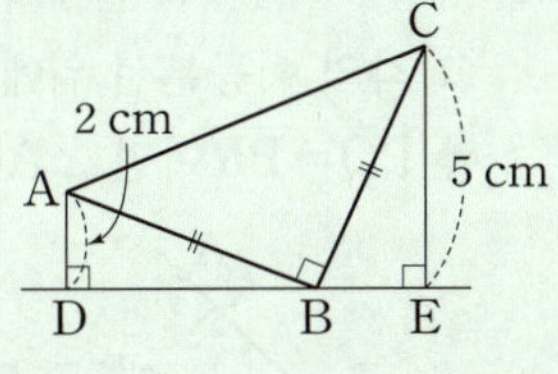

⑴ 합동인 두 삼각형을 찾아 기호로 나타내고, 직각삼각형의 합동 조건을 말하시오.

⑵ $\overline{DE}$의 길이를 구하시오.

[해결 포인트]
직각삼각형의 합동 조건을 이용할 때는 반드시 빗변의 길이가 같은지 먼저 확인한다.

🖑 한번 더!

1-1 다음 그림과 같이 $\overline{AB}$의 양 끝 점 A, B에서 $\overline{AB}$의 중점 P를 지나는 직선 l에 내린 수선의 발을 각각 C, D라 하자. $\overline{BD}=8\,cm$, ∠CAP=50°일 때, $x+y$의 값을 구하시오.

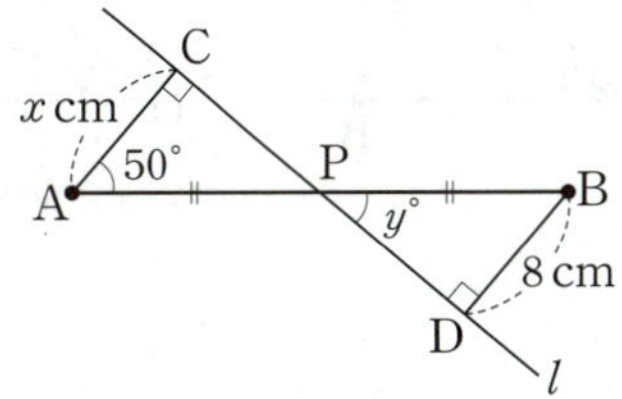

1-2 오른쪽 그림과 같이 ∠A=90°이고 $\overline{AB}=\overline{AC}$인 직각삼각형 ABC의 두 꼭짓점 B, C에서 꼭짓점 A를 지나는 직선 l에 내린 수선의 발을 각각 D, E라 하자. $\overline{BD}=13\,cm$, $\overline{CE}=5\,cm$일 때, $\overline{DE}$의 길이를 구하시오.

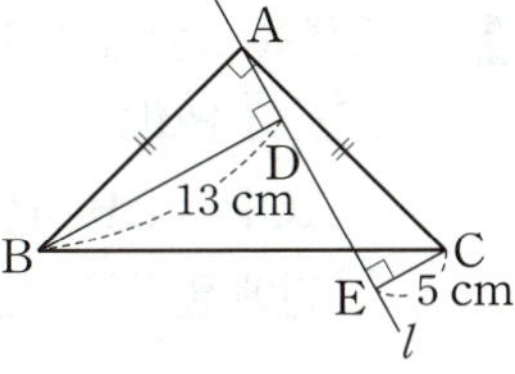

• 예제 2 　직각삼각형의 합동 조건 (2) – RHS 합동

오른쪽 그림과 같이 ∠C=90°인 직각삼각형 ABC에서 $\overline{BC}=\overline{BE}$, ∠BED=90°이다. $\overline{CD}=3\,cm$일 때, $\overline{DE}$의 길이를 구하시오.

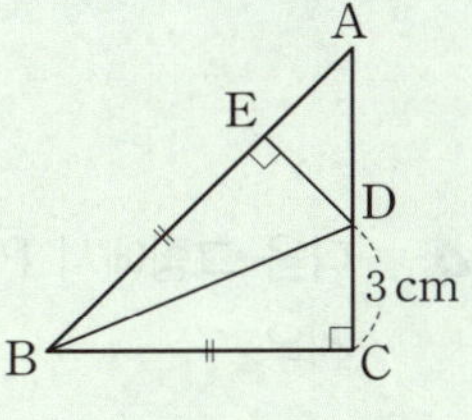

[해결 포인트]
두 직각삼각형의 빗변의 길이가 같을 때, 빗변을 제외한 나머지 변 중에서 길이가 같은 한 변이 있으면 RHS 합동이다.

🖑 한번 더!

2-1 오른쪽 그림과 같이 ∠B=90°인 직각삼각형 ABC에서 $\overline{AB}=\overline{AD}$, $\overline{AC}\perp\overline{DE}$이다. ∠AEB=65°일 때, 다음을 구하시오.

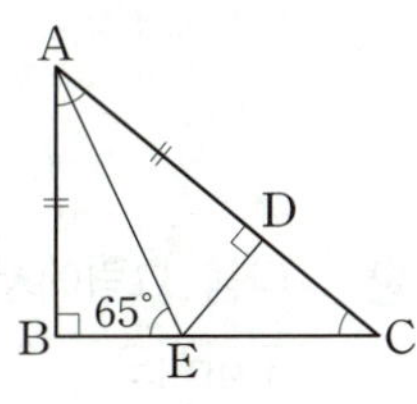

⑴ ∠BAC의 크기

⑵ ∠C의 크기

2-2 오른쪽 그림과 같이 △ABC의 두 꼭짓점 B, C에서 $\overline{AC}$, $\overline{AB}$에 내린 수선의 발을 각각 D, E라 하자. $\overline{BE}=\overline{CD}$이고 ∠A=54°일 때, ∠BCE의 크기를 구하시오.

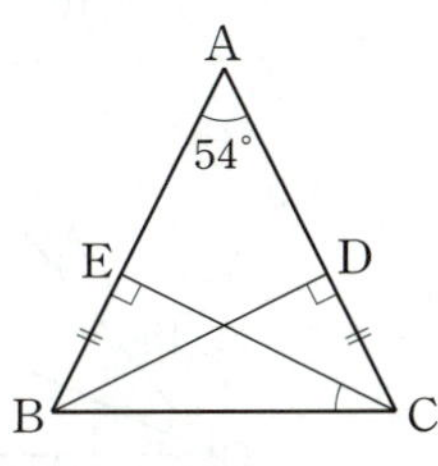

직각삼각형의 합동 조건의 응용

직각삼각형의 합동 조건의 응용 – 각의 이등분선의 성질

(1) 각의 이등분선 위의 한 점에서 그 각을 이루는 두 변까지의 거리는 같다.
➡ $\angle AOP = \angle BOP$이면 $\overline{PQ} = \overline{PR}$

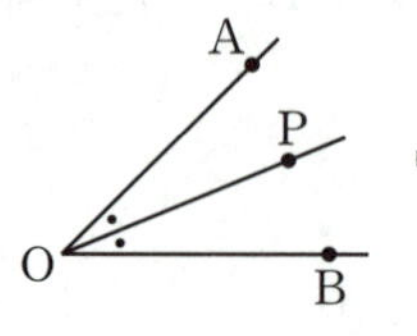 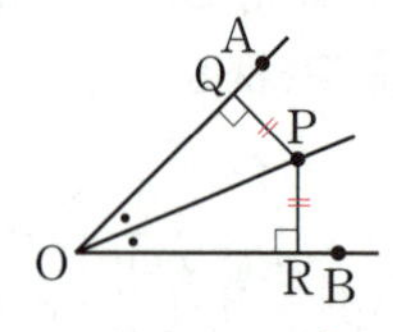

$\triangle QOP \equiv \triangle ROP$ (RHA 합동)

(2) 각을 이루는 두 변에서 같은 거리에 있는 점은 그 각의 이등분선 위에 있다.
➡ $\overline{PQ} = \overline{PR}$이면 $\angle AOP = \angle BOP$

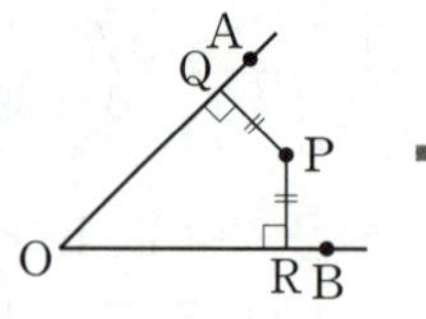 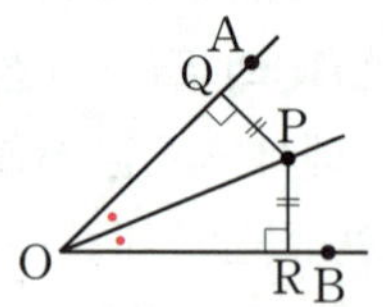

$\triangle QOP \equiv \triangle ROP$ (RHS 합동)

• 개념 확인하기

• 정답 및 해설 17쪽

1 오른쪽 그림에서 $\overline{OX} \perp \overline{PA}$, $\overline{OY} \perp \overline{PB}$이고 $\angle AOP = \angle BOP$일 때, □ 안에 알맞은 것을 쓰시오.

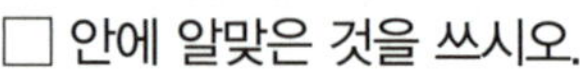

△AOP와 △BOP에서
$\angle PAO = \boxed{} = 90°$,
$\boxed{}$는 공통, $\angle AOP = \boxed{}$이므로
$\triangle AOP \equiv \triangle BOP$ ($\boxed{}$ 합동)
$\therefore \overline{PA} = \boxed{}$

3 오른쪽 그림에서 $\overline{OX} \perp \overline{PA}$, $\overline{OY} \perp \overline{PB}$이고 $\overline{PA} = \overline{PB}$일 때, □ 안에 알맞은 것을 쓰시오.

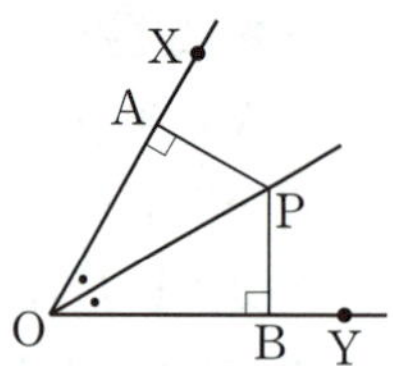

△AOP와 △BOP에서
$\angle PAO = \boxed{} = 90°$,
$\boxed{}$는 공통, $\overline{PA} = \boxed{}$이므로
$\triangle AOP \equiv \triangle BOP$ ($\boxed{}$ 합동)
$\therefore \angle AOP = \boxed{}$

2 다음 그림에서 $\angle AOP = \angle BOP$일 때, x의 값을 구하시오.

(1)

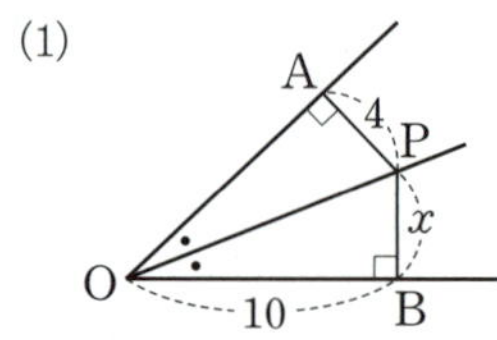

(2)

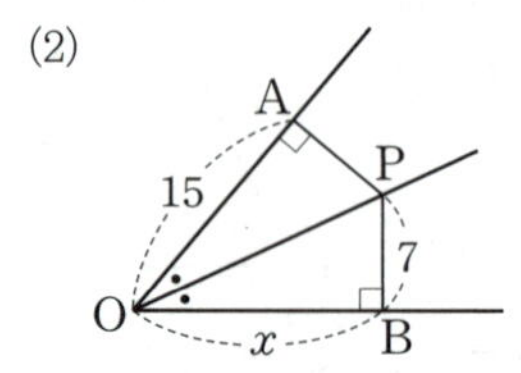

4 다음 그림에서 $\overline{PA} = \overline{PB}$일 때, $\angle x$의 크기를 구하시오.

(1)

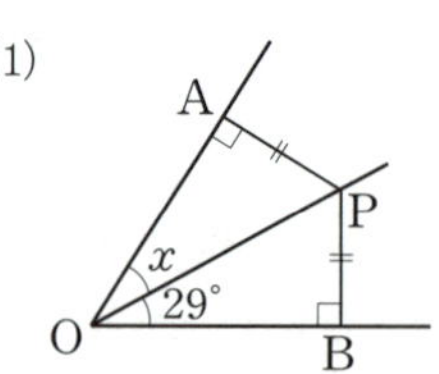

(2)

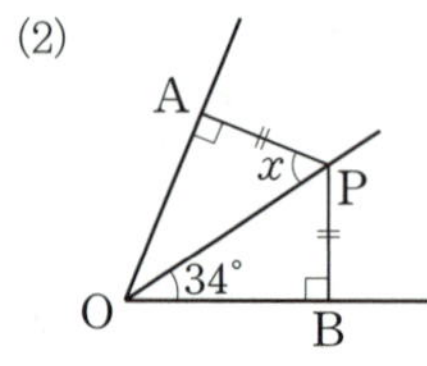

• 예제 **1**　각의 이등분선의 성질

오른쪽 그림에서 점 P는
∠AOB의 이등분선 위의 점
이고 ∠OAP=∠OBP=90°
이다. 다음 |보기|에서 옳은
것을 모두 고르시오.

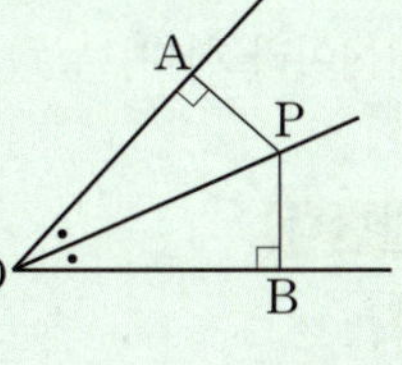

| 보기 |
ㄱ. $\overline{OA}=\overline{OB}$　　　ㄴ. $\overline{OA}=2\overline{AP}$
ㄷ. ∠AOP=∠OPA　　ㄹ. ∠APO=∠BPO

[해결 포인트]
각의 이등분선 위의 한 점에서 그 각을 이루는 두 변까지의 거리는
같다.

🖑 **한번 더!**

1-1 오른쪽 그림에서 $\overline{OP}$는
∠AOB의 이등분선이고
∠PAO=∠PBO=90°이다.
∠AOP=32°, $\overline{PB}=6\,cm$일
때, x, y의 값을 각각 구하시오.

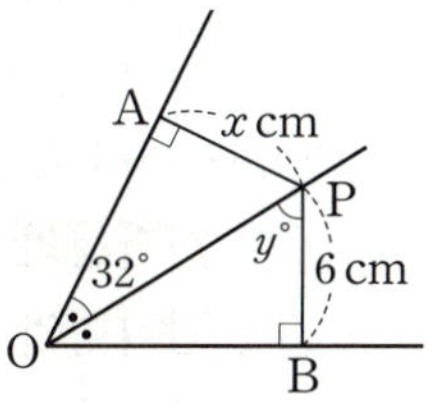

1-2 오른쪽 그림과 같이
∠AOB의 내부의 점 P에서 두
변 OA, OB에 내린 수선의 발
을 각각 C, D라 하자.
∠AOB=58°, $\overline{PC}=\overline{PD}$일 때,
∠OPC의 크기를 구하시오.

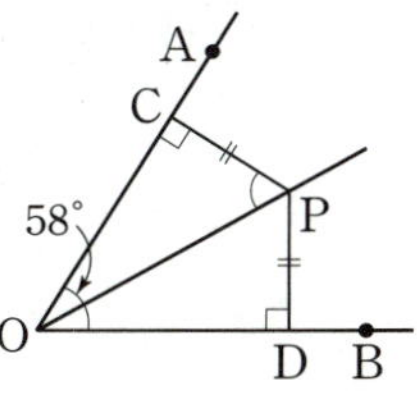

• 예제 **2**　각의 이등분선의 성질의 응용

오른쪽 그림과 같이 ∠C=90°인
직각삼각형 ABC에서 $\overline{AB}\perp\overline{DE}$
이고 ∠BAD=∠CAD이다.
$\overline{AB}=12\,cm$이고 △ABD의 넓
이가 $18\,cm^2$일 때, 다음을 구하
시오.

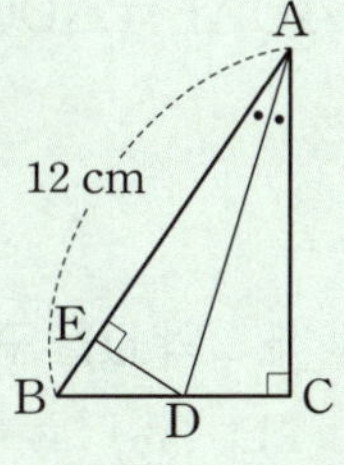

(1) $\overline{DE}$의 길이
(2) $\overline{CD}$의 길이

[해결 포인트]
(1) △ABD의 넓이를 이용하여 $\overline{DE}$의 길이를 구한다.
(2) △AED≡△ACD임을 이용하여 $\overline{CD}$의 길이를 구한다.

🖑 **한번 더!**

2-1 오른쪽 그림과 같이
∠C=90°인 직각삼각형 ABC에
서 ∠A의 이등분선과 $\overline{BC}$의 교
점을 D, 점 D에서 $\overline{AB}$에 내린
수선의 발을 E라 하자.
$\overline{AB}=26\,cm$, $\overline{CD}=8\,cm$일 때, △ABD의 넓이를 구
하시오.

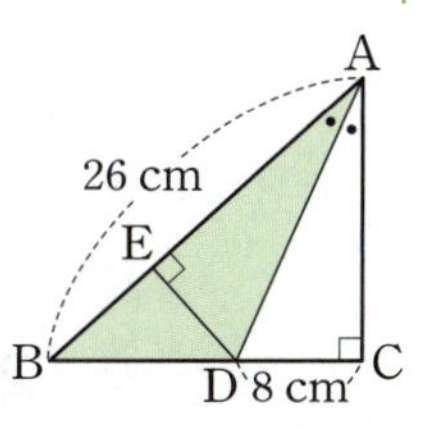

2-2 오른쪽 그림과 같이
∠B=90°인 직각삼각형
ABC에서 $\overline{AC}\perp\overline{DE}$,
∠BAD=∠EAD이고
$\overline{AB}=9\,cm$, $\overline{BC}=12\,cm$,
$\overline{CA}=15\,cm$일 때, $\overline{CE}$의 길이를 구하시오.

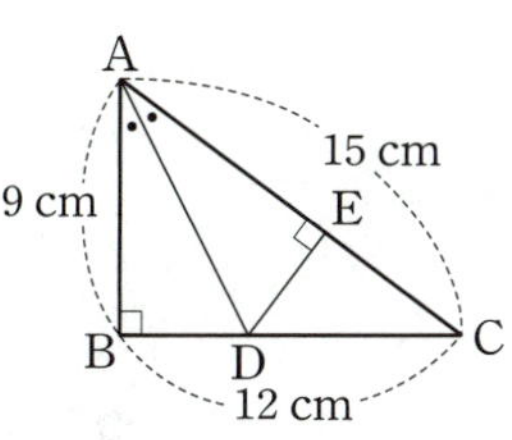

삼각형의 외심

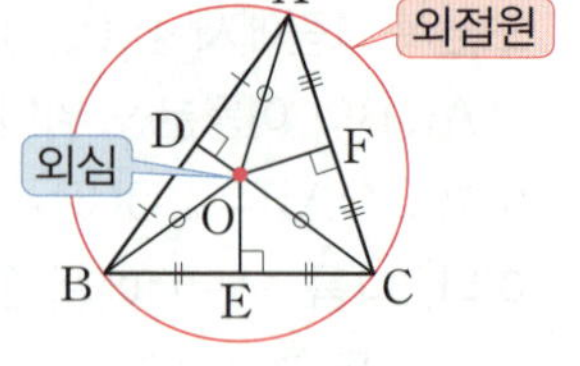

(1) 외접원과 외심

△ABC에서 세 꼭짓점이 모두 원 O 위에 있을 때, 원 O는 △ABC에 **외접**한다
고 하고, 원 O를 △ABC의 **외접원**, 외접원의 중심을 **외심**이라 한다.

(2) 삼각형의 외심의 성질

① 삼각형의 세 변의 수직이등분선은 한 점(외심)에서 만난다.

② 삼각형의 외심에서 세 꼭짓점에 이르는 거리는 같다.

➡ $\overline{OA}=\overline{OB}=\overline{OC}=$(외접원의 반지름의 길이)

(3) 삼각형의 외심의 위치

① 예각삼각형 ➡ 삼각형의 내부 | ② 직각삼각형 ➡ **빗변의 중점** | ③ 둔각삼각형 ➡ 삼각형의 외부

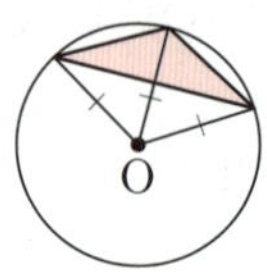

▶ **개념 확인하기**

• 정답 및 해설 18쪽

1 오른쪽 그림에서 점 O가 △ABC의 외심일 때, 다음 중 옳은 것은 ○표,
옳지 <u>않은</u> 것은 ×표를 (   ) 안에 쓰시오.

(1) $\overline{OA}=\overline{OC}$　　　(　　)　　(2) $\overline{AD}=\overline{AF}$　　　(　　)

(3) $\overline{BE}=\overline{CE}$　　　(　　)　　(4) $\angle OBD=\angle OBE$　　　(　　)

(5) $\angle OBE=\angle OCE$　　　(　　)　　(6) $\triangle OAF\equiv\triangle OCF$　　　(　　)

2 다음 그림에서 점 O가 △ABC의 외심일 때, x의 값을 구하시오.

(1)

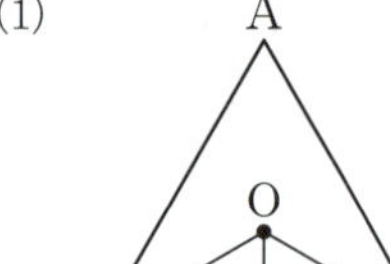

(2)

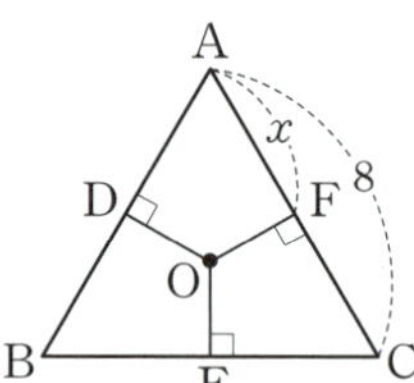

3 다음 그림에서 점 O가 △ABC의 외심일 때, x의 값을 구하시오.

(1)

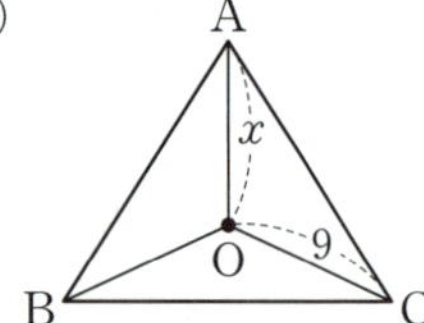

(2)

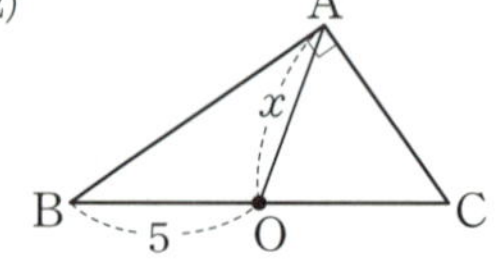

(3)

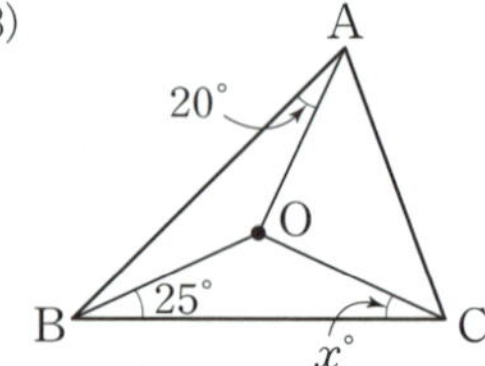

I·1

• 예제 1 삼각형의 외심

오른쪽 그림에서 점 O는 △ABC의 외심이다. 다음 중 옳지 <u>않은</u> 것은?

① $\overline{OA}=\overline{OB}=\overline{OC}$
② $\overline{OD}=\overline{OE}=\overline{OF}$
③ $\triangle OAD \equiv \triangle OBD$
④ $\angle OAF = \angle OCF$
⑤ $\overline{BC}=2\overline{CE}$

[해결 포인트]

(삼각형의 외심)
=(삼각형의 외접원의 중심)
=(삼각형의 세 변의 수직이등분선의 교점)
=(삼각형의 세 꼭짓점으로부터 같은 거리에 있는 점)

👆 **한번 더!**

1-1 오른쪽 그림에서 점 O는 △ABC의 외심이다. $\overline{AD}=6\,cm$, $\overline{AF}=5\,cm$, $\overline{BE}=7\,cm$일 때, △ABC의 둘레의 길이를 구하시오.

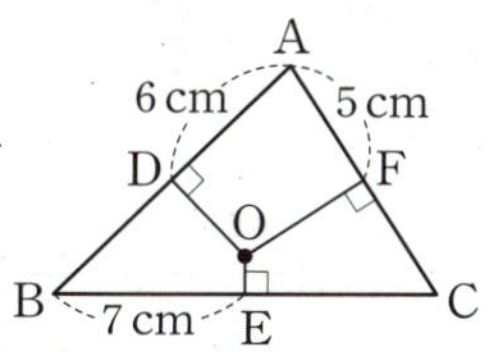

1-2 오른쪽 그림에서 점 O는 △ABC의 외심이고 $\angle OAB=30°$, $\angle OCB=25°$일 때, $\angle ABC$의 크기를 구하시오.

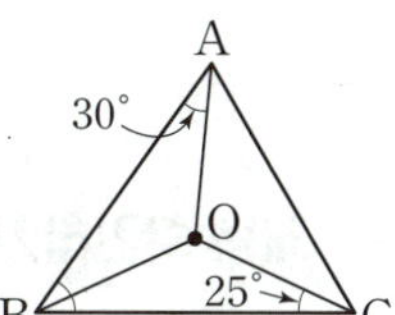

• 예제 2 삼각형의 외심의 성질

오른쪽 그림에서 점 O는 $\angle C=90°$인 직각삼각형 ABC의 외심이다. $\overline{OC}=7\,cm$, $\angle A=50°$일 때, 다음을 구하시오.

(1) $\overline{AB}$의 길이
(2) $\angle BOC$의 크기

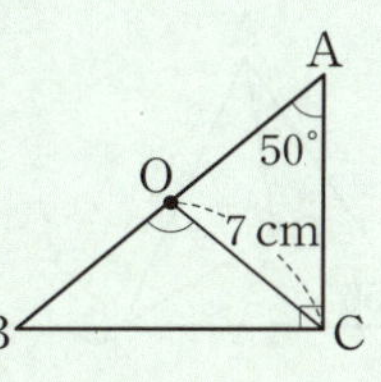

[해결 포인트]

직각삼각형의 외심은 빗변의 중점이므로
(외접원의 반지름의 길이)$=\dfrac{1}{2}×$(빗변의 길이)

👆 **한번 더!**

2-1 오른쪽 그림에서 점 O는 $\angle C=90°$인 직각삼각형 ABC의 외심이다. $\overline{AB}=16\,cm$일 때, $\overline{OC}$의 길이를 구하시오.

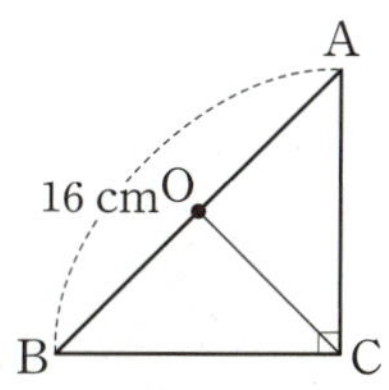

2-2 오른쪽 그림에서 점 O는 $\angle A=90°$인 직각삼각형 ABC의 외심이다. $\angle C=43°$일 때, $\angle AOB$의 크기를 구하시오.

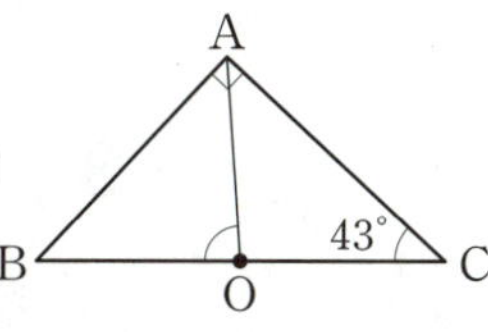

삼각형의 외심의 응용

점 O가 △ABC의 외심일 때

(1)
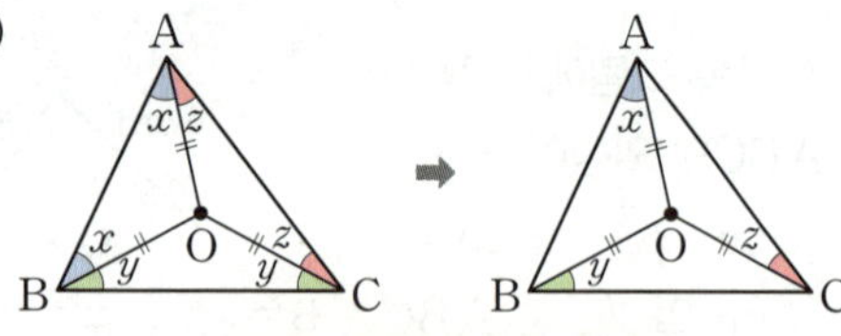

$$\angle x + \angle y + \angle z = 90°$$

증명 $\overline{OA} = \overline{OB} = \overline{OC}$이므로 △ABC에서

$$2\angle x + 2\angle y + 2\angle z = 180° \qquad \therefore \ \angle x + \angle y + \angle z = 90°$$

(2)
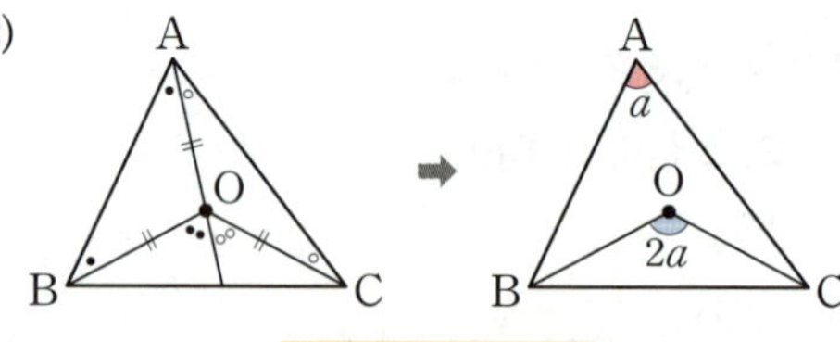

$$\angle BOC = 2\angle A$$

증명 $\angle BOC = \bullet + \bullet + \circ + \circ = 2(\bullet + \circ)$
$= 2\angle A$

· 개념 확인하기

· 정답 및 해설 19쪽

1 다음 그림에서 점 O가 △ABC의 외심일 때, $\angle x$의 크기를 구하시오.

(1)
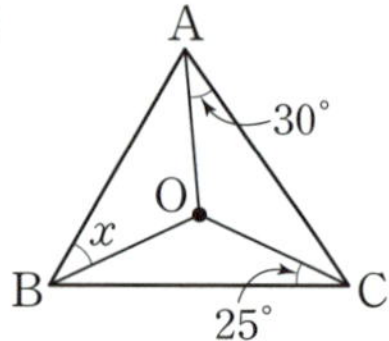

(2)
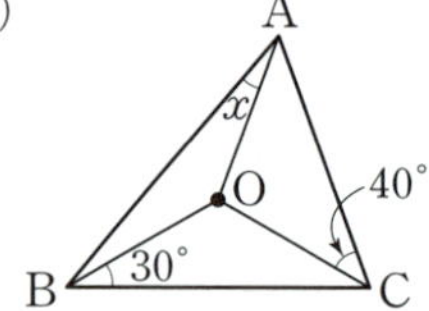

(3)
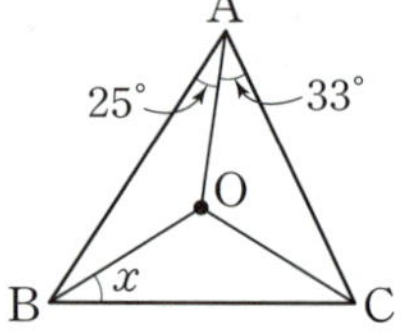

2 다음 그림에서 점 O가 △ABC의 외심일 때, $\angle x$의 크기를 구하시오.

(1)
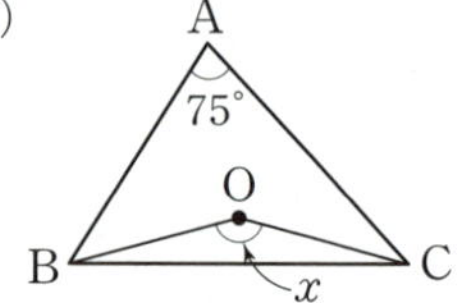

(2)
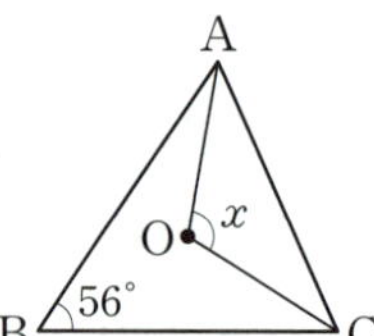

(3)
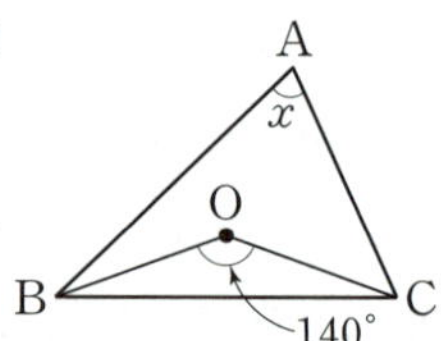

3 다음 그림에서 점 O가 △ABC의 외심일 때, $\angle x$의 크기를 구하시오.

(1)
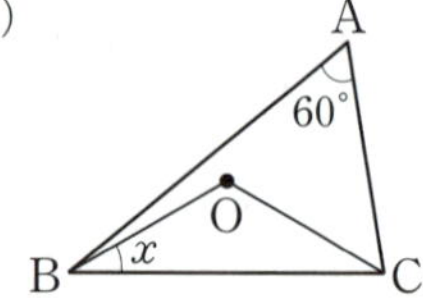

(2)
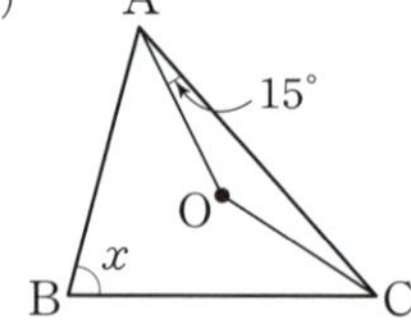

• 예제 1　삼각형의 외심의 응용(1)

오른쪽 그림에서 점 O는 삼각형 ABC의 외심이다. $\angle AOB=110°$, $\angle OCA=42°$일 때, 다음을 구하시오.

(1) $\angle OAB$의 크기
(2) $\angle OBC$의 크기

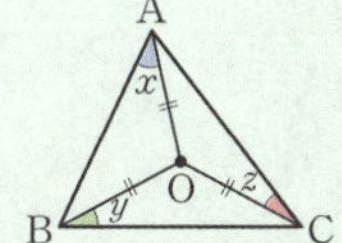

[해결 포인트]

점 O가 △ABC의 외심일 때
➡ $\angle x+\angle y+\angle z=90°$

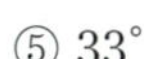

👆 한번 더!

1-1 오른쪽 그림에서 점 O는 △ABC의 외심이다. $\angle OCA=42°$, $\angle OCB=28°$일 때, $\angle ABO$의 크기를 구하시오.

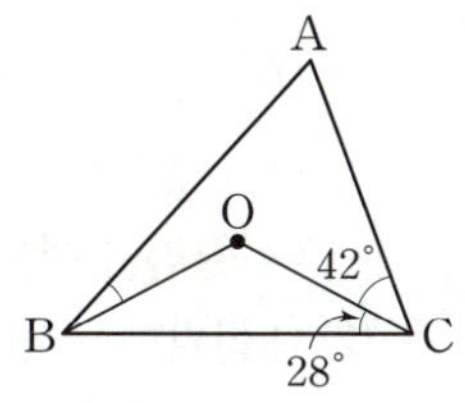

1-2 오른쪽 그림에서 점 O는 △ABC의 외심이다. $\angle BOC=114°$, $\angle OCA=35°$일 때, $\angle BAO$의 크기는?

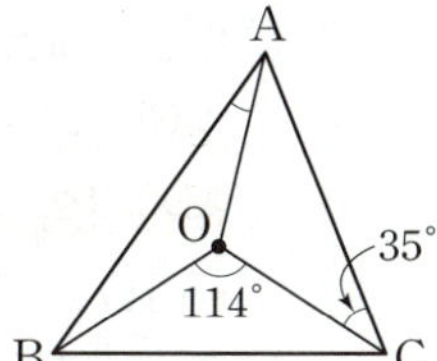

① 22°　　② 24°
③ 31°　　④ 32°
⑤ 33°

• 예제 2　삼각형의 외심의 응용(2)

오른쪽 그림에서 점 O는 △ABC의 외심이다. $\angle BAO=30°$, $\angle OBC=34°$일 때, $\angle x$의 크기를 구하시오.

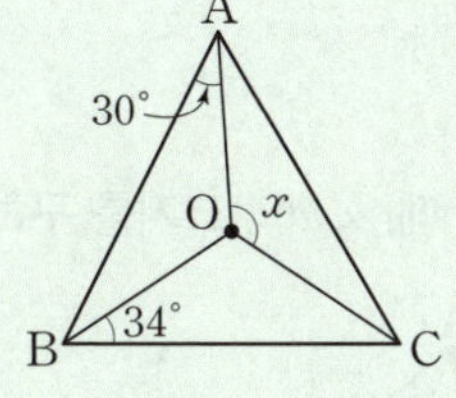

[해결 포인트]

점 O가 △ABC의 외심일 때
➡ $\angle BOC=2\angle A$

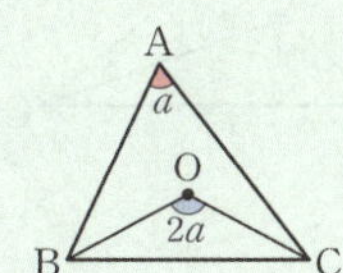

👆 한번 더!

2-1 오른쪽 그림에서 점 O는 △ABC의 외심이다. $\angle A=68°$일 때, $\angle OBC$의 크기를 구하시오.

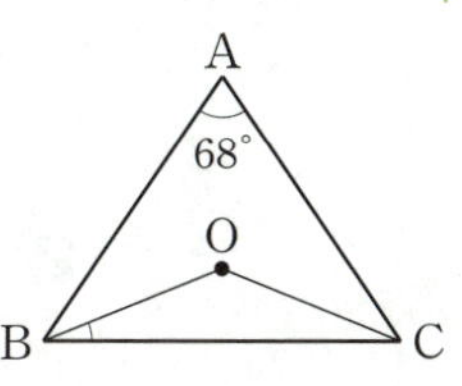

2-2 오른쪽 그림에서 점 O는 △ABC의 외심이다. $\angle OCB=20°$일 때, $\angle A$의 크기를 구하시오.

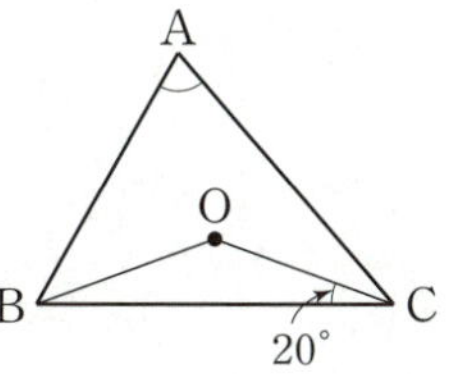

삼각형의 내심

(1) 접선과 접점

직선이 원과 한 점에서 만날 때, 이 직선은 원에 접한다고 한다.

① **접선**: 원과 한 점에서 만나는 직선

② **접점**: 원과 접선이 만나는 점

➡ 원의 접선은 그 접점을 지나는 반지름과 수직이다.

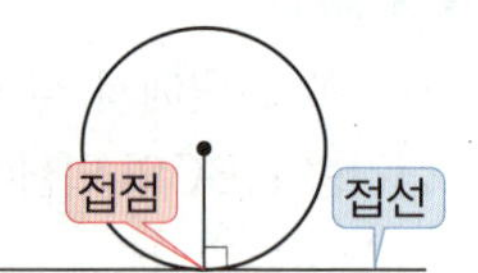

(2) 내접원과 내심

△ABC의 세 변이 모두 원 I에 접할 때, 원 I는 △ABC에 내접한다고 하고,
원 I를 △ABC의 내접원, 내접원의 중심을 내심이라 한다.

(3) 삼각형의 내심의 성질

① 삼각형의 세 내각의 이등분선은 한 점(내심)에서 만난다.

② 삼각형의 내심에서 세 변에 이르는 거리는 같다.

➡ $\overline{\text{ID}}=\overline{\text{IE}}=\overline{\text{IF}}=$(내접원 I의 반지름의 길이)

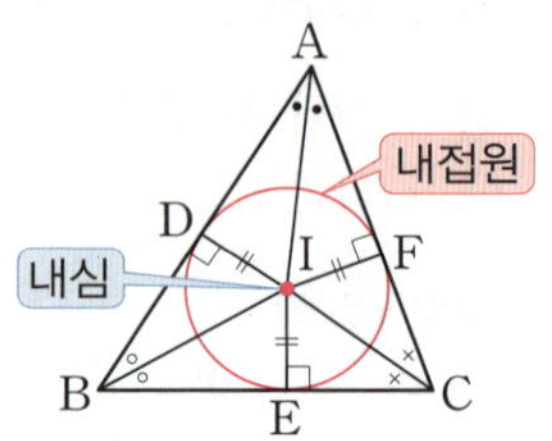

참고 • 삼각형의 내심은 항상 삼각형의 내부에 있다.

• 이등변삼각형의 외심과 내심은 모두 꼭지각의 이등분선 위에 있다.

• 정삼각형의 외심과 내심은 일치한다.

• 개념 확인하기

• 정답 및 해설 19쪽

1 오른쪽 그림에서 점 I가 △ABC의 내심일 때, 다음 중 옳은 것은 ○표,
옳지 않은 것은 ×표를 (　) 안에 쓰시오.

(1) $\overline{\text{ID}}=\overline{\text{IF}}$ 　(　　) 　(2) $\overline{\text{AF}}=\overline{\text{CF}}$ 　(　　)

(3) $\overline{\text{IA}}=\overline{\text{IC}}$ 　(　　) 　(4) $\angle\text{IAD}=\angle\text{IAF}$ 　(　　)

(5) $\angle\text{BIE}=\angle\text{CIE}$ 　(　　) 　(6) $\triangle\text{IBD}\equiv\triangle\text{IBE}$ 　(　　)

2 다음 그림에서 점 I가 △ABC의 내심일 때, $\angle x$의 크기를 구하시오.

(1)
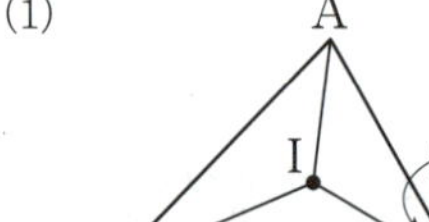
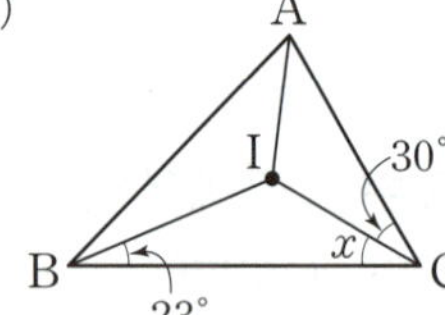

(2)

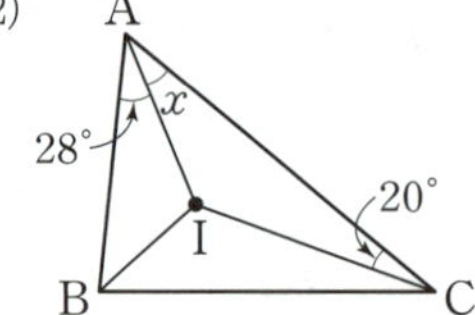

(3)
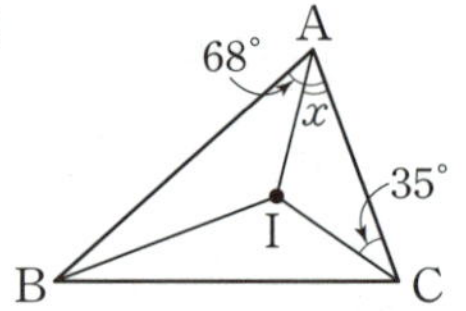

3 다음 그림에서 점 I가 △ABC의 내심일 때, x의 값을 구하시오.

(1)
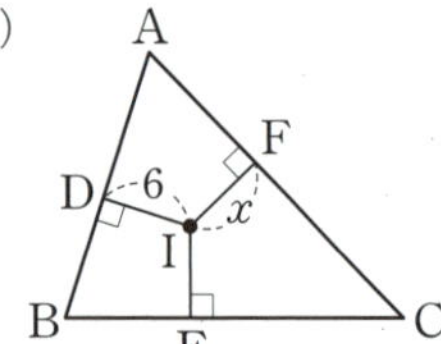

(2)
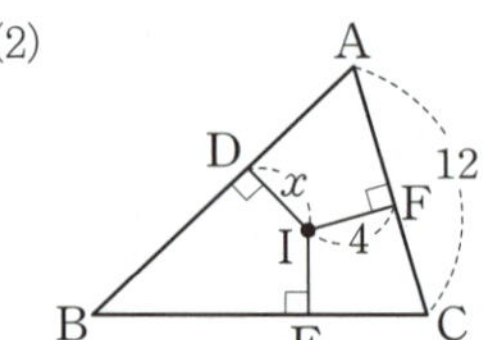

• 예제 1 삼각형의 내심

오른쪽 그림에서 점 I는
△ABC의 내심이다. 다음
|보기| 중 옳은 것을 모두 고르
시오.

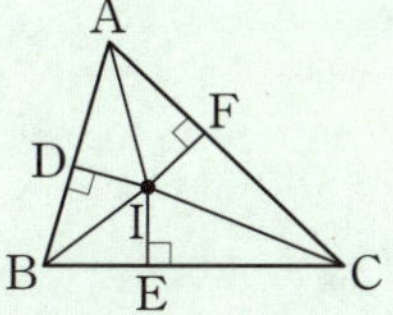

| 보기 |

ㄱ. $\angle IBE = \angle ICE$ ㄴ. $\angle DAI = \angle FAI$
ㄷ. $\triangle ICF \equiv \triangle ICE$ ㄹ. $\overline{BD} = \overline{BE}$
ㅁ. $\overline{ID} = \overline{IE} = \overline{IF}$ ㅂ. $\overline{IA} = \overline{IB} = \overline{IC}$

[해결 포인트]
(삼각형의 내심)
=(삼각형의 내접원의 중심)
=(삼각형의 세 내각의 이등분선의 교점)
=(삼각형의 세 변으로부터 같은 거리에 있는 점)

👆 한번 더!

1-1 오른쪽 그림에서 점 I가
△ABC의 내심일 때, 다음 중
옳지 않은 것은?

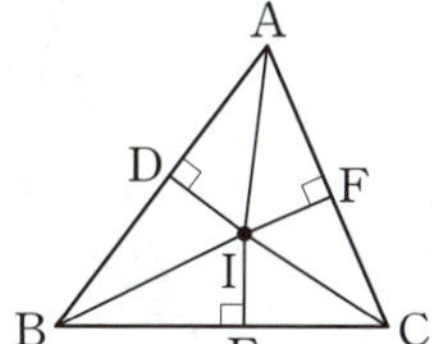

① $\overline{AD} = \overline{AF}$
② $\overline{BI} \perp \overline{CI}$
③ $\angle BID = \angle BIE$
④ $\angle ICE = \angle ICF$
⑤ $\triangle IAD \equiv \triangle IAF$

1-2 오른쪽 그림에서 점 I는
△ABC의 내심이다.
$\overline{ID} = 7$ cm, $\angle IAC = 34°$일 때,
x, y의 값을 각각 구하시오.

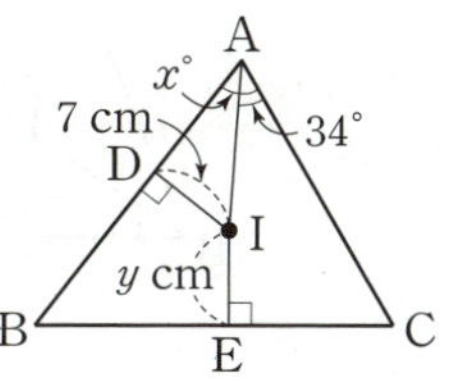

• 예제 2 삼각형의 내심의 성질

오른쪽 그림에서 점 I는
△ABC의 내심이다.
$\angle B = 58°$, $\angle IAC = 35°$일
때, $\angle x$의 크기를 구하시오.

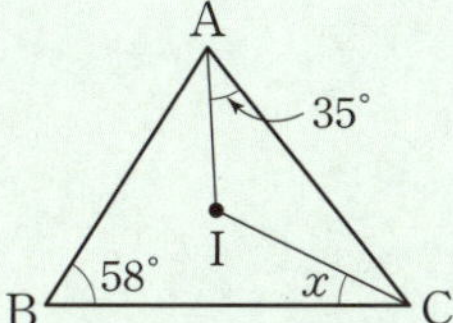

[해결 포인트]
삼각형의 세 내각의 이등분선은 한 점(내심)에서 만난다.

👆 한번 더!

2-1 오른쪽 그림에서 점 I는
△ABC의 내심이다.
$\angle IAB = 26°$, $\angle IBC = 42°$일
때, $\angle ABC$의 크기를 구하시오.

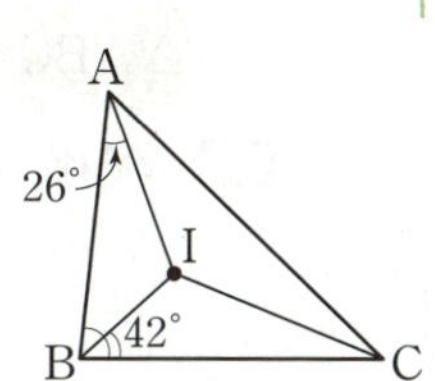

2-2 오른쪽 그림에서 점 I는
△ABC의 내심이다.
$\angle ABI = 20°$, $\angle ACI = 35°$일
때, $\angle x$의 크기를 구하시오.

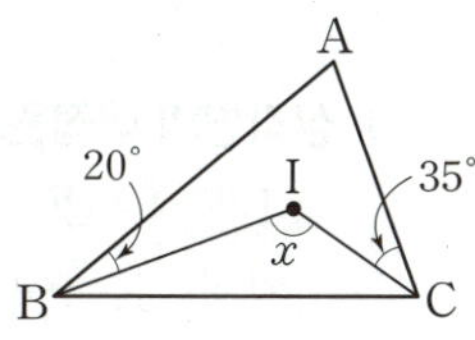

삼각형의 내심의 응용

(1) 점 I가 $\triangle ABC$의 내심일 때

① 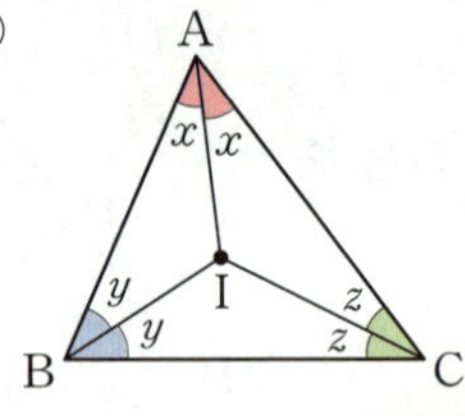 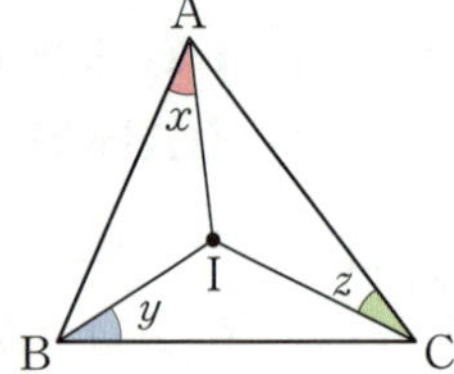

$$\angle x + \angle y + \angle z = 90°$$

증명 $\triangle ABC$의 세 내각의 크기의 합은 $180°$이므로

$$2\angle x + 2\angle y + 2\angle z = 180°$$
$$\therefore \ \angle x + \angle y + \angle z = 90°$$

② 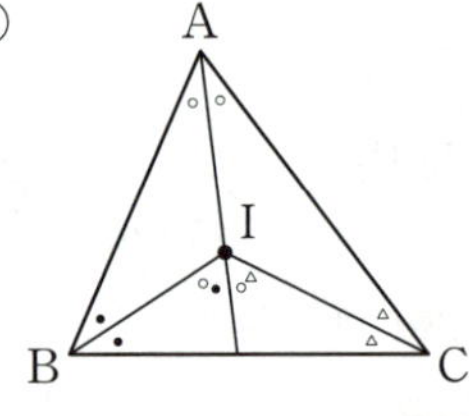 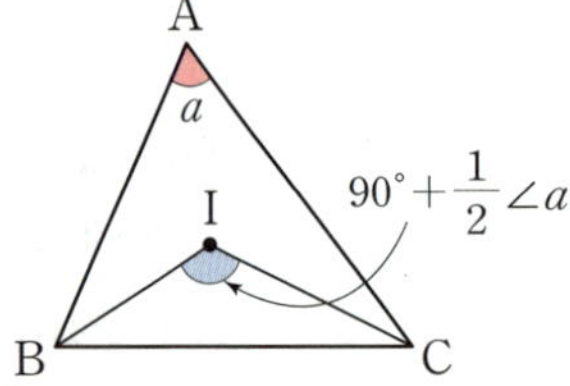

$$\angle BIC = 90° + \frac{1}{2}\angle A$$

증명 $\angle BIC = (\circ + \bullet) + (\triangle + \circ)$
$$= (\circ + \bullet + \triangle) + \circ$$
$$= 90° + \frac{1}{2}\angle A$$

(2) **삼각형의 넓이와 내접원의 반지름의 길이**

점 I가 $\triangle ABC$의 내심일 때, $\triangle ABC$의 내접원의 반지름의 길이를 r이라 하면

$$\triangle ABC = \frac{1}{2}r(\overline{AB} + \overline{BC} + \overline{CA})$$

증명 $\triangle ABC = \triangle IBC + \triangle ICA + \triangle IAB$
$$= \frac{1}{2}ar + \frac{1}{2}br + \frac{1}{2}cr$$
$$= \frac{1}{2}r(a+b+c)$$

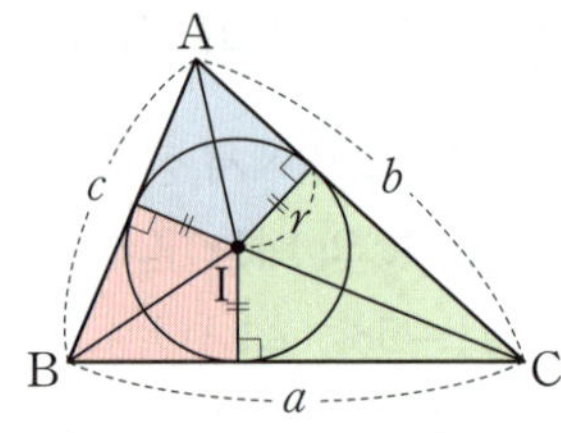

(3) **삼각형의 내접원과 접선의 길이**

점 I가 $\triangle ABC$의 내심일 때, $\triangle ABC$의 내접원과 $\overline{AB}$, $\overline{BC}$, $\overline{CA}$의 접점을 각각 D, E, F라 하면

➡ $\overline{AD} = \overline{AF}$, $\overline{BD} = \overline{BE}$, $\overline{CE} = \overline{CF}$

증명 $\triangle IAD \equiv \triangle IAF$ (RHA 합동)이므로 $\overline{AD} = \overline{AF}$
$\triangle IBD \equiv \triangle IBE$ (RHA 합동)이므로 $\overline{BD} = \overline{BE}$
$\triangle ICE \equiv \triangle ICF$ (RHA 합동)이므로 $\overline{CE} = \overline{CF}$

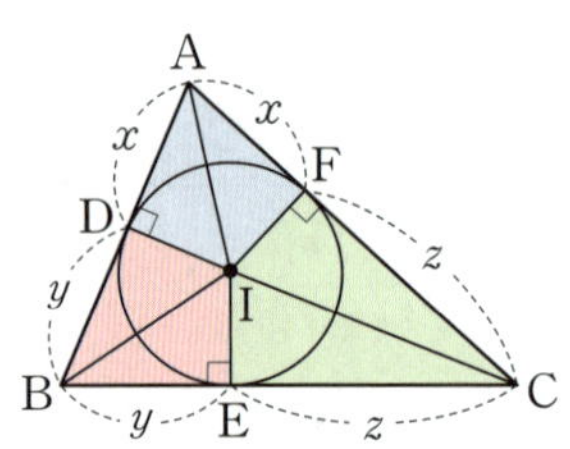

· 정답 및 해설 20쪽

I·1

1 다음 그림에서 점 I가 △ABC의 내심일 때, ∠x의 크기를 구하시오.

(1) 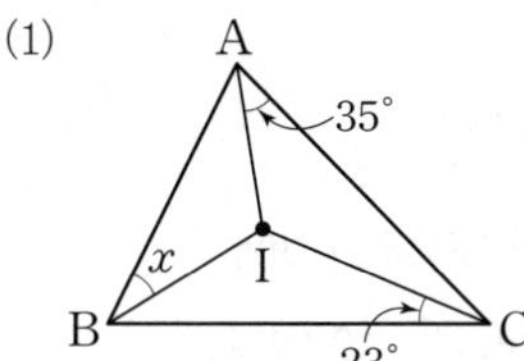

(2) 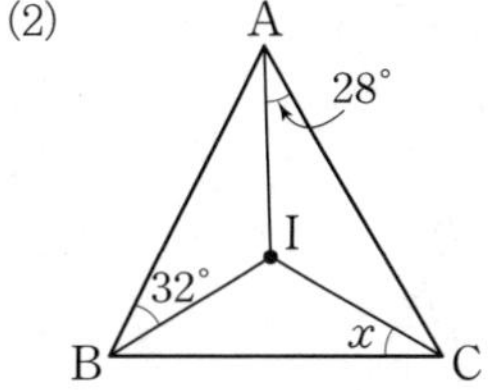

(3) 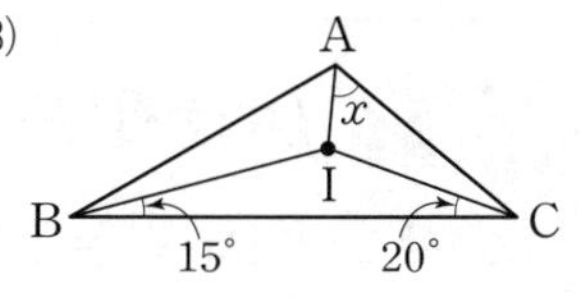

2 다음 그림에서 점 I가 △ABC의 내심일 때, ∠x의 크기를 구하시오.

(1) 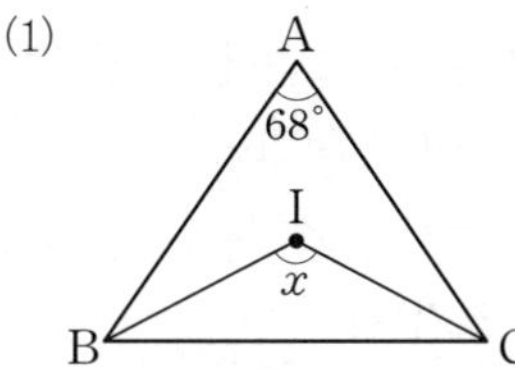

(2) 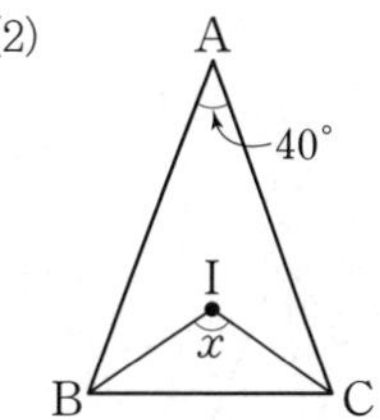

(3) 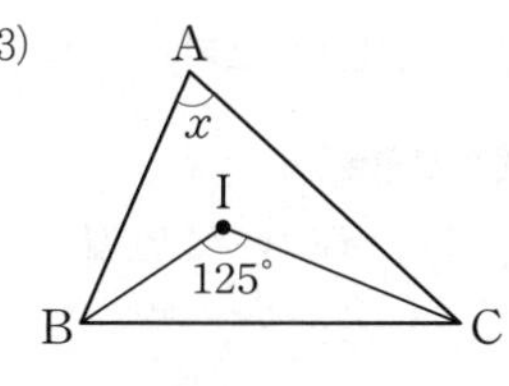

3 다음 그림에서 점 I가 △ABC의 내심일 때, ∠x의 크기를 구하시오.

(1) 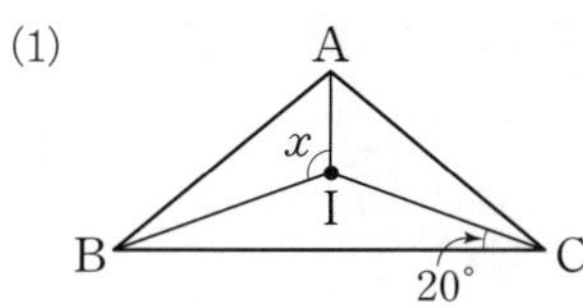

(2) 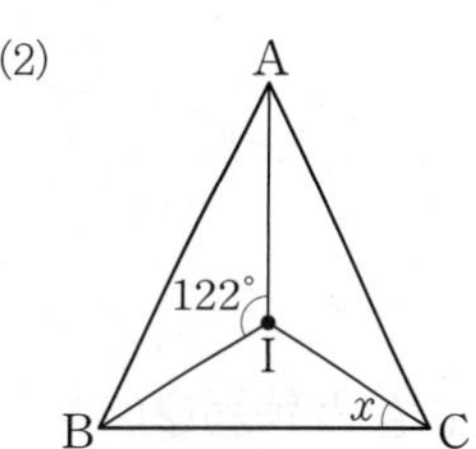

4 다음 그림에서 점 I가 △ABC의 내심일 때, △ABC의 넓이를 구하시오.

(1) 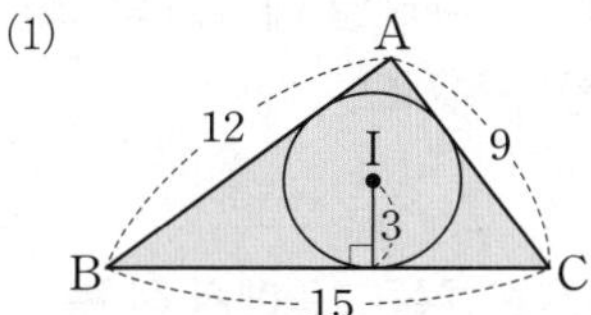

(2) 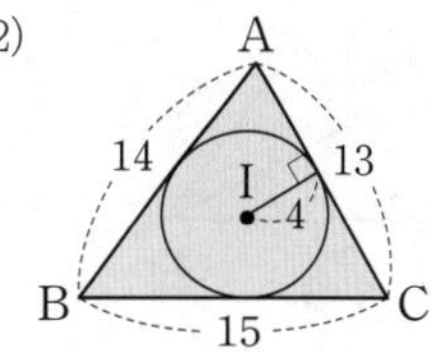

5 다음 그림에서 점 I가 △ABC의 내심이고, 세 점 D, E, F는 각각 내접원과 $\overline{AB}$, $\overline{BC}$, $\overline{CA}$의 접점일 때, x의 값을 구하시오.

(1) 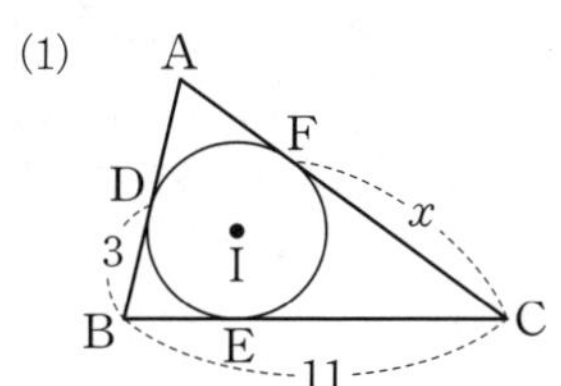

(2) 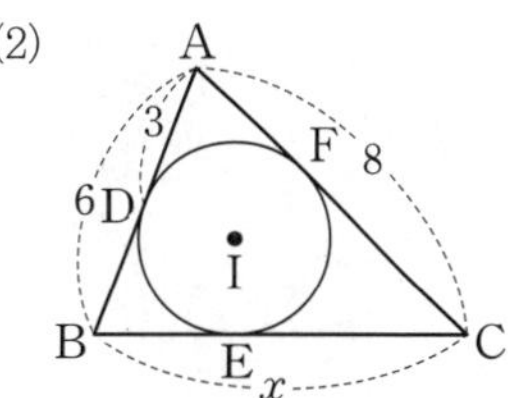

• 예제 1　삼각형의 내심의 응용 (1)

오른쪽 그림에서 점 I는 △ABC의 내심이다. ∠ABI=41°, ∠BCI=30°일 때, 다음을 구하시오.

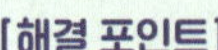

(1) ∠ICA의 크기
(2) ∠IAC의 크기
(3) ∠AIC의 크기

[해결 포인트]

점 I가 △ABC의 내심일 때
➡ $\angle x + \angle y + \angle z = 90°$

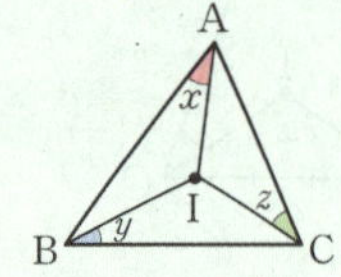

1-1 오른쪽 그림에서 점 I는 △ABC의 내심이다.
∠IBC=26°, ∠ICA=30°일 때, ∠x, ∠y의 크기를 각각 구하시오.

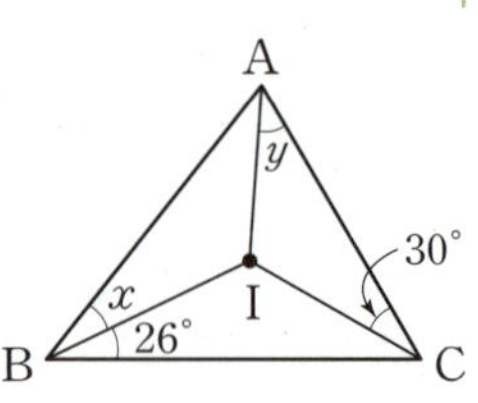

1-2 오른쪽 그림에서 점 I는 △ABC의 내심이다.
∠IBC=25°, ∠C=74°일 때, ∠x의 크기는?

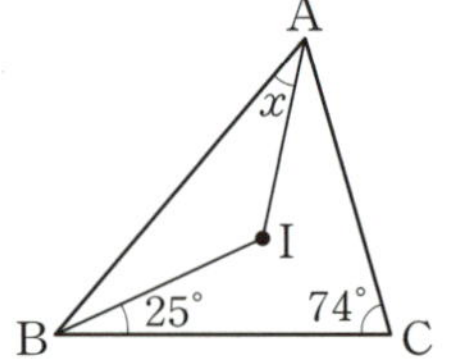
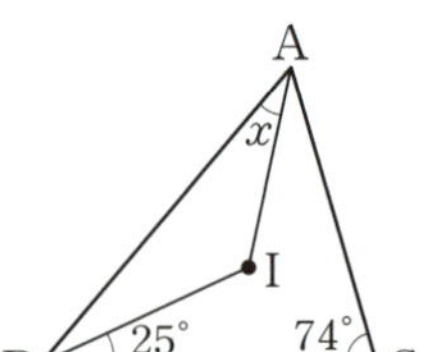

① 28°　　② 29°
③ 30°　　④ 31°
⑤ 32°

• 예제 2　삼각형의 내심의 응용 (2)

다음 그림에서 점 I는 △ABC의 내심이다. ∠IAB=35°일 때, ∠BIC의 크기를 구하시오.

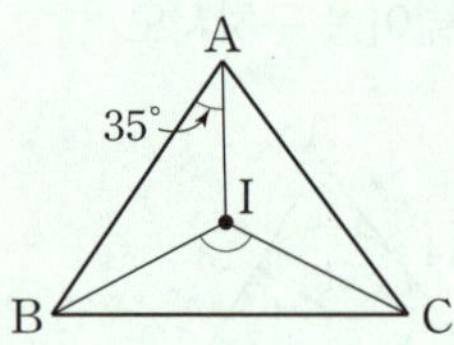

[해결 포인트]

점 I가 △ABC의 내심일 때
➡ $\angle BIC = 90° + \dfrac{1}{2}\angle A$

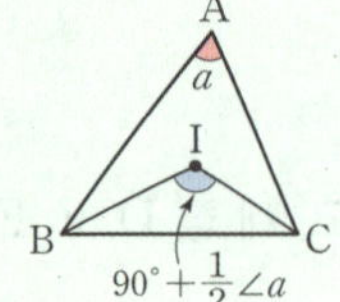

2-1 오른쪽 그림에서 점 I는 ∠B의 이등분선과 ∠C의 이등분선의 교점이다.
∠IAB=46°일 때, ∠x의 크기를 구하시오.

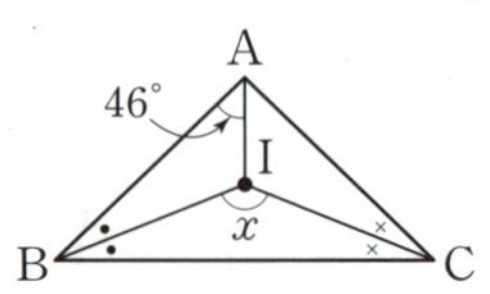

2-2 오른쪽 그림에서 점 I는 △ABC의 내심이다.
∠IAC=40°, ∠IBA=20°일 때, ∠x+∠y의 값을 구하시오.

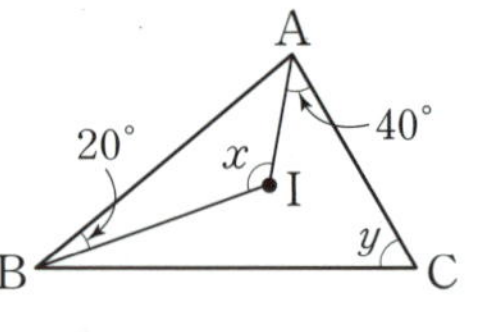

• 예제 **3** 내접원과 삼각형의 넓이

오른쪽 그림에서 점 I 는 직각삼각형 ABC 의 내심이다.
$\overline{AB}=20\,cm$,
$\overline{BC}=16\,cm$,
$\overline{CA}=12\,cm$일 때, 다음을 구하시오.

(1) △ABC의 넓이
(2) △ABC의 내접원의 반지름의 길이

[해결 포인트]

점 I가 △ABC의 내심이고, △ABC의 내접원의 반지름의 길이가 r일 때

➡ $\triangle ABC = \dfrac{1}{2}r(\overline{AB}+\overline{BC}+\overline{CA})$

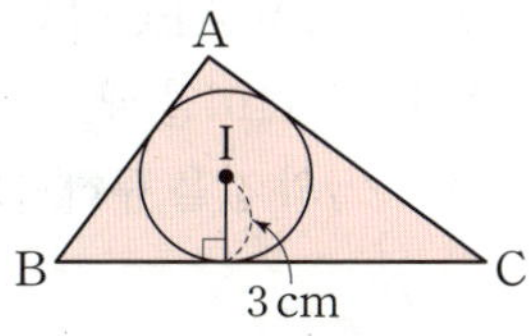

한번 더!

3-1 오른쪽 그림에서 점 I는 △ABC의 내심이다. △ABC의 내접원의 반지름의 길이가 3 cm이고 △ABC의 둘레의 길이가 34 cm일 때, △ABC의 넓이를 구하시오.

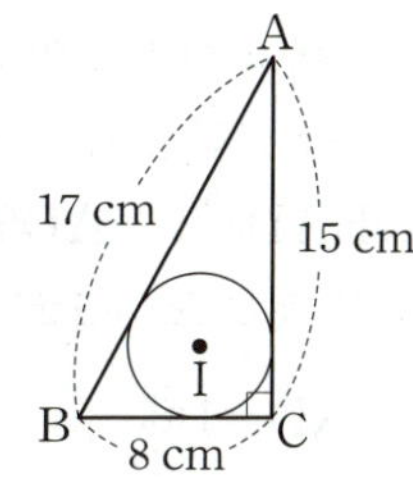

3-2 오른쪽 그림에서 원 I가 ∠C=90°인 직각삼각형 ABC 의 내접원일 때, 내접원의 반지름의 길이를 구하시오.

• 예제 **4** 내접원과 접선의 길이

오른쪽 그림에서 점 I는 △ABC의 내심이고, 세 점 D, E, F는 각각 내접원과 $\overline{AB}$, $\overline{BC}$, $\overline{CA}$의 접점이다. $\overline{AB}=6\,cm$, $\overline{BC}=7\,cm$, $\overline{CA}=5\,cm$일 때, 다음 물음에 답하시오.

(1) $\overline{AF}=x\,cm$라 할 때, $\overline{BC}$의 길이를 x를 사용한 식으로 나타내시오.
(2) $\overline{AF}$의 길이를 구하시오.

[해결 포인트]

점 I가 △ABC의 내심이고, 세 점 D, E, F가 각각 내접원과 세 변의 접점일 때

➡ $\overline{AD}=\overline{AF}$, $\overline{BD}=\overline{BE}$, $\overline{CE}=\overline{CF}$

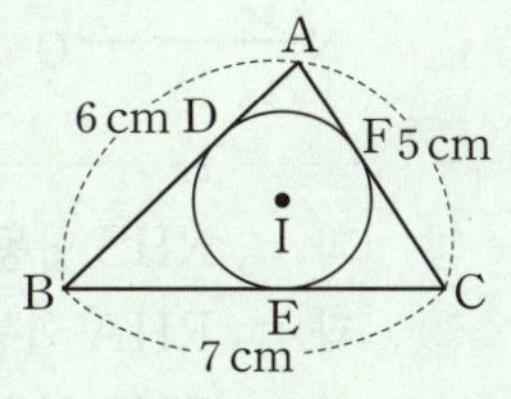

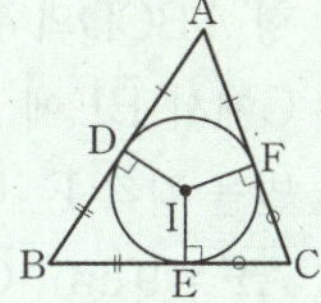

한번 더!

4-1 오른쪽 그림에서 점 I 는 △ABC의 내심이고, 세 점 D, E, F는 각각 내접원과 $\overline{AB}$, $\overline{BC}$, $\overline{CA}$의 접점이다. $\overline{AD}=2\,cm$, $\overline{BD}=5\,cm$, $\overline{CE}=3\,cm$일 때, △ABC의 둘레의 길이를 구하시오.

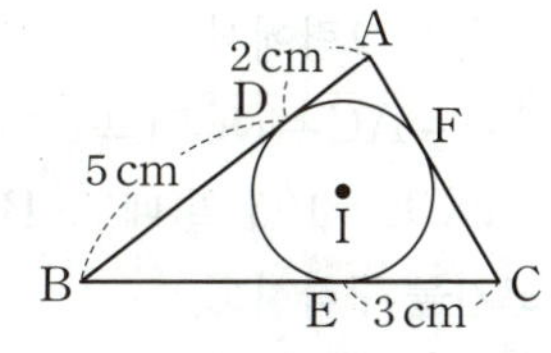

4-2 오른쪽 그림에서 원 I 는 △ABC의 내접원이고, 세 점 D, E, F는 각각 내접원과 $\overline{AB}$, $\overline{BC}$, $\overline{CA}$의 접점이다. $\overline{AB}=10\,cm$, $\overline{BC}=14\,cm$, $\overline{CA}=8\,cm$일 때, $\overline{AF}$의 길이를 구하시오.

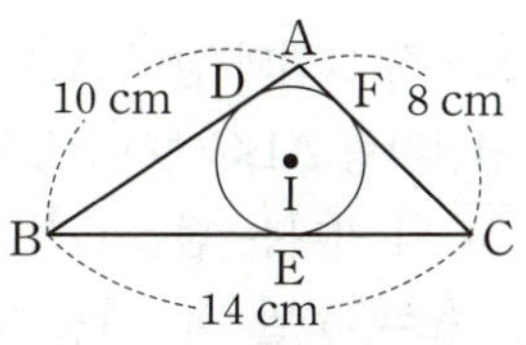

1

오른쪽 그림과 같이 $\overline{AB}=\overline{AC}$인
이등변삼각형 ABC에서
$\angle BAD=110°$일 때,
$\angle x+\angle y$의 값을 구하시오.

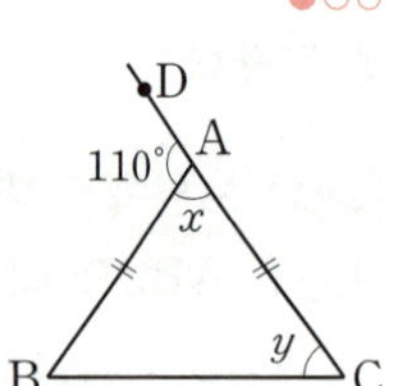

2

오른쪽 그림과 같이 $\overline{AB}=\overline{AC}$인
이등변삼각형 ABC에서
$\angle BAD=\angle CAD$일 때, 다음 중
옳은 것을 모두 고르면? (정답 2개)

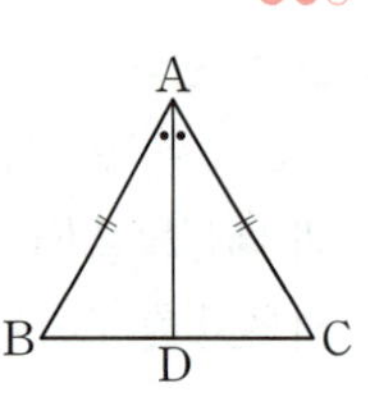

① $\overline{AD}=\overline{BC}$　　② $\overline{BD}=\overline{CD}$
③ $\angle A=\angle B$　　④ $\overline{AD}\perp\overline{BC}$
⑤ $\angle BAD=28°$일 때, $\angle C=56°$이다.

3 중요

오른쪽 그림에서
$\overline{AB}=\overline{AC}=\overline{DC}$이고
$\angle DCE=105°$일 때, $\angle B$의
크기를 구하시오.

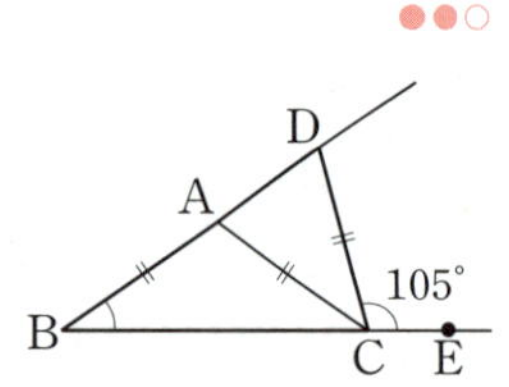

4

오른쪽 그림과 같이 $\overline{AB}=\overline{AC}$인 이등
변삼각형 ABC에서 $\angle B$의 이등분선이
$\overline{AC}$와 만나는 점을 D라 하자.
$\angle A=36°$일 때, 다음 중 옳지 <u>않은</u>
것을 모두 고르면? (정답 2개)

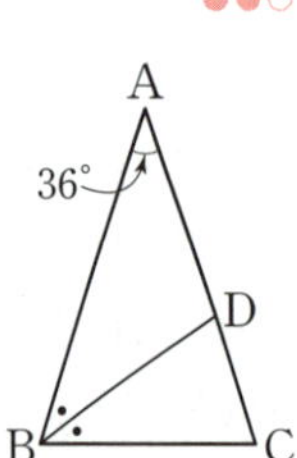

① $\angle ABD=36°$
② $\angle BDC=54°$
③ $\overline{AD}=\overline{BD}=\overline{CD}$
④ $\triangle ABD$는 이등변삼각형이다.
⑤ $\triangle BCD$는 이등변삼각형이다.

5

직사각형 모양의 종이를 오
른쪽 그림과 같이 접었다.
$\overline{AC}=7\,cm$, $\overline{BC}=6\,cm$일
때, $\overline{AB}$의 길이를 구하시오.

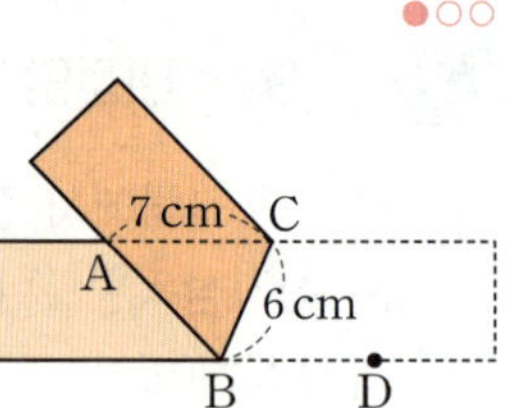

6

다음 |보기|에서 합동인 두 삼각형과 그 합동 조건을
바르게 짝 지은 것을 모두 고르면? (정답 2개)

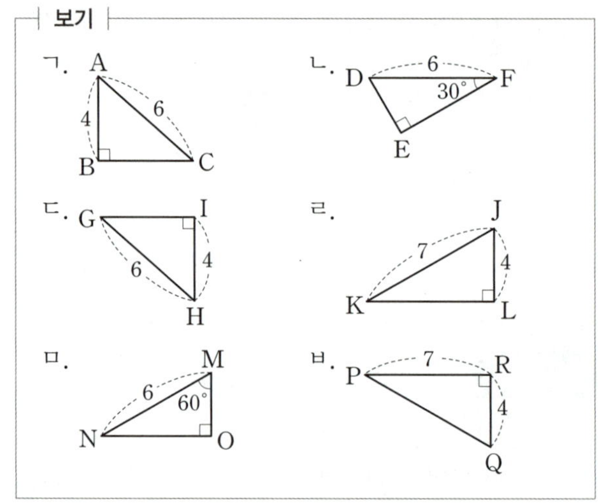

① ㄱ과 ㄴ, RHS 합동　　② ㄱ과 ㄷ, RHS 합동
③ ㄴ과 ㄷ, RHA 합동　　④ ㄴ과 ㅁ, RHA 합동
⑤ ㄹ과 ㅂ, RHS 합동

7

오른쪽 그림과 같은 정사각
형 ABCD의 두 꼭짓점 A,
C에서 $\overline{BE}$에 내린 수선의
발을 각각 F, G라 하자.
$\overline{AF}=9\,cm$, $\overline{CG}=5\,cm$
일 때, $\triangle AFG$의 넓이를 구하시오.

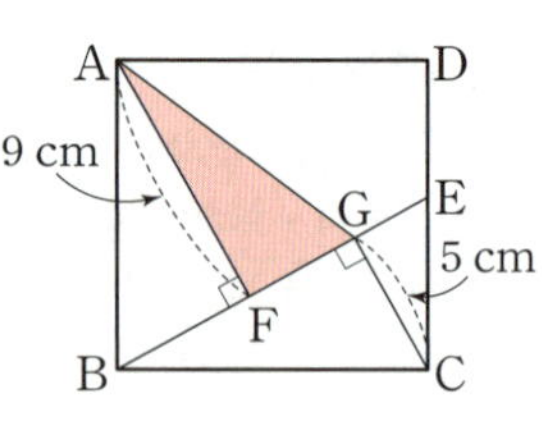

8 중요

오른쪽 그림과 같은 △ABC에서 점 D는 $\overline{BC}$의 중점이고 두 점 E, F는 각각 점 D에서 $\overline{AB}$, $\overline{AC}$에 내린 수선의 발이다. $\overline{BE}=\overline{CF}$, ∠A=42° 일 때, ∠B의 크기를 구하시오.

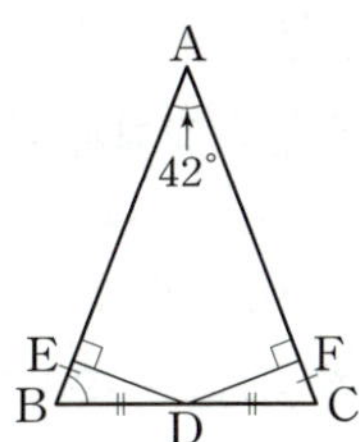

9

오른쪽 그림에서 $\overline{OX}\perp\overline{PA}$, $\overline{OY}\perp\overline{PB}$이고 $\overline{PA}=\overline{PB}$일 때, 다음 |보기| 중 옳은 것을 모두 고른 것은?

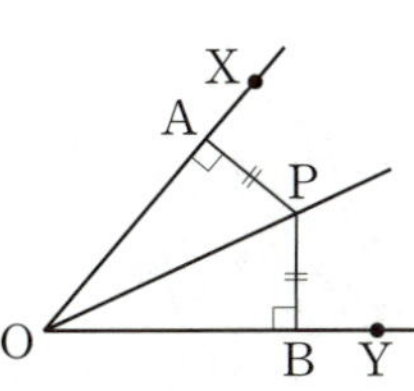

| 보기 |

ㄱ. $\overline{AO}=\overline{PO}=\overline{BO}$ ㄴ. ∠APO=∠BPO

ㄷ. ∠AOB=2∠AOP   ㄹ. △AOP≡△BOP

① ㄱ, ㄴ   ② ㄱ, ㄹ   ③ ㄱ, ㄴ, ㄷ

④ ㄱ, ㄷ, ㄹ   ⑤ ㄴ, ㄷ, ㄹ

10 중요

다음 그림과 같이 ∠C=90°인 직각삼각형 ABC에서 ∠A의 이등분선이 $\overline{BC}$와 만나는 점을 D라 할 때, △ABD의 넓이를 구하시오.

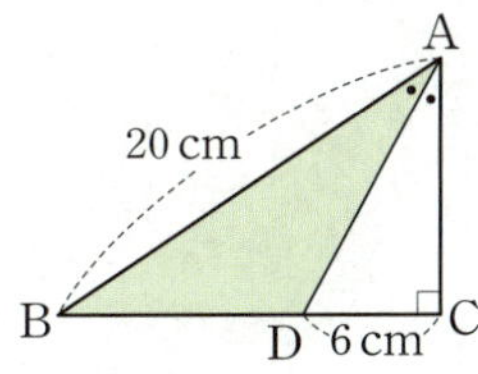

11

오른쪽 그림에서 점 O는 △ABC의 외심이다. ∠OAC=30°, ∠OBC=35°일 때, ∠C의 크기를 구하시오.

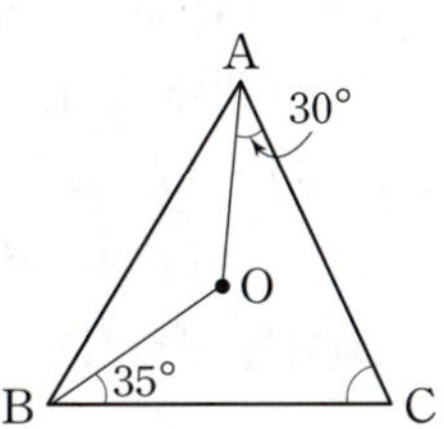

12 창의력 UP

오른쪽 그림은 경주 영묘사 터에서 발견된 '신라의 미소'라 불리는 수막새의 일부분이다. 이 유물을 원래의 원 모양으로 복원하기 위해 테두리에 세 점 A, B, C를 잡아 원의 중심을 찾으려고 한다. 다음 중 이 원의 중심으로 옳은 것은?

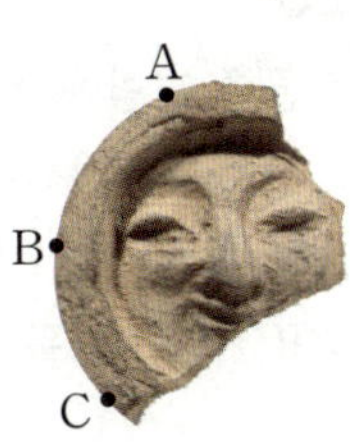

① 점 B에서 $\overline{AC}$에 내린 수선의 발

② △ABC의 세 꼭짓점 A, B, C에서 각 대변에 내린 수선의 교점

③ △ABC에서 세 꼭짓점 A, B, C와 각 대변의 중점을 이은 선분의 교점

④ $\overline{AB}$, $\overline{BC}$, $\overline{AC}$의 수직이등분선의 교점

⑤ ∠ABC, ∠BCA, ∠CAB의 이등분선의 교점

13

오른쪽 그림에서 점 O는 ∠C=90°인 직각삼각형 ABC의 외심이다. $\overline{BC}=8\,cm$이고 △OBC의 넓이가 $12\,cm^2$일 때, $\overline{AC}$의 길이를 구하시오.

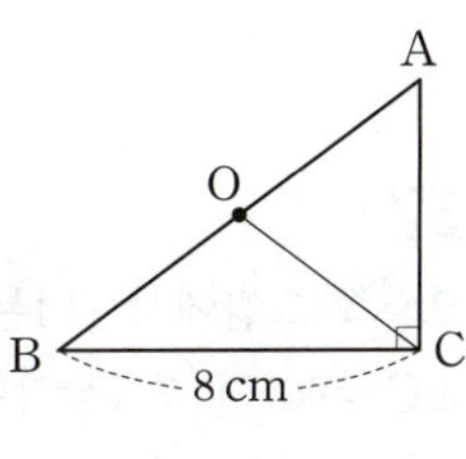

14

오른쪽 그림에서 세 점 A, B, C
는 원 O 위에 있다.
$\angle ABO=35°$, $\angle ACO=45°$,
$\overline{OA}=4$ cm일 때, 부채꼴 BOC
의 넓이를 구하시오.

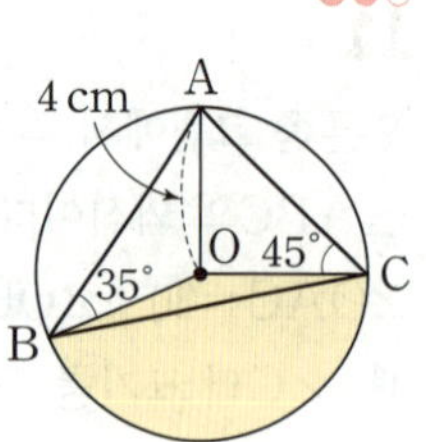

15

오른쪽 그림에서 점 I는
$\triangle ABC$의 내심이다.
$\angle BAI=36°$, $\angle B=68°$일 때,
$\angle ICB$의 크기를 구하시오.

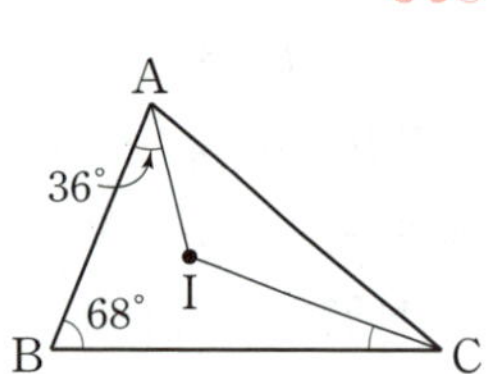

16 중요

오른쪽 그림에서 점 I가
$\triangle ABC$의 내심일 때, 점 I
를 지나고 $\overline{BC}$에 평행한 직
선이 $\overline{AB}$, $\overline{AC}$와 만나는 점
을 각각 D, E라 하자. $\overline{AB}=11$ cm, $\overline{AC}=12$ cm일
때, $\triangle ADE$의 둘레의 길이를 구하시오.

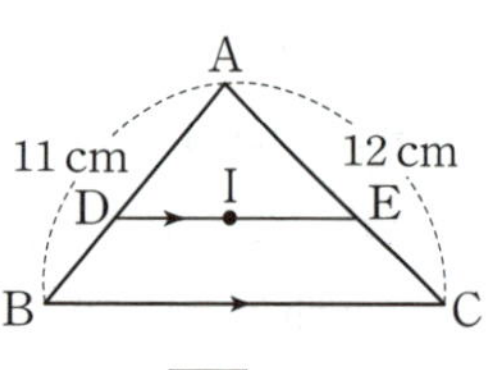

17

오른쪽 그림에서 원 I는
$\angle C=90°$인 직각삼각형
ABC의 내접원이고, 세 점 D,
E, F는 접점이다.
$\overline{AB}=5$ cm, $\overline{BC}=3$ cm,
$\overline{CA}=4$ cm일 때, $\triangle IAB$의
넓이를 구하시오.

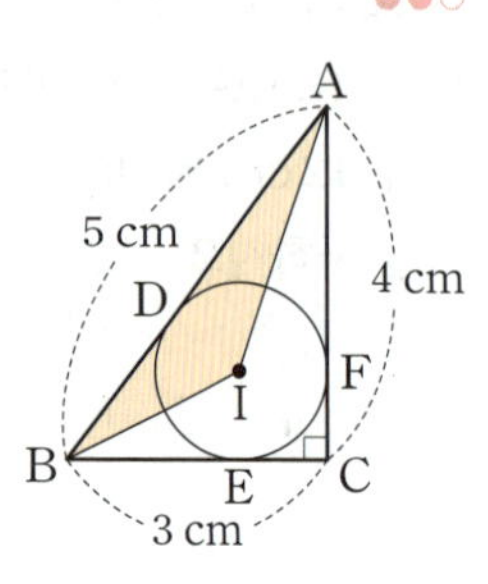

18

오른쪽 그림과 같이
$\angle BAC=90°$이고
$\overline{AB}=\overline{AC}$인 직각삼각
형 ABC의 꼭짓점 A를
지나는 직선 l이 있다. 두 꼭짓점 B, C에서 직선 l에
내린 수선의 발을 각각 D, E라 할 때, 사각형 DBCE의
넓이를 구하시오. (단, 풀이 과정을 자세히 쓰시오.)

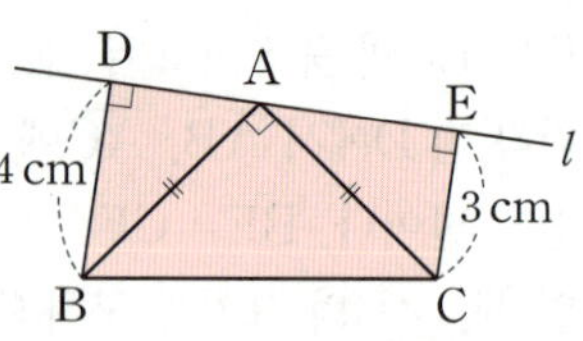

풀이

답

19

오른쪽 그림에서 두 점 O, I
는 각각 $\triangle ABC$의 외심, 내
심이다. $\angle A=72°$일 때,
$\angle BOC-\angle BIC$의 값을 구하
시오. (단, 풀이 과정을 자세
히 쓰시오.)

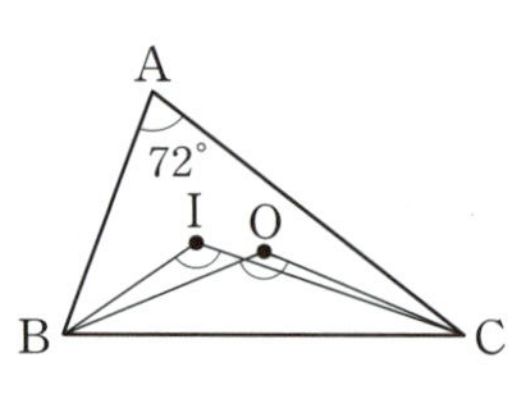

풀이

답

1 마인드맵으로 개념 구조화!

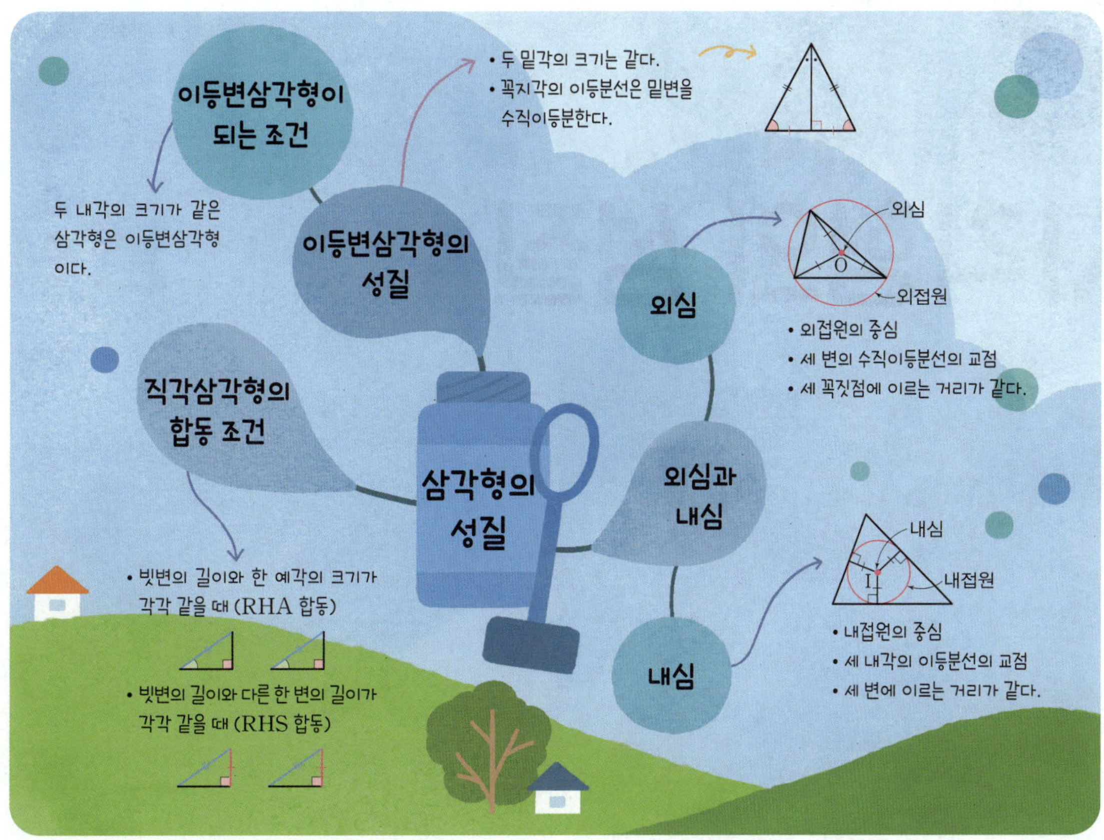

2 OX 문제로 개념 점검!

옳은 것은 ◯, 옳지 <u>않은</u> 것은 ✕를 택하시오.　　　· 정답 및 해설 24쪽

❶ 이등변삼각형의 꼭지각의 이등분선은 밑변을 수직이등분한다.　◯ | ✕

❷ 세 내각의 크기가 40°, 70°, 70°인 삼각형은 이등변삼각형이다.　◯ | ✕

❸ 빗변의 길이가 같은 두 직각삼각형에서 한 예각의 크기가 같으면 두 직각삼각형은 RHA 합동이다.　◯ | ✕

❹ 한 변의 길이가 15 cm이고, 다른 한 변의 길이가 9 cm인 두 직각삼각형은 합동이다.　◯ | ✕

❺ 각을 이루는 두 변에서 같은 거리에 있는 점은 그 각의 이등분선 위에 있다.　◯ | ✕

❻ 삼각형의 모든 꼭짓점이 한 원 위에 있을 때, 그 원은 삼각형에 내접한다.　◯ | ✕

❼ 삼각형의 외심에서 세 꼭짓점에 이르는 거리는 같다.　◯ | ✕

❽ 삼각형의 세 변의 수직이등분선의 교점은 그 삼각형의 내심이다.　◯ | ✕

❾ 삼각형의 내심에서 세 변에 이르는 거리는 같다.　◯ | ✕

2 사각형의 성질

☑ 이번에 배워요

1. 삼각형의 성질
- 이등변삼각형의 성질
- 직각삼각형의 합동 조건
- 삼각형의 외심과 내심

2. 사각형의 성질
- 평행사변형의 성질
- 평행사변형이 되는 조건
- 여러 가지 사각형의 성질

배웠어요

- 여러 가지 삼각형 [초3~4]
- 여러 가지 사각형 [초3~4]
- 기본 도형 [중1]
- 작도와 합동 [중1]
- 평면도형의 성질 [중1]

배울 거예요

- 도형의 닮음 [중2]
- 피타고라스 정리 [중2]
- 삼각비 [중3]
- 원의 성질 [중3]

사각형의 다양한 성질은 건축, 가구, 교통, 전자기기, 문구 등 우리 생활 전반에 걸쳐 활용되고 있습니다.

사각형은 구조적 안정성뿐만 아니라 공간 활용성을 높이기 때문입니다.

우리 생활 주변의 지붕 구조, 차량 디자인, 키보드 디자인 등에서 평행사변형을, 컴퓨터나 스마트폰의 화면, 책 등에서

직사각형을, 벽타일, 교통 신호 표지판 등에서 마름모를 찾아볼 수 있습니다.

이 단원에서는 평행사변형, 직사각형, 마름모, 정사각형, 등변사다리꼴의 성질과 여러 가지 사각형 사이의 관계를 학습합

니다.

▶ **새로 배우는 기호**
□ABCD

2. 사각형의 성질을 시작하기 전에

여러 가지 사각형 [초등]

1 다음 □ 안에 알맞을 말을 쓰시오.

(1) 두 쌍의 마주 보는 변이 각각 서로 평행한 사각형을 [   ]이라 한다.

(2) 네 각의 크기가 모두 같은 사각형을 [   ]이라 한다.

(3) 네 변의 길이가 모두 같고 네 각이 모두 직각인 사각형을 [   ]이라 한다.

평행선의 성질 [중1]

2 오른쪽 그림에서 $l /\!/ m$일 때, $\angle x$, $\angle y$의 크기를 각각 구하시오.

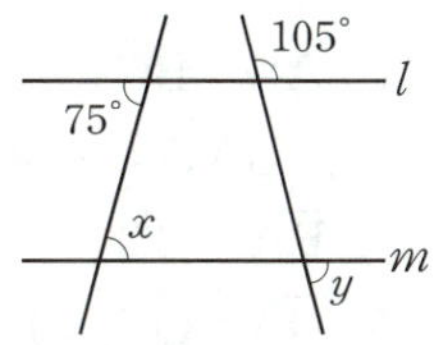

평행사변형의 성질

(1) 사각형 기호

사각형 ABCD를 기호로 □ABCD와 같이 나타낸다.

이때 사각형에서 서로 마주 보는 변을 대변, 서로 마주 보는 각을 대각이라 한다.

(2) 평행사변형: 두 쌍의 대변이 각각 평행한 사각형

➡ $\overline{AB}/\!/\overline{DC}$, $\overline{AD}/\!/\overline{BC}$

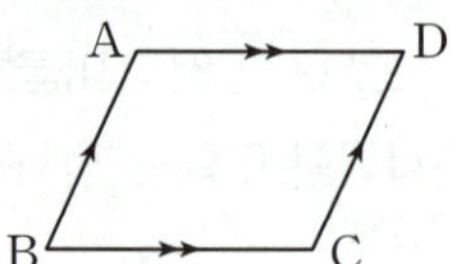

(3) 평행사변형의 성질

① 두 쌍의 대변의 길이는 각각 같다.

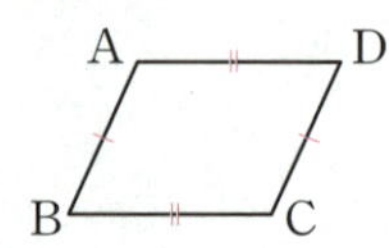

➡ $\overline{AB}=\overline{DC}$, $\overline{AD}=\overline{BC}$

② 두 쌍의 대각의 크기는 각각 같다.

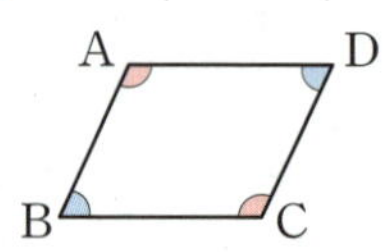

➡ $\angle A=\angle C$, $\angle B=\angle D$

③ 두 대각선은 서로 다른 것을 이등분한다.

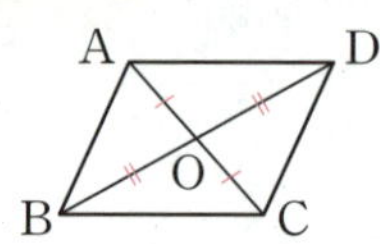

➡ $\overline{OA}=\overline{OC}$, $\overline{OB}=\overline{OD}$

참고 평행사변형에서 이웃하는 두 내각의 크기의 합은 $180°$이다.

위의 ②에서 $2\angle A+2\angle B=360°$, 즉 $\angle A+\angle B=180°$임을 확인할 수 있다.

• 개념 **확인하기**

•정답 및 해설 24쪽

1 다음 그림과 같은 평행사변형 ABCD에서 x, y의 값을 각각 구하시오.

(1) 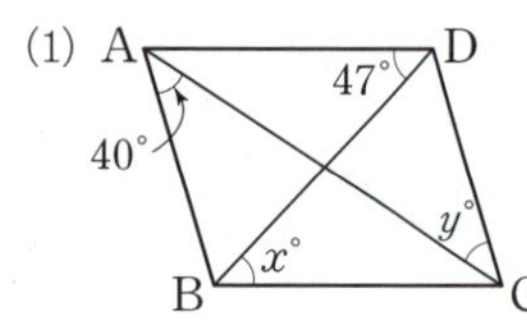

(2) 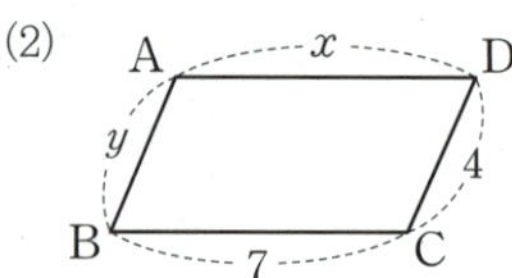

(3) 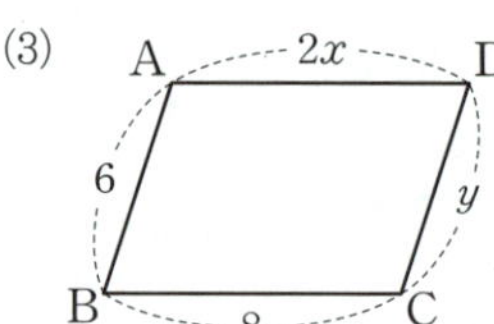

(4) 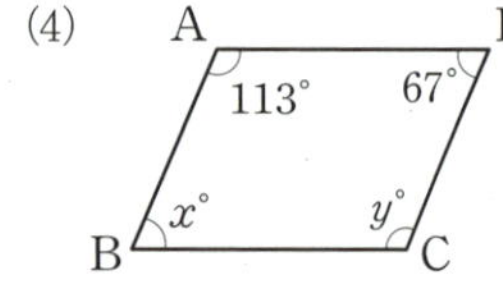

(5) 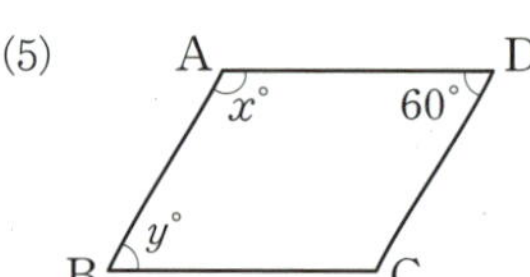

(6) 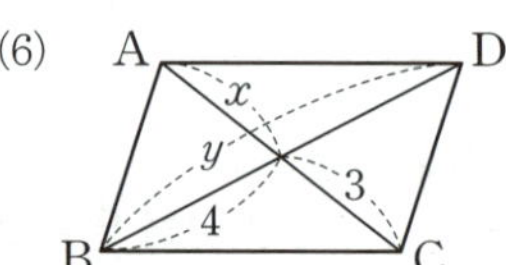

2 오른쪽 그림과 같은 평행사변형 ABCD에서 두 대각선의 교점을 O라 할 때, 다음 중 옳은 것은 ○표, 옳지 <u>않은</u> 것은 ×표를 (   ) 안에 쓰시오.

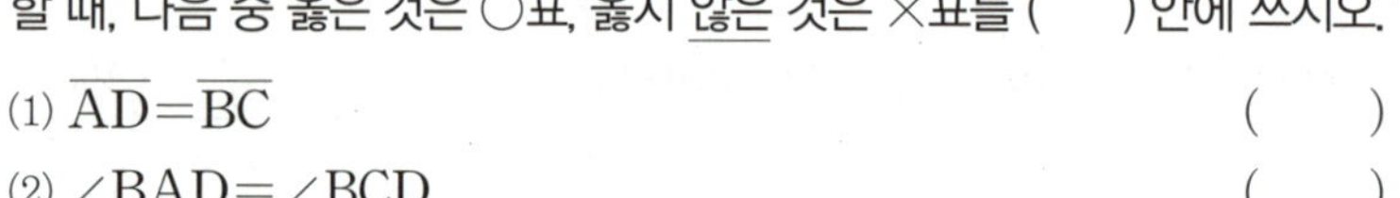

(1) $\overline{AD}=\overline{BC}$　　　　　　　　　(   )

(2) $\angle BAD=\angle BCD$　　　　　(   )

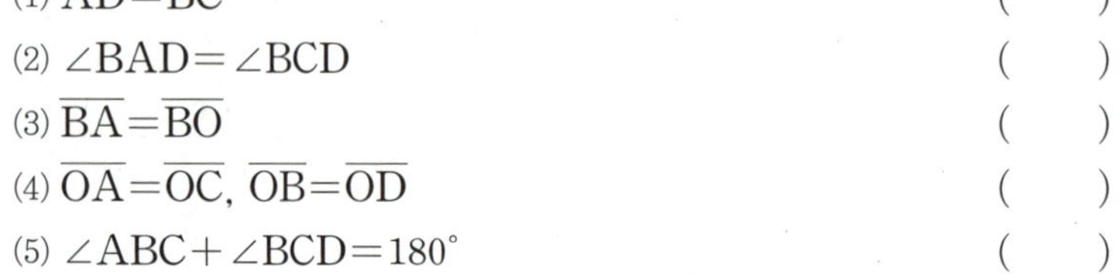

(3) $\overline{BA}=\overline{BO}$　　　　　　　　　(   )

(4) $\overline{OA}=\overline{OC}$, $\overline{OB}=\overline{OD}$　(   )

(5) $\angle ABC+\angle BCD=180°$　(   )

(6) $\angle ABC+\angle ADC=180°$　(   )

• 예제 **1** 평행사변형의 성질 (1)

오른쪽 그림과 같은 평행사변형 ABCD에서 ∠AEB＝50°, ∠C＝110°일 때, ∠x, ∠y의 크기를 각각 구하시오.

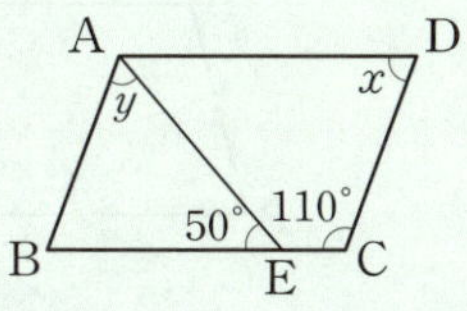

[해결 포인트]

평행사변형에서
• 두 쌍의 대변의 길이는 각각 같다.
• 두 쌍의 대각의 크기는 각각 같다.
• 이웃하는 두 내각의 크기의 합은 180°이다.

✋ **한번 더!**

1-1 오른쪽 그림과 같은 평행사변형 ABCD에서 ∠BDC＝38°, ∠DBC＝40°일 때, ∠x의 크기를 구하시오.

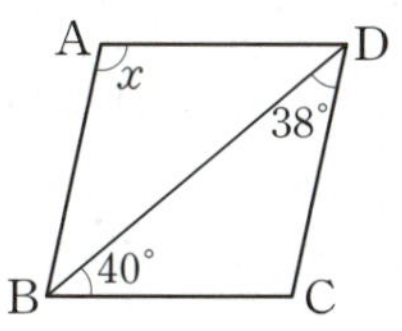

1-2 오른쪽 그림과 같은 평행사변형 ABCD에서 ∠A의 이등분선이 $\overline{BC}$와 만나는 점을 E라 하자. $\overline{AB}＝5\,cm$, $\overline{AD}＝8\,cm$일 때, $\overline{EC}$의 길이를 구하시오.

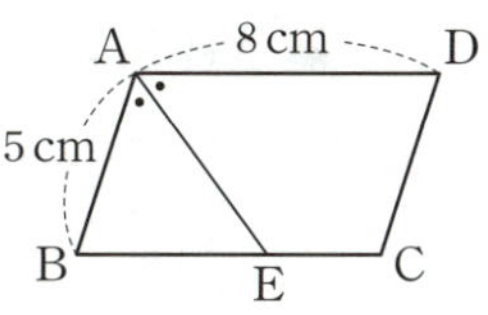

⭐ **TIP**

두 직선이 평행하면 동위각 또는 엇각의 크기가 같다.

• 예제 **2** 평행사변형의 성질 (2)

오른쪽 그림과 같은 평행사변형 ABCD에서 점 O는 두 대각선의 교점이다. $\overline{AB}＝11\,cm$, $\overline{AC}＝16\,cm$, $\overline{BD}＝20\,cm$일 때, △ABO의 둘레의 길이를 구하시오.

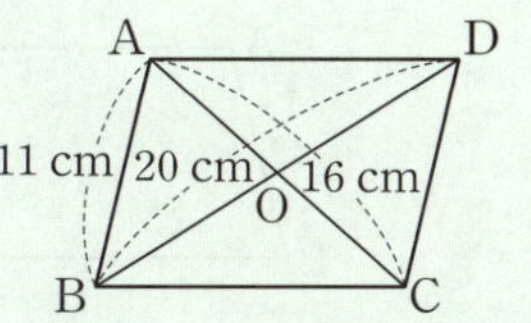

[해결 포인트]

평행사변형에서 두 대각선은 서로 다른 것을 이등분한다.

✋ **한번 더!**

2-1 오른쪽 그림과 같은 평행사변형 ABCD에서 x, y의 값을 각각 구하시오. (단, 점 O는 두 대각선의 교점이다.)

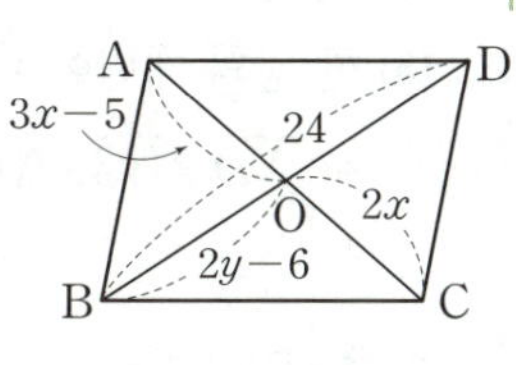

2-2 오른쪽 그림과 같은 평행사변형 ABCD에서 두 대각선의 교점을 O라 하자. $\overline{AD}＝9\,cm$이고 $\overline{AC}＋\overline{BD}＝24\,cm$일 때, △OBC의 둘레의 길이를 구하시오.

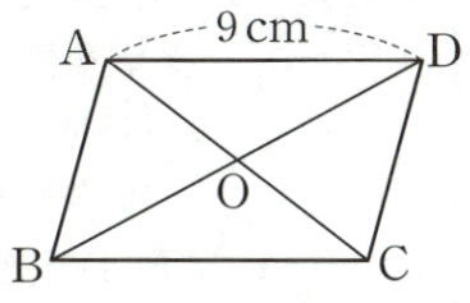

평행사변형이 되는 조건

□ABCD가 다음의 어느 한 조건을 만족시키면 평행사변형이 된다.

(1) 두 쌍의 대변이 각각 평행하다. ← 평행사변형의 뜻

➡ $\overline{AB} /\!/ \overline{DC}$, $\overline{AD} /\!/ \overline{BC}$

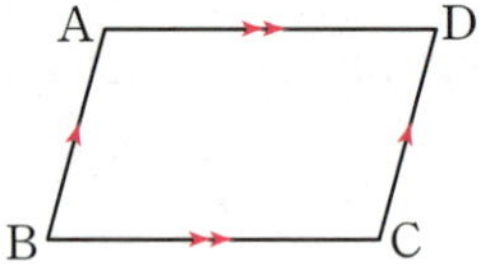

(2) 두 쌍의 대변의 길이가 각각 같다.

➡ $\overline{AB} = \overline{DC}$, $\overline{AD} = \overline{BC}$

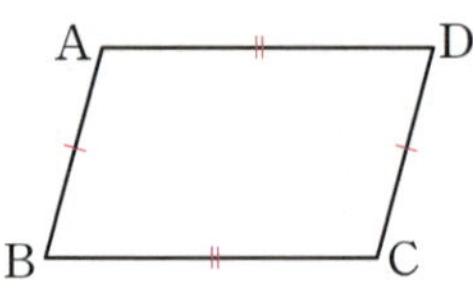

(3) 두 쌍의 대각의 크기가 각각 같다.

➡ $\angle A = \angle C$, $\angle B = \angle D$

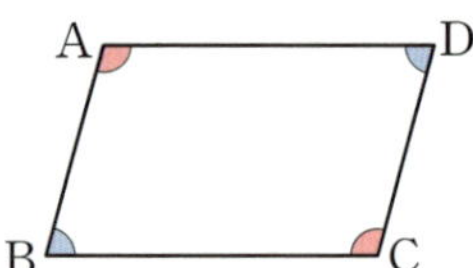

(4) 두 대각선이 서로 다른 것을 이등분한다.

➡ $\overline{OA} = \overline{OC}$, $\overline{OB} = \overline{OD}$

  (단, 점 O는 두 대각선의 교점이다.)

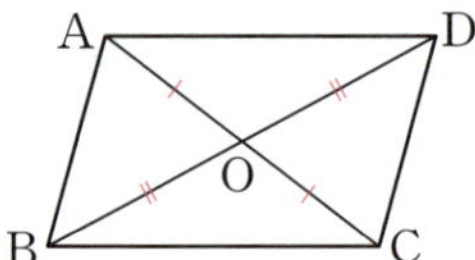

(5) 한 쌍의 대변이 평행하고 그 길이가 같다.

➡ $\overline{AD} /\!/ \overline{BC}$, $\overline{AD} = \overline{BC}$

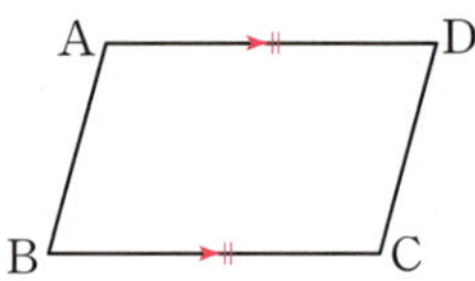

> 참고 • 평행사변형이 되는 조건을 확인할 때는 다음을 이용한다.
> ① 평행사변형의 뜻 ➡ 두 쌍의 대변이 각각 평행한 사각형
> ② 삼각형의 합동 조건 ➡ SSS 합동, SAS 합동, ASA 합동
> ③ 평행선의 성질
>   ➡ 두 직선이 다른 한 직선과 만날 때
>   (i) 두 직선이 평행하면 엇각 또는 동위각의 크기는 각각 같다.
>   (ii) 엇각 또는 동위각의 크기가 각각 같으면 두 직선은 평행하다.
> • □ABCD가 평행사변형일 때, 다음 그림의 색칠한 사각형도 모두 평행사변형이다.

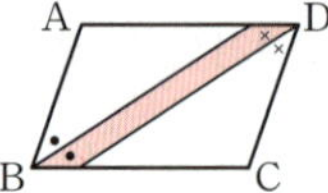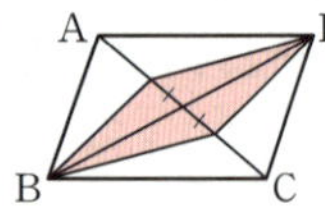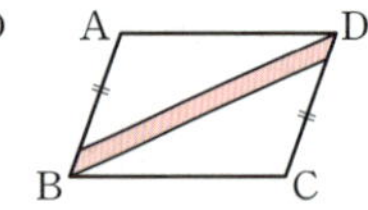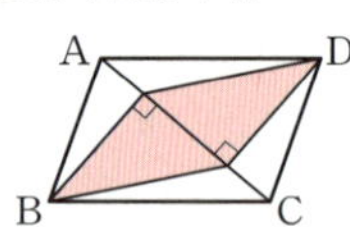

1 다음은 오른쪽 그림의 □ABCD가 평행사변형이 되는 조건이다.
□ 안에 알맞은 것을 쓰시오. (단, 점 O는 두 대각선의 교점이다.)

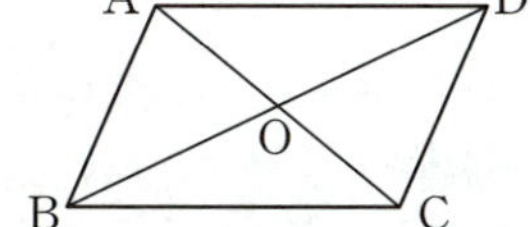

(1) $\overline{AB}$ ∥ □, $\overline{AD}$ ∥ □

(2) $\overline{AB}$ = □, $\overline{AD}$ = □

(3) ∠BAD = □, ∠ABC = □

(4) $\overline{OA}$ = □, $\overline{OB}$ = □

(5) $\overline{AB}$ ∥ □, $\overline{AB}$ = □

2 다음 그림과 같은 □ABCD가 평행사변형인 것은 ○표, 평행사변형이 <u>아닌</u> 것은 ×표를 (　　)
안에 쓰시오.

(1) 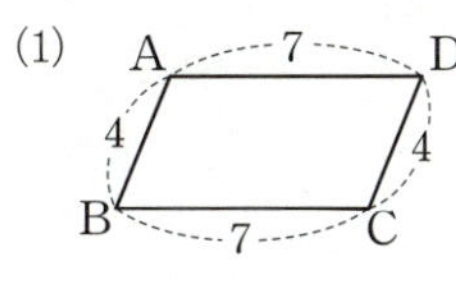

(　　)

(2) 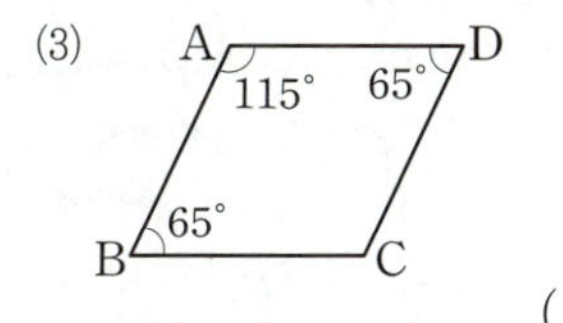

(　　)

(3) 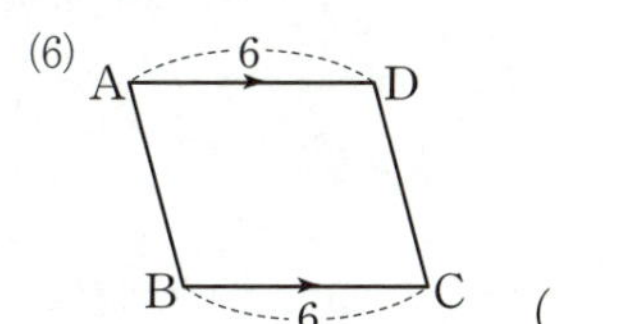

(　　)

(4) 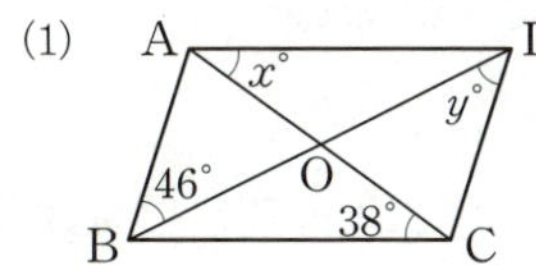

(　　)

(5) 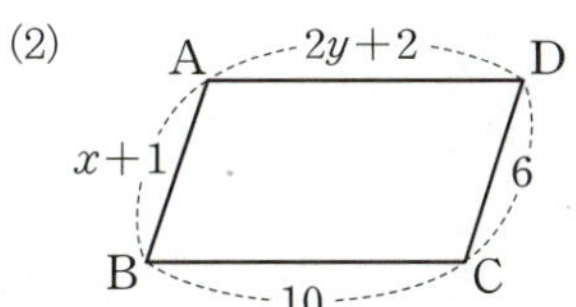

(　　)

(6) 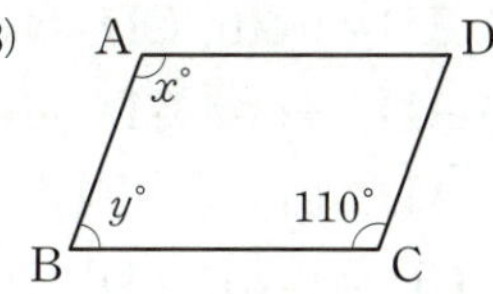

(　　)

3 다음 그림의 □ABCD가 평행사변형이 되도록 하는 x, y의 값을 각각 구하시오.
(단, 점 O는 두 대각선의 교점이다.)

(1) 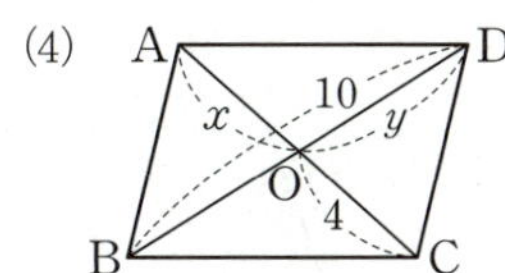

(2) 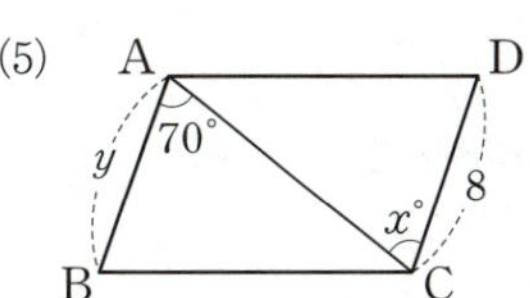

(3)

(4)

(5)

• 예제 **1** 평행사변형 찾기

다음 사각형 중 평행사변형이 <u>아닌</u> 것은?

① 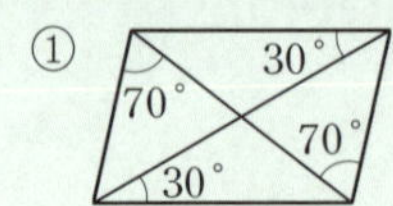 ② 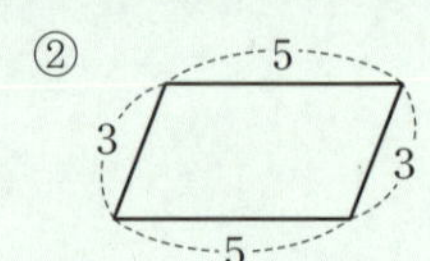

③ 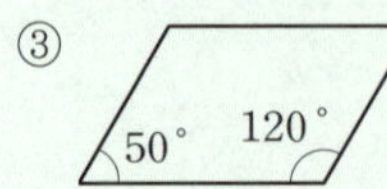 ④ 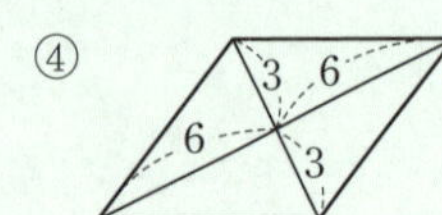

⑤ 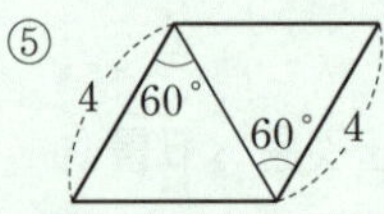

[해결 포인트]

다음 어느 한 조건을 만족시키면 평행사변형이다.

- 두 쌍의 대변이 각각 평행하다
- 두 쌍의 대변의 길이가 각각 같다.
- 두 쌍의 대각의 크기가 각각 같다.
- 한 쌍의 대변이 평행하고, 그 길이가 같다.
- 두 대각선이 서로 다른 것을 이등분한다.

☞ 한번 더!

1-1 다음 사각형 중 평행사변형이 <u>아닌</u> 것은?

① 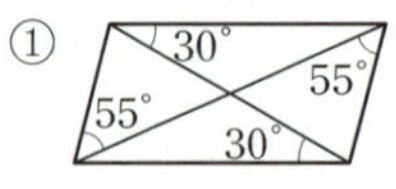 ② 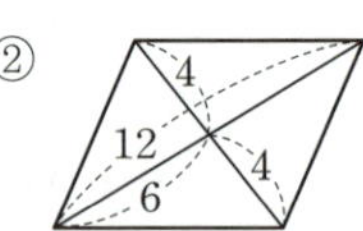

③ 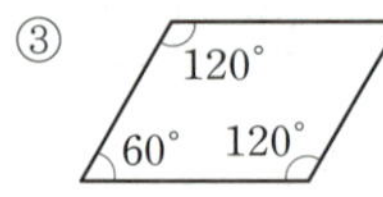 ④ 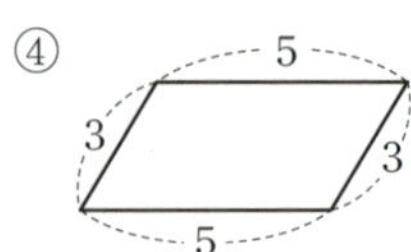

⑤ 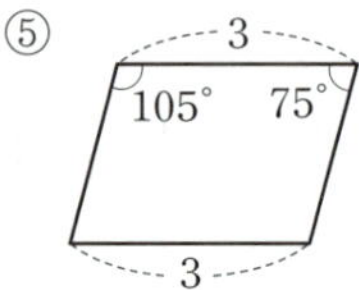

• 예제 **2** 평행사변형이 되는 조건 (1)

다음 중 오른쪽 그림과 같은 □ABCD가 평행사변형이 되도록 하는 조건을 모두 고르면? (정답 2개)

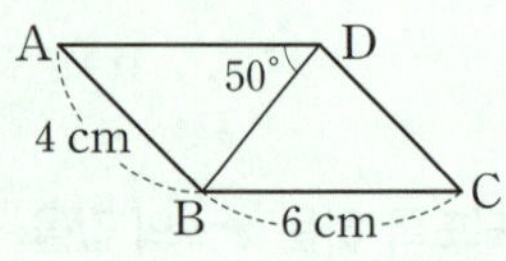

① $\overline{AD}=6\,cm$, $\overline{CD}=4\,cm$
② $\overline{AD}=4\,cm$, $\overline{CD}=6\,cm$
③ $\overline{AD}=6\,cm$, $\angle DBC=50°$
④ $\overline{CD}=4\,cm$, $\angle DBC=50°$
⑤ $\overline{CD}=4\,cm$, $\angle C=80°$

[해결 포인트]

대변, 대각, 대각선 등 주어진 조건에 따라 평행사변형이 되는지 확인한다.

☞ 한번 더!

2-1 오른쪽 그림과 같은 □ABCD에서 $\angle A=116°$일 때, □ABCD가 평행사변형이 되도록 하는 x, y의 값을 각각 구하시오.

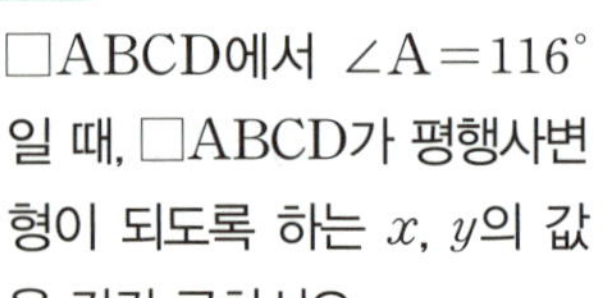

2-2 다음 그림과 같은 □ABCD가 평행사변형이 되도록 하는 x, y에 대하여 $x+y$의 값을 구하시오.

(단, 점 O는 두 대각선의 교점이다.)

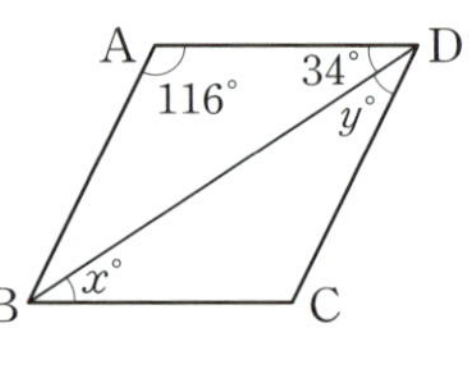

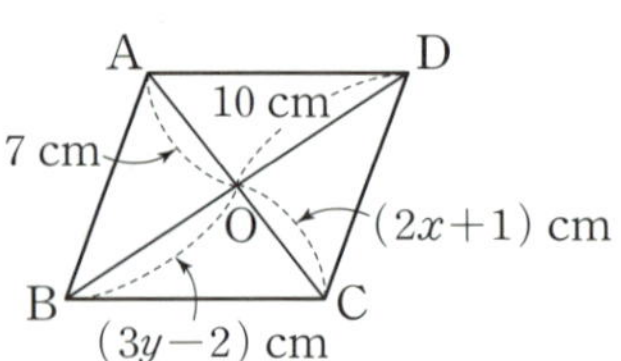

• 예제 **3** 평행사변형이 되는 조건 (2)

다음 중 □ABCD가 평행사변형인 것은?

(단, 점 O는 두 대각선의 교점이다.)

① $\angle A=100°$, $\angle B=80°$, $\angle C=80°$
② $\overline{AB}/\!/\overline{DC}$, $\overline{AD}=\overline{BC}=3\,cm$
③ $\overline{AB}=\overline{BC}=4\,cm$, $\overline{AD}=\overline{DC}=6\,cm$
④ $\overline{OA}=\overline{OD}=8\,cm$, $\overline{OB}=\overline{OC}=6\,cm$
⑤ $\angle DAC=\angle BCA=40°$, $\overline{AD}=\overline{BC}=5\,cm$

[해결 포인트]

주어진 조건에 따라 사각형을 그림으로 나타내었을 때, 다음 중
하나를 만족시키면 평행사변형이다.

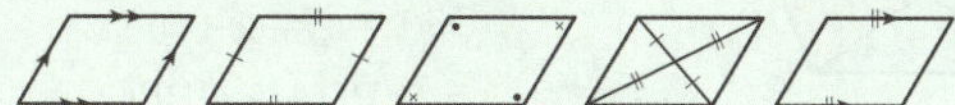

한번 더!

3-1 다음 중 □ABCD가 평행사변형이 <u>아닌</u> 것은?

(단, 점 O는 두 대각선의 교점이다.)

① $\overline{AB}=\overline{DC}=4\,cm$, $\overline{AD}=\overline{BC}=5\,cm$
② $\angle A=\angle C=130°$, $\angle B=50°$
③ $\angle A+\angle B=180°$, $\angle B+\angle C=180°$
④ $\overline{OA}=\overline{OB}=6\,cm$, $\overline{OC}=\overline{OD}=8\,cm$
⑤ $\overline{AB}=\overline{DC}=10\,cm$, $\angle BAC=\angle DCA=60°$

• 예제 **4** 평행사변형이 되는 조건의 응용

다음 그림과 같이 평행사변형 ABCD에서 $\overline{AB}$, $\overline{DC}$
의 중점을 각각 M, N이라 하자. 삼각형의 합동 조건
을 이용하지 않고 □MBND가 평행사변형임을 증
명할 때, □MBND가 평행사변형이 되는 조건을 말
하시오.

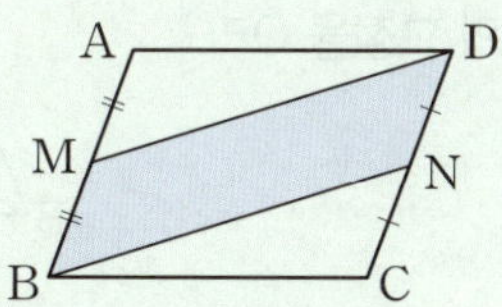

[해결 포인트]

평행사변형의 성질과 평행사변형이 되는 조건, 평행선의 성질 등을
이용하여 새로운 사각형이 평행사변형임을 증명한다.

한번 더!

4-1 다음은 오른쪽 그림과
같은 평행사변형 ABCD에서
$\overline{BE}=\overline{DF}$일 때, □AECF가
평행사변형임을 증명하는 과정
이다. (개)~(대)에 알맞은 것을 구하시오.

(단, 점 O는 두 대각선의 교점이다.)

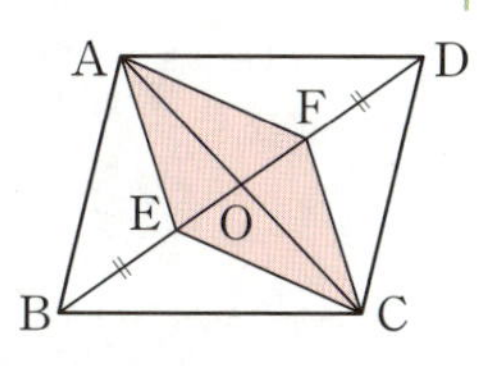

□ABCD가 평행사변형이므로 $\overline{AO}=$ (개)
또 (내) $=\overline{DO}$이므로
$\overline{EO}=\overline{BO}-\overline{BE}=\overline{DO}-\overline{DF}=$ (대)
따라서 □AECF는 두 대각선이 서로 다른 것을
이등분하므로 평행사변형이다.

4-2 오른쪽 그림과 같이 평행
사변형 ABCD에서 $\angle B$, $\angle D$
의 이등분선이 $\overline{AD}$, $\overline{BC}$와 만
나는 점을 각각 P, Q라 할 때,
□PBQD가 평행사변형이 되는 조건을 말하시오.

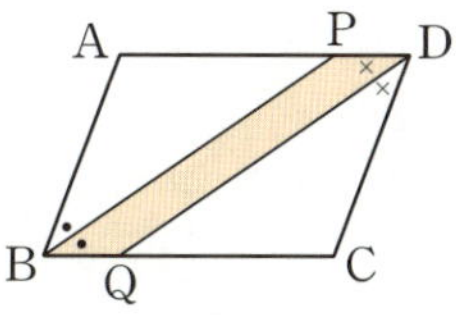

평행사변형과 넓이

(1) 대각선이 주어진 경우

① 평행사변형의 넓이는 한 대각선에 의해 이등분된다.

➡ $\triangle ABC = \triangle CDA = \triangle ABD = \triangle BCD$

$\qquad = \dfrac{1}{2}\square ABCD$

② 평행사변형의 넓이는 두 대각선에 의해 사등분된다.

➡ $\triangle ABO = \triangle BCO = \triangle CDO = \triangle DAO = \dfrac{1}{4}\square ABCD$

(단, 점 O는 두 대각선의 교점이다.)

(2) 내부에 임의의 한 점이 주어진 경우

평행사변형의 내부의 임의의 한 점 P와 각 꼭짓점을 연결하였을 때

➡ $\triangle PAB + \triangle PCD = \triangle PDA + \triangle PBC$

$\qquad = \dfrac{1}{2}\square ABCD$

→ 마주 보는 삼각형의 넓이의 합은 같다.

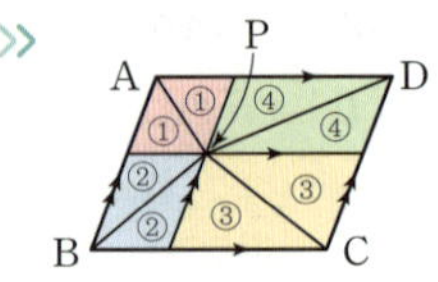

· $\square ABCD$

$= 2(① + ② + ③ + ④)$

· $\triangle PAB + \triangle PCD$

$= ① + ② + ③ + ④$

$= \triangle PDA + \triangle PBC$

$= \dfrac{1}{2}\square ABCD$

· 개념 확인하기

· 정답 및 해설 26쪽

1 다음 그림과 같은 평행사변형 ABCD의 넓이가 36일 때, 색칠한 부분의 넓이를 구하시오.

(단, 점 O는 두 대각선의 교점이다.)

(1)   (2)   (3)

2 오른쪽 그림과 같은 평행사변형 ABCD에서 두 대각선의 교점을 O라 할 때, 다음을 구하시오.

(1) $\square ABCD = 24$일 때, $\triangle BCD$의 넓이

(2) $\square ABCD = 40$일 때, $\triangle ABO$의 넓이

(3) $\triangle ABC = 16$일 때, $\triangle CDO$의 넓이

3 오른쪽 그림은 평행사변형 ABCD의 내부의 한 점 P를 지나고 $\overline{AB}$, $\overline{BC}$에 평행한 직선을 각각 그어 각 삼각형의 넓이를 나타낸 것이다. 다음 물음에 답하시오.

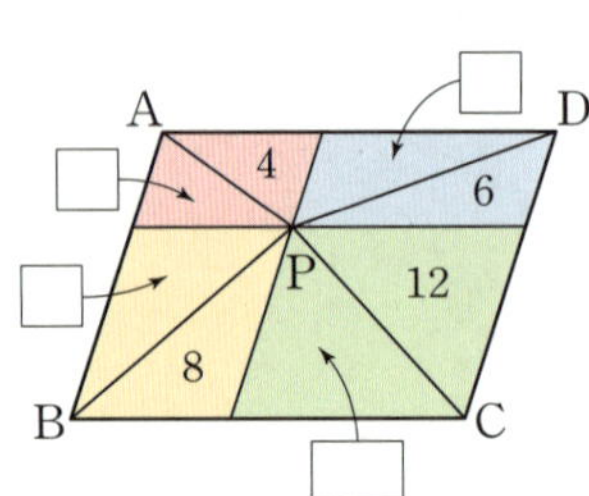

(1) 오른쪽 그림의 □ 안에 삼각형의 넓이를 쓰시오.

(2) $\triangle PAB + \triangle PCD$의 값을 구하시오.

(3) $\triangle PDA + \triangle PBC$의 값을 구하시오.

(4) (2), (3)에서 구한 값의 대소를 비교하시오.

• 예제 1 평행사변형과 넓이 (1)

오른쪽 그림과 같은 평행사변형 ABCD에서 두 대각선의 교점을 O라 할 때, 다음 중 옳지 <u>않은</u> 것은?

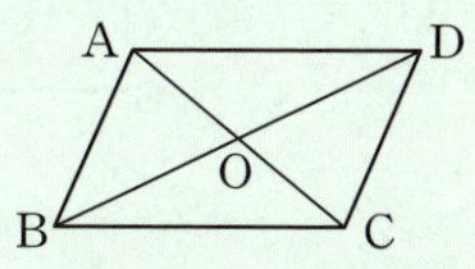

① △ODA＝△OBC
② △ODA≡△OBC
③ △OAB＝△OBC
④ △OAB≡△OBC
⑤ △OCD＝$\dfrac{1}{4}$□ABCD

[해결 포인트]

평행사변형의 넓이는
한 대각선에 의해 이등분되고,
두 대각선에 의해 사등분된다.

1-1 오른쪽 그림과 같은 평행사변형 ABCD에서 두 대각선의 교점을 O라 하자. △DBC의 넓이가 $18\,cm^2$일 때, △ABC의 넓이를 구하시오.

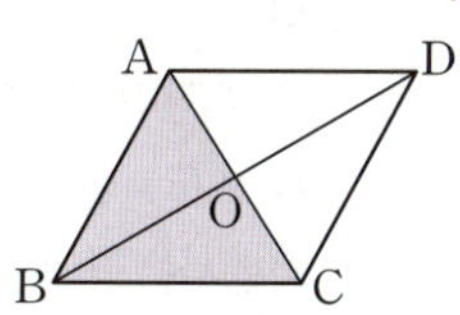

1-2 오른쪽 그림과 같은 평행사변형 ABCD에서 $\overline{BC}$, $\overline{DC}$의 연장선 위에 $\overline{BC}=\overline{CE}$, $\overline{DC}=\overline{CF}$가 되도록 두 점 E, F를 각각 잡았다. △AOD의 넓이가 $6\,cm^2$일 때, 다음을 구하시오.

(단, 점 O는 두 대각선의 교점이다.)

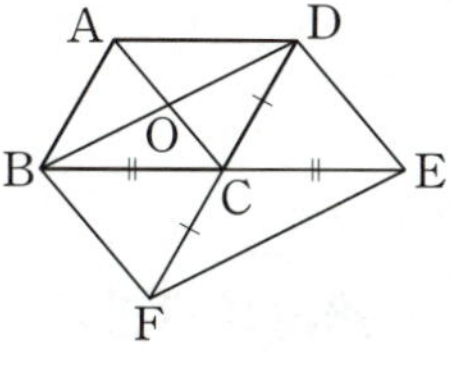

(1) △BCD의 넓이
(2) □BFED의 넓이

• 예제 2 평행사변형과 넓이 (2)

오른쪽 그림과 같은 평행사변형 ABCD의 내부의 한 점 P에 대하여 □ABCD의 넓이는 $36\,cm^2$, △PCD의 넓이는 $6\,cm^2$일 때, 다음을 구하시오.

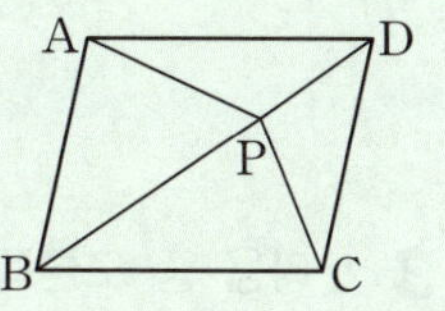

(1) △PAB＋△PCD의 값
(2) △PAB의 넓이

[해결 포인트]

점 P가 평행사변형 ABCD의 내부의 점이면

➡ ①＋②＝③＋④＝$\dfrac{1}{2}$□ABCD

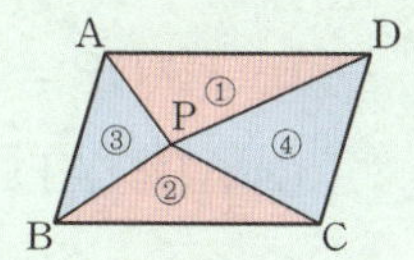

2-1 오른쪽 그림과 같은 평행사변형 ABCD의 내부의 한 점 P에 대하여 △PAB의 넓이는 $32\,cm^2$, △PBC의 넓이는 $12\,cm^2$, △PCD의 넓이는 $16\,cm^2$일 때, △PDA의 넓이를 구하시오.

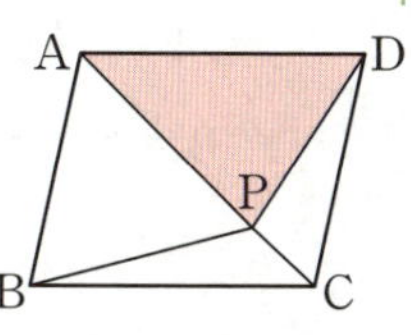

2-2 오른쪽 그림과 같은 평행사변형 ABCD의 내부의 한 점 P에 대하여 △PAB의 넓이는 $20\,cm^2$, △PCD의 넓이는 $12\,cm^2$일 때, □ABCD의 넓이를 구하시오.

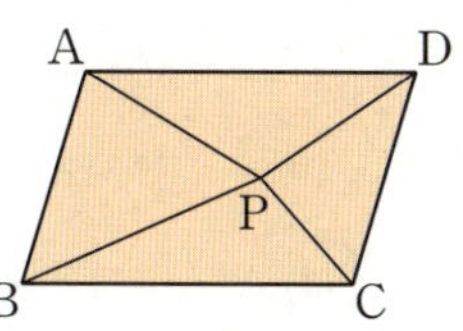

직사각형의 성질

(1) **직사각형**: 네 내각의 크기가 같은 사각형

(2) **직사각형의 성질** → 직사각형은 두 쌍의 대각의 크기가 각각 같으므로 평행사변형이다.

　　두 대각선은 길이가 같고, 서로 다른 것을 이등분한다.

　　➡ $\overline{AC}=\overline{BD}$, $\overline{OA}=\overline{OB}=\overline{OC}=\overline{OD}$

(3) **평행사변형이 직사각형이 되는 조건**

　　① 한 내각이 직각이다.

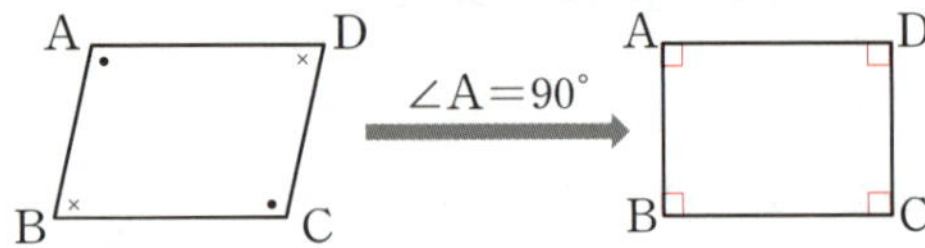

　　② 두 대각선의 길이가 같다.

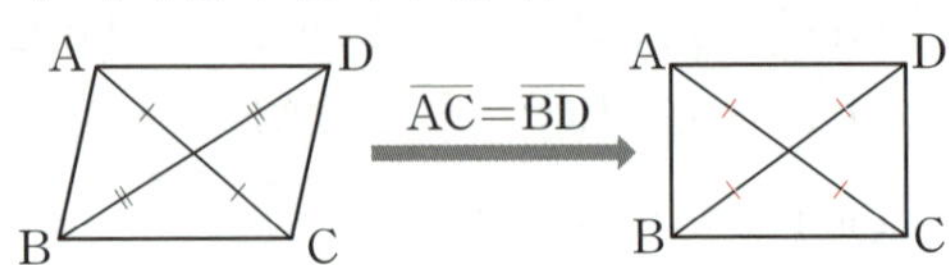

· 개념 확인하기

· 정답 및 해설 27쪽

1 다음 그림과 같은 직사각형 ABCD에서 두 대각선의 교점을 O라 할 때, x의 값을 구하시오.

(1) 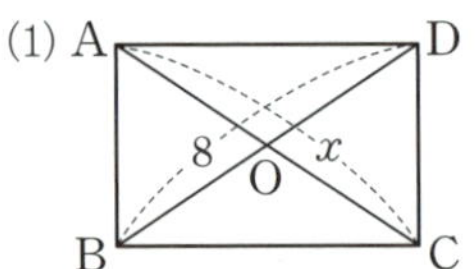

(2) 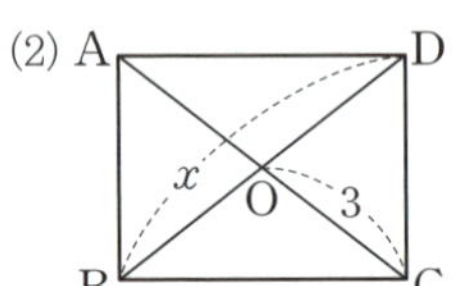

(3) 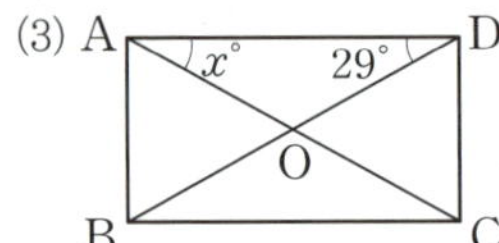

(4) 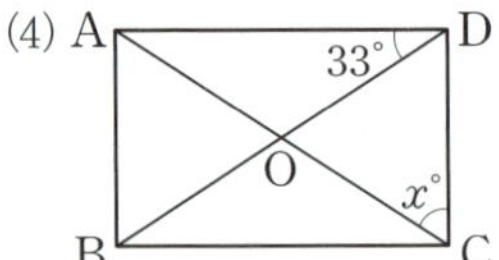

2 다음은 오른쪽 그림의 평행사변형 ABCD가 직사각형이 되는 조건이다. □ 안에 알맞은 것을 쓰시오. (단, 점 O는 두 대각선의 교점이다.)

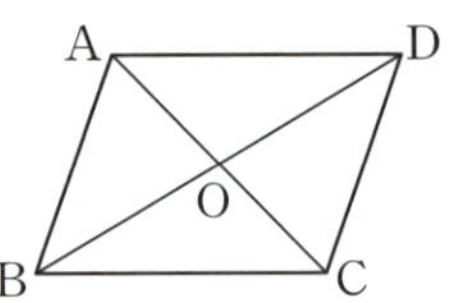

(1) ∠BAD=□°

(2) $\overline{AC}=$□

(3) ∠BAD=∠□ 또는 ∠BAD=∠□

3 다음 중 오른쪽 그림의 평행사변형 ABCD가 직사각형이 되는 조건인 것은 ○표, 조건이 아닌 것은 ×표를 (　) 안에 쓰시오.

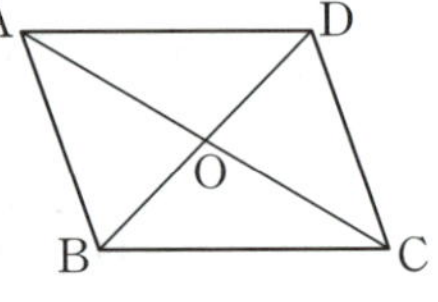

(단, 점 O는 두 대각선의 교점이다.)

(1) ∠AOB=90°　　　　　　　(　　)

(2) $\overline{AB}=\overline{AD}$　　　　　　　(　　)

(3) $\overline{OA}=\overline{OB}$　　　　　　　(　　)

· 예제 1 직사각형의 성질

오른쪽 그림과 같은 직사각형 ABCD에서 두 대각선의 교점을 O라 하자.
$\overline{AO}=5$ cm,
∠BAO=60°일 때, $y-x$의 값을 구하시오.

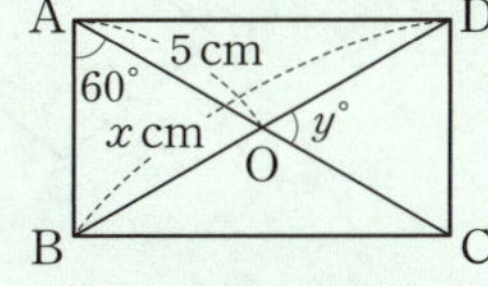

[해결 포인트]
· 직사각형은 네 내각의 크기가 모두 같은 사각형이다.
· 직사각형의 두 대각선은 길이가 같고, 서로 다른 것을 이등분한다.

한번 더!

1-1 오른쪽 그림과 같은 직사각형 ABCD에서 두 대각선의 교점을 O라 하자.
$\overline{AB}=9$ cm, $\overline{AC}=15$ cm일 때, △ABO의 둘레의 길이를 구하시오.

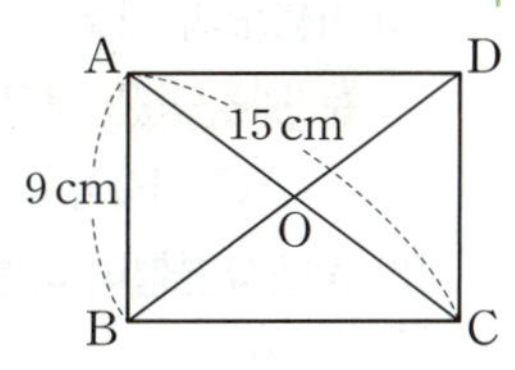

1-2 오른쪽 그림과 같은 직사각형 ABCD에서
∠ABD=55°일 때, ∠ACD의 크기를 구하시오.

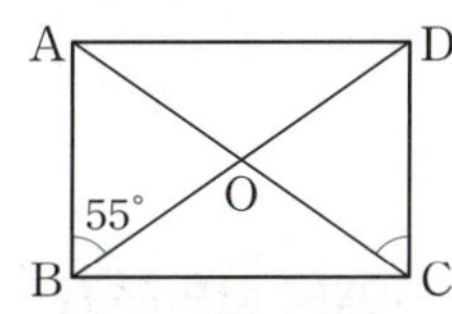

(단, 점 O는 두 대각선의 교점이다.)

· 예제 2 평행사변형이 직사각형이 되는 조건

오른쪽 그림과 같은 평행사변형 ABCD에서
$\overline{AD}=8$ cm, $\overline{BD}=10$ cm일 때, 다음 |보기| 중 평행사변형 ABCD가 직사각형이 되는 조건을 모두 고르시오. (단, 점 O는 두 대각선의 교점이다.)

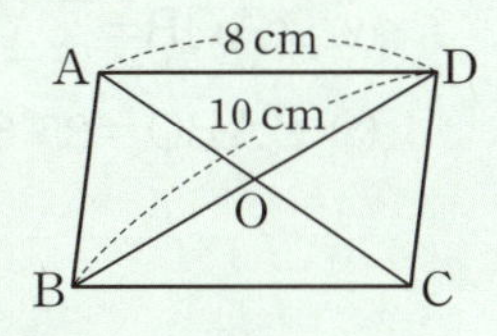

보기
ㄱ. $\overline{AC}=10$ cm　　ㄴ. $\overline{AB}=5$ cm
ㄷ. ∠ADC=90°　　ㄹ. ∠AOB=90°

[해결 포인트]

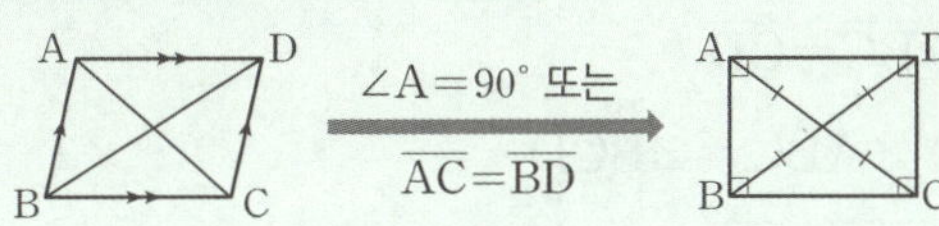

∠A=90° 또는 $\overline{AC}=\overline{BD}$

한번 더!

2-1 오른쪽 그림과 같은 평행사변형 ABCD가 직사각형이 되는 조건을 다음 |보기|에서 모두 고르시오. (단, 점 O는 두 대각선의 교점이다.)

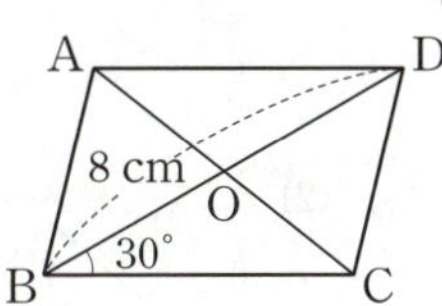

보기
ㄱ. $\overline{AD}=4$ cm　　ㄴ. $\overline{OC}=4$ cm
ㄷ. $\overline{OB}=4$ cm　　ㄹ. ∠OBA=30°
ㅁ. ∠BCD=90°

2-2 오른쪽 그림과 같은 평행사변형 ABCD가 직사각형이 되도록 하는 x의 값을 구하시오.

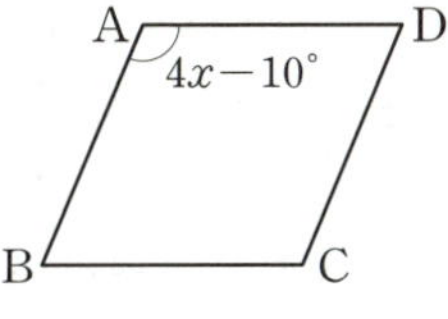

마름모의 성질

(1) **마름모**: 네 변의 길이가 모두 같은 사각형

(2) **마름모의 성질** └→ 마름모는 두 쌍의 대변의 길이가 각각 같으므로 평행사변형이다.

  두 대각선은 서로 다른 것을 수직이등분한다.

  ➡ $\overline{AC} \perp \overline{BD}$, $\overline{OA} = \overline{OC}$, $\overline{OB} = \overline{OD}$

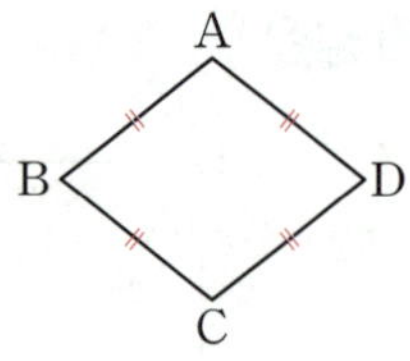
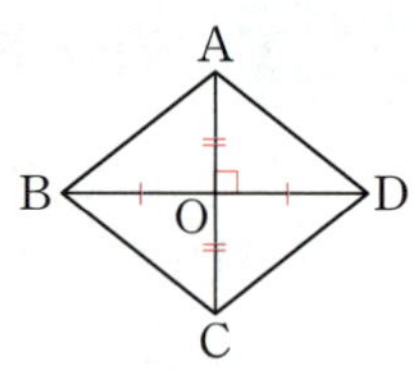

(3) **평행사변형이 마름모가 되는 조건**

① 이웃하는 두 변의 길이가 같다.

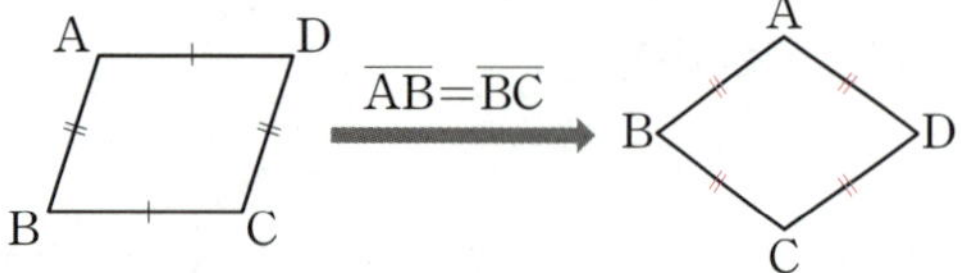

② 두 대각선이 직교한다.

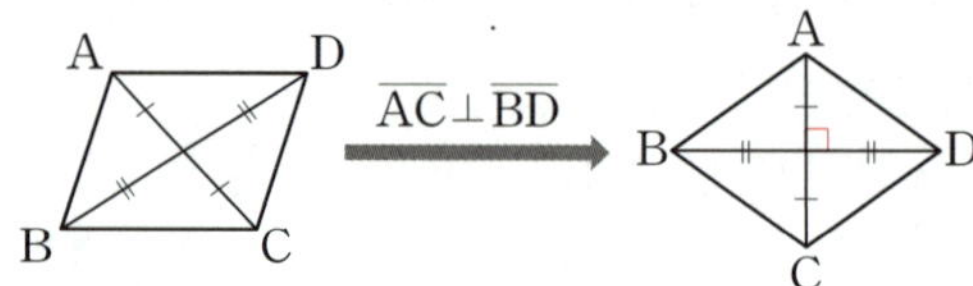

·개념 확인하기

·정답 및 해설 28쪽

1 다음 그림과 같은 마름모 ABCD에서 두 대각선의 교점을 O라 할 때, x의 값을 구하시오.

(1)
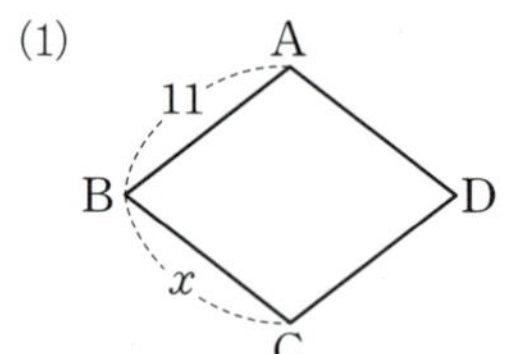

(2)
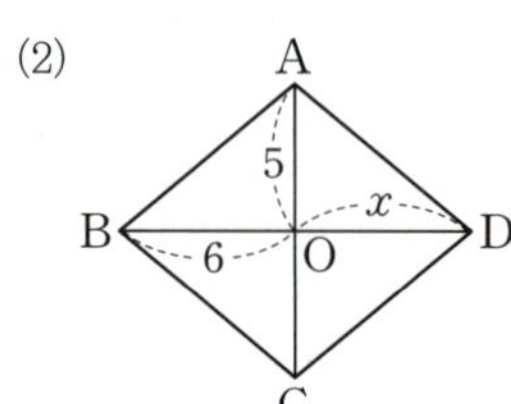

(3)
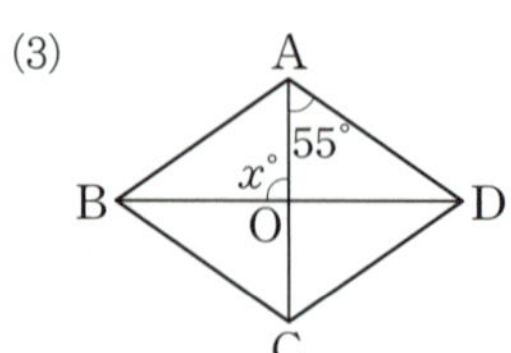

(4)
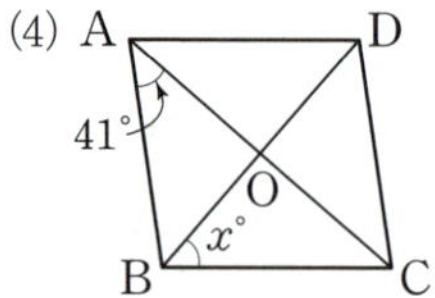

2 다음은 오른쪽 그림의 평행사변형 ABCD가 마름모가 되는 조건이다. □ 안에 알맞은 수를 쓰시오. (단, 점 O는 두 대각선의 교점이다.)

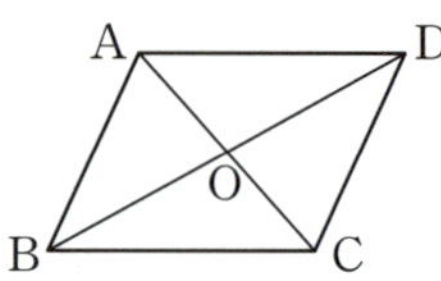

(1) $\overline{AB} = 9$일 때, $\overline{AD} = $ □

(2) $\angle AOB = $ □ °

(3) $\angle ABO = 25°$일 때, $\angle BAO = $ □ °

3 다음 중 오른쪽 그림의 평행사변형 ABCD가 마름모가 되는 조건인 것은 ○표, 조건이 아닌 것은 ×표를 ( ) 안에 쓰시오. (단, 점 O는 두 대각선의 교점이다.)

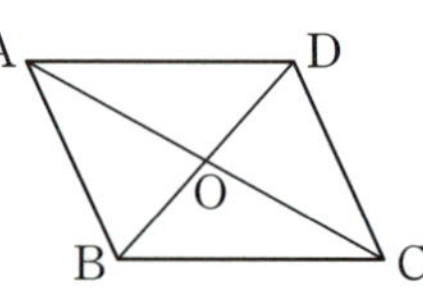

(1) $\overline{BC} = \overline{CD}$　　　　　　　　(　)

(2) $\angle ABC = \angle BCD$　　　　(　)

(3) $\overline{AC} = \overline{BD}$　　　　　　　　(　)

(4) $\overline{AC} \perp \overline{BD}$　　　　　　　　(　)

예제 **1** 마름모의 성질

오른쪽 그림과 같은 마름모 ABCD에서 두 대각선의 교점을 O라 하자. $\overline{AB}=10\,cm$, $\angle ODC=24°$일 때, $x+y$의 값을 구하시오.

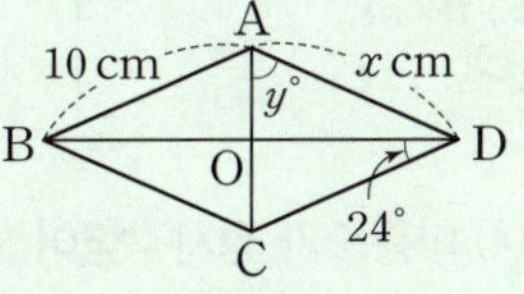

[해결 포인트]
• 마름모는 네 변의 길이가 모두 같은 사각형이다.
• 마름모의 두 대각선은 서로 다른 것을 수직이등분한다.

👆한번 더!

1-1 오른쪽 그림과 같은 마름모 ABCD에서 $\angle ABD=25°$일 때, $\angle C$의 크기를 구하시오.

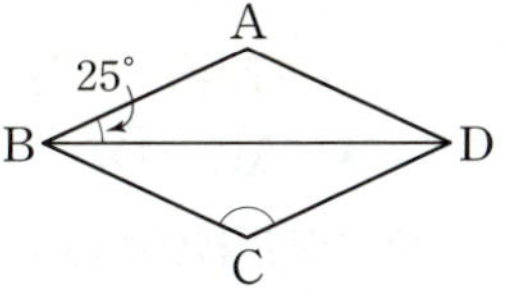

1-2 오른쪽 그림과 같은 마름모 ABCD에서 두 대각선의 교점을 O라 할 때, 다음 중 옳지 않은 것은?

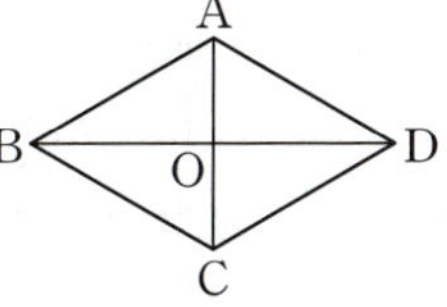

① $\overline{AB}=\overline{DC}$ 　② $\overline{OA}=\overline{OD}$
③ $\overline{AB}/\!/\overline{DC}$ 　④ $\overline{AC}\perp\overline{BD}$
⑤ $\angle ABO=\angle CBO$

예제 **2** 평행사변형이 마름모가 되는 조건

오른쪽 그림과 같은 평행사변형 ABCD에서 점 O는 두 대각선의 교점이다. $\overline{AD}=10\,cm$이고 $\angle DAO=36°$, $\angle OBC=54°$일 때, x, y의 값을 각각 구하시오.

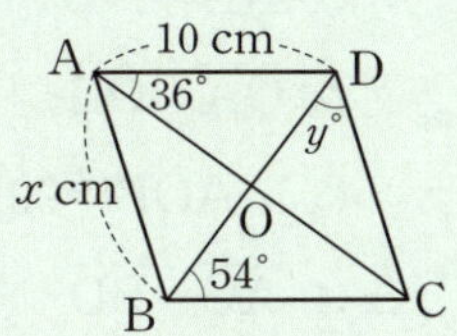

[해결 포인트]

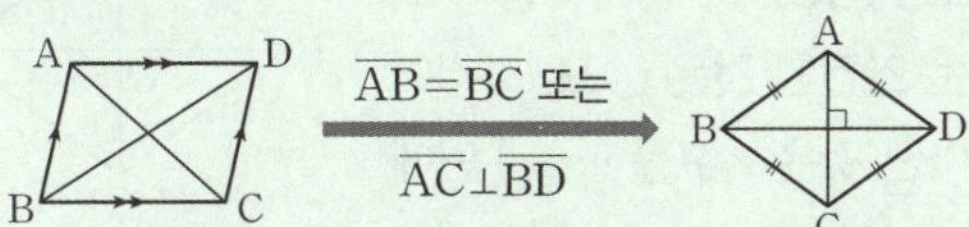

👆한번 더!

2-1 오른쪽 그림과 같은 평행사변형 ABCD가 마름모가 되도록 하는 x, y에 대하여 xy의 값을 구하시오.

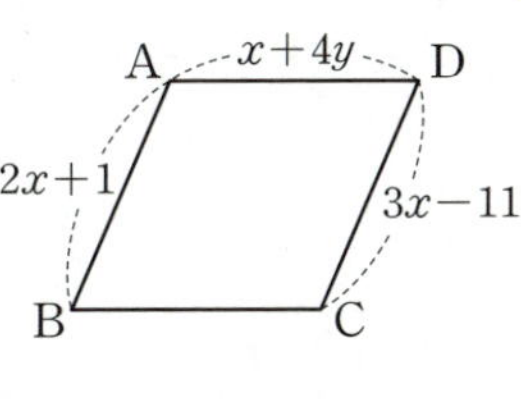

2-2 다음 중 오른쪽 그림과 같은 평행사변형 ABCD가 마름모가 되는 조건이 아닌 것은? (단, 점 O는 두 대각선의 교점이다.)

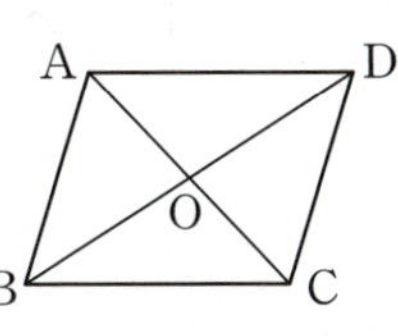

① $\overline{AB}=\overline{AD}$ 　② $\overline{BC}=\overline{CD}$
③ $\angle DOC=90°$ 　④ $\angle DAC=\angle BCA$
⑤ $\angle CBD=\angle CDB$

정사각형의 성질

(1) **정사각형**: 네 변의 길이가 모두 같고, 네 내각의 크기가 모두 같은 사각형

(2) **정사각형의 성질**
→ 정사각형은 네 변의 길이가 모두 같으므로 마름모이고,
네 내각의 크기가 모두 같으므로 직사각형이다.

두 대각선은 길이가 같고, 서로 다른 것을 수직이등분한다.

➡ $\overline{AC}=\overline{BD}$, $\overline{AC}\perp\overline{BD}$, $\overline{OA}=\overline{OB}=\overline{OC}=\overline{OD}$

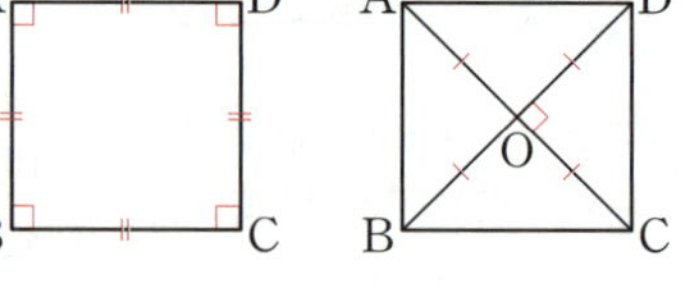

(3) **직사각형이 정사각형이 되는 조건**

① 이웃하는 두 변의 길이가 같다.

② 두 대각선이 직교한다.

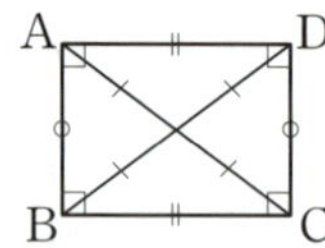 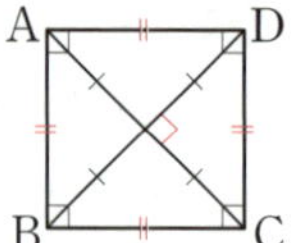

$$① \overline{AB}=\overline{BC}$$
$$② \overline{AC}\perp\overline{BD}$$

(4) **마름모가 정사각형이 되는 조건**

① 한 내각이 직각이다.

② 두 대각선의 길이가 같다.

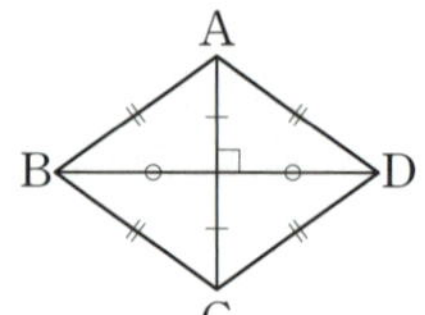 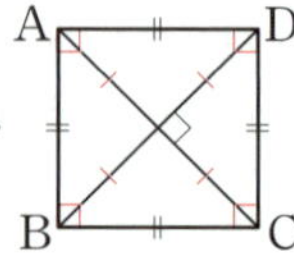

$$① \angle A=90°$$
$$② \overline{AC}=\overline{BD}$$

· 개념 확인하기

· 정답 및 해설 29쪽

1 다음 그림과 같은 정사각형 ABCD에서 두 대각선의 교점을 O라 할 때, x, y의 값을 각각 구하시오.

(1)
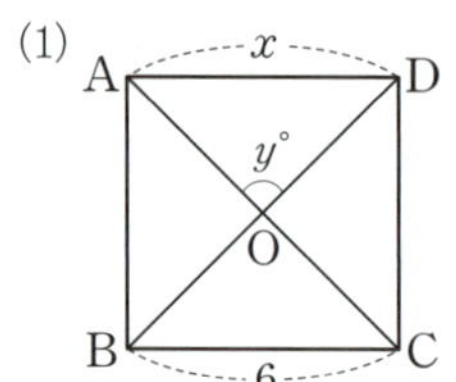

(2)
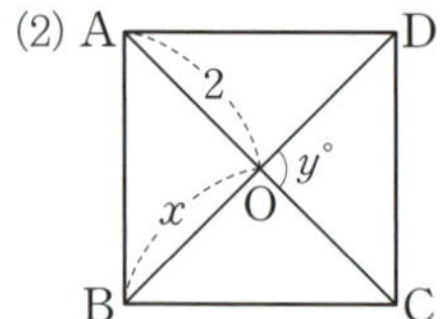

(3)
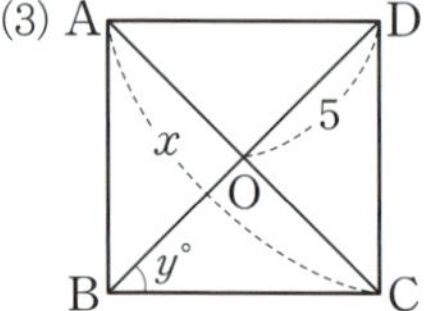

2 다음 중 오른쪽 그림의 직사각형 ABCD가 정사각형이 되는 조건인 것은 ○표, 조건이 아닌 것은 ×표를 (   ) 안에 쓰시오. (단, 점 O는 두 대각선의 교점이다.)

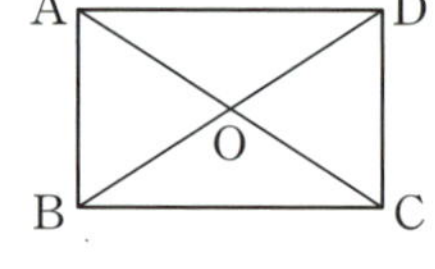

(1) $\overline{AB}=\overline{AD}$　　　　　　　　　（　　）

(2) $\overline{OA}=\overline{OB}$　　　　　　　　　（　　）

(3) $\angle AOB=90°$　　　　　　　　（　　）

(4) $\overline{AC}=\overline{BD}$　　　　　　　　　（　　）

3 다음 중 오른쪽 그림의 마름모 ABCD가 정사각형이 되는 조건인 것은 ○표, 조건이 아닌 것은 ×표를 (   ) 안에 쓰시오. (단, 점 O는 두 대각선의 교점이다.)

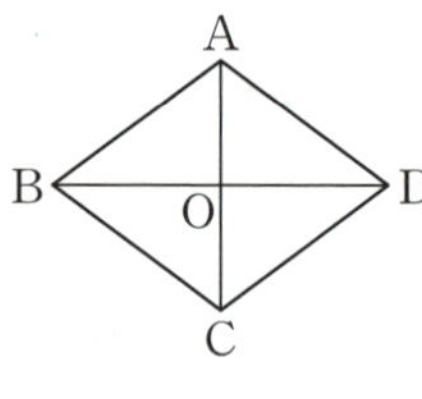

(1) $\overline{AB}=\overline{BC}$　　　　　　　　　（　　）

(2) $\angle BAD=\angle ABC$　　　　　（　　）

(3) $\overline{OA}=\overline{OD}$　　　　　　　　　（　　）

(4) $\angle BAC=\angle DAC$　　　　　（　　）

• 예제 1 정사각형의 성질

오른쪽 그림과 같은 정사각형 ABCD에서 대각선 BD 위의 한 점 E에 대하여 ∠DAE=35°일 때, ∠BEC의 크기를 구하시오.

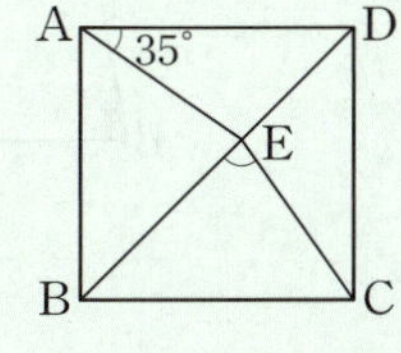

[해결 포인트]

정사각형은 네 변의 길이가 모두 같고, 네 내각의 크기가 모두 같은 사각형이다.

✋ **한번 더!**

1-1 오른쪽 그림과 같은 정사각형 ABCD에서 $\overline{BD}$ 위의 한 점 E에 대하여 ∠CED=70°일 때, ∠BAE의 크기를 구하시오.

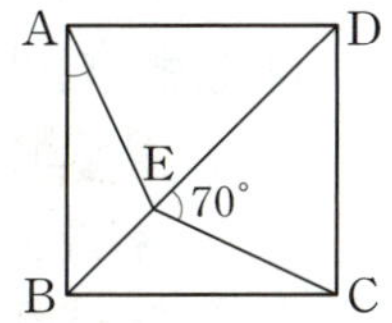

1-2 오른쪽 그림과 같은 정사각형 ABCD의 두 대각선의 교점을 O라 할 때, 다음 중 옳지 <u>않은</u> 것은?

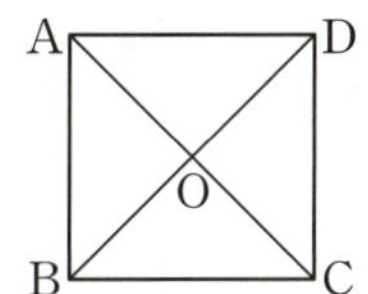

① $\overline{AB}=\overline{AD}$　② $\overline{AO}=\overline{BO}$
③ $\overline{BC}=\overline{BD}$　④ ∠AOB=∠AOD
⑤ ∠BCD=∠CDA

• 예제 2 정사각형이 되는 조건

다음 조건에 알맞은 것을 아래 |보기|에서 모두 고르시오.

| 보기 |
ㄱ. 이웃하는 두 변의 길이가 같다.
ㄴ. 한 내각이 직각이다.
ㄷ. 두 대각선의 길이가 같다.
ㄹ. 두 대각선이 서로 수직이다.

(1) 직사각형이 정사각형이 되는 조건
(2) 마름모가 정사각형이 되는 조건

[해결 포인트]

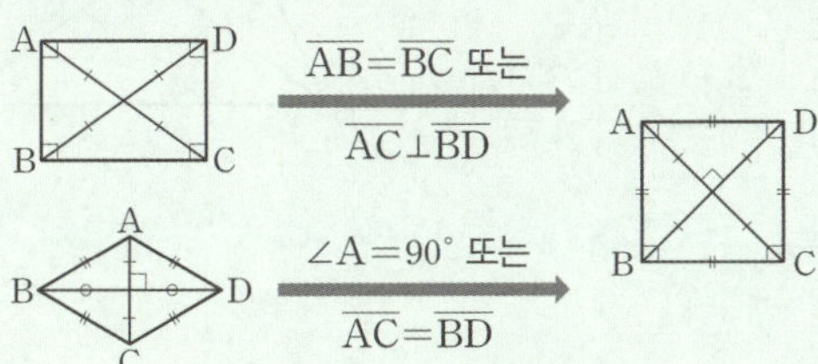

✋ **한번 더!**

2-1 오른쪽 그림과 같은 직사각형 ABCD가 정사각형이 되는 조건을 다음 |보기|에서 모두 고르시오. (단, 점 O는 두 대각선의 교점이다.)

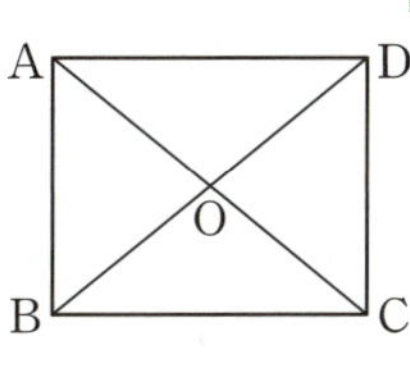

| 보기 |
ㄱ. $\overline{AB}=\overline{AD}$　　ㄴ. $\overline{AO}=\overline{CO}$
ㄷ. ∠AOD=90°　　ㄹ. ∠BCD=90°

2-2 오른쪽 그림과 같은 마름모 ABCD의 두 대각선의 교점을 O라 하자. $\overline{AB}=5\,cm$, $\overline{AO}=4\,cm$일 때, 다음 중 마름모 ABCD가 정사각형이 되는 조건을 모두 고르면? (정답 2개)

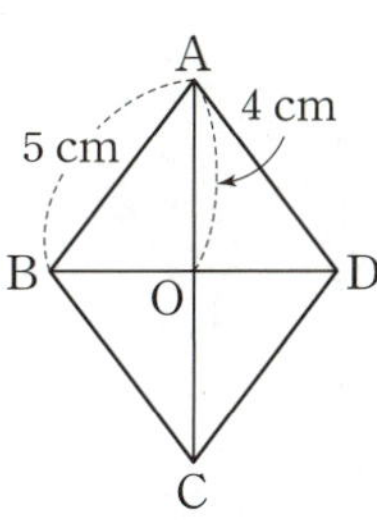

① $\overline{AD}=5\,cm$　　② $\overline{BD}=8\,cm$
③ $\overline{AC}\perp\overline{BD}$　　④ ∠ABC=90°
⑤ ∠BAD=∠BCD

등변사다리꼴의 성질

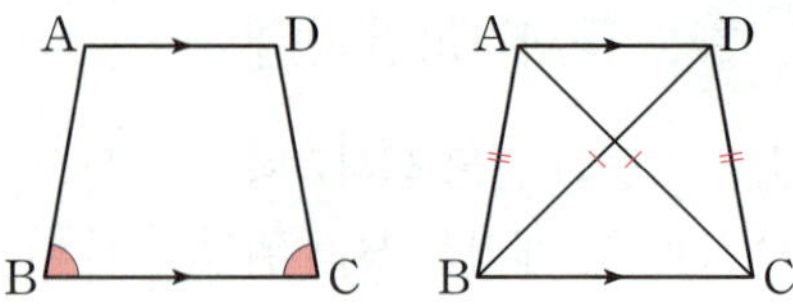

(1) **등변사다리꼴**: 아랫변의 양 끝 각의 크기가 같은 사다리꼴

   참고 사다리꼴: 한 쌍의 대변이 평행한 사각형

(2) **등변사다리꼴의 성질**

   ① 평행하지 않은 한 쌍의 대변의 길이가 같다.

   ➡ $\overline{AB}=\overline{DC}$

   ② 두 대각선의 길이가 같다.

   ➡ $\overline{AC}=\overline{BD}$

   참고 등변사다리꼴 ABCD에서 $\overline{AD}\,/\!/\,\overline{BC}$이므로
   $\angle A+\angle B=180°$, $\angle D+\angle C=180°$
   ➡ $\angle B=\angle C$이므로 $\angle A=180°-\angle B=180°-\angle C=\angle D$

· 개념 확인하기

· 정답 및 해설 29쪽

1 다음 그림과 같이 $\overline{AD}\,/\!/\,\overline{BC}$인 등변사다리꼴 ABCD에서 두 대각선의 교점을 O라 할 때, x의 값을 구하시오.

(1) 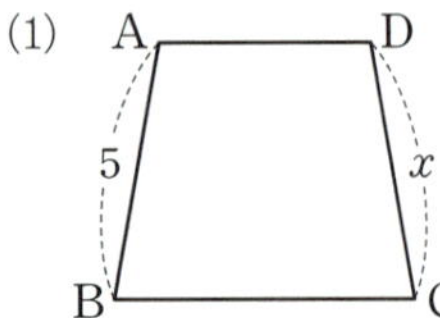

(2) 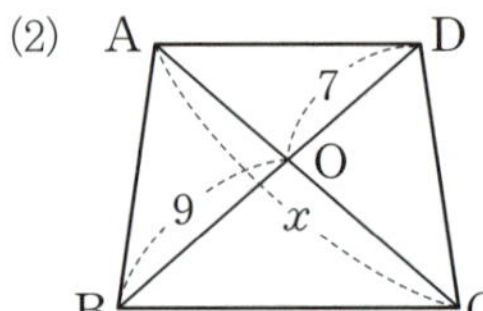

(3) 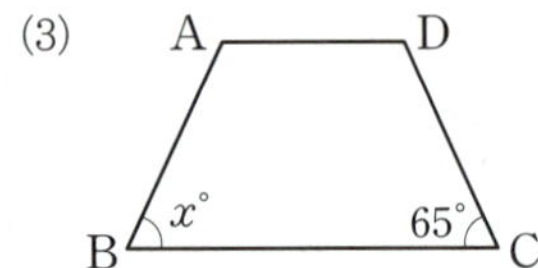

(4) 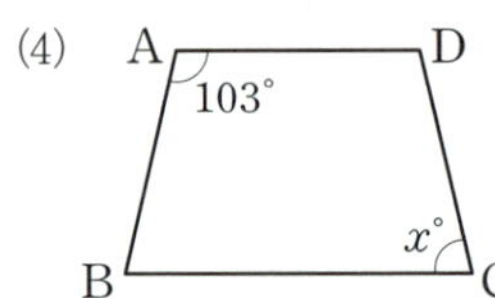

2 오른쪽 그림과 같이 $\overline{AD}\,/\!/\,\overline{BC}$인 등변사다리꼴 ABCD에서 두 대각선의 교점을 O라 할 때, 다음 □ 안에 알맞은 것을 쓰시오.

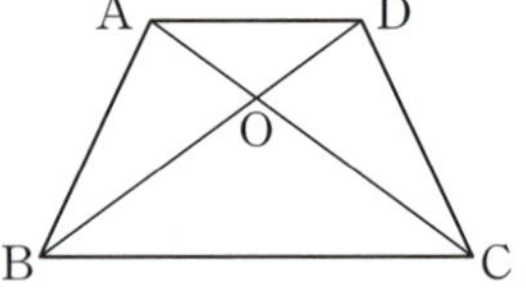

(1) $\overline{AB}=\boxed{}$

(2) $\overline{AC}=\boxed{}$

(3) $\angle ABC=\boxed{}$

(4) $\angle BAD=\boxed{}$

(5) $\boxed{}\equiv\triangle DCB$

(6) $\triangle ABD\equiv\boxed{}$

· 예제 **1** 등변사다리꼴의 성질

오른쪽 그림과 같이 $\overline{AD} /\!/ \overline{BC}$인 등변사다리꼴 ABCD에서 두 대각선의 교점을 O라 하자. $\overline{AO}=5\,cm$, $\overline{CO}=3\,cm$, $\angle ABC=110°$일 때, 다음을 구하시오.

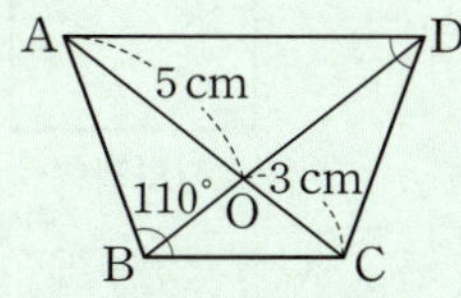

(1) $\overline{BD}$의 길이

(2) $\angle ADC$의 크기

[해결 포인트]

등변사다리꼴의 성질
• 평행하지 않은 한 쌍의 대변의 길이가 같다.
• 두 대각선의 길이가 같다.

한번 더!

1-1 오른쪽 그림과 같이 $\overline{AD} /\!/ \overline{BC}$인 등변사다리꼴 ABCD에서 $\overline{AB}=6\,cm$, $\angle A=124°$일 때, x, y의 값을 각각 구하시오.

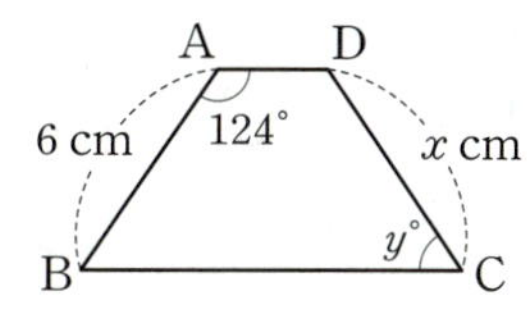

1-2 오른쪽 그림과 같이 $\overline{AD} /\!/ \overline{BC}$인 등변사다리꼴 ABCD에서 $\angle ADB=35°$, $\angle C=75°$일 때, $\angle ABD$의 크기를 구하시오.

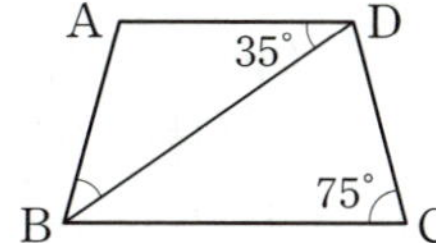

· 예제 **2** 등변사다리꼴의 성질의 응용

오른쪽 그림과 같이 $\overline{AD} /\!/ \overline{BC}$인 등변사다리꼴 ABCD의 두 꼭짓점 A, D에서 $\overline{BC}$에 내린 수선의 발을 각각 E, F라 하자. $\overline{AD}=6\,cm$, $\overline{BC}=10\,cm$일 때, $\overline{BE}$의 길이를 구하시오.

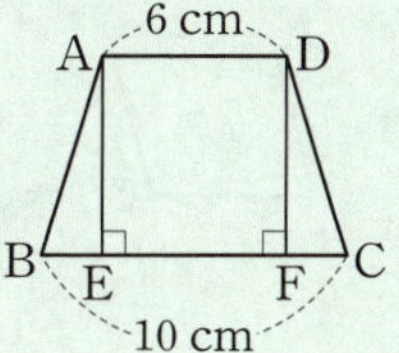

[해결 포인트]

$\overline{AD} /\!/ \overline{BC}$인 등변사다리꼴 ABCD에서
➡ $\triangle ABE \equiv \triangle DCF$ (RHA 합동)

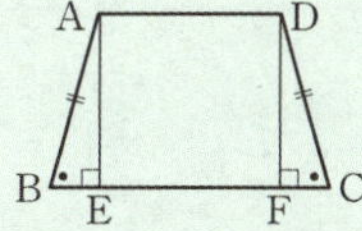

한번 더!

2-1 다음 그림과 같이 $\overline{AD} /\!/ \overline{BC}$인 등변사다리꼴 ABCD에서 $\overline{AE} \perp \overline{BC}$이고 $\overline{AD}=10\,cm$, $\overline{AE}=8\,cm$, $\angle B=45°$일 때, $\overline{BC}$의 길이를 구하시오.

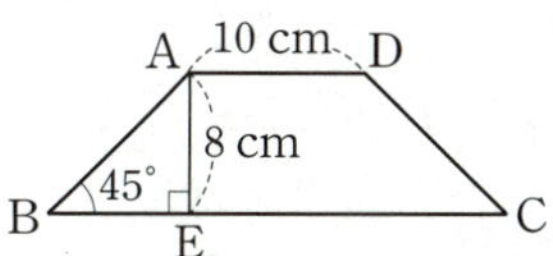

2-2 오른쪽 그림과 같이 $\overline{AD} /\!/ \overline{BC}$인 등변사다리꼴 ABCD에서 $\overline{AE} /\!/ \overline{DC}$이고 $\angle B=60°$일 때, $\overline{BC}$의 길이를 구하시오.

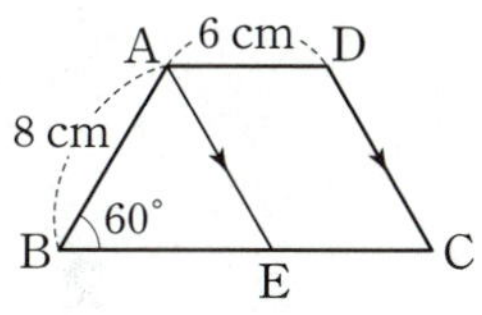

여러 가지 사각형 사이의 관계

(1) 여러 가지 사각형 사이의 관계

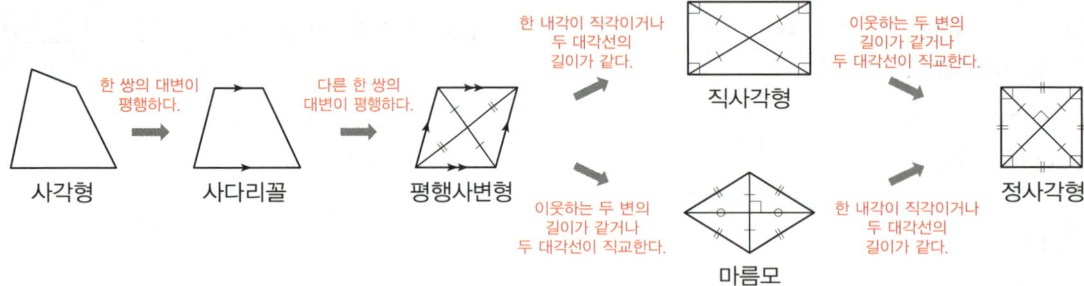

(2) 여러 가지 사각형의 대각선의 성질

① **평행사변형**: 두 대각선은 서로 다른 것을 이등분한다.

② **직사각형**: 두 대각선은 길이가 같고, 서로 다른 것을 이등분한다.

③ **마름모**: 두 대각선은 서로 다른 것을 수직이등분한다.

④ **정사각형**: 두 대각선은 길이가 같고, 서로 다른 것을 수직이등분한다.

⑤ **등변사다리꼴**: 두 대각선의 길이가 같다.

· 개념 확인하기

• 정답 및 해설 30쪽

1 다음 그림과 같이 어떤 사각형에 변 또는 각의 크기에 대한 조건을 추가하면 다른 모양의 사각형이 된다. ①~⑤에 알맞은 조건을 |보기|에서 고르시오.

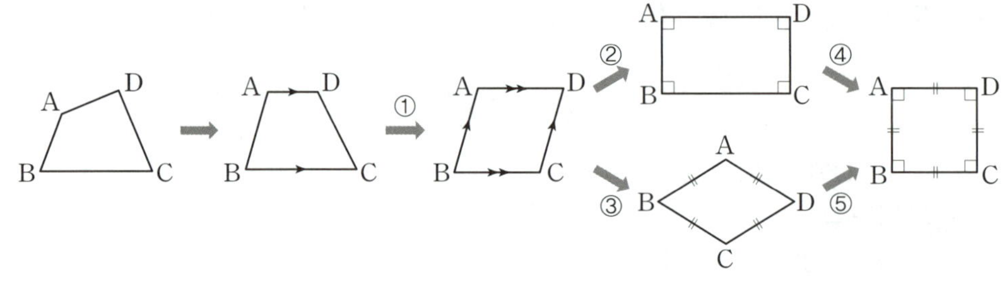

| 보기 |

ㄱ. $\overline{AB}=\overline{BC}$ ㄴ. $\angle A=90°$ ㄷ. $\overline{AB}\,/\!/\,\overline{DC}$ ㄹ. $\overline{AD}\,/\!/\,\overline{BC}$

---

2 다음 각 사각형의 대각선에 대한 설명으로 옳은 것은 ○표, 옳지 <u>않은</u> 것은 ×표를 빈칸에 쓰시오.

	평행사변형	직사각형	마름모	정사각형	등변사다리꼴
(1) 두 대각선이 서로 다른 것을 이등분한다.					
(2) 두 대각선의 길이가 같다.					
(3) 두 대각선이 직교한다.					

• 정답 및 해설 30쪽

I·2

• 예제 1 여러 가지 사각형 사이의 관계

다음 그림은 사각형에 조건이 하나씩 추가되어 여러 가지 사각형이 되는 과정을 나타낸 것이다. ①~⑤에 알맞은 조건이 <u>아닌</u> 것은?

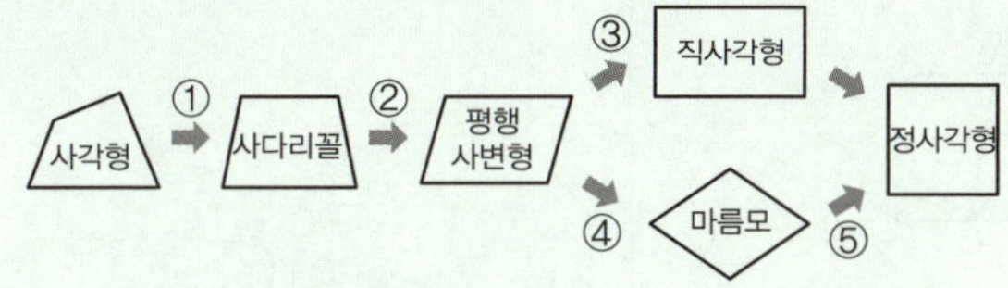

① 한 쌍의 대변이 평행하다.
② 다른 한 쌍의 대변이 평행하다.
③ 한 내각의 크기가 90°이다.
④ 이웃하는 두 변의 길이가 같다.
⑤ 두 대각선이 서로 수직으로 만난다.

[해결 포인트]
여러 가지 사각형의 뜻과 성질을 이용하여 여러 가지 사각형 사이의 관계를 이해한다.

한번 더!

1-1 다음 중 옳지 <u>않은</u> 것은?

① 한 쌍의 대변이 평행한 사각형은 사다리꼴이다.
② 두 대각선의 길이가 같은 마름모는 정사각형이다.
③ 두 대각선이 직교하는 직사각형은 정사각형이다.
④ 이웃하는 두 변의 길이가 같은 직사각형은 정사각형이다.
⑤ 두 대각선의 길이가 같고, 서로 다른 것을 이등분하는 평행사변형은 마름모이다.

1-2 오른쪽 그림과 같은 평행사변형 ABCD에서 두 대각선의 교점을 O라 할 때, 다음 중 옳지 <u>않은</u> 것을 모두 고르면? (정답 2개)

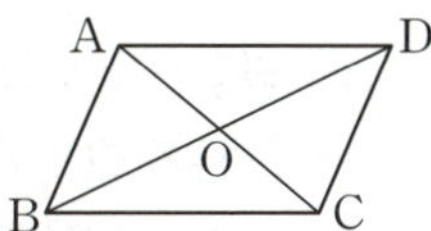

① $\angle BAD = 90°$이면 $\square ABCD$는 마름모이다.
② $\overline{AC} = \overline{BD}$이면 $\square ABCD$는 직사각형이다.
③ $\angle ACB = \angle ACD$이면 $\square ABCD$는 마름모이다.
④ $\overline{AB} = \overline{AD}$이면 $\square ABCD$는 직사각형이다.
⑤ $\overline{AO} = \overline{BO}$, $\overline{AC} \perp \overline{BD}$이면 $\square ABCD$는 정사각형이다.

• 예제 2 여러 가지 사각형의 대각선의 성질

다음 중 두 대각선이 서로 다른 것을 수직이등분하는 사각형을 모두 고르면? (정답 2개)

① 정사각형　　② 직사각형　　③ 마름모
④ 평행사변형　　⑤ 등변사다리꼴

[해결 포인트]
두 대각선의 길이가 같거나 같지 않거나,
두 대각선이 서로 다른 것을 (수직)이등분하거나 하지 않거나에 따라 사각형을 구분한다.

한번 더!

2-1 다음은 사각형을 어떤 기준을 만족시키는 것과 만족시키지 않는 것으로 분류한 것이다. 이 기준을 |보기|에서 고르시오.

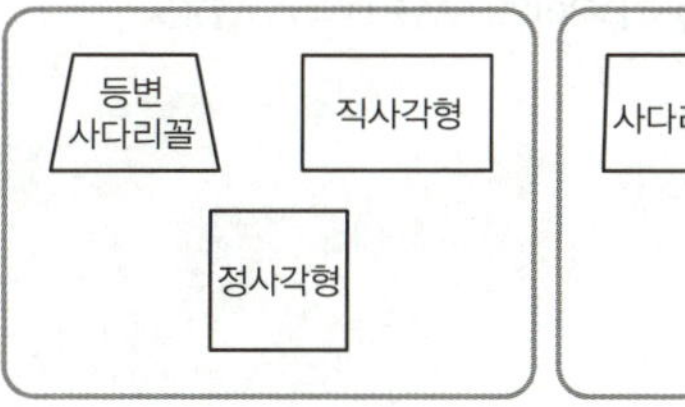

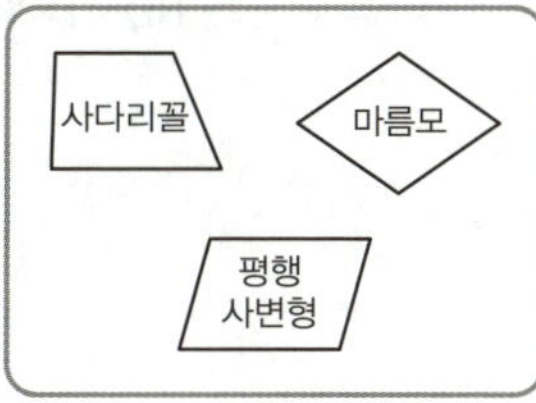

│ 보기 │
ㄱ. 두 쌍의 대각의 크기가 각각 같다.
ㄴ. 두 대각선의 길이가 같다.
ㄷ. 네 변의 길이가 모두 같다.
ㄹ. 두 대각선이 서로 다른 것을 수직이등분한다.

(1) 평행선과 삼각형의 넓이

두 직선 l과 m이 평행할 때, $\triangle ABC$와
$\triangle DBC$는 밑변 BC가 공통이고 높이는
h로 같으므로 넓이가 서로 같다.

➡ $l /\!/ m$이면 $\triangle ABC = \triangle DBC$

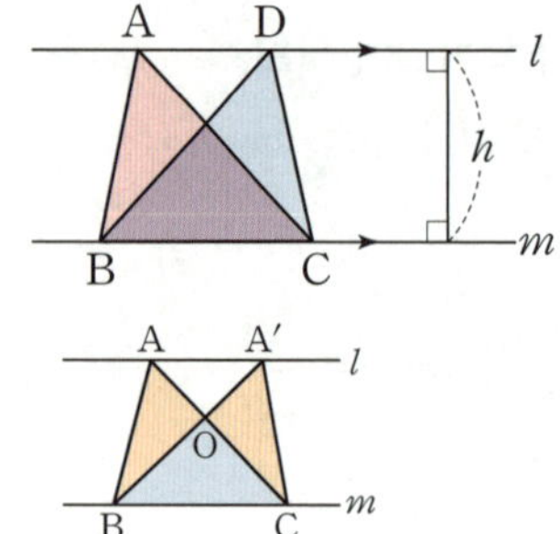

참고 오른쪽 그림에서 두 직선 l, m이 평행할 때
$$\begin{aligned}\triangle ABO &= \triangle ABC - \triangle OBC\\ &= \triangle A'BC - \triangle OBC\\ &= \triangle A'CO\end{aligned}$$

>> 평행한 두 직선 사이의 거리는 일정
하다.

(2) 평행선과 삼각형의 넓이의 응용

오른쪽 그림에서 $\overline{AC} /\!/ \overline{DE}$이면
$$\begin{aligned}\square ABCD &= \triangle ABC + \triangle ACD\\ &= \triangle ABC + \triangle ACE\\ &= \triangle ABE\end{aligned}$$

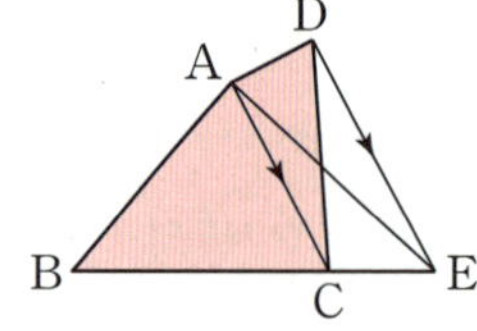

>> $\triangle ACD$와 $\triangle ACE$는
밑변 AC가 공통이고
$\overline{AC} /\!/ \overline{DE}$이므로 높이가 같다.
$\therefore \triangle ACD = \triangle ACE$

(3) 높이가 같은 두 삼각형의 넓이의 비

높이가 같은 두 삼각형의 넓이의 비는
밑변의 길이의 비와 같다.

➡ $\triangle ABD : \triangle ADC = \overline{BD} : \overline{DC}$

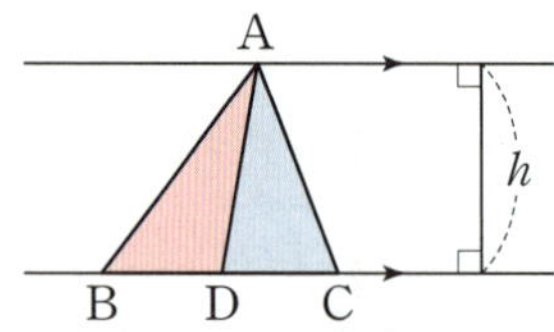

참고 ① $\triangle ABD : \triangle ADC$
$$= \left(\frac{1}{2} \times \overline{BD} \times h\right) : \left(\frac{1}{2} \times \overline{DC} \times h\right)$$
$$= \overline{BD} : \overline{DC}$$

② 오른쪽 그림에서 점 D가 $\overline{BC}$의 중점이면
즉, $\overline{BD} = \overline{DC}$이면 $\triangle ABD = \triangle ADC$

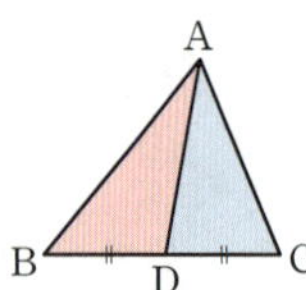

1 다음 그림에서 $l /\!/ m$일 때, 색칠한 부분의 넓이를 구하시오.

(1)
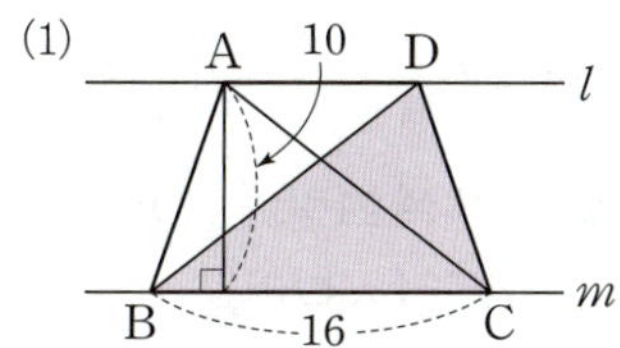

(2)
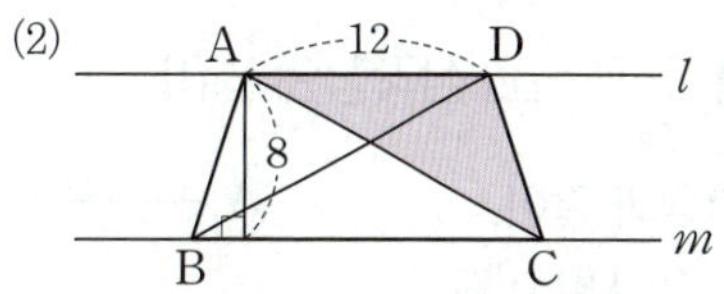

2 다음 그림과 같이 $\overline{AD} /\!/ \overline{BC}$인 사다리꼴 ABCD에서 두 대각선의 교점을 O라 할 때, 색칠한 삼각형과 넓이가 같은 삼각형을 말하시오.

(1)
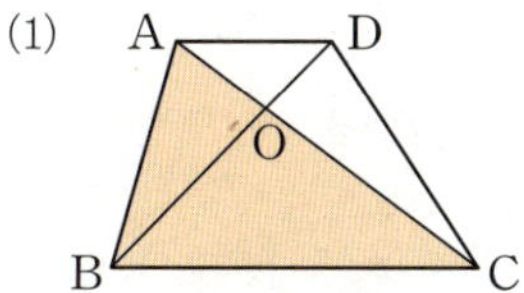

(2)
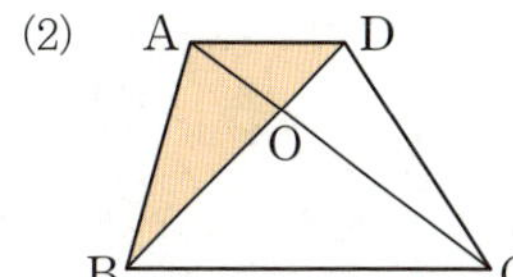

(3)
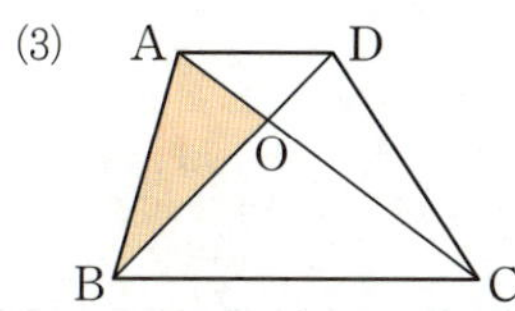

3 오른쪽 그림과 같은 △ABC의 넓이가 35이고 $\overline{BP} : \overline{PC} = 3 : 4$일 때, 다음 물음에 답하시오.

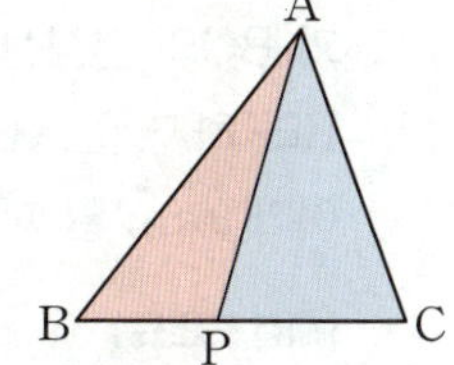

(1) △ABP와 △APC의 넓이의 비를 가장 간단한 자연수의 비로 나타내시오.

(2) △ABP의 넓이를 구하시오.

(3) △APC의 넓이를 구하시오.

4 오른쪽 그림과 같은 평행사변형 ABCD의 넓이가 $12\,\text{cm}^2$이고 $\overline{BC}$ 위의 한 점 E에 대하여 $\overline{BE} = \overline{EC}$일 때, 다음을 구하시오.

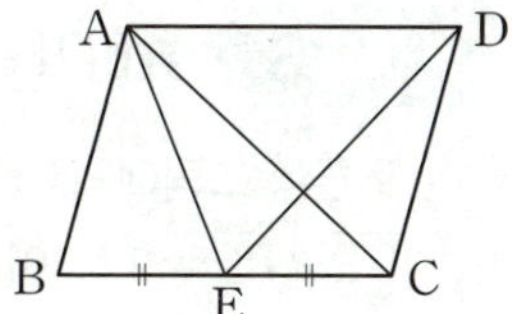

(1) △ABC의 넓이

(2) △ABE의 넓이

(3) △DEC의 넓이

•정답 및 해설 31쪽

• 예제 1 평행선과 삼각형의 넓이

오른쪽 그림과 같이 $\overline{AD} /\!/ \overline{BC}$인 사다리꼴 ABCD에서 두 대각선의 교점을 O라 하자. △ABC의 넓이가 $10\,cm^2$, △OBC의 넓이가 $6\,cm^2$일 때, △DOC의 넓이를 구하시오.

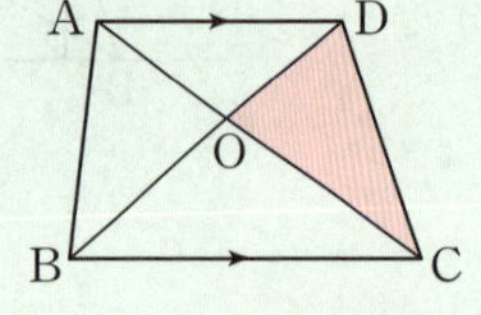

[해결 포인트]
주어진 사다리꼴에서 넓이가 같은 삼각형을 찾는다.

🖑 **한번 더!**

1-1 오른쪽 그림과 같이 $\overline{AD} /\!/ \overline{BC}$인 사다리꼴 ABCD의 두 대각선의 교점을 O라 하자. △ABC$=15\,cm^2$, △DOC$=5\,cm^2$일 때, △OBC의 넓이를 구하시오.

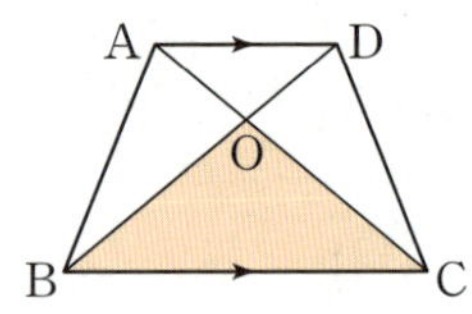

• 예제 2 평행선과 삼각형의 넓이의 응용

오른쪽 그림과 같이 □ABCD의 꼭짓점 D를 지나고 $\overline{AC}$에 평행한 직선과 $\overline{BC}$의 연장선의 교점을 E라 하자. □ABCD의 넓이가 $9\,cm^2$일 때, △ABE의 넓이를 구하시오.

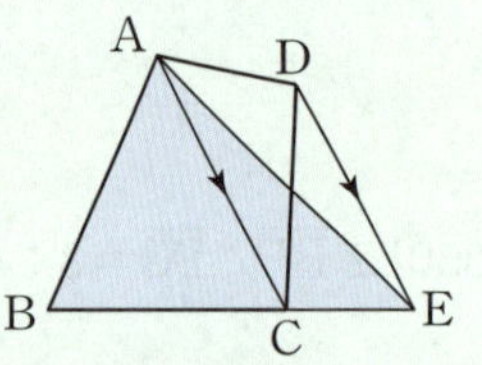

[해결 포인트]
$\overline{AC} /\!/ \overline{DE}$이므로 △ACD$=$△ACE

🖑 **한번 더!**

2-1 오른쪽 그림과 같이 □ABCD의 꼭짓점 D를 지나고 $\overline{AC}$에 평행한 직선과 $\overline{BC}$의 연장선의 교점을 E라 하자. □ABCD의 넓이가 $14\,cm^2$, △ABC의 넓이가 $8\,cm^2$일 때, △ACE의 넓이를 구하시오.

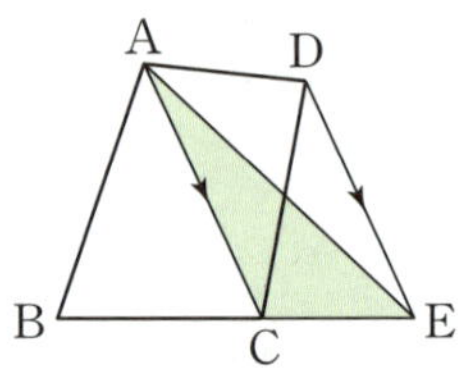

• 예제 3 높이가 같은 삼각형의 넓이의 비

오른쪽 그림에서 $\overline{BP} : \overline{PC} = 2 : 3$이고 △ABC의 넓이가 $60\,cm^2$일 때, △ABP의 넓이를 구하시오.

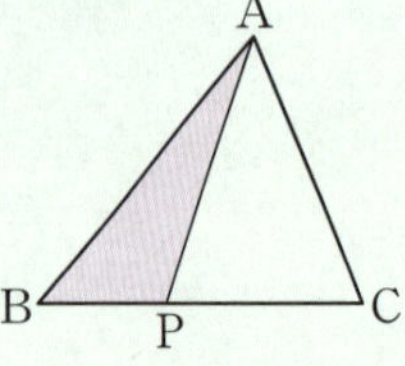

[해결 포인트]
높이가 같은 두 삼각형의 넓이의 비는 밑변의 길이의 비와 같다.

🖑 **한번 더!**

3-1 오른쪽 그림의 △ABC에서 $\overline{BD} : \overline{DC} = 7 : 3$이고 △ADC의 넓이가 $12\,cm^2$일 때, △ABC의 넓이는?

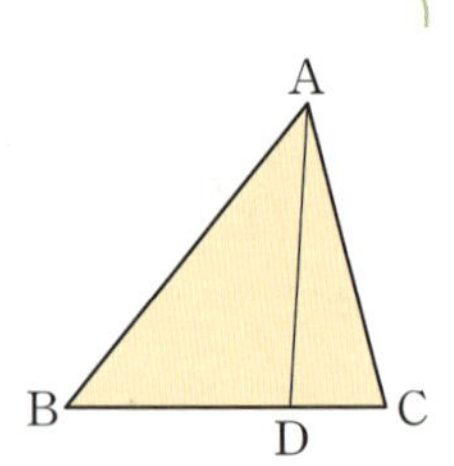

① $16\,cm^2$ ② $22\,cm^2$
③ $28\,cm^2$ ④ $34\,cm^2$
⑤ $40\,cm^2$

1 중요

오른쪽 그림과 같은 평행사변형 ABCD의 두 대각선의 교점을 O라 하자. $\overline{AB}=6\,cm$, $\overline{AC}=8\,cm$, $\overline{BC}=9\,cm$일 때, $x+y$의 값을 구하시오.

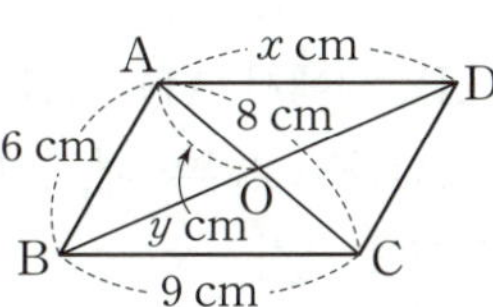

2

오른쪽 그림과 같은 평행사변형 ABCD에서 $\angle A : \angle B = 5 : 4$일 때, $\angle C$의 크기를 구하시오.

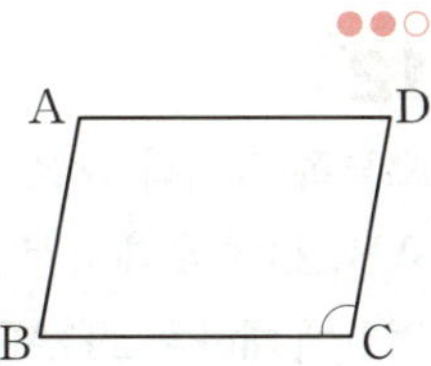

3

다음 중 □ABCD가 평행사변형이 되는 조건이 <u>아닌</u> 것은? (단, 점 O는 두 대각선의 교점이다.)

① $\overline{AB}/\!/\overline{DC}$, $\overline{AD}/\!/\overline{BC}$
② $\overline{AB}=\overline{DC}=5\,cm$, $\overline{AD}=\overline{BC}=8\,cm$
③ $\angle A=115°$, $\angle B=65°$, $\angle C=115°$
④ $\overline{OA}=6\,cm$, $\overline{OB}=6\,cm$, $\overline{OC}=7\,cm$, $\overline{OD}=7\,cm$
⑤ $\overline{AB}/\!/\overline{DC}$, $\overline{AB}=4\,cm$, $\overline{DC}=4\,cm$

4

오른쪽 그림과 같은 평행사변형 ABCD에서 두 꼭짓점 A, C에서 대각선 BD에 내린 수선의 발을 각각 E, F라 할 때, □AECF가 평행사변형이 되는 조건을 말하시오.

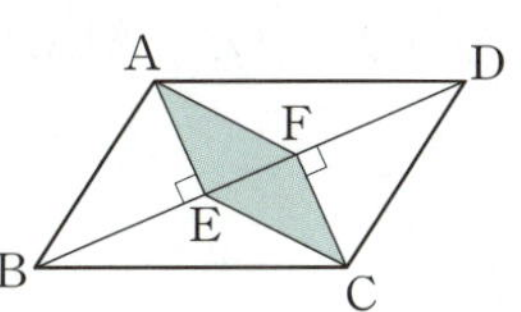

5

오른쪽 그림과 같은 평행사변형 ABCD의 내부의 한 점 P에 대하여 △PAB의 넓이가 $10\,cm^2$, △PBC의 넓이가 $16\,cm^2$, △PCD의 넓이가 $19\,cm^2$일 때, △PDA의 넓이를 구하시오.

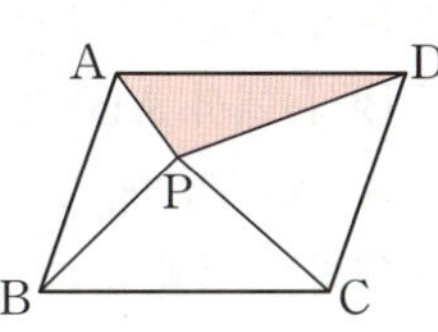

6

오른쪽 그림과 같은 직사각형 ABCD의 두 대각선의 교점을 O라 하자. $\overline{AB}=12\,cm$, $\overline{AC}=20\,cm$, $\overline{BC}=16\,cm$일 때, △ABO의 둘레의 길이를 구하시오.

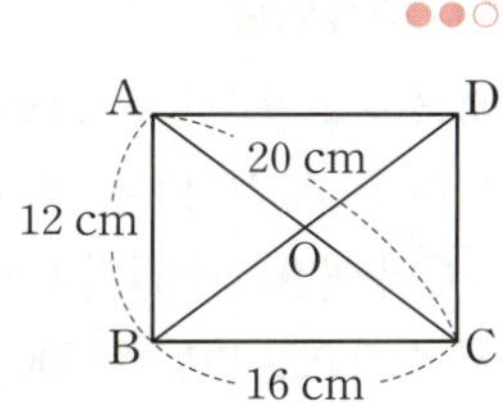

7

오른쪽 그림과 같이 직사각형 모양의 종이 ABCD를 꼭짓점 C가 꼭짓점 A에 오도록 접었다. $\angle D'AE=32°$일 때, $\angle AFE$의 크기는?

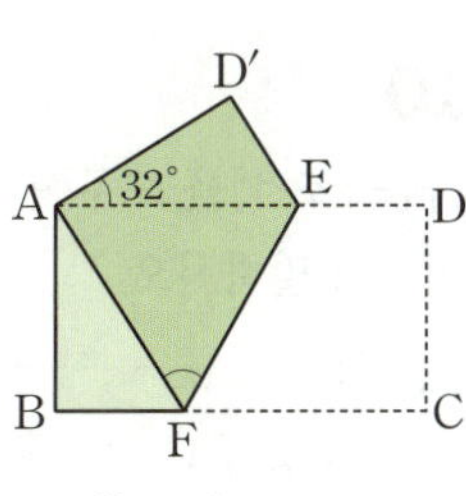

① 57°　　② 58°　　③ 59°
④ 60°　　⑤ 61°

8

오른쪽 그림과 같은 마름모 ABCD에서 $\overline{AB}=3\,cm$, $\angle A=60°$일 때, $\triangle ABD$의 둘레의 길이를 구하시오.

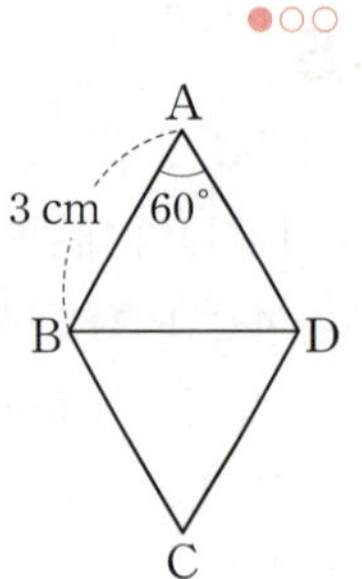

9　창의력 UP

오른쪽 그림과 같은 고소 작업대에서 $\square ABCD$는 마름모이고 $\overline{AC}$의 연장선과 직선 l이 점 P에서 수직으로 만난다. $\overline{DC}$, $\overline{BC}$의 연장선과 직선 l의 교점을 각각 E, F라 할 때, $\angle x$의 크기를 구하시오.

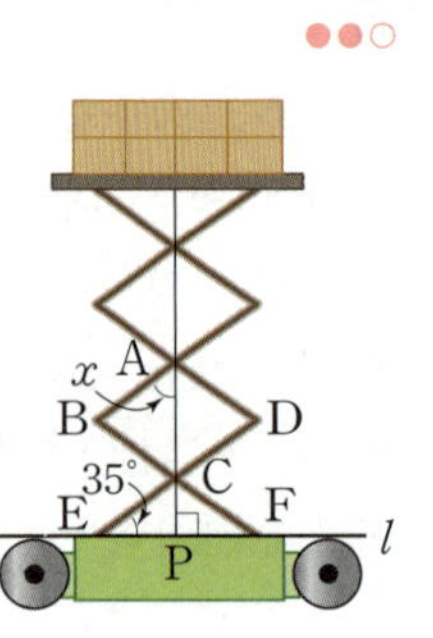

10

다음 | 조건 |을 모두 만족시키는 $\square ABCD$는 어떤 사각형인지 말하시오.

조건
(개) $\overline{AB} /\!/ \overline{DC}$　　　(내) $\overline{AD} /\!/ \overline{BC}$
(대) $\overline{AB}=\overline{AD}$

11

오른쪽 그림과 같은 정사각형 ABCD에서 $\overline{AD}=\overline{AE}$이고 $\angle ABE=27°$일 때, $\angle EAD$의 크기를 구하시오.

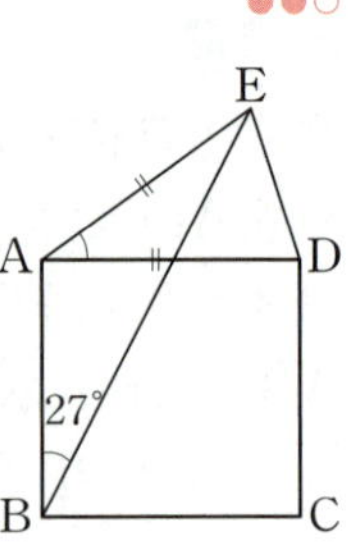

12

오른쪽 그림과 같은 정사각형 ABCD에서 대각선 BD 위의 한 점 E에 대하여 $\angle DAE=32°$일 때, $\angle ECB$의 크기는?

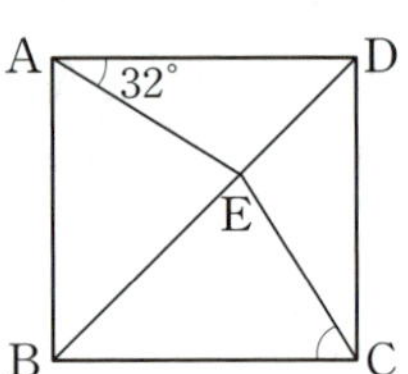

① 32°　　　② 40°

③ 48°　　　④ 58°

⑤ 60°

13

다음 중 오른쪽 그림과 같은 평행사변형 ABCD가 정사각형이 되는 조건은? (단, 점 O는 두 대각선의 교점이다.)

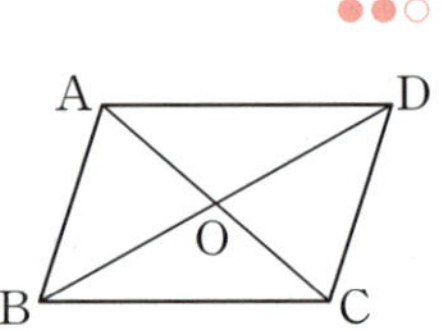

① $\overline{AB}=\overline{AD}$, $\angle AOB=90°$

② $\overline{AC}\perp\overline{BD}$, $\overline{AB}=\overline{BC}$

③ $\overline{AC}\perp\overline{BD}$, $\overline{AO}=\overline{BO}$

④ $\overline{AC}=\overline{BD}$, $\overline{BO}=\overline{CO}$

⑤ $\overline{AO}=\overline{BO}$, $\angle ABC=90°$

I·2

14

다음 그림과 같이 $\overline{AD} \parallel \overline{BC}$인 등변사다리꼴 ABCD에서 $\overline{BC}$의 연장선 위에 $\overline{AD} = \overline{CE}$가 되도록 점 E를 잡았다. $\angle DBC = 34°$일 때, $\angle DEC$의 크기를 구하시오.

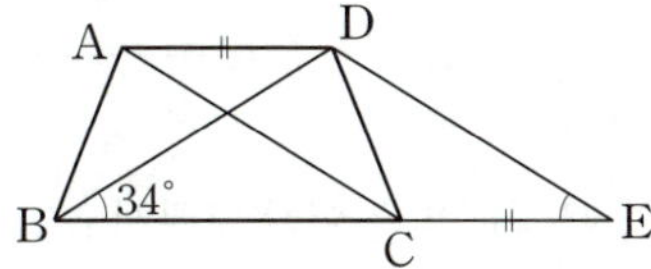

15

오른쪽 그림과 같이 $\overline{AD} \parallel \overline{BC}$인 등변사다리꼴 ABCD의 꼭짓점 A에서 $\overline{BC}$에 내린 수선의 발을 E라 하자. $\overline{AD} = 3\,cm$, $\overline{BE} = 2\,cm$일 때, $\overline{BC}$의 길이를 구하시오.

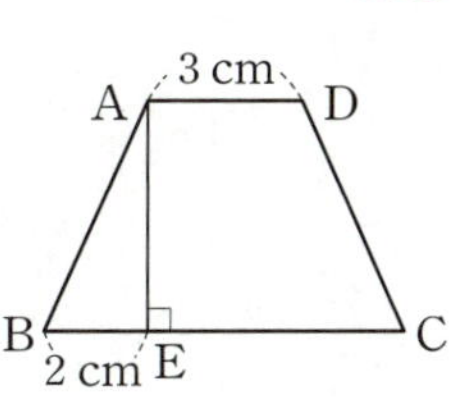

16

다음 중 ㈎~㈐에 알맞은 사각형의 이름으로 옳지 <u>않은</u> 것은?

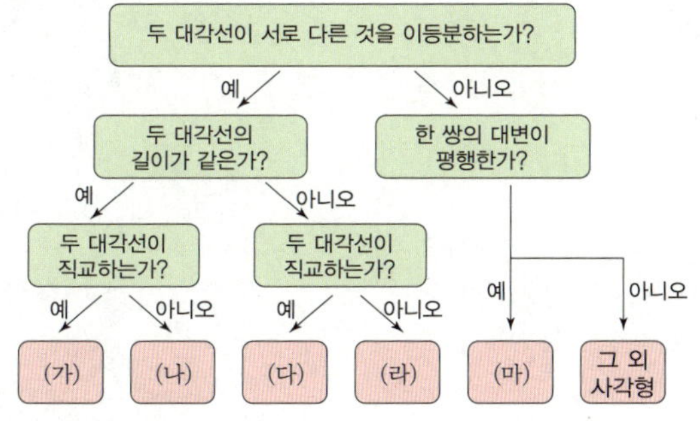

① ㈎ 정사각형   ② ㈏ 등변사다리꼴
③ ㈐ 마름모   ④ ㈑ 평행사변형
⑤ ㈒ 사다리꼴

17

오른쪽 그림과 같은 평행사변형 ABCD에 대하여 다음 |보기|에서 옳은 것을 모두 고르시오. (단, 점 O는 두 대각선의 교점이다.)

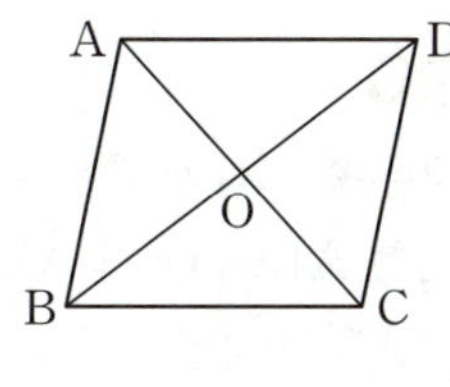

| 보기 |

ㄱ. $\overline{AB} = \overline{AD}$이면 □ABCD는 마름모이다.
ㄴ. $\overline{AC} = \overline{BD}$이면 □ABCD는 직사각형이다.
ㄷ. $\angle ABC = \angle AOD = 90°$이면 □ABCD는 정사각형이다.
ㄹ. $\angle ABC + \angle BCD = 180°$이면 □ABCD는 등변사다리꼴이다.

18 중요

오른쪽 그림과 같이 □ABCD의 꼭짓점 D를 지나고 $\overline{AC}$에 평행한 직선과 $\overline{BC}$의 연장선의 교점을 E라 하고, 점 A에서 $\overline{BC}$에 내린 수선의 발을 F라 하자. $\overline{AF} = 4\,cm$, $\overline{BC} = 6\,cm$, $\overline{CE} = 2\,cm$일 때, □ABCD의 넓이를 구하시오.

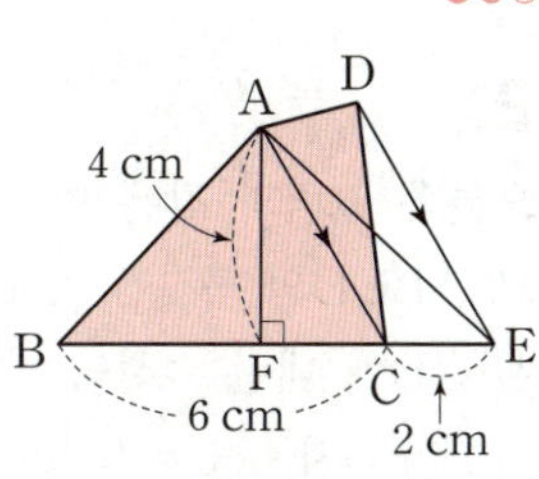

19

오른쪽 그림과 같은 $\triangle ABC$에서 $\overline{AB}$의 중점을 E라 하자. $\overline{BD} : \overline{DC} = 3 : 2$이고 $\triangle ABC$의 넓이가 $40\,cm^2$일 때, $\triangle AED$의 넓이를 구하시오.

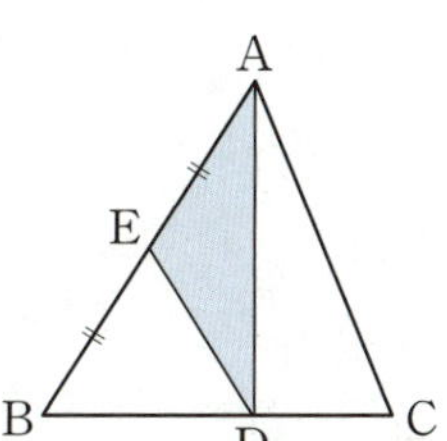

20

오른쪽 그림과 같은 평행사변형 ABCD에서 $\overline{\mathrm{AE}}$는 ∠A의 이등분선이고 ∠C=116°일 때, ∠AEC의 크기를 구하시오. (단, 풀이 과정을 자세히 쓰시오.)

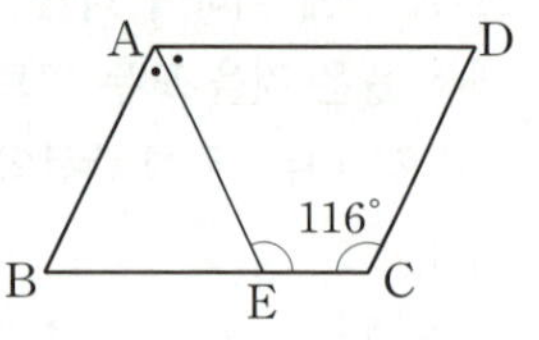

풀이

답

21

오른쪽 그림과 같은 마름모 ABCD의 꼭짓점 A에서 $\overline{\mathrm{CD}}$에 내린 수선의 발을 E라 하자. ∠C=140°일 때, 다음을 구하시오. (단, 풀이 과정을 자세히 쓰시오.)

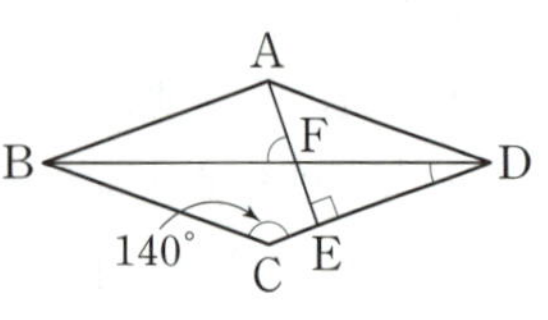

(1) ∠CDB의 크기
(2) ∠AFB의 크기

풀이

답

22

오른쪽 그림과 같이 $\overline{\mathrm{AD}}\,/\!/\,\overline{\mathrm{BC}}$인 등변사다리꼴 ABCD에서 $\overline{\mathrm{AB}}=4\,\mathrm{cm}$, $\overline{\mathrm{AD}}=6\,\mathrm{cm}$이고 ∠A=120°일 때, $\overline{\mathrm{BC}}$의 길이를 구하시오.

(단, 풀이 과정을 자세히 쓰시오.)

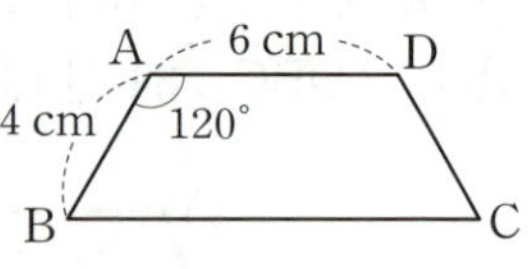

풀이

답

23

오른쪽 그림과 같이 $\overline{\mathrm{AD}}\,/\!/\,\overline{\mathrm{BC}}$인 사다리꼴 ABCD에서 $\overline{\mathrm{OB}}:\overline{\mathrm{OD}}=4:3$이고 △OBC의 넓이가 $16\,\mathrm{cm}^2$일 때, □ABCD의 넓이를 구하시오. (단, 풀이 과정을 자세히 쓰시오.)

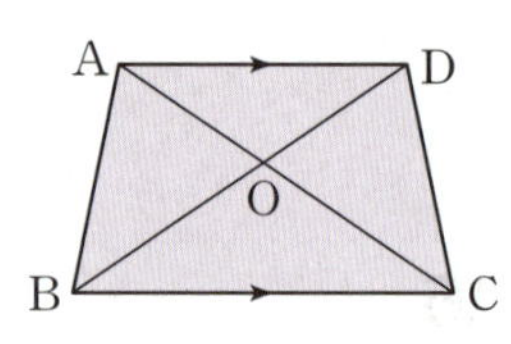

풀이

답

1 마인드맵으로 개념 구조화!

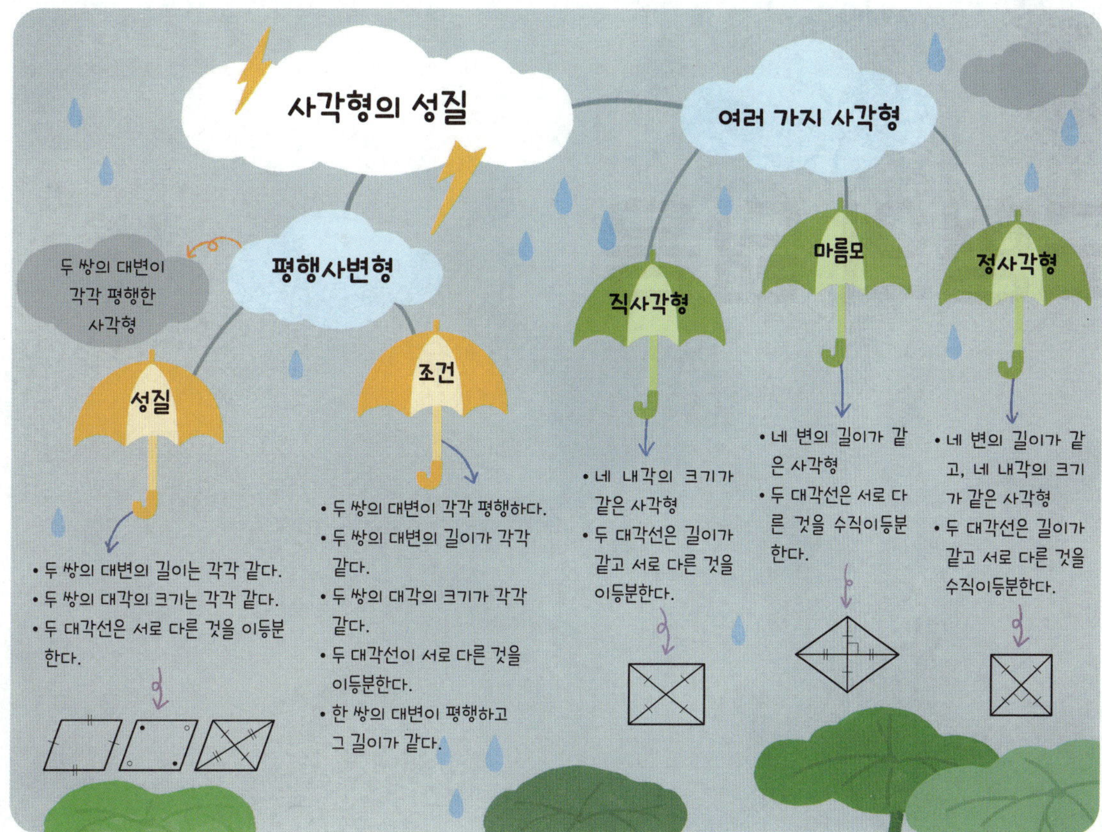

2 OX 문제로 개념 점검!

옳은 것은 ◯, 옳지 <u>않은</u> 것은 ✕를 택하시오.

• 정답 및 해설 33쪽

❶ 평행사변형에서 한 변의 길이가 4 cm일 때, 이 변과 마주 보는 변의 길이는 4 cm이다. ◯ | ✕

❷ 평행사변형에서 한 내각의 크기가 40°일 때, 이 각과 마주 보는 각의 크기는 140°이다. ◯ | ✕

❸ □ABCD에서 ∠A = ∠C이고 ∠B = ∠D이면 □ABCD는 평행사변형이다. ◯ | ✕

❹ □ABCD에서 $\overline{AD} /\!/ \overline{BC}$이고 $\overline{AB} = \overline{BC}$이면 □ABCD는 평행사변형이다. ◯ | ✕

❺ 평행사변형의 넓이는 한 대각선에 의해 사등분된다. ◯ | ✕

❻ 직사각형의 두 대각선은 길이가 같고 서로 다른 것을 이등분한다. ◯ | ✕

❼ 두 대각선의 길이가 같은 평행사변형은 직사각형이다. ◯ | ✕

❽ 마름모의 두 대각선은 길이가 같고 서로 다른 것을 수직이등분한다. ◯ | ✕

❾ 정사각형은 평행사변형이다. ◯ | ✕

❿ 한 내각의 크기가 90°인 마름모는 정사각형이다. ◯ | ✕

3

도형의 닮음

작은 일부분이 전체와 닮은 구조를 반복적으로 갖는 기하학적 형태를 프랙탈(fractal)이라 합니다.
프랙탈은 자기 유사성의 특징을 갖고 있기 때문에 여러 가지 자연 현상을 잘 표현할 수 있어 수학, 과학, 예술 등 다양한 분야에서 활용됩니다.
다음 그림은 코흐의 눈송이라 하며, 이 그림에서도 일부분이 전체와 닮은 모양인 것을 찾아볼 수 있습니다.

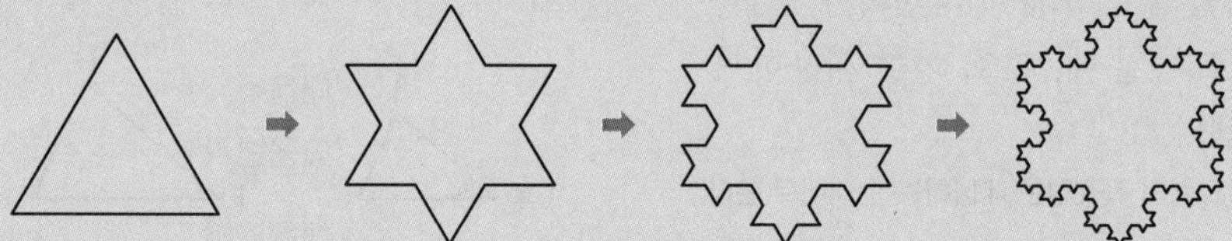

이 단원에서는 닮은 도형의 성질과 삼각형의 닮음 조건에 대해 학습합니다.

▶ **새로 배우는 용어·기호**
닮음, 닮음비, 삼각형의 닮음 조건, ∽

3. 도형의 닮음을 시작하기 전에

비례식 초등
1 다음 비례식을 만족시키는 x의 값을 구하시오.

(1) $2 : 3 = 10 : x$

(2) $x : 5 = 6 : \dfrac{3}{2}$

도형의 합동 중1
2 오른쪽 그림의 두 사각형 ABCD와 EFGH가 합동일 때, a, b, c의 값을 각각 구하시오.

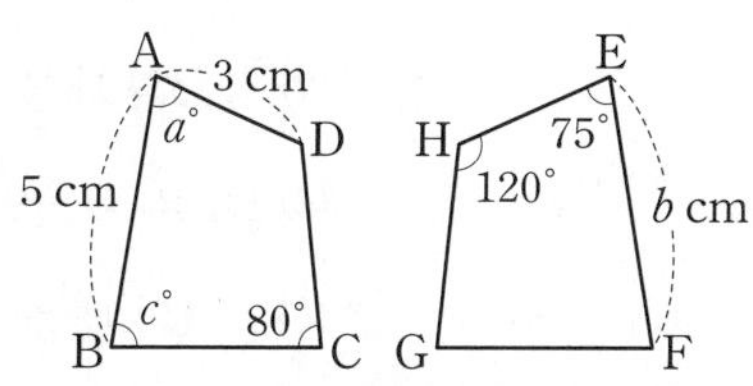

[정답] **1.** (1) 15 (2) 20   **2.** $a=75$, $b=5$, $c=85$

닮은 도형

(1) **닮음**

한 도형을 일정한 비율로 확대하거나 축소한 도형이 다른 도형과 합동일 때,
이 두 도형은 서로 **닮음**인 관계에 있다고 한다.

(2) **닮은 도형**

서로 닮음인 관계에 있는 두 도형을 닮은 도형이라 한다.

(3) △ABC와 △DEF가 서로 닮은 도형일 때, 기호 ∽를 사용하여
△ABC∽△DEF와 같이 나타낸다.

> **참고** • 닮은 도형을 기호로 나타낼 때, 두 도형의 꼭짓점은 대응하는 순서대로 쓴다.
> • ∽, ≡, = 기호의 구분
> △ABC와 △DEF에서
> ① 닮음일 때 ➡ △ABC∽△DEF
> ② 합동일 때 ➡ △ABC≡△DEF
> ③ 넓이가 같을 때 ➡ △ABC=△DEF

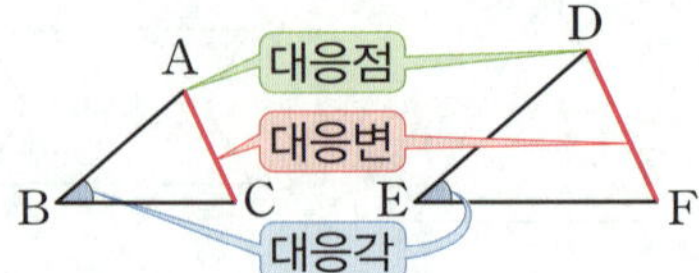

• 개념 확인하기

• 정답 및 해설 34쪽

1 오른쪽 그림에서 □ABCD∽□EFGH일 때, 다음을
구하시오.

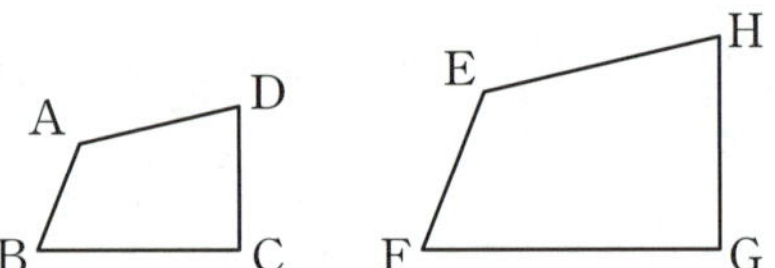

(1) 점 C의 대응점

(2) 점 F의 대응점

(3) $\overline{AB}$의 대응변

(4) $\overline{EH}$의 대응변

(5) ∠D의 대응각

(6) ∠G의 대응각

2 오른쪽 그림에서 두 삼각형은 서로 닮은 도형이다. $\overline{AB}$의
대응변이 $\overline{DF}$일 때, 다음 물음에 답하시오.

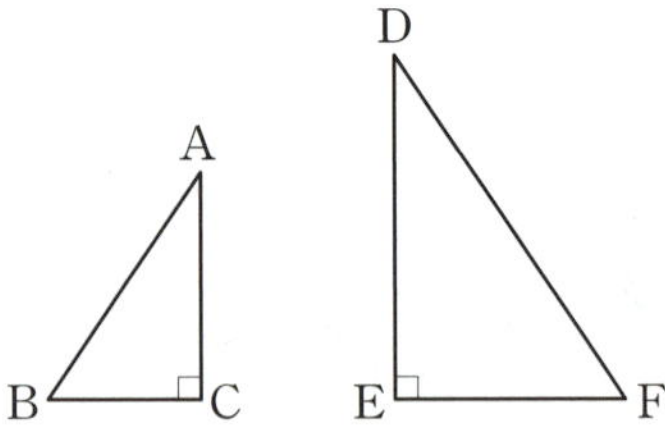

(1) 서로 닮은 두 도형을 기호 ∽를 사용하여 나타내시오.

(2) 점 B의 대응점을 말하시오.

(3) $\overline{DE}$의 대응변을 말하시오.

(4) ∠A의 대응각을 말하시오.

• 예제 **1** 닮은 도형

아래 그림에서 △ABC∽△DEF일 때, 다음 중 옳은 것을 모두 고르면? (정답 2개)

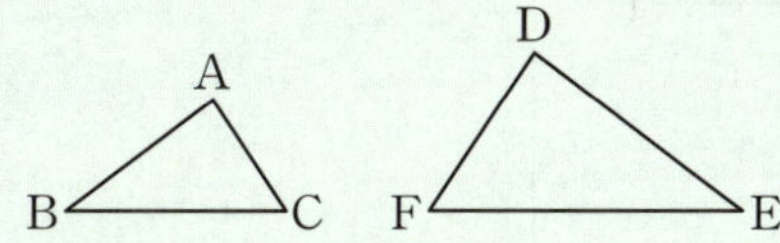

① $\overline{AC}$의 대응변은 $\overline{DE}$이다.
② $\overline{BC}$의 대응변은 $\overline{EF}$이다.
③ ∠A의 대응각은 ∠E이다.
④ ∠B의 대응각은 ∠D이다.
⑤ ∠C의 대응각은 ∠F이다.

[해결 포인트]
도형의 모양이 뒤집어져 있는 경우에는 대응 점끼리 짝 지은 후 대응변, 대응각을 각각 찾아본다.

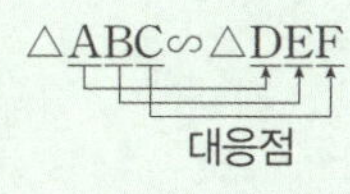

한번 더!

1-1 다음 그림에서 두 사면체가 서로 닮은 도형이고 면 ACD에 대응하는 면이 면 EGH일 때, |보기| 중 옳지 <u>않은</u> 것을 모두 고르시오.

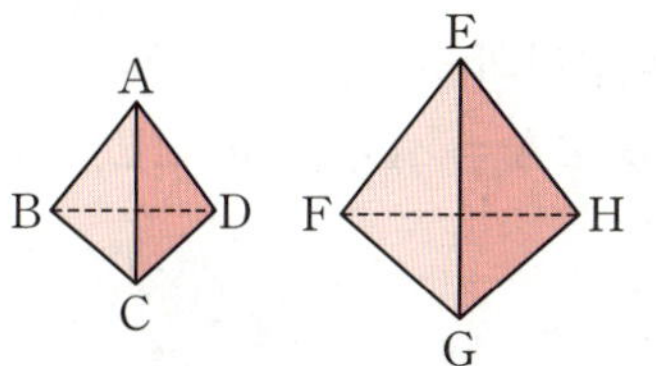

| 보기 |

ㄱ. 점 B의 대응점은 점 F이다.
ㄴ. $\overline{BC}$에 대응하는 모서리는 $\overline{HG}$이다.
ㄷ. $\overline{EH}$에 대응하는 모서리는 $\overline{AD}$이다.
ㄹ. 면 ABD에 대응하는 면은 면 EFG이다.

• 예제 **2** 항상 닮은 도형

다음 |보기|에서 항상 닮은 도형인 것을 모두 고르시오.

| 보기 |

ㄱ. 두 원   ㄴ. 두 부채꼴
ㄷ. 두 정삼각형   ㄹ. 두 마름모
ㅁ. 꼭지각의 크기가 90°인 두 이등변삼각형

[해결 포인트]
항상 닮은 도형은 일정한 비율로 확대하거나 축소하여도 모양이 같은 도형이다.

한번 더!

2-1 다음 중 항상 닮은 도형이라 할 수 <u>없는</u> 것을 모두 고르면? (정답 2개)

① 두 원뿔   ② 두 정육면체   ③ 두 구
④ 두 정오각뿔   ⑤ 두 정팔면체

2-2 다음 중 닮은 두 도형에 대한 설명으로 옳은 것을 모두 고르면? (정답 2개)

① 크기에 관계없이 모양이 같다.
② 두 원기둥은 항상 닮은 도형이다.
③ 두 부채꼴은 항상 닮은 도형이다.
④ 모든 정오각형은 닮은 도형이다.
⑤ 서로 합동인 두 도형은 닮은 도형이 아니다.

닮은 도형의 성질

(1) 평면도형에서의 닮음의 성질

서로 닮은 두 평면도형에서

① 대응변의 길이의 비는 일정하다.

➡ $\overline{AB} : \overline{DE} = \overline{BC} : \overline{EF}$
$= \overline{AC} : \overline{DF}$

② 대응각의 크기는 각각 같다.

➡ $\angle A = \angle D$, $\angle B = \angle E$, $\angle C = \angle F$

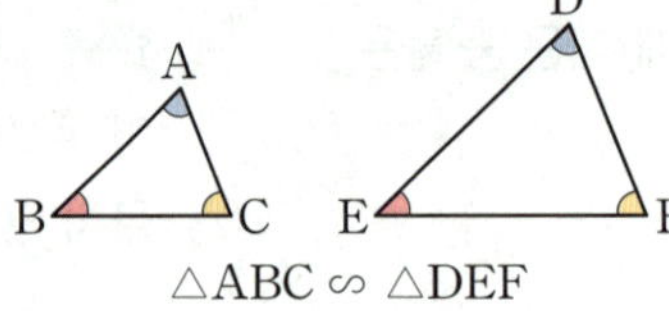
△ABC ∽ △DEF

(2) 평면도형에서의 닮음비

서로 닮은 두 평면도형에서 대응변의 길이의 비를 두 도형의 닮음비라 한다.

참고 · 닮음비는 가장 간단한 자연수의 비로 나타낸다.
· 닮음비가 1 : 1인 두 도형은 서로 합동이다.

>> 서로 닮은 두 원에서 닮음비는 반지름의 길이의 비이다.

(3) 입체도형에서의 닮음의 성질

서로 닮은 두 입체도형에서

① 대응하는 모서리의 길이의 비는 일정하다.

➡ $\overline{AB} : \overline{EF} = \overline{AC} : \overline{EG}$
$= \overline{AD} : \overline{EH} = \cdots$

② 대응하는 면은 서로 닮은 도형이다.

➡ △ABC∽△EFG, △ACD∽△EGH,
△ABD∽△EFH, △BCD∽△FGH

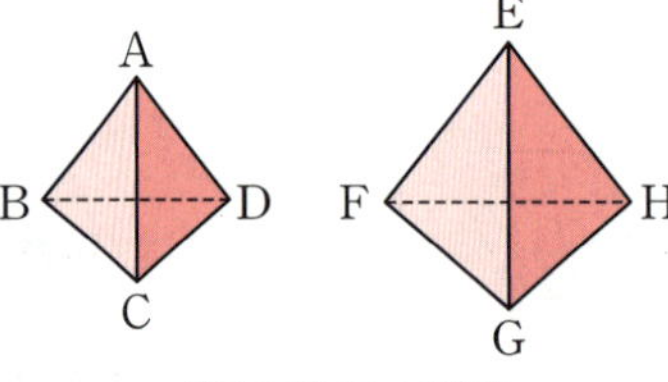
서로 닮은 두 사면체

(4) 입체도형에서의 닮음비

서로 닮은 두 입체도형에서 대응하는 모서리의 길이의 비를 두 도형의 닮음비라 한다.

>> 서로 닮은 두 구에서 닮음비는 반지름의 길이의 비이다.

1 오른쪽 그림에서 △ABC∽△DEF일 때, 다음을 구하시오.

(1) △ABC와 △DEF의 닮음비
(2) $\overline{EF}$의 길이
(3) ∠D의 크기

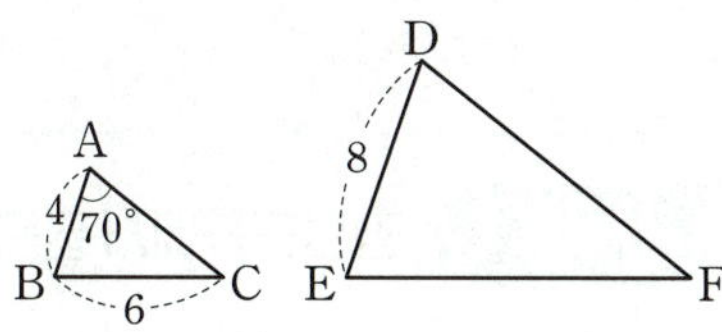

Ⅱ·3

2 오른쪽 그림에서 □ABCD∽□EFGH이고 □ABCD와 □EFGH의 닮음비가 2 : 3일 때, 다음을 구하시오.

(1) $\overline{EF}$의 길이
(2) $\overline{CD}$의 길이
(3) ∠F의 크기
(4) ∠D의 크기

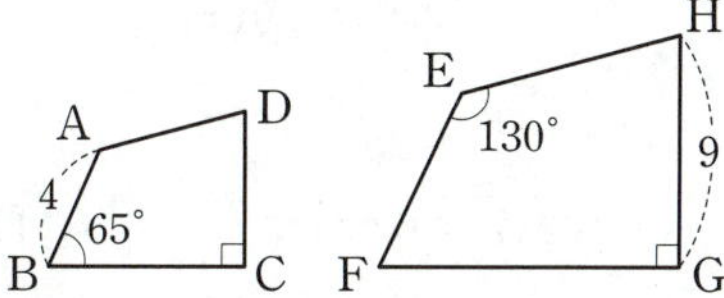

3 오른쪽 그림에서 두 사면체는 서로 닮은 도형이고 △ABC∽△EFG일 때, 다음을 구하시오.

(1) 두 사면체의 닮음비
(2) $\overline{AD}$의 길이
(3) $\overline{GH}$의 길이

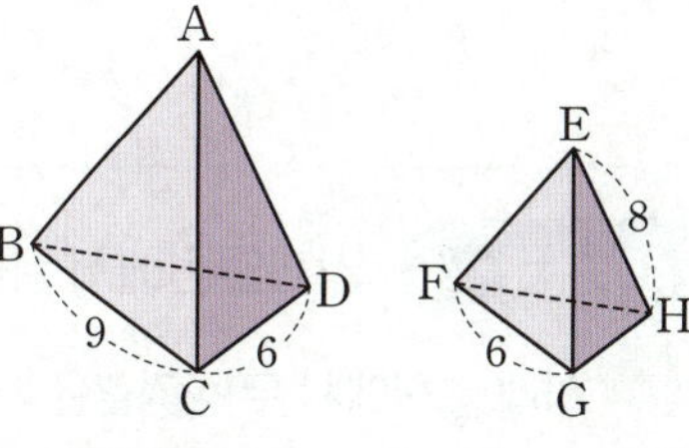

4 오른쪽 그림에서 두 직육면체는 서로 닮은 도형이다. 면 ABCD에 대응하는 면이 면 IJKL이고 닮음비가 3 : 4일 때, 다음을 구하시오.

(1) $\overline{IJ}$의 길이
(2) $\overline{IL}$의 길이
(3) $\overline{BF}$의 길이

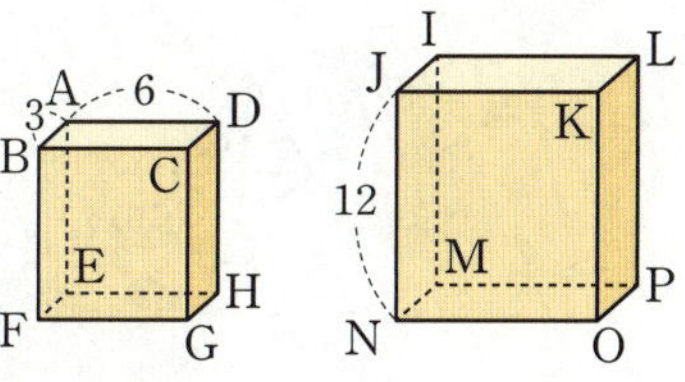

5 다음 그림의 두 입체도형이 서로 닮은 도형일 때, 두 도형의 닮음비를 구하시오.

(1)

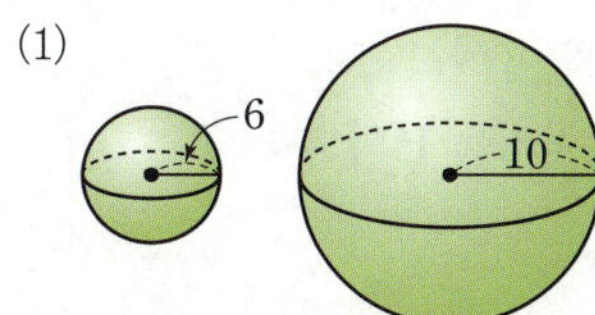

(2)

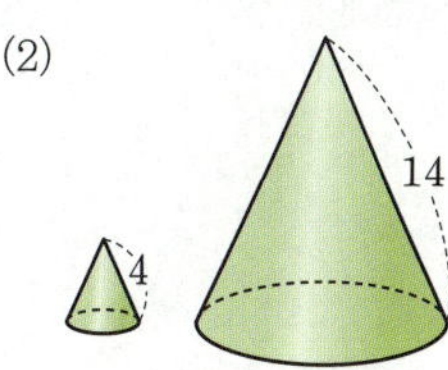

• **예제 1**　평면도형에서 닮음의 성질

아래 그림에서 △ABC∽△DEF일 때, 다음 중 옳지 <u>않은</u> 것은?

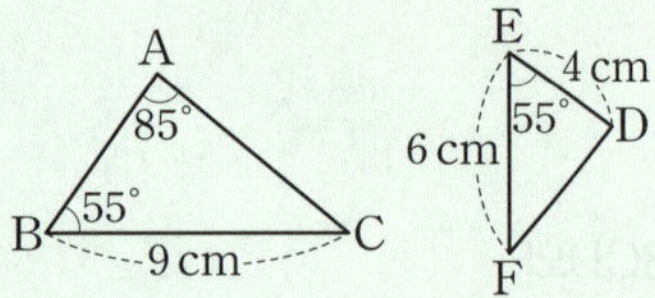

① ∠D=85°　　　　② ∠F=40°
③ $\overline{AB}$=6 cm　　　④ $\overline{DF}$=4 cm
⑤ $\overline{AC}$: $\overline{DF}$=3 : 2

[해결 포인트]
닮은 두 평면도형에서
• 대응변의 길이의 비는 일정하다.
• 대응각의 크기는 각각 같다.

🖑 **한번 더!**

1-1　다음 그림에서 □ABCD∽□EFGH일 때, x, y의 값을 각각 구하시오.

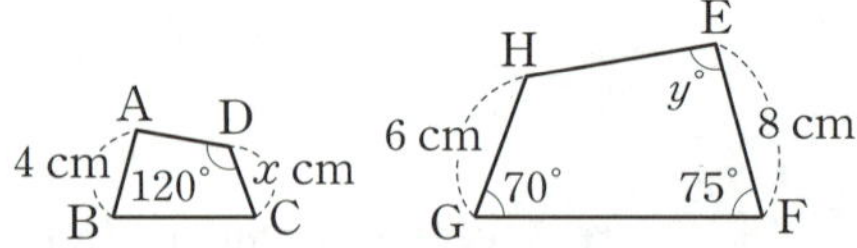

1-2　두 원 O와 O′의 닮음비가 3 : 5이고 원 O′의 반지름의 길이가 15 cm일 때, 다음을 구하시오.

⑴ 원 O의 반지름의 길이
⑵ 원 O의 둘레의 길이

• **예제 2**　입체도형에서 닮음의 성질

아래 그림에서 두 삼각뿔은 서로 닮은 도형이고 △ABC에 대응하는 면이 △EFG일 때, 다음 중 옳지 <u>않은</u> 것을 모두 고르면? (정답 2개)

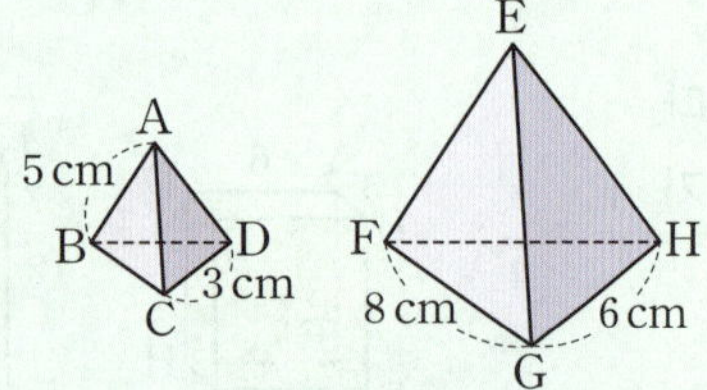

① △BCD∽△FGH　　② $\overline{AC}$: $\overline{EG}$=1 : 2
③ $\overline{BC}$=4 cm　　　④ $\overline{EF}$=8 cm
⑤ $\overline{BD}$: $\overline{FH}$=$\overline{BC}$: $\overline{GH}$

[해결 포인트]
닮은 두 입체도형에서
• 대응하는 모서리의 길이의 비는 일정하다.
• 대응하는 면은 서로 닮은 도형이다.

🖑 **한번 더!**

2-1　다음 그림에서 두 직육면체는 서로 닮은 도형이다. $\overline{AB}$에 대응하는 모서리가 $\overline{A'B'}$일 때, x, y의 값을 각각 구하시오.

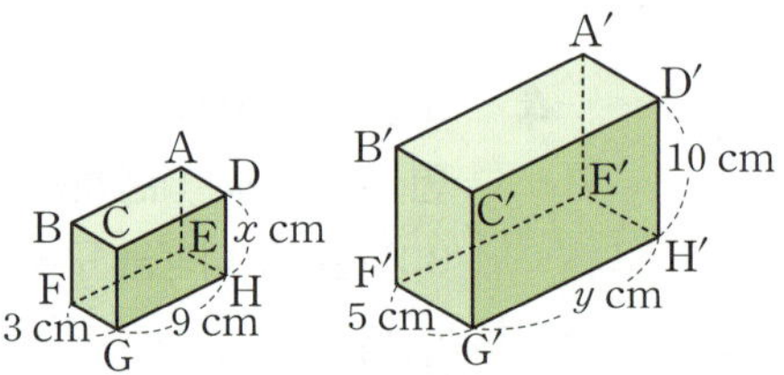

2-2　오른쪽 그림의 두 원기둥 A와 B가 서로 닮은 도형일 때, 다음을 구하시오.

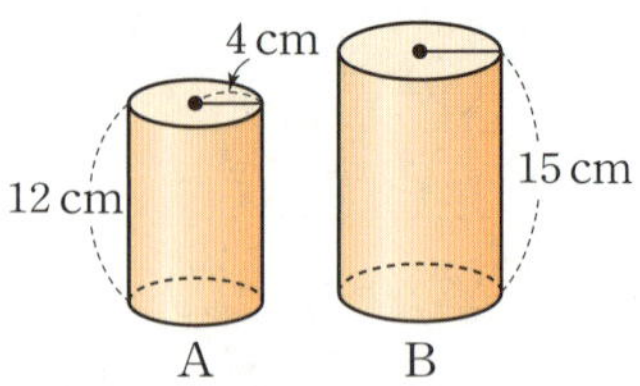

⑴ 원기둥 B의 반지름의 길이
⑵ 원기둥 B의 부피

닮은 도형의 넓이의 비와 부피의 비

(1) 서로 닮은 두 평면도형의 둘레의 길이와 넓이의 비

서로 닮은 두 평면도형의 닮음비가 $m : n$이면

① 둘레의 길이의 비 ➡ $m : n$

② 넓이의 비 ➡ $m^2 : n^2$

예 다음 그림과 같은 두 정사각형에서

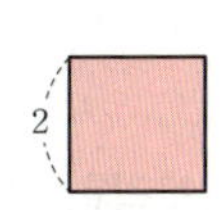 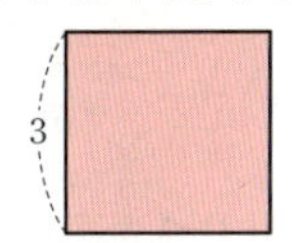

➡ 닮음비는 2 : 3이므로

① 둘레의 길이의 비는 $(4 \times 2) : (4 \times 3) = 2 : 3$

② 넓이의 비는 $2^2 : 3^2 = 4 : 9$

(2) 서로 닮은 두 입체도형의 겉넓이와 부피의 비

서로 닮은 두 입체도형의 닮음비가 $m : n$이면

① 겉넓이의 비 ➡ $m^2 : n^2$

② 부피의 비 ➡ $m^3 : n^3$

예 다음 그림과 같은 두 정육면체에서

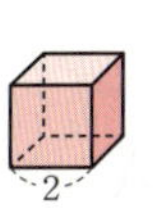 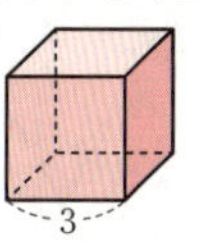

➡ 닮음비는 2 : 3이므로

① 겉넓이의 비는 $(6 \times 2^2) : (6 \times 3^2) = 4 : 9$

② 부피의 비는 $2^3 : 3^3 = 8 : 27$

· 개념 확인하기

· 정답 및 해설 35쪽

1 오른쪽 그림에서 □ABCD∽□EFGH일 때, 다음을 구하시오.

(1) □ABCD와 □EFGH의 닮음비

(2) □ABCD와 □EFGH의 넓이의 비

(3) □ABCD의 넓이가 27일 때, □EFGH의 넓이

2 오른쪽 그림에서 두 원기둥 A와 B는 서로 닮은 도형이다. 두 원기둥 A와 B의 높이의 비가 5 : 3일 때, 다음을 구하시오.

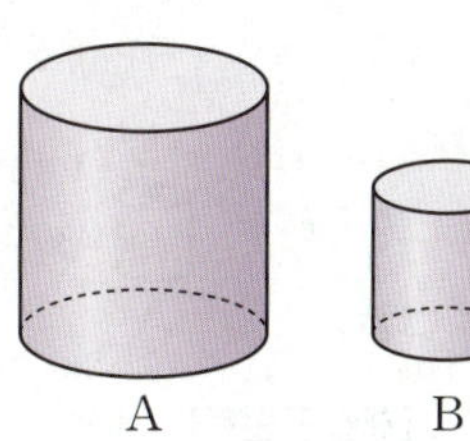

(1) 두 원기둥 A와 B의 닮음비

(2) 두 원기둥 A와 B의 겉넓이의 비

(3) 두 원기둥 A와 B의 부피의 비

(4) 원기둥 A의 겉넓이가 200일 때, 원기둥 B의 겉넓이

(5) 원기둥 B의 부피가 108일 때, 원기둥 A의 부피

예제 1 닮은 두 평면도형의 넓이의 비

다음 그림에서 △ABC∽△DEF이고 $\overline{BC}=4\,cm$, $\overline{EF}=8\,cm$이다. △ABC의 넓이가 $8\,cm^2$일 때, △DEF의 넓이를 구하시오.

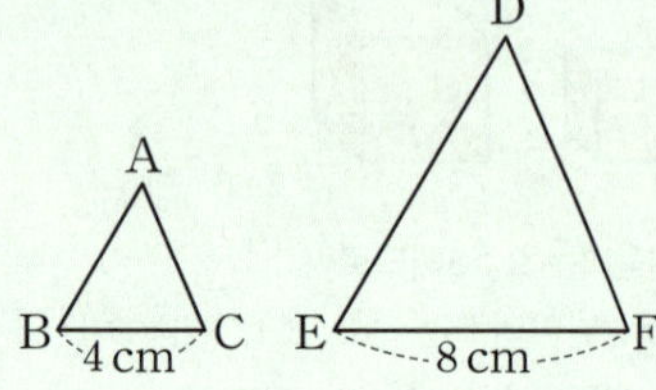

[해결 포인트]

서로 닮은 두 평면도형의 닮음비가 $m:n$이면
넓이의 비 ➡ $m^2:n^2$

🖐 한번 더!

1-1 닮음비가 2 : 3인 □ABCD와 □EFGH가 있다. □EFGH의 넓이가 $36\,cm^2$일 때, □ABCD의 넓이를 구하시오.

1-2 한 변의 길이가 2.4 m인 정사각형 모양의 벽면에 한 변의 길이가 48 cm인 정사각형 모양의 타일을 겹치지 않게 빈틈없이 붙이려고 한다. 이때 필요한 타일은 모두 몇 장인지 구하시오.

예제 2 닮은 두 입체도형의 겉넓이, 부피의 비

다음 그림과 같이 서로 닮은 두 원기둥 A, B가 있다. 원기둥 B의 옆넓이를 구하시오.

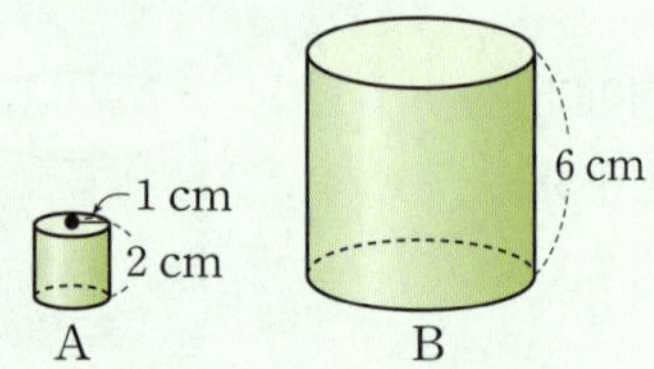

[해결 포인트]

서로 닮은 두 입체도형의 닮음비가 $m:n$이면
• 겉넓이의 비 ➡ $m^2:n^2$
• 부피의 비 ➡ $m^3:n^3$

🖐 한번 더!

2-1 다음 그림의 두 직육면체 A, B는 서로 닮은 도형이다. A의 부피가 $72\,cm^3$일 때, B의 부피를 구하시오.

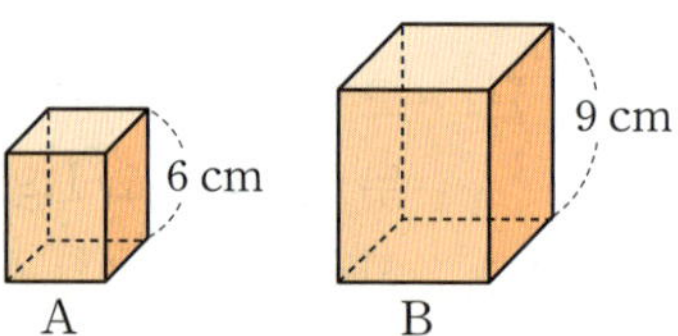

2-2 지름의 길이가 16 cm인 구 모양의 초콜릿 A를 1개 녹여서 지름의 길이가 4 cm인 구 모양의 초콜릿 B를 모두 몇 개 만들 수 있는지 구하시오.

삼각형의 닮음 조건

(1) 삼각형의 닮음 조건

두 삼각형 ABC와 A′B′C′은 다음의 각 경우에 서로 닮음이다.

① 세 쌍의 대응변의 길이의 비가 같다. (SSS 닮음)

➡ $a:a'=b:b'=c:c'$

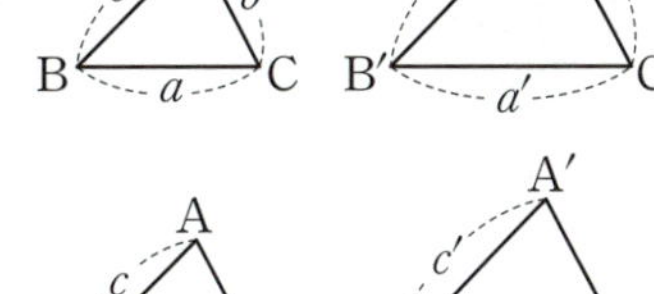

② 두 쌍의 대응변의 길이의 비가 같고, 그 끼인각의 크기가 같다. (SAS 닮음)

➡ $a:a'=c:c'$, $\angle B=\angle B'$

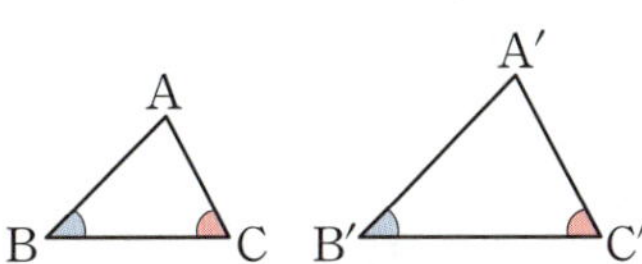

③ 두 쌍의 대응각의 크기가 각각 같다. (AA 닮음)

➡ $\angle B=\angle B'$, $\angle C=\angle C'$

참고 • 두 쌍의 대응각의 크기가 각각 같으면 나머지 한 쌍의 대응각의 크기도 같다.
• 삼각형의 합동 조건 vs 닮음 조건
합동 조건 ➡ 대응변의 길이가 같다.
닮음 조건 ➡ 대응변의 길이의 비가 같다.

>> **삼각형의 합동 조건**

두 삼각형은 다음의 각 경우에 서로 합동이다.
① 세 쌍의 대응변의 길이가 각각 같다. (SSS 합동)
② 두 쌍의 대응변의 길이가 각각 같고, 그 끼인각의 크기가 같다. (SAS 합동)
③ 한 쌍의 대응변의 길이가 같고, 그 양 끝 각의 크기가 각각 같다. (ASA 합동)

>> **ASA 닮음이 아니고 AA 닮음인 이유**

합동 조건에서는 대응변의 길이가 같아야 하므로 ASA 합동이지만, 닮음 조건에서는 대응변의 길이가 달라도 되므로 AA 닮음이 된다.

(2) 삼각형의 닮음 조건의 응용

① SAS 닮음의 응용

두 쌍의 대응변의 길이의 비가 같고, 그 끼인각의 크기가 같은 두 삼각형을 찾는다.

예 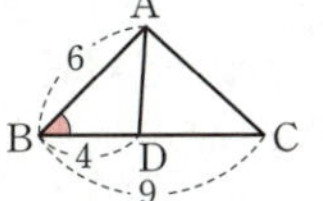  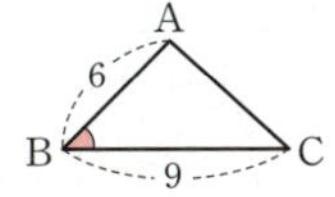 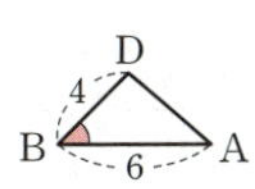

➡ $\overline{AB}:\overline{DB}=\overline{BC}:\overline{BA}=3:2$, $\angle B$는 공통

∴ $\triangle ABC \backsim \triangle DBA$ (SAS 닮음)

② AA 닮음의 응용

두 쌍의 대응각의 크기가 각각 같은 두 삼각형을 찾는다.

예 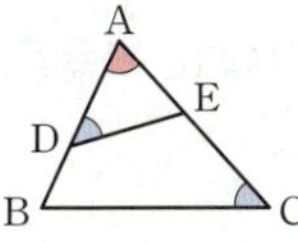 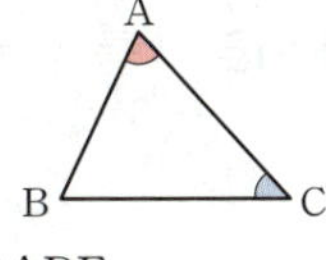 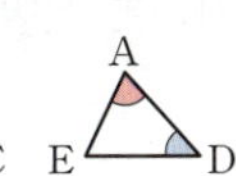

➡ $\angle A$는 공통, $\angle ACB=\angle ADE$

∴ $\triangle ABC \backsim \triangle AED$ (AA 닮음)

·정답 및 해설 36쪽

1 다음은 두 삼각형 ABC와 DEF에 대하여 △ABC∽△DEF임을 증명하는 과정이다. ☐ 안에 알맞은 것을 쓰시오.

(1)

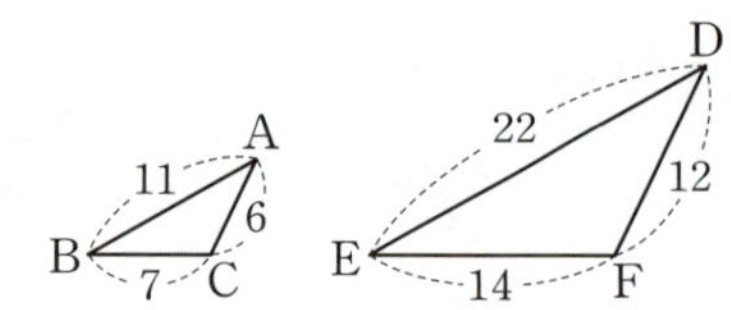

△ABC와 △DEF에서

$\overline{AB} : \overline{DE} = 11 : 22 = ☐ : ☐$,

$\overline{BC} : \overline{EF} = 7 : 14 = ☐ : ☐$,

$\overline{AC} : ☐ = 6 : ☐ = ☐ : ☐$

∴ △ABC∽☐ (☐ 닮음)

(2)

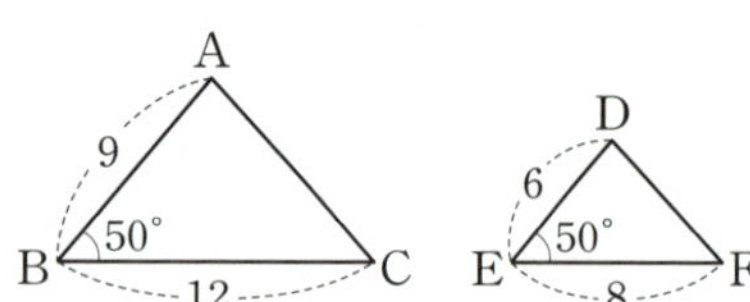

△ABC와 △DEF에서

$\overline{AB} : ☐ = 9 : ☐ = ☐ : ☐$,

$☐ : \overline{EF} = ☐ : 8 = ☐ : ☐$,

$\angle B = \angle ☐ = ☐$

∴ △ABC∽☐ (☐ 닮음)

(3)

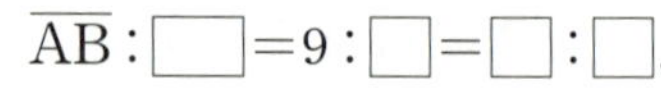

△ABC와 △DEF에서

$\angle B = \angle E = ☐$,

$\angle C = \angle ☐ = ☐$

∴ △ABC∽☐ (☐ 닮음)

2 아래 그림에서 △ABC와 닮은 삼각형을 찾아 기호 ∽를 사용하여 나타내고, 다음을 구하시오.

(1)

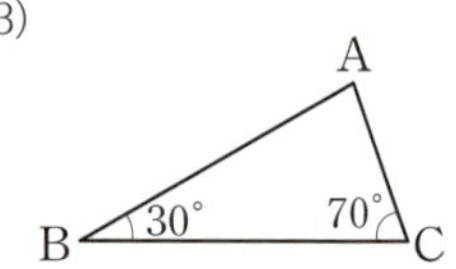

공통인 각: ______ ⇨ △ABC∽☐

① 두 삼각형의 닮음비

② $\overline{BC}$의 길이

(2)

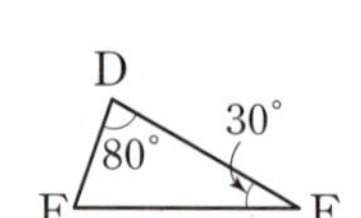

공통인 각: ______ ⇨ △ABC∽☐

① 두 삼각형의 닮음비

② $\overline{DE}$의 길이

3 아래 그림에서 △ABC와 닮은 삼각형을 찾아 기호 ∽를 사용하여 나타내고, 다음을 구하시오.

(1)

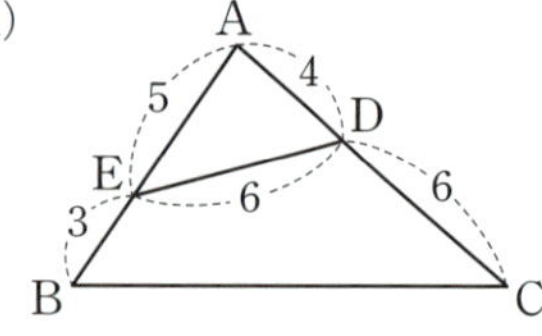

공통인 각: ______ ⇨ △ABC∽☐

① 두 삼각형의 닮음비

② $\overline{AD}$의 길이

(2)

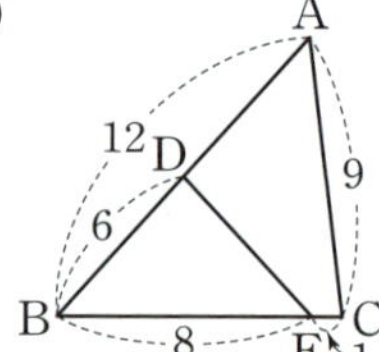

공통인 각: ______ ⇨ △ABC∽☐

① 두 삼각형의 닮음비

② $\overline{AC}$의 길이

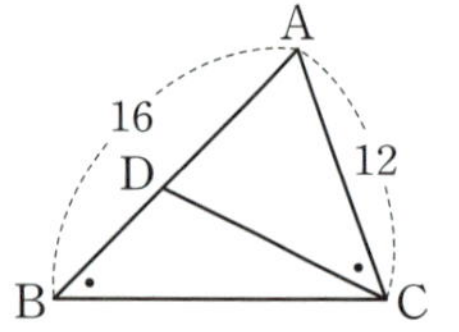

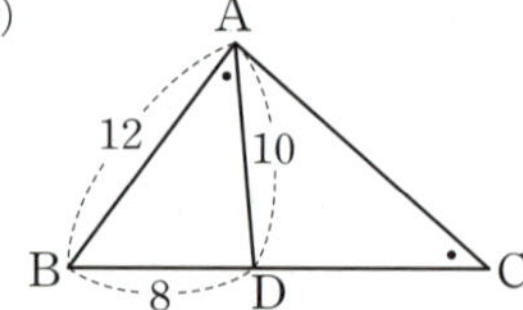

• 예제 **1** 삼각형의 닮음 조건

다음 그림의 두 삼각형이 서로 닮은 도형인지 아닌지 말하고, 닮은 도형이면 기호 ∽를 사용하여 나타내고 닮음 조건을 말하시오.

(1)

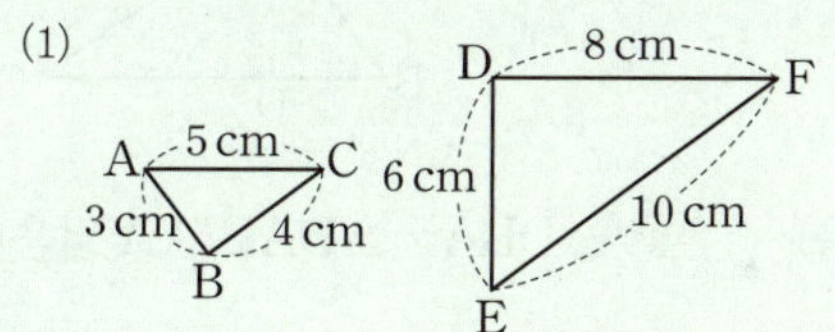

(2)

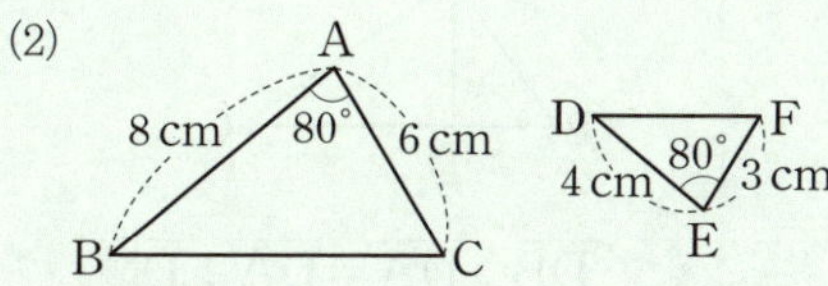

(3)

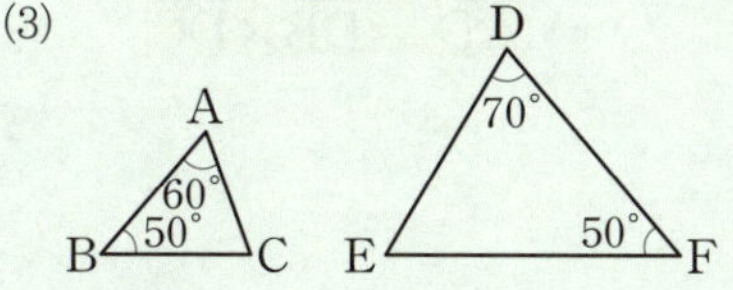

[해결 포인트]

두 삼각형은 다음의 각 경우에 서로 닮은 도형이다.
① 세 쌍의 대응변의 길이의 비가 같다. ➡ SSS 닮음
② 두 쌍의 대응변의 길이의 비가 같고, 그 끼인각의 크기가 같다.
　➡ SAS 닮음
③ 두 쌍의 대응각의 크기가 각각 같다. ➡ AA 닮음

👆한번 더!

1-1 다음 |보기| 중 서로 닮은 삼각형을 모두 찾아 기호 ∽를 사용하여 나타내시오.

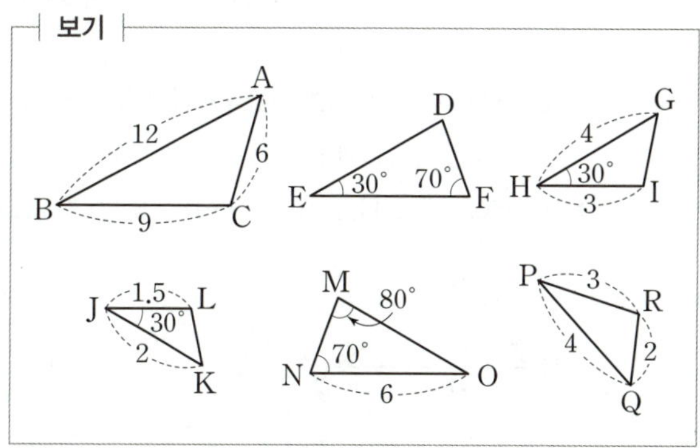

1-2 다음 중 아래 그림의 △ABC와 △DEF가 서로 닮은 도형이 되게 하는 △DEF의 조건으로 알맞은 것은?

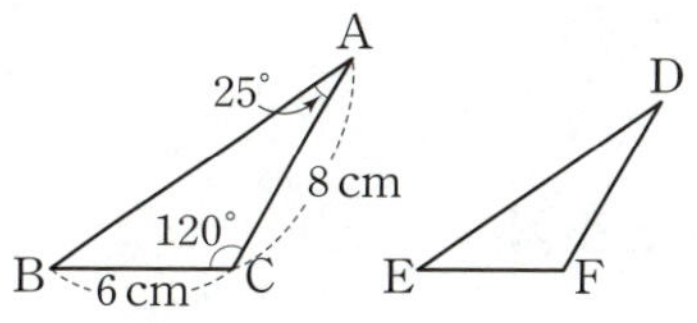

① $\overline{DE}=6\,cm$, $\overline{EF}=3\,cm$, $\overline{DF}=4\,cm$
② $\overline{DF}=3\,cm$, $\overline{EF}=2\,cm$, $\angle F=120°$
③ $\overline{DF}=2\,cm$, $\overline{EF}=1.5\,cm$, $\angle D=25°$
④ $\angle D=30°$, $\angle F=120°$
⑤ $\angle D=25°$, $\angle E=35°$

• 예제 **2** 삼각형의 닮음 조건의 응용

오른쪽 그림과 같은 △ABC에서 $\overline{AD}$의 길이를 구하시오.

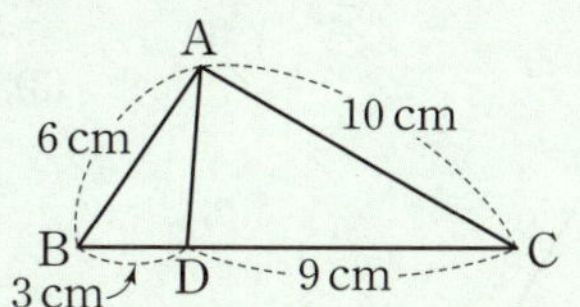

[해결 포인트]

서로 닮음인 두 삼각형을 찾아 닮음비를 이용하여 변의 길이를 구한다.

👆한번 더!

2-1 오른쪽 그림과 같은 △ABC에서 $\angle B=\angle EDC$일 때, $x+y$의 값을 구하시오.

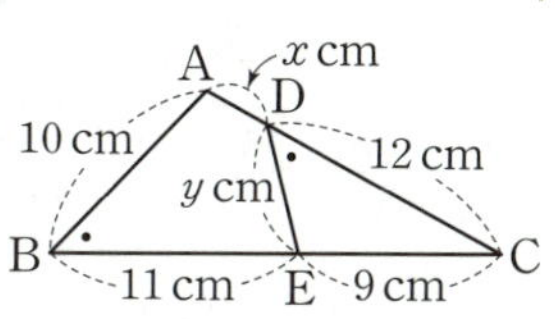

직각삼각형의 닮음

(1) **직각삼각형의 닮음**

　두 직각삼각형에서 한 예각의 크기가 같으면 두 삼각형은 서로 닮은 도형이다. → AA 닮음

(2) **직각삼각형의 닮음의 응용**

　∠A＝90°인 직각삼각형 ABC의 꼭짓점 A에서 빗변 BC에 내린 수선의 발을 D라 하면

$$\triangle ABC \backsim \triangle DBA \backsim \triangle DAC \,(AA \text{ 닮음})$$

이고, 다음이 성립한다.

① $\triangle ABC \backsim \triangle DBA$ (AA 닮음)

$$\overline{AB} : \overline{DB} = \overline{BC} : \overline{BA}$$
➡ $\boxed{\overline{AB}^2 = \overline{BD} \times \overline{BC}}$

② $\triangle ABC \backsim \triangle DAC$ (AA 닮음)

$$\overline{AC} : \overline{DC} = \overline{BC} : \overline{AC}$$
➡ $\boxed{\overline{AC}^2 = \overline{CD} \times \overline{CB}}$

③ $\triangle DBA \backsim \triangle DAC$ (AA 닮음)

$$\overline{DB} : \overline{DA} = \overline{DA} : \overline{DC}$$
➡ $\boxed{\overline{AD}^2 = \overline{DB} \times \overline{DC}}$

참고 　직각삼각형 ABC의 넓이에서 $\dfrac{1}{2} \times \overline{AB} \times \overline{AC} = \dfrac{1}{2} \times \overline{AD} \times \overline{BC}$

　　➡ $\overline{AB} \times \overline{AC} = \overline{AD} \times \overline{BC}$

• 개념 확인하기

• 정답 및 해설 37쪽

1　다음 그림에서 △ABC와 닮은 삼각형을 찾고, x의 값을 구하시오.

(1) 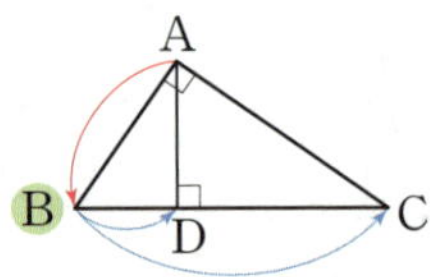

(2) 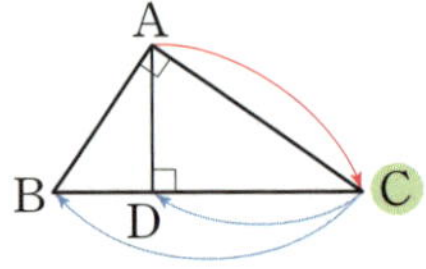

(3) 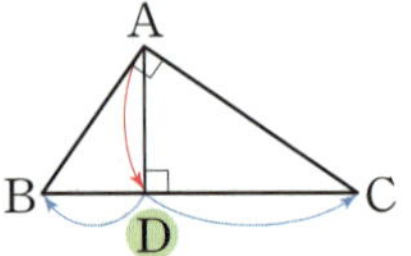

2　다음 그림의 직각삼각형 ABC에서 x의 값을 구하려고 한다. □ 안에 알맞은 것을 쓰고, x의 값을 구하시오.

(1) 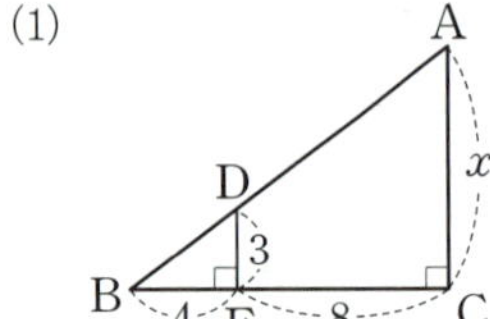

$$\Rightarrow \overline{AC}^2 = \overline{CD} \times \boxed{}$$

(2) 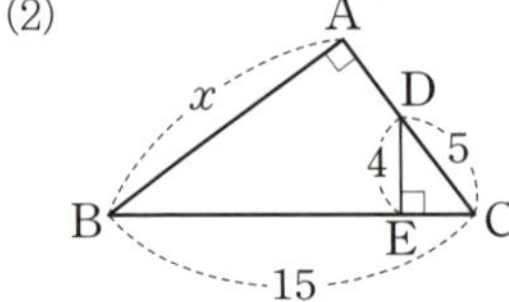

$$\Rightarrow \overline{BC}^2 = \overline{CD} \times \boxed{}$$

(3) 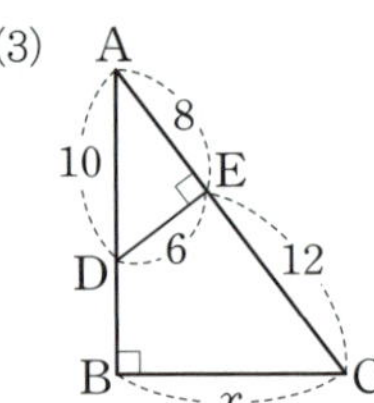

$$\Rightarrow \overline{AD}^2 = \overline{DB} \times \boxed{}$$

• 정답 및 해설 38쪽

• 예제 **1** 직각삼각형의 닮음

오른쪽 그림과 같은
△ABC에서
∠A=∠DMB=90°이고
$\overline{AB}$=10 cm, $\overline{BC}$=12 cm,
$\overline{BM}$=$\overline{CM}$일 때, 다음 물음에 답하시오.

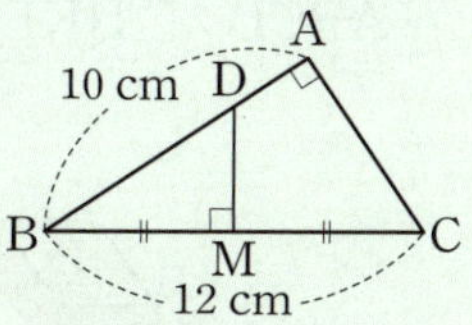

(1) △ABC와 닮음인 삼각형을 찾아 기호 ∽를 사용
하여 나타내고, 닮음 조건을 말하시오.

(2) $\overline{DB}$의 길이를 구하시오.

[해결 포인트]

공통인 각을 기준으로 대응하는 변이 같은 위치에 오도록
작은 삼각형을 분리하여 생각해 본다.

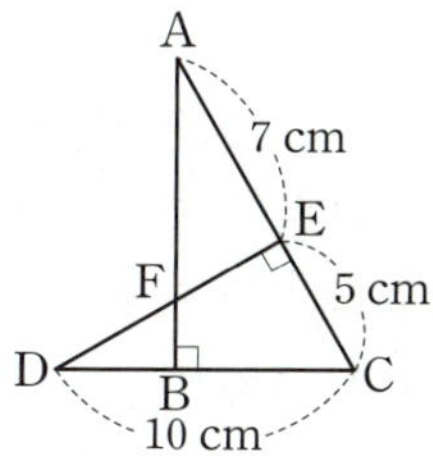

☞ 한번 더!

1-1 오른쪽 그림에서
$\overline{AB}\perp\overline{CD}$, $\overline{AC}\perp\overline{DE}$이고
$\overline{AE}$=7 cm, $\overline{CE}$=5 cm,
$\overline{DC}$=10 cm일 때, $\overline{BC}$의 길이
를 구하시오.

1-2 오른쪽 그림과 같이
∠B=90°인 직각삼각형
ABC의 두 꼭짓점 A, C
에서 꼭짓점 B를 지나는
직선에 내린 수선의 발을 각각 D, E라 할 때, $\overline{BE}$의 길
이를 구하시오.

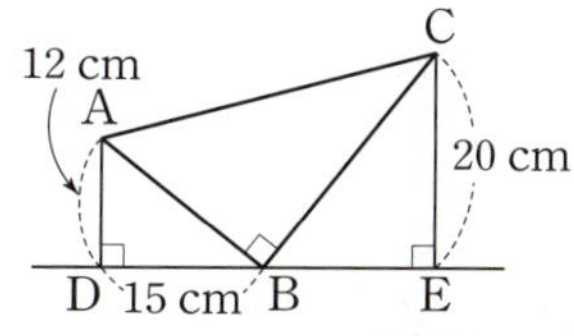

• 예제 **2** 직각삼각형의 닮음의 응용

오른쪽 그림과 같이
∠A=90°인 직각삼각형
ABC에서 $\overline{AH}\perp\overline{BC}$이고
$\overline{AB}$=10 cm, $\overline{BH}$=8 cm
일 때, 다음을 구하시오.

(1) $\overline{BC}$의 길이   (2) $\overline{CH}$의 길이
(3) $\overline{AC}$의 길이   (4) $\overline{AH}$의 길이

[해결 포인트]

∠A=90°인 직각삼각형 ABC에서 $\overline{AH}\perp\overline{BC}$일 때
➡ ㉠²=㉡×㉢

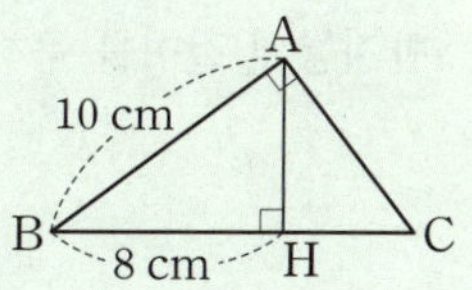

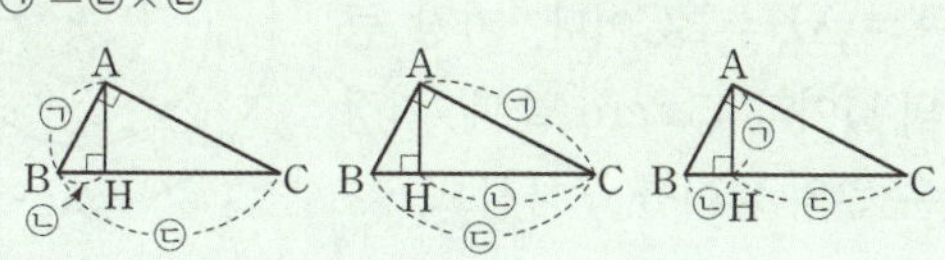

☞ 한번 더!

2-1 오른쪽 그림과 같이
∠A=90°인 직각삼각형
ABC에서 $\overline{AH}\perp\overline{BC}$이고
$\overline{AB}$=15 cm, $\overline{AH}$=12 cm,
$\overline{BC}$=25 cm일 때, $x+y$의 값을 구하시오.

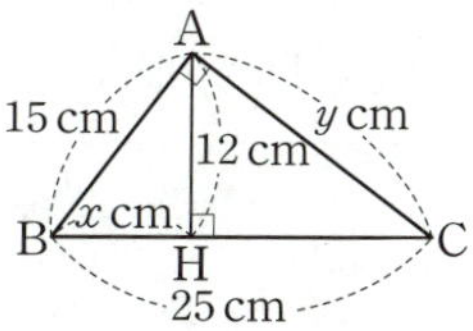

2-2 오른쪽 그림과 같이
∠A=90°인 직각삼각형
ABC에서 $\overline{AD}\perp\overline{BC}$이고
$\overline{AD}$=6 cm, $\overline{CD}$=3 cm
일 때, 다음을 구하시오.

(1) $\overline{DB}$의 길이   (2) △ABC의 넓이

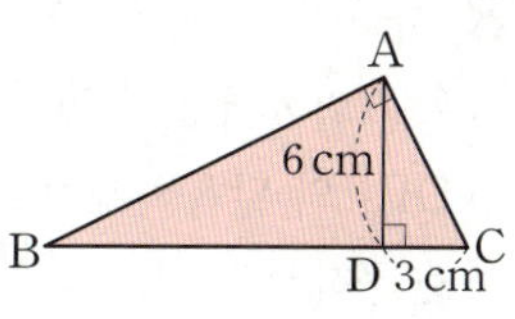

1

다음 중 옳지 <u>않은</u> 것을 모두 고르면? (정답 2개)

① 닮은 두 도형 중 한 도형을 확대 또는 축소하면 나머지 도형과 합동이다.

② 닮은 두 도형의 대응변의 길이는 각각 같다.

③ 닮은 두 도형의 대응각의 크기는 각각 같다.

④ 두 부채꼴은 항상 닮은 도형이다.

⑤ 꼭지각의 크기가 같은 두 이등변삼각형은 항상 닮은 도형이다.

2 중요

아래 그림에서 $\square ABCD \backsim \square EFGH$이고 $\overline{AB}=2\overline{EF}$일 때, 다음 | 보기 |에서 옳은 것을 모두 고르시오.

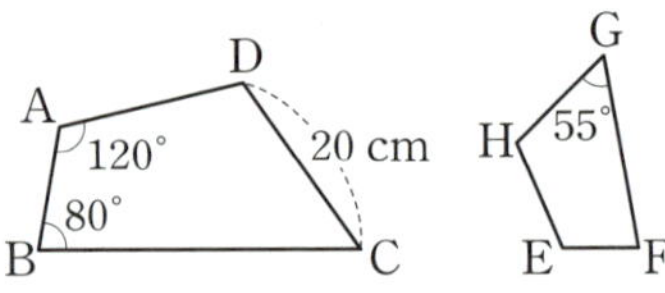

| 보기 |

ㄱ. $\overline{AB}=10\,\mathrm{cm}$　　　ㄴ. $\overline{GH}=10\,\mathrm{cm}$

ㄷ. $\angle D=105°$　　　ㄹ. $\angle E=135°$

3

다음 그림에서 $\triangle ABC \backsim \triangle DEF$이고 $\triangle ABC$와 $\triangle DEF$의 닮음비가 $2:3$일 때, $\triangle DEF$의 둘레의 길이를 구하시오.

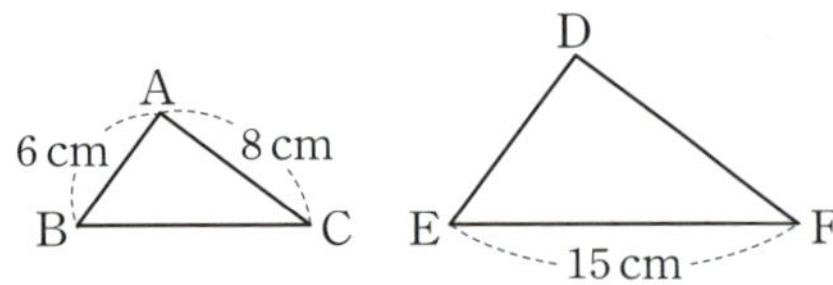

4

아래 그림에서 두 직육면체는 서로 닮은 도형이고 $\square ABCD \backsim \square IJKL$일 때, 다음 중 옳지 <u>않은</u> 것은?

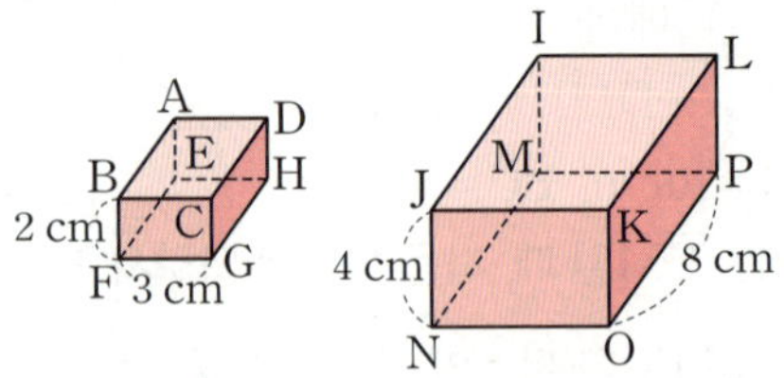

① 닮음비는 $1:2$이다.　　② $\overline{CG}:\overline{KO}=\overline{CD}:\overline{KL}$

③ $\overline{GH}=5\,\mathrm{cm}$　　　④ $\overline{NO}=6\,\mathrm{cm}$

⑤ ($\square$JNOK의 넓이)$=24\,\mathrm{cm}^2$

5

오른쪽 그림과 같이 원뿔을 밑면에 평행한 평면으로 자를 때 생기는 단면의 반지름의 길이가 $7\,\mathrm{cm}$이다. 이때 처음 원뿔의 밑면의 반지름의 길이를 구하시오.

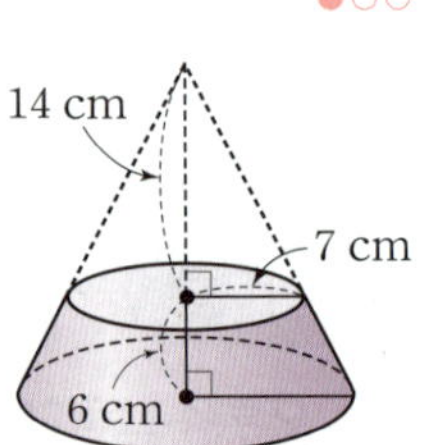

6

오른쪽 그림과 같이 중심이 점 O로 일치하는 세 원에서 $\overline{OA}=\overline{AB}=\overline{BC}$이다. 가장 큰 원의 넓이가 $45\pi\,\mathrm{cm}^2$일 때, 가장 작은 원의 넓이를 구하시오.

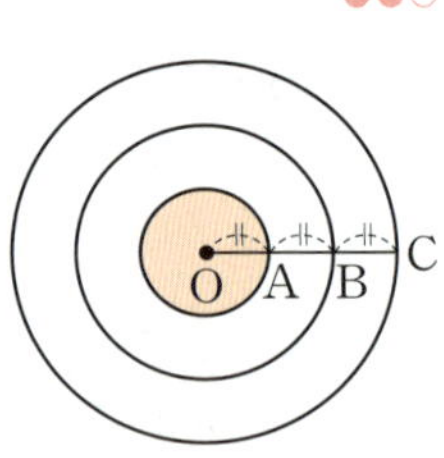

7  중요

다음 그림에서 두 직육면체는 서로 닮은 도형이고, 면 ABCD에 대응하는 면은 면 IJKL이다. □BFGC의 넓이가 $36\,cm^2$, □JNOK의 넓이가 $81\,cm^2$이고 작은 직육면체의 부피가 $72\,cm^3$일 때, 큰 직육면체의 부피를 구하시오.

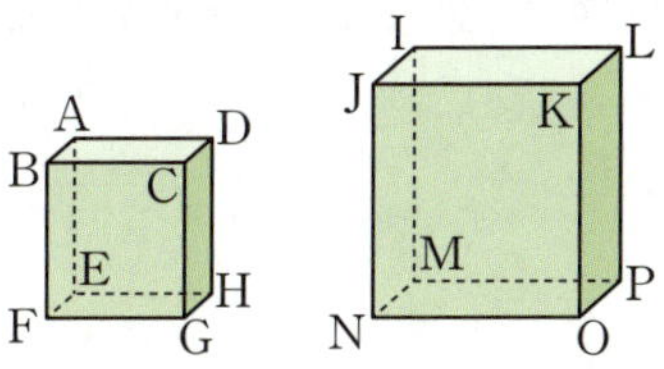

8 창의력UP

어느 가게에서 판매하는 원기둥 모양의 두 음료 A와 B는 서로 닮은 도형이다. A음료는 밑면의 지름의 길이가 $4\,cm$, 가격이 2000원이고 B음료는 밑면의 지름의 길이가 $6\,cm$, 가격이 6000원이다. 6000원으로 살 수 있는 A음료 3개와 B음료 1개 중 어느 쪽의 양이 더 많은지 말하시오.

9 중요

다음 |보기|에서 서로 닮은 삼각형끼리 짝 지으시오.

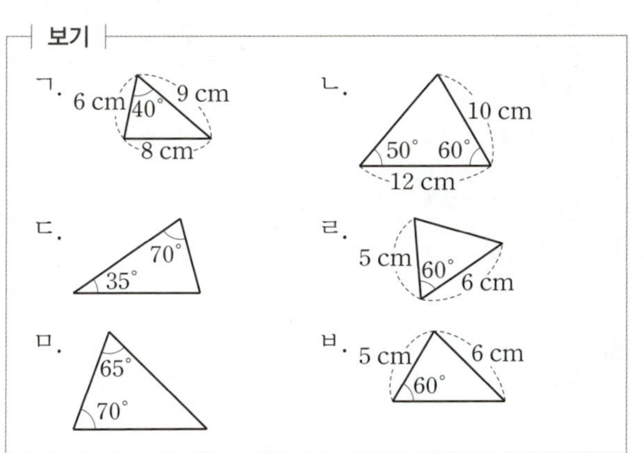

10

다음 중 아래 그림의 △ABC와 △DEF가 서로 닮은 도형이 되게 하는 조건으로 알맞은 것은?

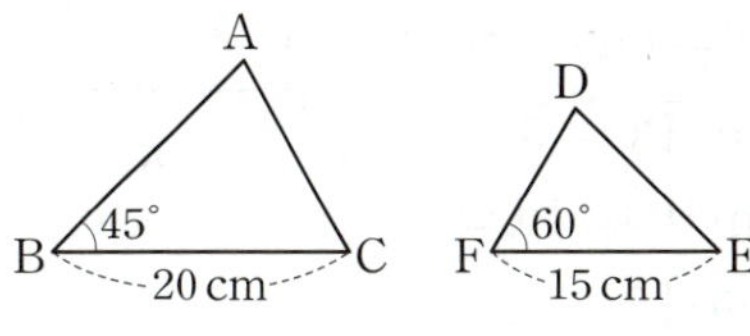

① $\angle A=60°$, $\angle D=60°$
② $\angle A=60°$, $\overline{DF}=6\,cm$
③ $\angle C=60°$, $\angle D=75°$
④ $\overline{AB}=16\,cm$, $\overline{DE}=12\,cm$
⑤ $\overline{AC}=12\,cm$, $\overline{DF}=8\,cm$

11 중요

오른쪽 그림과 같은 △ABC에서 $\overline{AB}=16\,cm$, $\overline{AC}=12\,cm$, $\overline{AD}=9\,cm$, $\overline{BC}=20\,cm$일 때, x의 값을 구하시오.

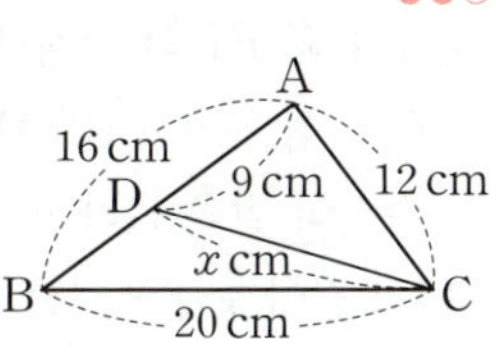

12

오른쪽 그림에서 $\angle ABC=\angle AED$일 때, $\overline{CE}$의 길이를 구하시오.

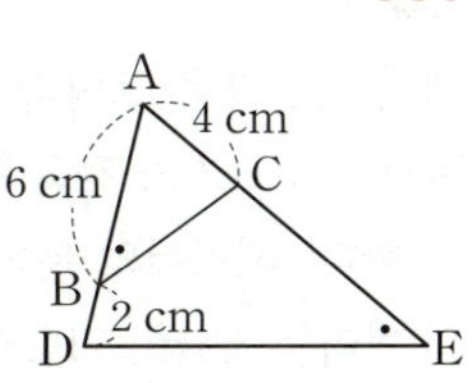

13

오른쪽 그림의 △ABC에서 $\overline{AB}\perp\overline{CE}$, $\overline{BC}\perp\overline{AD}$이고 $\overline{BD}:\overline{DC}=1:2$일 때, $\overline{BE}$의 길이를 구하시오.

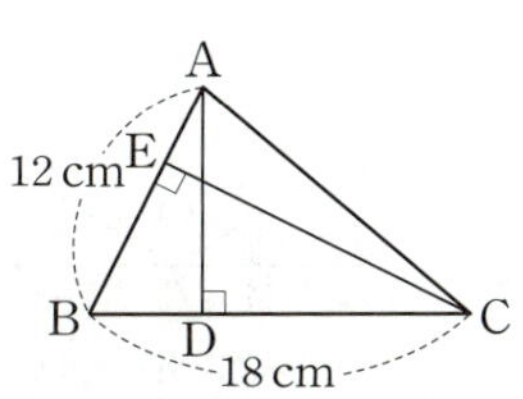

14 중요

오른쪽 그림과 같은 직사각형 ABCD에서 대각선 BD의 수직이등분선인 $\overline{PQ}$와 $\overline{BD}$의 교점을 O라 하자. $\overline{BC}=8\,cm$, $\overline{BO}=5\,cm$, $\overline{CD}=6\,cm$일 때, $\overline{PD}$의 길이를 구하시오.

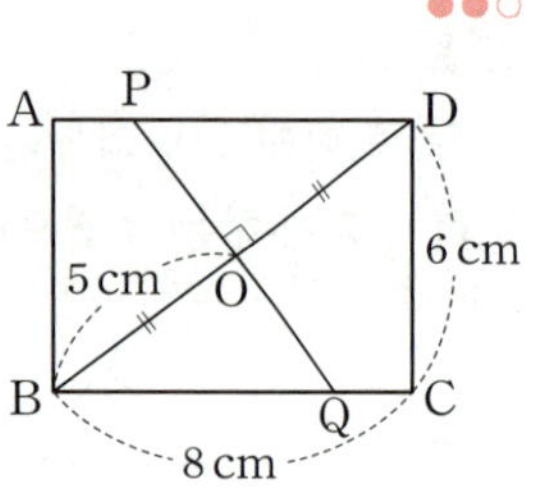

15

오른쪽 그림은 직사각형 ABCD를 대각선 BD를 접는 선으로 하여 접은 것이다. $\overline{AD}$와 $\overline{BE}$의 교점을 F라 하고 점 F에서 $\overline{BD}$에 내린 수선의 발을 G라 할 때, $\overline{FG}$의 길이를 구하시오.

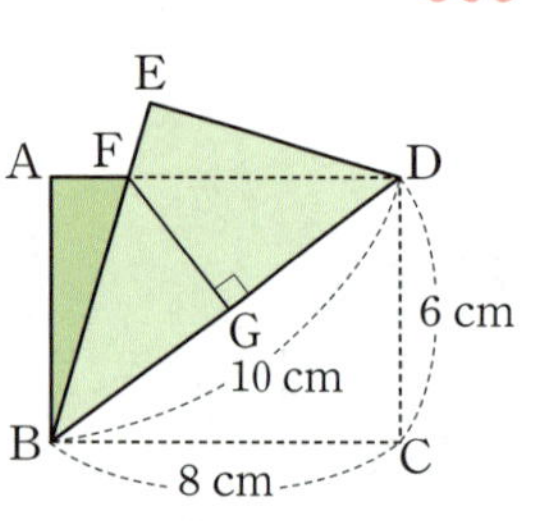

16

해진이가 다음 그림과 같이 거울을 놓고 빛의 입사각과 반사각의 크기가 같음을 이용하여 건물의 높이를 구하려고 한다. 해진이의 눈높이는 1.5 m, 해진이와 거울 사이의 거리는 2.5 m, 거울과 건물 사이의 거리는 20 m일 때, 건물의 높이를 구하시오.

(단, 거울의 두께는 생각하지 않는다.)

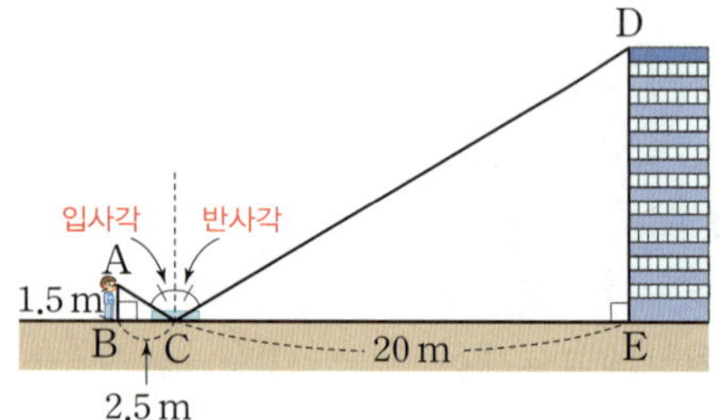

17

어느 피자 가게에서 지름의 길이가 48 cm인 A피자를 26000원, 지름의 길이가 36 cm인 B피자를 13000원에 판매하고 있다. 52000원으로 A피자 2판과 B피자 4판을 사는 것 중 어느 쪽이 더 경제적인지 말하시오. (단, 피자의 두께는 생각하지 않고, 풀이 과정을 자세히 쓰시오.)

풀이

답

18

오른쪽 그림과 같이 $\angle A=90°$인 직각삼각형 ABC에서 $\overline{AH}\perp\overline{BC}$이다. $\overline{AB}=15\,cm$, $\overline{BH}=12\,cm$일 때, $\triangle AHC$의 넓이를 구하시오.

(단, 풀이 과정을 자세히 쓰시오.)

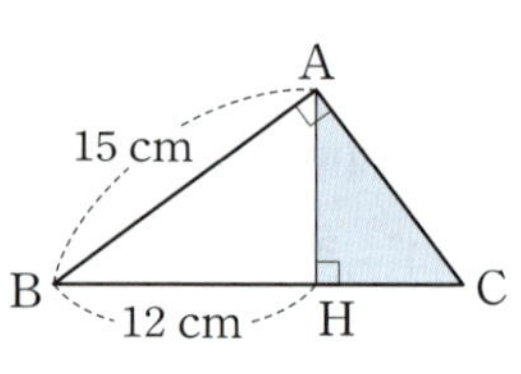

풀이

답

1 마인드맵으로 개념 구조화!

2 OX 문제로 개념 점검!

옳은 것은 ○, 옳지 <u>않은</u> 것은 ×를 택하시오.

• 정답 및 해설 40쪽

❶ $\triangle ABC \backsim \triangle DEF$일 때, $\overline{AC}$의 대응변은 $\overline{DF}$이다. ○ | ×

❷ $\triangle ABC \backsim \triangle DEF$일 때, $\angle A = 55°$이면 $\angle F = 55°$이다. ○ | ×

❸ 서로 닮은 두 평면도형에서 대응변의 길이의 비는 일정하다. ○ | ×

❹ 서로 닮은 두 입체도형에서 대응하는 면은 서로 합동이다. ○ | ×

❺ 닮음비가 $3 : 4$인 서로 닮은 두 입체도형의 겉넓이의 비는 $27 : 64$이다. ○ | ×

❻ 두 쌍의 대응변의 길이의 비가 같은 두 삼각형은 서로 닮은 도형이다. ○ | ×

❼ 두 쌍의 대응각의 크기가 각각 같은 두 삼각형은 서로 닮은 도형이다. ○ | ×

❽ 두 직각삼각형에서 한 예각의 크기가 같으면 두 삼각형은 서로 닮은 도형이다. ○ | ×

4

평행선과 선분의 길이의 비

유명한 수학자 유클리드는 기하학의 기본 원리를 정립하고자 평행선의 성질을 5가지 공리로 정의했습니다.

이 공리를 증명하기 위해 많은 수학자들이 노력하는 과정에서 새로운 기하학의 내용을 발견했고,

이는 아인슈타인의 상대성 이론 발전에도 큰 영향을 미쳤습니다.

이처럼 평행선에 대한 이해는 인류 지식의 지평을 넓히는 데 기여했습니다.

이 단원에서는 삼각형에서 평행선과 선분의 길이의 비, 평행선 사이에 있는 선분의 길이의 비를 이해하고,

삼각형의 무게중심의 의미와 성질에 대해 학습합니다.

▶ 새로 배우는 용어

중선, 무게중심

4. 평행선과 선분의 길이의 비를 시작하기 전에

평행선의 성질 중1

1 오른쪽 그림에서 $l /\!/ m$일 때, $\angle x$, $\angle y$의 크기를 각각 구하시오.

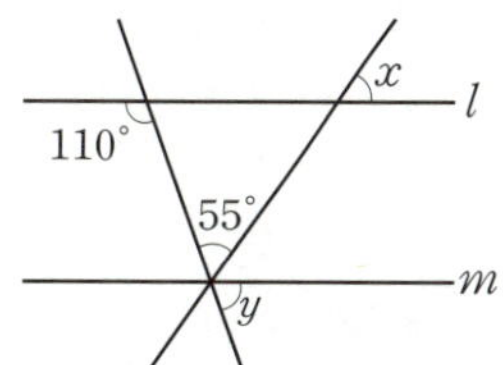

입체도형의 겉넓이와 부피 중1

2 다음 그림의 사각기둥과 원뿔의 겉넓이, 부피를 각각 구하시오.

(1) 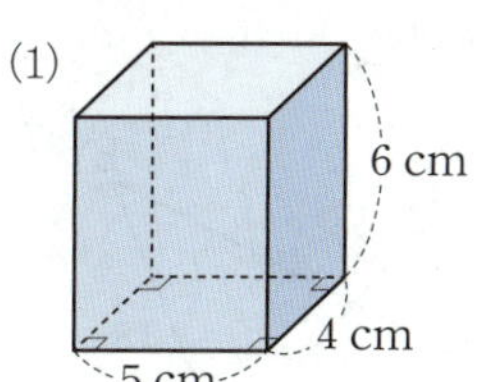

(2) 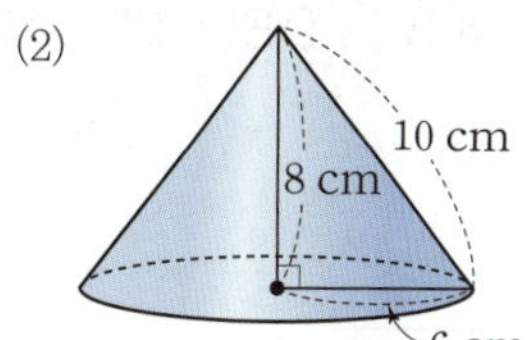

[정답] 1. $\angle x = 55°$, $\angle y = 70°$ 2. (1) 겉넓이: 148 cm^2, 부피: 120 cm^3 (2) 겉넓이: 96π cm^2, 부피: 96π cm^3

삼각형에서 평행선과 선분의 길이의 비

(1) **삼각형에서 평행선과 선분의 길이의 비①**

△ABC에서 $\overline{AB}$, $\overline{AC}$ 또는 그 연장선 위에 각각 점 D, E가 있을 때

① $\overline{BC}/\!/\overline{DE}$이면 $\overline{AB}:\overline{AD}=\overline{AC}:\overline{AE}=\overline{BC}:\overline{DE}$

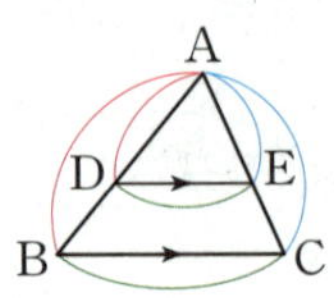 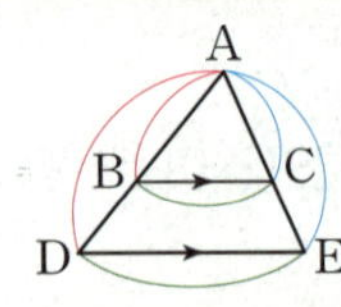 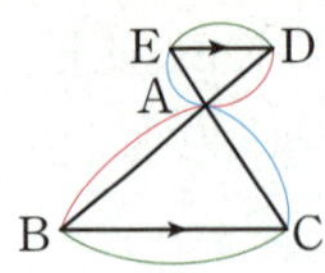

② $\overline{BC}/\!/\overline{DE}$이면 $\overline{AD}:\overline{DB}=\overline{AE}:\overline{EC}$

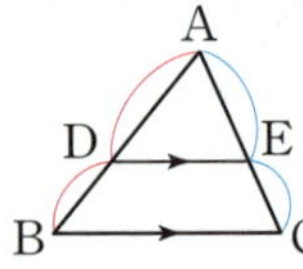 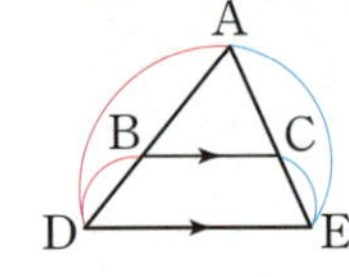 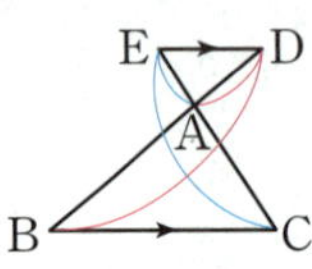

> **주의** $\overline{AD}:\overline{DB}\neq\overline{DE}:\overline{BC}$임에 주의한다.

(2) **삼각형에서 평행선과 선분의 길이의 비②**

△ABC에서 $\overline{AB}$, $\overline{AC}$ 또는 그 연장선 위에 각각 점 D, E가 있을 때

① $\overline{AB}:\overline{AD}=\overline{AC}:\overline{AE}=\overline{BC}:\overline{DE}$이면 $\overline{BC}/\!/\overline{DE}$

② $\overline{AD}:\overline{DB}=\overline{AE}:\overline{EC}$이면 $\overline{BC}/\!/\overline{DE}$

≫ △ABC∽△ADE(AA 닮음)

이므로

$\overline{AB}:\overline{AD}=\overline{AC}:\overline{AE}$
$\qquad\quad=\overline{BC}:\overline{DE}$

≫ (1)과 반대로 삼각형에서 선분의 길이의 비가 일정하면 $\overline{BC}/\!/\overline{DE}$이다.

• 개념 확인하기

• 정답 및 해설 40쪽

1 다음 그림에서 $\overline{BC}/\!/\overline{DE}$일 때, x의 값을 구하시오.

(1) 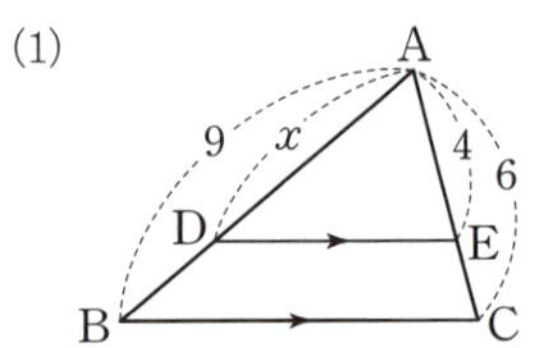

(2) 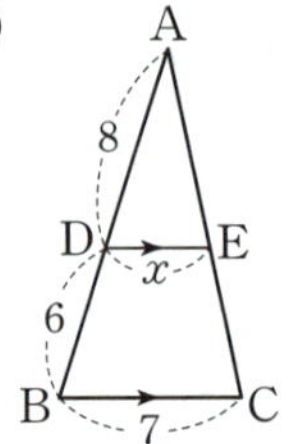

(3) 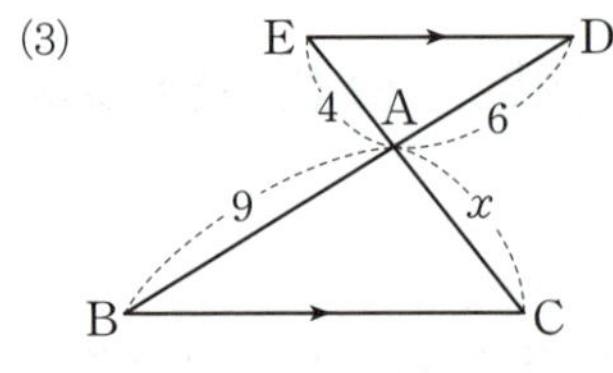

(4) 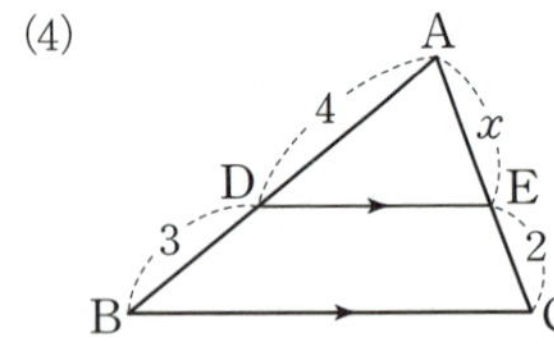

(5) 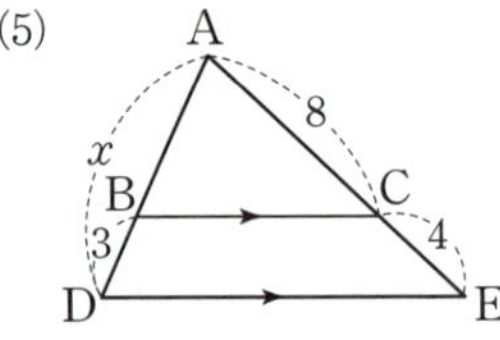

(6) 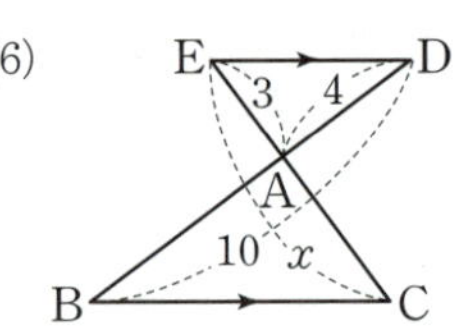

2 다음 그림에서 $\overline{BC}/\!/\overline{DE}$인 것은 ○표, 아닌 것은 ×표를 ( ) 안에 쓰시오.

(1) 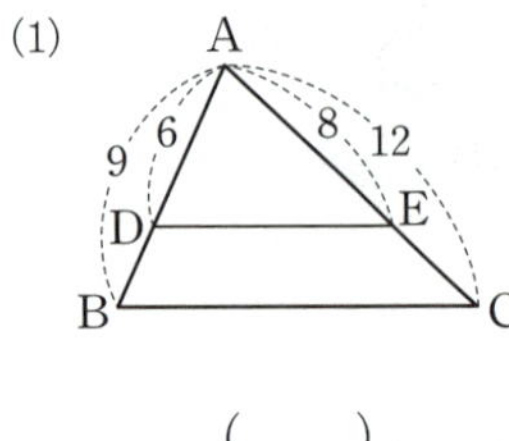

( )

(2) 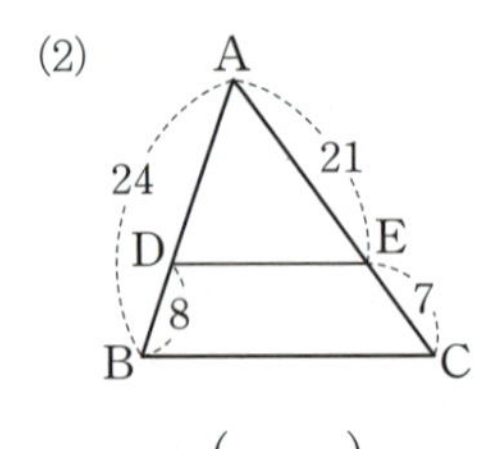

( )

(3) 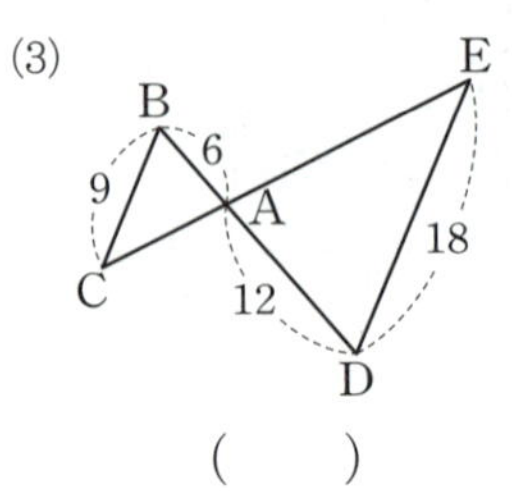

( )

·예제 1 삼각형에서 평행선과 선분의 길이의 비

오른쪽 그림과 같은 △ABC에서 $\overline{BC} /\!/ \overline{DE}$일 때, $x+y$의 값은?

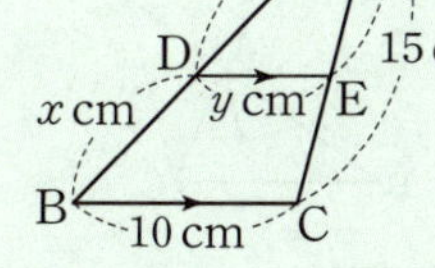

① 8 ② 10
③ 12 ④ 14
⑤ 16

[해결 포인트]
$\overline{BC} /\!/ \overline{DE}$이면
➡ $a:a'=b:b'=c:c'$

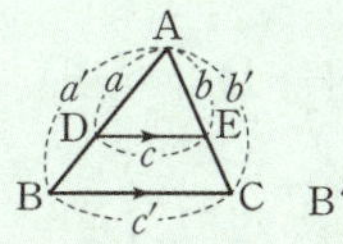 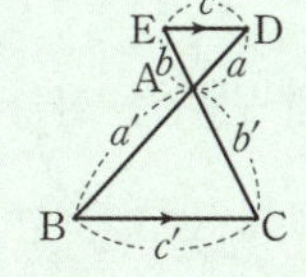

👆 한번 더!

1-1 오른쪽 그림과 같은 △ABC에서 $\overline{BC} /\!/ \overline{DE}$일때, x, y의 값을 각각 구하시오.

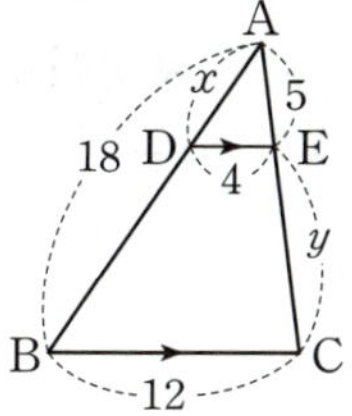

1-2 오른쪽 그림에서 $\overline{BC} /\!/ \overline{DE}$일 때, △ABC의 둘레의 길이를 구하시오.

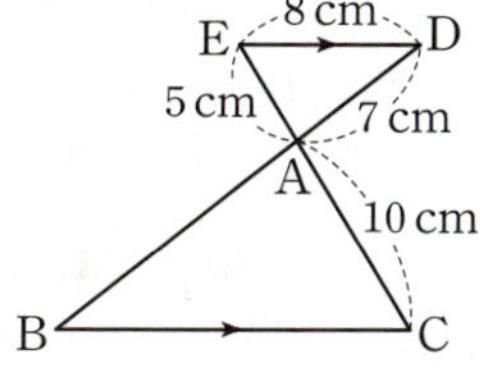

·예제 2 삼각형에서 평행선과 선분의 길이의 비의 응용

오른쪽 그림과 같은 △ABC에서 $\overline{BC} /\!/ \overline{DE}$일 때, $\overline{DG}$의 길이를 구하시오.

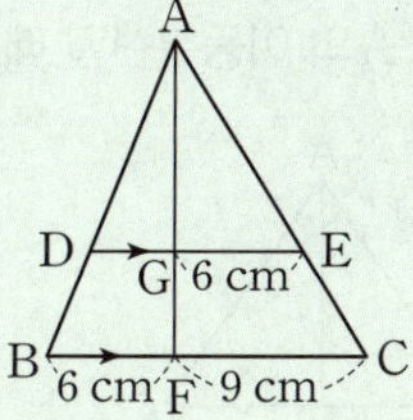

[해결 포인트]
$\overline{BC} /\!/ \overline{DE}$이면
➡ $a:b=c:d=e:f$

👆 한번 더!

2-1 오른쪽 그림에서 $\overline{BC} /\!/ \overline{DE}$일 때, $\overline{DG}$의 길이를 구하시오.

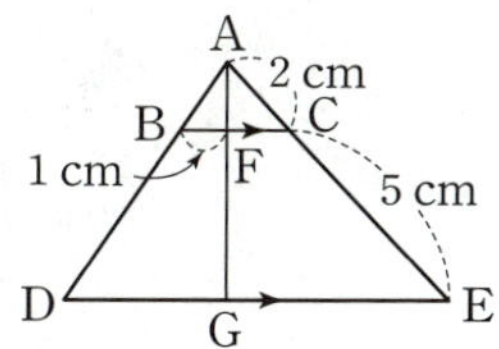

2-2 오른쪽 그림과 같은 △ABC에서 $\overline{BC} /\!/ \overline{DE}$, $\overline{BE} /\!/ \overline{DF}$일 때, 다음 물음에 답하시오.

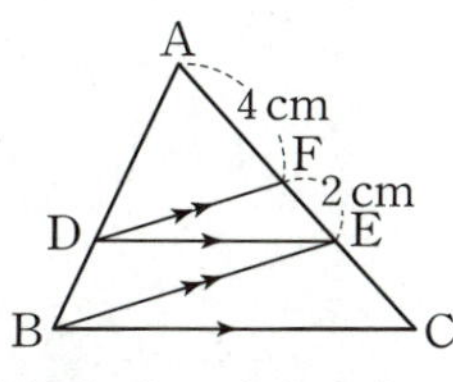

(1) $\overline{AD} : \overline{DB}$를 가장 간단한 자연수의 비로 나타내시오.
(2) $\overline{CE}$의 길이를 구하시오.

삼각형의 각의 이등분선

---

(1) 삼각형의 내각의 이등분선

△ABC에서 ∠A의 이등분선이 $\overline{BC}$와 만나는 점을 D라 하면

➡ **$\overline{AB} : \overline{AC} = \overline{BD} : \overline{CD}$**

증명

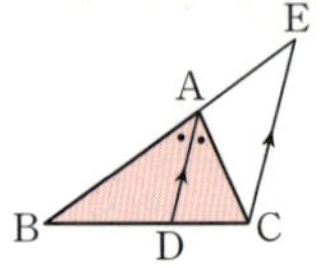
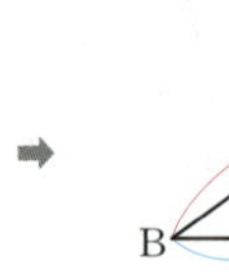
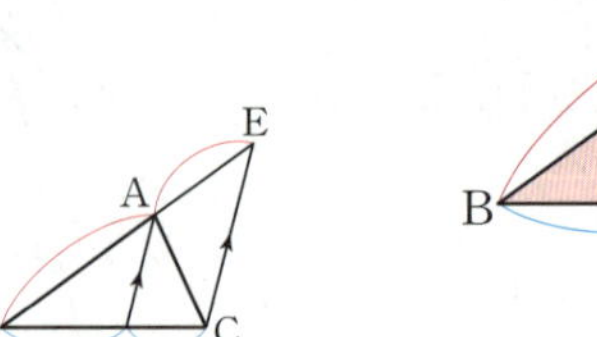
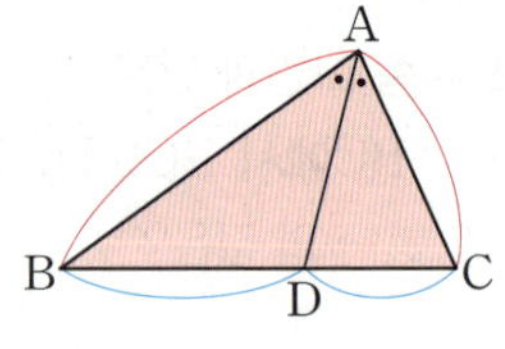

점 C를 지나고 $\overline{AD}$에 평행한 직선과 $\overline{AB}$의 연장선의 교점이 E일 때 ➡ $\overline{AD} /\!/ \overline{EC}$

∠ACE=∠AEC이므로 △ACE는 이등변삼각형 ➡ $\overline{AC}=\overline{AE}$

△BCE에서 $\overline{BA} : \overline{AE} = \overline{BD} : \overline{DC}$ ➡ $\overline{AB} : \overline{AC} = \overline{BD} : \overline{CD}$

(2) 삼각형의 외각의 이등분선

△ABC에서 ∠A의 외각의 이등분선이 $\overline{BC}$의 연장선과 만나는 점을 D라 하면

➡ **$\overline{AB} : \overline{AC} = \overline{BD} : \overline{CD}$**

증명

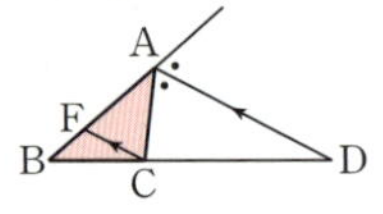
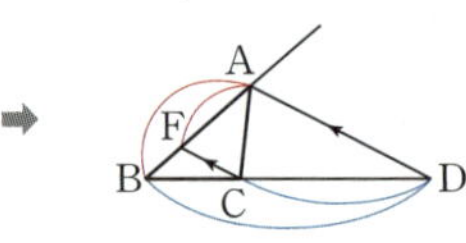
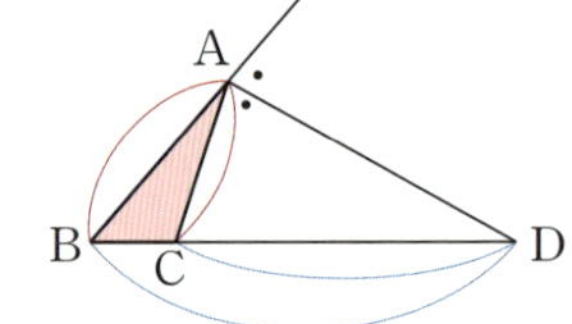

점 C를 지나고 $\overline{AD}$에 평행한 직선과 $\overline{AB}$의 연장선의 교점이 F일 때 ➡ $\overline{AD} /\!/ \overline{FC}$

∠AFC=∠ACF이므로 △AFC는 이등변삼각형 ➡ $\overline{AF}=\overline{AC}$

△BDA에서 $\overline{AD} /\!/ \overline{FC}$이므로 $\overline{BA} : \overline{AF} = \overline{BD} : \overline{DC}$ ➡ $\overline{AB} : \overline{AC} = \overline{BD} : \overline{CD}$

• 개념 확인하기

• 정답 및 해설 41쪽

1 다음 그림과 같은 △ABC에서 $\overline{AD}$가 ∠A의 이등분선일 때, x의 값을 구하시오.

(1)
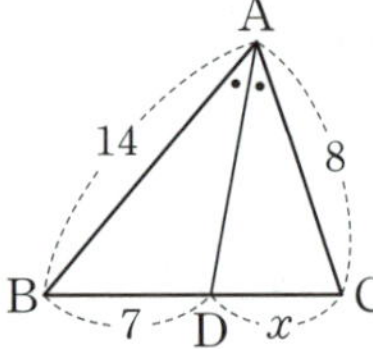

(2)
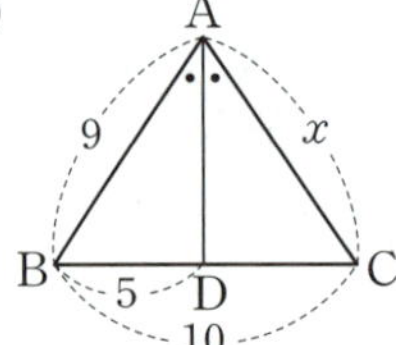

(3)
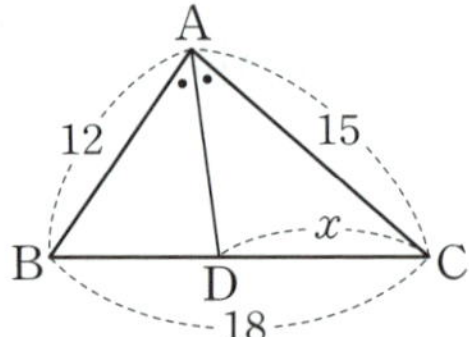

2 다음 그림과 같은 △ABC에서 $\overline{AD}$가 ∠A의 외각의 이등분선일 때, x의 값을 구하시오.

(1)
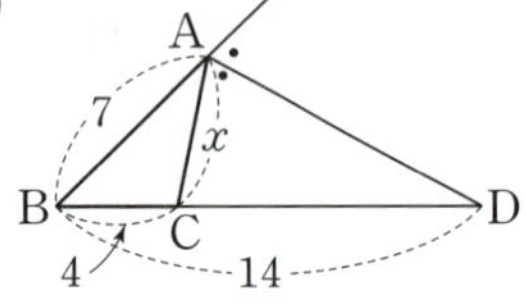

(2)
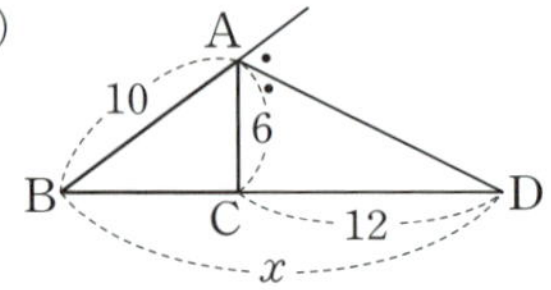

• 예제 1 **삼각형의 내각의 이등분선**

다음 그림과 같은 △ABC에서 $\overline{\text{AD}}$는 ∠A의 이등분선이고 $\overline{\text{AB}}=8\,\text{cm}$, $\overline{\text{BC}}=9\,\text{cm}$, $\overline{\text{CA}}=4\,\text{cm}$일 때, $\overline{\text{CD}}$의 길이를 구하시오.

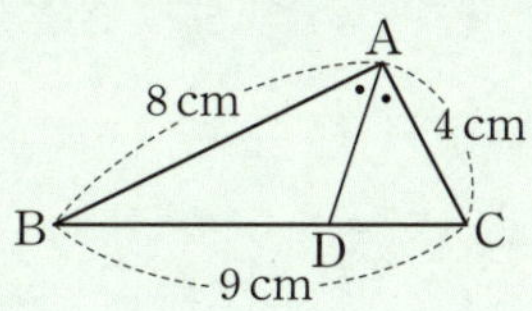

[해결 포인트]

△ABC에서
∠BAD=∠CAD이면
➡ $a:b=c:d$

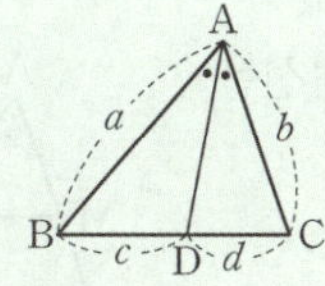

한번 더!

1-1 오른쪽 그림과 같은 △ABC에서 $\overline{\text{AD}}$가 ∠A의 이등분선이고 $\overline{\text{AB}}=12\,\text{cm}$, $\overline{\text{BC}}=14\,\text{cm}$, $\overline{\text{CA}}=9\,\text{cm}$일 때, $\overline{\text{BD}}$의 길이를 구하시오.

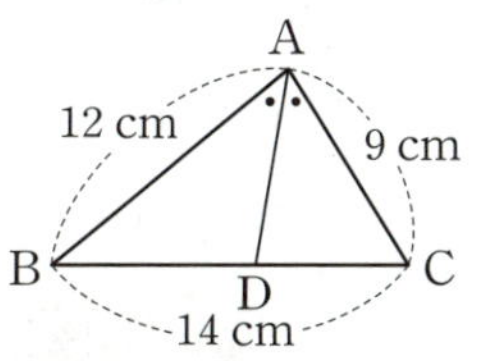

1-2 오른쪽 그림과 같은 △ABC에서 $\overline{\text{AD}}$는 ∠A의 이등분선이다. $\overline{\text{AB}}=8\,\text{cm}$, $\overline{\text{AC}}=6\,\text{cm}$이고 △ABC의 넓이가 $21\,\text{cm}^2$일 때, △ABD의 넓이를 구하시오.

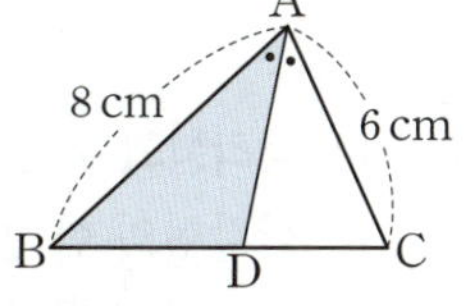

• 예제 2 **삼각형의 외각의 이등분선**

다음 그림과 같은 △ABC에서 ∠A의 외각의 이등분선이 $\overline{\text{BC}}$의 연장선과 만나는 점을 D라 하자. $\overline{\text{AB}}=6\,\text{cm}$, $\overline{\text{BC}}=4\,\text{cm}$, $\overline{\text{CA}}=4\,\text{cm}$일 때, $\overline{\text{BD}}$의 길이를 구하시오.

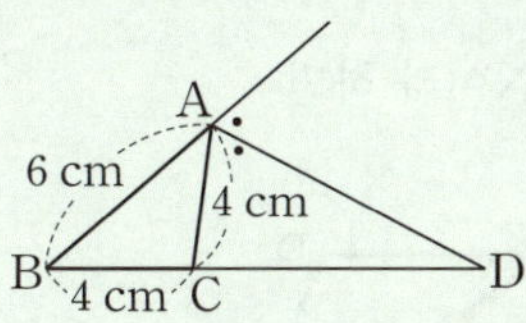

[해결 포인트]

△ABC에서
∠CAD=∠EAD이면
➡ $a:b=c:d$

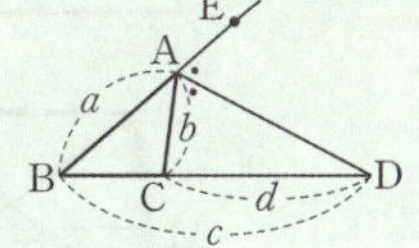

한번 더!

2-1 오른쪽 그림과 같은 △ABC에서 ∠CAD=∠EAD이고 $\overline{\text{AB}}=10\,\text{cm}$, $\overline{\text{BC}}=6\,\text{cm}$, $\overline{\text{CD}}=9\,\text{cm}$일 때, $\overline{\text{AC}}$의 길이를 구하시오.

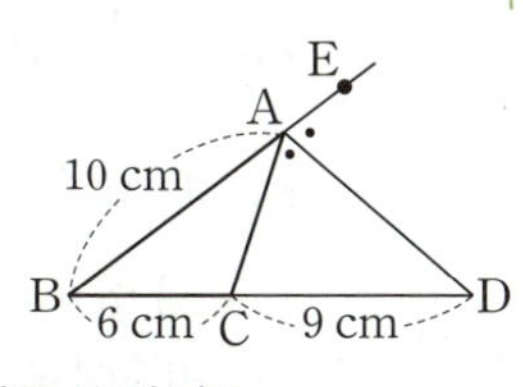

2-2 오른쪽 그림과 같은 △ABC에서 점 D는 ∠A의 외각의 이등분선과 $\overline{\text{BC}}$의 연장선의 교점이다. $\overline{\text{AB}}=5\,\text{cm}$, $\overline{\text{AC}}=3\,\text{cm}$이고 △ABC의 넓이가 $12\,\text{cm}^2$일 때, △ABD의 넓이를 구하시오.

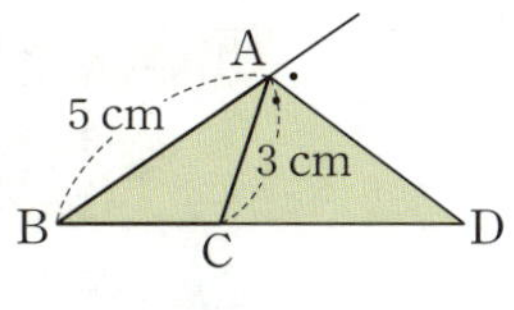

삼각형의 두 변의 중점을 연결한 선분의 성질

(1) 삼각형의 두 변의 중점을 연결한 선분의 성질 ①

삼각형의 두 변의 중점을 연결한 선분은 나머지 변과 평행하고,

그 길이는 나머지 변의 길이의 $\dfrac{1}{2}$이다.

➡ $\triangle ABC$에서 $\overline{AM}=\overline{MB}$, $\overline{AN}=\overline{NC}$이면

$\overline{MN}/\!/\overline{BC}, \ \overline{MN}=\dfrac{1}{2}\overline{BC}$

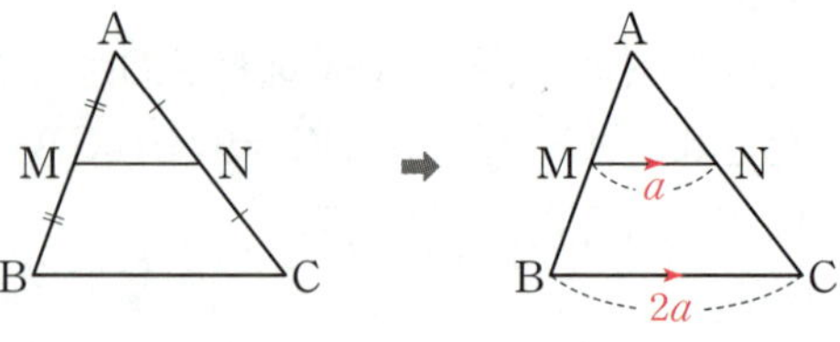

(2) 삼각형의 두 변의 중점을 연결한 선분의 성질 ②

삼각형의 한 변의 중점을 지나고 다른 한 변에 평행한 직선은

나머지 변의 중점을 지난다.

➡ $\triangle ABC$에서 $\overline{AM}=\overline{MB}$, $\overline{MN}/\!/\overline{BC}$이면

$\overline{AN}=\overline{NC}$

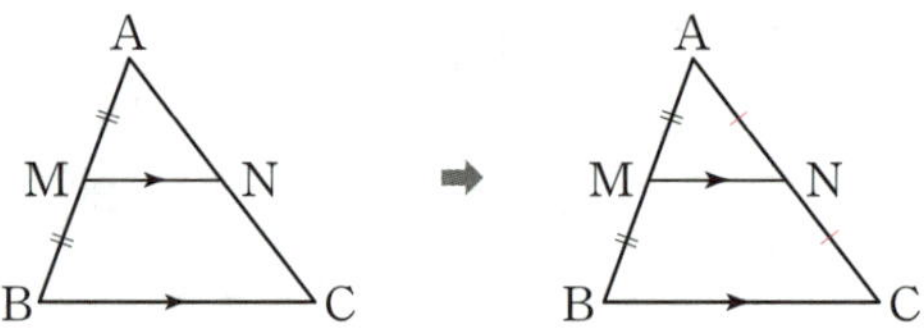

(3) 삼각형의 두 변의 중점을 연결한 선분의 성질의 응용

① 삼각형의 각 변의 중점을 연결한 삼각형

$\triangle ABC$의 세 변의 중점을 각각 D, E, F라 하면

• $\overline{FE}=\dfrac{1}{2}\overline{AB}, \ \overline{DF}=\dfrac{1}{2}\overline{BC}, \ \overline{ED}=\dfrac{1}{2}\overline{CA}$

• ($\triangle DEF$의 둘레의 길이)$=\dfrac{1}{2}\times$($\triangle ABC$의 둘레의 길이)

• $\triangle ADF\equiv\triangle DBE\equiv\triangle FEC\equiv\triangle EFD$ (SSS 합동)

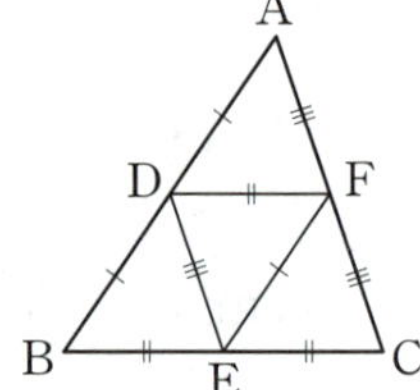

② 사다리꼴에서 두 변의 중점을 연결한 선분의 성질

$\overline{AD}/\!/\overline{BC}$인 사다리꼴 ABCD에서 $\overline{AB}$, $\overline{DC}$의 중점을 각각 M, N이라 하면

$\overline{AD}/\!/\overline{MN}/\!/\overline{BC}$

• $\overline{MN}=\overline{MQ}+\overline{QN}$

$\quad =\dfrac{1}{2}(\overline{BC}+\overline{AD})$

참고 $\triangle ABC$에서 $\overline{MQ}=\dfrac{1}{2}\overline{BC}$, $\triangle ACD$에서 $\overline{QN}=\dfrac{1}{2}\overline{AD}$

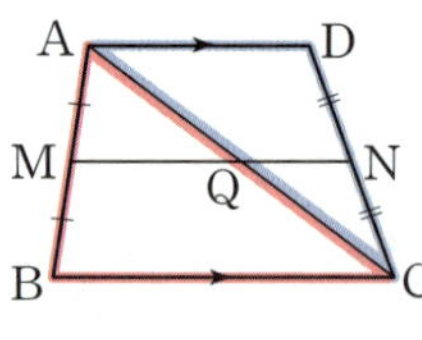

• $\overline{PQ}=\overline{MQ}-\overline{MP}$

$\quad =\dfrac{1}{2}(\overline{BC}-\overline{AD})$

참고 $\triangle ABC$에서 $\overline{MQ}=\dfrac{1}{2}\overline{BC}$, $\triangle ABD$에서 $\overline{MP}=\dfrac{1}{2}\overline{AD}$

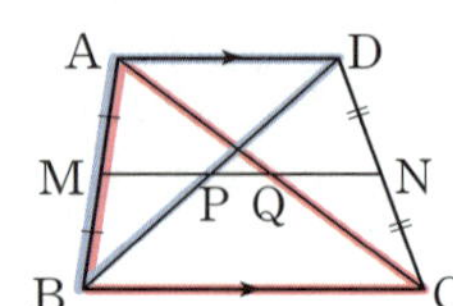

1 오른쪽 그림과 같은 △ABC에서 $\overline{AB}$, $\overline{AC}$의 중점을 각각 M, N이라 하자. ∠B=60°, ∠C=40°이고 $\overline{BC}$=12일 때, 다음을 구하시오.

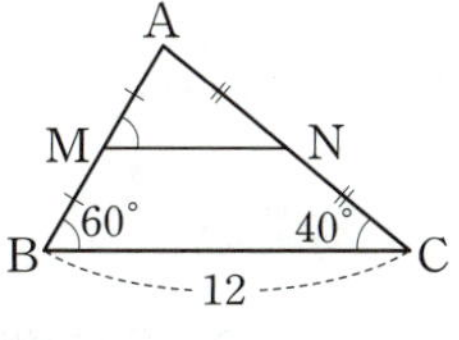

(1) ∠AMN의 크기
(2) $\overline{MN}$의 길이

2 다음 그림과 같은 △ABC에서 x의 값을 구하시오.

(1)

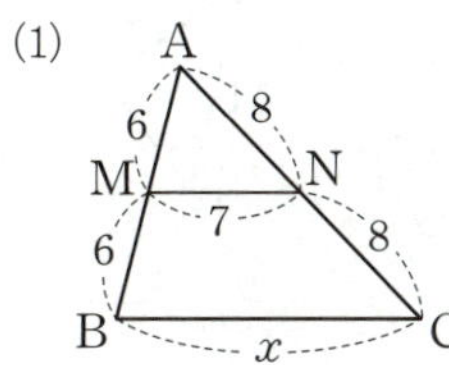

(2)

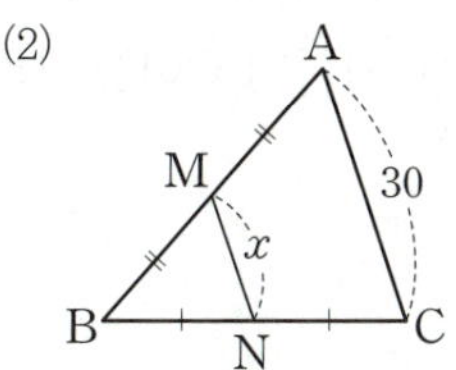

3 오른쪽 그림과 같은 △ABC에서 점 M은 $\overline{AB}$의 중점이고 $\overline{MN}/\!/\overline{BC}$이다. $\overline{MN}$=8, $\overline{AN}$=7일 때, 다음을 구하시오.

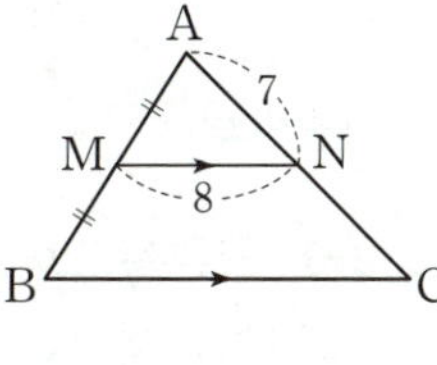

(1) $\overline{NC}$의 길이
(2) $\overline{BC}$의 길이

4 다음 그림과 같은 △ABC에서 x의 값을 구하시오.

(1)

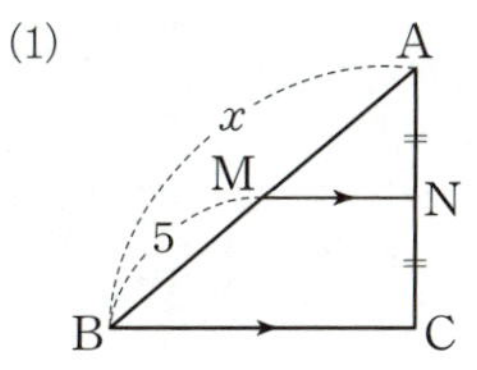

(2)

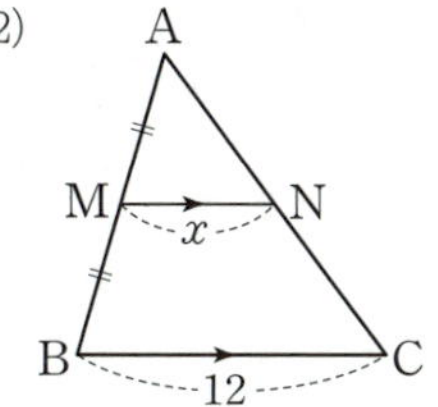

5 오른쪽 그림과 같은 △ABC에서 $\overline{AB}$, $\overline{BC}$, $\overline{CA}$의 중점을 각각 D, E, F라 할 때, 다음을 구하시오.

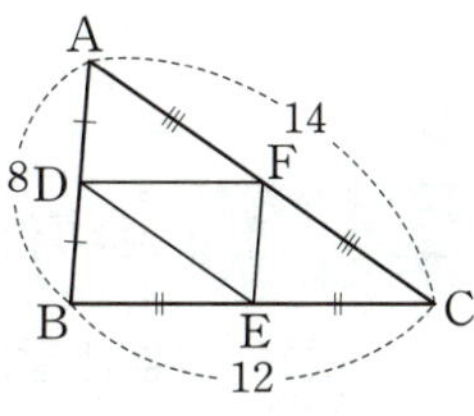

(1) $\overline{DE}$의 길이
(2) $\overline{EF}$의 길이
(3) $\overline{FD}$의 길이
(4) △DEF의 둘레의 길이

6 오른쪽 그림과 같이 $\overline{AD}/\!/\overline{BC}$인 사다리꼴 ABCD에서 $\overline{AB}$, $\overline{DC}$의 중점을 각각 M, N이라 할 때, 다음을 구하시오.

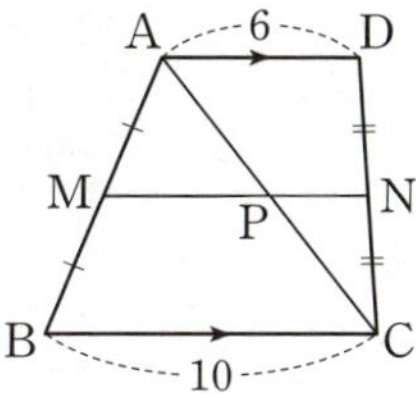

(1) $\overline{MP}$의 길이
(2) $\overline{PN}$의 길이
(3) $\overline{MN}$의 길이

7 오른쪽 그림과 같이 $\overline{AD}/\!/\overline{BC}$인 사다리꼴 ABCD에서 $\overline{AB}$, $\overline{DC}$의 중점을 각각 M, N이라 할 때, 다음을 구하시오.

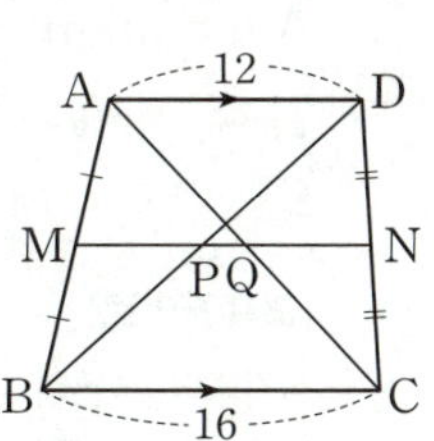

(1) $\overline{MQ}$의 길이
(2) $\overline{MP}$의 길이
(3) $\overline{PQ}$의 길이

• 예제 1 삼각형의 두 변의 중점을 연결한 선분의 성질 ①

오른쪽 그림과 같은 △ABC에서 두 점 M, N은 각각 $\overline{AB}$, $\overline{AC}$의 중점이다. ∠A=90°, ∠AMN=40°이고 $\overline{MN}$=8 cm일 때, x, y의 값을 각각 구하시오.

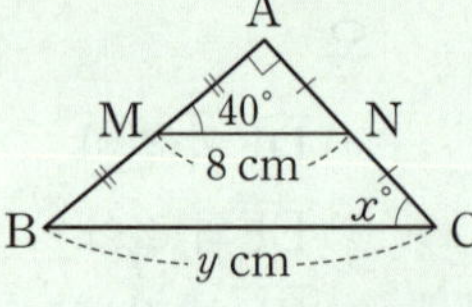

[해결 포인트]
삼각형의 두 변의 중점을 연결한 선분은 나머지 변과 평행하고, 그 길이는 나머지 변의 길이의 $\frac{1}{2}$이다.

1-1 오른쪽 그림과 같은 △ABC에서 두 점 M, N은 각각 $\overline{AB}$, $\overline{AC}$의 중점이고 ∠B=50°, $\overline{BC}$=10 cm일 때, $x+y$의 값을 구하시오.

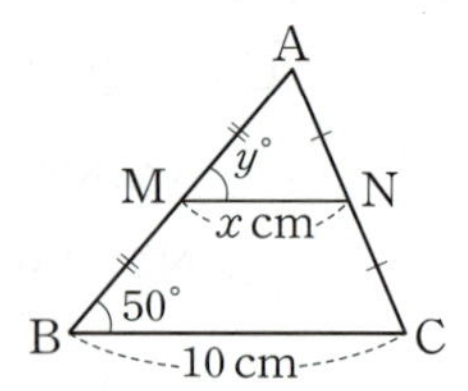

1-2 오른쪽 그림에서 $\overline{AB}$, $\overline{AC}$, $\overline{BD}$, $\overline{CD}$의 중점을 각각 M, N, P, Q라 하자. $\overline{PQ}$=7 cm일 때, $\overline{MN}$의 길이를 구하시오.

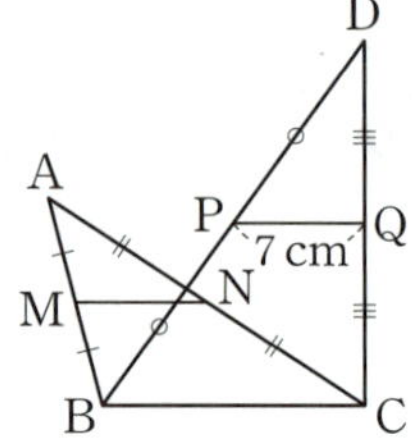

• 예제 2 삼각형의 두 변의 중점을 연결한 선분의 성질 ②

오른쪽 그림과 같은 △ABC에서 점 M은 $\overline{AB}$의 중점이고 $\overline{MN} /\!/ \overline{BC}$이다. $\overline{AN}$=10 cm, $\overline{BC}$=24 cm일 때, $x-y$의 값을 구하시오.

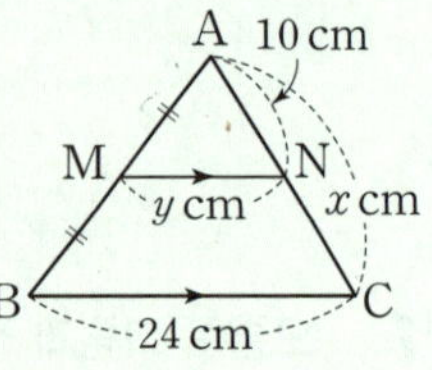

[해결 포인트]
삼각형의 한 변의 중점을 지나고 다른 한 변에 평행한 직선은 나머지 변의 중점을 지난다.

2-1 오른쪽 그림과 같은 △ABC에서 $\overline{AC} /\!/ \overline{DE}$일 때, x, y의 값을 각각 구하시오.

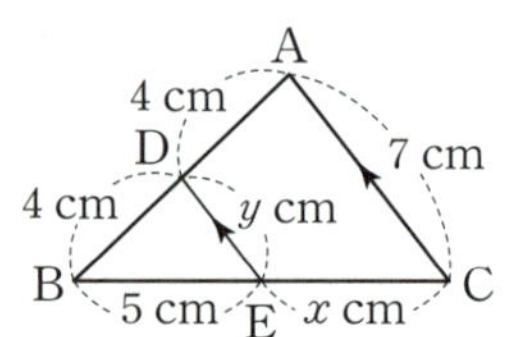

2-2 오른쪽 그림과 같은 △ABC에서 점 D는 $\overline{AB}$의 중점이고 $\overline{DE} /\!/ \overline{BC}$, $\overline{AB} /\!/ \overline{EF}$이다. $\overline{DE}$=9 cm일 때, $\overline{FC}$의 길이를 구하시오.

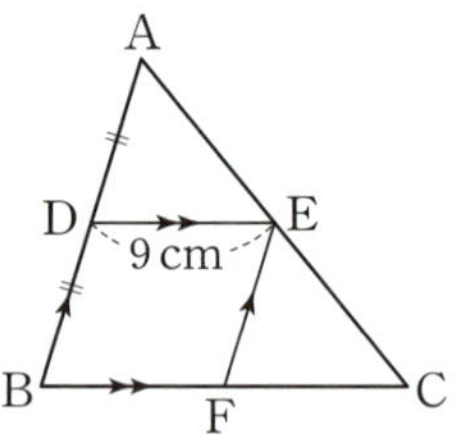

•정답 및 해설 42쪽

• 예제 3 삼각형의 두 변의 중점을 연결한 선분의 성질의 응용 ①

오른쪽 그림과 같은 △ABC에서 $\overline{AB}$, $\overline{BC}$, $\overline{CA}$의 중점을 각각 D, E, F라 하자. $\overline{AB}=15\,cm$, $\overline{BC}=9\,cm$, $\overline{CA}=12\,cm$일 때, △DEF의 둘레의 길이를 구하시오.

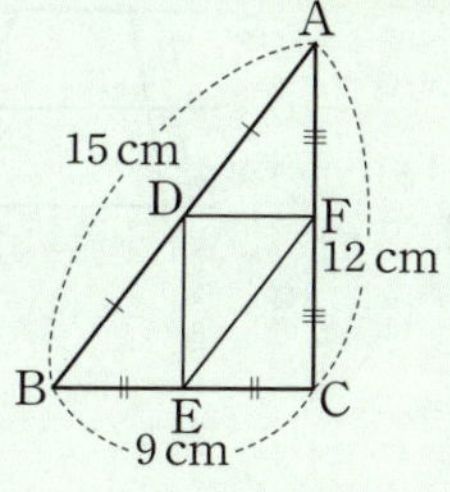

[해결 포인트]

△ABC의 세 변의 중점을 각각 D, E, F라 하면

➡ $\overline{AB}/\!/\overline{FE}$, $\overline{FE}=\dfrac{1}{2}\overline{AB}$

$\overline{BC}/\!/\overline{DF}$, $\overline{DF}=\dfrac{1}{2}\overline{BC}$

$\overline{CA}/\!/\overline{ED}$, $\overline{ED}=\dfrac{1}{2}\overline{CA}$

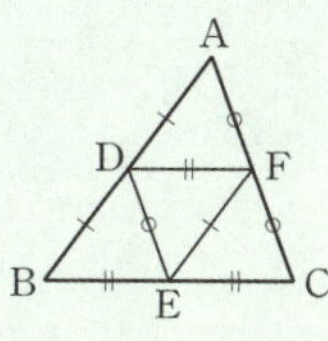

한번 더!

3-1 오른쪽 그림과 같은 △ABC에서 $\overline{AB}$, $\overline{BC}$, $\overline{CA}$의 중점을 각각 P, Q, R이라 할 때, △ABC의 둘레의 길이를 구하시오.

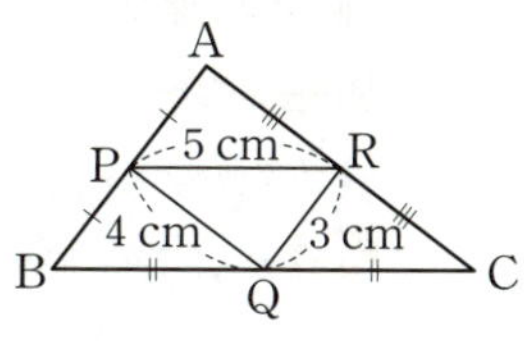

3-2 오른쪽 그림과 같은 △ABC에서 $\overline{AB}$, $\overline{BC}$, $\overline{CA}$의 중점을 각각 D, E, F라 할 때, 다음 중 옳지 않은 것을 모두 고르면? (정답 2개)

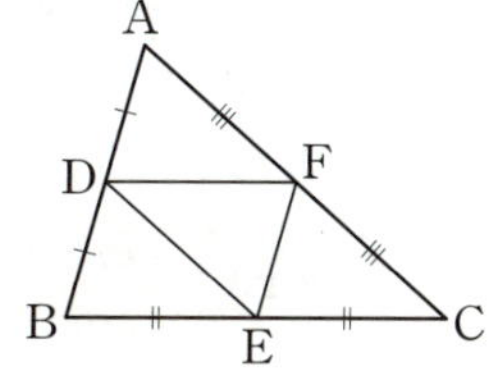

① ∠B=∠EFC　　　② $\overline{BD}=\overline{EF}$

③ △ABC∽△ADF　　④ $\overline{DF}=\overline{CF}$

⑤ △FEC≡△EFD

• 예제 4 삼각형의 두 변의 중점을 연결한 선분의 성질의 응용 ②

오른쪽 그림과 같이 $\overline{AD}/\!/\overline{BC}$인 사다리꼴 ABCD에서 $\overline{AB}$, $\overline{DC}$의 중점을 각각 M, N이라 하자. $\overline{BC}=8\,cm$, $\overline{PN}=3\,cm$일 때, $\overline{AD}+\overline{MP}$의 값을 구하시오.

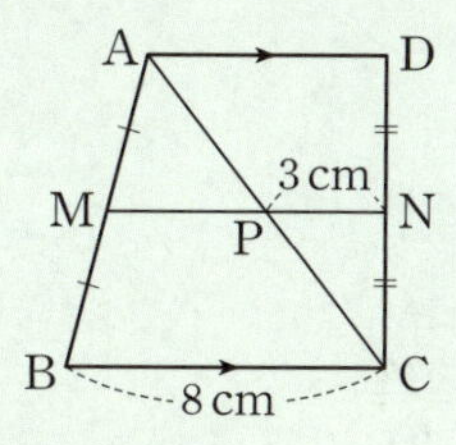

[해결 포인트]

$\overline{AD}/\!/\overline{BC}$인 사다리꼴 ABCD에서 $\overline{AB}$, $\overline{DC}$의 중점을 각각 M, N이라 하면 $\overline{AD}/\!/\overline{MN}/\!/\overline{BC}$

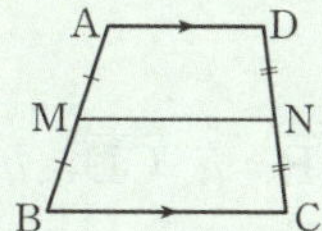

한번 더!

4-1 오른쪽 그림과 같이 $\overline{AD}/\!/\overline{BC}$인 사다리꼴 ABCD에서 두 점 M, N은 각각 $\overline{AB}$, $\overline{DC}$의 중점이다. $\overline{AD}=12\,cm$, $\overline{BC}=18\,cm$일 때, $\overline{MN}$의 길이를 구하시오.

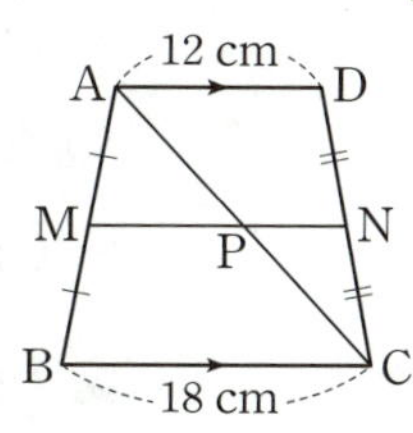

4-2 오른쪽 그림과 같이 $\overline{AD}/\!/\overline{BC}$인 사다리꼴 ABCD에서 $\overline{AB}$, $\overline{DC}$의 중점을 각각 M, N이라 하자. $\overline{AD}=6\,cm$, $\overline{BC}=14\,cm$일 때, $\overline{PQ}$의 길이를 구하시오.

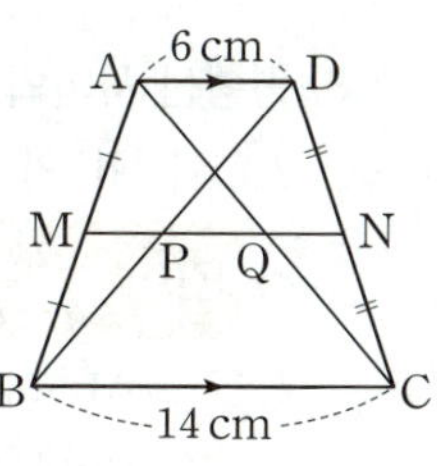

평행선 사이의 선분의 길이의 비

(1) 평행선 사이의 선분의 길이의 비

세 개의 평행선이 다른 두 직선과 만나서 생기는 선분의 길이의 비는 같다.

➡ $l /\!/ m /\!/ n$이면 $a:b=a':b'$

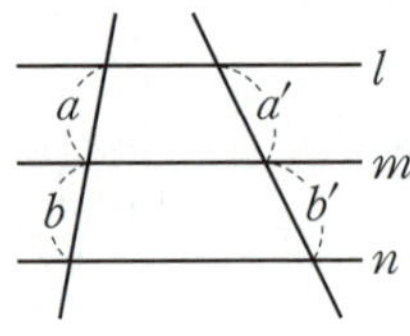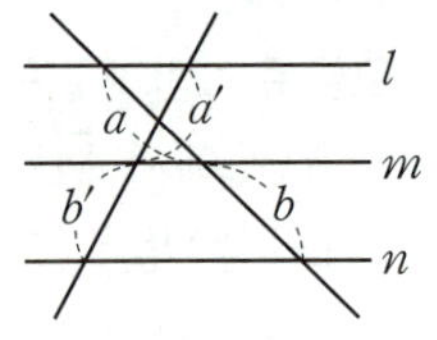

주의 $a:b=a':b'$이지만 세 직선 l, m, n이 평행하지 않을 수도 있다.

(2) 사다리꼴에서 평행선 사이의 선분의 길이의 비

사다리꼴 ABCD에서 $\overline{AD} /\!/ \overline{EF} /\!/ \overline{BC}$이고
$\overline{AD}=a$, $\overline{BC}=b$, $\overline{AE}=m$, $\overline{EB}=n$일 때

➡ $\overline{EF}=\dfrac{mb+na}{m+n}$

방법 ① $\overline{DC}$에 평행한 선분 AH 긋기

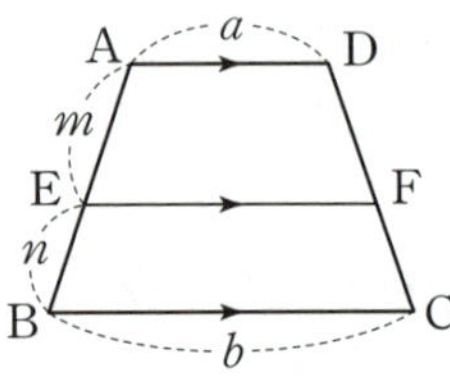

① $\triangle ABH$에서 $\overline{EG}:\overline{BH}=m:(m+n)$

$\overline{EG}:(b-a)=m:(m+n)$ ∴ $\overline{EG}=\dfrac{mb-ma}{m+n}$

② $\overline{GF}=\overline{HC}=\overline{AD}=a$

➡ $\overline{EF}=\overline{EG}+\overline{GF}=\dfrac{mb-ma}{m+n}+a=\dfrac{mb+na}{m+n}$

방법 ② 대각선 AC 긋기

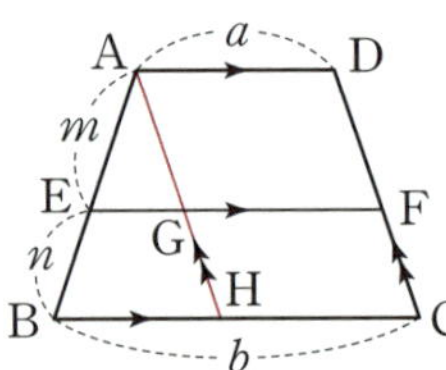

① $\triangle ABC$에서 $\overline{EG}:\overline{BC}=m:(m+n)$

$\overline{EG}:b=m:(m+n)$ ∴ $\overline{EG}=\dfrac{mb}{m+n}$

② $\triangle ACD$에서 $\overline{GF}:\overline{AD}=n:(m+n)$

$\overline{GF}:a=n:(m+n)$ ∴ $\overline{GF}=\dfrac{na}{m+n}$

➡ $\overline{EF}=\overline{EG}+\overline{GF}=\dfrac{mb}{m+n}+\dfrac{na}{m+n}=\dfrac{mb+na}{m+n}$

(3) 평행선 사이의 선분의 길이의 비의 응용

$\overline{AC}$와 $\overline{BD}$의 교점을 E라 할 때, $\overline{AB} /\!/ \overline{EF} /\!/ \overline{DC}$이고 $\overline{AB}=a$, $\overline{CD}=b$이면

➡ $\overline{EF}=\dfrac{ab}{a+b}$

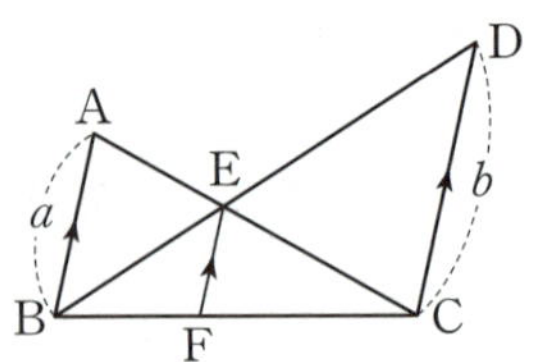

증명 $\triangle ABE$와 $\triangle CDE$의 닮음비가 $a:b$이므로
$\triangle BCD$에서 $\overline{BE}:\overline{BD}=\overline{EF}:\overline{DC}$

$a:(a+b)=\overline{EF}:b$ ∴ $\overline{EF}=\dfrac{ab}{a+b}$

1 다음 그림에서 $l /\!/ m /\!/ n$일 때, x의 값을 구하시오.

(1) 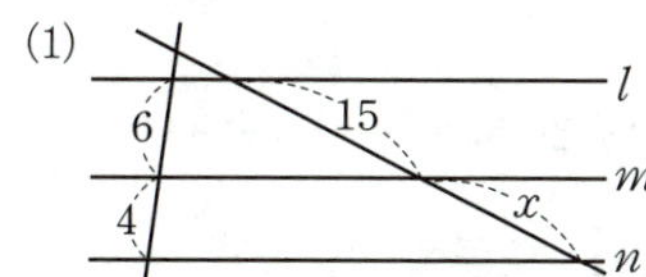

(2) 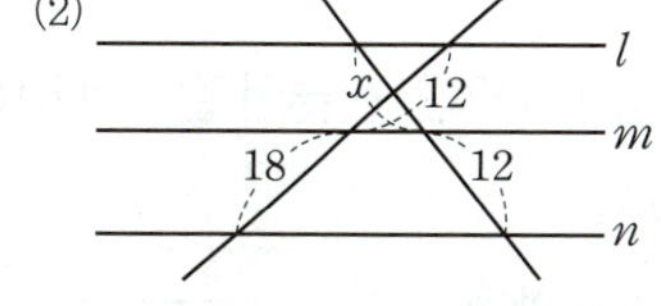

(3) 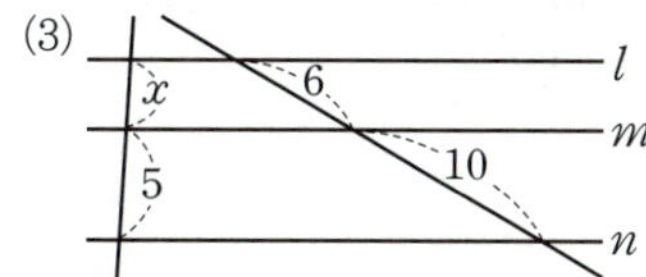

(4) 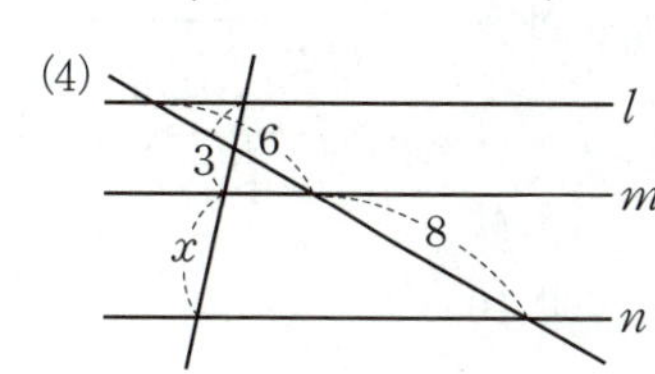

2 오른쪽 그림과 같은 사다리꼴 ABCD에서 $\overline{AD} /\!/ \overline{EF} /\!/ \overline{BC}$이고 $\overline{AH} /\!/ \overline{DC}$일 때, 다음을 구하시오.

(1) $\overline{BH}$의 길이
(2) $\overline{EG}$의 길이
(3) $\overline{GF}$의 길이
(4) $\overline{EF}$의 길이

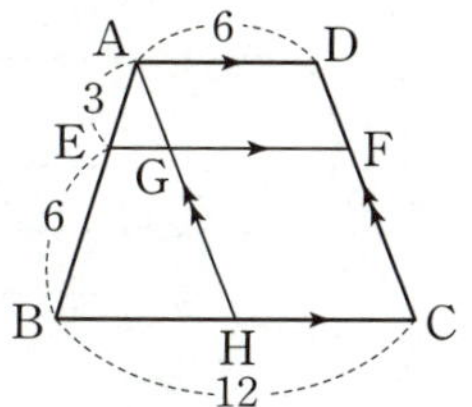

3 오른쪽 그림과 같은 사다리꼴 ABCD에서 $\overline{AD} /\!/ \overline{EF} /\!/ \overline{BC}$일 때, 다음을 구하시오.

(1) $\overline{EG}$의 길이
(2) $\overline{GF}$의 길이
(3) $\overline{EF}$의 길이

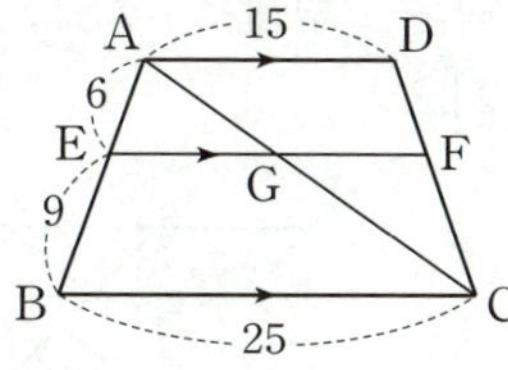

4 오른쪽 그림에서 $\overline{AB} /\!/ \overline{EF} /\!/ \overline{DC}$일 때, 다음 물음에 답하시오.

(1) $\overline{BE} : \overline{DE}$를 가장 간단한 자연수의 비로 나타내시오.
(2) $\overline{EF}$의 길이를 구하시오.

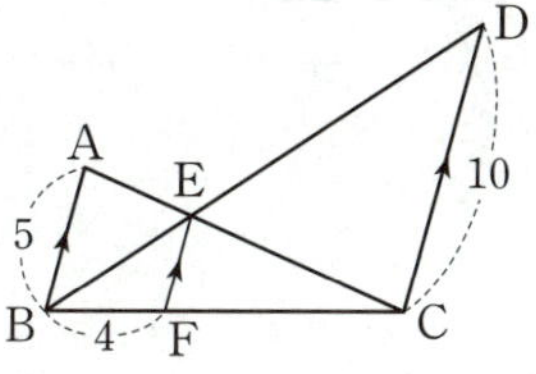

예제 **1** 평행선 사이의 선분의 길이의 비 ①

오른쪽 그림에서
$l/\!/m/\!/n$일 때, x의
값은?

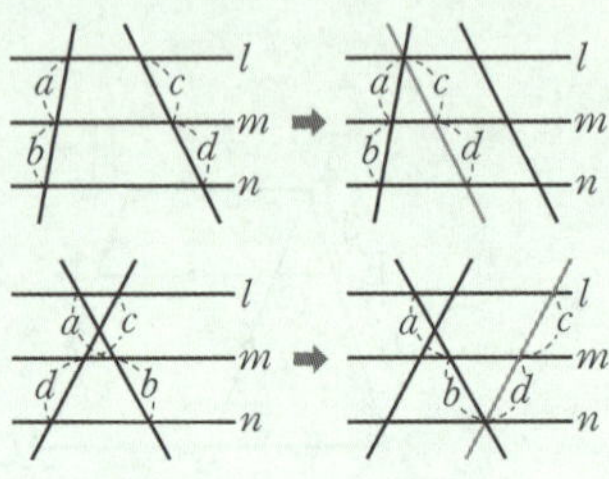

① 7 　　② 8

③ 9 　　④ 10

⑤ 11

[해결 포인트]

$l/\!/m/\!/n$이면 $a:b=c:d$

1-1 오른쪽 그림에서
$l/\!/m/\!/n$일 때, x의 값을
구하시오.

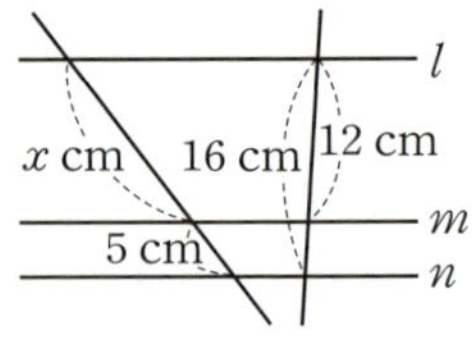

1-2 오른쪽 그림에서
$l/\!/m/\!/n$일 때, x, y의 값을
각각 구하시오.

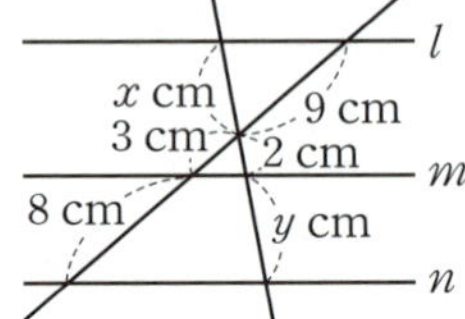

예제 **2** 평행선 사이의 선분의 길이의 비 ②

다음 그림에서 $l/\!/m/\!/n$일 때, $x+y$의 값을 구하시오.

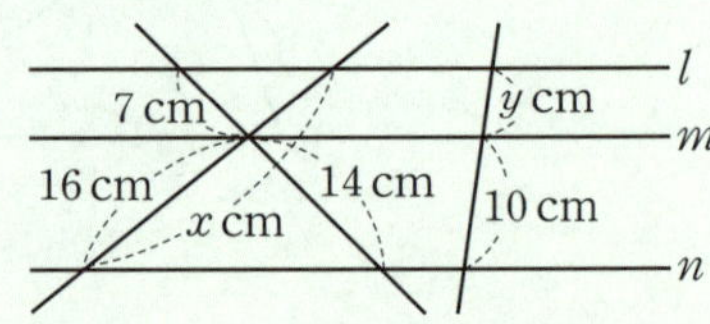

[해결 포인트]

$l/\!/m/\!/n$이면 $a:b=c:d$

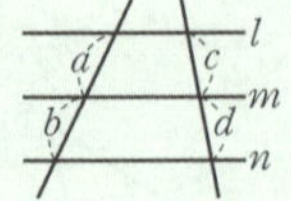 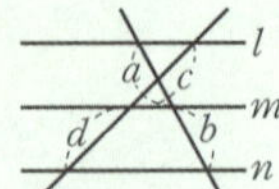

2-1 다음 그림에서 $l/\!/m/\!/n$일 때, x, y의 값을 각각
구하시오.

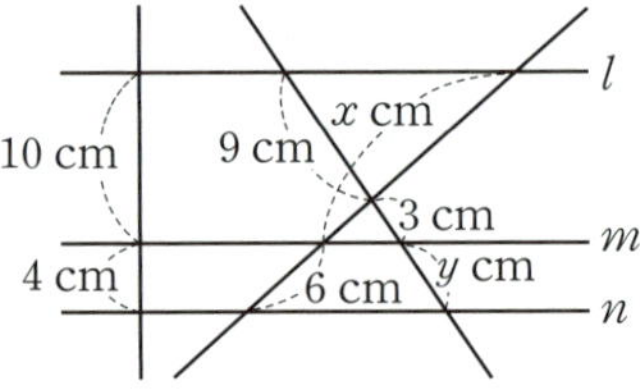

2-2 다음 그림에서 $l/\!/m/\!/n$일 때, xy의 값을 구하
시오.

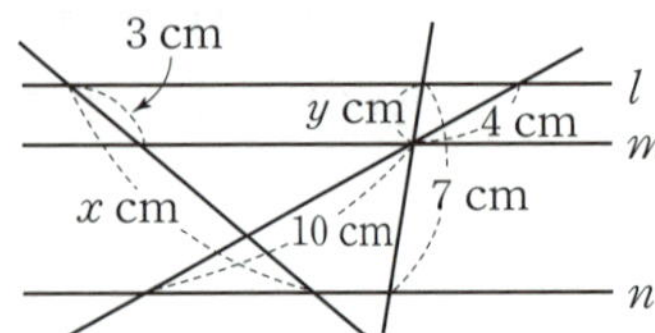

• 예제 **3**   사다리꼴에서 평행선 사이의 선분의 길이의 비

오른쪽 그림과 같은
사다리꼴 ABCD에서
$\overline{AD} /\!/ \overline{EF} /\!/ \overline{BC}$일 때,
$\overline{EF}$의 길이를 구하시오.

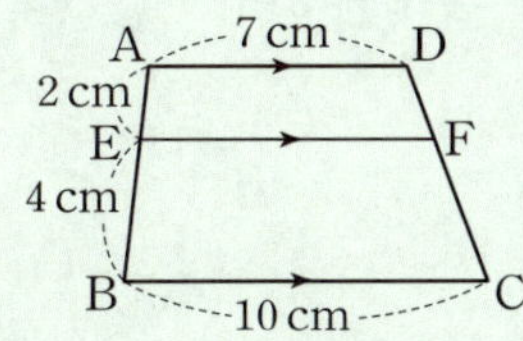

[해결 포인트]
사다리꼴을 삼각형으로 분리하여 삼각형에서 평행선과 선분의 길이의 비를 이용한다.

☞ 한번 더!

3-1 오른쪽 그림과 같은
사다리꼴 ABCD에서
$\overline{AD} /\!/ \overline{EF} /\!/ \overline{BC}$일 때,
xy의 값을 구하시오.

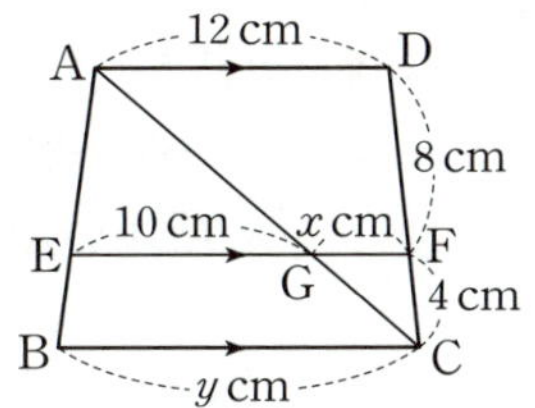

3-2 오른쪽 그림과 같은
사다리꼴 ABCD에서
$\overline{AD} /\!/ \overline{EF} /\!/ \overline{BC}$일 때,
다음을 구하시오.

(1) $\overline{EN}$의 길이
(2) $\overline{EM}$의 길이
(3) $\overline{MN}$의 길이

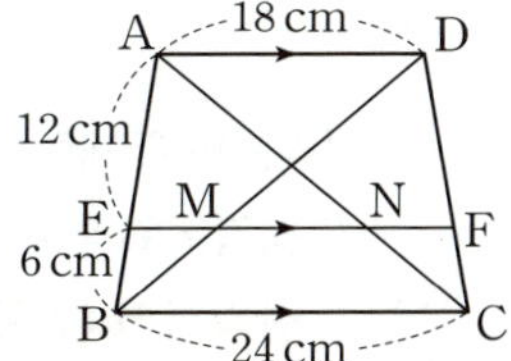

• 예제 **4**   평행선 사이의 선분의 길이의 비의 응용

오른쪽 그림에서
$\overline{AB} /\!/ \overline{EF} /\!/ \overline{DC}$일 때,
$\overline{EF}$의 길이를 구하시오.

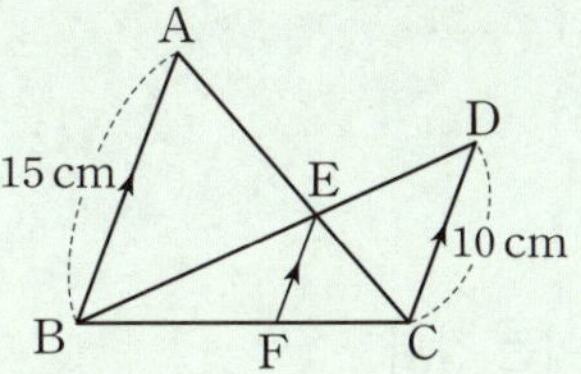

[해결 포인트]
먼저 닮은 두 삼각형을 찾은 후 닮음비를 이용한다.

☞ 한번 더!

4-1 오른쪽 그림에서
$\overline{AC}$와 $\overline{BD}$의 교점이
E이고
$\overline{AB} /\!/ \overline{EF} /\!/ \overline{DC}$일 때,
$\overline{BF} : \overline{BC}$를 가장 간단
한 자연수의 비로 나타
시오.

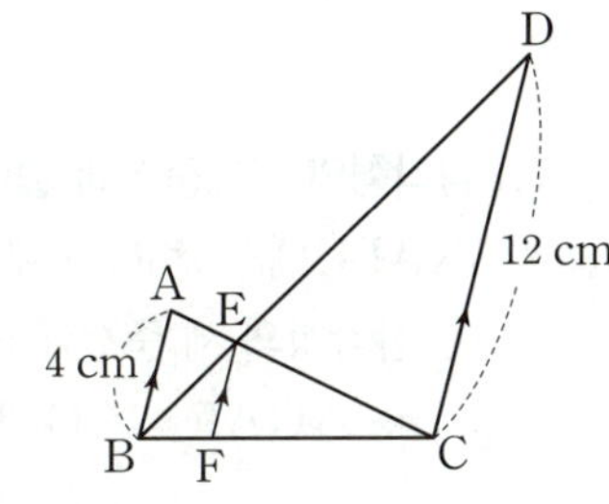

4-2 오른쪽 그림에서
$\overline{AB} /\!/ \overline{EF} /\!/ \overline{DC}$일 때,
$\overline{CD}$의 길이를 구하시오.

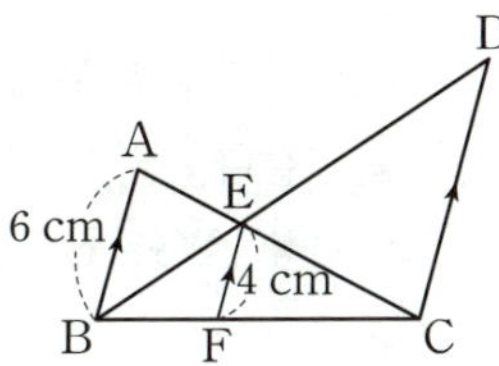

삼각형의 무게중심

(1) 삼각형의 중선

삼각형에서 한 꼭짓점과 그 대변의 중점을 연결한 선분을 그 삼각형의 **중선**이라 한다.

> **참고** 삼각형의 중선은 그 삼각형의 넓이를 이등분한다.
>
> ➡ $\overline{AD}$가 $\triangle ABC$의 중선이면 $\triangle ABD = \triangle ADC = \dfrac{1}{2}\triangle ABC$

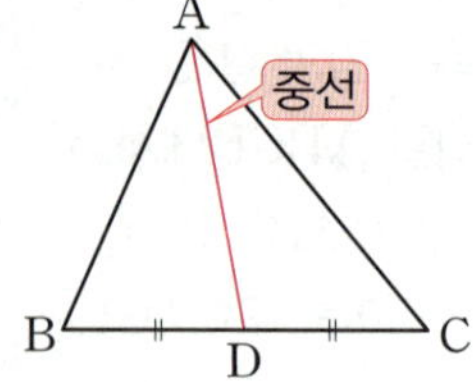

(2) 삼각형의 무게중심

① 삼각형의 무게중심

삼각형의 세 중선의 교점을 그 삼각형의 **무게중심**이라 한다.

② 삼각형의 무게중심의 성질

(i) 삼각형의 세 중선은 한 점(무게중심)에서 만난다.

(ii) 삼각형의 무게중심은 세 중선의 길이를 각 꼭짓점으로부터 각각 **2 : 1**로 나눈다.

➡ $\triangle ABC$의 무게중심을 G라 하면

$\overline{AG} : \overline{GD} = \overline{BG} : \overline{GE} = \overline{CG} : \overline{GF} = 2 : 1$

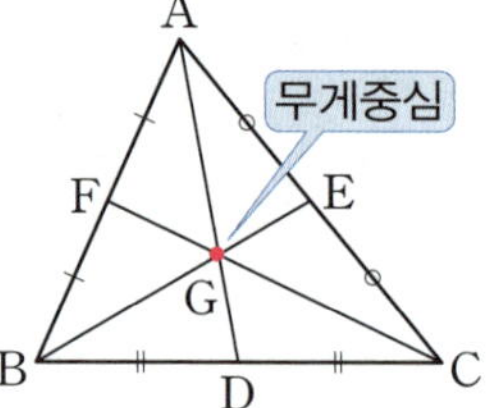

> **참고** · 정삼각형의 무게중심, 외심, 내심은 모두 일치한다.
> · 이등변삼각형의 무게중심, 외심, 내심은 모두 꼭지각의 이등분선 위에 있다.

(3) 삼각형의 무게중심과 넓이

$\triangle ABC$에서 점 G가 무게중심일 때

① 삼각형의 세 중선에 의해 나누어진 6개의 삼각형의 넓이는 같다.

➡ $\triangle GAF = \triangle GFB = \triangle GBD = \triangle GDC$

$= \triangle GCE = \triangle GEA$

$= \dfrac{1}{6}\triangle ABC$

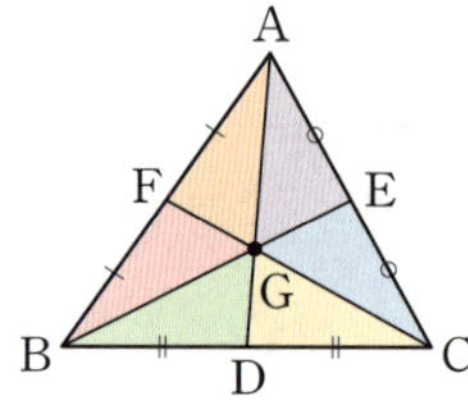

② 삼각형의 무게중심과 세 꼭짓점을 이어서 생기는 세 삼각형의 넓이는 같다.

➡ $\triangle GAB = \triangle GBC = \triangle GCA$

$= \dfrac{1}{3}\triangle ABC$

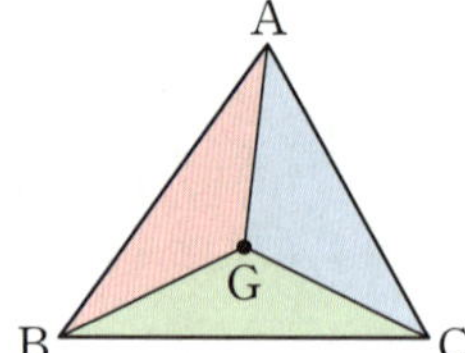

1 오른쪽 그림에서 $\overline{AD}$가 △ABC의 중선일 때, 다음 물음에 답하시오.

(1) $\overline{BC}$의 길이가 12일 때, $\overline{BD}$의 길이를 구하시오.

(2) △ABC의 넓이가 30일 때, △ABD의 넓이를 구하시오.

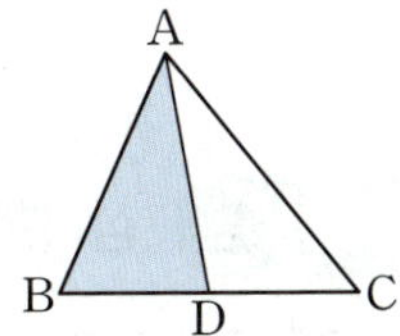

2 다음 그림에서 점 G가 △ABC의 무게중심일 때, x, y의 값을 각각 구하시오.

(1) 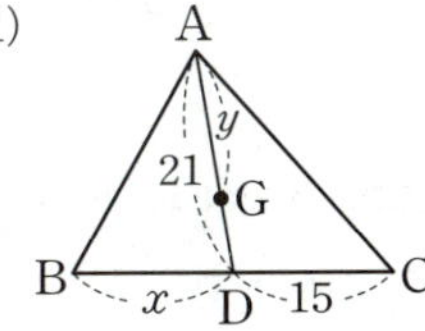

(2) 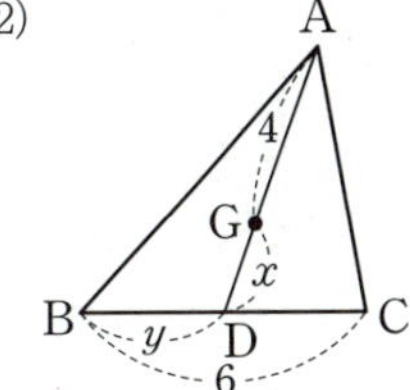

(3) 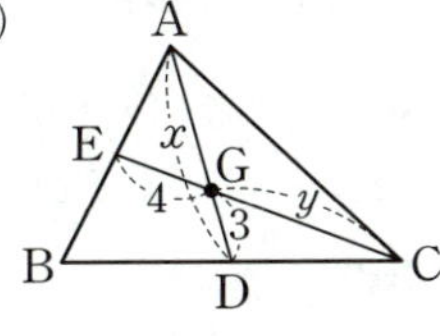

3 다음 그림에서 점 G는 △ABC의 무게중심이다. △ABC의 넓이가 24일 때, 색칠한 부분의 넓이를 구하시오.

(1) 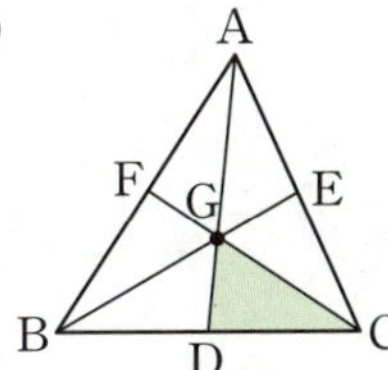

(2) 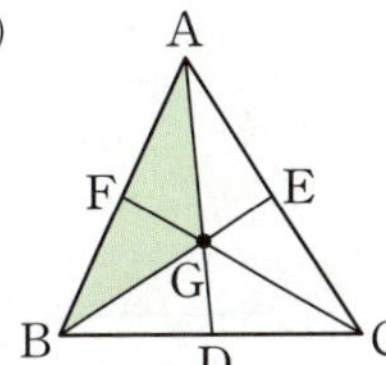

(3) 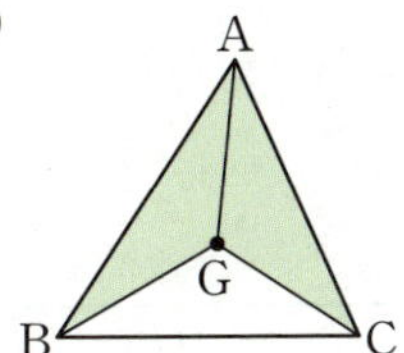

4 다음 그림에서 점 G는 △ABC의 무게중심이다. 주어진 색칠한 부분의 넓이를 이용하여 △ABC의 넓이를 구하시오.

(1) 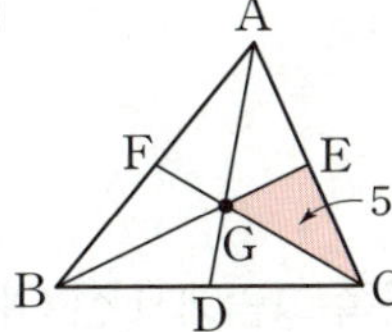

(2) 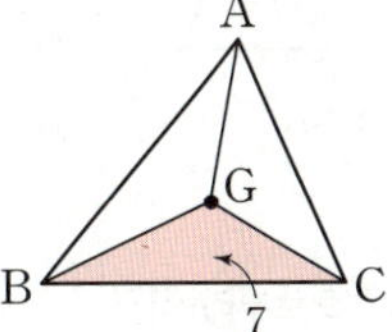

(3) 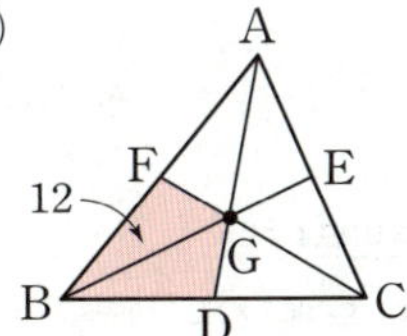

5 오른쪽 그림과 같은 평행사변형 ABCD에서 $\overline{BC}$, $\overline{DC}$의 중점을 각각 M, N이라 하자. $\overline{PO}=3$일 때, 다음을 구하시오.

(1) $\overline{BP}$의 길이

(2) $\overline{BD}$의 길이

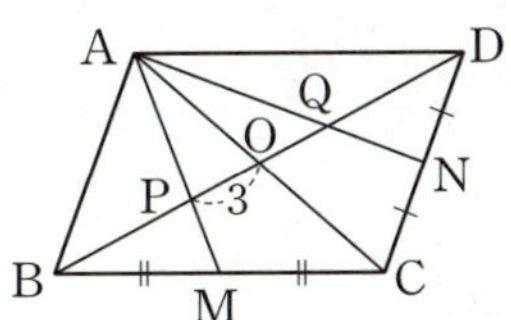

• 예제 1 삼각형의 중선의 성질

오른쪽 그림과 같은 △ABC 에서 $\overline{BC}$의 중점을 D, $\overline{AD}$ 의 중점을 E라 하자. △ABC의 넓이가 $24\,cm^2$일 때, △AEC의 넓이는?

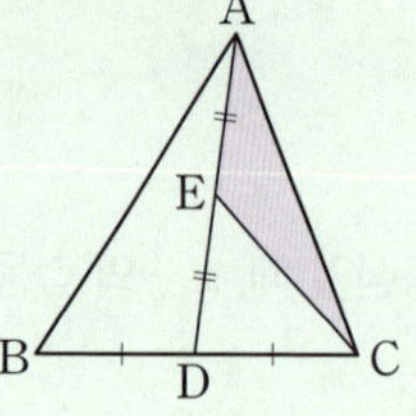

① $4\,cm^2$ ② $5\,cm^2$
③ $6\,cm^2$ ④ $7\,cm^2$
⑤ $8\,cm^2$

[해결 포인트]
삼각형의 한 중선은 삼각형의 넓이를 이등분한다.

👆 한번 더!

1-1 오른쪽 그림에서 $\overline{AD}$는 △ABC의 중선이고, $\overline{CE}$는 △ADC의 중선이다. △CED의 넓이가 $8\,cm^2$일 때, △ABC의 넓이를 구하시오.

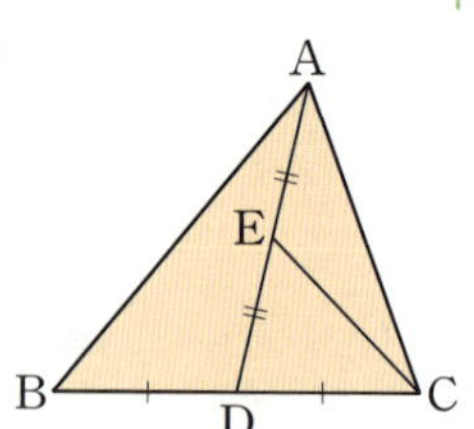

1-2 오른쪽 그림에서 $\overline{AD}$는 △ABC의 중선이고, $\overline{AP}=\overline{PQ}=\overline{QD}$이다. △ABC의 넓이가 $36\,cm^2$일 때, △PBQ의 넓이를 구하시오.

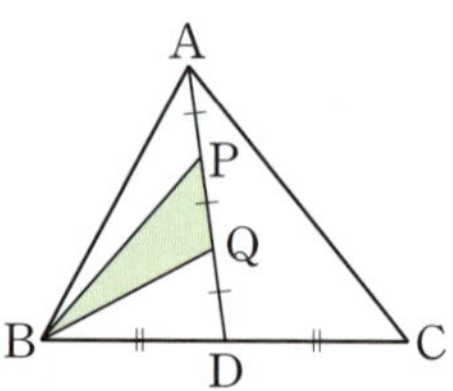

• 예제 2 삼각형의 무게중심의 성질

오른쪽 그림에서 점 G는 △ABC의 무게중심이고 $\overline{BC}=16\,cm$, $\overline{BE}=15\,cm$ 일 때, $x+y$의 값을 구하시오.

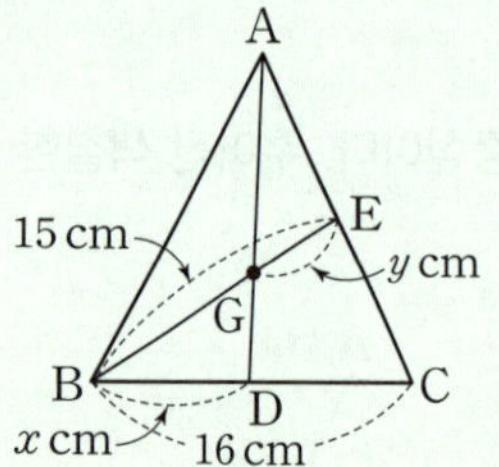

[해결 포인트]
삼각형의 무게중심은 세 중선의 길이를 각 꼭짓점으로부터 각각 2 : 1로 나눈다.

👆 한번 더!

2-1 오른쪽 그림에서 점 G는 △ABC의 무게중심이다. $\overline{AG}=9\,cm$, $\overline{CD}=8\,cm$일 때, xy의 값을 구하시오.

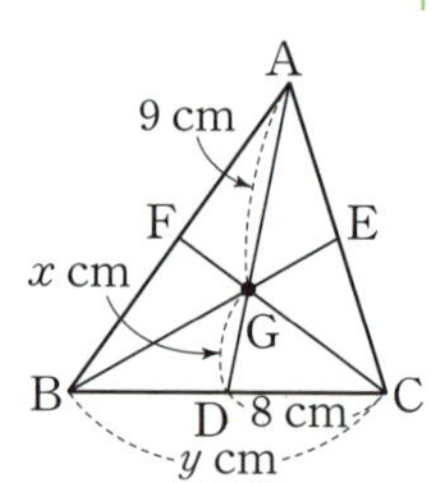

2-2 오른쪽 그림에서 점 G는 ∠B=90°인 직각삼각형 ABC의 무게중심이고 $\overline{CD}=6\,cm$일 때, x, y의 값을 각각 구하시오.

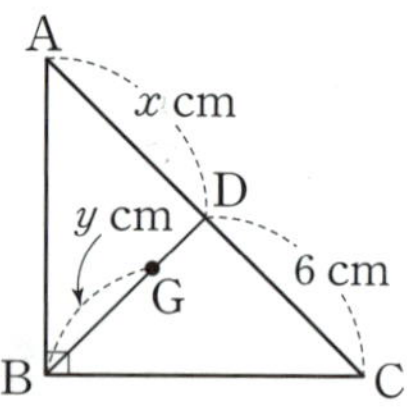

• 예제 **3** 삼각형의 무게중심의 성질의 응용 ①

오른쪽 그림에서 점 G는
△ABC의 무게중심이다.
$\overline{AD} /\!/ \overline{EF}$이고 $\overline{AG}=12\,\text{cm}$
일 때, 다음을 구하시오.

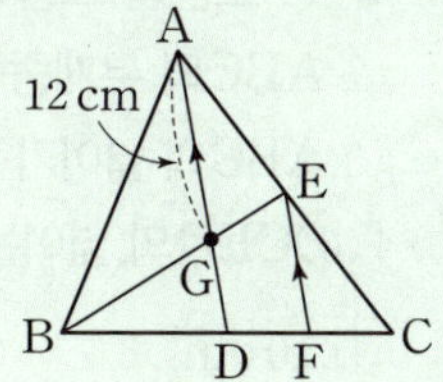

(1) $\overline{AD}$의 길이
(2) $\overline{EF}$의 길이

[해결 포인트]

삼각형의 두 변의 중점을 연결한 선분의 성질을 이용한다.

3-1 오른쪽 그림에서 점 G
는 △ABC의 무게중심이다.
$\overline{BE} /\!/ \overline{DF}$이고 $\overline{DF}=15\,\text{cm}$
일 때, $\overline{BG}$의 길이는?

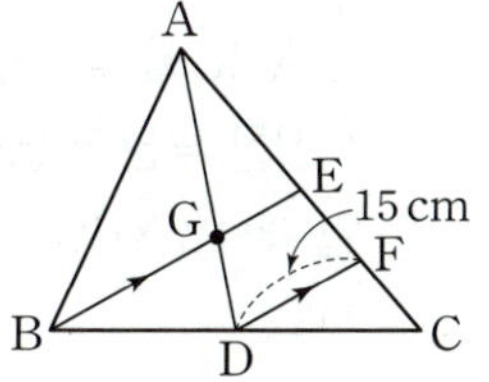

① 12 cm ② 15 cm
③ 18 cm ④ 20 cm
⑤ 24 cm

• 예제 **4** 삼각형의 무게중심의 성질의 응용 ②

오른쪽 그림에서 점 G는
△ABC의 무게중심이다.
$\overline{BC} /\!/ \overline{EG}$이고 $\overline{EG}=5\,\text{cm}$
일 때, 다음을 구하시오.

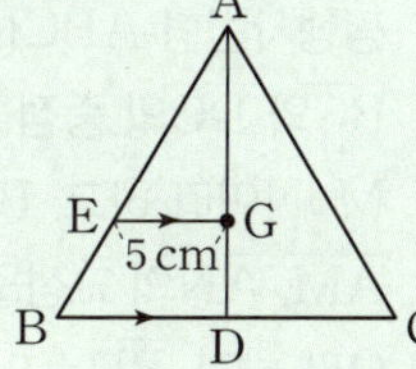

(1) $\overline{BD}$의 길이
(2) $\overline{BC}$의 길이

[해결 포인트]

닮은 두 삼각형에서 무게중심의 성질을 이용하여 선분의 길이를
구한다.

4-1 오른쪽 그림에서 점 G는
△ABC의 무게중심이다.
$\overline{EF} /\!/ \overline{BC}$이고 $\overline{BD}=6\,\text{cm}$,
$\overline{GD}=3\,\text{cm}$일 때, $x-y$의 값
을 구하시오.

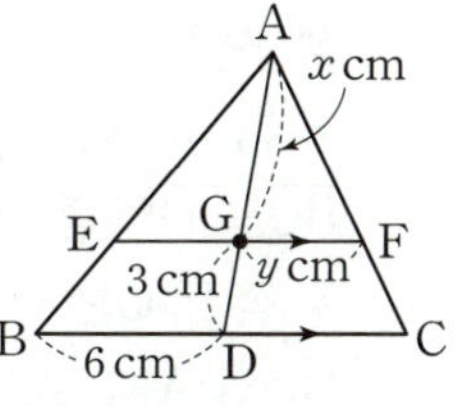

4-2 오른쪽 그림에서 점 G는
△ABC의 무게중심이고 점 H는
$\overline{EF}$와 $\overline{AD}$의 교점이다.
$\overline{GH}=3\,\text{cm}$일 때, 다음을 구하
시오.

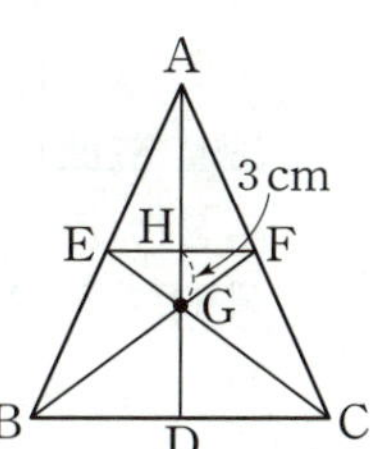

(1) $\overline{GD}$의 길이
(2) $\overline{AH}$의 길이

• 예제 5 삼각형의 무게중심과 넓이

오른쪽 그림에서 점 G는
△ABC의 무게중심이다.
색칠한 부분의 넓이가 $36\,\text{cm}^2$
일 때, △ABC의 넓이를 구하
시오.

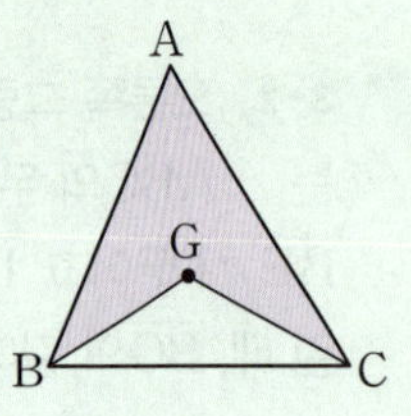

[해결 포인트]
삼각형의 세 중선에 의해 나누어진 6개의 삼각형의 넓이는 같다.

🖐 **한번 더!**

5-1 오른쪽 그림에서 점 G는
△ABC의 무게중심이다.
△ABC의 넓이가 $42\,\text{cm}^2$일 때,
□DCEG의 넓이는?

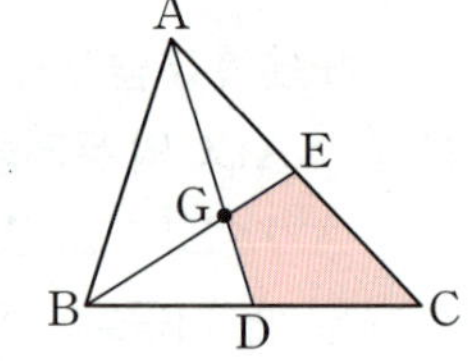

① $10\,\text{cm}^2$　　② $12\,\text{cm}^2$

③ $14\,\text{cm}^2$　　④ $16\,\text{cm}^2$

⑤ $18\,\text{cm}^2$

• 예제 6 삼각형의 무게중심과 평행사변형

오른쪽 그림과 같은 평
행사변형 ABCD에서
두 점 M, N은 각각
$\overline{BC}$, $\overline{CD}$의 중점이고,
두 점 P, Q는 각각
$\overline{BD}$와 $\overline{AM}$, $\overline{AN}$의 교점이다. $\overline{BD}=12\,\text{cm}$일 때,
x, y의 값을 각각 구하시오.

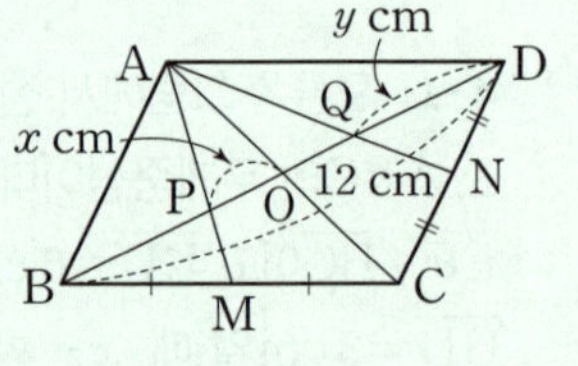

(단, 점 O는 두 대각선의 교점이다.)

[해결 포인트]
두 점 P, Q는 각각 △ABC, △ACD의 무게중심이므로 각 삼각형
에서 무게중심의 성질을 이용하여 선분의 길이를 구한다.

🖐 **한번 더!**

6-1 오른쪽 그림과 같은
평행사변형 ABCD에서
$\overline{BC}$와 $\overline{DC}$의 중점을 각각
M, N이라 하고, $\overline{BD}$와
$\overline{AM}$, $\overline{AN}$의 교점을 각각 P,
Q라 하자. $\overline{BD}=24\,\text{cm}$일 때, $\overline{PQ}$의 길이를 구하시오.

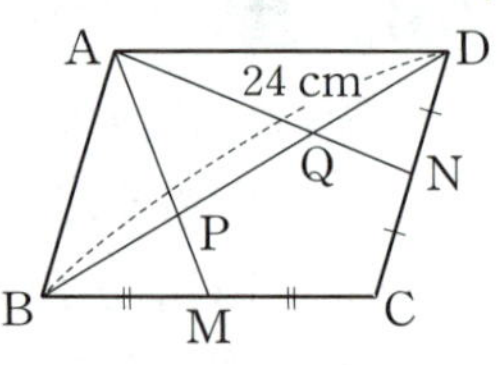

6-2 오른쪽 그림과 같은
평행사변형 ABCD에서
점 M은 $\overline{BC}$의 중점이고,
두 점 O, P는 각각 $\overline{BD}$와
$\overline{AC}$, $\overline{AM}$의 교점이다. □PMCO의 넓이가 $6\,\text{cm}^2$일
때, □ABCD의 넓이를 구하시오.

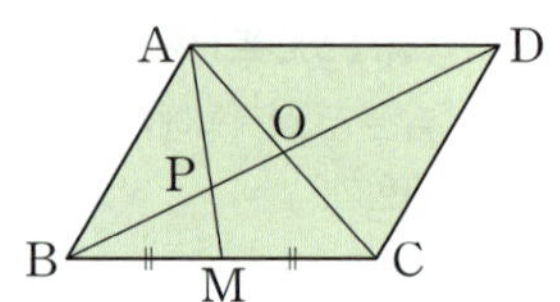

---

1 중요

오른쪽 그림에서 $\overline{BC} \parallel \overline{DE}$일 때, x, y의 값을 각각 구하시오.

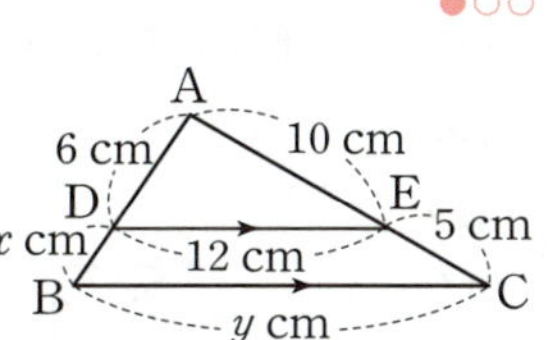

2

오른쪽 그림에서 $\overline{BC} \parallel \overline{DE}$일 때, $\overline{AD}$의 길이는?

① 11 cm ② 13 cm
③ 15 cm ④ 17 cm
⑤ 19 cm

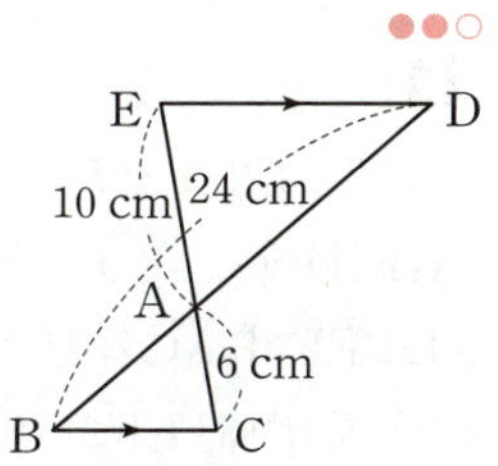

3

다음 | 보기 | 중 $\overline{BC} \parallel \overline{DE}$인 것을 고르시오.

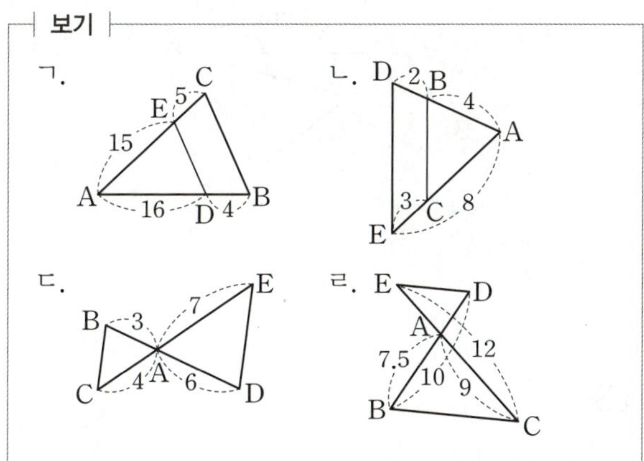

4

오른쪽 그림과 같은 △ABC에서 $\overline{BC} \parallel \overline{DE}$이고 $\overline{AE}=12$ cm, $\overline{BF}=10$ cm, $\overline{DG}=8$ cm일 때, $\overline{EC}$의 길이를 구하시오.

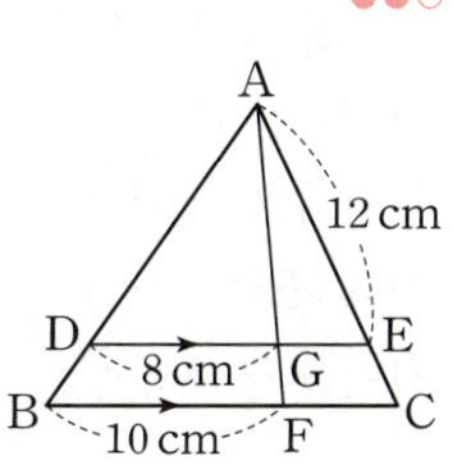

5

오른쪽 그림과 같은 △ABC에서 $\overline{AD}$는 ∠A의 이등분선이고 $\overline{AB}=10$ cm, $\overline{BC}=9$ cm, $\overline{CA}=8$ cm일 때, $\overline{CD}$의 길이를 구하시오.

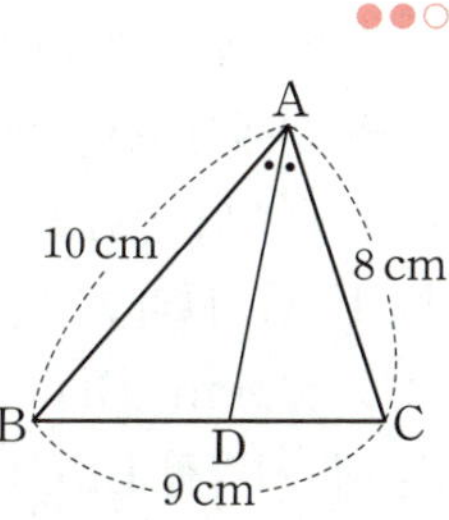

6 중요

오른쪽 그림과 같은 △ABC에서 두 점 M, N은 각각 $\overline{AB}$, $\overline{AC}$의 중점일 때, 다음 중 옳지 <u>않은</u> 것은?

① $\overline{MN} \parallel \overline{BC}$
② △AMN∽△ABC
③ $\overline{MN} : \overline{BC}=1 : 2$
④ △AMN : □MBCN$=1 : 4$
⑤ △AMN과 △ABC의 닮음비는 $1 : 2$이다.

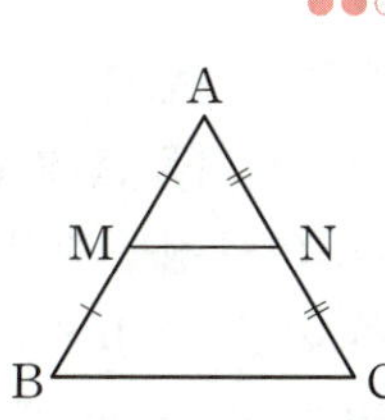

7

오른쪽 그림과 같은 △ABC에서 두 점 D, E는 $\overline{AB}$의 삼등분점이고, 점 F는 $\overline{AC}$의 중점이다. $\overline{EP}=3\,cm$일 때, $\overline{CP}$의 길이를 구하시오.

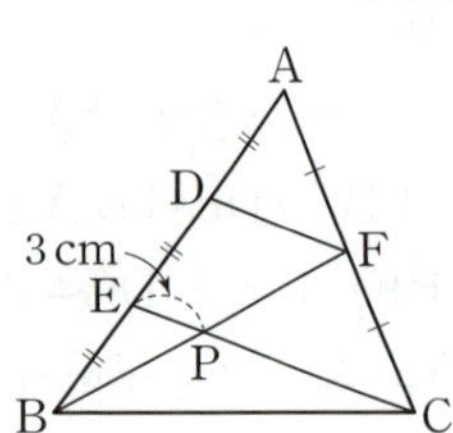

8 중요

오른쪽 그림과 같은 사각형 ABCD에서 $\overline{AB}$, $\overline{BC}$, $\overline{CD}$, $\overline{DA}$의 중점을 각각 E, F, G, H라 하자. $\overline{AC}=34\,cm$, $\overline{BD}=26\,cm$일 때, 사각형 EFGH의 둘레의 길이를 구하시오.

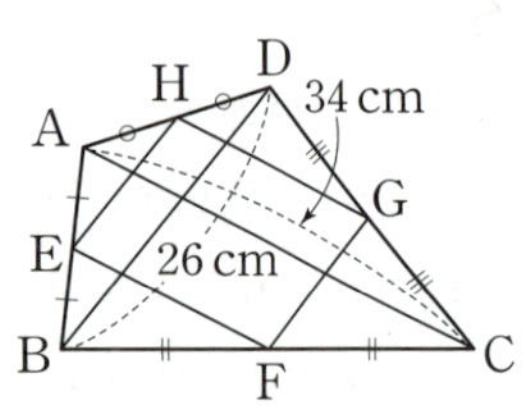

9

오른쪽 그림과 같이 $\overline{AD}/\!/\overline{BC}$인 사다리꼴 ABCD에서 $\overline{AB}$, $\overline{DC}$의 중점을 각각 M, N이라 하자. $\overline{AD}=9\,cm$, $\overline{BC}=15\,cm$일 때, $\overline{MN}$의 길이는?

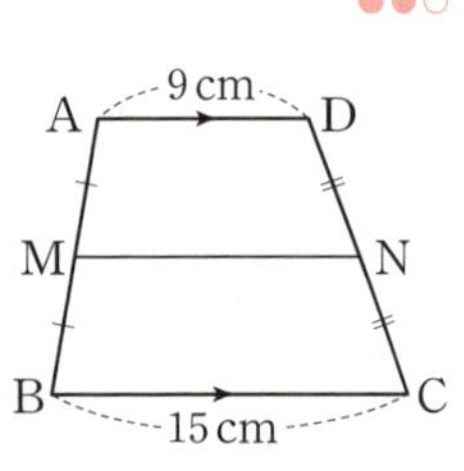

① 10 cm ② 11 cm ③ 12 cm
④ 13 cm ⑤ 14 cm

10

다음 그림에서 $l/\!/m/\!/n$일 때, x, y의 값을 각각 구하시오.

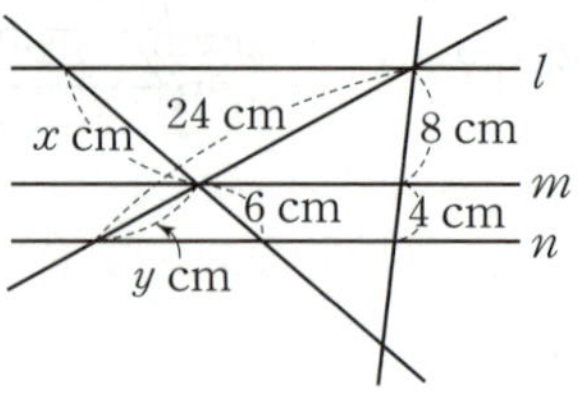

11

오른쪽 그림과 같은 사다리꼴 ABCD에서 $\overline{AD}/\!/\overline{EF}/\!/\overline{BC}$이고 $\overline{EF}$가 $\overline{AC}$와 $\overline{BD}$의 교점 O를 지날 때, $\overline{EF}$의 길이를 구하시오.

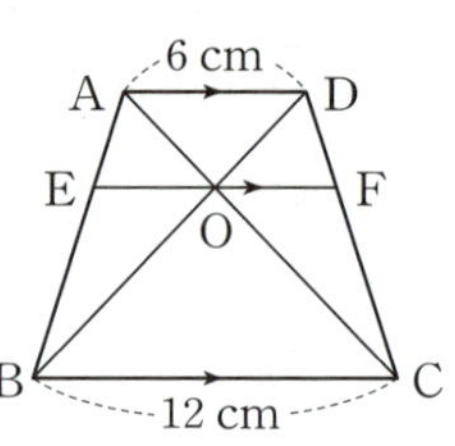

12

다음 그림에서 점 E는 $\overline{AC}$와 $\overline{BD}$의 교점이고 $\overline{AB}/\!/\overline{FE}/\!/\overline{DC}$일 때, $\overline{AF}$의 길이를 구하시오.

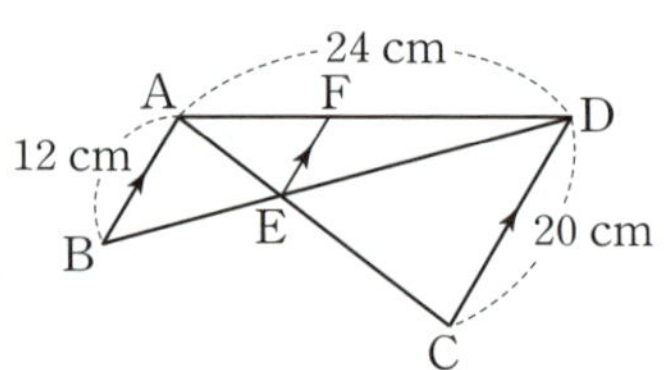

13

오른쪽 그림에서 점 G는 $\angle A=90°$인 직각삼각형 ABC의 무게중심이다. $\overline{BC}=15\,cm$일 때, $\overline{AG}$의 길이를 구하시오.

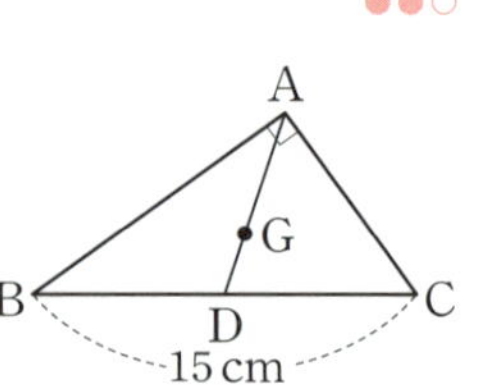

14

오른쪽 그림에서 두 점 G, G′은 각각 △ABC, △GBC의 무게중심이다. $\overline{AD}=27$ cm일 때, $\overline{GG'}$의 길이를 구하시오.

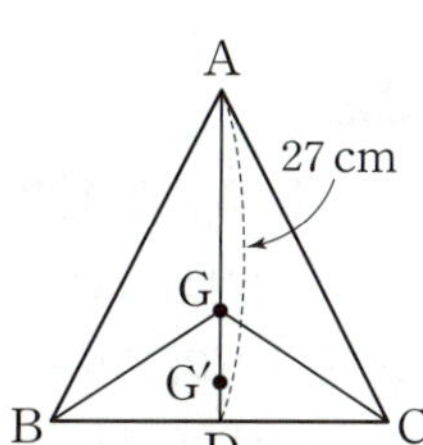

15 창의력UP

오른쪽 그림과 같이 이등변삼각형 AOB가 좌표평면 위에 있다. △AOB의 무게중심의 위치를 좌표로 나타내시오.

(단, O는 원점이다.)

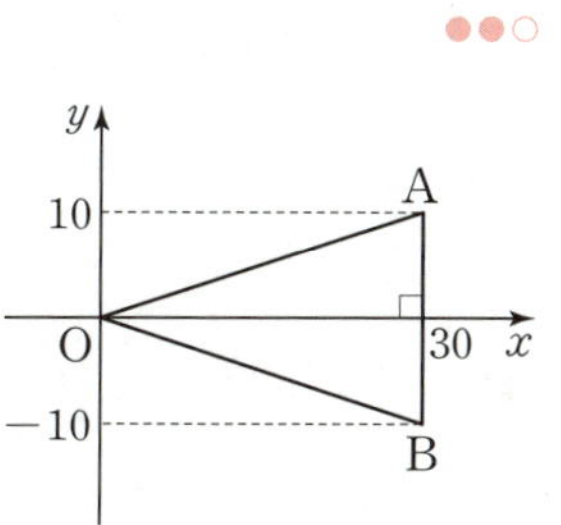

16 중요

오른쪽 그림에서 점 G는 △ABC의 무게중심이고 $\overline{AG}$의 연장선과 $\overline{BC}$의 교점을 M이라 하자. $\overline{ED}\ /\!/\ \overline{BC}$이고 $\overline{AG}=20$ cm일 때, $\overline{GE}$의 길이를 구하시오.

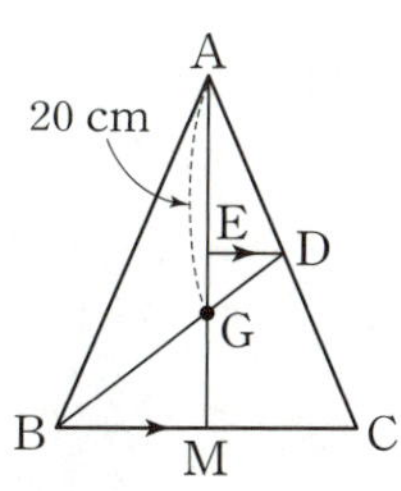

17 중요

오른쪽 그림에서 점 G가 △ABC의 무게중심일 때, 다음 중 옳지 않은 것은?

① $\overline{AE}=\overline{CE}$

② $\overline{FG}:\overline{GC}=1:2$

③ $\overline{AG}=\overline{BG}=\overline{CG}$

④ $\triangle GAB=\dfrac{1}{3}\triangle ABC$

⑤ $\triangle GBD=\dfrac{1}{6}\triangle ABC$

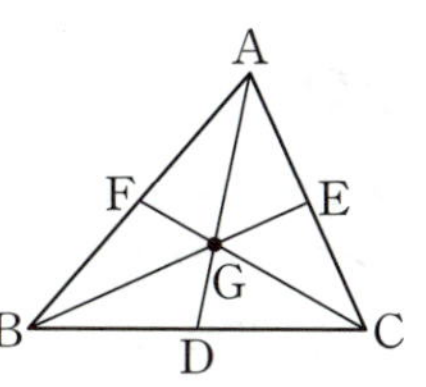

18

오른쪽 그림에서 점 G는 △ABC의 무게중심이다. △DGE의 넓이가 $5\ \text{cm}^2$일 때, △ABC의 넓이는?

① $10\ \text{cm}^2$ ② $20\ \text{cm}^2$ ③ $40\ \text{cm}^2$

④ $50\ \text{cm}^2$ ⑤ $60\ \text{cm}^2$

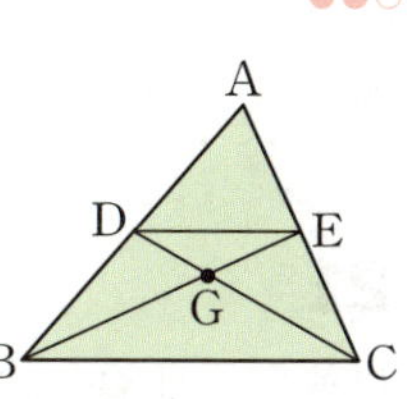

19

오른쪽 그림의 평행사변형 ABCD에서 두 점 M, N은 각각 $\overline{BC}$, $\overline{CD}$의 중점이다. $\overline{BP}=8$ cm일 때, $\overline{MN}$의 길이를 구하시오.

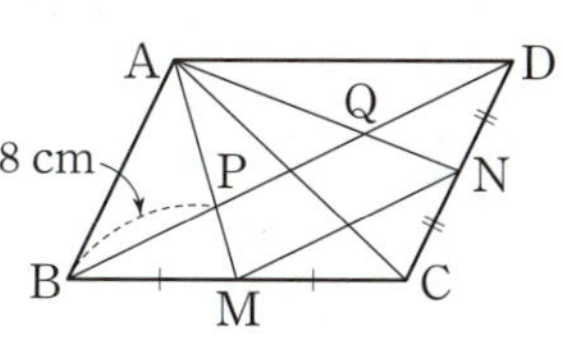

서술형

20

오른쪽 그림과 같은 △ABC에서 $\overline{DE} /\!/ \overline{BC}$, $\overline{DF} /\!/ \overline{BE}$이고 $\overline{AD} : \overline{DB} = 5 : 3$일 때, $\overline{EF}$의 길이를 구하시오.
(단, 풀이 과정을 자세히 쓰시오.)

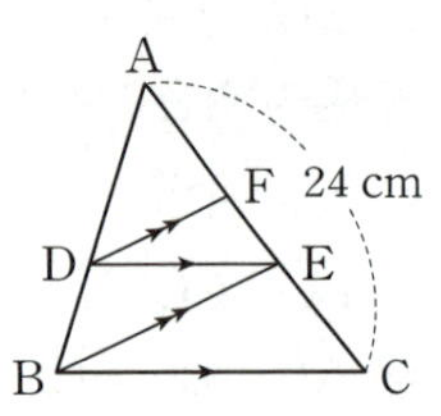

풀이

답

21

다음 그림과 같은 △ABC에서 ∠A의 이등분선이 $\overline{BC}$와 만나는 점을 D, ∠A의 외각의 이등분선이 $\overline{BC}$의 연장선과 만나는 점을 E라 할 때, $\overline{DE}$의 길이를 구하시오.

(단, 풀이 과정을 자세히 쓰시오.)

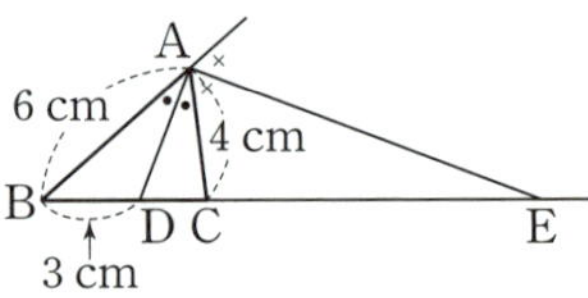

풀이

답

22

오른쪽 그림과 같은 사다리꼴 ABCD에서 $\overline{AD} /\!/ \overline{EF} /\!/ \overline{BC}$일 때, $\overline{EF}$의 길이를 구하시오.
(단, 풀이 과정을 자세히 쓰시오.)

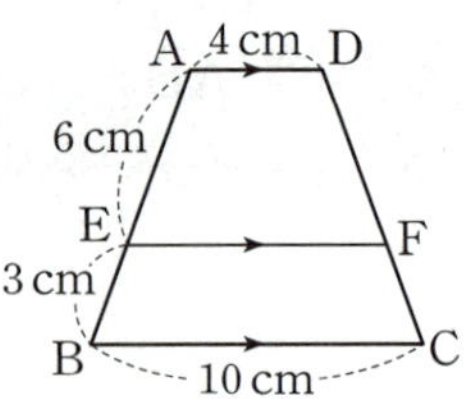

풀이

답

23

오른쪽 그림과 같은 평행사변형 ABCD에서 $\overline{BC}$, $\overline{CD}$의 중점을 각각 M, N이라 하고, $\overline{BD}$와 $\overline{AM}$, $\overline{AC}$, $\overline{AN}$의 교점을 각각 P, O, Q라 하자. □ABCD의 넓이가 60 cm²일 때, 색칠한 부분의 넓이를 구하시오.

(단, 풀이 과정을 자세히 쓰시오.)

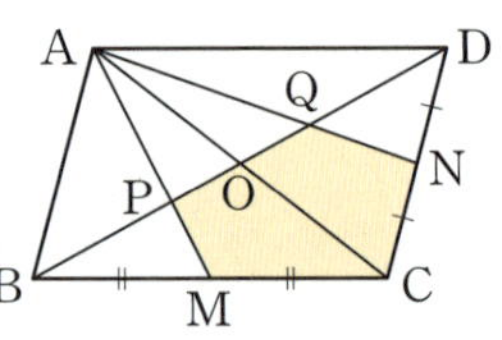

풀이

답

1　마인드맵으로 개념 구조화!

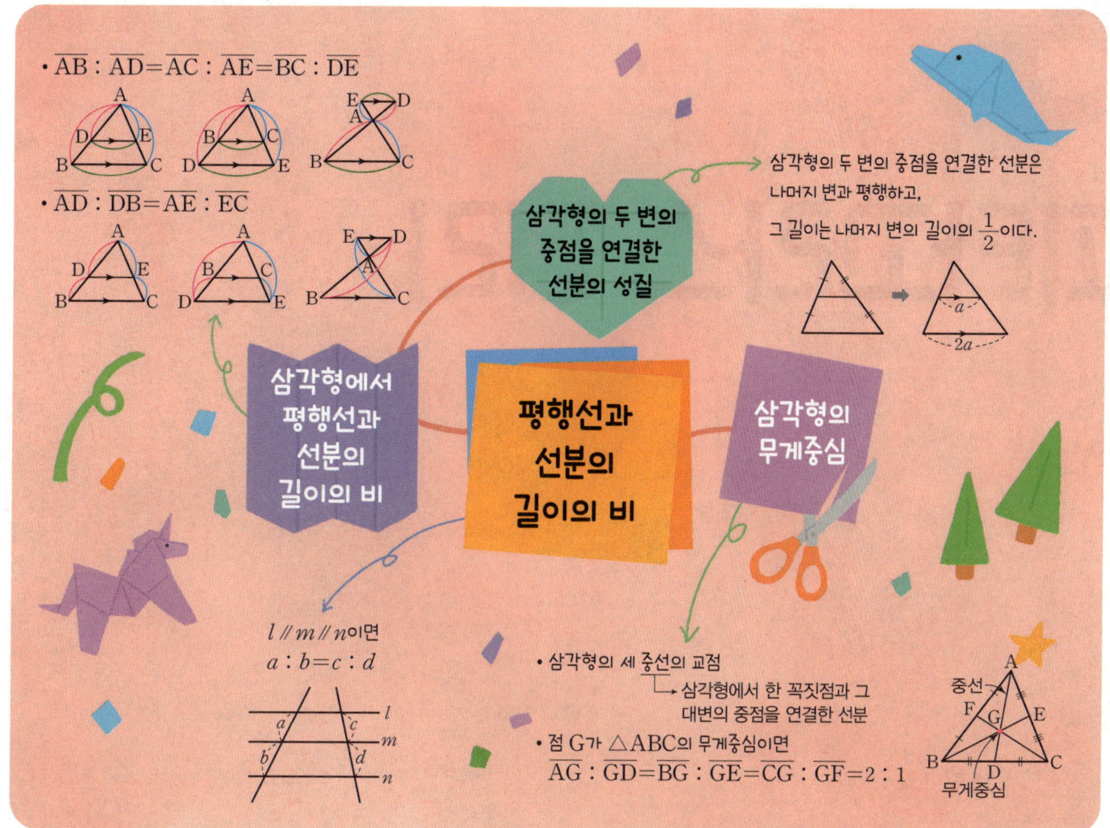

2　OX 문제로 개념 점검!

옳은 것은 ◯, 옳지 <u>않은</u> 것은 ×를 택하시오.

*정답 및 해설 50쪽

❶ 삼각형의 두 변의 중점을 연결한 선분은 나머지 변과 수직이다.　◯ | ×

❷ 삼각형의 두 변의 중점을 연결한 선분의 길이는 나머지 변의 길이의 $\dfrac{1}{2}$이다.　◯ | ×

❸ 삼각형의 한 변의 중점을 지나고 다른 한 변에 평행한 직선은 나머지 변의 중점을 지난다.　◯ | ×

❹ 오른쪽 그림에서 $l /\!/ m /\!/ n$일 때, x의 값은 4이다.　◯ | ×

❺ 삼각형의 중선은 한 꼭짓점과 그 대변의 중점을 연결한 선분이다.　◯ | ×

❻ 삼각형의 세 중선의 교점은 내심이다.　◯ | ×

❼ 삼각형의 무게중심은 세 중선의 길이를 각 꼭짓점으로부터 각각 2 : 1로 나눈다.　◯ | ×

❽ 삼각형의 세 중선에 의해 나누어진 6개의 삼각형의 넓이는 각각 처음 삼각형의 넓이의 $\dfrac{1}{6}$이다.　◯ | ×

5

피타고라스 정리

배웠어요

- 합동과 대칭 [초5~6]
- 비와 비율 [초5~6]
- 비례식과 비례배분 [초5~6]
- 기본 도형 [중1]
- 작도와 합동 [중1]
- 평면도형의 성질 [중1]
- 입체도형의 성질 [중1]

✔ 이번에 배워요

3. 도형의 닮음
- 도형의 닮음
- 삼각형의 닮음 조건

4. 평행선과 선분의 길이의 비
- 삼각형과 평행선
- 평행선 사이의 선분의 길이의 비
- 삼각형의 무게중심

5. 피타고라스 정리
- 피타고라스 정리

배울 거예요

- 삼각비 [중3]
- 평면좌표 [고1]
- 직선의 방정식 [고등]
- 도형의 이동 [고등]

고대 이집트인들은 같은 간격으로 12개의 매듭이 있고 양 끝이 붙어 있는 줄을 팽팽하게 잡아당겨 토지를 측량하거나 건물을 세우는 데 직각삼각형 모양을 만들어 이용했다고 합니다.

이는 삼각형의 세 변의 길이를 매듭 사이의 간격의 개수로 생각하여 직각을 만든 것입니다.

이 단원에서는 피타고라스 정리의 원리를 이해하고, 삼각형과 사각형에서의 피타고라스 정리의 활용에 대해 학습합니다.

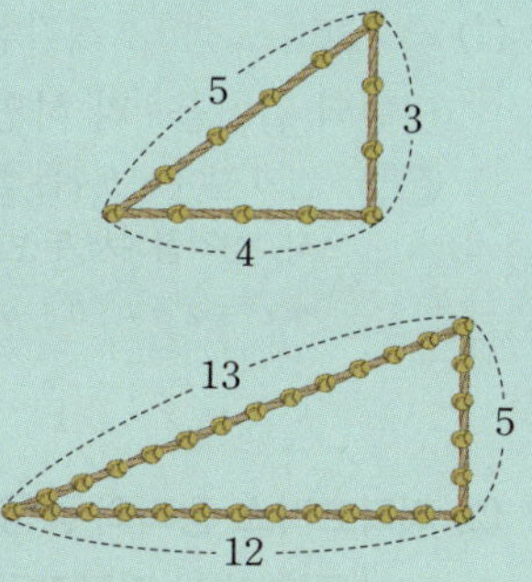

▶ **새로 배우는 용어**

피타고라스 정리

5. 피타고라스 정리를 시작하기 전에

식의 값 중1

1 $a=3$, $b=4$, $c=5$일 때, 다음 식의 값을 구하시오.

(1) a^2+b^2 (2) c^2-a^2 (3) c^2-b^2

삼각형의 작도 중1

2 다음 | 보기 |의 주어진 길이의 세 선분으로 삼각형을 만들 수 있는 것을 모두 고르시오.

| 보기 |
> ㄱ. 2 cm, 3 cm, 5 cm
> ㄴ. 3 cm, 4 cm, 5 cm
> ㄷ. 4 cm, 7 cm, 10 cm

피타고라스 정리와 그 증명

(1) 피타고라스 정리: 직각삼각형에서 직각을 낀 두 변의 길이를 각각 a, b라 하고, 빗변의 길이를 c라 하면 $a^2+b^2=c^2$이 성립한다.

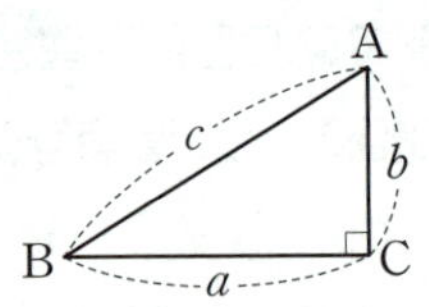

> **참고** • 변의 길이 a, b, c는 항상 양수이다.
> • 직각삼각형에서 두 변의 길이를 알면 피타고라스 정리를 이용하여 나머지 한 변의 길이를 구할 수 있다.
> ➡ $c^2=a^2+b^2$, $b^2=c^2-a^2$, $a^2=c^2-b^2$

(2) 피타고라스 정리의 응용

① 삼각형에서 피타고라스 정리의 응용

주어진 도형에서 직각삼각형을 찾아 피타고라스 정리를 이용한다.

(i)

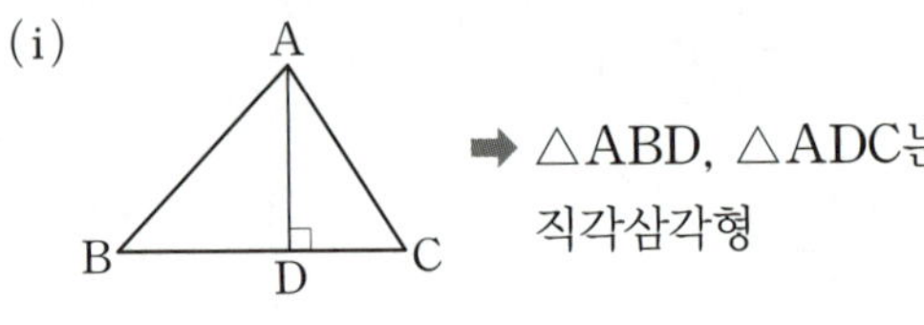

➡ $\triangle ABD$, $\triangle ADC$는 직각삼각형

(ii)

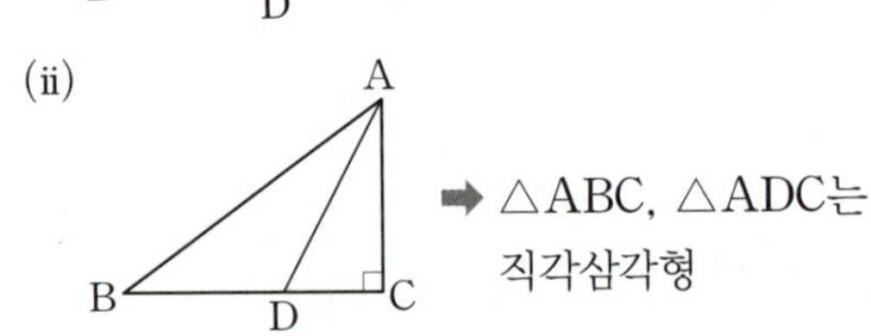

➡ $\triangle ABC$, $\triangle ADC$는 직각삼각형

② 사각형에서 피타고라스 정리의 응용

사각형에 대각선 또는 수선을 그어 직각삼각형을 만든 후 피타고라스 정리를 이용한다.

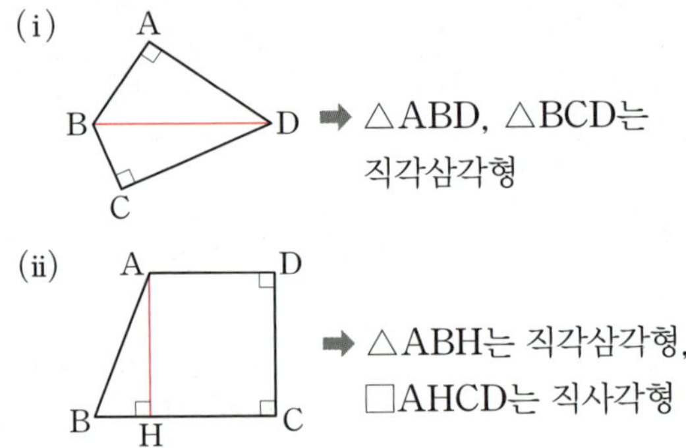

(i)

➡ $\triangle ABD$, $\triangle BCD$는 직각삼각형

(ii)

➡ $\triangle ABH$는 직각삼각형, $\square AHCD$는 직사각형

(3) 피타고라스 정리의 증명① – 유클리드의 방법

직각삼각형 ABC의 세 변을 각각 한 변으로 하는 정사각형을 그리면

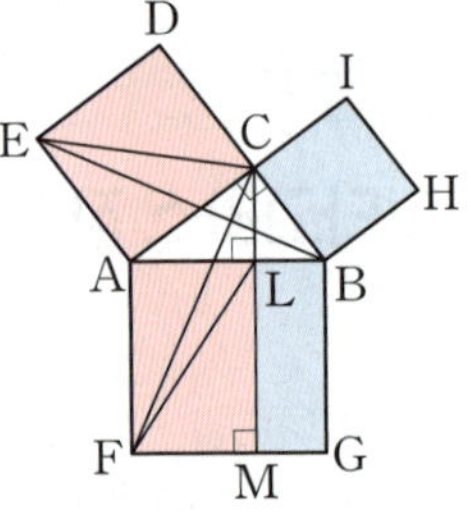

① $\triangle ACE=\triangle ABE=\triangle AFC=\triangle AFL$
  ➡ $\square ACDE=\square AFML$

> → $\overline{AE}\,/\!/\,\overline{BD}$이므로 $\triangle ACE=\triangle ABE$
> $\triangle ABE\equiv\triangle AFC$ (SAS 합동)이므로 $\triangle ABE=\triangle AFC$
> $\overline{AF}\,/\!/\,\overline{CM}$이므로 $\triangle AFC=\triangle AFL$

② $\triangle BCH=\triangle BAH=\triangle BGC=\triangle BGL$
  ➡ $\square BHIC=\square LMGB$

③ $\square ACDE+\square BHIC=\square AFML+\square LMGB=\square AFGB$
  ➡ $\overline{AC}^2+\overline{BC}^2=\overline{AB}^2$

(4) 피타고라스 정리의 증명② – 피타고라스의 방법

한 변의 길이가 $a+b$인 정사각형을 직각삼각형 ABC와 합동인 3개의 직각삼각형을 이용하여 오른쪽 그림과 같이 두 가지 방법으로 나누어 보면

([그림 1]의 색칠한 부분의 넓이)=([그림 2]의 색칠한 부분의 넓이)

➡ $a^2+b^2=c^2$ → 색칠한 부분은 모두 정사각형이다.

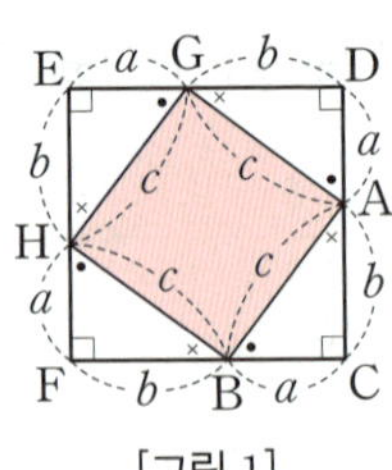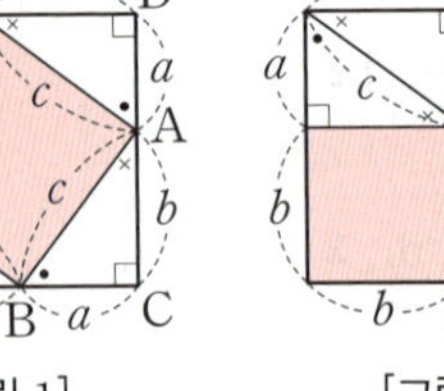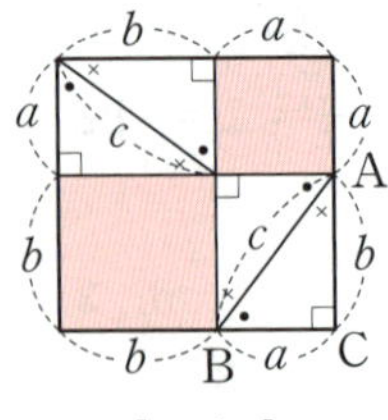

[그림 1]　　[그림 2]

> **참고** • $\square CDEF$, $\square AGHB$는 정사각형이다.
> • $\square CDEF=4\triangle ABC+\square AGHB$

• 정답 및 해설 50쪽

1 다음 그림의 직각삼각형에서 x의 값을 구하려고 한다. □ 안에 알맞은 수를 쓰고, x의 값을 구하시오.

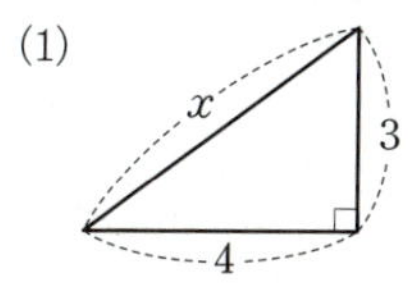

(1) $\Rightarrow 4^2+\Box^2=x^2$

(2) $\Rightarrow x^2+\Box^2=\Box^2$

2 다음 그림의 직각삼각형에서 x의 값을 구하시오.

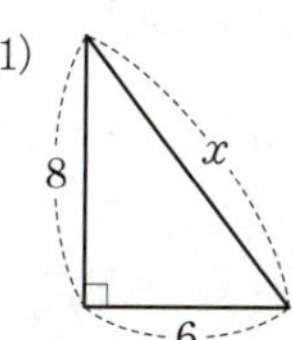
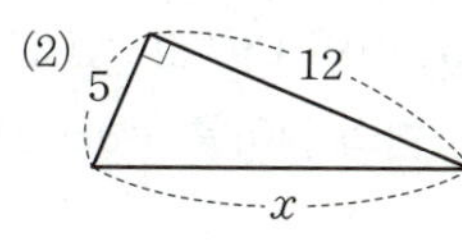

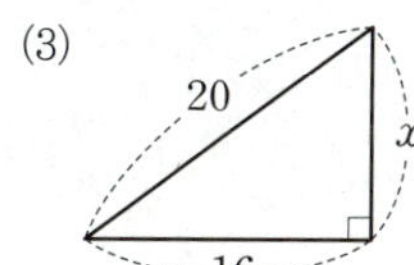
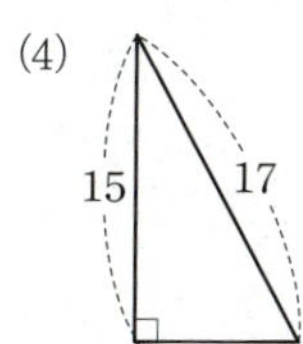

3 오른쪽 그림과 같은 △ABC의 꼭짓점 A에서 $\overline{BC}$에 내린 수선의 발을 D라 하자. $\overline{AB}=15$, $\overline{AC}=20$, $\overline{BD}=9$일 때, 다음을 구하시오.

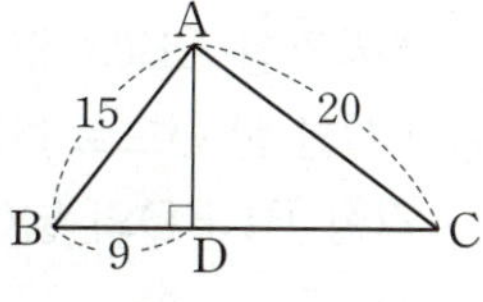

(1) $\overline{AD}$의 길이　　　(2) $\overline{CD}$의 길이

4 오른쪽 그림과 같은 □ABCD에서 ∠B=∠D=90°이고 $\overline{AB}=15$, $\overline{AD}=24$, $\overline{BC}=20$일 때, 다음을 구하시오.

(1) $\overline{AC}$의 길이　　　(2) $\overline{CD}$의 길이

5 다음은 오른쪽 그림과 같이 ∠C=90°인 직각삼각형 ABC의 세 변을 각각 한 변으로 하는 정사각형에서 $\overline{AB}\perp\overline{CM}$일 때, □BHIC=□LMGB임을 증명하는 과정이다. □ 안에 알맞은 것을 쓰시오.

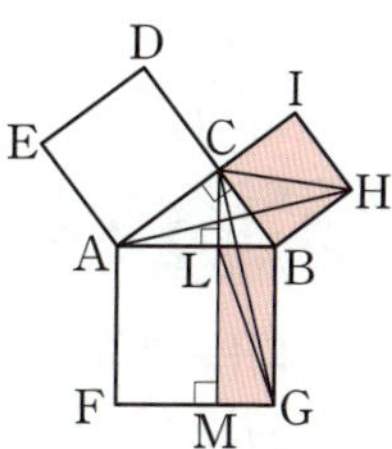

(i) △BHC와 △BHA에서
$\overline{AI}\,/\!/\,\overline{BH}$이면 높이가 같으므로
△BHC=△BHA

(ii) △BHA와 △BCG에서
$\overline{BH}=\Box$, $\overline{BA}=\overline{BG}$,
∠ABH=$\Box$이므로
△BHA≡△BCG (□ 합동)
∴ △BHA=△BCG

(iii) △BCG와 △BLG에서
$\overline{CM}\,/\!/\,\overline{BG}$이면 높이가 같으므로
△BCG=$\Box$

따라서 (i)~(iii)에서
△BHC=△BHA=$\Box$=$\Box$이므로
□BHIC=□LMGB

6 다음 그림은 ∠A=90°인 직각삼각형 ABC의 세 변을 각각 한 변으로 하는 정사각형을 그린 것이다. 색칠한 부분의 넓이를 구하시오.

(1) 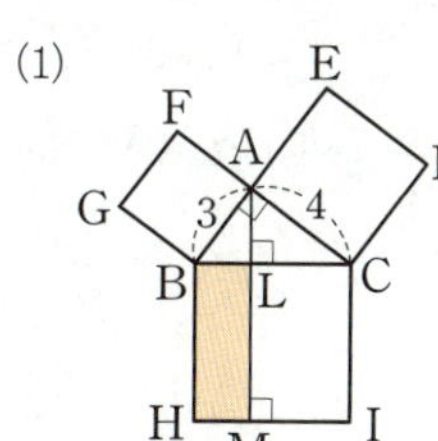

(2) 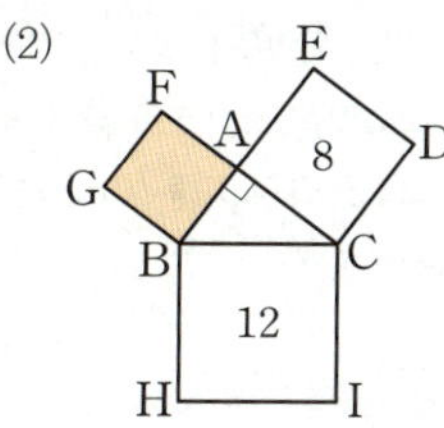

7 오른쪽 그림에서 □ABCD는 정사각형이고 4개의 직각삼각형은 모두 합동이다. $\overline{AH}=6$, $\overline{HD}=4$일 때, 다음을 구하시오.

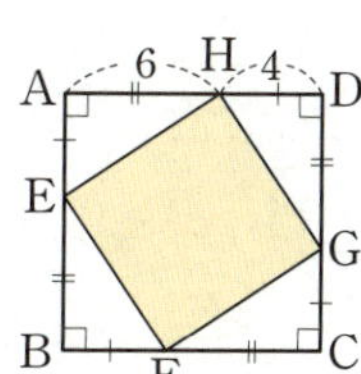

(1) $\overline{AE}$의 길이

(2) □EFGH의 넓이

• 예제 1 · 직각삼각형의 변의 길이 구하기

다음 그림과 같이 $\angle A = 90°$인 직각삼각형 ABC에서 $\overline{AB} = 7\,cm$, $\overline{BC} = 25\,cm$일 때, $\triangle ABC$의 둘레의 길이를 구하시오.

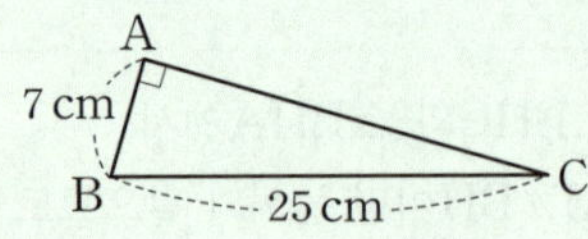

[해결 포인트]

직각삼각형에서 직각을 낀 두 변의 길이를 각각 a, b라 하고, 빗변의 길이를 c라 하면
$$\Rightarrow a^2 + b^2 = c^2$$

🖑 한번 더!

1-1 오른쪽 그림과 같이 $\angle A = 90°$인 직각삼각형 ABC에서 $\overline{AB} = 15\,cm$이고 $\triangle ABC$의 넓이가 $60\,cm^2$일 때, $\overline{BC}$의 길이를 구하시오.

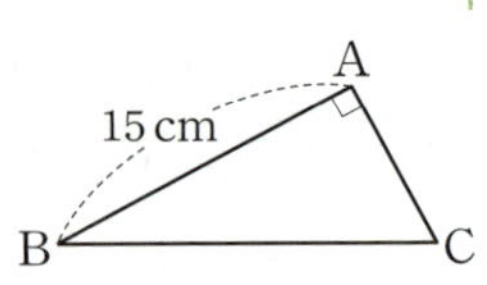

1-2 오른쪽 그림과 같이 두 대각선의 길이가 각각 $30\,cm$, $40\,cm$인 마름모 ABCD의 한 변의 길이를 구하시오.

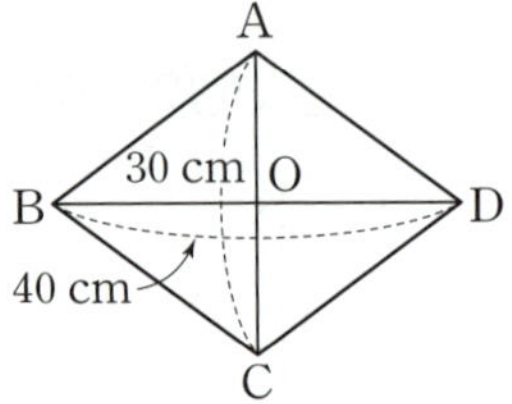

• 예제 2 · 직사각형의 대각선의 길이 구하기

오른쪽 그림과 같이 $\overline{AB} = 8\,cm$, $\overline{AC} = 17\,cm$인 직사각형 ABCD의 넓이를 구하시오.

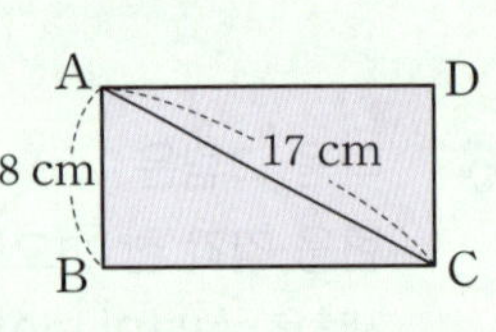

[해결 포인트]

직사각형의 가로의 길이가 a, 세로의 길이가 b인 직사각형의 대각선의 길이를 l이라 하면
$$\Rightarrow l = a^2 + b^2$$

🖑 한번 더!

2-1 오른쪽 그림과 같이 $\overline{AB} = 4\,cm$, $\overline{AD} = 6\,cm$인 직사각형 ABCD의 대각선 BD를 한 변으로 하는 정사각형 BEFD의 넓이를 구하시오.

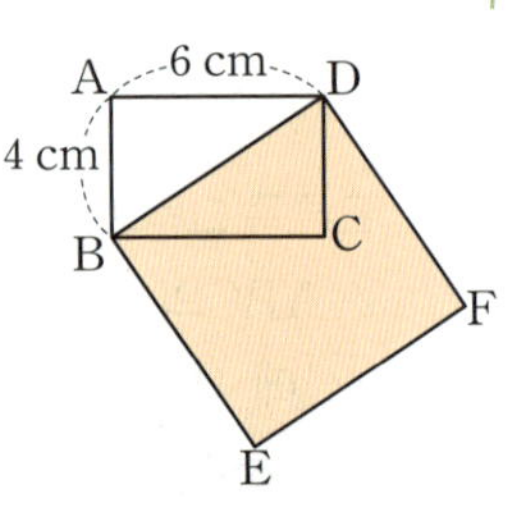

2-2 오른쪽 그림과 같이 가로, 세로의 길이가 각각 $8\,cm$, $6\,cm$인 직사각형 ABCD에 외접하는 원의 둘레의 길이를 구하시오.

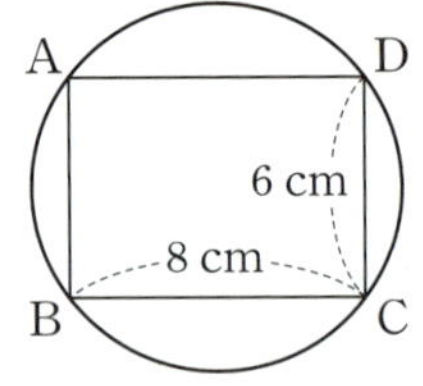

• 예제 3 삼각형에서 피타고라스 정리 이용하기

오른쪽 그림과 같은
△ABC에서 $\overline{AD}\perp\overline{BC}$이고
$\overline{AB}=15\,cm$, $\overline{BD}=9\,cm$,
$\overline{CD}=5\,cm$일 때, x, y의 값
을 각각 구하시오.

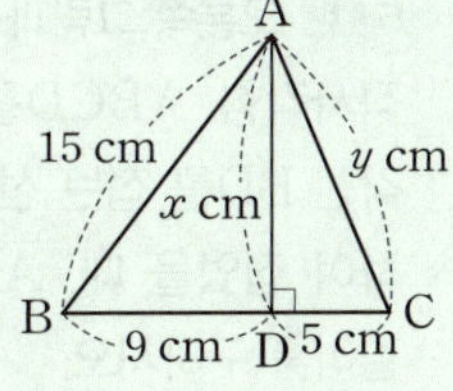

[해결 포인트]
직각과 마주 보는 빗변을 먼저 찾은 후, 피타고라스 정리를
이용하여 식을 세운다.

3-1 오른쪽 그림과 같이
$\angle B=90°$인 직각삼각형
ABC에서 $\overline{AC}=17\,cm$,
$\overline{BD}=6\,cm$, $\overline{CD}=9\,cm$일
때, $\overline{AD}$의 길이를 구하시오.

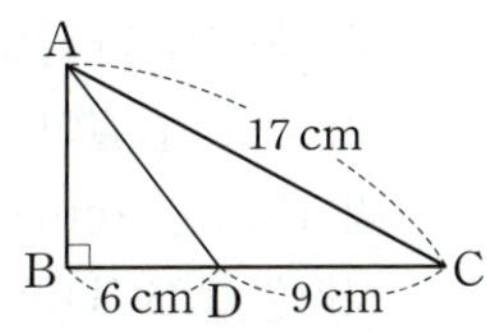

3-2 오른쪽 그림과 같은
△ABC에서 $\overline{AB}\perp\overline{CD}$이
고 $\overline{AC}=15\,cm$,
$\overline{BC}=20\,cm$, $\overline{BD}=16\,cm$
일 때, △ADC의 둘레의
길이를 구하시오.

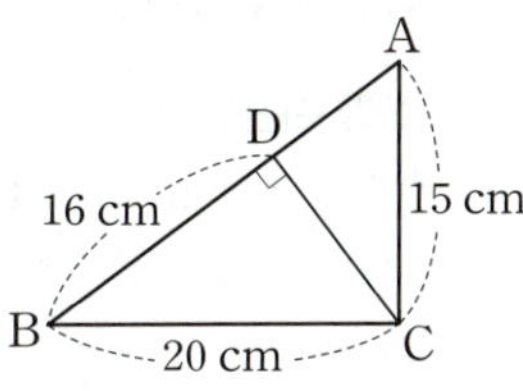

II · 5

• 예제 4 사각형에서 피타고라스 정리 이용하기

오른쪽 그림과 같은
□ABCD에서
$\angle A=\angle B=90°$이고
$\overline{AB}=12\,cm$, $\overline{AD}=4\,cm$,
$\overline{BC}=13\,cm$일 때, $\overline{CD}$의
길이를 구하시오.

[해결 포인트]
주어진 사각형에 적당한 보조선을 그어 직각삼각형을 만든 후,
피타고라스 정리를 이용한다.

4-1 오른쪽 그림과 같은 사다
리꼴 ABCD에서
$\angle C=\angle D=90°$이고
$\overline{AB}=10\,cm$, $\overline{AD}=9\,cm$,
$\overline{BC}=15\,cm$일 때, $\overline{BD}$의 길이를 구하시오.

4-2 다음 그림과 같은 □ABCD에서
$\angle B=\angle D=90°$이고 $\overline{AB}=4\,cm$, $\overline{BC}=18\,cm$,
$\overline{CD}=12\,cm$일 때, $\overline{AD}$의 길이를 구하시오.

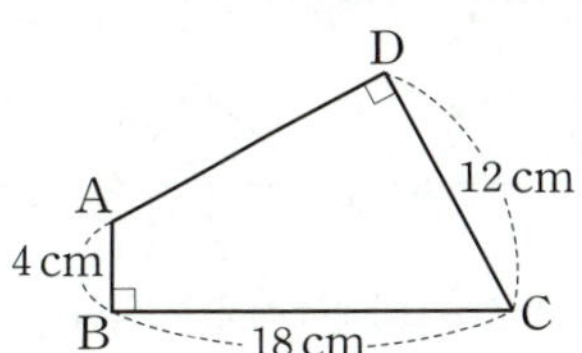

• 예제 5 종이접기

오른쪽 그림과 같이 가로, 세로의 길이가 각각 15 cm, 9 cm인 직사각형 ABCD를 $\overline{DP}$를 접는 선으로 하여 꼭짓점 A가 $\overline{BC}$ 위의 점 Q에 오도록 접었을 때, $\overline{BQ}$의 길이를 구하시오.

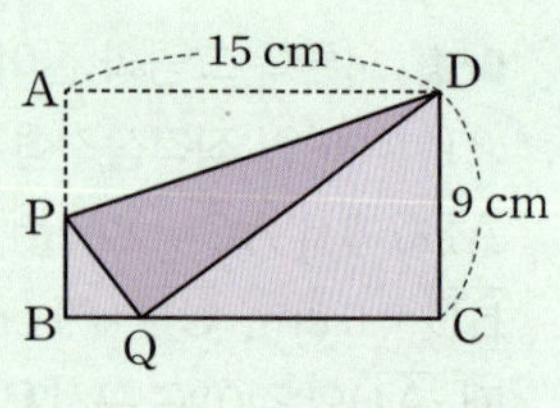

[해결 포인트]

합동인 두 삼각형에서 $\overline{QD}$의 길이를 구한 후, △DQC에서 피타고라스 정리를 이용한다.

5-1 오른쪽 그림과 같이 직사각형 ABCD를 대각선 BD를 접는 선으로 하여 접었을 때, $\overline{AD}$의 길이를 구하시오.

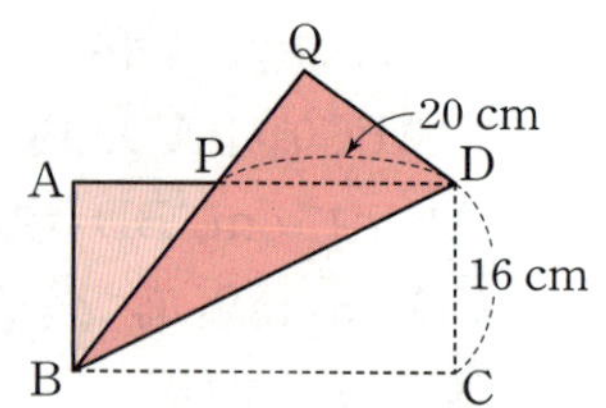

5-2 오른쪽 그림과 같이 $\overline{AB}=8$ cm, $\overline{AD}=10$ cm인 직사각형 ABCD를 $\overline{AF}$를 접는 선으로 하여 꼭짓점 D가 $\overline{BC}$ 위의 점 E에 오도록 접었을 때, $\overline{EF}$의 길이를 구하시오.

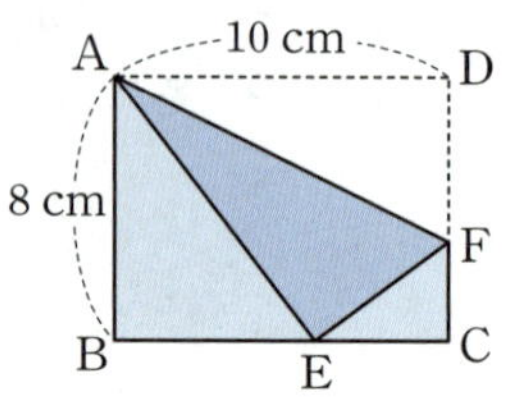

✰ TIP

△ABE∽△ECF임을 이용한다.

• 예제 6 닮음과 피타고라스 정리

오른쪽 그림과 같이 $\angle A=90°$인 직각삼각형 ABC에서 $\overline{AD}\perp\overline{BC}$이고 $\overline{AB}=12$ cm, $\overline{BC}=20$ cm일 때, x, y의 값을 각각 구하시오.

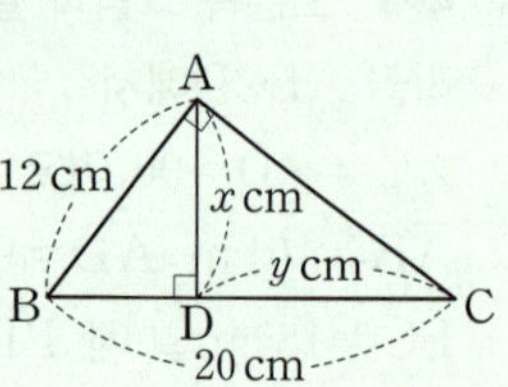

[해결 포인트]

• 다음 그림에서 △ABC∽△DBA∽△DAC이므로

①:②=③:① ➡ ①²=②×③

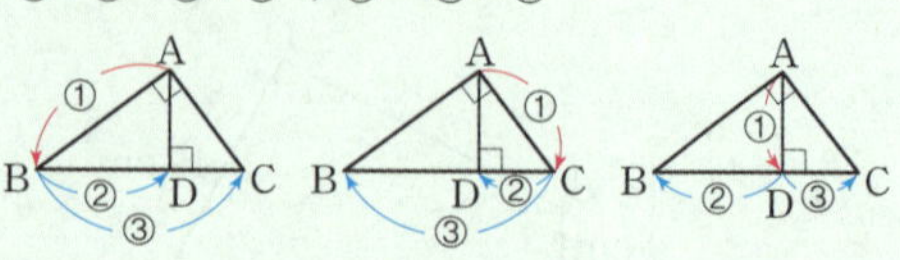

• $\angle A=90°$인 △ABC에서 직각삼각형의 넓이에 의하여

①×②=③×④

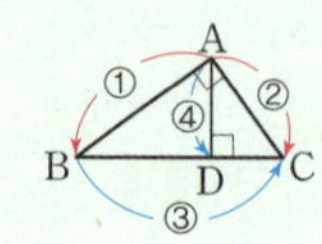

6-1 오른쪽 그림과 같이 $\angle A=90°$인 직각삼각형 ABC에서 $\overline{AH}\perp\overline{BC}$이고 $\overline{AC}=5$ cm, $\overline{CH}=3$ cm일 때, △ABC의 넓이는?

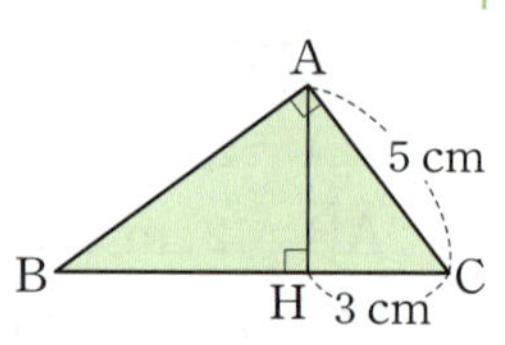

① $\dfrac{50}{3}$ cm^2 ② 20 cm^2 ③ 25 cm^2

④ $\dfrac{80}{3}$ cm^2 ⑤ $\dfrac{100}{3}$ cm^2

6-2 오른쪽 그림과 같이 $\angle A=90°$인 직각삼각형 ABC에서 $\overline{AD}\perp\overline{BC}$이고 $\overline{AB}=12$ cm, $\overline{AC}=9$ cm일 때, $\overline{AD}$의 길이를 구하시오.

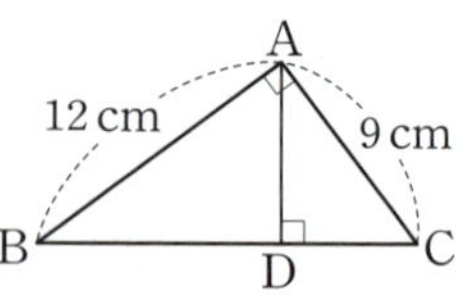

• 예제 **7** 피타고라스 정리의 증명 ① - 유클리드의 방법

오른쪽 그림은 ∠C=90°인 직각삼각형 ABC의 세 변을 각각 한 변으로 하는 정사각형을 그린 것이다. □ACDE의 넓이가 33 cm², □BHIC의 넓이가 16 cm²일 때, $\overline{AB}$의 길이를 구하시오.

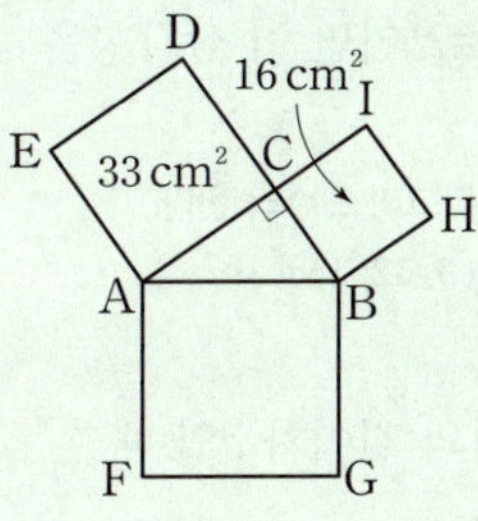

[해결 포인트]

(P의 넓이)=(Q의 넓이)+(R의 넓이)

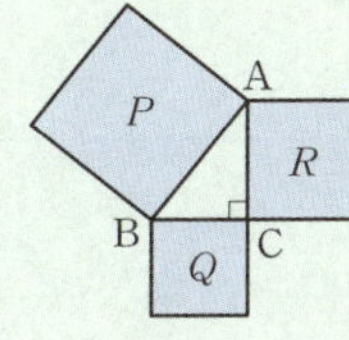

7-1 오른쪽 그림은 직각삼각형 ABC의 세 변을 각각 한 변으로 하는 정사각형을 그린 것이다. 이때 정사각형 BFGC의 넓이를 구하시오.

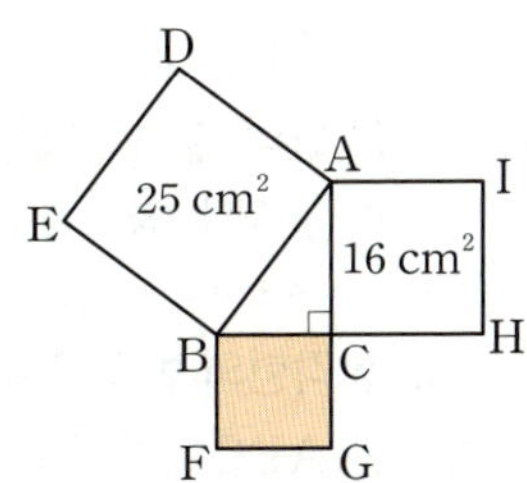

7-2 오른쪽 그림은 ∠A=90°인 직각삼각형 ABC의 세 변을 각각 한 변으로 하는 정사각형을 그린 것이다. $\overline{AC}$=9 cm, $\overline{BC}$=15 cm일 때, △ABF의 넓이를 구하시오.

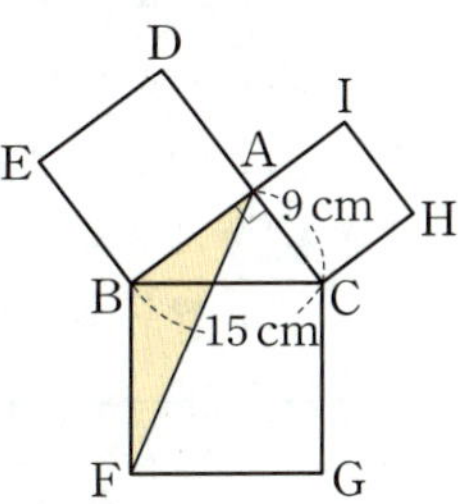

Ⅱ·5

• 예제 **8** 피타고라스 정리의 증명 ② - 피타고라스의 방법

오른쪽 그림과 같이 한 변의 길이가 10 cm인 정사각형 ABCD에서 $\overline{AE}=\overline{BF}=\overline{CG}=\overline{DH}$=3cm일 때, □EFGH의 넓이는?

① 58 cm² ② 59 cm² ③ 60 cm²
④ 61 cm² ⑤ 62 cm²

[해결 포인트]

합동인 직각삼각형을 이용하여 직각삼각형의 빗변의 길이를 구한다.

8-1 오른쪽 그림과 같은 정사각형 ABCD에서 $\overline{AE}=\overline{BF}=\overline{CG}=\overline{DH}$=8 cm이고 □EFGH의 넓이가 289 cm²일 때, 다음을 구하시오.

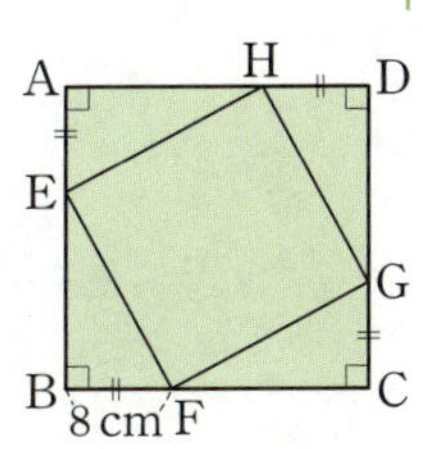

(1) $\overline{BE}$의 길이
(2) $\overline{AB}$의 길이
(3) □ABCD의 넓이

직각삼각형이 되기 위한 조건

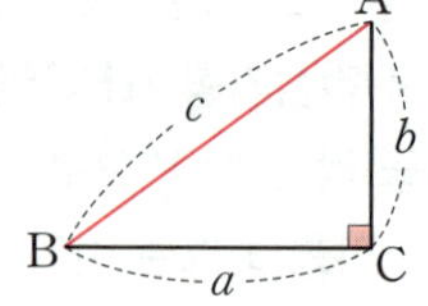
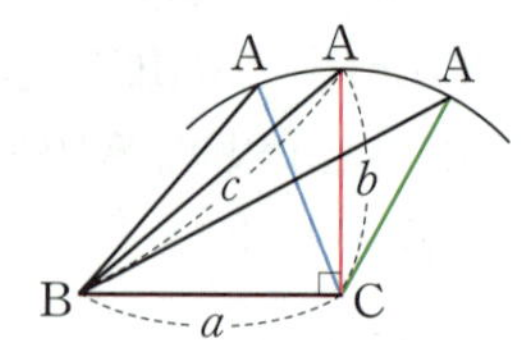

(1) 직각삼각형이 되기 위한 조건

$\triangle ABC$의 세 변의 길이를 각각 a, b, c라 할 때 $a^2+b^2=c^2$이면 이 삼각형은 빗변의 길이가 c인 직각삼각형이다.

> **참고** 피타고라스 정리 $a^2+b^2=c^2$을 만족시키는 세 자연수 a, b, c를 피타고라스 수라 한다.
> ➡ $(3, 4, 5)$, $(5, 12, 13)$, $(6, 8, 10)$, $(7, 24, 25)$, $(8, 15, 17)$, $(9, 12, 15)$, ⋯

(2) 삼각형의 변의 길이와 각의 크기 사이의 관계

$\triangle ABC$에서 $\overline{AB}=c$, $\overline{BC}=a$, $\overline{CA}=b$이고, 가장 긴 변의 길이가 c일 때

① $c^2<a^2+b^2$ ➡ $\angle C<90°$ ➡ $\triangle ABC$는 예각삼각형
② $c^2=a^2+b^2$ ➡ $\angle C=90°$ ➡ $\triangle ABC$는 직각삼각형
③ $c^2>a^2+b^2$ ➡ $\angle C>90°$ ➡ $\triangle ABC$는 둔각삼각형

> **참고** 세 변의 길이가 주어졌을 때, 삼각형이 될 수 있는 조건
> ➡ (가장 긴 변의 길이)<(나머지 두 변의 길이의 합)

· 개념 확인하기

· 정답 및 해설 52쪽

1 다음 그림의 삼각형 중에서 직각삼각형인 것은 ○표, 직각삼각형이 <u>아닌</u> 것은 ×표를 ( ) 안에 쓰시오.

(1) 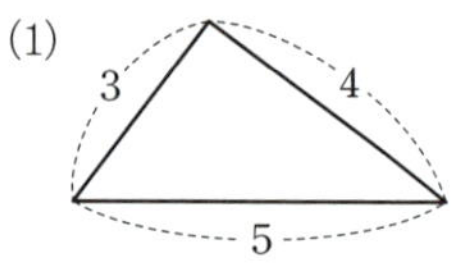
( )

(2) 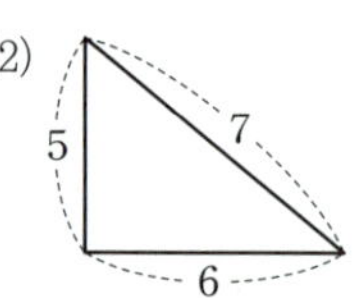
( )

(3) 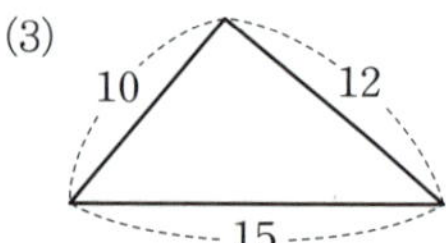
( )

(4) 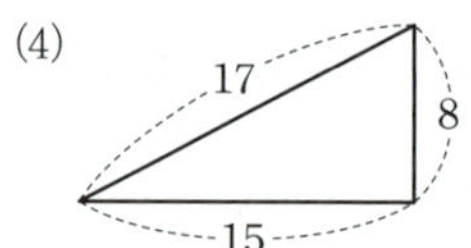
( )

2 세 변의 길이가 각각 다음과 같은 삼각형은 예각삼각형, 직각삼각형, 둔각삼각형 중 어떤 삼각형인지 말하시오.

(1) 2, 3, 4   (2) 4, 5, 6

(3) 5, 12, 13   (4) 6, 10, 11

(5) 8, 14, 17   (6) 9, 40, 41

• 예제 1 직각삼각형이 되는 조건

세 변의 길이가 각각 다음과 같은 삼각형 중 직각삼각형이 <u>아닌</u> 것을 모두 고르면? (정답 2개)

① 3 cm, 3 cm, 4 cm
② 7 cm, 24 cm, 25 cm
③ 8 cm, 10 cm, 15 cm
④ 9 cm, 12 cm, 15 cm
⑤ 15 cm, 20 cm, 25 cm

[해결 포인트]

세 변의 길이가 주어진 삼각형이 직각삼각형인지 아닌지 판단할 때는
❶ 먼저 가장 긴 변의 길이를 찾는다.
❷ 가장 긴 변의 길이의 제곱과 나머지 두 변의 길이의 제곱의 합의 대소를 비교한다.

☞ **한번 더!**

1-1 a, b, c가 삼각형의 세 변의 길이일 때, 다음 중 직각삼각형인 것은?

	a	b	c
①	2 cm	4 cm	5 cm
②	4 cm	5 cm	8 cm
③	5 cm	10 cm	13 cm
④	6 cm	8 cm	11 cm
⑤	9 cm	12 cm	15 cm

1-2 길이가 각각 6 cm, 8 cm, x cm인 세 개의 막대로 직각삼각형을 만들려고 할 때, 가능한 x^2의 값을 모두 구하시오.
(단, 막대의 두께는 생각하지 않는다.)

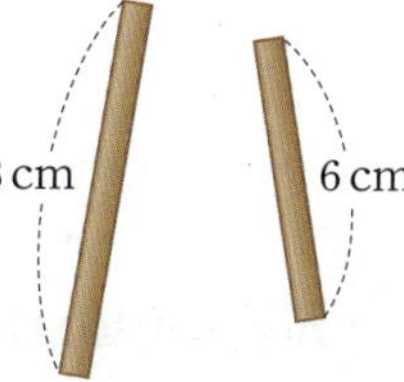

• 예제 2 삼각형의 변의 길이에 따른 각의 크기

$\triangle ABC$에서 $\overline{AB}=c$, $\overline{BC}=a$, $\overline{CA}=b$일 때, 다음 중 옳지 <u>않은</u> 것을 모두 고르면? (정답 2개)

① $a^2<b^2+c^2$이면 $\angle A<90°$이다.
② $\angle C<90°$이면 $c^2>a^2+b^2$이다.
③ $b^2>a^2+c^2$이면 $\angle B>90°$인 둔각삼각형이다.
④ $a^2=b^2+c^2$이면 $\angle A=90°$인 직각삼각형이다.
⑤ $b^2=a^2+c^2$이면 $\angle C=90°$인 직각삼각형이다.

[해결 포인트]

$\triangle ABC$에서 $\overline{AB}=c$, $\overline{BC}=a$, $\overline{CA}=b$이고, c가 가장 긴 변의 길이일 때
(ⅰ) $c^2<a^2+b^2$이면 $\angle C<90°$ (예각삼각형)
(ⅱ) $c^2=a^2+b^2$이면 $\angle C=90°$ (직각삼각형)
(ⅲ) $c^2>a^2+b^2$이면 $\angle C>90°$ (둔각삼각형)

☞ **한번 더!**

2-1 세 변의 길이가 각각 다음과 같은 삼각형 중 예각삼각형인 것을 모두 고르면? (정답 2개)

① 2, 4, 5   ② 4, 6, 7   ③ 5, 10, 12
④ 6, 9, 10   ⑤ 7, 24, 25

2-2 $\triangle ABC$에서 $\overline{AB}=3$ cm, $\overline{BC}=5$ cm, $\overline{CA}=7$ cm일 때, $\triangle ABC$는 어떤 삼각형인가?

① $\angle A=90°$인 직각삼각형
② $\angle A>90°$인 둔각삼각형
③ $\angle B>90°$인 둔각삼각형
④ $\angle B<90°$인 예각삼각형
⑤ $\angle C=90°$인 직각삼각형

피타고라스 정리의 활용 (1)

(1) **피타고라스 정리를 이용한 직각삼각형의 성질**

∠A = 90°인 직각삼각형 ABC에서 두 점 D, E가 각각 $\overline{AB}$, $\overline{AC}$ 위에 있을 때

➡ $\overline{DE}^2 + \overline{BC}^2 = \overline{BE}^2 + \overline{CD}^2$

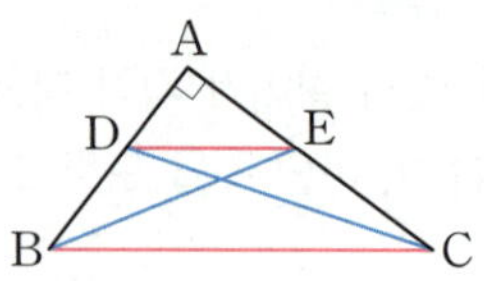

(2) **피타고라스 정리를 이용한 사각형의 성질**

① 사각형 ABCD에서 두 대각선 AC와 BD가 직교할 때

➡ $\overline{AB}^2 + \overline{CD}^2 = \overline{AD}^2 + \overline{BC}^2$

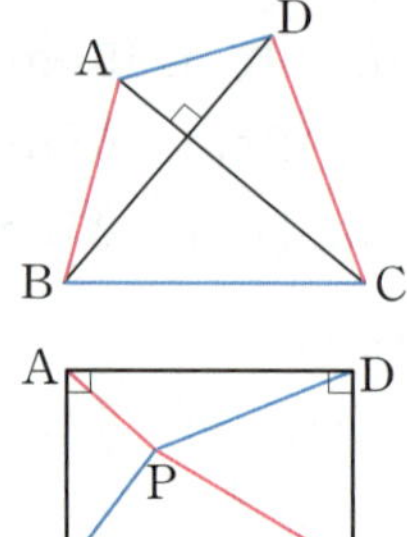

② 직사각형 ABCD의 내부에 임의의 한 점 P가 있을 때

➡ $\overline{AP}^2 + \overline{CP}^2 = \overline{BP}^2 + \overline{DP}^2$

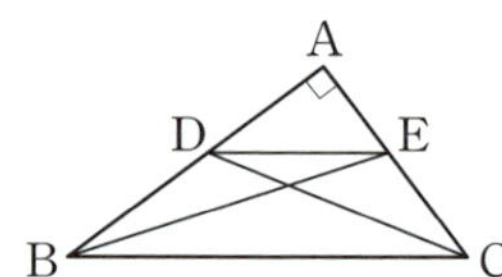

· 개념 확인하기

· 정답 및 해설 53쪽

1 다음은 오른쪽 그림과 같은 직각삼각형 ABC에서 $\overline{DE}^2 + \overline{BC}^2 = \overline{BE}^2 + \overline{CD}^2$이 성립함을 증명하는 과정이다. (가)~(마)에 알맞은 것을 구하시오.

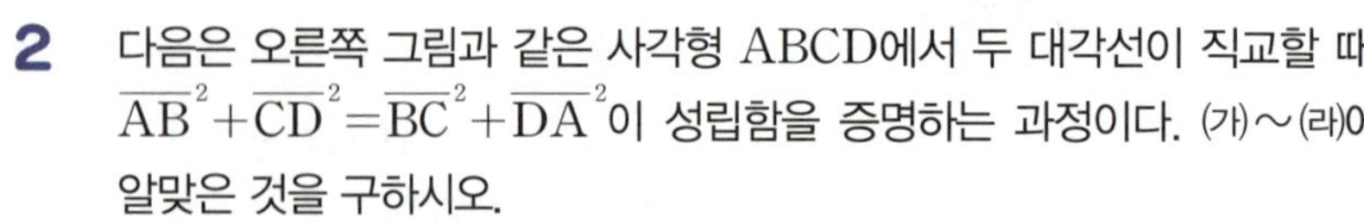

> △ADE에서 $\overline{AD}^2 + \boxed{\text{(가)}} = \overline{DE}^2$ ⋯ ①   △ABC에서 $\overline{AB}^2 + \overline{AC}^2 = \boxed{\text{(나)}}$ ⋯ ②
>
> △ABE에서 $\overline{AB}^2 + \boxed{\text{(다)}} = \overline{BE}^2$ ⋯ ③   △ADC에서 $\boxed{\text{(라)}} + \overline{AD}^2 = \overline{CD}^2$ ⋯ ④
>
> ①+②를 하면 $\overline{AD}^2 + \boxed{\text{(가)}} + \overline{AB}^2 + \overline{AC}^2 = \overline{DE}^2 + \boxed{\text{(나)}}$
>
> ③+④를 하면 $\overline{AB}^2 + \boxed{\text{(다)}} + \boxed{\text{(라)}} + \overline{AD}^2 = \overline{BE}^2 + \boxed{\text{(마)}}$
>
> ∴ $\overline{DE}^2 + \boxed{\text{(나)}} = \overline{BE}^2 + \boxed{\text{(마)}}$

2 다음은 오른쪽 그림과 같은 사각형 ABCD에서 두 대각선이 직교할 때, $\overline{AB}^2 + \overline{CD}^2 = \overline{BC}^2 + \overline{DA}^2$이 성립함을 증명하는 과정이다. (가)~(라)에 알맞은 것을 구하시오.

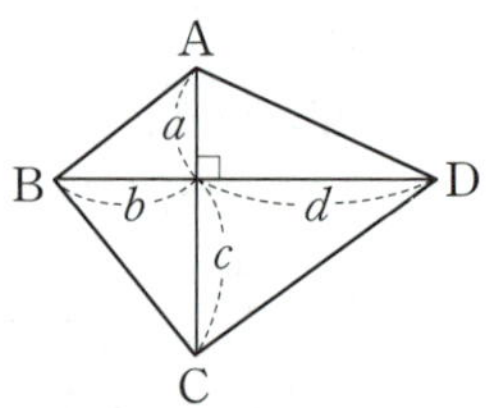

> $\overline{AB}^2 = a^2 + \boxed{\text{(가)}}$ ⋯ ① $\overline{BC}^2 = b^2 + \boxed{\text{(나)}}$ ⋯ ②
>
> $\overline{CD}^2 = c^2 + \boxed{\text{(다)}}$ ⋯ ③ $\overline{DA}^2 = \boxed{\text{(라)}} + d^2$ ⋯ ④
>
> ①+③을 하면 $\overline{AB}^2 + \overline{CD}^2 = a^2 + \boxed{\text{(가)}} + c^2 + \boxed{\text{(다)}}$
>
> ②+④를 하면 $\overline{BC}^2 + \overline{DA}^2 = \boxed{\text{(라)}} + b^2 + \boxed{\text{(나)}} + d^2$
>
> ∴ $\overline{AB}^2 + \overline{CD}^2 = \overline{BC}^2 + \overline{DA}^2$

• 예제 1 피타고라스 정리를 이용한 직각삼각형의 성질

다음 그림의 직각삼각형 ABC에서 x^2의 값을 구하시오.

(1)

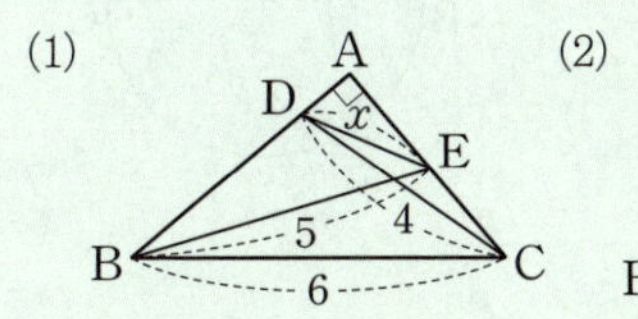

(2)

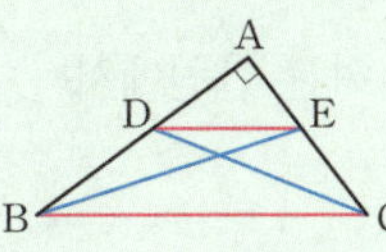

[해결 포인트]

$\angle A = 90°$인 직각삼각형 ABC에서 두 점 D, E가 각각 $\overline{AB}$, $\overline{AC}$ 위에 있을 때

$$\Rightarrow \overline{DE}^2 + \overline{BC}^2 = \overline{BE}^2 + \overline{CD}^2$$

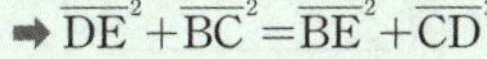

☞ 한번 더!

1-1 오른쪽 그림과 같은 직각삼각형 ABC에서 $\overline{BE}=8$, $\overline{CD}=10$일 때, $\overline{DE}^2 + \overline{BC}^2$의 값을 구하시오.

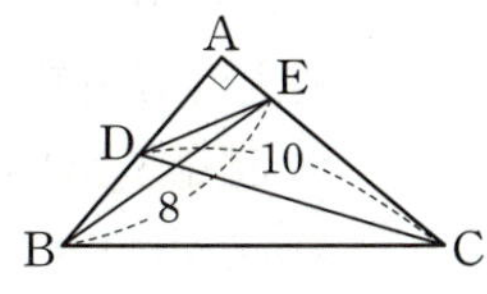

1-2 오른쪽 그림과 같은 직각삼각형 ABC에서 $\overline{DE}^2$의 값을 구하시오.

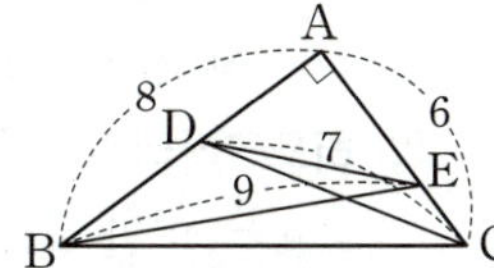

• 예제 2 피타고라스 정리를 이용한 사각형의 성질

다음 그림의 사각형에서 x^2의 값을 구하시오.

(1)

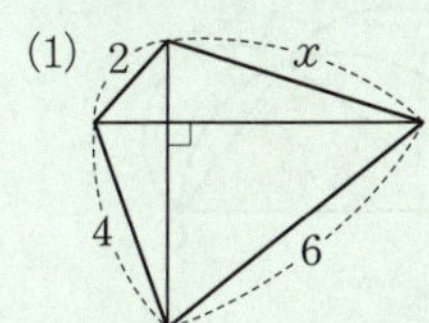

(2)

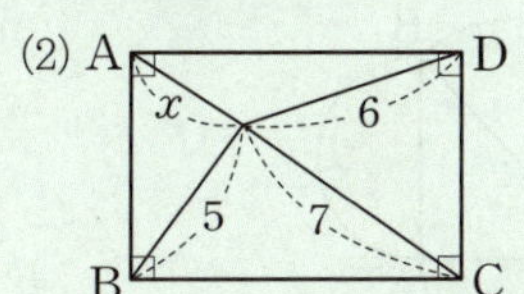

[해결 포인트]

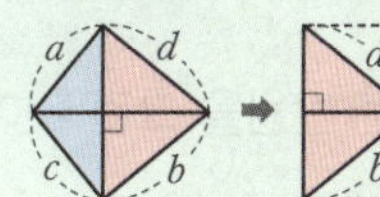 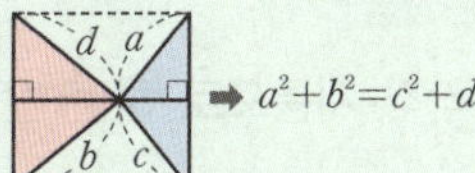 $\Rightarrow a^2 + b^2 = c^2 + d^2$

☞ 한번 더!

2-1 오른쪽 그림과 같이 $\overline{AC} \perp \overline{BD}$인 □ABCD에서 $\overline{OB}^2 + \overline{OC}^2$의 값을 구하시오.

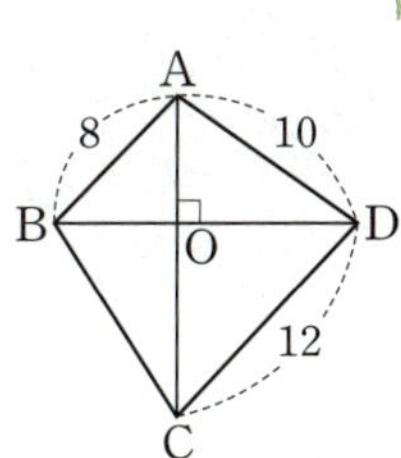

2-2 오른쪽 그림과 같은 직사각형 ABCD에서 $x^2 - y^2$의 값을 구하시오.

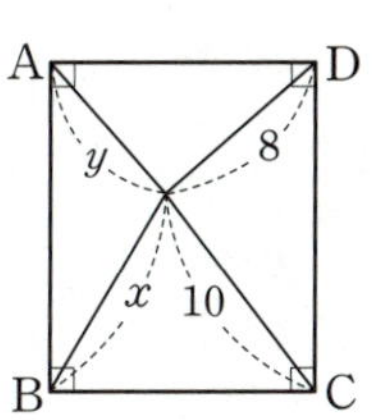

피타고라스 정리의 활용 (2)

(1) 직각삼각형에서 세 반원 사이의 관계

$\angle A = 90°$인 직각삼각형 ABC에서 세 변 AB, AC, BC를 각각 지름으로 하는 반원의 넓이를 S_1, S_2, S_3이라 할 때

➡ $S_1 + S_2 = S_3$

증명 $\overline{AB}=c$, $\overline{BC}=a$, $\overline{CA}=b$라 하면

$$S_1 + S_2 = \frac{1}{2} \times \pi \times \left(\frac{c}{2}\right)^2 + \frac{1}{2} \times \pi \times \left(\frac{b}{2}\right)^2 = \frac{1}{8}\pi(b^2 + c^2),$$

$$S_3 = \frac{1}{2} \times \pi \times \left(\frac{a}{2}\right)^2 = \frac{1}{8}\pi a^2$$

직각삼각형 ABC에서 $b^2 + c^2 = a^2$이므로 $S_1 + S_2 = S_3$

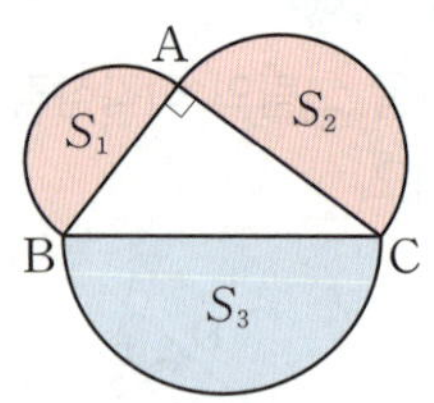

(2) 히포크라테스의 원의 넓이

$\angle A = 90°$인 직각삼각형 ABC의 세 변을 각각 지름으로 하는 반원에서

➡ (색칠한 부분의 넓이) $= \triangle ABC = \dfrac{1}{2}bc$

└→ 히포크라테스의 원의 넓이

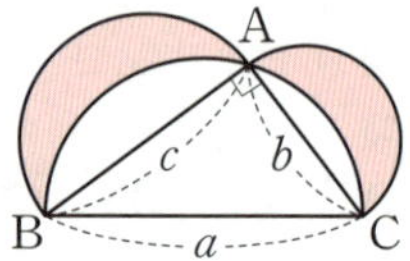

증명

 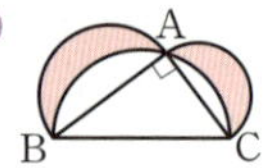 =  + 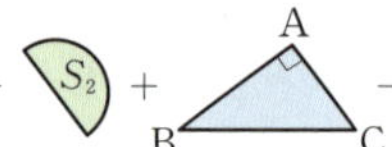 + 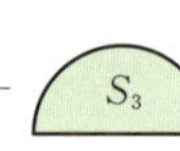 $- S_3$

(색칠한 부분의 넓이) $= S_1 + S_2 + \triangle ABC - S_3 = S_3 + \triangle ABC - S_3 = \triangle ABC$

└→ $S_1 + S_2 = S_3$

• 개념 확인하기

• 정답 및 해설 53쪽

1 다음 그림은 $\angle A = 90°$인 직각삼각형 ABC의 세 변을 각각 지름으로 하는 반원을 그려 그 넓이를 나타낸 것이다. 이때 색칠한 부분의 넓이를 구하시오.

(1) 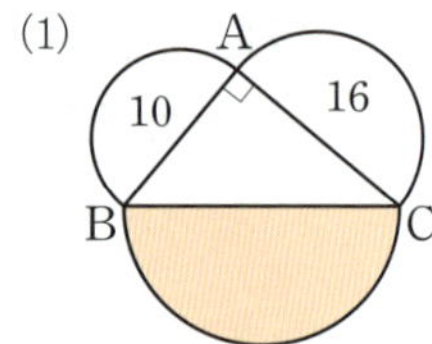
(2) 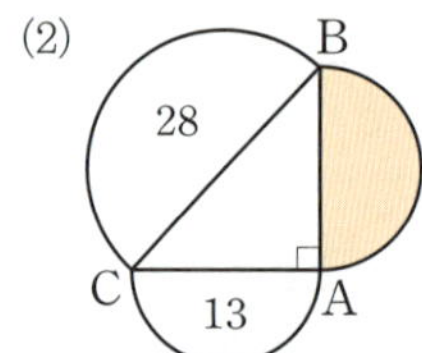
(3) 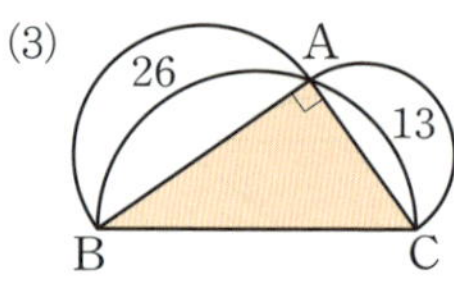

2 아래 그림은 $\angle A = 90°$인 직각삼각형 ABC의 세 변을 각각 지름으로 하는 반원을 그린 것이다. 다음을 구하시오.

(1) 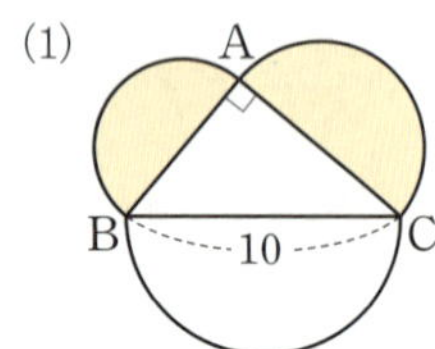

① $\overline{BC}$를 지름으로 하는 반원의 넓이
② 색칠한 부분의 넓이

(2) 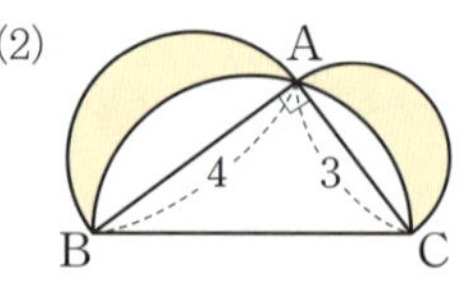

① $\triangle ABC$의 넓이
② 색칠한 부분의 넓이

• 예제 **1** 직각삼각형에서 세 반원 사이의 관계

오른쪽 그림은 $\angle A = 90°$인 직각삼각형 ABC에서 $\overline{AB}$, $\overline{AC}$를 각각 지름으로 하는 반원을 그린 것이다. $\overline{BC} = 14\,cm$일 때, 색칠한 부분의 넓이는?

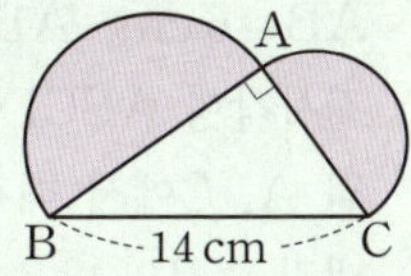

① $\dfrac{49}{4}\pi\,cm^2$ ② $\dfrac{49}{2}\pi\,cm^2$ ③ $36\pi\,cm^2$

④ $49\pi\,cm^2$ ⑤ $98\pi\,cm^2$

[해결 포인트]
직각삼각형에서 빗변을 지름으로 하는 반원의 넓이는 나머지 두 변을 지름으로 하는 반원의 넓이의 합과 같다.

한번 더!

1-1 오른쪽 그림은 $\angle A = 90°$인 직각삼각형 ABC의 세 변을 각각 지름으로 하는 반원을 그린 것이다. $\overline{BC} = 6\,cm$일 때, 색칠한 부분의 넓이를 구하시오.

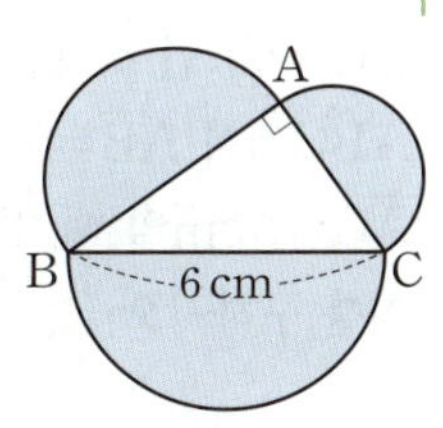

1-2 오른쪽 그림과 같이 $\angle C = 90°$이고 $\overline{AC} = 8\,cm$인 직각삼각형 ABC의 세 변을 각각 지름으로 하는 세 반원을 그렸다. $\overline{AB}$를 지름으로 하는 반원의 넓이가 $26\pi\,cm^2$일 때, 색칠한 부분의 넓이를 구하시오.

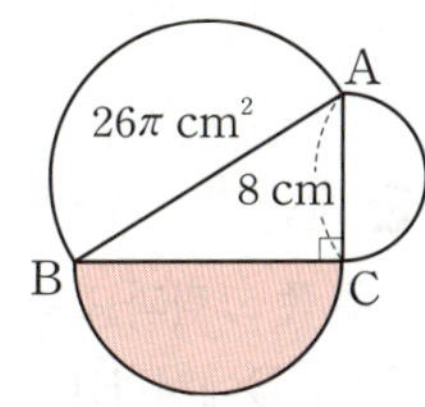

Ⅱ·5

• 예제 **2** 히포크라테스의 원의 넓이

오른쪽 그림은 $\angle A = 90°$인 직각삼각형 ABC의 세 변을 각각 지름으로 하는 반원을 그린 것이다. $\overline{AC} = 8\,cm$, $\overline{BC} = 10\,cm$일 때, 색칠한 부분의 넓이를 구하시오.

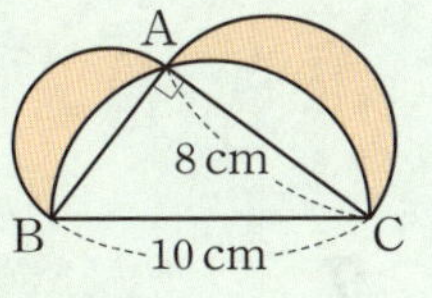

[해결 포인트]
초승달 모양의 두 도형의 넓이의 합이 주어진 그림 안에 있는 어떤 도형의 넓이와 같은지 생각한다.

한번 더!

2-1 오른쪽 그림은 $\angle A = 90°$인 직각삼각형 ABC의 세 변을 각각 지름으로 하는 반원을 그린 것이다. $\overline{AB} = 12\,cm$, $\overline{AC} = 9\,cm$일 때, 색칠한 부분의 넓이를 구하시오.

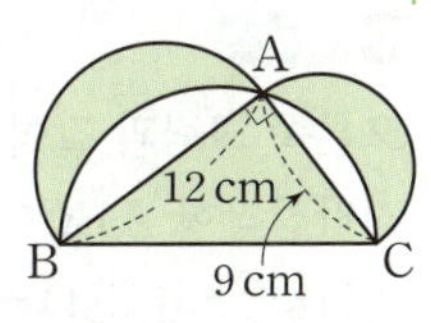

2-2 오른쪽 그림과 같이 직각삼각형 ABC의 세 변을 각각 지름으로 하는 반원을 그렸다. $\overline{AC} = 5\,cm$이고 색칠한 부분의 넓이가 $30\,cm^2$일 때, $\overline{BC}$의 길이를 구하시오.

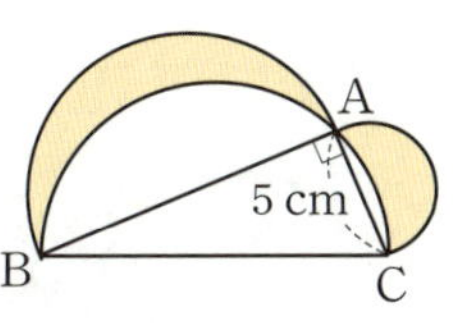

1

오른쪽 그림과 같이
∠C=90°인 직각삼각형
ABC에서 $\overline{AB}$=13 cm,
$\overline{AC}$=5 cm일 때, $\overline{BC}$의 길
이를 구하시오.

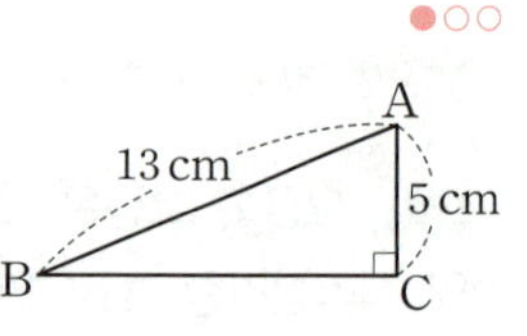

2

오른쪽 그림과 같은 직사각형
ABCD에서 $\overline{BD}$=15 cm이고
$\overline{BC}:\overline{CD}$=4 : 3일 때, $\overline{BC}$의 길
이는?

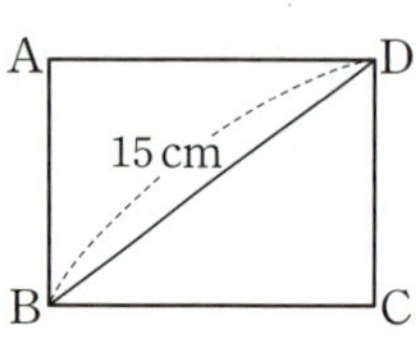

① 10 cm   ② 11 cm   ③ 12 cm

④ 13 cm   ⑤ 14 cm

3 중요

오른쪽 그림과 같이 ∠C=90°인
직각삼각형 ABC에서
$\overline{AD}$=9 cm, $\overline{BD}$=10 cm,
$\overline{CD}$=6 cm일 때, $\overline{AB}$의 길이를
구하시오.

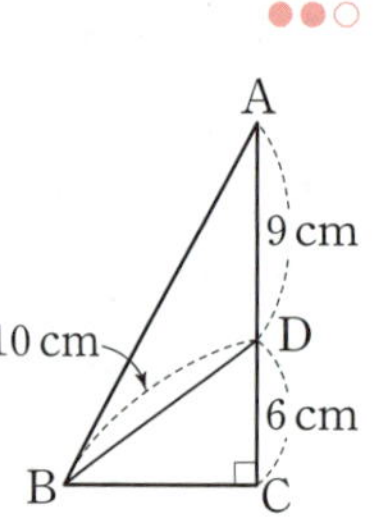

4 창의력 UP

오른쪽 그림과 같이 위치한 새
가 나무의 꼭대기 C지점에 도
착하기 위해 날아가야 하는 최
단 거리를 구하시오

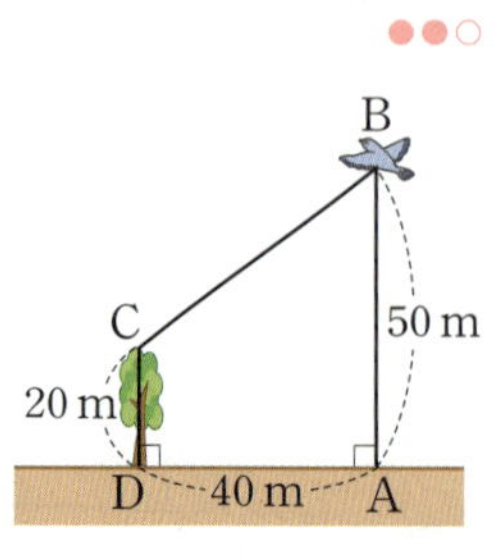

5

오른쪽 그림과 같이
$\overline{AB}$=6 cm, $\overline{AD}$=8 cm인
직사각형 ABCD의 두 꼭짓
점 A, C에서 대각선 BD에
내린 수선의 발을 각각 E, F
라 할 때, $\overline{EF}$의 길이를 구하시오.

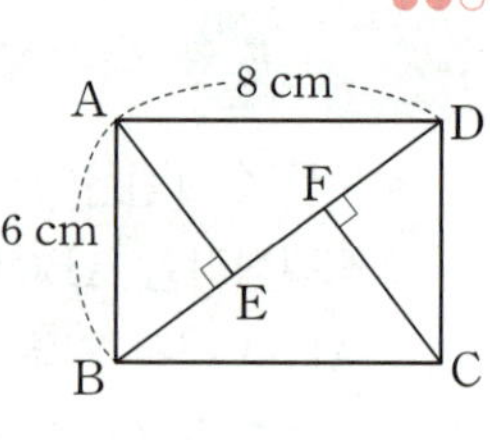

6

오른쪽 그림과 같이
∠A=90°인 직각삼각형
ABC에서 빗변의 중점을 D,
△ABC의 무게중심을 G라 하
자. $\overline{GD}$=3, $\overline{AC}$=12일 때, $\overline{AB}^2$의 값을 구하시오.

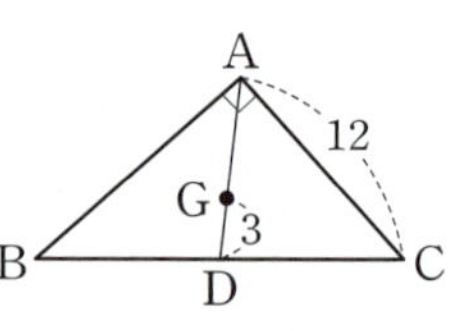

7

오른쪽 그림은 직각삼각형
ABC의 변을 각각 한 변으로
하는 정사각형을 그린 것이다.
두 정사각형 AFGB, ACDE
의 넓이가 각각 100 cm^2,
36 cm^{2}일 때, △ABC의 넓이
를 구하시오.

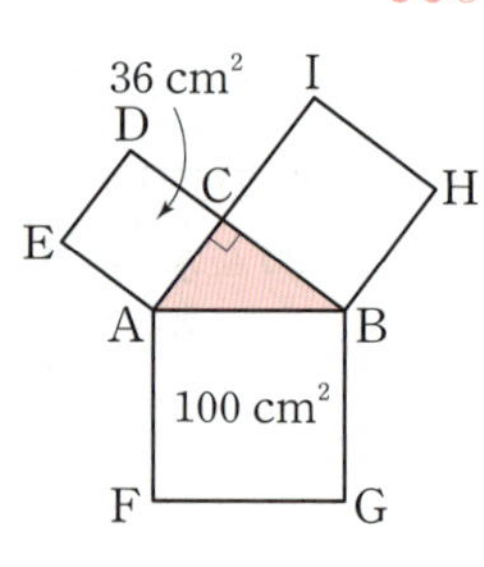

8 중요

오른쪽 그림은 $\angle A = 90°$인 직각삼각형 ABC의 각 변을 각각 한 변으로 하는 정사각형을 그린 것이다. 다음 중 옳은 것은?

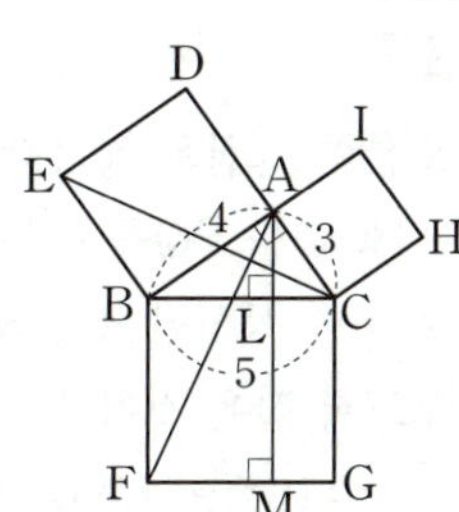

① $\overline{AL}$의 길이는 2이다.

② $\triangle EBC$의 넓이는 6이다.

③ $\triangle ABF$의 넓이는 8이다.

④ $\square LMGC$의 넓이는 10이다.

⑤ $\triangle ABC = \dfrac{1}{2}\square ACHI$

9

오른쪽 그림과 같은 정사각형 ABCD에서 $\overline{AE}=\overline{BF}=\overline{CG}=\overline{DH}=6\,\text{cm}$이고 $\square EFGH$의 넓이가 $100\,\text{cm}^2$일 때, $\square ABCD$의 넓이를 구하시오.

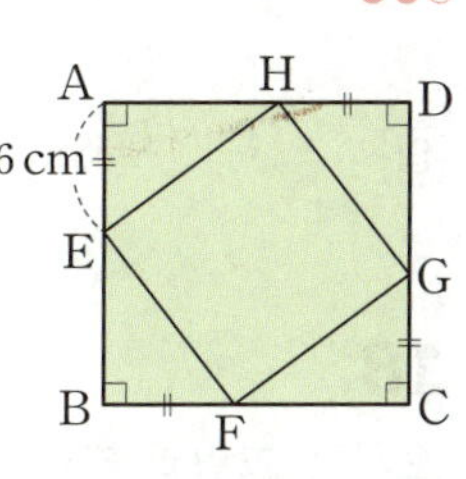

10 중요

세 변의 길이가 각각 다음과 같은 삼각형 중 직각삼각형인 것을 모두 고르면? (정답 2개)

① 3 cm, 4 cm, 5 cm

② 5 cm, 6 cm, 10 cm

③ 7 cm, 8 cm, 10 cm

④ 12 cm, 13 cm, 15 cm

⑤ 20 cm, 21 cm, 29 cm

11

오른쪽 그림과 같은 $\triangle ABC$의 꼭짓점 A에서 $\overline{BC}$에 내린 수선의 발을 H라 하자. $\overline{AC}=13\,\text{cm}$, $\overline{BH}=16\,\text{cm}$, $\overline{CH}=5\,\text{cm}$일 때, $\triangle ABC$는 어떤 삼각형인가?

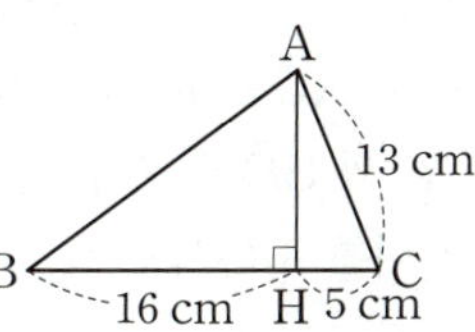

① 예각삼각형 ② 이등변삼각형

③ 직각삼각형 ④ 둔각삼각형

⑤ 정삼각형

12

오른쪽 그림과 같은 $\triangle ABC$에서 $90° < \angle A < 180°$일 때, x의 값이 될 수 있는 모든 자연수의 합을 구하시오.

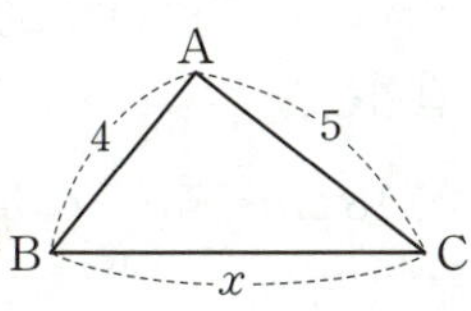

13

오른쪽 그림과 같이 $\angle A = 90°$인 직각삼각형 ABC에서 $\overline{AD}=5$, $\overline{AE}=3$, $\overline{EC}=7$일 때, $\overline{BC}^2 - \overline{BE}^2$의 값은?

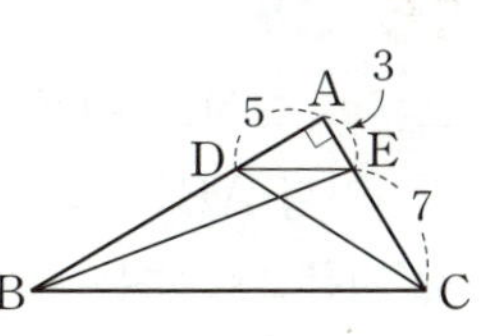

① 90 ② 91 ③ 92

④ 93 ⑤ 95

14

오른쪽 그림과 같은 □ABCD에서 $\overline{AC}\perp\overline{BD}$이고 점 O는 $\overline{AC}$와 $\overline{BD}$의 교점일 때, $\overline{AO}$의 길이를 구하시오.

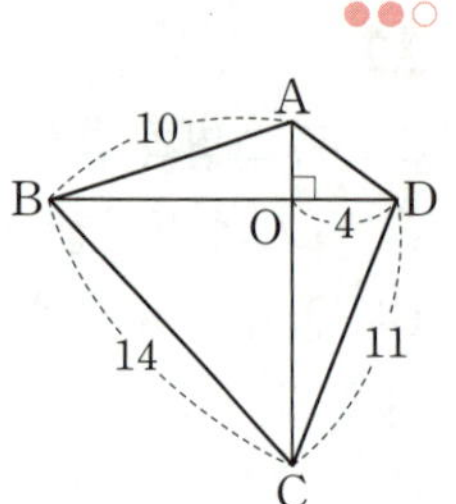

15

오른쪽 그림과 같은 직각삼각형 ABC에서 $\overline{AB}$, $\overline{AC}$를 각각 지름으로 하는 반원의 넓이가 $32\pi\,\text{cm}^2$, $18\pi\,\text{cm}^2$일 때, $\overline{BC}$의 길이는?

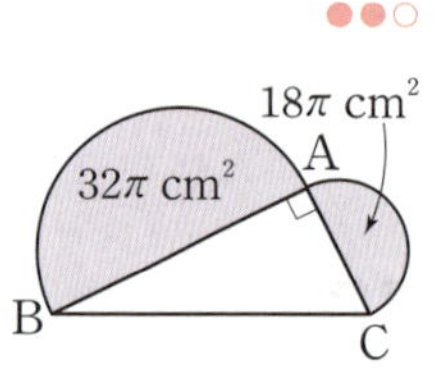

① 18 cm   ② 19 cm   ③ 20 cm
④ 21 cm   ⑤ 22 cm

16 중요

오른쪽 그림은 원에 내접하는 직사각형 ABCD의 네 변을 각각 지름으로 하는 반원을 그린 것이다. $\overline{AB}=10\,\text{cm}$, $\overline{AD}=9\,\text{cm}$일 때, 색칠한 부분의 넓이를 구하시오.

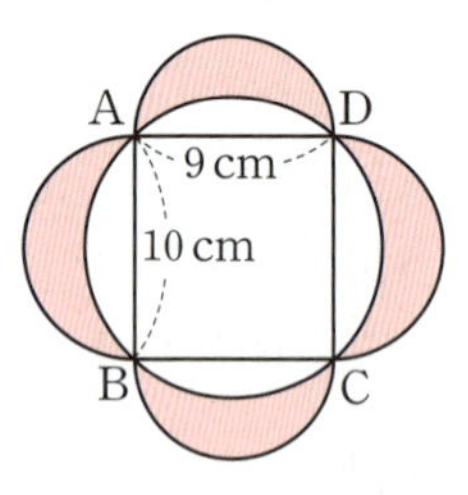

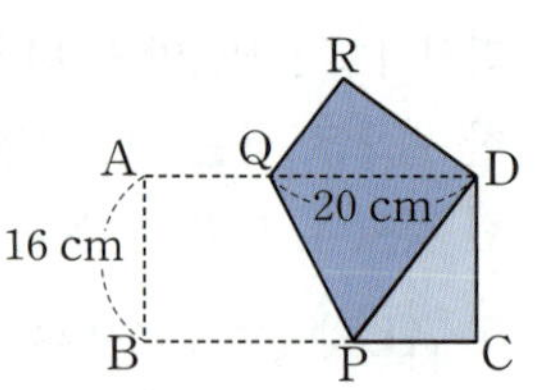

17

오른쪽 그림은 직사각형 ABCD를 $\overline{PQ}$를 접는 선으로 하여 꼭짓점 B가 점 D에 오도록 접은 것이다. $\overline{AB}=16\,\text{cm}$, $\overline{QD}=20\,\text{cm}$일 때, $\overline{BC}$의 길이를 구하시오.

(단, 풀이 과정을 자세히 쓰시오.)

풀이

답

18

오른쪽 그림과 같이 네 집 A, B, C, D를 선으로 연결하면 □ABCD는 직사각형이 된다. 각 집에서 공원 P까지의 거리가 오른쪽 그림과 같을 때, 집 A에서 출발하여 시속 3 km로 걸어서 공원 P까지 가는 데 몇 초가 걸리는지 구하시오. (단, 풀이 과정을 자세히 쓰시오.)

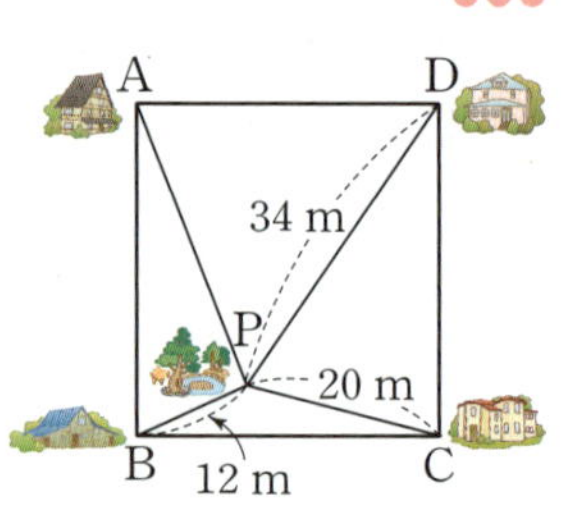

풀이

답

1 마인드맵으로 개념 구조화!

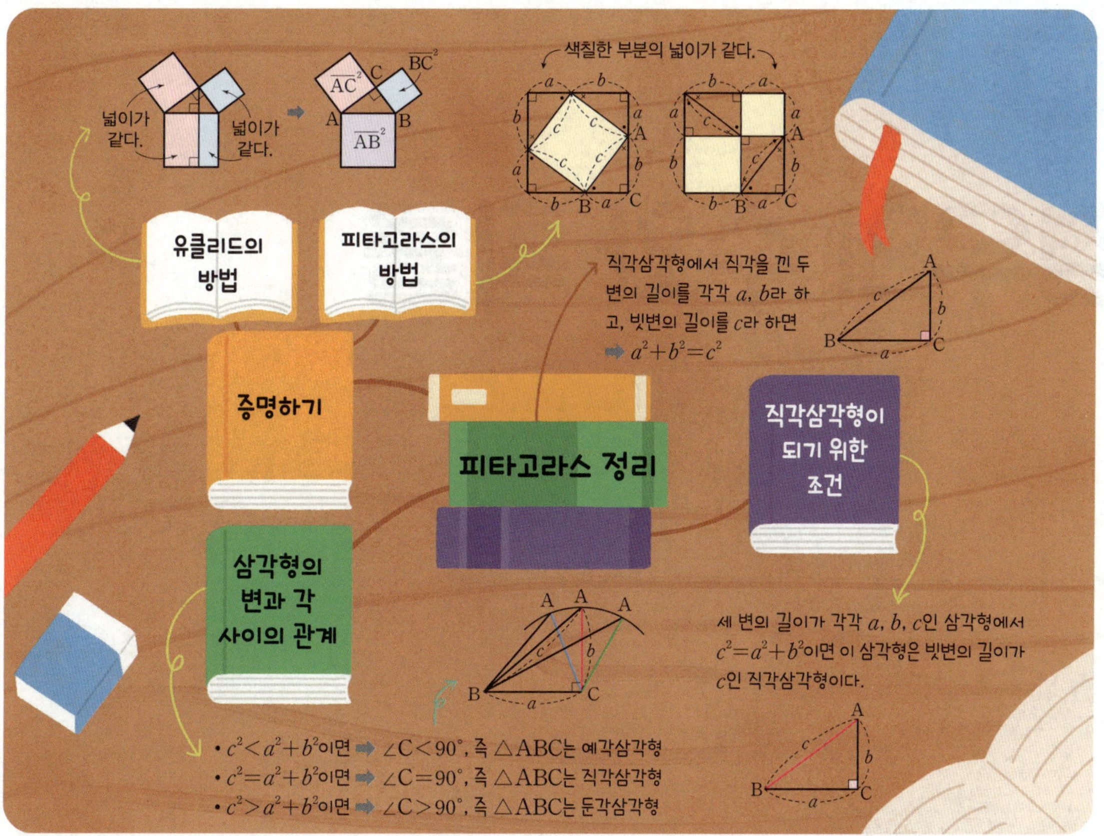

2 OX 문제로 개념 점검!

옳은 것은 ○, 옳지 <u>않은</u> 것은 X를 택하시오.

• 정답 및 해설 56쪽

❶ 직각삼각형에서 직각을 낀 두 변의 길이를 각각 a, b라 하고 빗변의 길이를 c라 하면 $a^2+b^2=c^2$이다.　　　○ | X

❷ 직각삼각형에서 직각을 낀 두 변의 길이가 각각 $3\,\text{cm}$, $4\,\text{cm}$일 때, 빗변의 길이는 $5\,\text{cm}$이다.　　　○ | X

❸ 직각삼각형 ABC의 세 변을 각각 한 변으로 하는 정사각형을 그리면 □BFGC=△ABC+□ACHI이다.　　　○ | X

❹ 세 변의 길이가 각각 $6\,\text{cm}$, $8\,\text{cm}$, $12\,\text{cm}$인 삼각형은 직각삼각형이다.　　　○ | X

❺ 세 변의 길이가 각각 a, b, c인 $\triangle ABC$에서 $a^2+b^2=c^2$이면 $\triangle ABC$는 빗변의 길이가 c인 직각삼각형이다.　　　○ | X

❻ 세 변의 길이가 각각 a, b, c인 $\triangle ABC$에서 c가 가장 긴 변의 길이일 때, $c^2<a^2+b^2$이면 $\triangle ABC$는 둔각삼각형이다.　　　○ | X

6

경우의 수와 확률

<table>
<tr><td>

배웠어요

- 비와 비율 [초5~6]
- 가능성 [초5~6]
- 상대도수와 그 그래프 [중1]

</td><td>

✓ 이번에 배워요

6. 경우의 수와 확률
- 경우의 수
- 확률의 뜻과 성질

</td><td>

배울 거예요

- 산포도 [중3]
- 상자그림과 산점도 [중3]
- 합의 법칙과 곱의 법칙 [고등]
- 순열과 조합 [고등]

</td></tr>
</table>

'복이 오거나 안 오거나'를 뜻하는 복불복 게임에서, 먼저 뽑는 것이 유리할까요, 나중에 뽑는 것이 유리할까요?
또 수학 시험에서 답을 바꾸는 것이 나을까요, 안 바꾸는 것이 나을까요? 우리 반에서 나와 생일이 같은 학생이
있을 확률은 얼마나 될까요?
경우의 수와 확률에 대한 이해는 의사 결정이나 문제 해결이 필요한 상황에서 도움이 될 수 있습니다.
이 단원에서는 어떤 일이 일어나는 경우의 수를 알아보고, 여러 가지 상황에서 경우의 수와 확률을 구하는 방법에
대해 학습합니다.

▶ 새로 배우는 용어
사건, 확률

6. 경우의 수와 확률을 시작하기 전에

1 가능성 [초등]
자연수 1, 2, 3의 수가 각각 적힌 카드 3장을 한 번씩 사용하여 만들 수 있는 세 자리의
자연수를 모두 구하시오.

2 가능성 [초등]
상자 안에 9개의 제비 중 3개의 당첨 제비가 들어 있다. 이 상자에서 한 개의 제비를 꺼낼 때,
당첨 제비를 뽑을 가능성을 수로 나타내시오.

[정답] 1. 123, 132, 213, 231, 312, 321   2. $\frac{1}{3}$

사건 A 또는 사건 B가 일어나는 경우의 수

(1) **사건**: 같은 조건에서 반복할 수 있는 실험이나 관찰에 의해 나타나는 결과

(2) **경우의 수**: 어떤 사건이 일어나는 가짓수

> **주의** 경우의 수를 구할 때는 모든 경우를 빠짐없이, 중복되지 않게 나열하여 구한다.

예	실험·관찰	한 개의 주사위를 던진다.
	사건	2의 배수의 눈이 나온다.
	경우	
	경우의 수	3

(3) **사건 A 또는 사건 B가 일어나는 경우의 수**

두 사건 A, B가 동시에 일어나지 않을 때,

사건 A가 일어나는 경우의 수를 a, 사건 B가 일어나는 경우의 수를 b라 하면

➡ (사건 A 또는 사건 B가 일어나는 경우의 수)$=a+b$

> **참고** 일반적으로 '또는', '~이거나'라는 표현이 있으면 두 사건이 일어나는 경우의 수를 더한다.

> 예 서로 다른 색연필 2자루와 서로 다른 연필 3자루 중에서 색연필 또는 연필을 한 자루 고르는 경우의 수
>
> ➡ 색연필을 고르는 경우의 수는 2, 연필을 고르는 경우의 수는 3
>
> 따라서 색연필 또는 연필을 한 자루 고르는 경우의 수는 $2+3=5$

· 개념 확인하기

· 정답 및 해설 56쪽

1 한 개의 주사위를 던질 때, 다음을 구하시오.

(1) 짝수의 눈이 나오는 경우의 수

(2) 4 이하의 눈이 나오는 경우의 수

(3) 소수의 눈이 나오는 경우의 수

(4) 6의 약수의 눈이 나오는 경우의 수

2 오른쪽 표는 지은이가 서울에서 부산으로 가는 고속버스와 기차의 종류를 조사하여 나타낸 것이다. 다음을 구하시오.

(1) 고속버스를 타고 가는 경우의 수

(2) 기차를 타고 가는 경우의 수

(3) 고속버스 또는 기차를 타고 가는 경우의 수

고속 버스	일반
	우등
	KTX
기차	새마을호
	무궁화호

3 주머니에 1부터 10까지의 자연수가 각각 하나씩 적힌 10개의 공이 들어 있다. 이 주머니에서 한 개의 공을 꺼낼 때, 다음을 구하시오.

(1) 4보다 작은 수가 적힌 공이 나오는 경우의 수

(2) 9보다 큰 수가 적힌 공이 나오는 경우의 수

(3) 4보다 작거나 9보다 큰 수가 적힌 공이 나오는 경우의 수

• 예제 1 사건 A 또는 사건 B가 일어나는 경우의 수 ①

유진이네 집에서 놀이공원으로 가는 버스 노선은 4가지, 지하철 노선은 2가지가 있다. 유진이가 집에서 놀이공원까지 갈 때, 다음을 구하시오.

⑴ 버스 노선으로 가는 경우의 수
⑵ 지하철 노선으로 가는 경우의 수
⑶ 버스 또는 지하철 노선으로 가는 경우의 수

[해결 포인트]

교통수단 또는 물건을 하나 선택하는 경우,
동시에 두 가지 교통수단 또는 두 가지 물건을 이용할 수 없다.

👆 한번 더!

1-1 어느 분식점에는 5종류의 김밥과 4종류의 라면이 있다. 이 분식점에서 김밥이나 라면 중 한 가지를 주문하는 경우의 수를 구하시오.

1-2 서로 다른 파란 구슬 3개, 노란 구슬 2개, 빨간 구슬 5개가 들어 있는 주머니에서 한 개의 구슬을 꺼낼 때, 파란 구슬 또는 빨간 구슬이 나오는 경우의 수를 구하시오.

• 예제 2 사건 A 또는 사건 B가 일어나는 경우의 수 ②

서로 다른 두 개의 주사위를 동시에 던질 때, 다음을 구하시오.

⑴ 두 눈의 수의 합이 4가 되는 경우의 수
⑵ 두 눈의 수의 합이 7이 되는 경우의 수
⑶ 두 눈의 수의 합이 4 또는 7이 되는 경우의 수

[해결 포인트]

서로 다른 두 개의 주사위를 동시에 던질 때, 일어날 수 있는 사건의 경우의 수는 순서쌍을 이용하여 구한다.

👆 한번 더!

2-1 서로 다른 두 개의 주사위를 동시에 던질 때, 나오는 두 눈의 수의 차가 3 또는 5인 경우의 수는?

① 6 ② 7 ③ 8
④ 9 ⑤ 10

2-2 1부터 30까지의 자연수가 각각 하나씩 적힌 30장의 카드가 있다. 이 중에서 한 장의 카드를 뽑을 때, 5의 배수 또는 21의 약수가 적힌 카드가 나오는 경우의 수를 구하시오.

사건 A와 사건 B가 동시에 일어나는 경우의 수

사건 A가 일어나는 경우의 수를 a, 그 각각에 대하여 사건 B가 일어나는 경우의 수를 b라 하면

➡ (사건 A와 사건 B가 동시에 일어나는 경우의 수)$=a \times b$

참고 일반적으로 '동시에', '그리고', '~와', '~하고 나서'라는 표현이 있으면 두 사건이 일어나는 경우의 수를 곱한다.

예 색이 다른 색연필 2자루와 서로 다른 연필 3자루 중에서 색연필과 연필을 각각 한 자루씩 고르는 경우의 수

➡ 색연필을 고르는 경우의 수는 2, 연필을 고르는 경우의 수는 3

따라서 색연필과 연필을 각각 한 자루씩 고르는 경우의 수는 $2 \times 3 = 6$

·개념 확인하기

·정답 및 해설 57쪽

1 오른쪽 그림과 같이 흰색, 초록색, 파란색, 노란색 4종류의 티셔츠와 흰색, 검은색 2종류의 바지가 있다. 다음을 구하고, □ 안에 알맞은 수를 쓰시오.

(1) 티셔츠를 고르는 경우의 수

(2) 바지를 고르는 경우의 수

(3) 티셔츠와 바지를 각각 하나씩 짝 지어 입는 경우의 수

2 오른쪽 그림과 같이 A지점에서 B지점으로 가는 길이 3가지, B지점에서 C지점으로 가는 길이 2가지일 때, 다음을 구하시오.

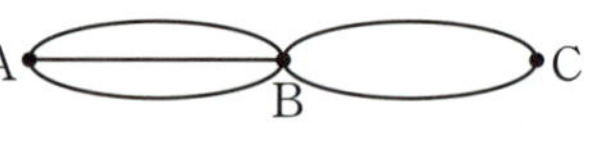

(단, 한 번 지나간 지점은 다시 지나지 않는다.)

(1) A지점에서 B지점으로 가는 방법의 수

(2) B지점에서 C지점으로 가는 방법의 수

(3) A지점에서 B지점을 거쳐 C지점으로 가는 방법의 수

3 A, B 두 주사위를 동시에 던질 때, 다음을 구하시오.

(1) A주사위에서 소수의 눈이 나오는 경우의 수

(2) B주사위에서 짝수의 눈이 나오는 경우의 수

(3) A주사위에서 소수의 눈이 나오고, B주사위에서 짝수의 눈이 나오는 경우의 수

4 다음 사건에서 일어나는 모든 경우의 수를 구하시오.

(1) 서로 다른 동전 2개를 동시에 던진다.

(2) 서로 다른 주사위 2개를 동시에 던진다.

(3) 동전 한 개와 주사위 한 개를 동시에 던진다.

• 예제 1   사건 A와 사건 B가 동시에 일어나는 경우의 수 ①

다음 그림과 같이 5개의 자음과 4개의 모음이 각각 하나씩 적힌 9장의 카드가 있다. 자음과 모음이 적힌 카드를 각각 한 장씩 뽑아 만들 수 있는 글자의 개수를 구하시오.

[해결 포인트]

물건 A가 m개, 물건 B가 n개 있을 때, A와 B를 각각 1개씩 선택하는 경우의 수 ➡ $m \times n$

한번 더!

1-1 경미는 친구와 함께 햄버거 가게에 갔다. 4종류의 햄버거와 5종류의 음료수가 있을 때, 경미가 햄버거 1개와 음료수 1개를 주문하는 경우의 수를 구하시오.

햄버거	음료수
불고기버거	콜라
새우버거	사이다
치킨버거	포도주스
치즈버거	석류주스
	커피

• 예제 2   사건 A와 사건 B가 동시에 일어나는 경우의 수 ②

학교에서 도서관으로 가는 길이 3가지, 도서관에서 집으로 가는 길이 4가지일 때, 학교에서 도서관을 거쳐 집으로 가는 방법의 수를 구하시오.
(단, 한 번 지나간 지점은 다시 지나지 않는다.)

[해결 포인트]

A지점에서 B지점까지 가는 경우가 m가지,
B지점에서 C지점까지 가는 경우가 n가지일 때,
A지점에서 B지점를 거쳐 C지점까지 가는 경우의 수는
➡ $m \times n$

한번 더!

2-1 다음 그림과 같이 세 지점 A, B, C를 연결하는 도로가 있다. A지점에서 C지점으로 가는 방법의 수를 구하시오. (단, 한 번 지나간 지점은 다시 지나지 않는다.)

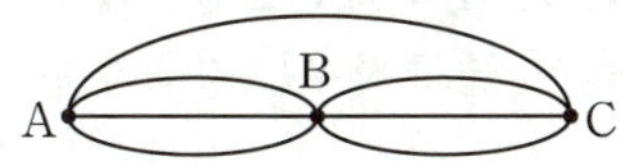

• 예제 3   사건 A와 사건 B가 동시에 일어나는 경우의 수 ③

동전 1개와 주사위 1개를 동시에 던질 때, 동전은 뒷면이 나오고, 주사위는 홀수의 눈이 나오는 경우의 수를 구하시오.

[해결 포인트]

• 서로 다른 n개의 동전을 동시에 던질 때,
  일어나는 모든 경우의 수 ➡ $\underbrace{2 \times 2 \times \cdots \times 2}_{n개} = 2^n$
• 서로 다른 n개의 주사위를 동시에 던질 때,
  일어나는 모든 경우의 수 ➡ $\underbrace{6 \times 6 \times \cdots \times 6}_{n개} = 6^n$

한번 더!

3-1 서로 다른 두 개의 주사위를 동시에 던질 때, 두 주사위 모두 2의 배수의 눈이 나오는 경우의 수를 구하시오.

3-2 서로 다른 동전 2개와 주사위 1개를 동시에 던질 때, 동전의 앞면이 한 개만 나오고 주사위는 6의 약수의 눈이 나오는 경우의 수를 구하시오.

경우의 수의 응용 (1) – 한 줄로 세우기

(1) 한 줄로 세우는 경우

① n명을 한 줄로 세우는 경우의 수
➡ $n \times (n-1) \times (n-2) \times \cdots \times 2 \times 1$

② n명 중에서 r명을 뽑아 한 줄로 세우는 경우의 수
(단, $n \geq r$)
➡ $n \times (n-1) \times (n-2) \times \cdots \times \{n-(r-1)\}$
r개

예 ① 4명을 한 줄로 세우는 경우의 수
➡ $4 \times 3 \times 2 \times 1 = 24$
② 4명 중에서 2명을 뽑아 한 줄로 세우는 경우의 수
➡ $4 \times 3 = 12$

(2) 이웃하여 한 줄로 세우는 경우

❶ 이웃하는 것을 하나로 묶어 한 줄로 세우는 경우의 수를 구한다.

❷ 묶음 안에서 자리를 바꾸는 경우의 수를 구한다.
└→ 묶음 안에서 한 줄로 세우는 경우의 수

❸ ❶, ❷에서 구한 경우의 수를 곱한다.

➡ $\left(\begin{array}{c} \text{이웃하는 것을 하나로 묶어} \\ \text{한 줄로 세우는 경우의 수} \end{array} \right) \times \left(\begin{array}{c} \text{묶음 안에서 자리를} \\ \text{바꾸는 경우의 수} \end{array} \right)$

· 개념 확인하기

· 정답 및 해설 58쪽

1 □ 안에 알맞은 수를 쓰고, 다음을 구하시오.

(1) 3명을 한 줄로 세우는 경우의 수
⇨ □ × □ × □ = □
첫 번째 두 번째 세 번째

(2) 5명을 한 줄로 세우는 경우의 수

(3) 6명을 한 줄로 세우는 경우의 수

2 □ 안에 알맞은 수를 쓰고, 다음을 구하시오.

(1) 5명 중에서 2명을 뽑아 한 줄로 세우는 경우의 수
⇨ □ × □ = □
첫 번째 두 번째

(2) 5명 중에서 3명을 뽑아 한 줄로 세우는 경우의 수

(3) 5명 중에서 4명을 뽑아 한 줄로 세우는 경우의 수

3 A, B, C, D 4명을 한 줄로 세울 때, □ 안에 알맞은 수를 쓰고, 다음을 구하시오.

(1) A를 맨 앞에 세우는 경우의 수
⇨ A ■ ■ ■
⇨ □ × □ × □ = □
두 번째 세 번째 네 번째

(2) B를 맨 뒤에 세우는 경우의 수

(3) A를 맨 앞에, B를 맨 뒤에 세우는 경우의 수

4 A, B, C, D 4명을 한 줄로 세울 때, □ 안에 알맞은 수를 쓰고, 다음을 구하시오.

(1) A와 B를 이웃하게 세우는 경우의 수
① 3명을 한 줄로 세우는 경우의 수
└→ A, B를 한 명으로 생각하여 (A, B), C, D의 3명이다.
② A, B가 자리를 바꾸는 경우의 수
③ A와 B를 이웃하게 세우는 경우의 수
⇨ □ × □ = □

(2) A, B, C를 이웃하게 세우는 경우의 수

• 예제 **1** 한 줄로 세우는 경우의 수 ①

6명의 학생 중에서 4명을 뽑아 한 줄로 세우는 경우의 수를 구하시오.

[해결 포인트]
- n명을 한 줄로 세우는 경우의 수
  ➡ $n \times (n-1) \times (n-2) \times \cdots \times 2 \times 1$
- n명 중 r명을 한 줄로 세우는 경우의 수 $(n \geq r)$
  ➡ $n \times (n-1) \times (n-2) \times \cdots \times \{n-(r-1)\}$

👆 한번 더!

1-1 어느 영화관에서 하루에 서로 다른 3편의 영화를 한 번씩 상영한다고 할 때, 3편의 영화의 상영 순서를 정하는 경우의 수를 구하시오.

1-2 서로 다른 소설책 7권 중에서 4권을 선택하여 책꽂이에 일렬로 꽂는 경우의 수를 구하시오.

• 예제 **2** 한 줄로 세우는 경우의 수 ②

A, B, C, D, E 5명을 한 줄로 세울 때, 다음을 구하시오.

(1) A를 맨 앞에 세우는 경우의 수
(2) B, C를 이웃하여 세우는 경우의 수

[해결 포인트]
(1) 자리가 정해진 A를 제외한 나머지를 한 줄로 세우는 경우를 생각한다.
(2) B, C를 한 묶음으로 생각한다.
  이때 묶음 안에서 자리를 바꾸는 경우를 반드시 곱한다.

👆 한번 더!

2-1 다음 그림과 같이 5개의 알파벳이 각각 하나씩 적힌 카드 5장이 있다. 5장의 카드를 한 줄로 나열할 때, D가 적힌 카드가 한가운데 오도록 하는 경우의 수를 구하시오.

2-2 A, B, C, D, E 5명이 한 줄로 설 때, B, D가 이웃하여 서는 경우의 수를 구하시오.

2-3 선생님 2명과 학생 4명이 한 줄로 앉아 뮤지컬을 관람할 때, 선생님 2명이 양 끝에 앉는 경우의 수를 구하시오.

경우의 수의 응용 (2) – 자연수 만들기

(1) 0을 포함하지 않는 경우

0을 포함하지 않는 서로 다른 한 자리의 숫자가 각각 하나씩 적힌 n장의 카드 중에서

① 2장을 동시에 뽑아 만들 수 있는 두 자리의 자연수의 개수

➡ $n \times (n-1)$(개)

십의 자리　일의 자리

② 3장을 동시에 뽑아 만들 수 있는 세 자리의 자연수의 개수

➡ $n \times (n-1) \times (n-2)$(개)

백의 자리　십의 자리　　일의 자리

(2) 0을 포함하는 경우

0을 포함한 서로 다른 한 자리의 숫자가 각각 하나씩 적힌 n장의 카드 중에서

① 2장을 동시에 뽑아 만들 수 있는 두 자리의 자연수의 개수

➡ $(n-1) \times (n-1)$(개)

십의 자리　　일의 자리

② 3장을 동시에 뽑아 만들 수 있는 세 자리의 자연수의 개수

➡ $(n-1) \times (n-1) \times (n-2)$(개)

백의 자리　　십의 자리　　일의 자리

주의 맨 앞자리에 올 수 있는 숫자는 0을 제외한 $(n-1)$개이다.

· 개념 확인하기

· 정답 및 해설 59쪽

1 1, 2, 3, 4, 5의 숫자가 각각 하나씩 적힌 5장의 카드가 있다. □ 안에 알맞은 수를 쓰고, 다음을 구하시오.

(1) 2장의 카드를 동시에 뽑아 만들 수 있는 두 자리의 자연수의 개수

　⇨ □ × □ = □(개)

　　십의 자리　일의 자리

(2) 3장의 카드를 동시에 뽑아 만들 수 있는 세 자리의 자연수의 개수

2 1, 2, 3, 4의 숫자가 각각 하나씩 적힌 4장의 카드가 있다. 다음을 구하시오.

(1) 2장의 카드를 동시에 뽑아 만들 수 있는 두 자리의 자연수의 개수

(2) 3장의 카드를 동시에 뽑아 만들 수 있는 세 자리의 자연수의 개수

3 0, 1, 2, 3, 4의 숫자가 각각 하나씩 적힌 5장의 카드가 있다. □ 안에 알맞은 수를 쓰고, 다음을 구하시오.

(1) 2장의 카드를 동시에 뽑아 만들 수 있는 두 자리의 자연수의 개수

　⇨ □ × □ = □(개)

　　십의 자리　일의 자리

(2) 3장의 카드를 동시에 뽑아 만들 수 있는 세 자리의 자연수의 개수

4 0, 1, 2, 3의 숫자가 각각 하나씩 적힌 4장의 카드가 있다. 다음을 구하시오.

(1) 2장의 카드를 동시에 뽑아 만들 수 있는 두 자리의 자연수의 개수

(2) 3장의 카드를 동시에 뽑아 만들 수 있는 세 자리의 자연수의 개수

• 예제 **1**　자연수의 개수 ① – 0이 포함되지 않는 경우

2부터 6까지의 숫자가 각각 하나씩 적힌 5장의 카드 중에서 2장을 동시에 뽑아 두 자리의 자연수를 만들 때, 다음을 구하시오.

(1) 두 자리의 자연수의 개수

(2) 40보다 작은 두 자리의 자연수의 개수

[해결 포인트]

자연수의 개수를 구할 때는 맨 앞자리에 주의한다.
이때 0이 포함되지 않는 경우는 한 줄로 세우는 경우와 같다.

👆 한번 더!

1-1　1, 2, 3, 4, 5, 6의 숫자가 각각 하나씩 적힌 6장의 카드 중에서 3장을 동시에 뽑아 만들 수 있는 세 자리의 자연수의 개수를 구하시오.

1-2　1, 2, 3, 4, 5의 숫자가 각각 하나씩 적힌 5장의 카드 중에서 2장을 동시에 뽑아 만들 수 있는 20보다 큰 두 자리의 자연수의 개수를 구하시오.

• 예제 **2**　자연수의 개수 ② – 0이 포함된 경우

0, 2, 5, 7, 9의 숫자가 각각 하나씩 적힌 5장의 카드 중에서 2장을 동시에 뽑아 두 자리의 자연수를 만들 때, 다음을 구하시오.

(1) 두 자리의 자연수의 개수

(2) 5의 배수의 개수

[해결 포인트]

자연수의 개수를 구할 때는 맨 앞자리에 주의한다.
이때 0이 포함된 경우는 0이 맨 앞자리에 올 수 없다.

👆 한번 더!

2-1　0, 1, 2, 3, 4, 5의 숫자가 각각 하나씩 적힌 6장의 카드 중에서 3장을 동시에 뽑아 만들 수 있는 세 자리의 자연수의 개수는?

① 40개　　② 60개　　③ 80개
④ 100개　　⑤ 120개

2-2　0, 1, 2, 3, 4의 숫자가 각각 하나씩 적힌 5장의 카드 중에서 2장을 동시에 뽑아 만들 수 있는 두 자리의 자연수 중 짝수의 개수를 구하시오.

경우의 수의 응용 (3) – 대표 뽑기

(1) 자격이 다른 대표를 뽑는 경우

① n명 중에서 자격이 다른 대표 2명을 뽑는 경우의 수

➡ $n \times (n-1)$

② n명 중에서 자격이 다른 대표 3명을 뽑는 경우의 수

➡ $n \times (n-1) \times (n-2)$

예 A, B, C 3명 중에서 회장 1명, 부회장 1명을 뽑는 경우의 수

➡ $3 \times 2 = 6$

(2) 자격이 같은 대표를 뽑는 경우

① n명 중에서 자격이 같은 대표 2명을 뽑는 경우의 수

➡ $\dfrac{n \times (n-1)}{2}$

중복되는 경우의 수로 나눈다. 즉, 뽑은 2명을 한 줄로 세우는 경우의 수로 나눈다.

② n명 중에서 자격이 같은 대표 3명을 뽑는 경우의 수

➡ $\dfrac{n \times (n-1) \times (n-2)}{3 \times 2 \times 1}$

중복되는 경우의 수로 나눈다. 즉, 뽑은 3명을 한 줄로 세우는 경우의 수로 나눈다.

예 A, B, C 3명 중에서 대표 2명을 뽑는 경우의 수

➡ $\dfrac{3 \times 2}{2} = 3$

· 개념 확인하기

· 정답 및 해설 60쪽

1 A, B, C, D 중에서 다음과 같이 대표를 뽑을 때, □ 안에 알맞은 수를 쓰시오.

(1) 회장 1명, 부회장 1명을 뽑는 경우의 수

⇨ □ × □ = □

　　회장　부회장

(2) 회장 1명, 부회장 1명, 총무 1명을 뽑는 경우의 수

⇨ □ × □ × □ = □

　　회장　부회장　총무

2 남학생 3명, 여학생 4명 중에서 다음과 같이 대표를 뽑는 경우의 수를 구하시오.

(1) 반장 1명, 부반장 1명
(2) 반장 1명, 부반장 1명, 서기 1명

3 A, B, C, D 4명 중에서 다음과 같이 대표를 뽑을 때, □ 안에 알맞은 수를 쓰시오.

(1) 회장 2명을 뽑는 경우의 수

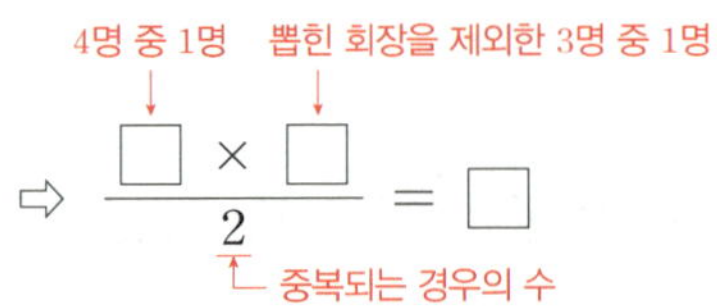

(2) 부회장 3명을 뽑는 경우의 수

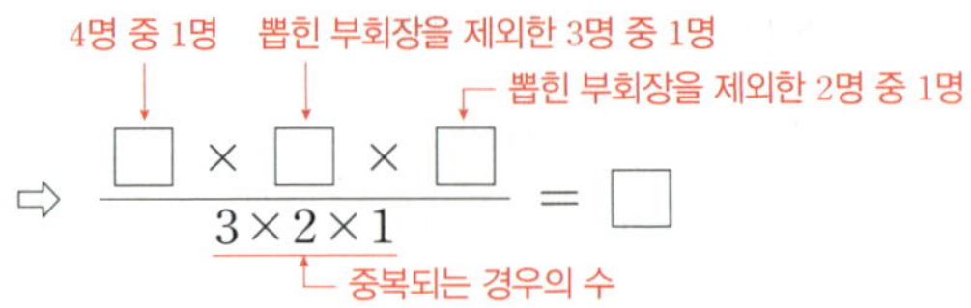

4 남학생 3명, 여학생 4명 중에서 다음과 같이 대표를 뽑는 경우의 수를 구하시오.

(1) 회장 2명
(2) 부회장 3명

대표 예제로 **개념 익히기**

• 예제 **1** 자격이 다른 대표를 뽑는 경우

6명의 후보 A, B, C, D, E, F가 있을 때, 다음을 구하시오.

(1) 회장 1명, 부회장 1명을 뽑는 경우의 수

(2) 회장 1명, 부회장 1명, 선도부장 1명을 뽑는 경우의 수

[해결 포인트]

n명 중에서 자격이 다른 r명을 뽑는 경우의 수
➡ n명 중에서 r명을 뽑아 한 줄로 세우는 경우의 수

✋ **한번 더!**

1-1 어느 축구 동호회의 11명의 회원 중에서 골키퍼 1명, 공격수 1명을 뽑는 경우의 수를 구하시오.

1-2 여학생 4명과 남학생 5명이 있다. 여학생 중에서 회장 1명, 남학생 중에서 부회장 1명, 총무 1명을 뽑는 경우의 수는?

① 24   ② 48   ③ 60

④ 80   ⑤ 100

• 예제 **2** 자격이 같은 대표를 뽑는 경우

5명의 후보 A, B, C, D, E가 있을 때, 다음을 구하시오.

(1) 반장 2명을 뽑는 경우의 수

(2) 반장 3명을 뽑는 경우의 수

[해결 포인트]

자격이 같은 대표를 뽑을 때는 중복되는 경우를 생각해야 한다.
즉, n명 중에서 자격이 같은 r명을 뽑는 경우의 수

➡ $\dfrac{(n명 중에서 r명을 뽑아 한 줄로 세우는 경우)}{(r명을 한 줄로 세우는 경우)}$

✋ **한번 더!**

2-1 어느 중학교의 8명의 탁구부 학생 중에서 대회에 출전할 대표 3명을 뽑는 경우의 수를 구하시오.

2-2 어느 반에서 체육 대회의 이어달리기에 출전할 학생을 선발하려고 한다. A, B, C, D, E, F, G 7명의 학생 중에서 반 대표 4명을 선발할 때, 두 학생 B, F가 포함되는 경우의 수를 구하시오.

⭐ **TIP**

B, F는 반드시 포함되므로 B, F를 제외한 5명 중 2명의 대표를 뽑는 경우로 생각한다.

확률의 뜻과 성질

(1) 확률의 뜻

① **확률**: 동일한 조건 아래에서 같은 실험이나 관찰을 여러 번 반복할 때, 어떤 사건이 일어나는 상대도수가 일정한 값에 가까워지면 이 일정한 값을 그 사건이 일어날 **확률**이라 한다.

② **사건 A가 일어날 확률**: 어떤 실험이나 관찰에서 각 경우가 일어날 가능성이 같을 때, 일어날 수 있는 모든 경우의 수를 n, 사건 A가 일어나는 경우의 수를 a라 하면

➡ $$(\text{사건 } A \text{가 일어날 확률}) = \frac{(\text{사건 } A \text{가 일어나는 경우의 수})}{(\text{모든 경우의 수})} = \frac{a}{n}$$

예 한 개의 동전을 던질 때, 앞면이 나올 확률은
$$\frac{(\text{앞면이 나오는 경우의 수})}{(\text{모든 경우의 수})} = \frac{1}{2}$$

≫ $\text{상대도수} = \dfrac{(\text{그 계급의 도수})}{(\text{도수의 총합})}$

≫ 확률은 보통 분수, 소수, 백분율 등으로 나타낸다.

(2) 확률의 성질

① 어떤 사건 A가 일어날 확률을 p라 하면 $0 \le p \le 1$이다.

② 반드시 일어나는 사건의 확률은 1이다.

③ 절대로 일어나지 않는 사건의 확률은 0이다.

예 흰 장미 4송이와 빨간 장미 6송이가 들어 있는 바구니에서 장미 한 송이를 임의로 꺼낼 때

① 흰 장미가 나올 확률은 $\dfrac{4}{10} = \dfrac{2}{5}$

② 흰 장미 또는 빨간 장미가 나올 확률은 $\dfrac{10}{10} = 1$

③ 파란 장미가 나올 확률은 $\dfrac{0}{10} = 0$

≫ 확률이 음수이거나 1보다 큰 경우는 없다.

절대로 일어나지 않는 사건의 확률
$$0 \le p \le 1$$
반드시 일어나는 사건의 확률

(3) 어떤 사건이 일어나지 않을 확률

① 사건 A가 일어날 확률을 p라 하면

➡ $(\text{사건 } A \text{가 일어나지 않을 확률}) = 1 - p$

참고 사건 A가 일어날 확률을 p, 사건 A가 일어나지 않을 확률을 q라 하면
$$p + q = 1$$

예 1부터 10까지의 자연수가 각각 적힌 10장의 카드 중에서 1장을 임의로 뽑을 때
$(\text{3의 배수가 아닐 확률}) = 1 - (\text{3의 배수일 확률})$
$$= 1 - \frac{3}{10} = \frac{7}{10}$$

② '적어도 하나는 ~일' 확률은 어떤 사건이 일어나지 않을 확률을 이용한다.

➡ $(\text{적어도 하나는 ~일 확률}) = 1 - (\text{모두 ~가 아닐 확률})$

예 서로 다른 두 개의 동전을 동시에 던질 때
$(\text{적어도 한 개는 앞면이 나올 확률}) = 1 - (\text{모두 뒷면이 나올 확률})$
$$= 1 - \frac{1}{4} = \frac{3}{4}$$

≫ 일반적으로 '적어도', '최소한'이라는 표현이 있으면 어떤 사건이 일어나지 않을 확률을 이용한다.

1 주머니에 모양과 크기가 같은 빨간 구슬 2개, 파란 구슬 5개가 들어 있다. 이 주머니에서 한 개의 구슬을 꺼낼 때, 다음을 구하시오.

(1) 빨간 구슬이 나올 확률
　① 모든 경우의 수
　② 빨간 구슬이 나오는 경우의 수
　③ 빨간 구슬이 나올 확률
(2) 파란 구슬이 나올 확률

2 한 개의 주사위를 던질 때, 다음을 구하시오.

(1) 3의 배수의 눈이 나올 확률
　① 모든 경우의 수
　② 3의 배수의 눈이 나오는 경우의 수
　③ 3의 배수의 눈이 나올 확률
(2) 소수의 눈이 나올 확률

3 서로 다른 두 개의 동전을 동시에 던질 때, 다음을 구하시오.

(1) 모두 앞면이 나올 확률
　① 모든 경우의 수
　② 모두 앞면이 나오는 경우의 수
　③ 모두 앞면이 나올 확률
(2) 뒷면이 1개 나올 확률

4 서로 다른 두 개의 주사위를 동시에 던질 때, 다음을 구하시오.

(1) 두 눈의 수가 같을 확률
　① 모든 경우의 수
　② 두 눈의 수가 같은 경우의 수
　③ 두 눈의 수가 같을 확률
(2) 두 눈의 수의 합이 10일 확률

5 주머니에 모양과 크기가 같은 빨간 공 5개, 파란 공 4개가 들어 있다. 이 주머니에서 한 개의 공을 꺼낼 때, 다음을 구하시오.

(1) 빨간 공 또는 파란 공이 나올 확률
(2) 노란 공이 나올 확률

6 다음을 구하시오.

(1) 지호가 A문제를 맞힐 확률이 $\dfrac{5}{9}$일 때, A문제를 맞히지 못할 확률
(2) 내일 비가 올 확률이 0.3일 때, 내일 비가 오지 않을 확률

7 상자에 1부터 15까지의 자연수가 각각 하나씩 적힌 모양과 크기가 같은 공 15개가 들어 있다. 이 상자에서 한 개의 공을 꺼낼 때, 다음을 구하고, □ 안에 알맞은 수를 쓰시오.

(1) 공에 적힌 수가 3의 배수일 확률
(2) 공에 적힌 수가 3의 배수가 아닐 확률
　⇨ 1−(공에 적힌 수가 3의 배수일 확률)
　　$=1-\boxed{}=\boxed{}$

8 한 개의 동전을 세 번 던질 때, 다음을 구하고, □ 안에 알맞은 수를 쓰시오.

(1) 세 번 모두 뒷면이 나올 확률
(2) 적어도 한 번은 앞면이 나올 확률
　⇨ 1−(세 번 모두 뒷면이 나올 확률)
　　$=1-\boxed{}=\boxed{}$

• 예제 1 확률

1부터 10까지의 자연수가 각각 하나씩 적힌 10장의 카드가 들어 있는 상자가 있다. 이 상자에서 한 장의 카드를 꺼낼 때, 다음을 구하시오.

(1) 카드에 적힌 수가 짝수일 확률
(2) 카드에 적힌 수가 소수일 확률

[해결 포인트]

$$(\text{사건 } A \text{가 일어날 확률}) = \frac{(\text{사건 } A \text{가 일어나는 경우의 수})}{(\text{모든 경우의 수})}$$

한번 더!

1-1 상자에 모양과 크기가 같은 빨간 공 3개, 파란 공 2개, 노란 공 5개가 들어 있다. 이 상자에서 한 개의 공을 꺼낼 때, 노란 공이 나올 확률을 구하시오.

1-2 다음 표는 희수네 중학교 2학년 전체 학생들의 혈액형을 조사하여 나타낸 것이다. 2학년 학생들 중 한 명을 선택할 때, 선택한 학생의 혈액형이 O형일 확률을 구하시오.

혈액형	A형	B형	O형	AB형
학생 수(명)	60	45	30	15

• 예제 2 여러 가지 확률

1, 2, 3, 4의 숫자가 각각 하나씩 적힌 4장의 카드 중에서 2장을 동시에 뽑아 두 자리의 자연수를 만들 때, 그 수가 30 이상일 확률을 구하시오.

[해결 포인트]

확률을 구할 때는 가장 먼저 모든 경우의 수를 구한다.

한번 더!

2-1 서로 다른 두 개의 주사위를 동시에 던질 때, 나오는 두 눈의 수가 차가 2일 확률을 구하시오.

2-2 A, B, C, D, E 5명의 학생을 한 줄로 세울 때, B, C가 이웃하여 서게 될 확률을 구하시오.

2-3 주사위 한 개를 두 번 던져서 처음에 나오는 눈의 수를 x, 나중에 나오는 눈의 수를 y라 할 때, $2x+y=10$일 확률을 구하시오.

• 예제 **3** 확률의 성질

주머니에 모양과 크기가 같은 검은 공 5개, 흰 공 2개가 들어 있다. 이 주머니에서 한 개의 공을 꺼낼 때, 다음 중 옳지 <u>않은</u> 것을 모두 고르면? (정답 2개)

① 검은 공이 나올 확률은 $\dfrac{5}{7}$이다.

② 파란 공이 나올 확률은 0이다.

③ 빨간 공이 나올 확률은 1이다.

④ 흰 공이 나올 확률은 1보다 작다.

⑤ 검은 공 또는 흰 공이 나올 확률은 0이다.

[해결 포인트]
• 어떤 사건 A가 일어날 확률을 p라 하면 $0 \leq p \leq 1$이다.
• 반드시 일어나는 사건의 확률은 1이다.
• 절대로 일어나지 않는 사건의 확률은 0이다.

🖑 한번 더!

3-1 1부터 10까지의 자연수가 각각 하나씩 적힌 10장의 카드 중에서 1장을 뽑을 때, 다음을 구하시오.

(1) 홀수가 나올 확률
(2) 12의 배수가 나올 확률
(3) 10 이하의 자연수가 나올 확률

3-2 한 개의 주사위를 던질 때, 다음 |보기|에서 확률이 큰 값부터 차례로 나열하시오.

| 보기 |
ㄱ. 7 미만의 눈이 나올 확률
ㄴ. 5의 약수의 눈이 나올 확률
ㄷ. 7의 배수의 눈이 나올 확률
ㄹ. 소수의 눈이 나올 확률

Ⅲ·6

• 예제 **4** 어떤 사건이 일어나지 않을 확률

1부터 20까지의 자연수가 각각 하나씩 적힌 20장의 카드 중에서 한 장을 뽑을 때, 다음을 구하시오.

(1) 3의 배수가 나올 확률
(2) 3의 배수가 나오지 않을 확률

[해결 포인트]
어떤 사건이 일어나지 않을 확률은 반대로 그 사건이 일어날 확률을 이용한다.

🖑 한번 더!

4-1 서로 다른 두 개의 주사위를 동시에 던질 때, 서로 다른 눈의 수가 나올 확률을 구하시오.

4-2 소원이가 4개의 ○, ✕ 문제에 임의로 답할 때, 적어도 한 문제는 맞힐 확률은?

① $\dfrac{1}{16}$　　② $\dfrac{1}{4}$　　③ $\dfrac{1}{2}$

④ $\dfrac{3}{4}$　　⑤ $\dfrac{15}{16}$

사건 A 또는 사건 B가 일어날 확률

동일한 실험이나 관찰에서 두 사건 A, B가 동시에 일어나지 않을 때,
사건 A가 일어날 확률을 p, 사건 B가 일어날 확률을 q라 하면
➡ (사건 A 또는 사건 B가 일어날 확률)$=p+q$

참고 일반적으로 '또는', '~이거나'라는 표현이 있으면 두 사건이 일어날 확률을 더한다.

예 1부터 9까지의 자연수가 각각 하나씩 적힌 9개의 공이 들어 있는 주머니에서 한 개의 공을 꺼낼 때

홀수가 적힌 공이 나올 확률은 $\dfrac{5}{9}$,

4의 배수가 적힌 공이 나올 확률은 $\dfrac{2}{9}$

➡ 홀수 또는 4의 배수가 적힌 공이 나올 확률은 $\dfrac{5}{9}+\dfrac{2}{9}=\dfrac{7}{9}$

• 개념 확인하기

• 정답 및 해설 62쪽

1 모양과 크기가 같은 빨간 공 4개, 파란 공 6개, 노란 공 10개가 들어 있는 주머니에서 한 개의 공을 꺼낼 때, 다음을 구하고, □ 안에 알맞은 수를 쓰시오.

(1) 빨간 공이 나올 확률

(2) 노란 공이 나올 확률

(3) 빨간 공 또는 노란 공이 나올 확률

$\Rightarrow$ □ $+$ □ $=$ □

2 연필 3자루, 볼펜 4자루, 색연필 2자루가 들어 있는 필통에서 한 자루의 필기구를 꺼낼 때, 다음을 구하시오.

(1) 볼펜이 나올 확률

(2) 색연필이 나올 확률

(3) 볼펜 또는 색연필이 나올 확률

3 1부터 15까지의 자연수가 각각 하나씩 적힌 15장의 카드 중에서 한 장의 카드를 뽑을 때, 다음을 구하시오.

(1) 4의 배수가 적힌 카드가 나올 확률

(2) 7의 배수가 적힌 카드가 나올 확률

(3) 4의 배수 또는 7의 배수가 적힌 카드가 나올 확률

4 서로 다른 두 개의 주사위를 동시에 던질 때, 다음을 구하시오.

(1) 두 눈의 수의 합이 4일 확률

(2) 두 눈의 수의 합이 8일 확률

(3) 두 눈의 수의 합이 4 또는 8일 확률

•정답 및 해설 63쪽

• 예제 1 사건 A 또는 사건 B가 일어날 확률 ①

다음 표는 승화네 반 전체 학생들이 하나씩 가입한 동아리를 조사하여 나타낸 것이다. 이 중에서 한 명의 학생을 뽑을 때, 가입한 동아리가 축구부 또는 야구부일 확률을 구하시오.

동아리	축구부	볼링부	산악부	야구부	합창부
학생 수(명)	7	4	6	8	5

[해결 포인트]

두 사건 A, B가 동시에 일어나지 않을 때, 사건 A가 일어날 확률을 p, 사건 B가 일어날 확률을 q라 하면

➡ (사건 A 또는 사건 B가 일어날 확률)$=p+q$

👆 한번 더!

1-1 상자 안에는 총 20개의 제비가 있고, 1등 제비 1개, 2등 제비 3개, 3등 제비 5개가 포함되어 있다고 한다. 이 중에서 한 개를 뽑을 때, 1등 또는 3등 제비가 뽑힐 확률을 구하시오.

1-2 다음 표는 어느 반 학생들의 일주일 동안의 도서관 방문 횟수를 조사하여 나타낸 것이다. 이 반 학생들 중 한 명을 임의로 선택할 때, 이 학생의 도서관 방문 횟수가 3회 이상일 확률을 구하시오.

횟수(회)	1	2	3	4	합계
학생 수(명)	3	12	6	4	25

• 예제 2 사건 A 또는 사건 B가 일어날 확률 ②

1부터 30까지의 자연수가 각각 하나씩 적힌 30장의 카드 중에서 한 장의 카드를 뽑을 때, 8의 배수 또는 18의 약수가 적힌 카드가 나올 확률을 구하시오.

[해결 포인트]

(A 또는 B일 확률)$=$(A일 확률)$+$(B일 확률)

👆 한번 더!

2-1 1부터 20까지의 자연수가 각각 하나씩 적힌 20장의 카드 중에서 한 장의 카드를 선택할 때, 소수 또는 6의 배수가 적힌 카드가 나올 확률을 구하시오.

2-2 서로 다른 두 개의 주사위를 동시에 던질 때, 나오는 두 눈의 수의 차가 3 또는 4일 확률을 구하시오.

사건 A와 사건 B가 동시에 일어날 확률

두 사건 A, B가 서로 영향을 끼치지 않을 때,

사건 A가 일어날 확률을 p, 사건 B가 일어날 확률을 q라 하면

➡ (사건 A와 사건 B가 동시에 일어날 확률)$=p \times q$

참고 일반적으로 '동시에', '그리고', '~와', '~하고 나서'라는 표현이 있으면 두 사건이 일어날 확률을 곱한다.

예 동전 한 개와 주사위 한 개를 동시에 던질 때

동전의 앞면이 나올 확률은 $\dfrac{1}{2}$,

주사위의 6의 약수의 눈이 나올 확률은 $\dfrac{4}{6}=\dfrac{2}{3}$

➡ 동전은 앞면이 나오고, 주사위는 6의 약수의 눈이 나올 확률은 $\dfrac{1}{2} \times \dfrac{2}{3} = \dfrac{1}{3}$

• 개념 확인하기

• 정답 및 해설 64쪽

1 A주머니에는 모양과 크기가 같은 흰 공 3개, 검은 공 2개가 들어 있고, B주머니에는 모양과 크기가 같은 흰 공 4개, 검은 공 2개가 들어 있다. A, B 두 주머니에서 각각 공을 한 개씩 꺼낼 때, 다음을 구하고, □ 안에 알맞은 수를 쓰시오.

(1) A주머니에서 흰 공이 나올 확률

(2) B주머니에서 검은 공이 나올 확률

(3) A주머니에서 흰 공이 나오고, B주머니에서 검은

공이 나올 확률 ⇨ □ × □ = □

2 동전 한 개와 주사위 한 개를 동시에 던질 때, 다음을 구하시오.

(1) 동전의 뒷면이 나올 확률

(2) 주사위에서 4 이하의 눈이 나올 확률

(3) 동전은 뒷면이 나오고, 주사위는 4 이하의 눈이 나올 확률

3 A, B 두 주사위를 동시에 던질 때, 다음을 구하시오.

(1) A주사위에서 짝수의 눈이 나올 확률

(2) B주사위에서 홀수의 눈이 나올 확률

(3) A주사위는 짝수의 눈이 나오고, B주사위는 홀수의 눈이 나올 확률

4 다음을 구하시오.

(1) 지민이와 수현이가 오늘 도서관에 갈 확률이 각각 $\dfrac{2}{3}$, $\dfrac{3}{7}$일 때, 두 사람 모두 오늘 도서관에 갈 확률

(2) 어떤 문제를 태준이와 하연이가 맞힐 확률이 각각 $\dfrac{4}{5}$, $\dfrac{3}{8}$일 때, 두 사람 모두 이 문제를 맞힐 확률

• 예제 **1** 사건 A와 사건 B가 동시에 일어날 확률①

A주머니에는 모양과 크기가 같은 빨간 공 3개, 파란 공 4개가 들어 있고, B주머니에는 모양과 크기가 같은 빨간 공 5개, 파란 공 2개가 들어 있다. A, B 두 주머니에서 각각 공을 한 개씩 꺼낼 때, 다음을 구하시오.

(1) A주머니에서 빨간 공이 나오고, B주머니에서 파란 공이 나올 확률
(2) A주머니에서 파란 공이 나오고, B주머니에서 빨간 공이 나올 확률
(3) A, B 두 주머니에서 모두 빨간 공이 나올 확률

[해결 포인트]
두 사건 A, B가 서로 영향을 끼치지 않을 때, 사건 A가 일어날 확률을 p, 사건 B가 일어날 확률을 q라 하면
➡ (사건 A와 사건 B가 동시에 일어날 확률)$=p \times q$

🖑 **한번 더!**

1-1 두 농구 선수 A, B의 자유투 성공률은 각각 $\dfrac{3}{4}$, $\dfrac{2}{5}$이다. 두 선수가 각각 한 번씩 자유투를 던질 때, 두 선수 모두 성공할 확률을 구하시오.

1-2 한 개의 주사위를 두 번 던질 때, 첫 번째로 나온 눈의 수는 소수이고, 두 번째로 나온 눈의 수는 짝수일 확률은?

① $\dfrac{1}{2}$ 　　② $\dfrac{1}{3}$ 　　③ $\dfrac{1}{4}$

④ $\dfrac{1}{6}$ 　　⑤ $\dfrac{1}{8}$

• 예제 **2** 사건 A와 사건 B가 동시에 일어날 확률②

어떤 문제를 A가 풀 확률은 $\dfrac{2}{3}$, B가 풀 확률은 $\dfrac{1}{4}$일 때, 다음을 구하시오.

(1) A가 문제를 풀지 못할 확률
(2) B가 문제를 풀지 못할 확률
(3) A, B 두 사람 모두 문제를 풀지 못할 확률

[해결 포인트]
두 사건 A, B가 서로 영향을 끼치지 않을 때, 사건 A가 일어날 확률을 p, 사건 B가 일어날 확률을 q라 하면
➡ (두 사건 A, B가 모두 일어나지 않을 확률)
　$=(1-p) \times (1-q)$

🖑 **한번 더!**

2-1 명중률이 각각 $\dfrac{5}{8}$, $\dfrac{2}{5}$인 두 사격 선수가 각각 한 번씩 사격을 할 때, 두 선수가 모두 과녁을 명중시키지 못할 확률을 구하시오.

2-2 수연이가 A오디션에 합격할 확률은 $\dfrac{7}{10}$, B오디션에 합격할 확률은 $\dfrac{2}{5}$일 때, 다음을 구하시오.

(1) 수연이가 A오디션에는 합격하고, B오디션에는 불합격할 확률
(2) 수연이가 두 오디션에 모두 불합격할 확률
(3) 수연이가 적어도 한 오디션에는 합격할 확률

확률의 응용 – 연속하여 꺼내기

(1) 꺼낸 것을 다시 넣고 연속하여 꺼내는 경우
처음에 꺼낸 것을 나중에 다시 꺼낼 수 있으므로 처음과 나중의 조건이 같다.
➡ 처음에 일어난 사건이 나중에 일어나는 사건에 영향을 주지 않는다.

예 처음(10개) → 나중(10개)

(2) 꺼낸 것을 다시 넣지 않고 연속하여 꺼내는 경우
처음에 꺼낸 것을 나중에 다시 꺼낼 수 없으므로 처음과 나중의 조건이 다르다.
➡ 처음에 일어난 사건이 나중에 일어나는 사건에 영향을 준다.

예 처음(10개) → 나중(9개)

· 개념 확인하기

· 정답 및 해설 65쪽

1 다음은 모양과 크기가 같은 흰 구슬 5개, 검은 구슬 4개가 들어 있는 주머니에서 2개의 구슬을 차례로 꺼낼 때, 꺼낸 2개의 구슬이 모두 검은 구슬일 확률을 구하는 과정이다. □ 안에 알맞은 수를 쓰시오.

	(1) 꺼낸 구슬을 다시 넣을 때	(2) 꺼낸 구슬을 다시 넣지 않을 때
첫 번째에 검은 구슬을 꺼낼 확률	$\dfrac{4}{9}$	$\dfrac{4}{9}$
두 번째에 검은 구슬을 꺼낼 확률	남은 구슬은 □개, 검은 구슬은 □개 ⇨ 확률: □	남은 구슬은 □개, 검은 구슬은 □개 ⇨ 확률: □
꺼낸 2개의 구슬이 모두 검은 구슬일 확률	$\dfrac{4}{9} \times \square = \square$	$\dfrac{4}{9} \times \square = \square$

2 2개의 당첨 제비를 포함한 5개의 제비가 들어 있는 주머니에서 A, B 두 사람이 차례로 제비를 한 개씩 뽑을 때, 다음을 구하시오.

(1) A가 뽑은 제비를 다시 넣을 때
 ① A가 당첨될 확률
 ② B가 당첨될 확률
 ③ A, B가 모두 당첨될 확률

(2) A가 뽑은 제비를 다시 넣지 않을 때
 ① A가 당첨될 확률
 ② B가 당첨될 확률
 ③ A, B가 모두 당첨될 확률

· 예제 1　**연속하여 꺼내는 경우의 확률①**

상자에 모양과 크기가 같은 주황색 공 6개, 초록색 공 4개가 들어 있다. 이 상자에서 한 개의 공을 꺼내 색을 확인하고 다시 넣은 후 한 개의 공을 또 꺼낼 때, 두 번 모두 주황색 공이 나올 확률을 구하시오.

[해결 포인트]
처음과 나중의 조건이 같다. 즉,
(처음 꺼낼 때의 전체 개수)=(나중에 꺼낼 때의 전체 개수)

한번 더!

1-1　모양과 크기가 같은 흰 공 4개와 검은 공 6개가 들어 있는 주머니가 있다. 이 주머니에서 한 개의 공을 꺼내 확인하고 다시 넣은 후 한 개의 공을 또 꺼낼 때, 두 번 모두 흰 공이 나올 확률을 구하시오.

1-2　1부터 8까지의 자연수가 각각 하나씩 적힌 8장의 카드 중에서 한 장의 카드를 뽑아 숫자를 확인하고 다시 넣은 후 한 장의 카드를 또 꺼낼 때, 첫 번째에는 8의 약수가 적힌 카드가 나오고 두 번째에는 소수가 적힌 카드가 나올 확률을 구하시오.

· 예제 2　**연속하여 꺼내는 경우의 확률②**

어떤 상자에 들어 있는 25개의 사탕 중 6개에는 행운권이 들어 있다. 이 상자에서 2개의 사탕을 차례로 꺼낼 때, 모두 행운권이 들어 있는 사탕이 나올 확률을 구하시오. (단, 꺼낸 사탕은 다시 넣지 않는다.)

[해결 포인트]
처음과 나중의 조건이 다르다. 즉,
(처음 꺼낼 때의 전체 개수)≠(나중에 꺼낼 때의 전체 개수)

한번 더!

2-1　1부터 10까지의 자연수가 각각 하나씩 적힌 10장의 카드가 있다. 이 중에서 연속하여 두 장의 카드를 뽑을 때, 모두 홀수가 적힌 카드가 나올 확률을 구하시오.

2-2　상자 안에 10개의 제품이 들어 있는데 그중 2개가 불량품이다. 성재가 먼저 1개를 꺼내고 그 다음에 민호가 1개를 꺼내 불량품인지 조사할 때, 다음을 구하시오. (단, 꺼낸 제품은 다시 넣지 않는다.)

(1) 성재만 불량품을 꺼낼 확률
(2) 민호만 불량품을 꺼낼 확률
(3) 성재와 민호 중 한 사람만 불량품을 꺼낼 확률

1
●○○

다음은 하영이네 반 학생들의 취미를 조사하여 나타낸 표이다. 하영이네 반 학생 중에서 한 명을 뽑을 때, 취미가 운동 또는 음악 감상인 경우의 수를 구하시오.

취미	독서	운동	영화 감상	음악 감상
학생 수(명)	4	9	8	15

2
●●○

한 개의 주사위를 두 번 던질 때, 나오는 두 눈의 수의 합이 4의 배수인 경우의 수는?

① 5　　② 6　　③ 7
④ 8　　⑤ 9

3
●○○

다음 사건 중 경우의 수가 가장 작은 것은?

① 한 개의 주사위를 던질 때, 나오는 모든 경우의 수
② 서로 다른 두 개의 동전을 던질 때, 나오는 모든 경우의 수
③ 두 사람이 가위바위보를 할 때, 나오는 모든 경우의 수
④ 주사위 1개와 동전 1개를 던질 때, 나오는 모든 경우의 수
⑤ 서로 다른 4개의 윷가락을 동시에 던질 때, 나오는 모든 경우의 수

4
●●●

다음 그림은 수호네 집, 문구점, 학교 사이의 길을 나타낸 것이다. 수호가 집에서 학교로 갈 수 있는 모든 방법의 수를 구하시오.

(단, 한 번 지나간 지점은 다시 지나지 않는다.)

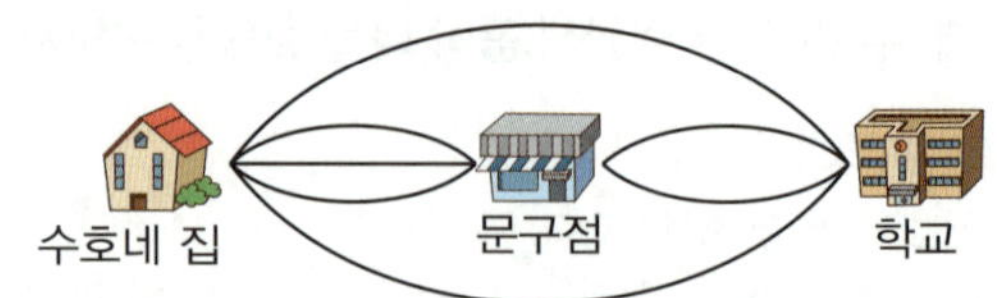

5 중요
●●○

놀이공원에서 민이가 회전목마, 롤러코스터, 바이킹, 모노레일 4대의 놀이기구를 모두 한 번씩 타려고 한다. 놀이기구를 타는 순서를 정하는 경우의 수는?

① 12　　② 16　　③ 20
④ 24　　⑤ 28

6
●●●

다음 그림의 A, B, C 세 영역을 초록색, 노란색, 파란색, 연두색의 4가지 색을 사용하여 칠하려고 한다. 세 영역에 서로 다른 색을 칠하는 경우의 수를 구하시오.

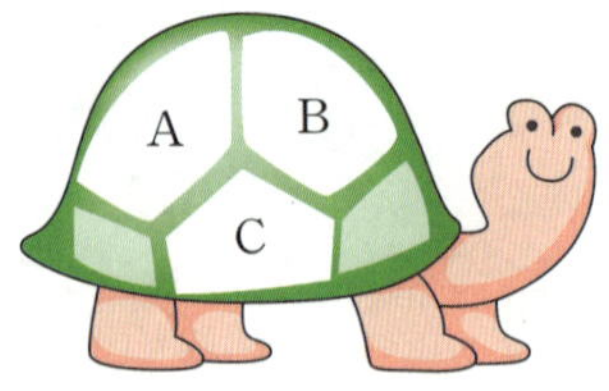

7

5, 6, 7, 8, 9, 0의 숫자가 각각 하나씩 적힌 6장의 카드 중에서 3장을 동시에 뽑아 만들 수 있는 세 자리의 자연수 중 5의 배수의 개수를 구하시오.

8 창의력UP

민지가 사물함 자물쇠의 비밀번호를 잊어버렸다. 비밀번호는 네 자리의 자연수이고, 각 자리의 숫자는 1부터 7까지의 숫자로 이루어져 있다. 비밀번호에 대한 다음 힌트를 이용하여 비밀번호를 알아내려고 할 때, 예상한 비밀번호를 최대 몇 번 눌러 보아야 하는지 구하시오.

> [힌트 1] 십의 자리의 숫자는 3이다.
> [힌트 2] 5000보다 큰 수이다.
> [힌트 3] 중복되는 숫자가 없다.

9

A, B, C, D, E, F 6명의 학생이 긴 줄 넘기를 하려고 할 때, 줄을 잡고 돌릴 2명을 뽑는 경우의 수를 구하시오.

10 중요

1부터 12까지의 자연수가 각각 하나씩 적힌 12장의 카드 중에서 한 장의 카드를 뽑을 때, 다음 중 옳은 것을 모두 고르면? (정답 2개)

① 0이 나올 확률은 $\frac{1}{12}$이다.

② 3의 배수가 나올 확률은 $\frac{1}{4}$이다.

③ 12의 약수가 나올 확률은 $\frac{1}{2}$이다.

④ 12 이상의 수가 나올 확률은 0이다.

⑤ 12 이하의 수가 나올 확률은 1이다.

11

여학생 5명, 남학생 3명 중에서 대표 2명을 뽑을 때, 여학생이 적어도 한 명은 포함될 확률은?

① $\frac{3}{28}$ ② $\frac{5}{28}$ ③ $\frac{1}{2}$

④ $\frac{25}{28}$ ⑤ $\frac{13}{14}$

12 중요

선희네 수학 선생님은 수업 시간에 임의로 학생들의 번호를 불러서 질문을 하신다. 선희네 반 학생들의 번호가 1번부터 32번까지 있을 때, 선생님이 부른 번호가 6의 배수이거나 7의 배수일 확률을 구하시오.

13　●●●

1, 2, 3, 4, 5의 숫자가 각각 하나씩 적힌 5장의 카드 중에서 3장을 뽑아 세 자리의 정수를 만들 때, 그 수가 200 미만이거나 530 이상일 확률은?

① $\dfrac{3}{10}$　　② $\dfrac{2}{5}$　　③ $\dfrac{1}{2}$

④ $\dfrac{3}{5}$　　⑤ $\dfrac{7}{10}$

14　●●○

A주머니에는 흰 바둑돌 3개, 검은 바둑돌 2개가 들어 있고, B주머니에는 흰 바둑돌 1개, 검은 바둑돌 4개가 들어 있다. A, B 두 주머니에서 각각 바둑돌을 한 개씩 꺼낼 때, A주머니에서는 흰 바둑돌을 꺼내고 B주머니에서는 검은 바둑돌을 꺼낼 확률을 구하시오.

15　중요　●●○

동전 1개와 주사위 1개를 동시에 던질 때, 동전의 앞면과 주사위의 소수의 눈이 나오거나 동전의 뒷면과 주사위의 3 미만의 눈이 나올 확률은?

① $\dfrac{5}{12}$　　② $\dfrac{1}{2}$　　③ $\dfrac{5}{9}$

④ $\dfrac{2}{3}$　　⑤ $\dfrac{7}{9}$

16　중요　●●○

강인이와 홍민이가 축구 경기에서 승부차기를 성공할 확률은 각각 0.8, 0.7이다. 강인이와 홍민이가 각각 한 번씩 승부차기를 할 때, 두 사람 중 한 사람만 승부차기를 성공할 확률을 구하시오.

17　●●○

공을 던져 목표물을 맞힐 확률이 각각 $\dfrac{3}{4}$, $\dfrac{1}{2}$, $\dfrac{2}{3}$인 세 사람이 동시에 목표물을 향해 공을 한 번씩 던질 때, 목표물이 공에 맞을 확률은?

① $\dfrac{1}{2}$　　② $\dfrac{2}{3}$　　③ $\dfrac{3}{4}$

④ $\dfrac{5}{6}$　　⑤ $\dfrac{23}{24}$

18　●●○

주머니에 L, O, V, E의 알파벳이 각각 하나씩 적힌 4장의 카드가 들어 있다. 이 주머니에서 2장의 카드를 연속하여 1장씩 뽑을 때, 두 번 모두 같은 알파벳이 적힌 카드를 뽑을 확률을 구하시오.
　　　　　　(단, 꺼낸 카드는 확인한 후 다시 넣는다.)

19

● ● ●

남학생 3명과 여학생 2명을 한 줄로 세울 때, 남학생은 남학생끼리, 여학생은 여학생끼리 이웃하여 세우는 경우를 수를 구하시오. (단, 풀이 과정을 자세히 쓰시오.)

[풀이]

[답]

20

● ● ●

오른쪽 그림과 같이 원 위에 A, B, C, D, E, F 6개의 점이 있다. 이 중에서 두 점을 연결하여 만들 수 있는 선분의 개수를 a개, 세 점을 연결하여 만들 수 있는 삼각형의 개수를 b개라 할 때, $a+b$의 값을 구하시오. (단, 풀이 과정을 자세히 쓰시오.)

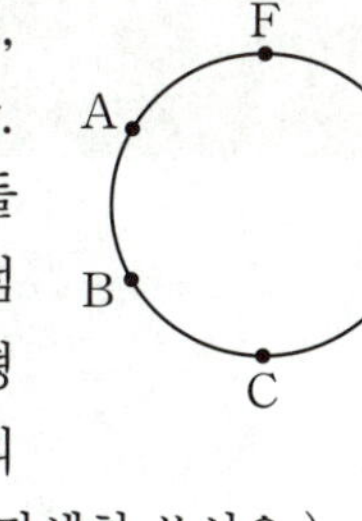

[풀이]

[답]

21

● ● ○

A, B 두 주사위를 동시에 던져서 나오는 눈의 수를 각각 a, b라 할 때, 일차함수 $y=ax+b$의 그래프가 점 $(3, 11)$을 지날 확률을 구하시오.

(단, 풀이 과정을 자세히 쓰시오.)

[풀이]

[답]

22

● ● ○

빨간 공 4개와 파란 공 5개가 들어 있는 상자가 있다. 이 상자에서 연속하여 한 개씩 두 개의 공을 꺼낼 때, 모두 같은 색의 공이 나올 확률을 구하시오. (단, 꺼낸 공은 다시 넣지 않고, 풀이 과정을 자세히 쓰시오.)

[풀이]

[답]

1 마인드맵으로 개념 구조화!

2 OX 문제로 개념 점검!

옳은 것은 ○, 옳지 않은 것은 ×를 택하시오.　　　　　　　　•정답 및 해설 68쪽

❶ 한국 영화 2편과 외국 영화 3편 중에서 한 편의 영화를 택하여 관람하는 경우의 수는 6이다.　　○ │ ×

❷ 빵 3종류와 음료수 3종류 중에서 빵과 음료수를 각각 하나씩 고르는 경우의 수는 9이다.　　○ │ ×

❸ 5명 중에서 3명을 뽑아 한 줄로 세우는 경우의 수는 60이다.　　○ │ ×

❹ 0, 2, 4, 6, 8의 숫자 5개 중에서 2개를 뽑아 두 자리의 자연수를 만들 때,
십의 자리에 올 수 있는 숫자의 개수는 5개이다.　　○ │ ×

❺ 1부터 9까지의 자연수가 각각 하나씩 적힌 9장의 카드 중에서 한 장의 카드를 뽑을 때,
4의 배수가 적힌 카드가 나올 확률은 $\dfrac{2}{9}$이다.　　○ │ ×

❻ 한 개의 주사위를 던질 때, 6 이하의 눈이 나올 확률은 0이다.　　○ │ ×

❼ 내일 눈이 올 확률이 0.6이면 내일 눈이 오지 않을 확률은 0.4이다.　　○ │ ×

❽ 서로 다른 두 개의 동전을 던질 때, 모두 뒷면이 나올 확률은 $\dfrac{1}{4}$이다.　　○ │ ×

2022
개정 교육과정
2026년 중2 적용

수학이 쉬워지는 완벽한 솔루션

완쏠 개념

중등수학
2-2
워크북

메가스터디BOOKS

수학이 쉬워지는 완벽한 솔루션
완쏠 개념
중등수학
2-2
워크북

이 책의 **짜임새**

반복하여 연습하면 자신감이 UP!

완쏠 개념 중등수학2-2 본책의 필수 개념 각각에 대하여 그 개념에 해당하는 워크북을 바로 반복 연습합니다.

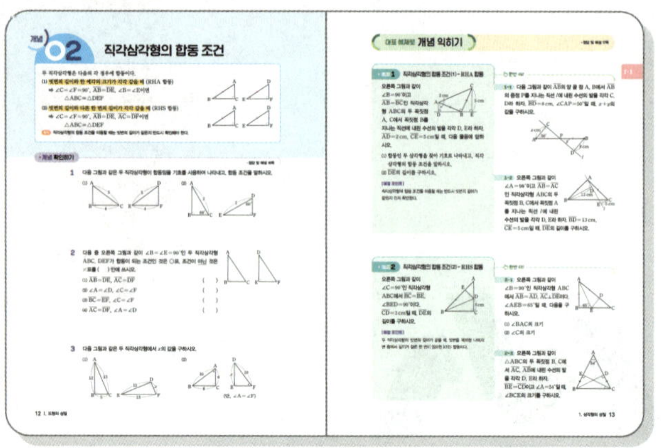

완쏠 "본책"으로
첫 번째 학습

\+

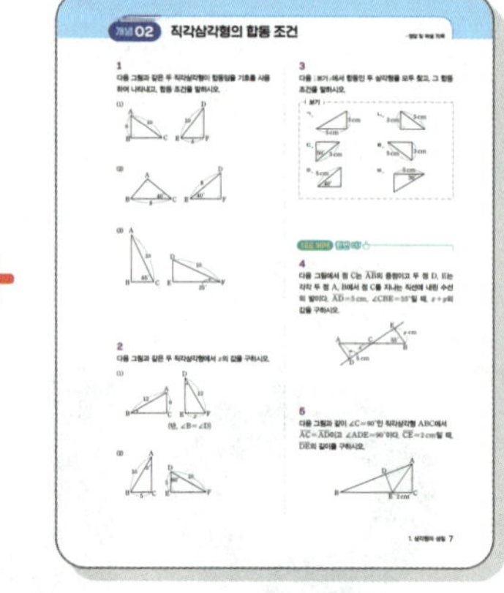

완쏠 "워크북"으로
반복 학습

→ **더욱
완벽한
개념 학습**

이런 학생들은 워크북을 꼭 풀어 보세요!

✓ 완쏠 본책을 공부한 후, 개념 이해력을 더욱 강화하고 싶다!

✓ 완쏠 본책을 공부한 후, 추가 공부할 과제가 필요하다!

이 책의 **차례**

• 정답 및 해설 69쪽

1

다음 그림과 같이 $\overline{AB}=\overline{AC}$인 이등변삼각형 ABC에서 $\angle x$의 크기를 구하시오.

(1)

(2)
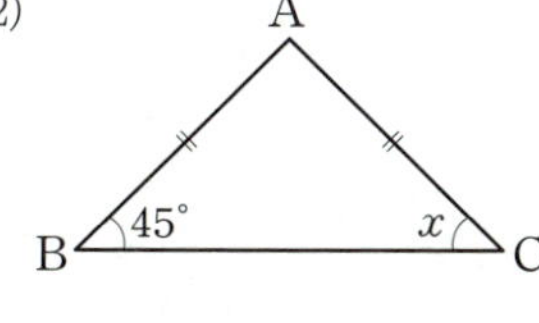

(3)
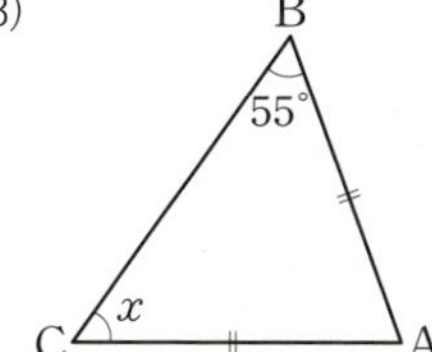

(4)
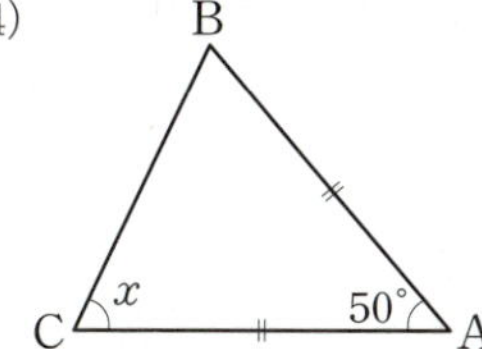

2

다음 그림과 같이 $\overline{AB}=\overline{AC}$인 이등변삼각형 ABC에서 $\angle x$의 크기를 구하시오.

(1)
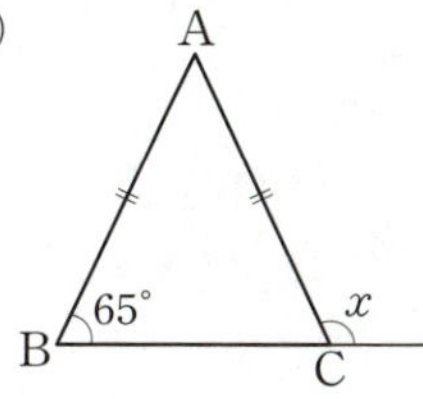

(2)
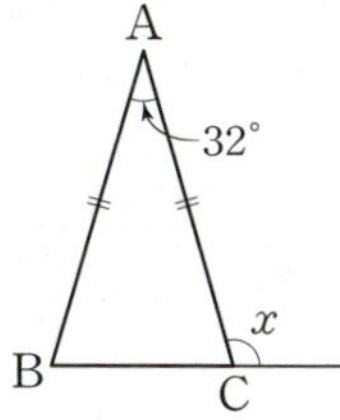

(3)
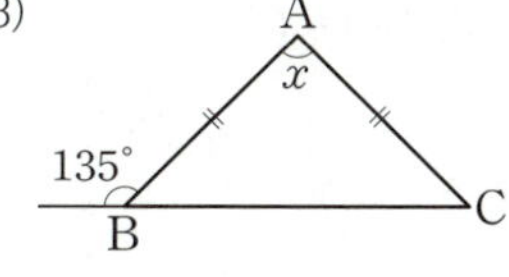

(4)
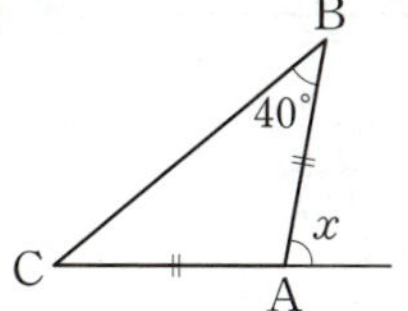

3

다음 그림에서 △ABC는 $\overline{AB}=\overline{AC}$인 이등변삼각형이고 $\overline{AD}$는 $\angle A$의 이등분선일 때, x의 값을 구하시오.

(1)
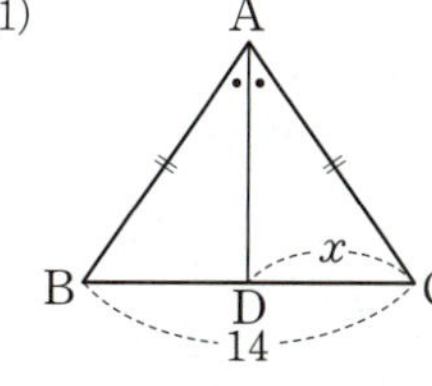

(2)
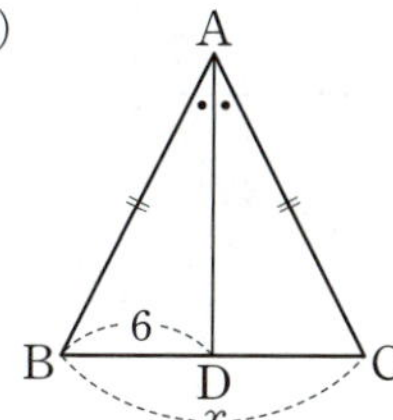

(3)
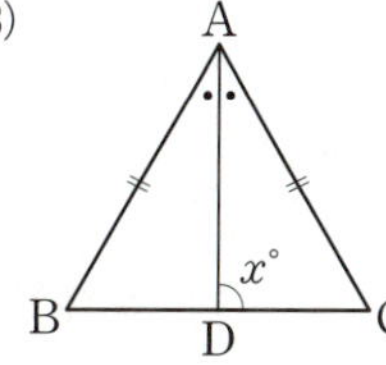

(4)
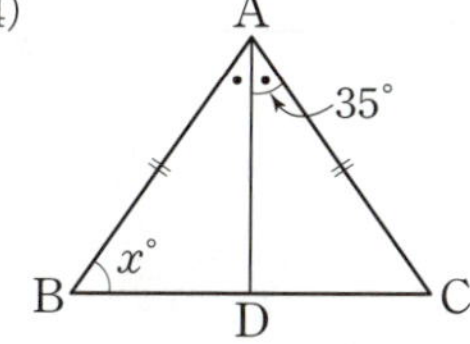

4

다음 그림과 같이 $\overline{AB}=\overline{AC}$인 이등변삼각형 ABC에서 $\angle x$, $\angle y$의 크기를 각각 구하시오.

(1)
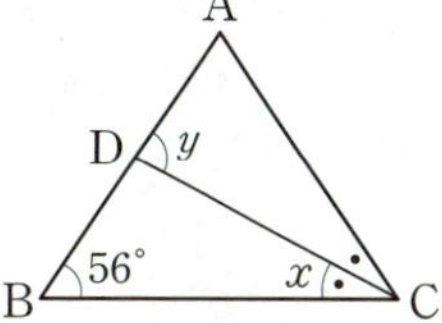

(2)
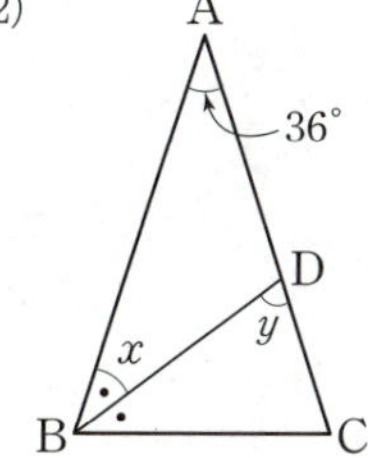

(3)

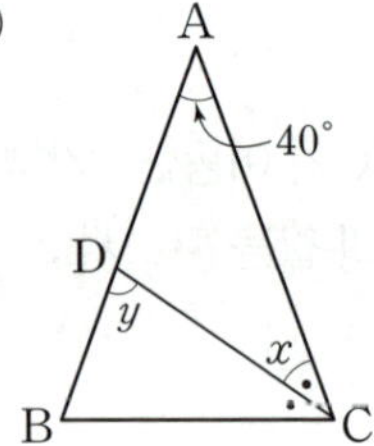

(4)

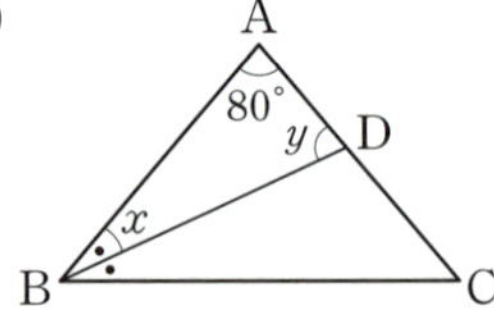

(3)

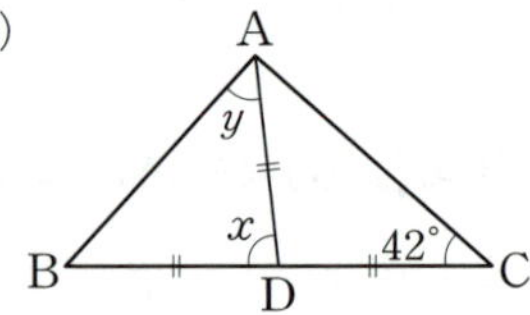

(4)

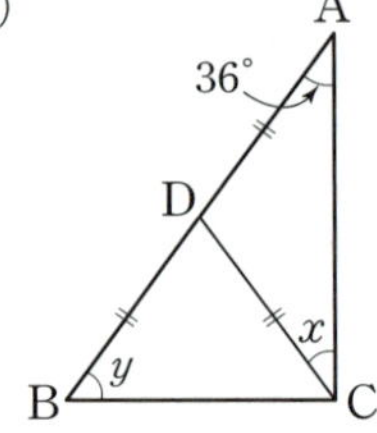

5

다음 그림과 같은 △ABC에서 ∠x, ∠y의 크기를 각각 구하시오.

(1)

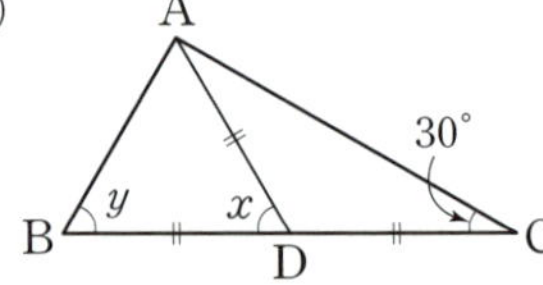

(2)

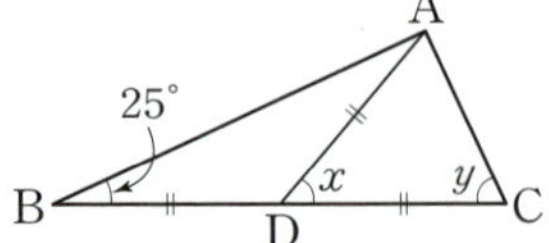

6

다음 그림과 같은 △ABC에서 ∠x의 크기를 구하시오.

(1)

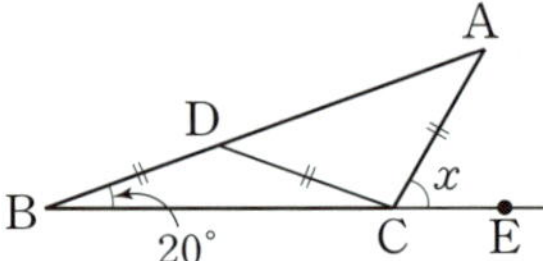

(2)

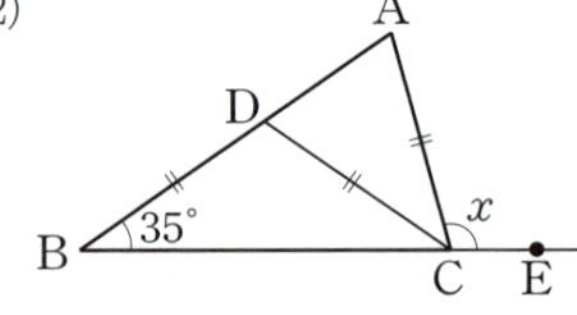

(3)

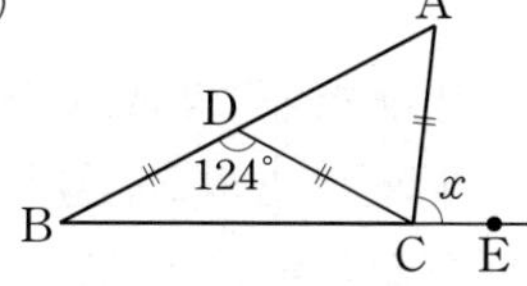

(4)

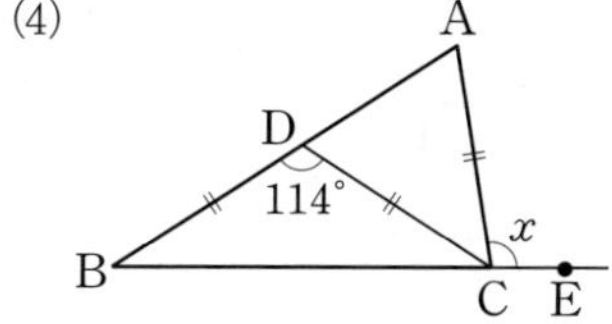

7

다음 그림과 같은 △ABC에서 x의 값을 구하시오.

(1)

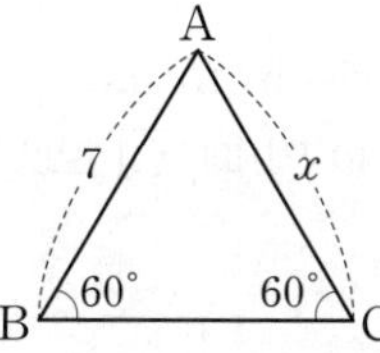

(2)

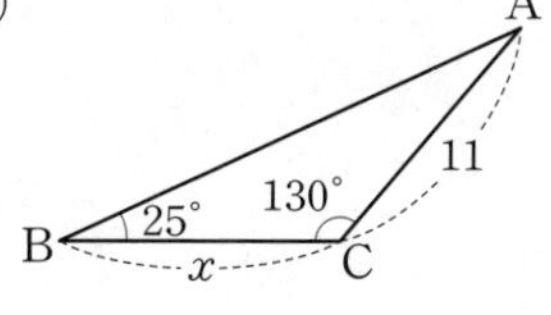

8

다음 그림과 같은 △ABC에서 x의 값을 구하시오.

(1)

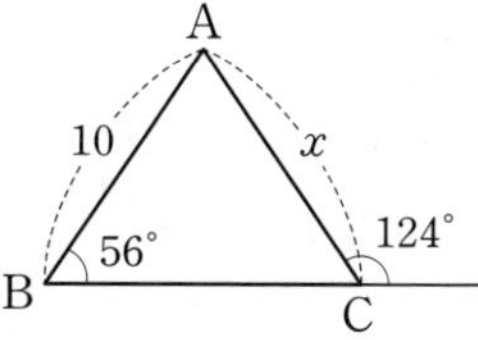

(2)

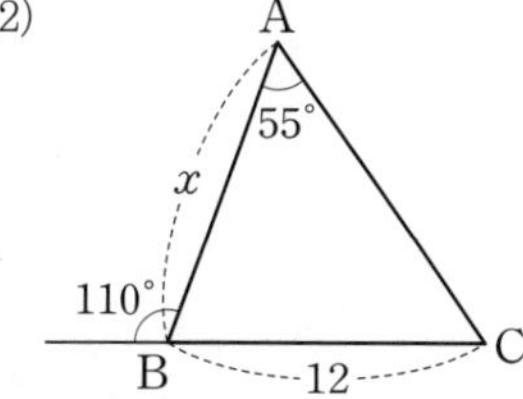

9

다음 그림과 같은 △ABC에서 x의 값을 구하시오.

(1)

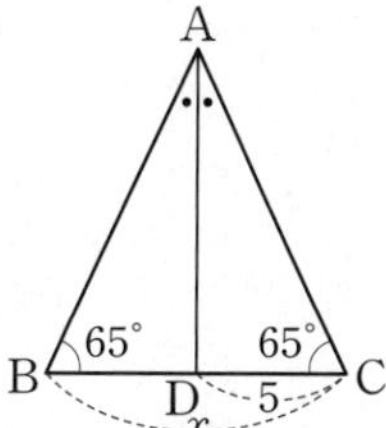

(2)

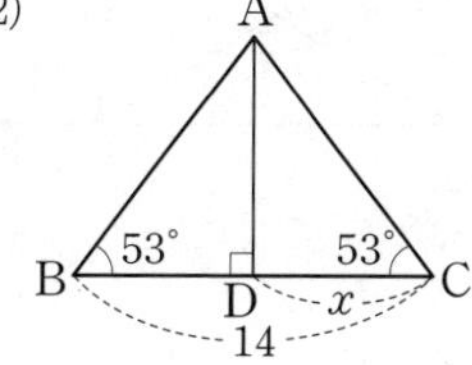

대표 예제 한번 더!

10

오른쪽 그림과 같이 $\overline{AB}=\overline{AC}$인
이등변삼각형 ABC에서 $\overline{CB}=\overline{CD}$
이고 $\angle A=42°$일 때, $\angle x$, $\angle y$의
크기를 각각 구하시오.

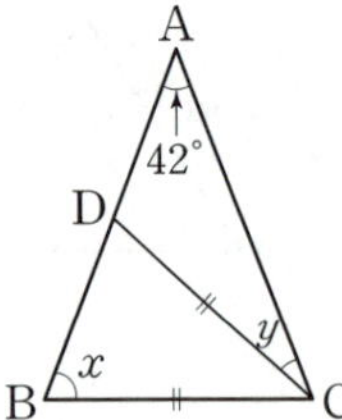

11

오른쪽 그림과 같이 $\overline{AB}=\overline{AC}$인
이등변삼각형 ABC에서 $\angle A$의 이
등분선과 $\overline{BC}$의 교점을 D라 할 때,
$x+y$의 값을 구하시오.

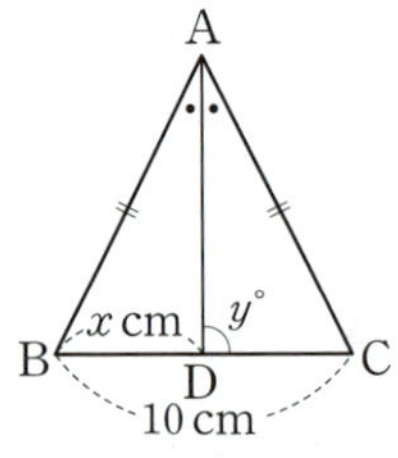

12

오른쪽 그림과 같은
$\triangle ABC$에서
$\overline{AC}=\overline{CD}=\overline{BD}$이고
$\angle ACE=96°$일 때, $\angle x$의
크기를 구하시오.

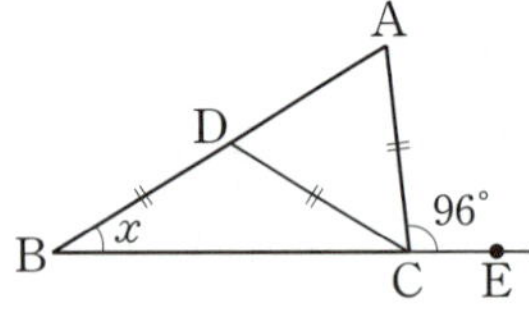

13

다음 그림과 같이 $\overline{AB}=\overline{AC}$인 이등변삼각형 ABC에서
$\angle B$의 이등분선과 $\angle C$의 외각의 이등분선의 교점을 D라
하자. $\angle A=48°$일 때, $\angle BDC$의 크기를 구하시오.

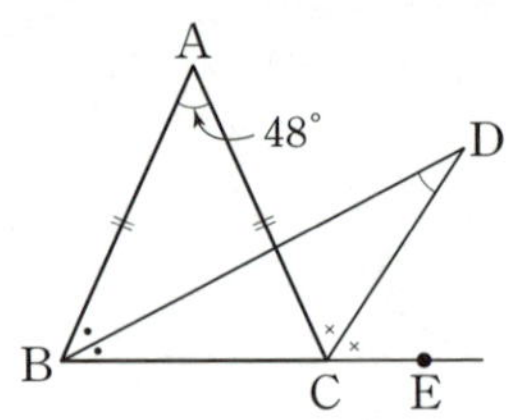

14

다음 그림과 같은 $\triangle ABC$에서 $\overline{AB}=5\,cm$이고
$\angle B=60°$, $\angle DAC=\angle DCA=30°$일 때, $\overline{CD}$의 길이
를 구하시오.

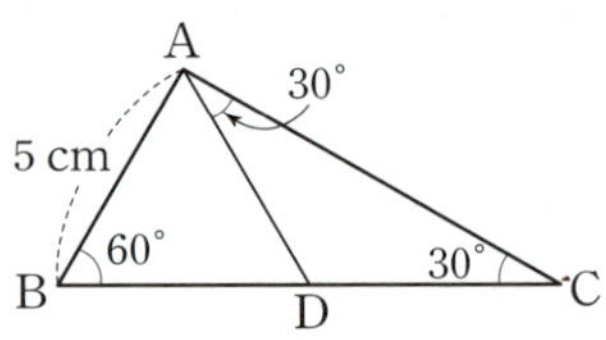

1

다음 그림과 같은 두 직각삼각형이 합동임을 기호를 사용하여 나타내고, 합동 조건을 말하시오.

(1)
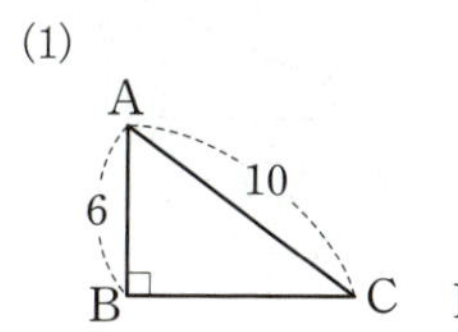

(2)
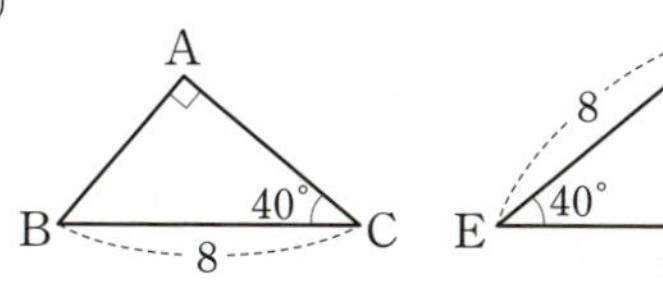

(3)
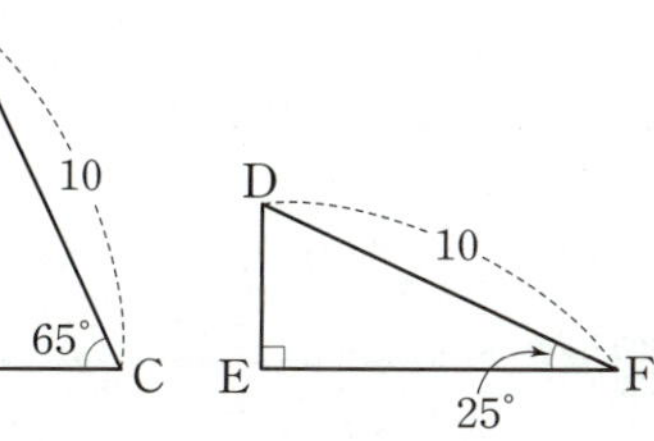

2

다음 그림과 같은 두 직각삼각형에서 x의 값을 구하시오.

(1)
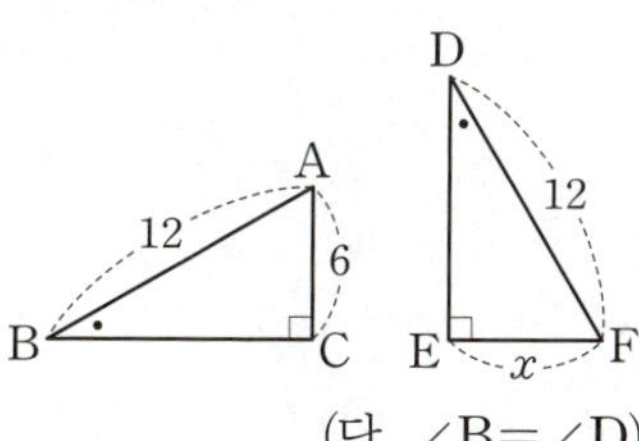

(단, $\angle B = \angle D$)

(2)
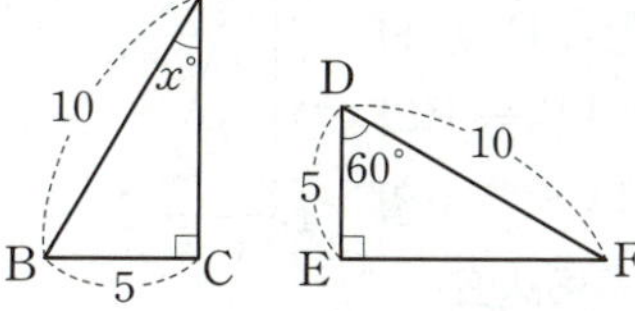

3

다음 |보기|에서 합동인 두 삼각형을 모두 찾고, 그 합동 조건을 말하시오.

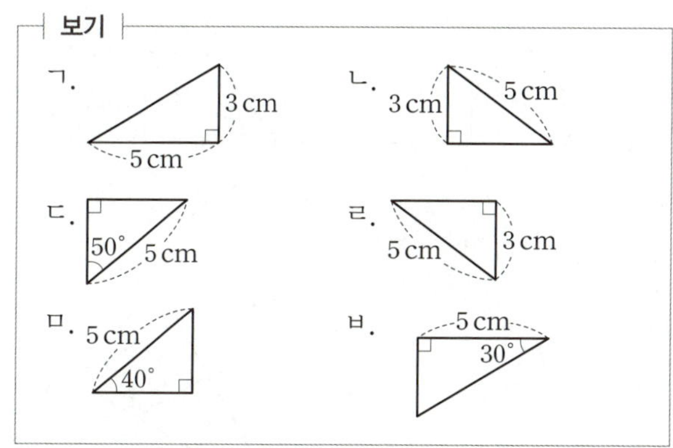

대표 예제 한번 더!

4

다음 그림에서 점 C는 $\overline{AB}$의 중점이고 두 점 D, E는 각각 두 점 A, B에서 점 C를 지나는 직선에 내린 수선의 발이다. $\overline{AD}=5\,\text{cm}$, $\angle CBE=55°$일 때, $x+y$의 값을 구하시오.

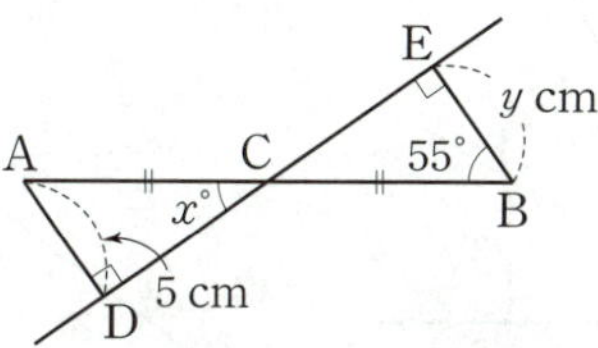

5

다음 그림과 같이 $\angle C=90°$인 직각삼각형 ABC에서 $\overline{AC}=\overline{AD}$이고 $\angle ADE=90°$이다. $\overline{CE}=2\,\text{cm}$일 때, $\overline{DE}$의 길이를 구하시오.

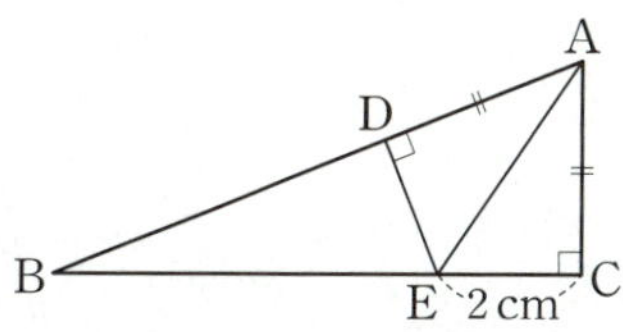

1

다음 그림에서 x의 값을 구하시오.

(1) 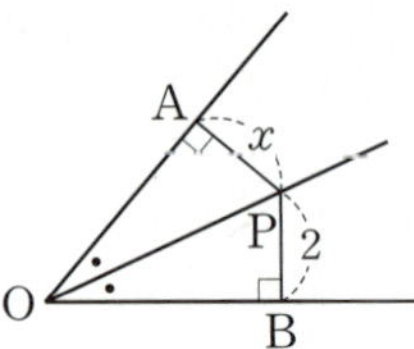

(2) 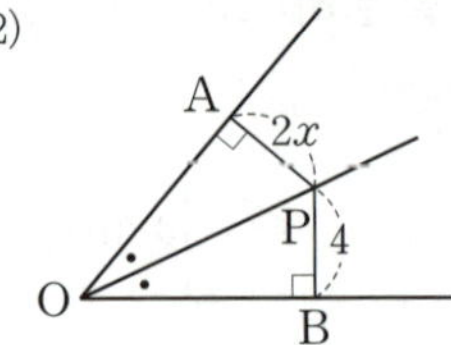

(3) 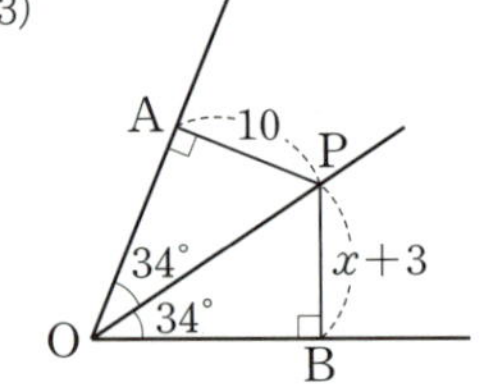

(4) 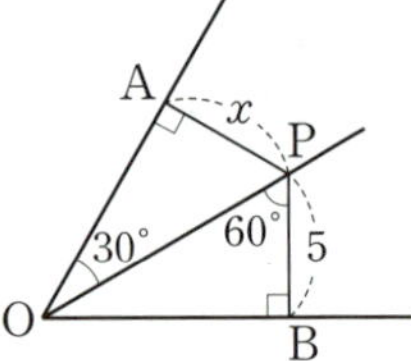

2

다음 그림에서 $\angle x$의 크기를 구하시오.

(1) 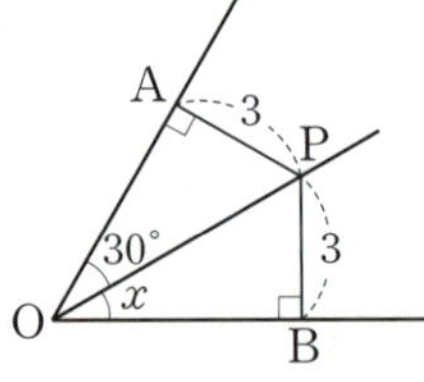

(2) 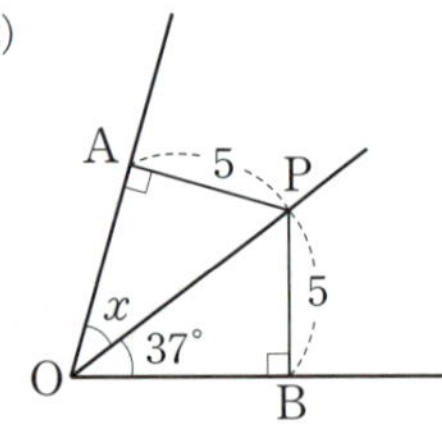

(3) 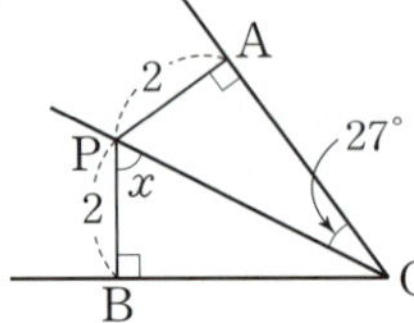

(4) 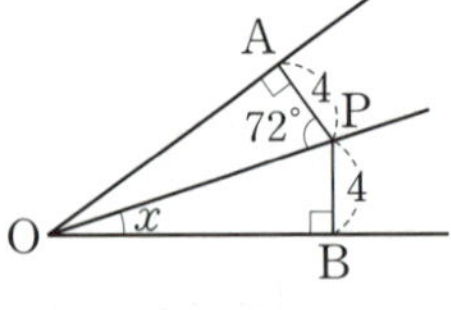

3

오른쪽 그림에서 $\overline{OX} \perp \overline{PA}$, $\overline{OY} \perp \overline{PB}$이고 $\angle XOP = \angle YOP$일 때, 다음 중 옳은 것은 ○표, 옳지 <u>않은</u> 것은 ×표를 ( ) 안에 쓰시오.

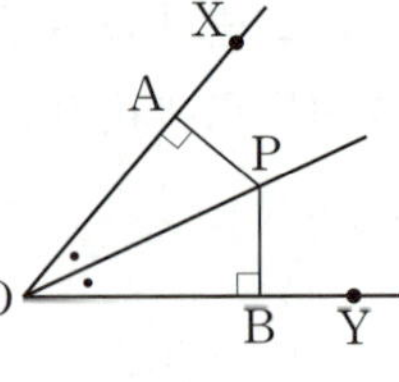

(1) $\angle OPA = \angle OPB$ ( )

(2) $\overline{PA} = \overline{PB}$ ( )

(3) $\overline{OB} = \overline{OP}$ ( )

(4) $\overline{OA} = \overline{OB}$ ( )

(5) $\triangle AOP \equiv \triangle BOP$ ( )

(6) $\angle AOB = \angle APB$ ( )

4

오른쪽 그림에서 $\angle PAO = \angle PBO = 90°$이고 $\overline{PA} = \overline{PB} = 4\,cm$, $\overline{OB} = 10\,cm$, $\angle POB = 20°$일 때, $x - y$의 값을 구하시오.

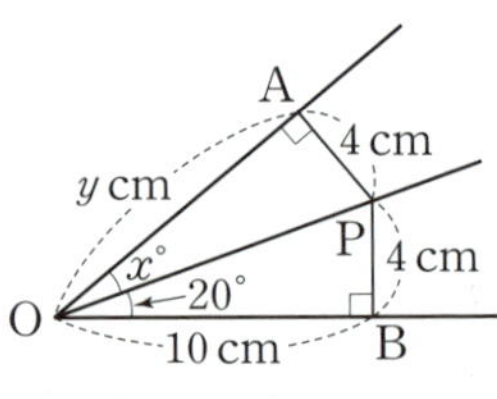

5

오른쪽 그림과 같이 $\angle B = 90°$인 직각삼각형 ABC에서 $\angle A$의 이등분선이 $\overline{BC}$와 만나는 점을 D, 점 D에서 $\overline{AC}$에 내린 수선의 발을 E라 하자. $\overline{AE} = 3\,cm$, $\overline{BD} = 3\,cm$일 때, $\triangle ADE$의 넓이를 구하시오.

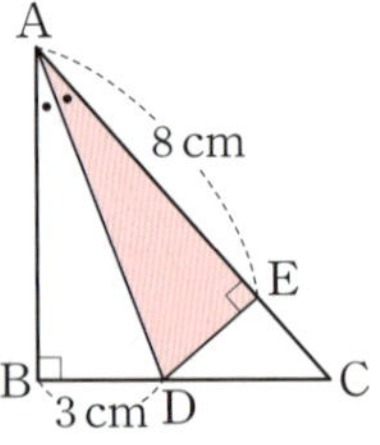

1

오른쪽 그림에서 점 O가
△ABC의 외심일 때, 다음 중
옳은 것은 ○표, 옳지 않은 것은
×표를 (   ) 안에 쓰시오.

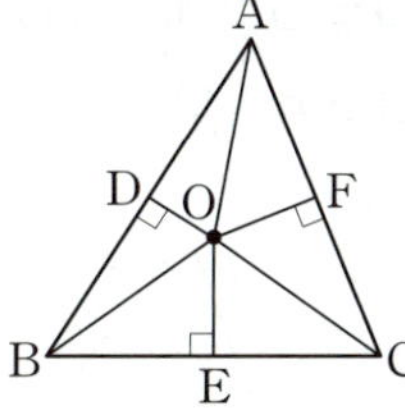

(1) $\overline{OA}=\overline{OB}$　　　　　　　(　　)

(2) $\overline{OE}=\overline{OF}$　　　　　　　(　　)

(3) $\angle DAO=\angle FAO$　　　　　(　　)

(4) $\overline{BE}=\overline{EC}$　　　　　　　(　　)

(5) $\overline{AD}=\overline{AF}$　　　　　　　(　　)

(6) $\triangle OAD\equiv\triangle OBD$　　　　(　　)

2

다음 그림에서 점 O가 △ABC의 외심일 때, x의 값을
구하시오.

(1) 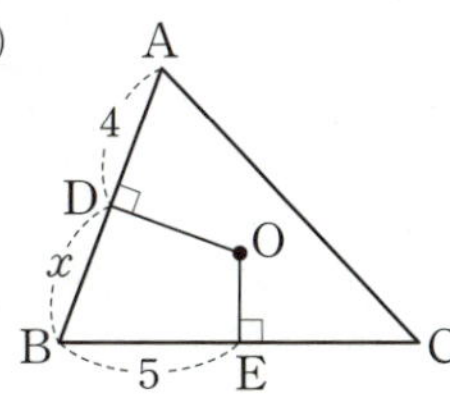

(2) 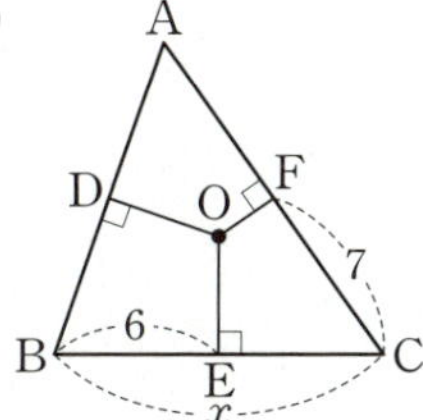

(3) 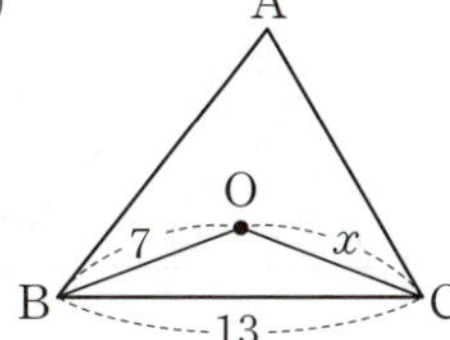

(4) 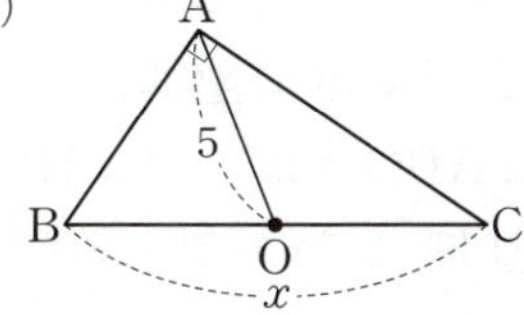

3

다음 그림에서 점 O가 △ABC의 외심일 때, $\angle x$의 크기
를 구하시오.

(1) 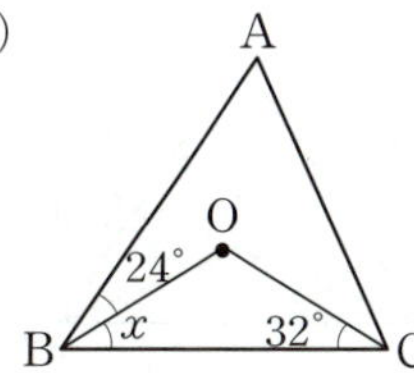

(2) 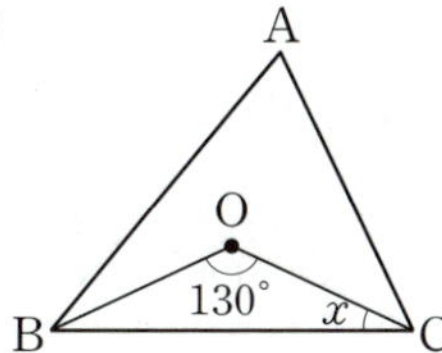

(3) 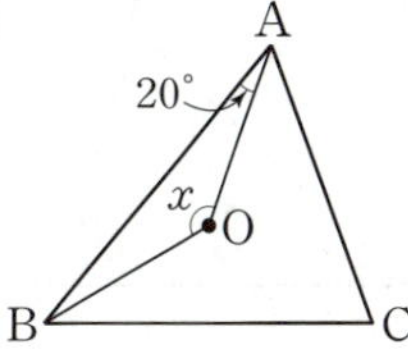

(4) 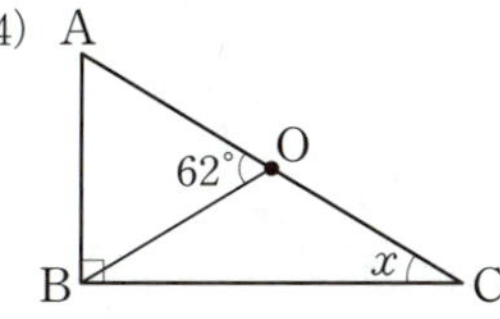

대표 예제 **한번 더!**

4

오른쪽 그림에서 점 O가
△ABC의 두 변 AC, BC의 수
직이등분선의 교점일 때, 다음 중
옳지 <u>않은</u> 것은?

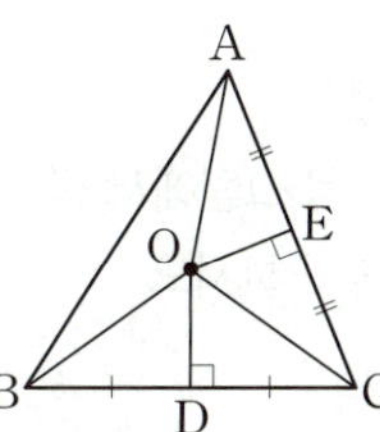

① $\overline{OA}=\overline{OB}=\overline{OC}$

② $\overline{OD}=\overline{OE}$

③ $\triangle AOE\equiv\triangle COE$

④ △OBC는 이등변삼각형이다.

⑤ 점 O는 △ABC의 외심이다.

5

오른쪽 그림에서 점 O는
$\angle B=90°$인 직각삼각형
ABC의 외심이다.
$\overline{AB}=6\,cm$, $\overline{BC}=8\,cm$,
$\overline{CA}=10\,cm$일 때, △ABC
의 외접원의 넓이를 구하시오.

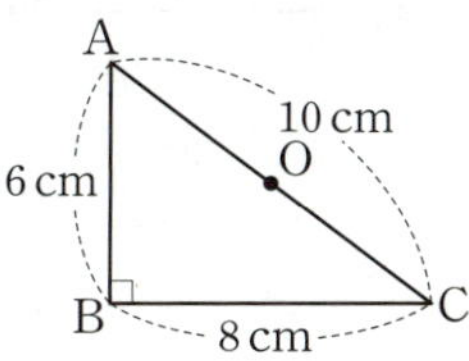

1

다음 그림에서 점 O가 $\triangle ABC$의 외심일 때, $\angle x$의 크기를 구하시오.

(1) 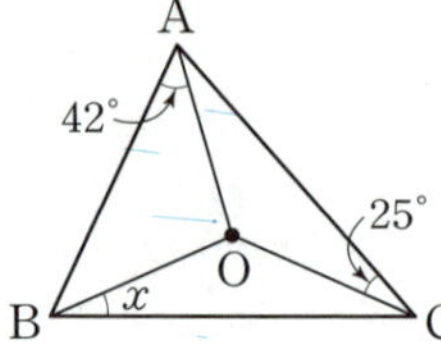

(2) 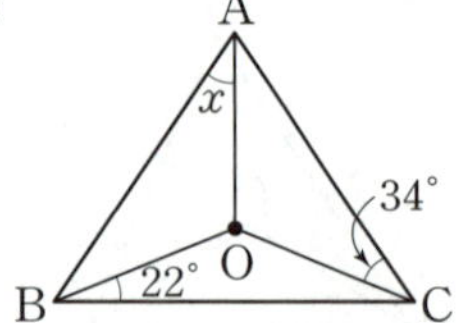

(3) 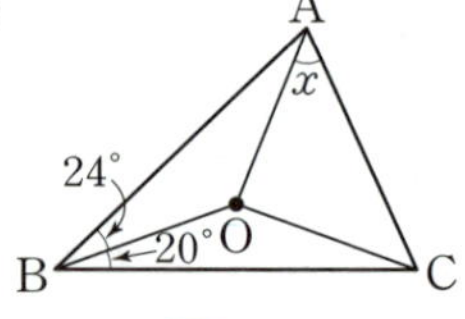

(4) 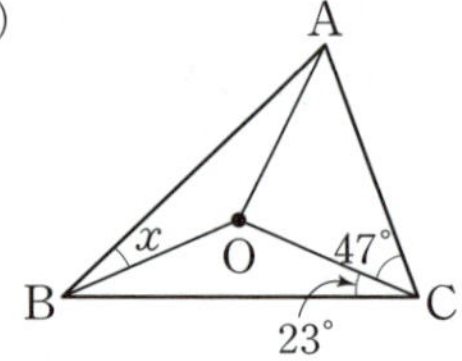

2

다음 그림에서 점 O가 $\triangle ABC$의 외심일 때, $\angle x$의 크기를 구하시오.

(1) 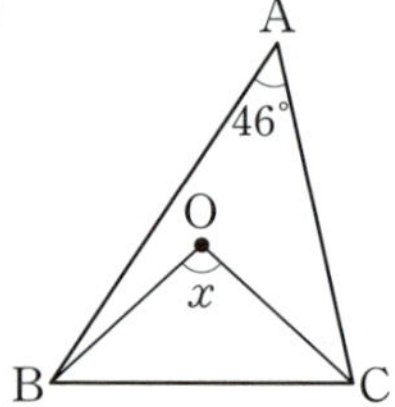

(2) 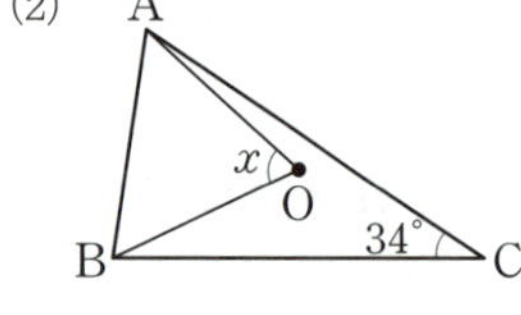

(3) 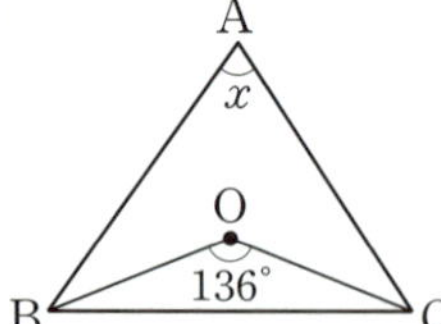

(4) 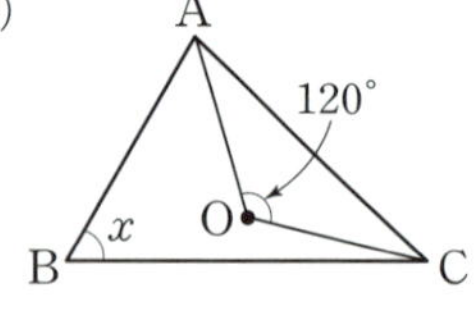

3

다음 그림에서 점 O가 $\triangle ABC$의 외심일 때, $\angle x$의 크기를 구하시오.

(1) 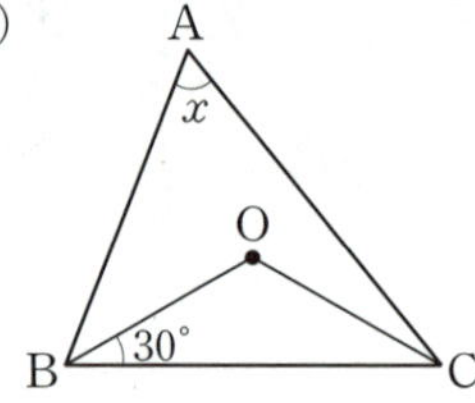

(2) 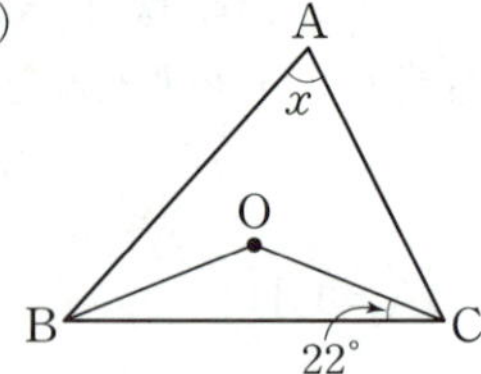

(3) 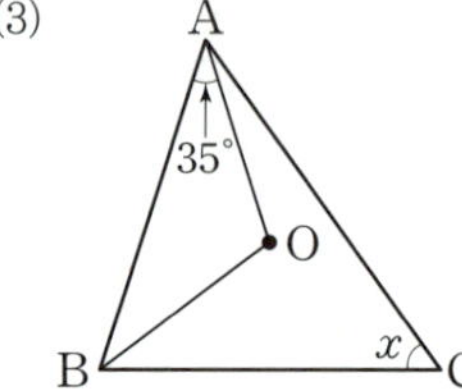

(4) 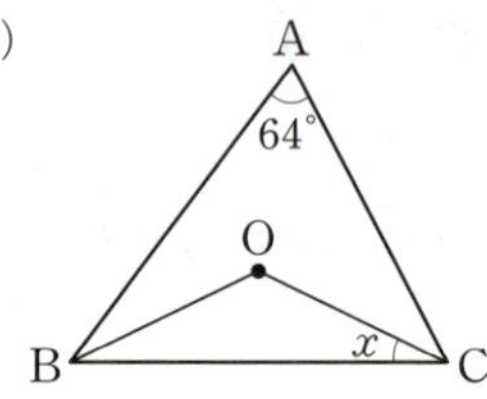

4

오른쪽 그림에서 점 O는 $\triangle ABC$의 외심이다. $\angle ABO=35°$, $\angle OCB=25°$ 일 때, $\angle BAC$의 크기를 구하시오.

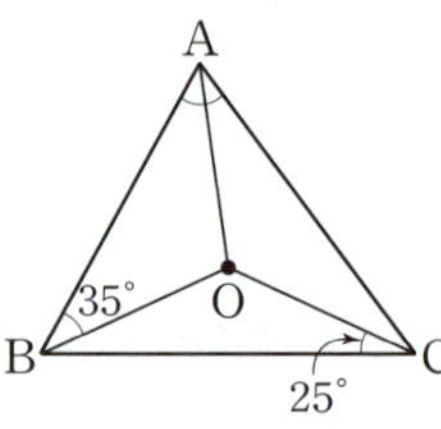

5

오른쪽 그림에서 점 O는 $\triangle ABC$의 외심이다. $\angle ABO=42°$, $\angle OCB=18°$ 일 때, $\angle AOC$의 크기를 구하시오.

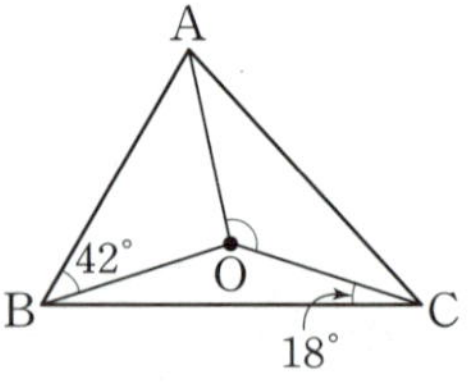

1

오른쪽 그림에서 점 I가
△ABC의 내심일 때, 다음 중
옳은 것은 ○표, 옳지 않은 것은
×표를 (   ) 안에 쓰시오.

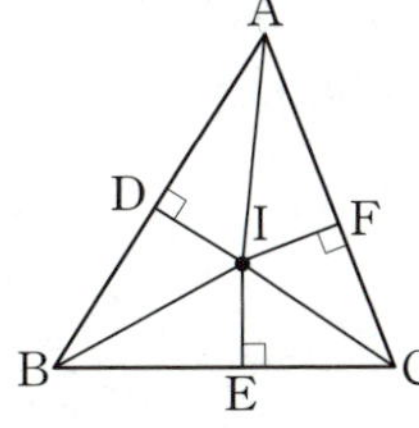

(1) $\overline{AD}=\overline{DB}$ (   )

(2) $\overline{IE}=\overline{IF}$ (   )

(3) $\angle IAF = \angle ICF$ (   )

(4) $\angle IBD = \angle IBE$ (   )

(5) $\triangle IEC \equiv \triangle IFC$ (   )

(6) $\triangle ADI \equiv \triangle BDI$ (   )

2

다음 그림에서 점 I가 △ABC의 내심일 때, $\angle x$의 크기
를 구하시오.

(1)
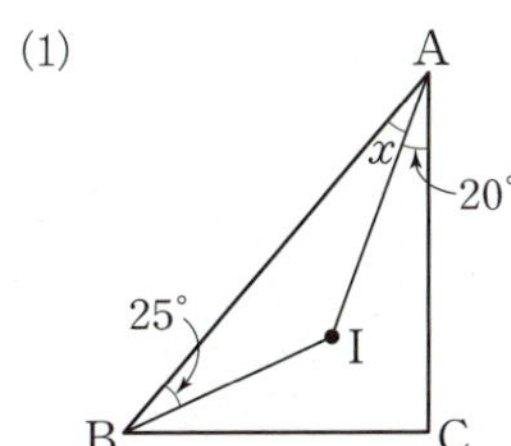

(2)
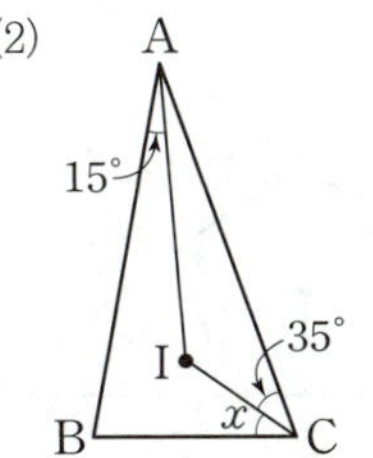

(3)
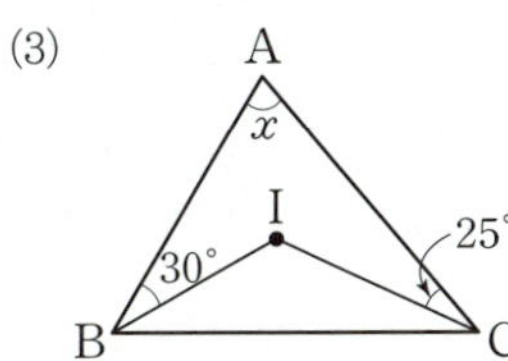

(4)
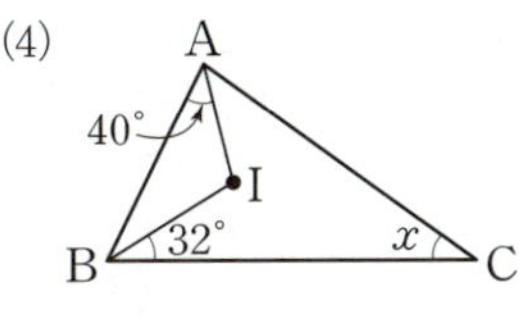

3

다음 그림에서 점 I가 △ABC의 내심일 때, x의 값을
구하시오.

(1)
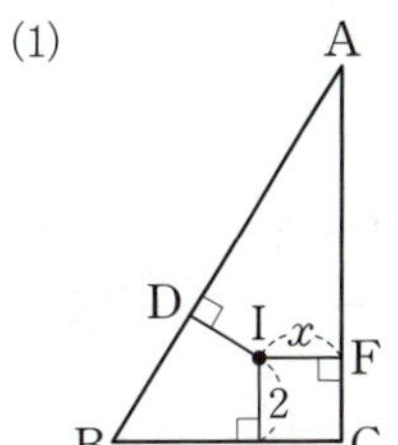

(2)
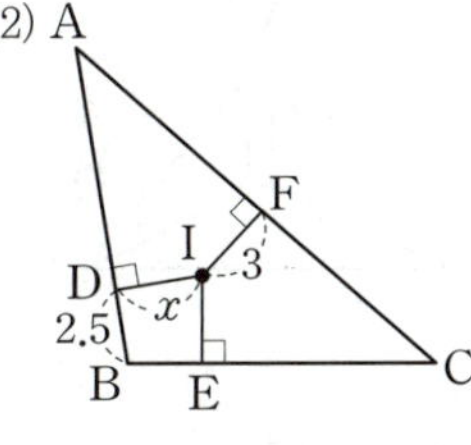

(3)
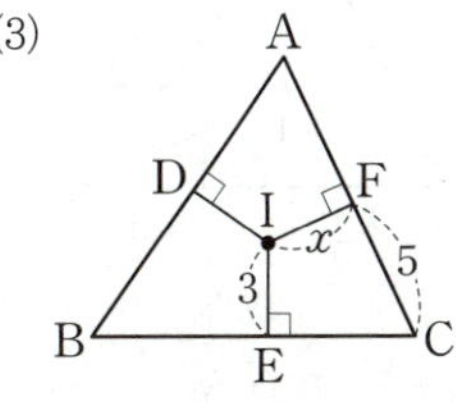

(4)
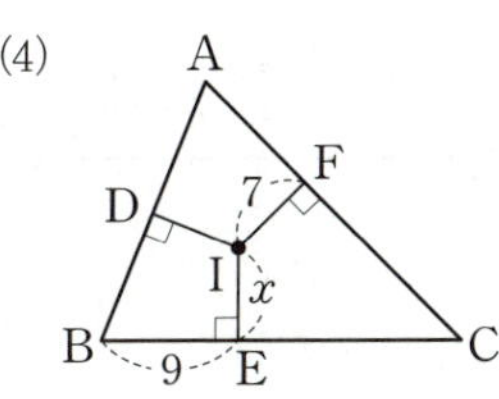

4

오른쪽 그림에서 점 I가
△ABC의 내심일 때, 다음 중
옳은 것을 모두 고르면?

(정답 2개)

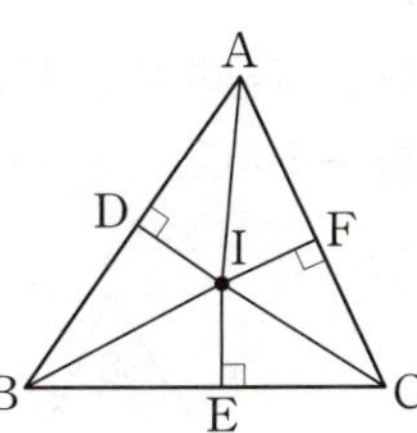

① $\overline{BE}=\overline{CE}$

② $\angle DAI = \angle DBI$

③ $\overline{IA}=\overline{IB}=\overline{IC}$

④ $\triangle ADI \equiv \triangle AFI$

⑤ $\overline{ID}=\overline{IE}=\overline{IF}$

5

오른쪽 그림에서 점 I는
△ABC의 내심이다.
$\angle IBC = 28°$, $\angle IAC = 32°$일
때, $\angle x$의 크기를 구하시오.

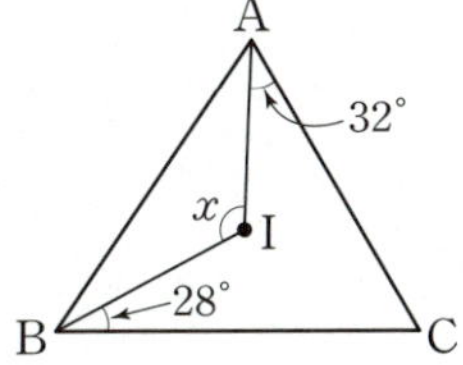

삼각형의 내심의 응용

1

다음 그림에서 점 I가 △ABC의 내심일 때, ∠x의 크기를 구하시오.

(1)
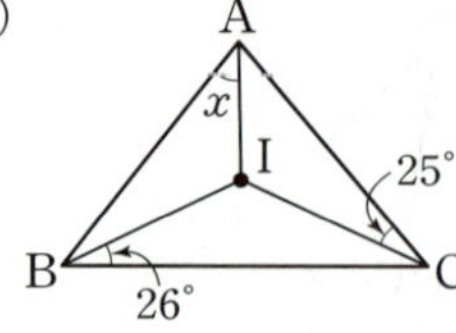

(2)
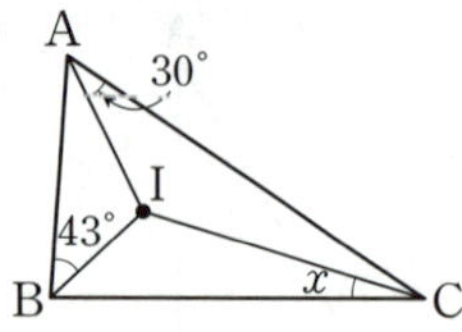

(3)
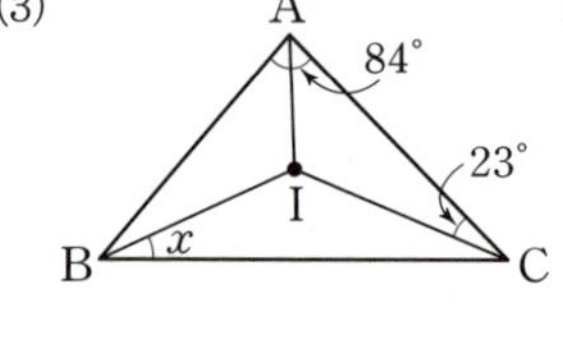

(4)
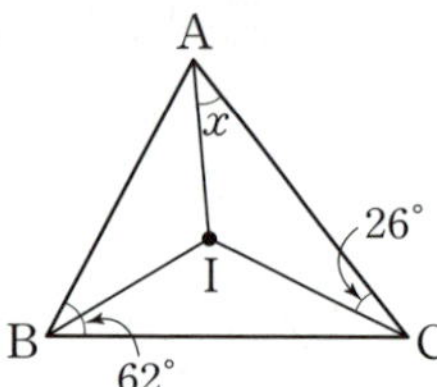

2

다음 그림에서 점 I가 △ABC의 내심일 때, ∠x의 크기를 구하시오.

(1)
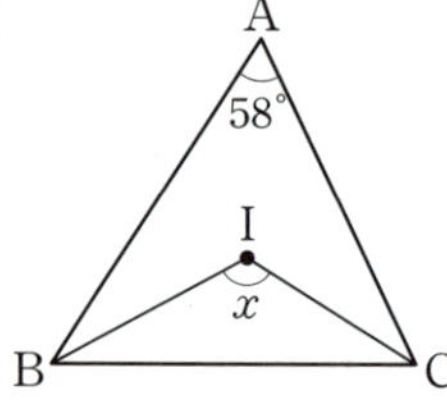

(2)
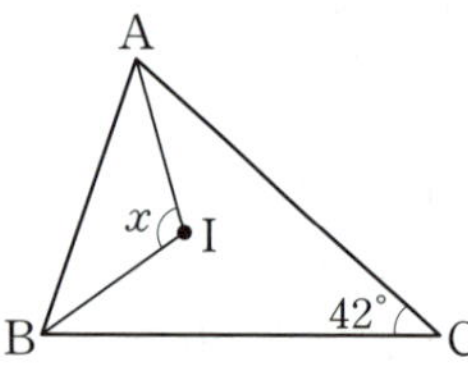

(3)
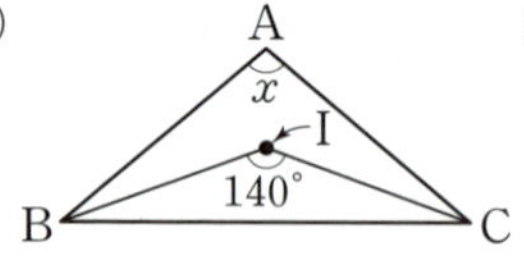

(4)
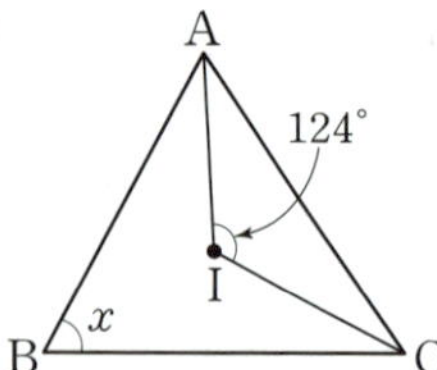

3

다음 그림에서 점 I가 △ABC의 내심일 때, ∠x의 크기를 구하시오.

(1)
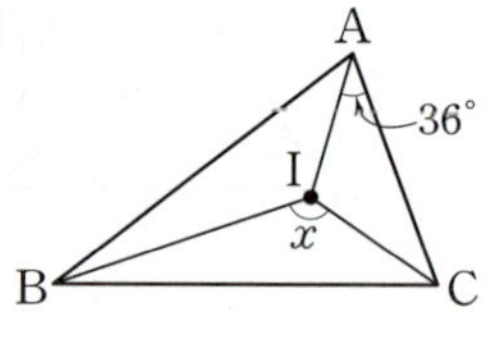

(2)
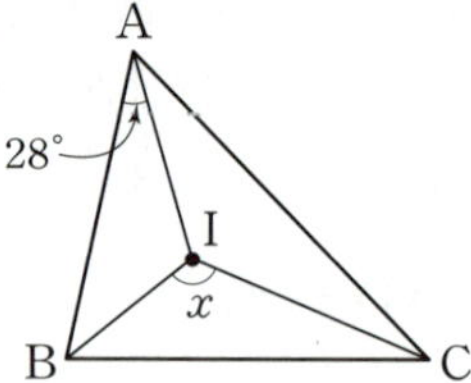

(3)
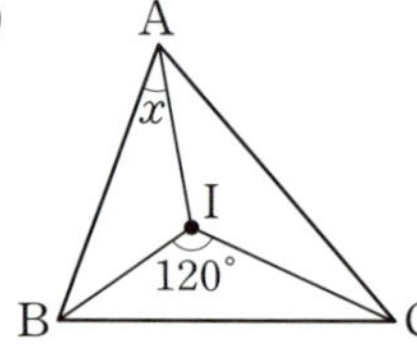

(4)
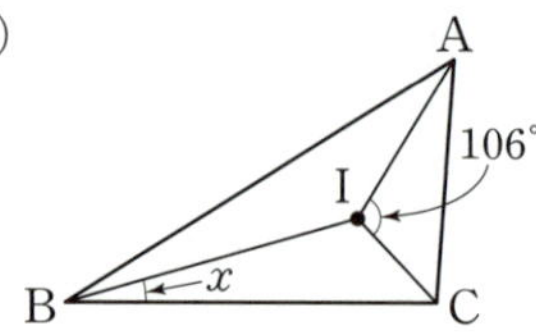

4

다음 그림에서 점 I가 △ABC의 내심일 때, △ABC의 넓이를 구하시오.

(1)
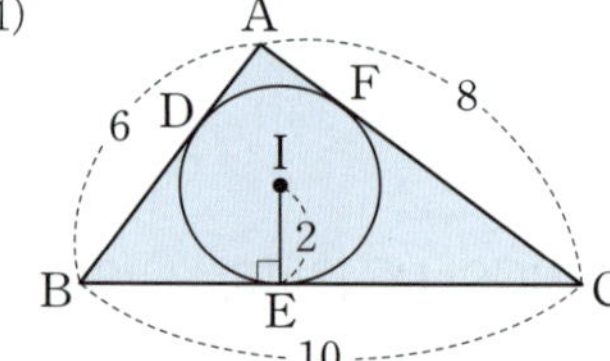

(2)
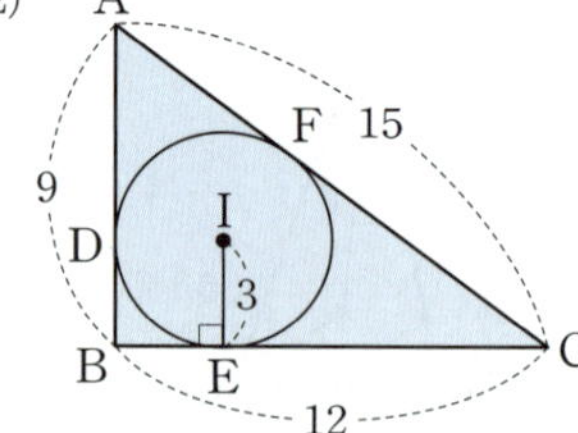

5

다음 그림에서 점 I가 △ABC의 내심일 때, 다음을 구하시오.

(1) △ABC의 넓이가 45일 때, △ABC의 둘레의 길이

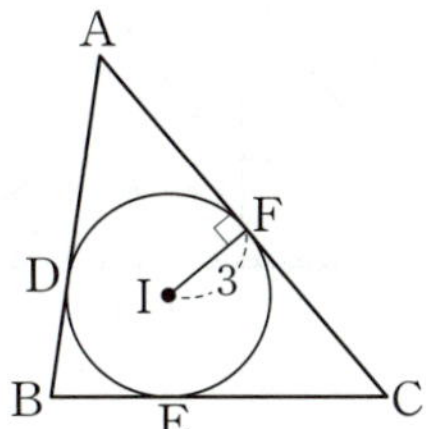

(2) △ABC의 넓이가 6일 때, △ABC의 둘레의 길이

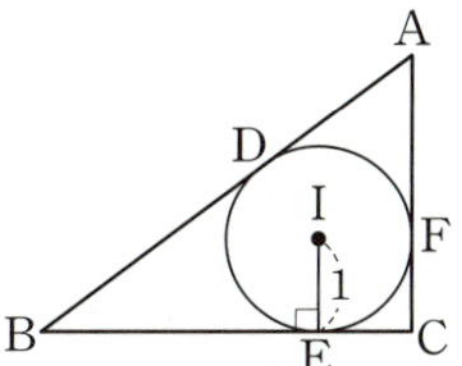

6

다음 그림에서 점 I가 △ABC의 내심일 때, 다음을 구하시오.

(1) △ABC의 넓이가 84일 때, △ABC의 내접원의 반지름의 길이

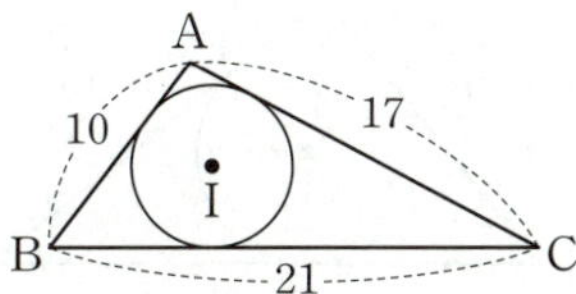

(2) △ABC의 넓이가 12일 때, △ABC의 내접원의 반지름의 길이

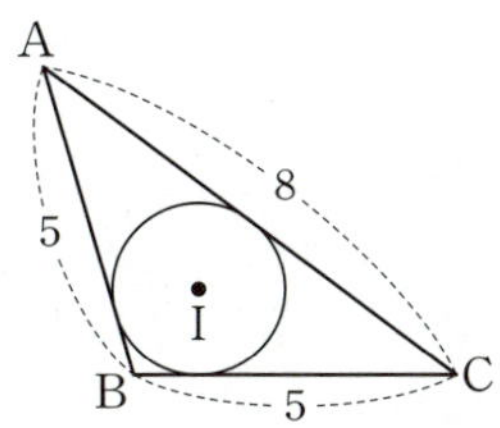

7

다음 그림에서 점 I가 △ABC의 내심이고, 세 점 D, E, F는 각각 내접원과 $\overline{AB}$, $\overline{BC}$, $\overline{CA}$의 접점일 때, x의 값을 구하시오.

(1)

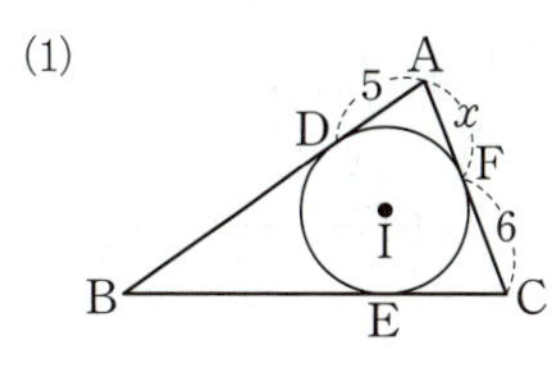

(2)

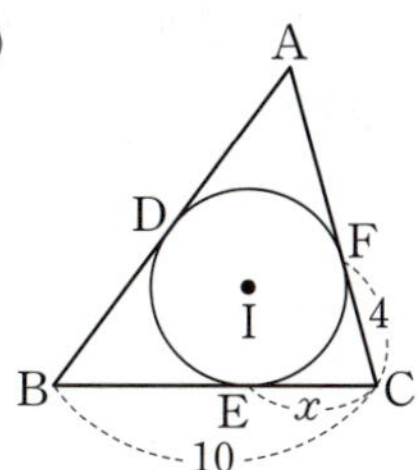

(3)

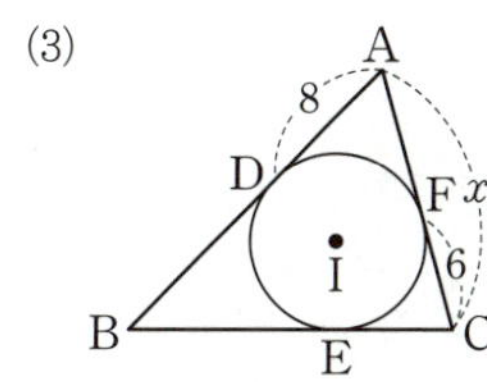

(4)

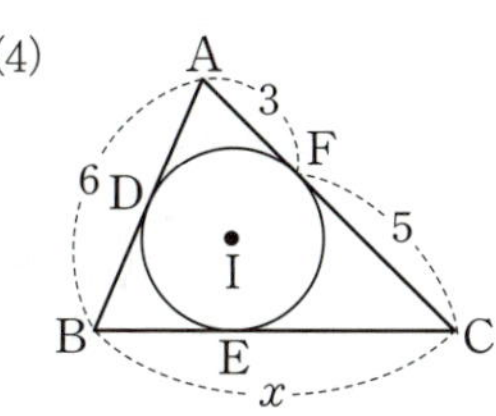

8

다음 그림에서 점 I가 △ABC의 내심이고, 세 점 D, E, F는 각각 내접원과 $\overline{AB}$, $\overline{BC}$, $\overline{CA}$의 접점일 때, △ABC의 둘레의 길이를 구하시오.

(1)

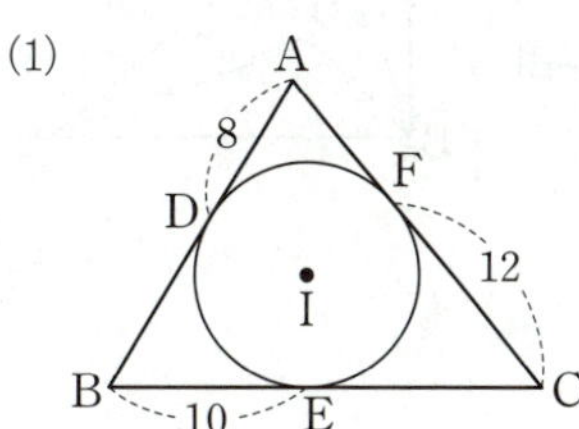

(2)

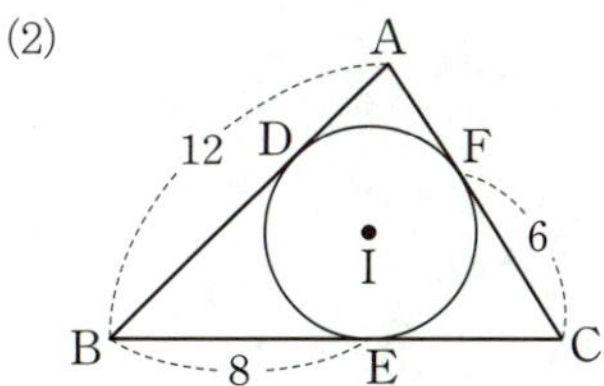

대표 예제　한번 더! 👆

9

오른쪽 그림에서 점 I는 △ABC
의 내심이다. ∠A＝48°,
∠ICB＝25°일 때, ∠x의 크기
를 구하시오.

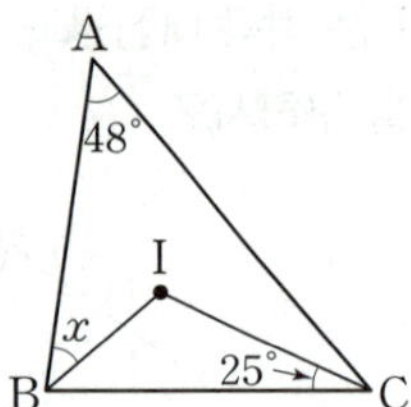

10

오른쪽 그림에서 점 I는
△ABC의 내심이다.
∠A＝50°, ∠ICA＝20°일 때,
∠x, ∠y의 크기를 각각 구하
시오.

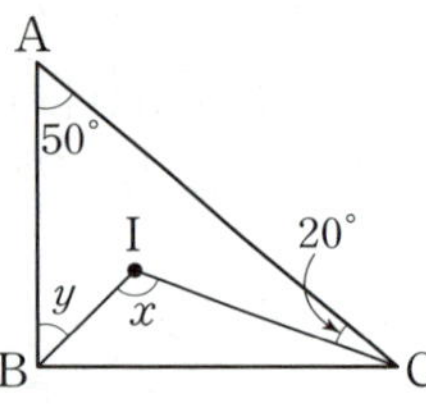

11

다음 그림에서 점 I는 △ABC의 내심이다. △ABC의
내접원의 반지름의 길이가 5 cm이고 △ABC의 둘레의
길이가 58 cm일 때, △ABC의 넓이를 구하시오.

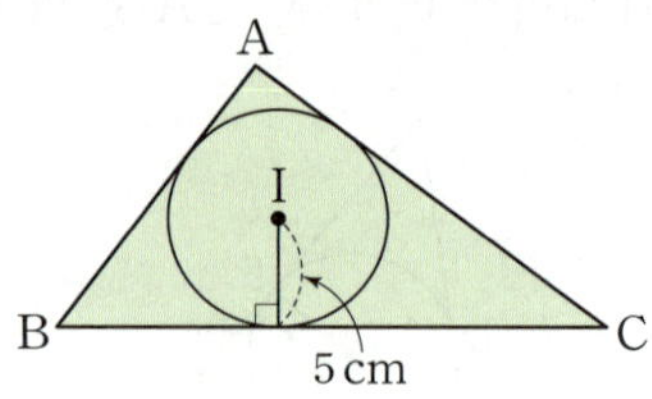

12

다음 그림에서 점 I는 △ABC의 내심이고, 세 점 D, E,
F는 각각 내접원과 $\overline{AB}$, $\overline{BC}$, $\overline{CA}$의 접점이다.
$\overline{AB}$＝8 cm, $\overline{BC}$＝12 cm, $\overline{CA}$＝10 cm일 때, $\overline{BE}$의
길이를 구하시오.

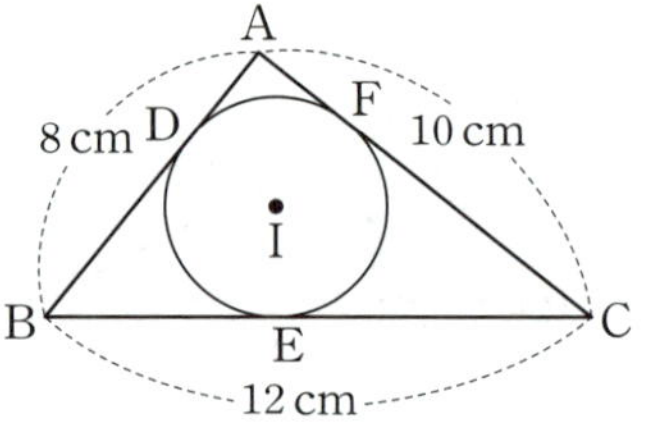

1

다음 그림과 같은 평행사변형 ABCD에서 x, y의 값을 각각 구하시오.

(1) 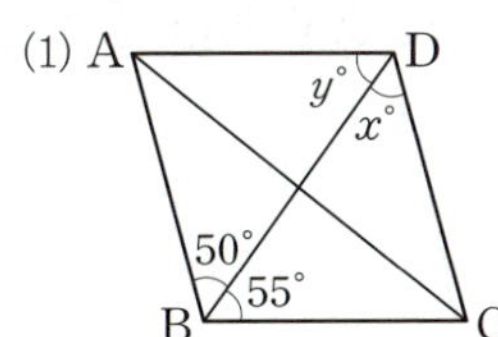

(2) 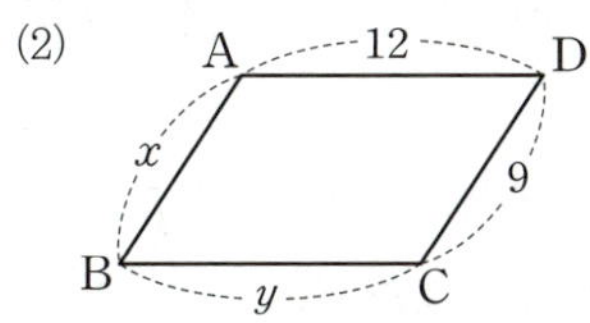

(3) 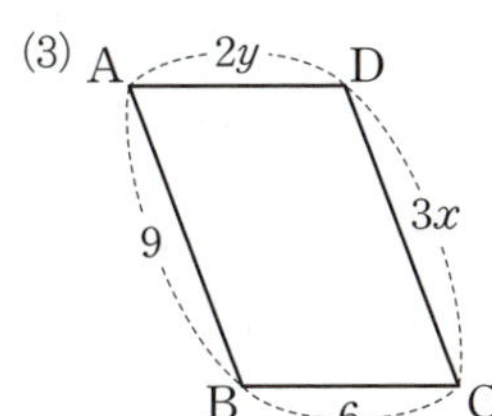

(4) 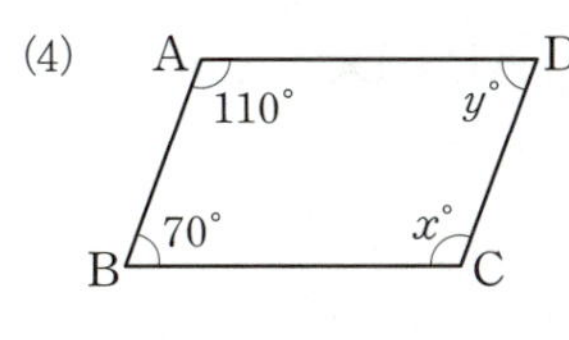

2

다음 그림과 같은 평행사변형 ABCD에서 두 대각선의 교점을 O라 할 때, x의 값을 구하시오.

(1) 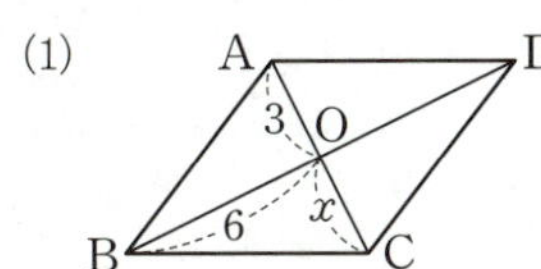

(2) 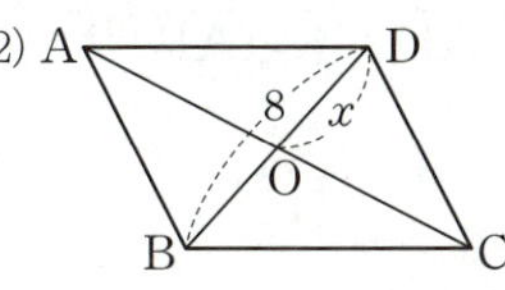

(3) 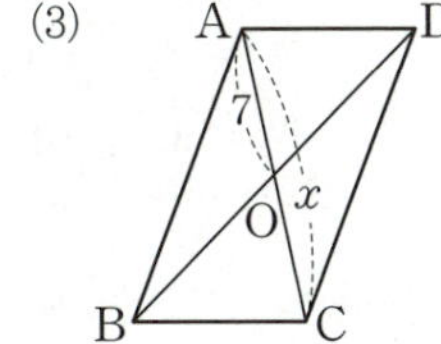

(4) 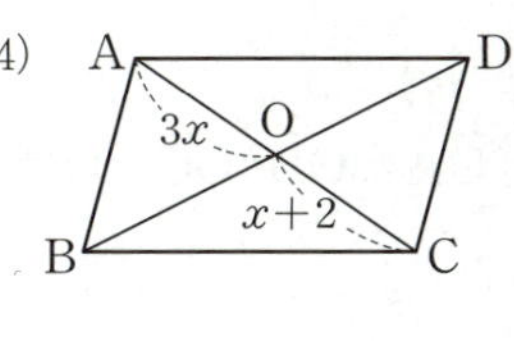

3

오른쪽 그림과 같은 평행사변형 ABCD에서 두 대각선의 교점을 O라 할 때, 다음 중 옳은 것은 ○표, 옳지 <u>않은</u> 것은 ×표를 ( ) 안에 쓰시오.

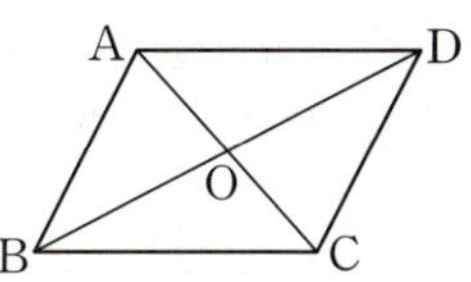

(1) $\overline{AB}=\overline{DC}$ 　　　( )

(2) $\angle BAD=\angle DCB$ 　　( )

(3) $\overline{OC}=\overline{OD}$ 　　　( )

(4) $\overline{BC}=\overline{BD}$ 　　　( )

(5) $\overline{AC}=2\overline{AO}$ 　　　( )

(6) $\angle BAD+\angle BCD=180°$ 　( )

(7) $\angle BCD+\angle CDA=180°$ 　( )

대표 예제　한번 더!

4

오른쪽 그림과 같은 평행사변형 ABCD에서 $\overline{AD}=12$ cm 이고 $\angle B=75°$, $\angle DAC=40°$일 때, x, y의 값을 각각 구하시오.

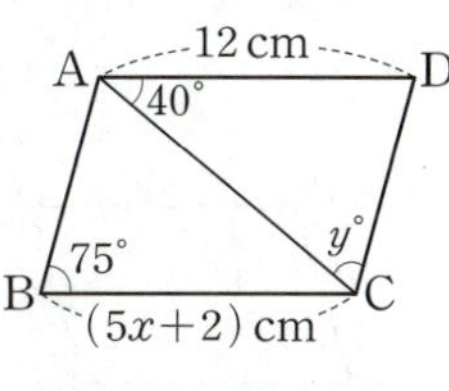

5

오른쪽 그림과 같은 평행사변형 ABCD에서 두 대각선의 교점을 O라 할 때, $\triangle OBC$의 둘레의 길이를 구하시오.

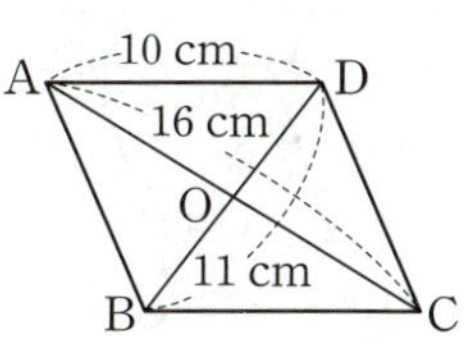

1

다음 그림과 같은 □ABCD가 평행사변형이 되는 조건을 말하시오. (단, 점 O는 두 대각선의 교점이다.)

(1) 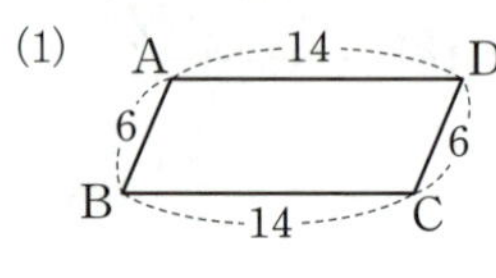

(2) 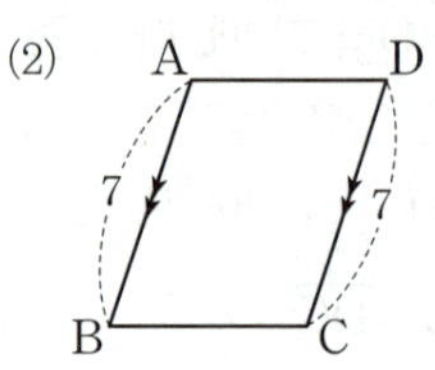

(3) 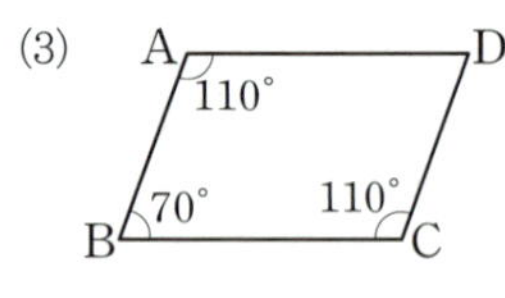

(4) 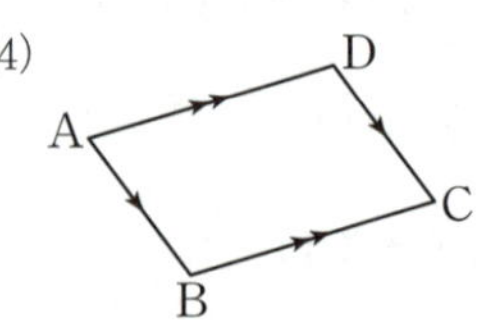

(5) 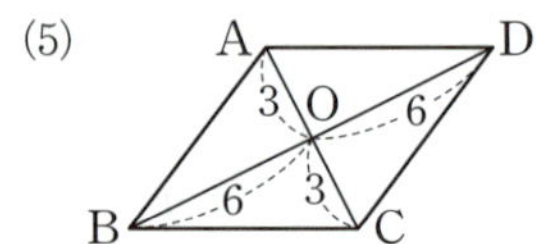

2

다음 그림의 □ABCD가 평행사변형이 되도록 하는 x, y의 값을 각각 구하시오.

(단, 점 O는 두 대각선의 교점이다.)

(1) 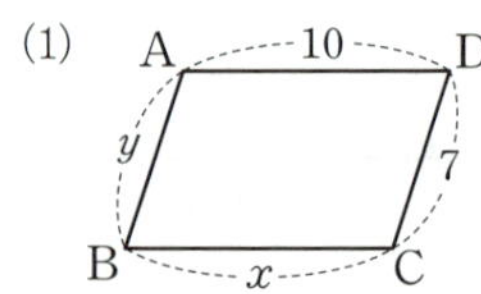

(2) 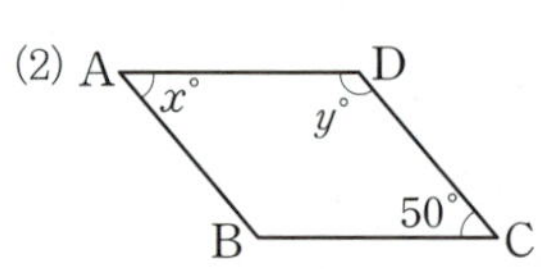

(3) 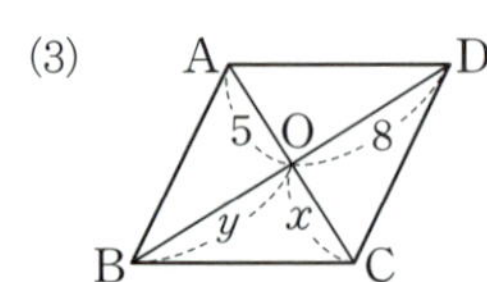

(4) 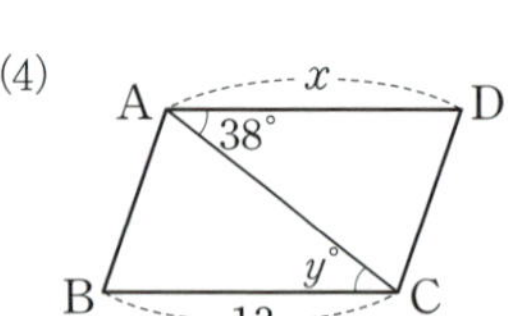

(5) 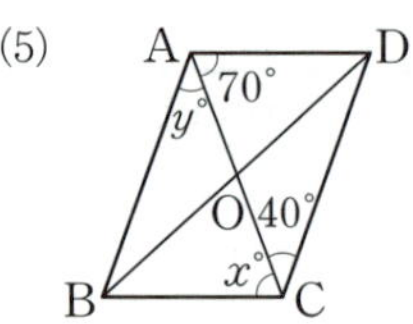

3

다음 중 아래 그림과 같은 □ABCD가 평행사변형이 되는 조건인 것은 ○표, 조건이 아닌 것은 ×표를 ( ) 안에 쓰시오. (단, 점 O는 두 대각선의 교점이다.)

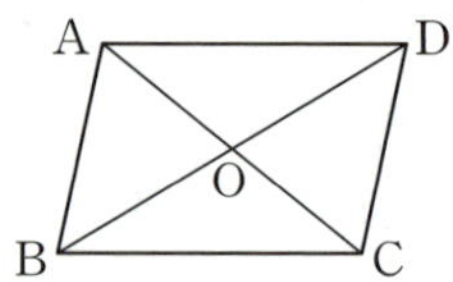

(1) $\overline{AB}=\overline{DC}$, $\overline{AD}=\overline{BC}$ (   )

(2) $\angle BAD=\angle BCD$, $\angle ABC=\angle ADC$ (   )

(3) $\overline{AB}/\!/\overline{DC}$, $\overline{AD}/\!/\overline{BC}$ (   )

(4) $\overline{AD}/\!/\overline{BC}$, $\overline{AB}=\overline{DC}$ (   )

(5) $\overline{OA}=\overline{OB}$, $\overline{OC}=\overline{OD}$ (   )

(6) $\angle BAC=\angle DCA$, $\angle ADB=\angle DBC$ (   )

대표 예제 한번 더!

4

다음 사각형 중 평행사변형이 <u>아닌</u> 것을 모두 고르면?

(정답 2개)

① 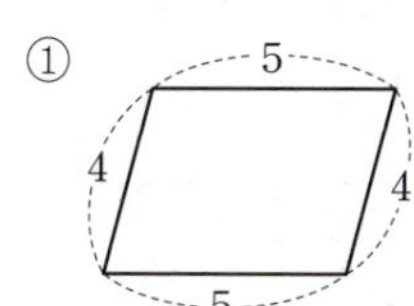

② 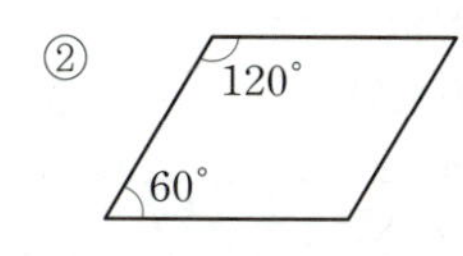

③ 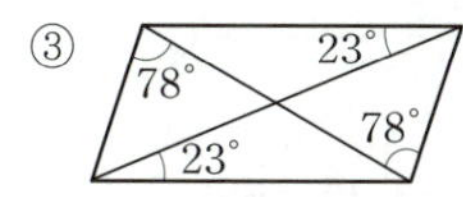

④ 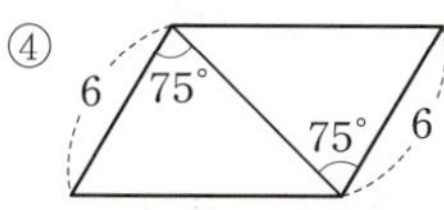

⑤ 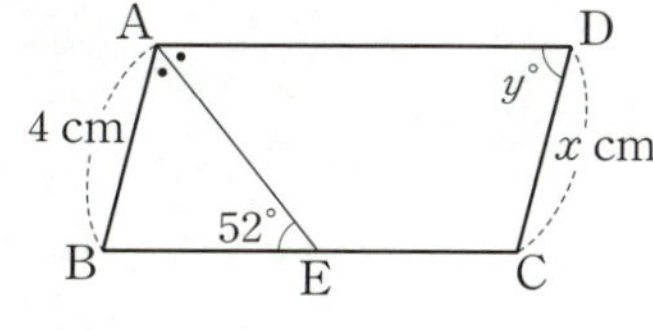

5

다음 그림과 같은 □ABCD에서 ∠A의 이등분선이 $\overline{BC}$
와 만나는 점을 E라 하자. $\overline{AB}=4\,\text{cm}$, ∠AEB=52°일
때, □ABCD가 평행사변형이 되도록 하는 x, y에 대하
여 $x+y$의 값을 구하시오.

6

다음 | 보기 | 중 □ABCD가 평행사변형이 <u>아닌</u> 것을 고
르시오. (단, 점 O는 두 대각선의 교점이다.)

| 보기 |

ㄱ. $\overline{AB}=\overline{BC}=4\,\text{cm}$, $\overline{AD}=\overline{DC}=3\,\text{cm}$

ㄴ. $\overline{OA}=\overline{OC}=2\,\text{cm}$, $\overline{OB}=\overline{OD}=4\,\text{cm}$

ㄷ. ∠A=120°, ∠B=60°, ∠C=120°

ㄹ. $\overline{AB}\,/\!/\,\overline{DC}$, $\overline{AB}=\overline{DC}=5\,\text{cm}$

7

다음 그림과 같은 평행사변형 ABCD에서 두 대각선의
교점을 O라 하고, $\overline{OA}$, $\overline{OB}$, $\overline{OC}$, $\overline{OD}$의 중점을 각각 P,
Q, R, S라 할 때, □PQRS가 평행사변형이 되는 조건
을 말하시오.

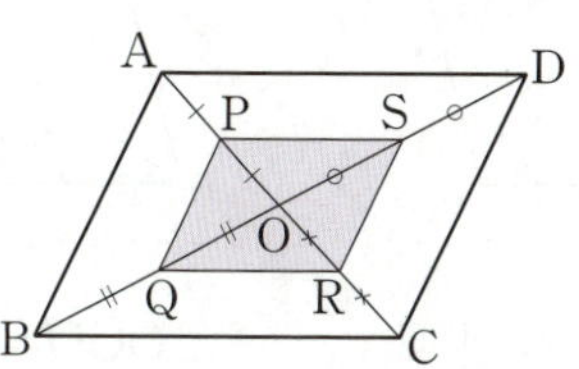

1

다음 그림과 같은 평행사변형 ABCD의 넓이가 60일 때, 색칠한 부분의 넓이를 구하시오.

(단, 점 O는 두 대각선의 교점이다.)

(1) 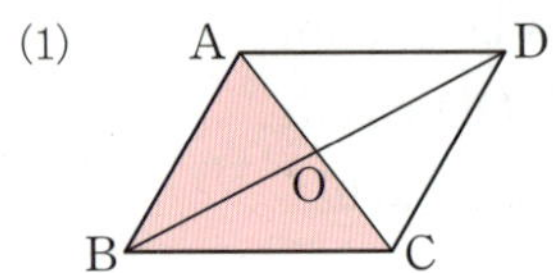

(2) 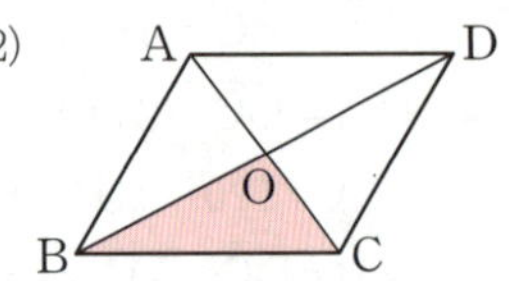

(3) 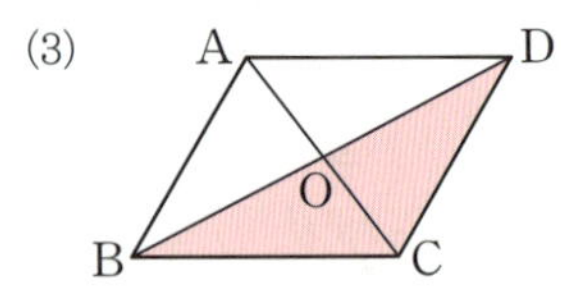

(4) 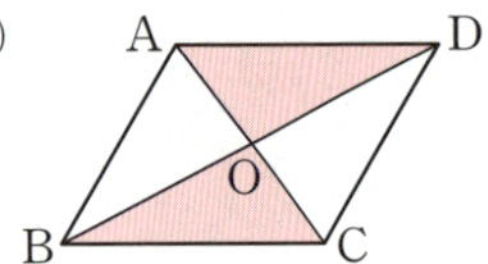

2

아래 그림과 같은 평행사변형 ABCD에서 두 대각선의 교점을 O라 할 때, 다음을 구하시오.

(1) $\triangle ABC = 5$일 때, $\square ABCD$의 넓이

(2) $\triangle ABD = 12$일 때, $\triangle BCD$의 넓이

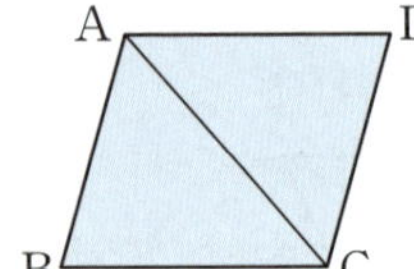

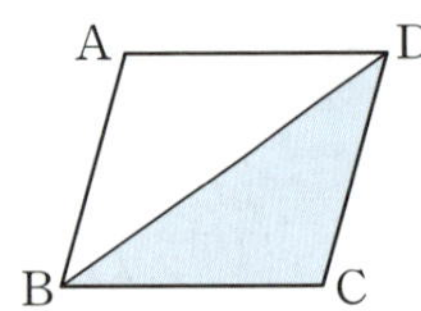

(3) $\triangle ABC = 18$일 때, $\triangle ABO$의 넓이

(4) $\triangle OCD = 4$일 때, $\square ABCD$의 넓이

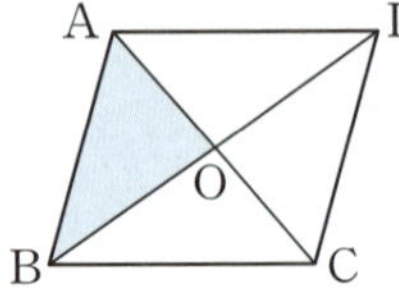

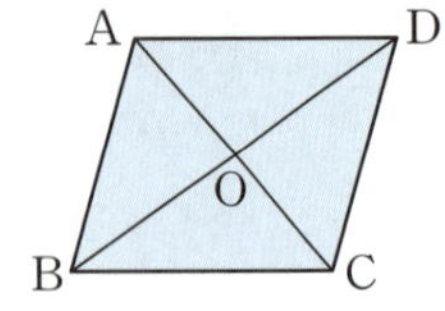

3

아래 그림과 같은 평행사변형 ABCD의 내부의 한 점 P에 대하여 다음을 구하시오.

(1) $\square ABCD = 48$일 때, $\triangle ABP$와 $\triangle PCD$의 넓이의 합

(2) $\square ABCD = 36$일 때, $\triangle APD$와 $\triangle PBC$의 넓이의 합

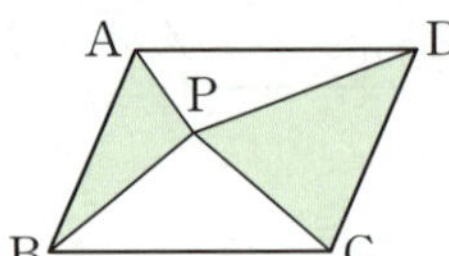

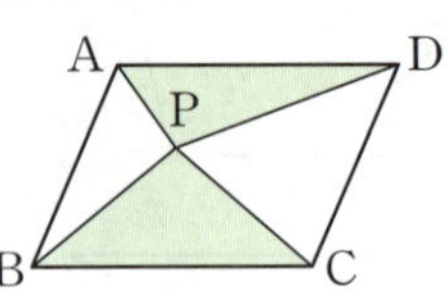

(3) $\square ABCD = 26$, $\triangle PAB = 5$일 때, $\triangle PCD$의 넓이

(4) $\square ABCD = 52$, $\triangle PCD = 18$일 때, $\triangle ABP$의 넓이

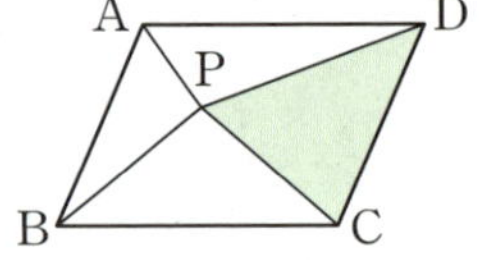

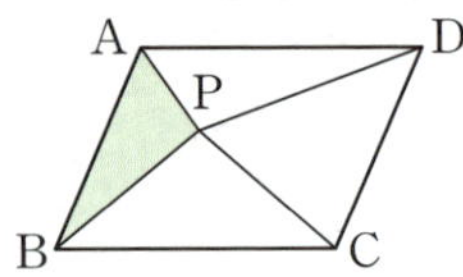

대표 예제 한번 더!

4

오른쪽 그림과 같은 평행사변형 ABCD에서 두 대각선의 교점을 O라 하자. $\triangle AOD$의 넓이가 $7\ \text{cm}^2$일 때, $\square ABCD$의 넓이를 구하시오.

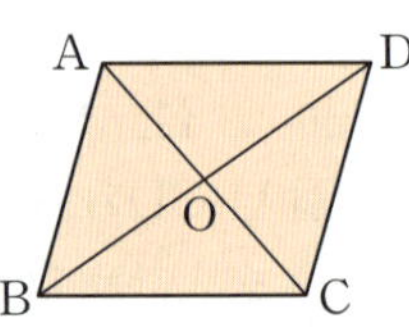

5

오른쪽 그림과 같은 평행사변형 ABCD의 내부의 한 점 P에 대하여 $\triangle PAB = 15\ \text{cm}^2$, $\triangle PBC = 11\ \text{cm}^2$, $\triangle PDA = 14\ \text{cm}^2$일 때, $\triangle PCD$의 넓이를 구하시오.

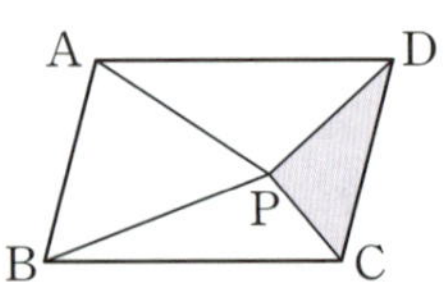

•정답 및 해설 76쪽

1

다음 그림과 같은 직사각형 ABCD에서 두 대각선의 교점을 O라 할 때, x의 값을 구하시오.

(1) 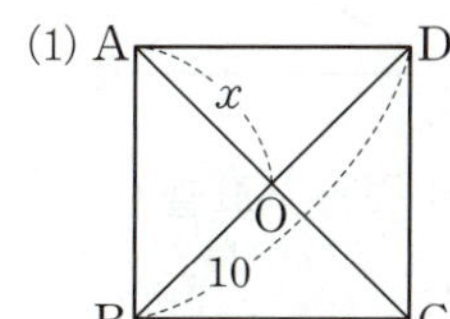

(2) 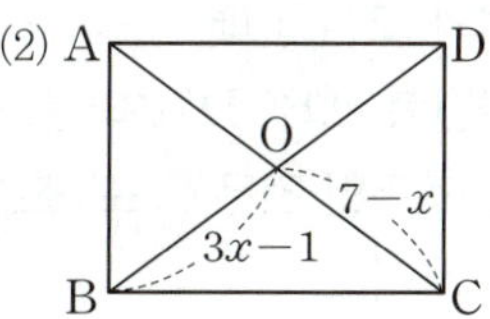

(3) 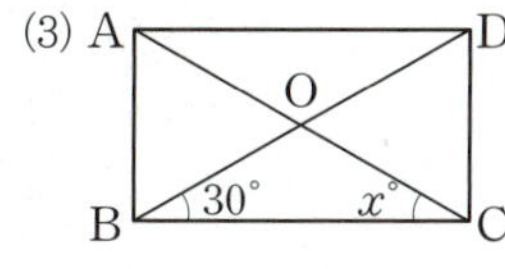

(4) 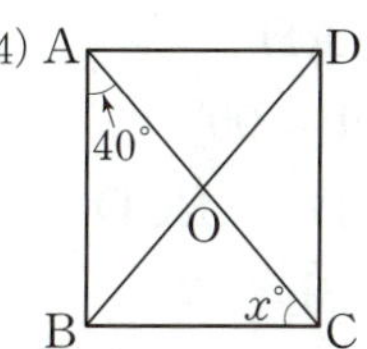

2

다음은 '두 대각선의 길이가 같은 평행사변형은 직사각형이다.'를 증명하는 과정이다. □ 안에 알맞은 것을 쓰시오.

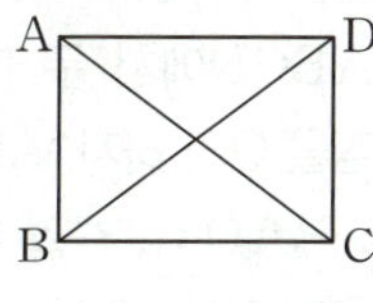

평행사변형 ABCD에서 $\overline{AC}=\overline{BD}$라 하자.
△ABC와 △DCB에서
$\overline{AC}=\overline{DB}$, $\overline{AB}=$ ☐ , $\overline{BC}$는 공통이므로
△ABC≡△DCB (☐ 합동)
∴ ∠B= ☐
□ABCD는 평행사변형이므로
∠A=∠C, ∠B= ☐
즉, ∠A=∠B=∠C=∠D
따라서 □ABCD는 네 내각의 크기가 모두 같으므로
☐ 이다.

3

오른쪽 그림과 같은 평행사변형 ABCD에서 점 O는 두 대각선의 교점일 때, 다음 중 평행사변형 ABCD가 직사각형이 되는 조건인 것은 ○표, 조건이 <u>아닌</u> 것은 ×표를 ( ) 안에 쓰시오.

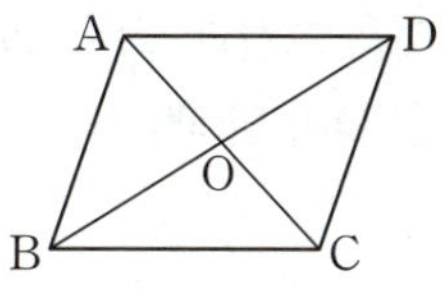

(1) $\overline{AB}=\overline{BC}$ (   )
(2) $\overline{AC}=\overline{BD}$ (   )
(3) ∠DAB=∠ABC   (   )
(4) $\overline{AO}=\overline{CO}$ (   )
(5) ∠DAB=∠BCD   (   )
(6) ∠B=90°   (   )

대표 예제 한번 더!

4

오른쪽 그림과 같은 직사각형 ABCD에서 두 대각선의 교점을 O라 할 때, x, y의 값을 각각 구하시오.

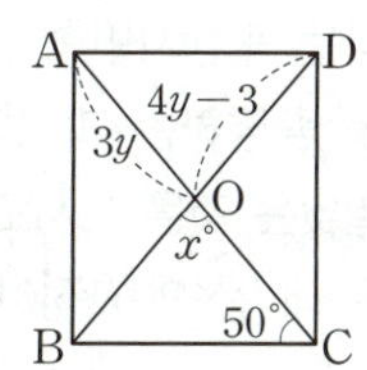

5

오른쪽 그림과 같은 평행사변형 ABCD가 직사각형이 되는 조건을 다음 |보기|에서 모두 고르시오. (단, 점 O는 두 대각선의 교점이다.)

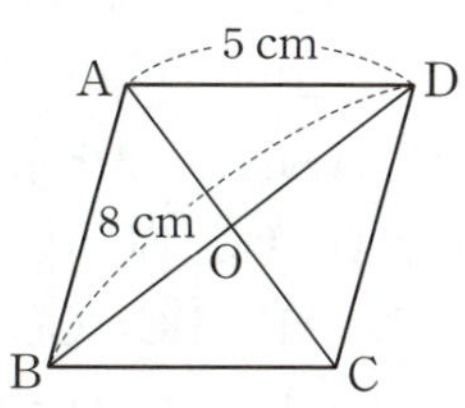

| 보기 |

ㄱ. $\overline{BC}=5\,cm$ ㄴ. $\overline{OD}=4\,cm$
ㄷ. $\overline{AB}=5\,cm$ ㄹ. $\overline{AC}=8\,cm$
ㅁ. ∠A=90°   ㅂ. ∠AOD=90°

1

다음 그림과 같은 마름모 ABCD에서 두 대각선의 교점을 O라 할 때, x, y의 값을 각각 구하시오.

(1) 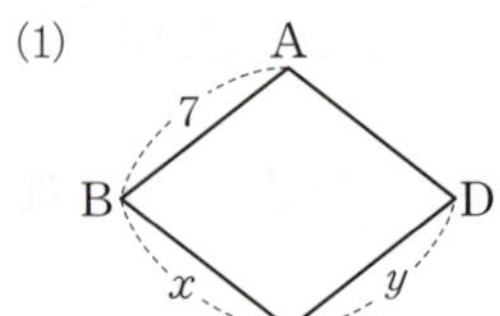

(2) 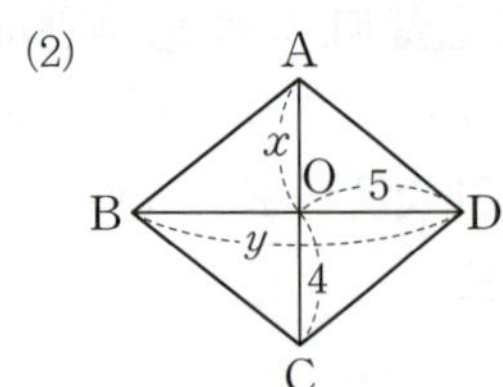

(3) 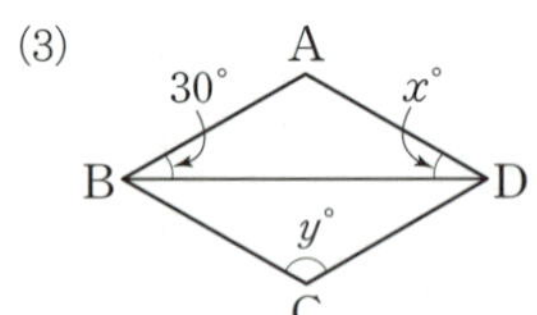

(4) 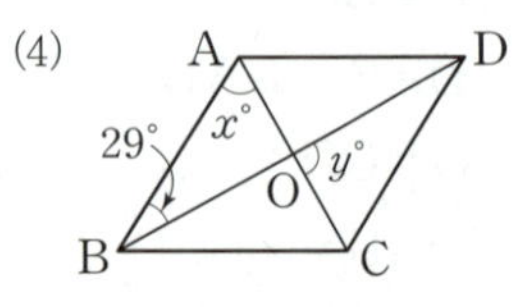

2

다음은 '두 대각선이 수직으로 만나는 평행사변형은 마름모이다.'를 증명하는 과정이다. ☐ 안에 알맞은 것을 쓰시오. (단, 점 O는 두 대각선의 교점이다.)

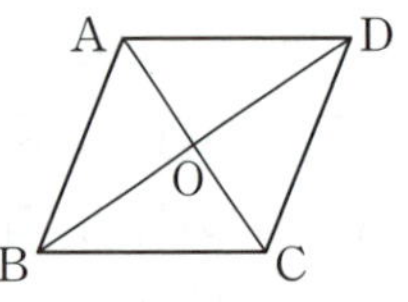

평행사변형 ABCD에서 $\overline{AC}\perp\overline{BD}$라 하자.

△ABO와 △ADO에서

$\overline{BO}=$ ☐ , $\angle AOB=$ ☐ $=90°$,

$\overline{AO}$는 공통이므로

$△ABO\equiv△ADO$ (☐ 합동)

$\therefore \overline{AB}=$ ☐

☐ABCD는 평행사변형이므로

$\overline{AB}=\overline{DC}$, $\overline{BC}=$ ☐

즉, $\overline{AB}=\overline{BC}=\overline{CD}=\overline{DA}$

따라서 ☐ABCD는 네 변의 길이가 모두 같으므로

☐ 이다.

3

오른쪽 그림과 같은 평행사변형 ABCD에서 점 O는 두 대각선의 교점일 때, 다음 중 평행사변형 ABCD가 마름모가 되는 조건인 것은 ○표, 조건이 <u>아닌</u> 것은 ×표를 ( ) 안에 쓰시오.

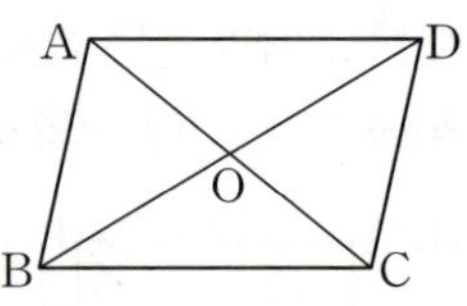

(1) $\angle DAB=\angle ABC$ ( )

(2) $\overline{AB}=\overline{AD}$ ( )

(3) $\angle AOB=90°$ ( )

(4) $\angle DAB=\angle BCD$ ( )

(5) $\overline{AC}\perp\overline{BD}$ ( )

(6) $\angle ABD=\angle ADB$ ( )

4

오른쪽 그림과 같은 마름모 ABCD에서 두 대각선의 교점을 O라 하자. $\overline{AO}=6\,\text{cm}$, $\angle BAO=58°$일 때, 다음 중 옳지 <u>않은</u> 것은?

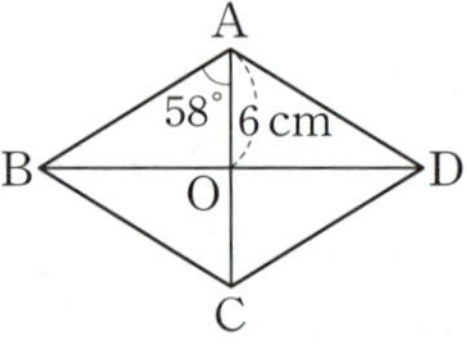

① $\angle ABO=\angle CDO$

② $\angle AOD=\angle BOC=90°$

③ $\overline{AC}=12\,\text{cm}$, $\overline{BD}=24\,\text{cm}$

④ $\angle ABC=64°$

⑤ $\angle BAO+\angle DAO=116°$

5

오른쪽 그림과 같은 평행사변형 ABCD에서 점 O는 두 대각선의 교점이고 $\overline{AD}=16\,\text{cm}$, $\angle OAD=52°$, $\angle OBC=38°$일 때, $x+y$의 값을 구하시오.

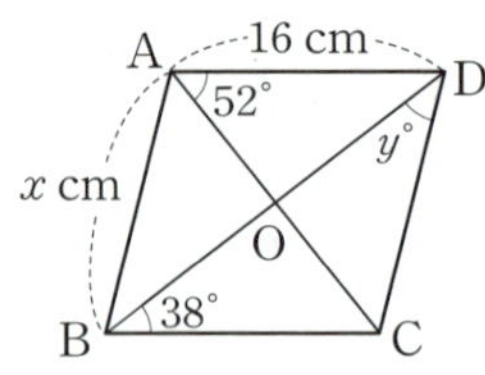

1

다음 그림과 같은 정사각형 ABCD에서 두 대각선의 교점을 O라 할 때, x, y의 값을 각각 구하시오.

(1) 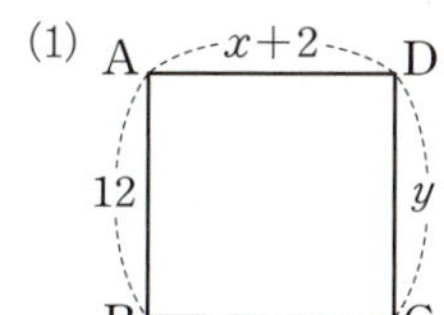

(2) 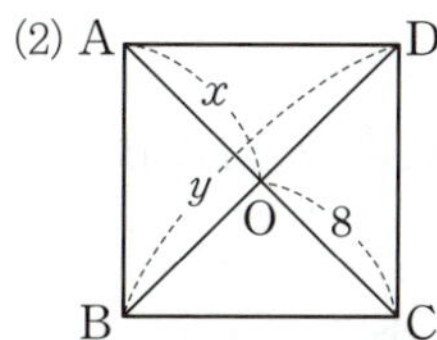

(3) 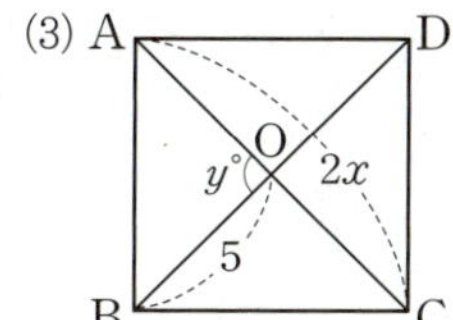

(4) 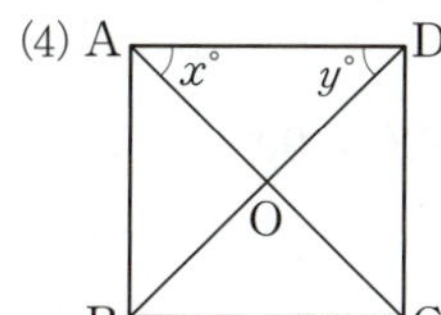

2

다음은 오른쪽 그림과 같은 직사각형 ABCD가 정사각형이 되는 조건이다. □ 안에 알맞은 수를 쓰시오. (단, 점 O는 두 대각선의 교점이다.)

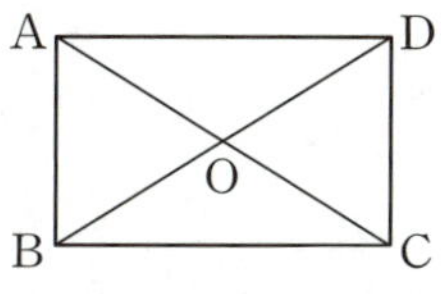

(1) $\overline{AB}=10$이면 $\overline{BC}=$□

(2) $\angle AOD=$□°

(3) $\angle ABO=$□°

3

다음은 오른쪽 그림과 같은 마름모 ABCD가 정사각형이 되는 조건이다. □ 안에 알맞은 수를 쓰시오. (단, 점 O는 두 대각선의 교점이다.)

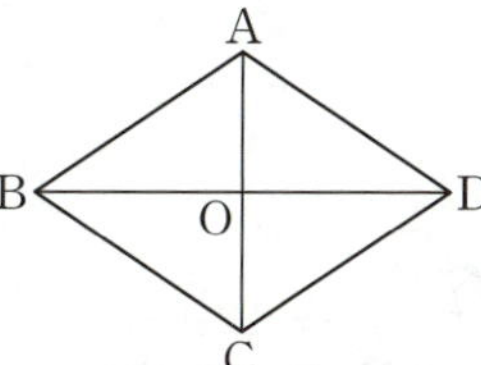

(1) $\angle ABC=$□°

(2) $\overline{AC}=12$이면 $\overline{BD}=$□

(3) $\overline{AO}=7$이면 $\overline{BO}=$□

4

다음 조건으로 알맞은 것을 |보기|에서 모두 고르시오.
(단, 점 O는 두 대각선의 교점이다.)

보기

ㄱ. $\overline{AB}=\overline{AD}$ ㄴ. $\overline{AC}=\overline{BD}$

ㄷ. $\angle AOB=90°$ ㄹ. $\overline{BO}=\overline{CO}$

ㅁ. $\overline{AC}\perp\overline{BD}$ ㅂ. $\angle ABC=90°$

(1) 직사각형 ABCD가 정사각형이 되는 조건

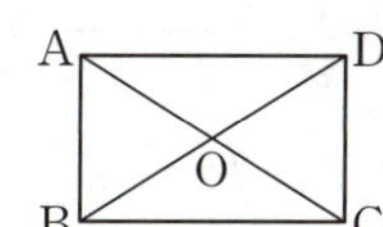

(2) 마름모 ABCD가 정사각형이 되는 조건

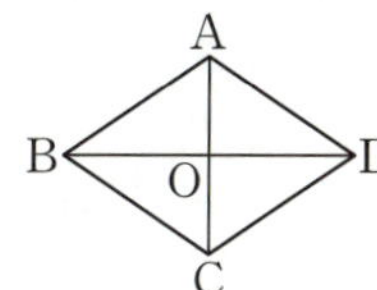

대표 예제 한번 더!

5

오른쪽 그림과 같은 정사각형 ABCD의 대각선 AC 위의 점 E에 대하여 $\angle ADE=28°$일 때, $\angle CED$의 크기를 구하시오.

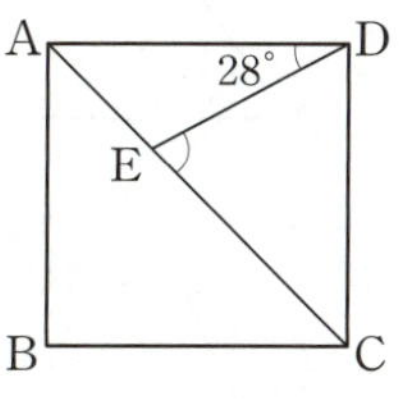

6

오른쪽 그림과 같은 평행사변형 ABCD에서 두 대각선의 교점을 O라 할 때, 다음 중 평행사변형 ABCD가 정사각형이 되는 조건이 <u>아닌</u> 것을 모두 고르면? (정답 2개)

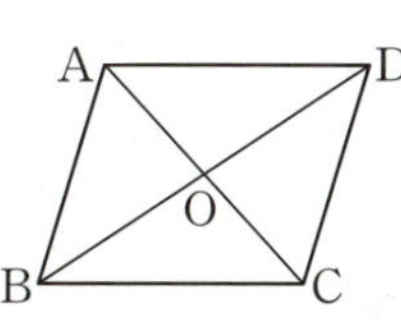

① $\overline{OA}=\overline{OB}=\overline{OC}=\overline{OD}$

② $\overline{AB}=\overline{BC}$, $\overline{AC}=\overline{BD}$

③ $\overline{OA}=\overline{OB}$, $\angle OAB=45°$

④ $\angle BAD=90°$, $\angle AOD=90°$

⑤ $\angle BAD=\angle ABC$, $\overline{AC}=\overline{BD}$

1

다음 그림과 같이 $\overline{AD}/\!/\overline{BC}$인 등변사다리꼴 ABCD에서 x의 값을 구하시오. (단, 점 O는 두 대각선의 교점이다.)

(1) 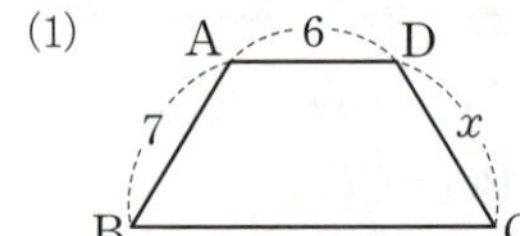

(2) 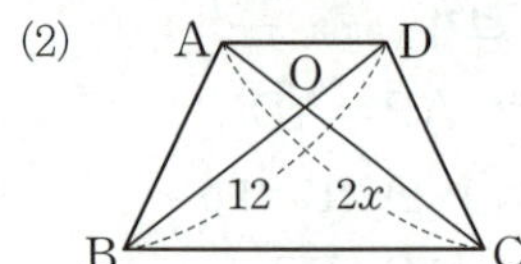

(3) 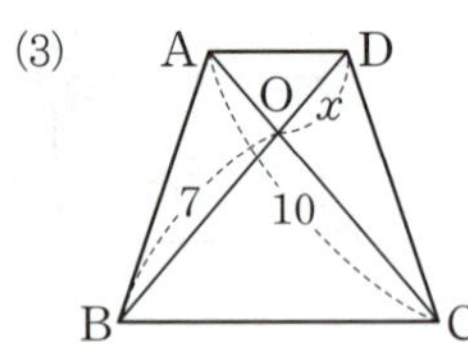

(4) 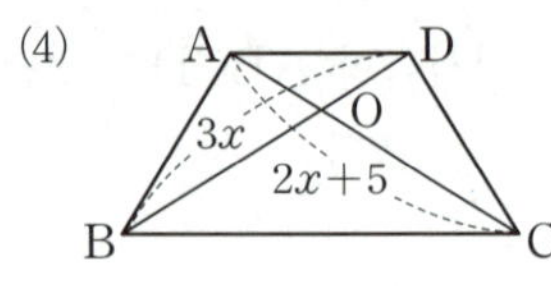

2

다음 그림과 같이 $\overline{AD}/\!/\overline{BC}$인 등변사다리꼴 ABCD에서 $\angle x$의 크기를 구하시오.

(1) 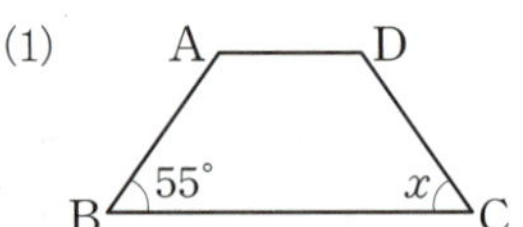

(2) 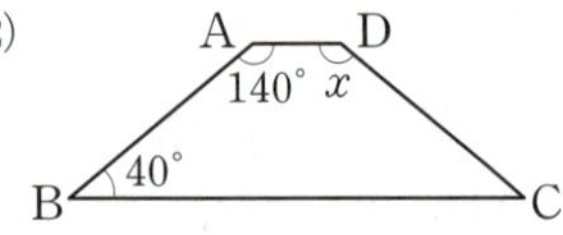

(3) 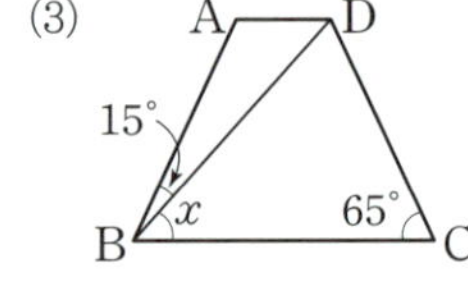

(4) 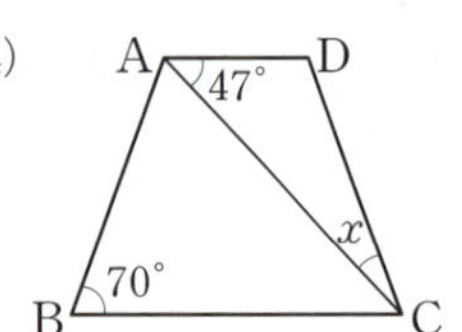

3

오른쪽 그림과 같이 $\overline{AD}/\!/\overline{BC}$인 등변사다리꼴 ABCD에서 두 대각선의 교점을 O라 할 때, 다음 중 옳은 것은 ○표, 옳지 <u>않은</u> 것은 ×표를 (   ) 안에 쓰시오.

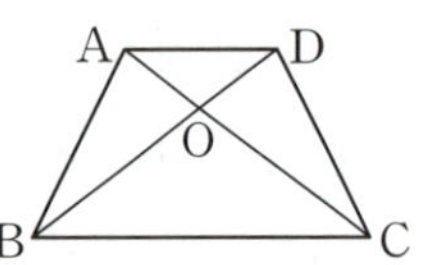

(1) $\overline{AD}=\overline{DC}$ (   )

(2) $\overline{AB}=\overline{DC}$ (   )

(3) $\overline{AC}=\overline{BD}$ (   )

(4) $\triangle ABC\equiv\triangle DCB$ (   )

(5) $\angle ABD=\angle DCA$ (   )

(6) $\angle BOC=90°$ (   )

(7) $\overline{OA}=\overline{OC}$ (   )

(8) $\overline{OB}=\overline{OC}$ (   )

대표 예제 한번 더!

4

오른쪽 그림과 같이 $\overline{AD}/\!/\overline{BC}$인 등변사다리꼴 ABCD에서 $\overline{AB}$의 길이를 구하시오.

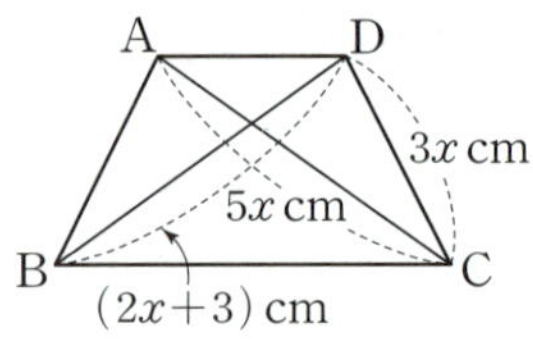

5

오른쪽 그림과 같이 $\overline{AD}/\!/\overline{BC}$인 등변사다리꼴 ABCD에서 $\overline{AB}=6\,\text{cm}$, $\overline{AD}=5\,\text{cm}$, $\angle A=120°$일 때, $\overline{BC}$의 길이를 구하시오.

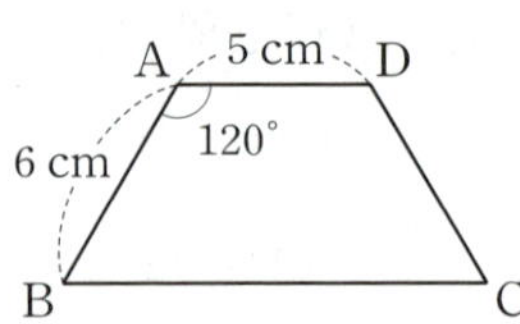

1

다음 설명 중 옳은 것은 ○표, 옳지 <u>않은</u> 것은 ×표를 (   ) 안에 쓰시오.

(1) 평행사변형의 두 대각선의 길이가 같으면 직사각형이다. (   )

(2) 평행사변형의 두 대각선이 직교하면 직사각형이다. (   )

(3) 직사각형의 두 대각선의 길이가 같으면 정사각형이다. (   )

(4) 마름모의 한 내각이 직각이면 정사각형이다. (   )

(5) 마름모의 두 대각선의 길이가 같으면 정사각형이다. (   )

(6) 사다리꼴은 평행사변형이다. (   )

(7) 정사각형은 마름모이다. (   )

(8) 직사각형이면서 마름모인 사각형은 정사각형이다. (   )

2

다음과 같은 대각선의 성질을 만족시키는 사각형을 |보기| 에서 모두 고르시오.

> **보기**
>
> ㄱ. 사다리꼴   ㄴ. 등변사다리꼴
> ㄷ. 평행사변형   ㄹ. 직사각형
> ㅁ. 마름모   ㅂ. 정사각형

(1) 두 대각선의 길이가 같다.

(2) 두 대각선이 서로 다른 것을 이등분한다.

(3) 두 대각선이 직교한다.

(4) 두 대각선이 서로 다른 것을 수직이등분한다.

(5) 두 대각선의 길이가 같고, 서로 다른 것을 수직이등분한다.

3

오른쪽 그림과 같은 평행사변형 ABCD에서 점 O는 두 대각선의 교점일 때, 평행사변형 ABCD가 다음 조건을 만족시키면 어떤 사각형이 되는지 말하시오.

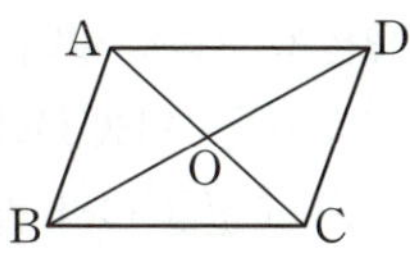

(1) $\angle BAD = 90°$
(2) $\overline{AC} \perp \overline{BD}$
(3) $\overline{AB} = \overline{BC}$
(4) $\overline{AC} = \overline{BD}$, $\angle AOD = 90°$
(5) $\angle ADC = 90°$, $\overline{AD} = \overline{DC}$
(6) $\angle BAD = \angle ABC$, $\overline{AC} \perp \overline{BD}$

대표 예제 **한번 더!**

4

다음 그림은 사다리꼴에 조건이 하나씩 추가되어 여러 가지 사각형이 되는 과정을 나타낸 것이다. ①~⑤에 알맞은 조건이 <u>아닌</u> 것은?

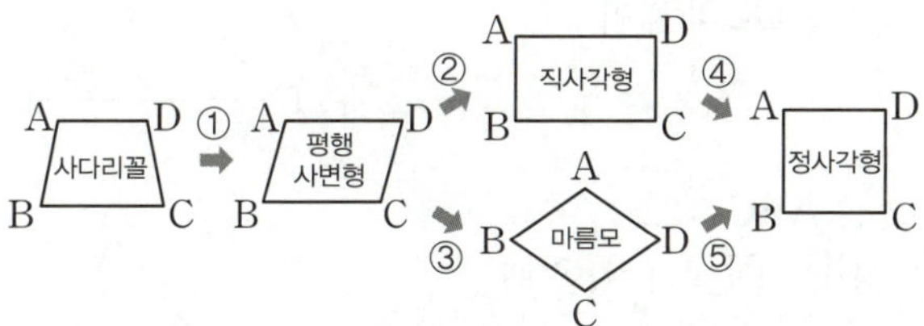

① $\overline{AB} /\!/ \overline{DC}$ ② $\angle A = 90°$ ③ $\overline{AC} \perp \overline{BD}$
④ $\overline{AC} = \overline{BD}$ ⑤ $\overline{AC} = \overline{BD}$

5

다음 중 두 대각선이 서로 수직으로 만나는 사각형을 모두 고르면? (정답 2개)

① 평행사변형   ② 직사각형   ③ 마름모
④ 정사각형   ⑤ 등변사다리꼴

1

오른쪽 그림과 같이 $\overline{AD} \parallel \overline{BC}$인 사다리꼴 ABCD에서 두 대각선의 교점을 O라 할 때, 다음을 구하시오.

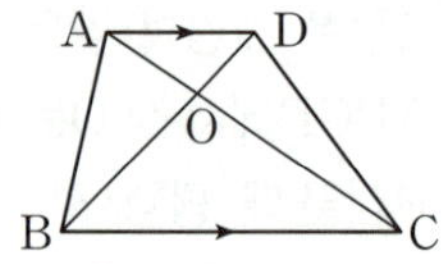

(1) △ABC와 넓이가 같은 삼각형

(2) △ABO와 넓이가 같은 삼각형

(3) △ABD=18일 때, △ACD의 넓이

(4) △ABD=32, △DOC=20일 때, △AOD의 넓이

(5) △ABC=50, △OBC=30일 때, △DOC의 넓이

2

아래 그림과 같은 △ABC에서 다음을 구하시오.

(1) △ABC=36, $\overline{BD} : \overline{DC} = 5 : 4$일 때, △ADC의 넓이

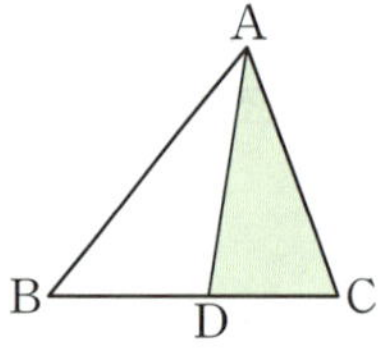

(2) △ABC=32, $\overline{BD} : \overline{DC} = 1 : 3$일 때, △ABD의 넓이

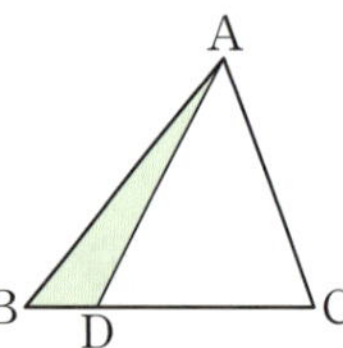

(3) △ABD=20, $\overline{BD} : \overline{DC} = 5 : 3$일 때, △ADC의 넓이

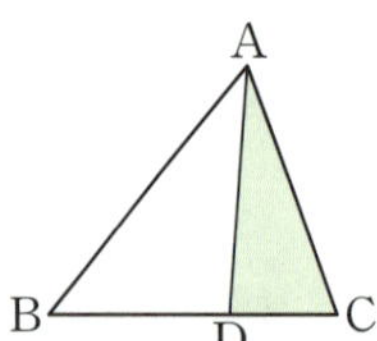

대표 예제 한번 더!

3

오른쪽 그림과 같이 $\overline{AD} \parallel \overline{BC}$인 사다리꼴 ABCD에서 두 대각선의 교점을 O라 하자. △ACD의 넓이가 18 cm^2, △AOD의 넓이가 6 cm^2일 때, △ABO의 넓이를 구하시오.

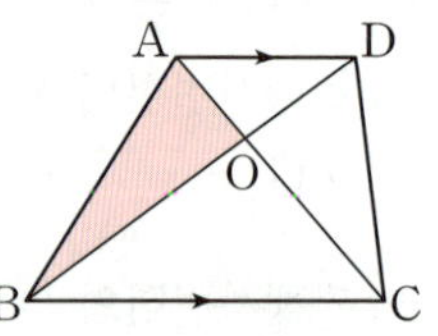

4

오른쪽 그림에서 $\overline{AC} \parallel \overline{DE}$, $\overline{AH} \perp \overline{BE}$이고 $\overline{AH} = 6 \text{ cm}$, $\overline{BC} = 8 \text{ cm}$, $\overline{CE} = 5 \text{ cm}$일 때, □ABCD의 넓이를 구하시오.

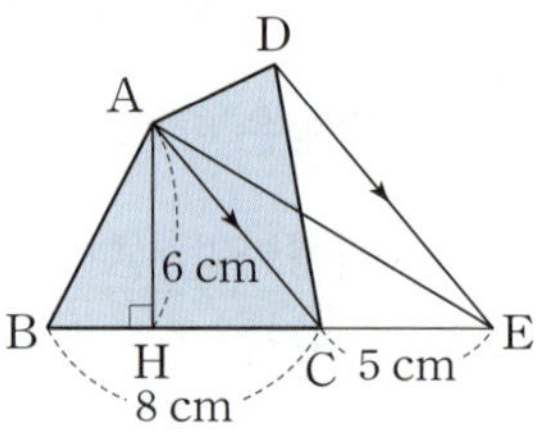

5

오른쪽 그림과 같은 △ABC에서 $\overline{BD} : \overline{DC} = 2 : 5$이다. △ADC의 넓이가 35 cm^2일 때, △ABC의 넓이는?

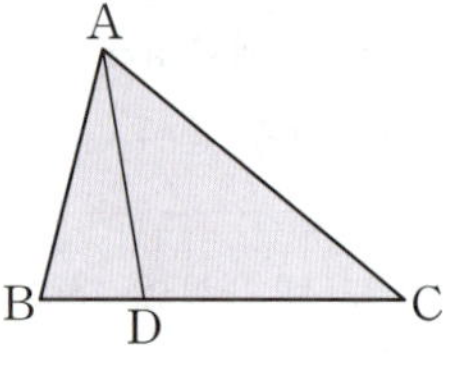

① 40 cm^2 ② 42 cm^2

③ 44 cm^2 ④ 46 cm^2

⑤ 49 cm^2

1

아래 그림에서 △ABC∽△DEF일 때, 다음을 구하시오.

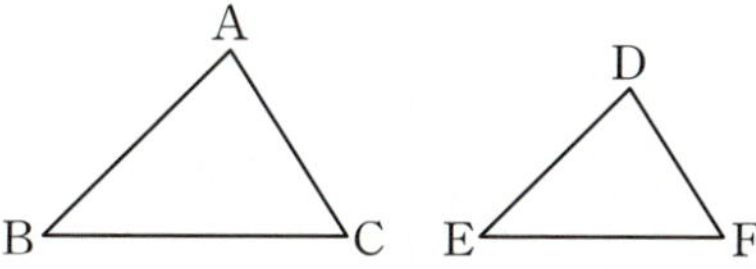

⑴ 점 B의 대응점
⑵ $\overline{DF}$의 대응변
⑶ ∠C의 대응각

2

아래 그림에서 □ABCD∽□EFGH일 때, 다음을 구하시오.

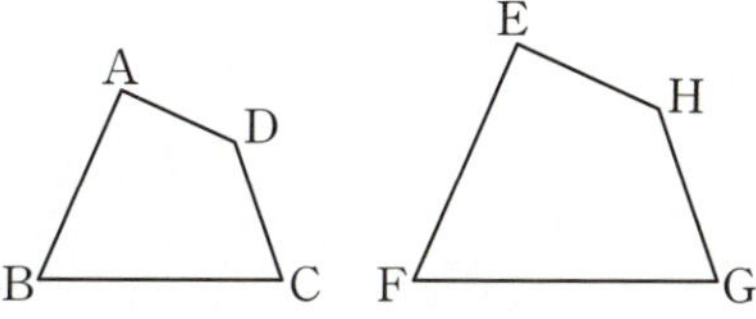

⑴ 점 C의 대응점
⑵ $\overline{AD}$의 대응변
⑶ ∠H의 대응각

3

아래 그림에서 △ABC∽△DEF일 때, 다음을 구하시오.

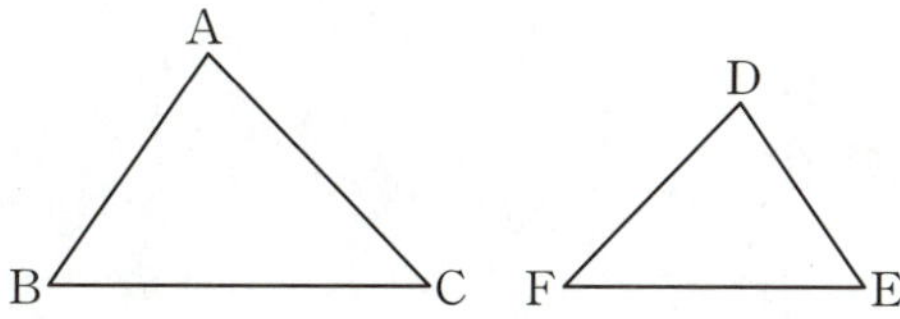

⑴ 점 F의 대응점
⑵ $\overline{DE}$의 대응변
⑶ ∠B의 대응각

4

아래 그림에서 □ABCD∽□EFGH일 때, 다음을 구하시오.

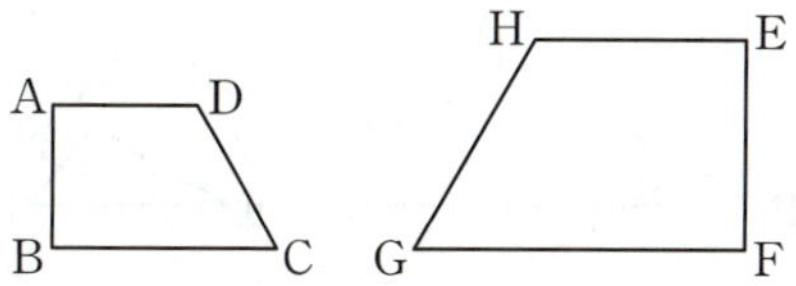

⑴ 점 E의 대응점
⑵ $\overline{DC}$의 대응변
⑶ ∠F의 대응각

대표 예제 한번 더!

5

다음 그림에서 두 삼각기둥은 서로 닮은 도형이고 $\overline{AB}$에 대응하는 모서리가 $\overline{GH}$일 때, $\overline{EF}$에 대응하는 모서리와 면 ADEB에 대응하는 면을 차례로 구하시오.

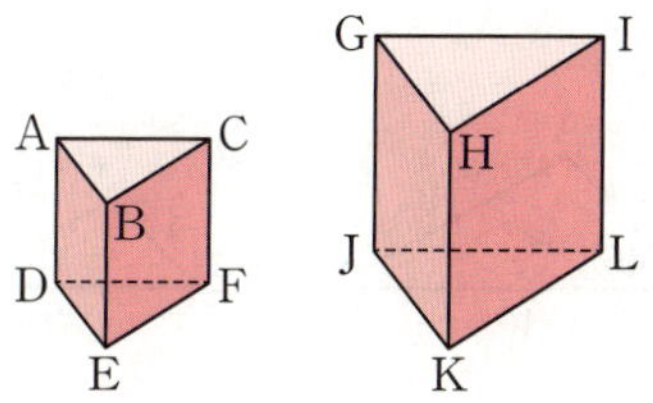

6

다음 | 보기 | 중 항상 닮은 도형인 것을 모두 고르시오.

| 보기 |

ㄱ. 두 원
ㄴ. 두 이등변삼각형
ㄷ. 두 정오각형
ㄹ. 두 정사면체
ㅁ. 두 직육면체
ㅂ. 두 원기둥
ㅅ. 두 원뿔
ㅇ. 두 구

1

아래 그림에서 △ABC∽△DEF일 때, 다음을 구하시오.

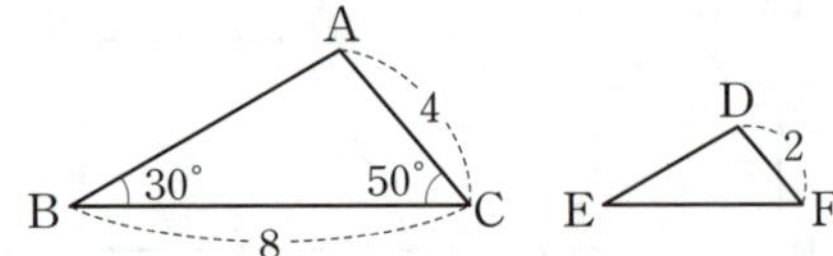

(1) △ABC와 △DEF의 닮음비

(2) $\overline{\text{EF}}$의 길이

(3) ∠E의 크기

(4) ∠F의 크기

2

아래 그림에서 △ABC∽△DEF일 때, 다음을 구하시오.

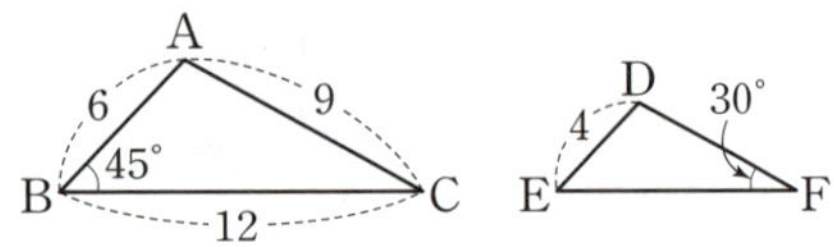

(1) △ABC와 △DEF의 닮음비

(2) $\overline{\text{DF}}$의 길이

(3) $\overline{\text{EF}}$의 길이

(4) △DEF의 둘레의 길이

(5) ∠E의 크기

(6) ∠D의 크기

3

아래 그림에서 □ABCD∽□EFGH일 때, 다음을 구하시오.

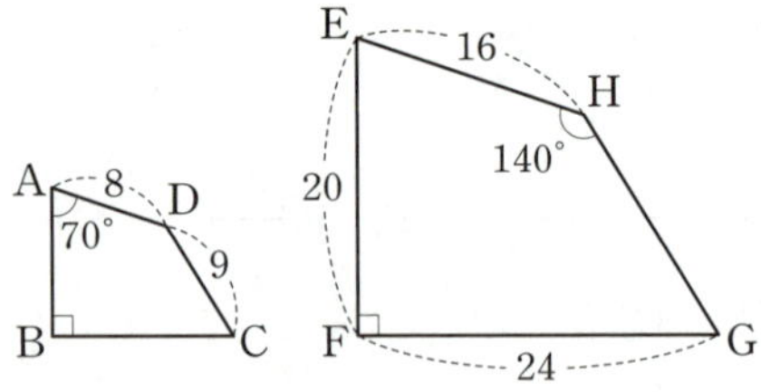

(1) □ABCD와 □EFGH의 닮음비

(2) □ABCD의 둘레의 길이

(3) ∠G의 크기

4

아래 그림에서 두 삼각기둥은 서로 닮은 도형이고 △ABC∽△GHI일 때, 다음을 구하시오.

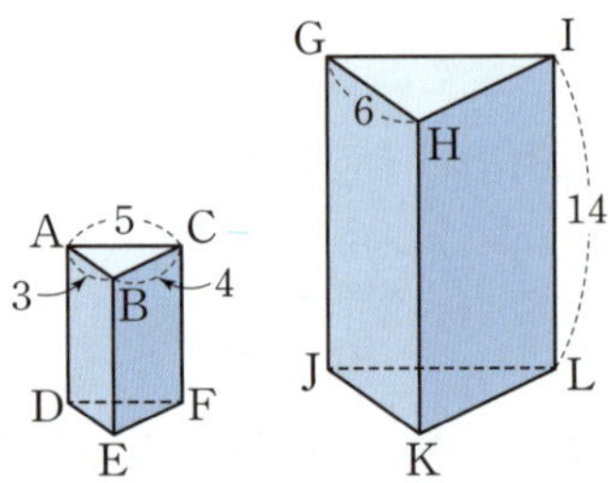

(1) 두 삼각기둥의 닮음비

(2) $\overline{\text{CF}}$의 길이

(3) $\overline{\text{GI}}$의 길이

(4) $\overline{\text{HI}}$의 길이

5

아래 그림에서 두 직육면체는 서로 닮은 도형이다.
면 ABCD에 대응하는 면이 면 IJKL이고 닮음비가
2 : 3일 때, 다음을 구하시오.

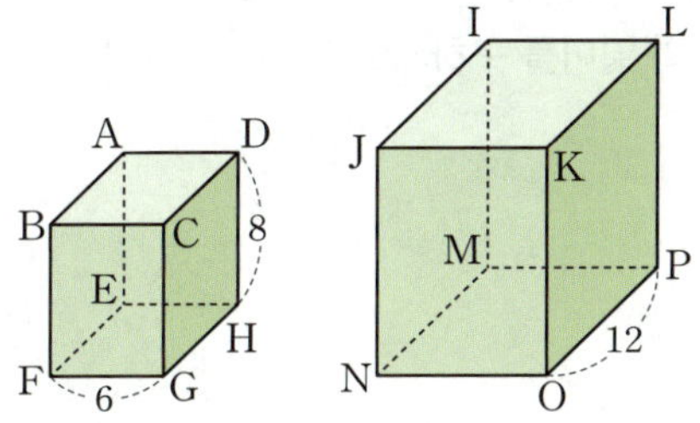

(1) $\overline{\mathrm{GH}}$의 길이

(2) □EFGH의 둘레의 길이

(3) $\overline{\mathrm{LP}}$의 길이

(4) □JNMI의 둘레의 길이

6

아래 그림에서 두 원뿔이 서로 닮은 도형일 때, 다음을
구하시오.

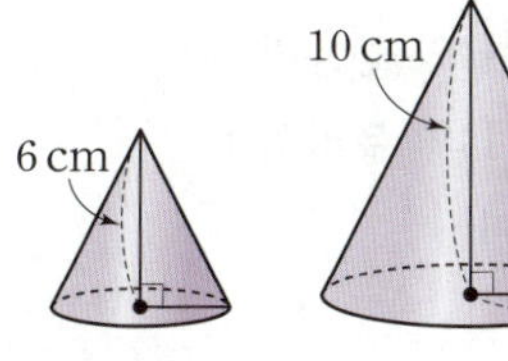

(1) 두 원뿔의 닮음비

(2) 작은 원뿔의 밑면의 반지름의 길이

(3) 작은 원뿔의 부피

7

아래 그림에서 $\triangle\mathrm{ABC}\backsim\triangle\mathrm{DEF}$일 때, 다음 중 옳지
않은 것을 모두 고르면? (정답 2개)

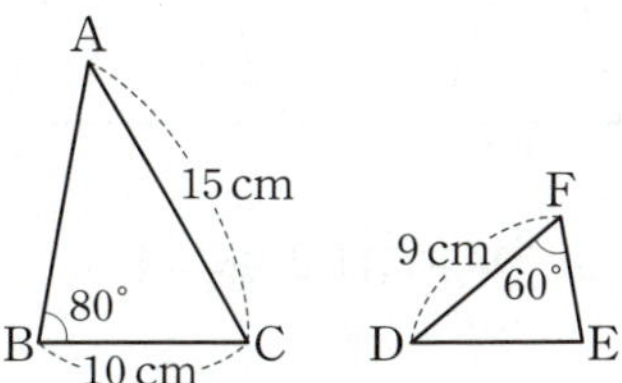

① $\triangle\mathrm{ABC}$와 $\triangle\mathrm{DEF}$의 닮음비는 5 : 3이다.
② $\overline{\mathrm{AB}}:\overline{\mathrm{DE}}=5:3$
③ $\overline{\mathrm{EF}}=3\,\mathrm{cm}$
④ $\angle\mathrm{C}=60°$
⑤ $\angle\mathrm{D}=80°$

8

다음 그림에서 두 직육면체는 서로 닮은 도형이다. $\overline{\mathrm{AD}}$
에 대응하는 모서리가 $\overline{\mathrm{IL}}$일 때, $x+y$의 값을 구하시오.

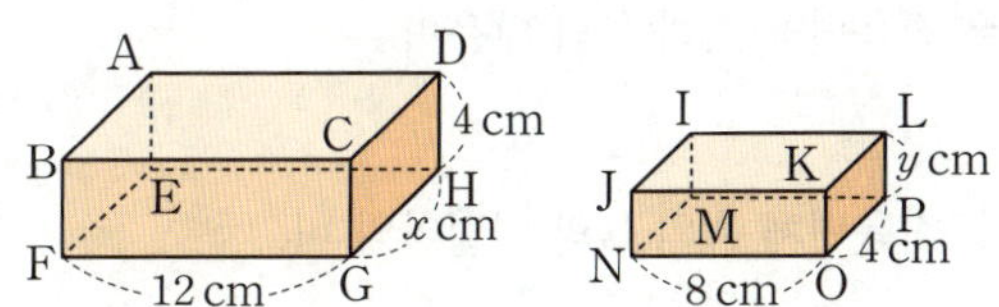

1

아래 그림에서 □ABCD∽□EFGH일 때, 다음을 구하시오.

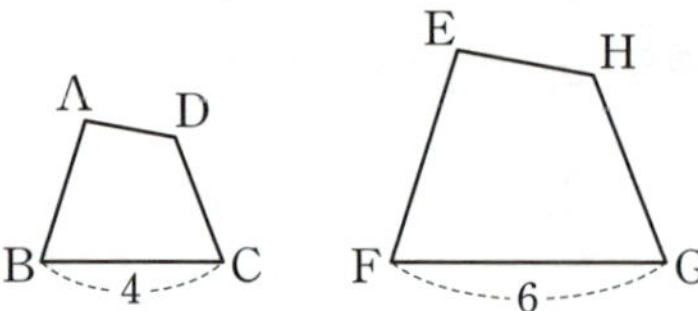

(1) □ABCD와 □EFGH의 닮음비

(2) □ABCD와 □EFGH의 넓이의 비

(3) □EFGH의 넓이가 27일 때, □ABCD의 넓이

2

아래 그림에서 두 직육면체 A, B가 서로 닮은 도형일 때, 다음을 구하시오.

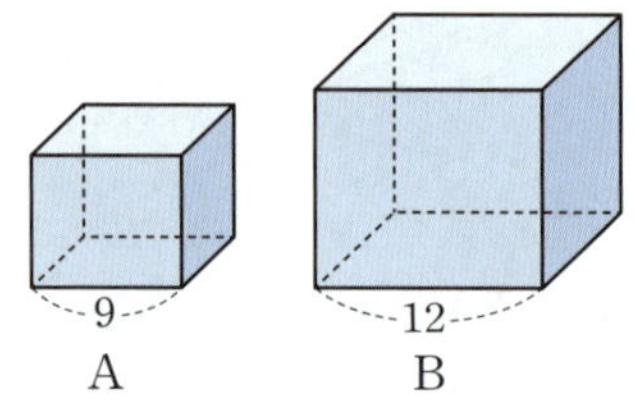

(1) 두 직육면체 A와 B의 닮음비

(2) 두 직육면체 A와 B의 옆넓이의 비

(3) 두 직육면체 A와 B의 부피의 비

(4) 직육면체 A의 겉넓이가 288일 때, 직육면체 B의 겉넓이

(5) 직육면체 B의 부피가 768일 때, 직육면체 A의 부피

3

△ABC와 △DEF가 서로 닮은 도형이고, 두 삼각형의 닮음비가 3 : 2이다. △ABC의 넓이가 $12\,cm^2$일 때, △DEF의 넓이를 구하시오.

4

아래 그림에서 서로 닮은 두 직육면체 A, B의 겉넓이의 비가 9 : 16이고 직육면체 A의 부피가 $54\,cm^3$일 때, 다음을 구하시오.

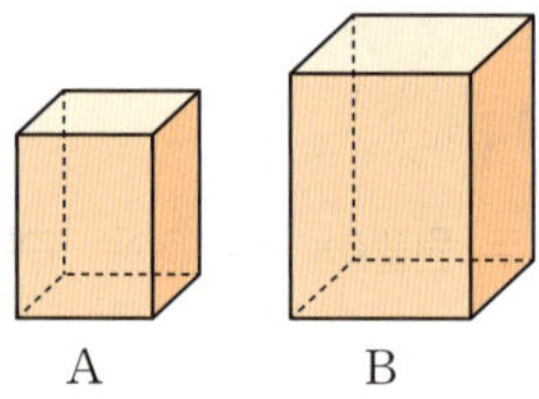

(1) 두 직육면체 A와 B의 닮음비
(2) 두 직육면체 A와 B의 부피의 비
(3) 직육면체 B의 부피

1

다음은 두 삼각형이 서로 닮은 도형임을 증명하는 과정이다. □ 안에 알맞은 것을 쓰시오.

(1)

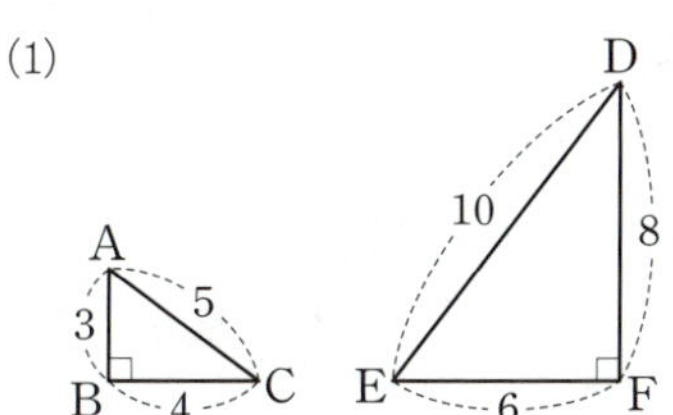

△ABC와 △EFD에서

$\overline{AB} : \overline{EF} = 3 : \boxed{} = \boxed{} : \boxed{}$

$\boxed{} : \overline{FD} = \boxed{} : 8 = \boxed{} : \boxed{}$

$\overline{AC} : \boxed{} = 5 : \boxed{} = \boxed{} : \boxed{}$

∴ △ABC∽△EFD ($\boxed{}$ 닮음)

(2)

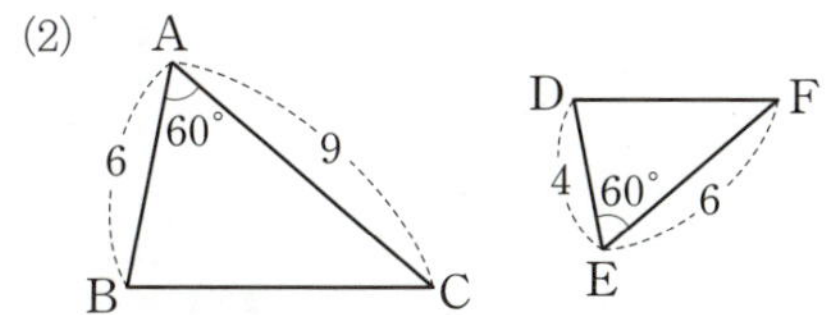

△ABC와 △EDF에서

$\overline{AB} : \overline{ED} = 6 : 4 = \boxed{} : \boxed{}$

$\overline{AC} : \boxed{} = 9 : \boxed{} = \boxed{} : \boxed{}$

$\angle A = \angle E = \boxed{}$

∴ △ABC∽△EDF ($\boxed{}$ 닮음)

(3)

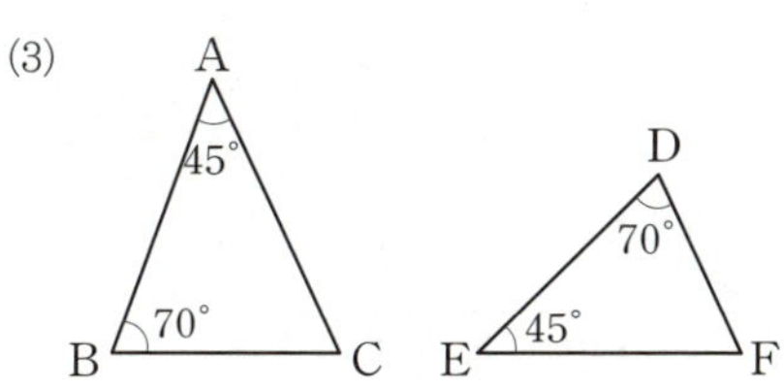

△ABC와 △EDF에서

$\angle A = \angle \boxed{} = \boxed{}$

$\angle B = \angle \boxed{} = \boxed{}$

∴ △ABC∽△EDF ($\boxed{}$ 닮음)

2

다음 중 아래 그림에서 △ABC∽△DEF가 되게 하는 조건인 것은 ○표, 조건이 <u>아닌</u> 것은 ×표를 (　) 안에 쓰시오.

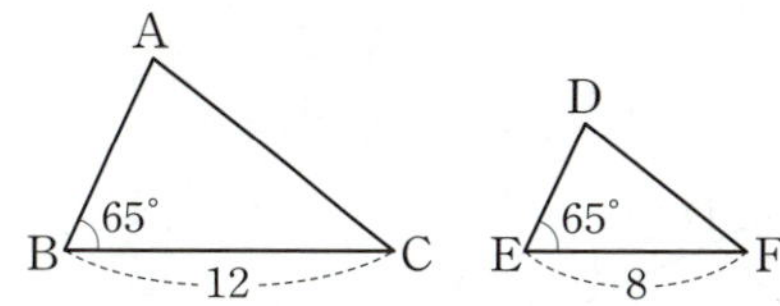

(1) $\overline{AB} = 6$, $\overline{DE} = 4$　　　　　　（　　）

(2) $\angle C = 35°$, $\angle F = 50°$　　　　　（　　）

(3) $\overline{AB} = 9$, $\overline{DE} = 5$　　　　　　（　　）

(4) $\angle A = 75°$, $\angle D = 75°$　　　　　（　　）

(5) $\overline{AC} = 9$, $\overline{DF} = 6$　　　　　　（　　）

3

다음 그림에서 △ABC와 닮은 삼각형을 찾아 기호 ∽를 사용하여 나타내고, 닮음 조건을 말하시오.

(1)

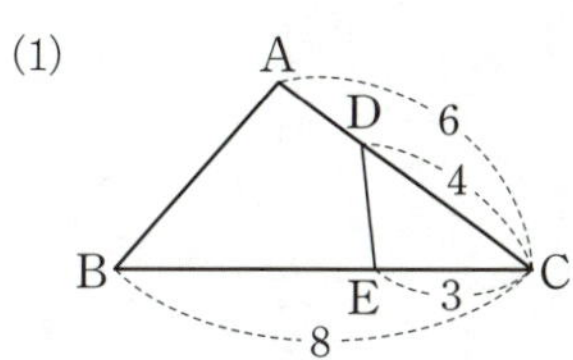

(2)

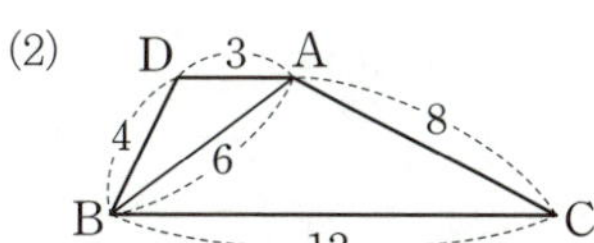

(3)

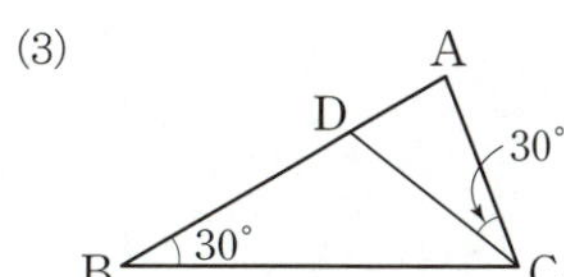

(4)
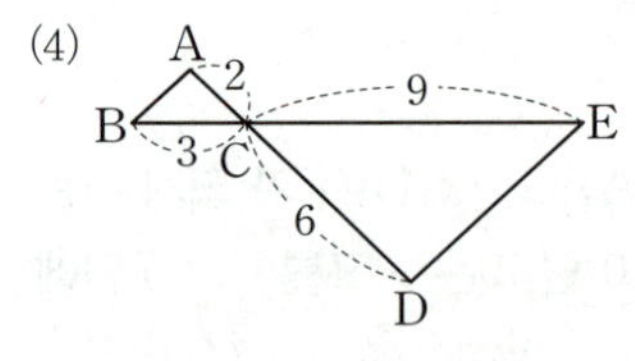

(단, 점 C는 $\overline{AD}$와 $\overline{BE}$의 교점이다.)

(5)
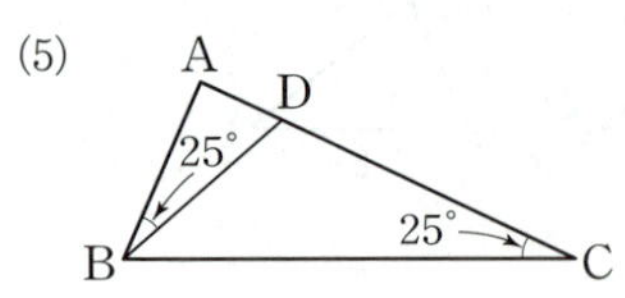

4

다음 그림에서 △ABC와 닮은 삼각형을 찾고, x의 값을 구하시오.

(1)
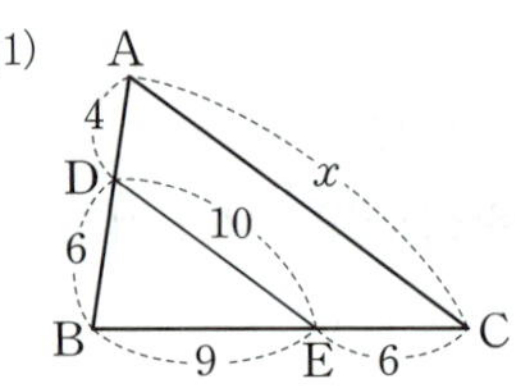

(2)
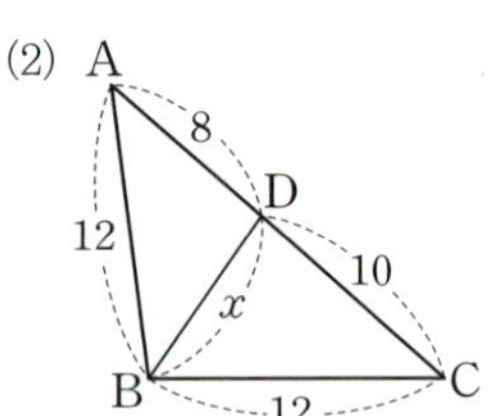

(3)
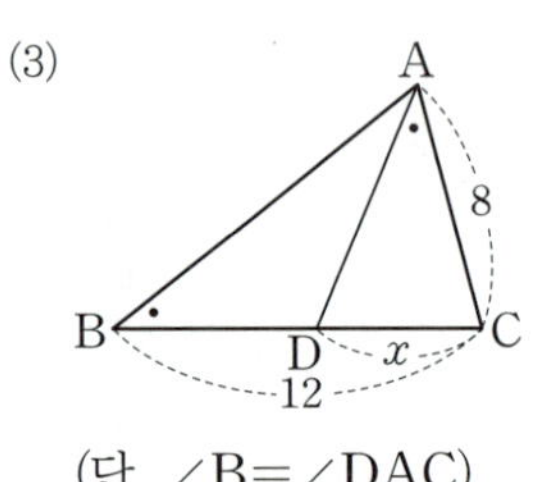

(단, ∠B＝∠DAC)

5

다음 삼각형과 닮은 삼각형을 |보기|에서 찾아 기호 ∽ 를 사용하여 나타내시오.

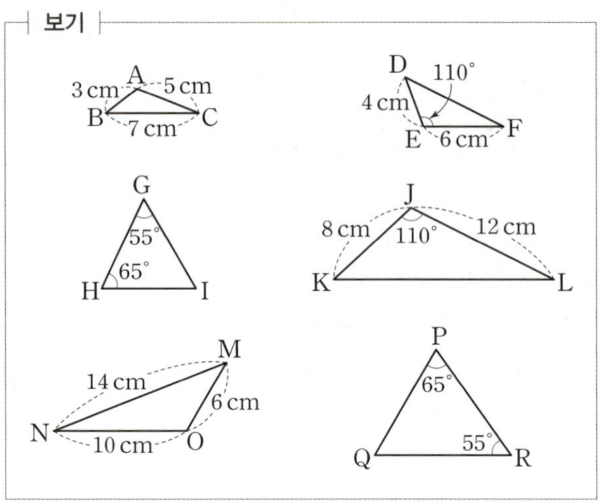

(1) △ABC

(2) △DEF

(3) △GHI

6

다음 그림과 같은 △ABC에서 $\overline{AC}$의 길이를 구하시오.

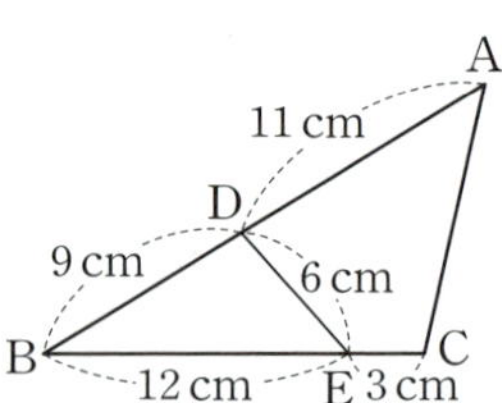

1

오른쪽 그림의 △ABC에서
다음을 구하시오.

(1) △ABC와 닮은 삼각형
(2) $\overline{AC}$의 길이

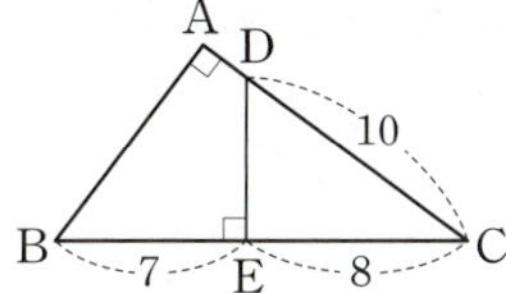

2

오른쪽 그림의 △ABC에서
다음을 구하시오.

(1) △ABC와 닮은 삼각형
(2) $\overline{EC}$의 길이

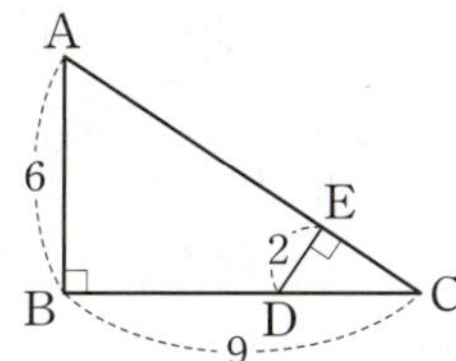

3

다음 그림과 같은 직각삼각형 ABC에서 x의 값을 구하
려고 한다. ☐ 안에 알맞은 것을 쓰고, x의 값을 구하시오.

(1)

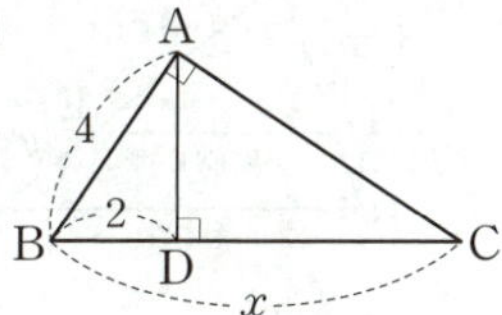

△ABC∽△DBA (☐ 닮음)이므로
$\overline{AB} : \overline{DB} = ☐ : \overline{AB}$
∴ ☐$^2 = \overline{DB} \times ☐$

(2)

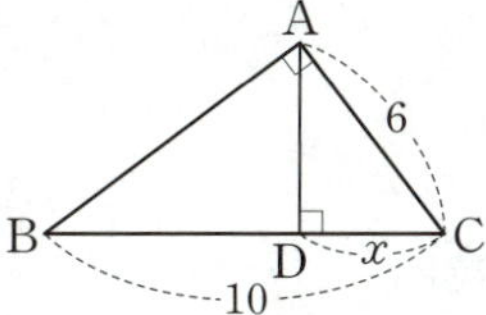

△ABC∽△DAC (☐ 닮음)이므로
$\overline{AC} : \overline{DC} = ☐ : \overline{AC}$
∴ ☐$^2 = \overline{DC} \times ☐$

(3)

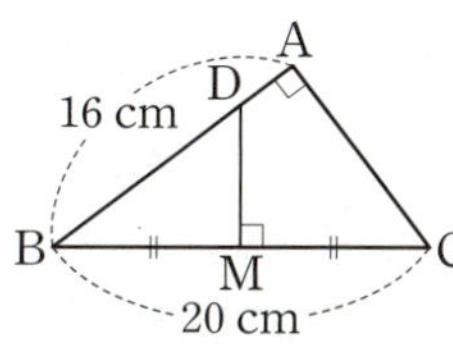

△DBA∽△DAC (☐ 닮음)이므로
$\overline{DB} : ☐ = ☐ : \overline{DC}$
∴ ☐$^2 = \overline{DB} \times ☐$

대표 예제 한번 더!

4

오른쪽 그림과 같이 ∠A = 90°
인 직각삼각형 ABC에서
$\overline{DM}$은 $\overline{BC}$의 수직이등분선이
다. $\overline{AB} = 16\,\text{cm}$,
$\overline{BC} = 20\,\text{cm}$일 때, $\overline{BD}$의 길
이를 구하시오.

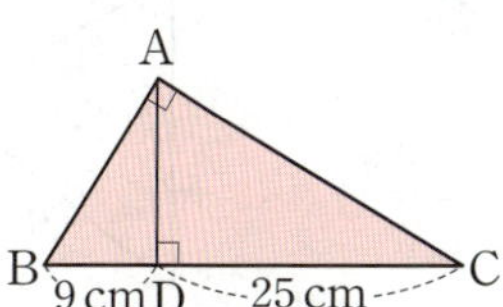

5

다음 그림과 같이 ∠A = 90°인 직각삼각형 ABC에서
$\overline{AD} \perp \overline{BC}$이고 $\overline{BD} = 9\,\text{cm}$, $\overline{CD} = 25\,\text{cm}$일 때, △ABC
의 넓이를 구하시오.

1

다음 그림에서 $\overline{BC} \parallel \overline{DE}$일 때, x의 값을 구하시오.

(1) 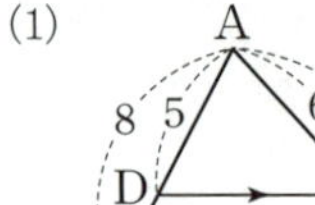

(2) 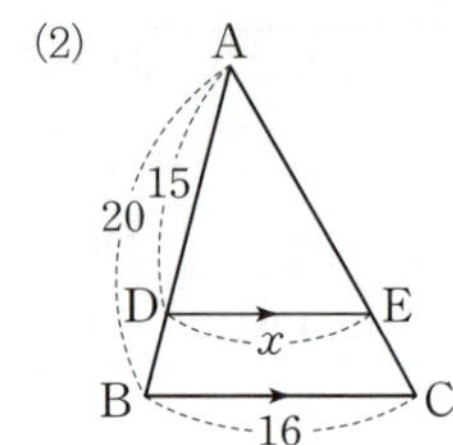

(3) 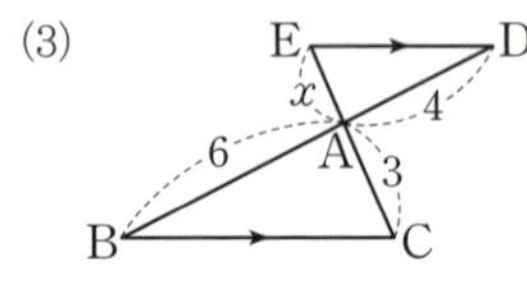

(4) 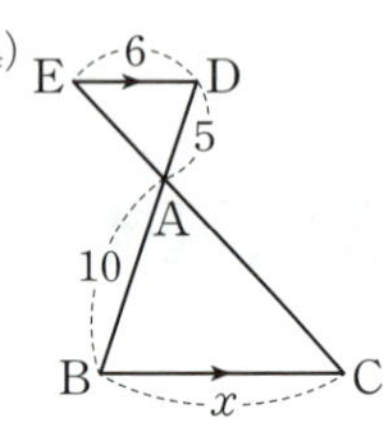

2

다음 그림에서 $\overline{BC} \parallel \overline{DE}$일 때, x의 값을 구하시오.

(1) 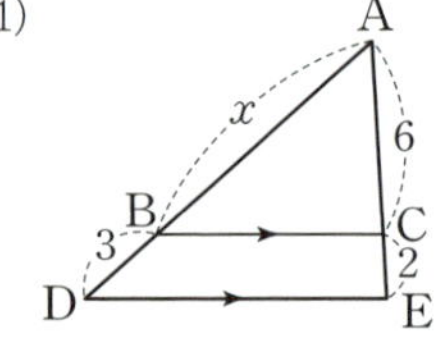

(2) 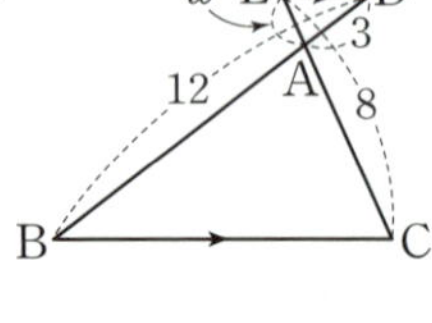

(3) 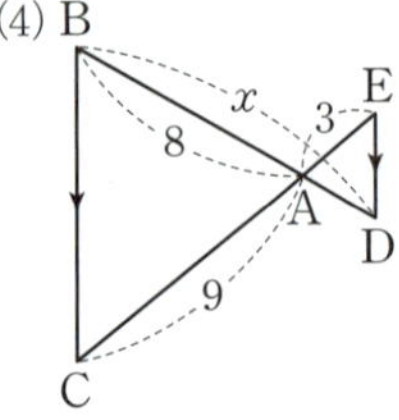

(4)

3

다음 |보기|에서 $\overline{BC} \parallel \overline{DE}$인 것을 모두 고르시오.

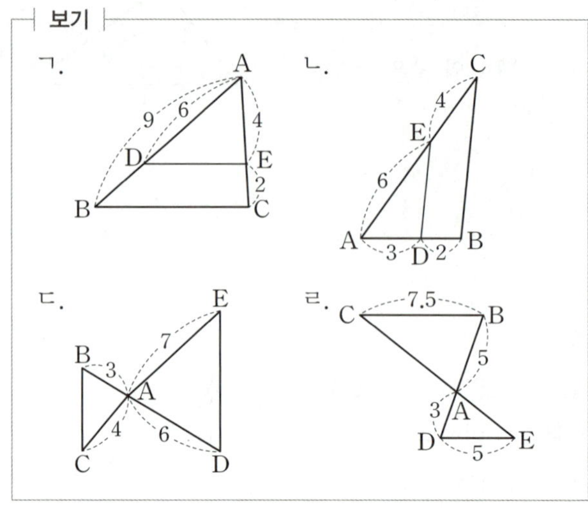

4

오른쪽 그림과 같은 △ABC에서 $\overline{BC} \parallel \overline{DE}$일 때, x, y의 값을 각각 구하시오.

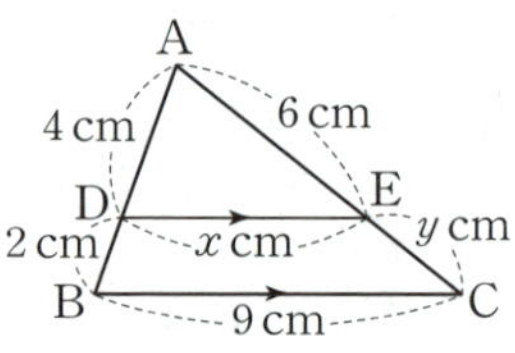

5

오른쪽 그림의 △ABC에서 $\overline{BC} \parallel \overline{DE}$일 때, xy의 값을 구하시오.

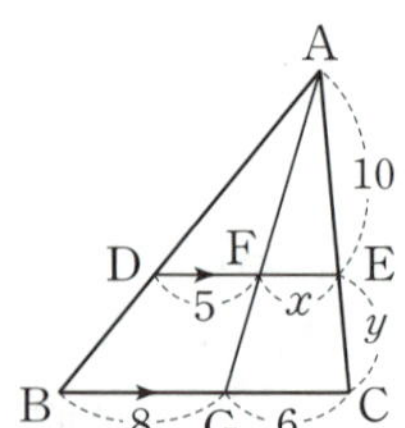

1

다음 그림과 같은 △ABC에서 $\overline{AD}$가 ∠A의 이등분선일 때, x의 값을 구하시오.

(1) 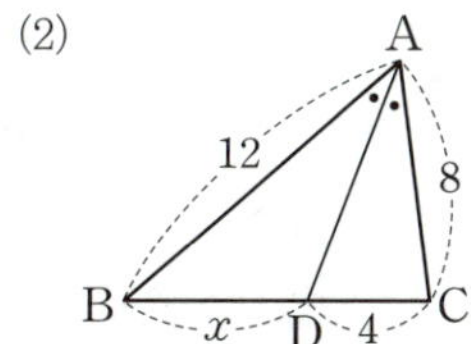

(2) 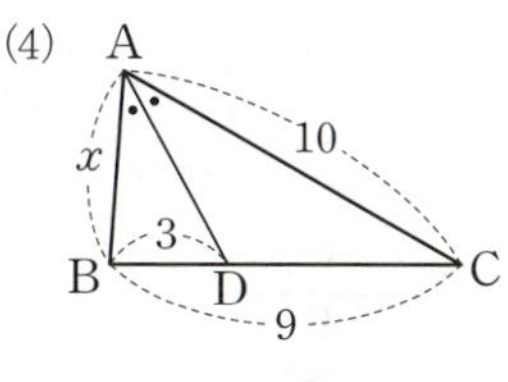

(3) 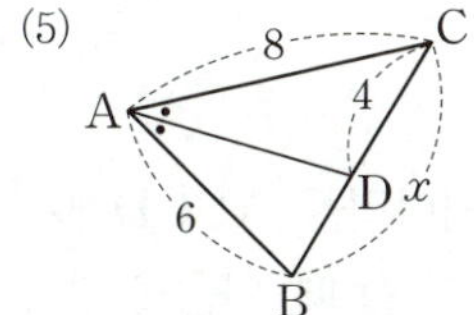

(4) 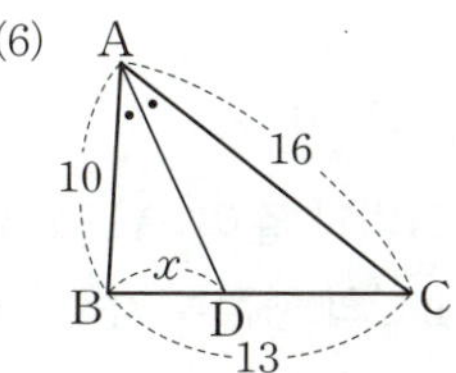

(5) 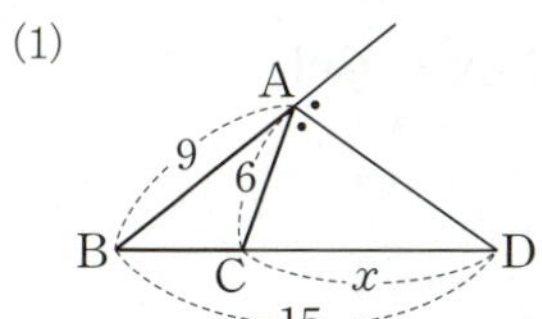

(6) 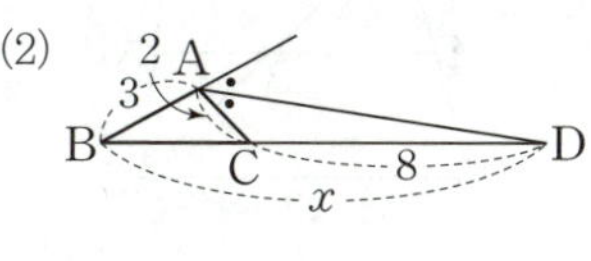

2

다음 그림과 같은 △ABC에서 $\overline{AD}$가 ∠A의 외각의 이등분선일 때, x의 값을 구하시오.

(1) 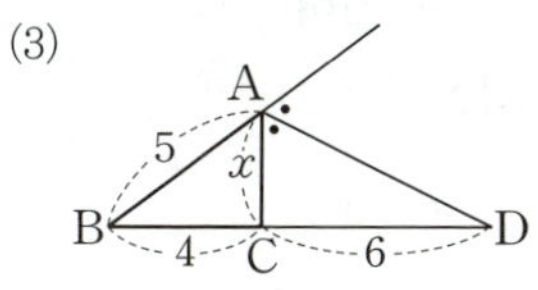

(2) 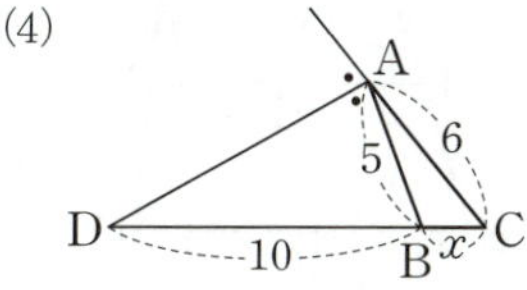

(3)

(4)

대표 예제 한번 더!

3

다음 그림과 같은 △ABC에서 $\overline{AD}$가 ∠A의 이등분선일 때, $\overline{CD}$의 길이를 구하시오.

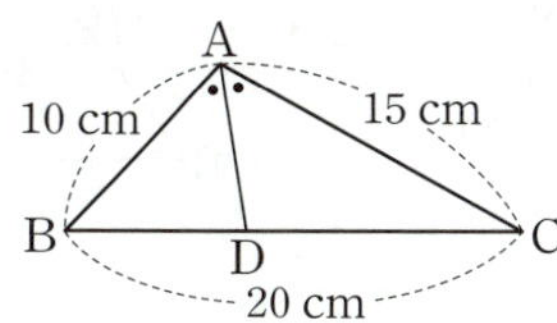

4

다음 그림과 같은 △ABC에서 $\overline{AD}$는 ∠A의 외각의 이등분선이다. $\overline{AB}=8\,\text{cm}$, $\overline{AC}=6\,\text{cm}$, $\overline{BC}=4\,\text{cm}$일 때, $\overline{BD}$의 길이를 구하시오.

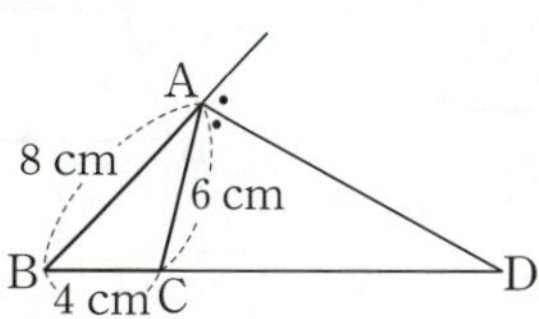

1

다음 그림과 같은 △ABC에서 두 점 M, N은 각각 $\overline{AB}$, $\overline{AC}$의 중점일 때, x의 값을 구하시오.

(1) 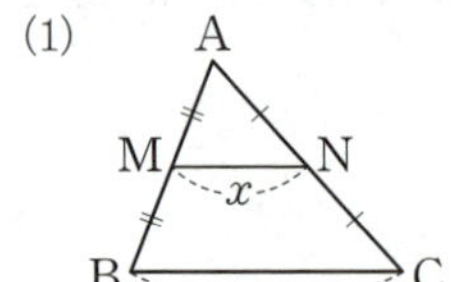

(2) 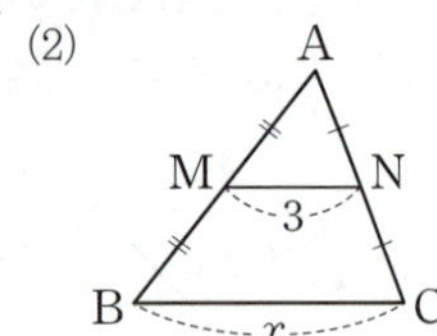

(3) 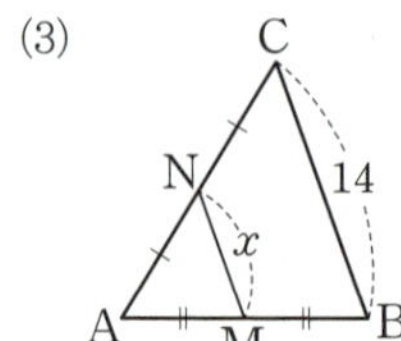

(4) 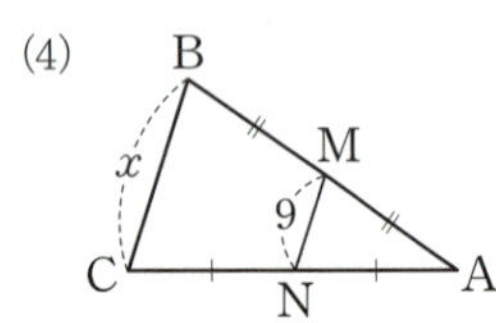

2

다음 그림과 같은 △ABC에서 점 M은 $\overline{AB}$의 중점이고 $\overline{MN} /\!/ \overline{BC}$일 때, x의 값을 구하시오.

(1) 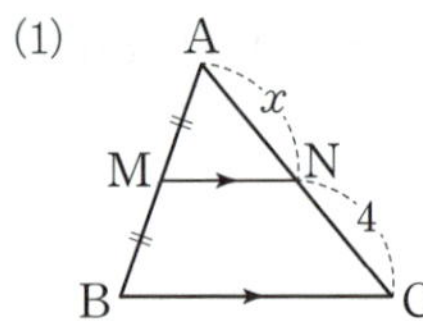

(2) 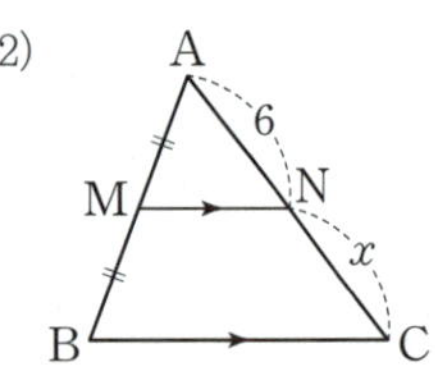

(3) 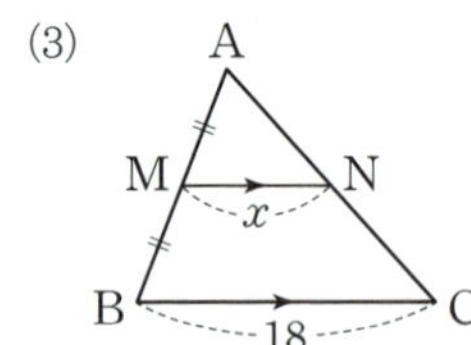

(4) 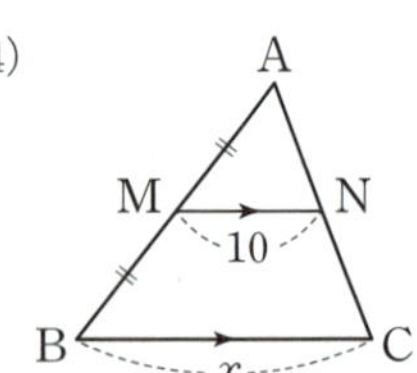

(5) 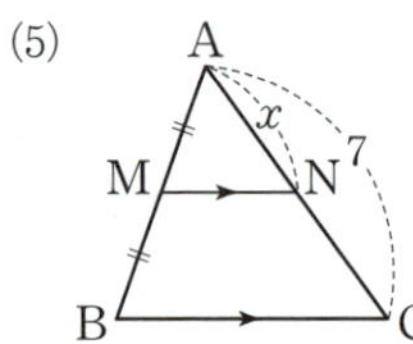

(6) 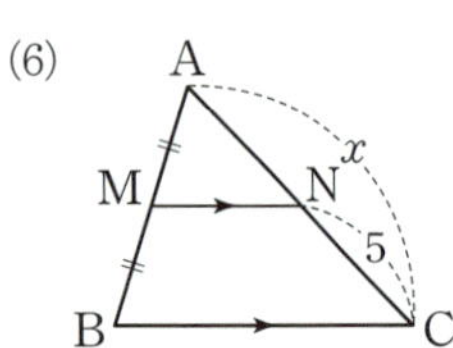

3

아래 그림과 같은 △ABC에서 $\overline{AB}$, $\overline{BC}$, $\overline{CA}$의 중점을 각각 D, E, F라 할 때, 다음을 구하시오.

(1) 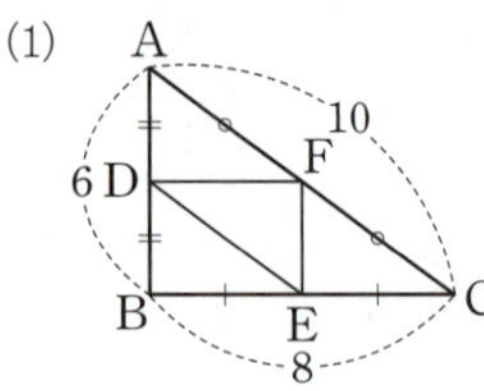

① $\overline{DE}$의 길이
② $\overline{EF}$의 길이
③ $\overline{FD}$의 길이
④ △DEF의 둘레의 길이

(2) 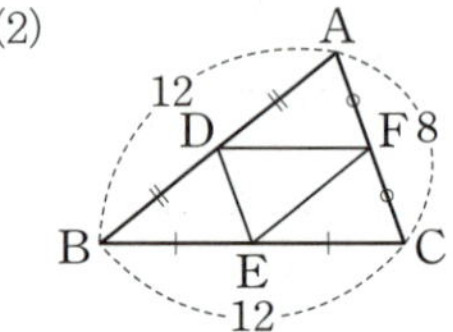

① $\overline{DE}$의 길이
② $\overline{EF}$의 길이
③ $\overline{FD}$의 길이
④ △DEF의 둘레의 길이

4

아래 그림과 같이 $\overline{AD} /\!/ \overline{BC}$인 사다리꼴 ABCD에서 $\overline{AB}$, $\overline{DC}$의 중점을 각각 M, N이라 할 때, 다음을 구하시오.

(1) 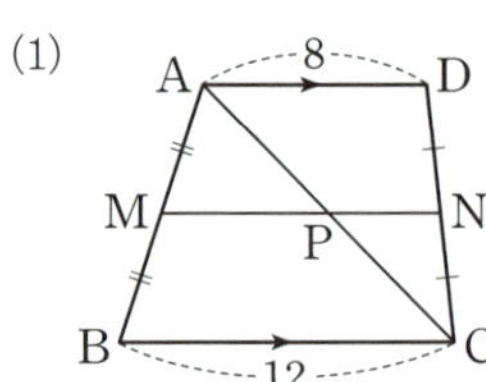

① $\overline{MP}$의 길이
② $\overline{PN}$의 길이
③ $\overline{MN}$의 길이

(2) 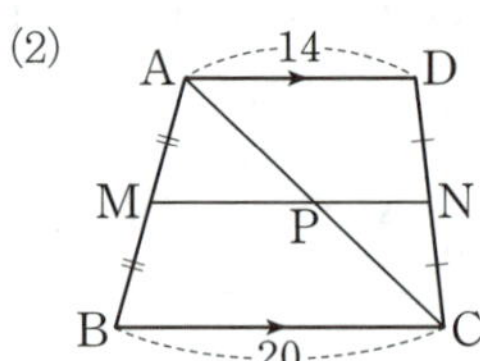

① $\overline{MP}$의 길이
② $\overline{PN}$의 길이
③ $\overline{MN}$의 길이

(3) 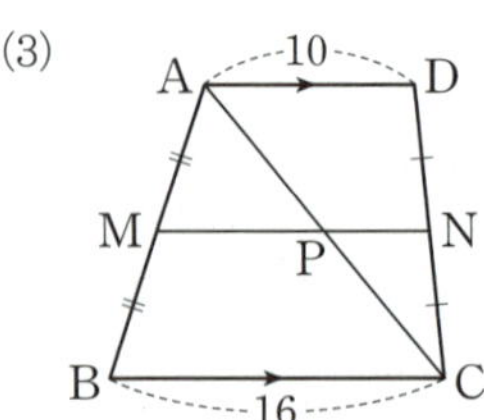

① $\overline{MP}$의 길이
② $\overline{PN}$의 길이
③ $\overline{MN}$의 길이

5

아래 그림과 같이 $\overline{AD}$ ∥ $\overline{BC}$인 사다리꼴 ABCD에서 $\overline{AB}$, $\overline{DC}$의 중점을 각각 M, N이라 할 때, 다음을 구하시오.

(1) 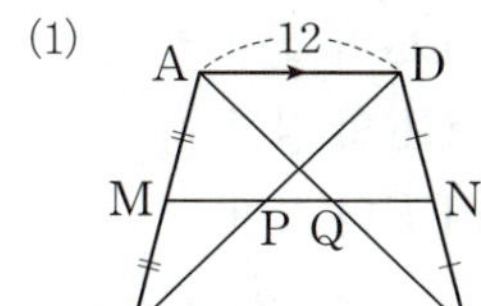

① $\overline{MQ}$의 길이
② $\overline{MP}$의 길이
③ $\overline{PQ}$의 길이

(2) 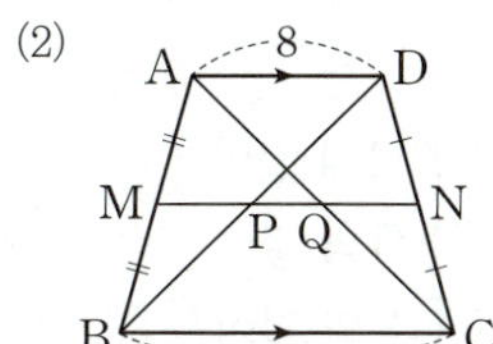

① $\overline{MQ}$의 길이
② $\overline{MP}$의 길이
③ $\overline{PQ}$의 길이

(3) 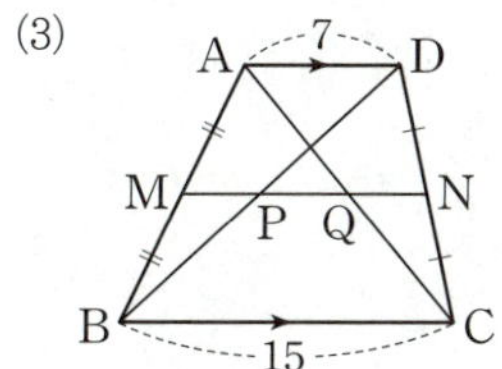

① $\overline{MQ}$의 길이
② $\overline{MP}$의 길이
③ $\overline{PQ}$의 길이

 한번 더!

6

오른쪽 그림과 같이 $\angle A = 90°$인 직각삼각형 ABC에서 두 점 M, N은 각각 $\overline{BC}$, $\overline{AC}$의 중점일 때, x, y의 값을 각각 구하시오.

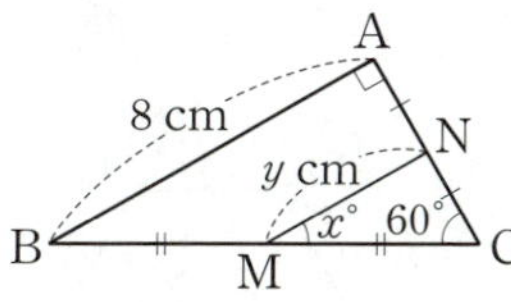

7

오른쪽 그림과 같은 $\triangle ABC$에서 $\overline{AB}$의 중점을 M, 점 M을 지나고 $\overline{BC}$에 평행한 직선이 $\overline{AC}$와 만나는 점을 N이라 하자. $\overline{MN} = 5\,cm$, $\overline{AC} = 14\,cm$일 때, $x + y$의 값을 구하시오.

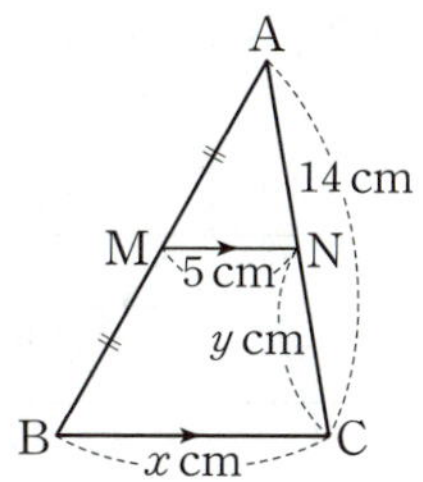

8

오른쪽 그림과 같은 $\triangle ABC$에서 $\overline{AB}$, $\overline{BC}$, $\overline{CA}$의 중점을 각각 D, E, F라 하자. $\overline{AB} = 12\,cm$, $\overline{BC} = 18\,cm$, $\overline{CA} = 20\,cm$일 때, $\triangle DEF$의 둘레의 길이를 구하시오.

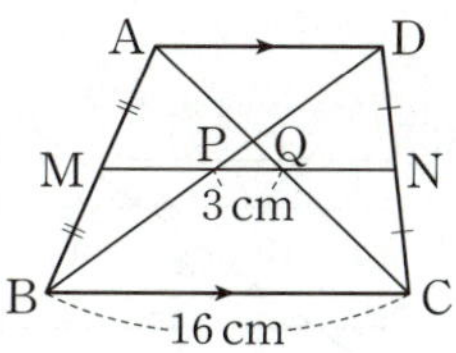

9

오른쪽 그림과 같이 $\overline{AD}$ ∥ $\overline{BC}$인 사다리꼴 ABCD에서 $\overline{AB}$, $\overline{DC}$의 중점을 각각 M, N이라 하자. $\overline{BC} = 16\,cm$, $\overline{PQ} = 3\,cm$일 때, $\overline{AD}$의 길이를 구하시오.

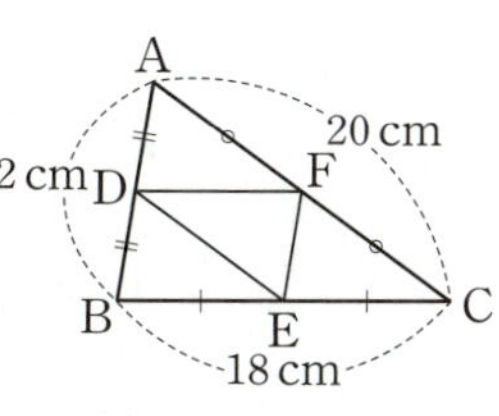

1

다음 그림에서 $l \parallel m \parallel n$일 때, x의 값을 구하시오.

(1) 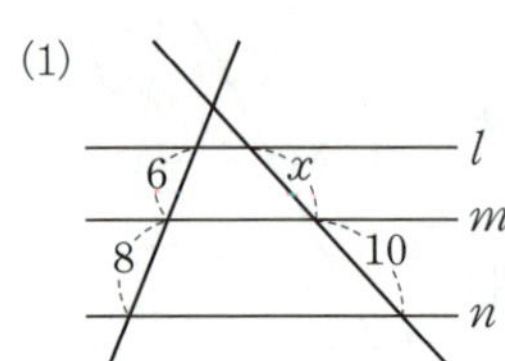

(2) 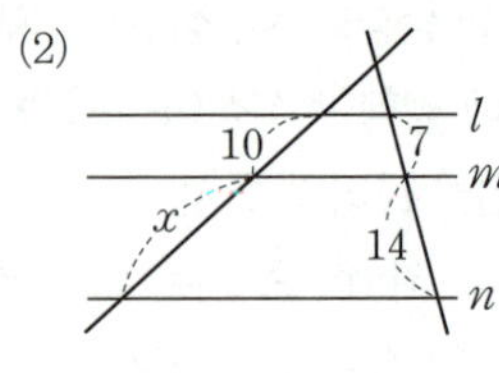

(3) 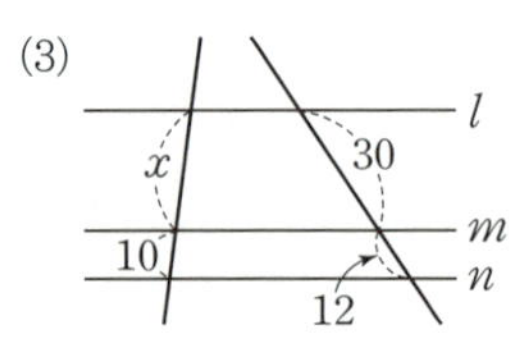

(4) 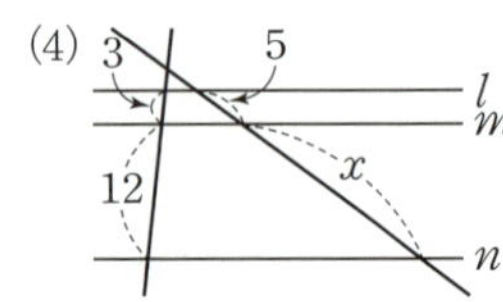

2

다음 그림에서 $l \parallel m \parallel n$일 때, x의 값을 구하시오.

(1) 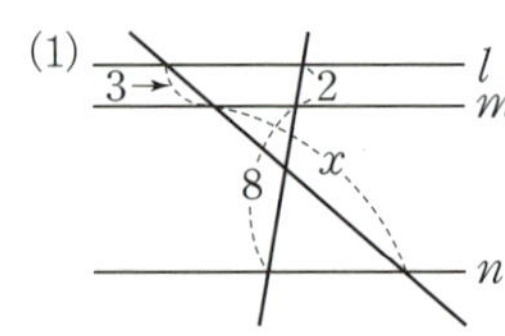

(2) 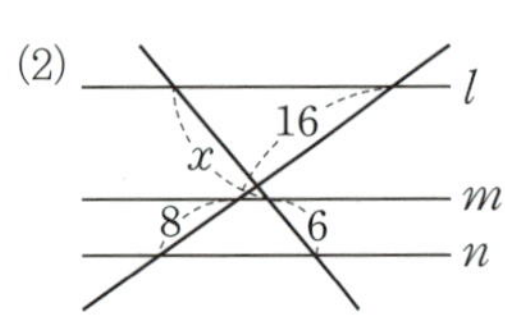

(3) 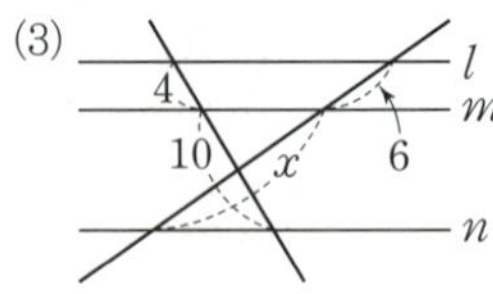

(4) 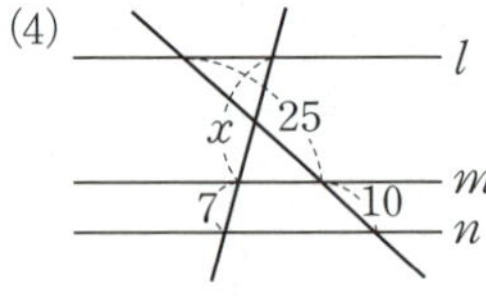

3

아래 그림과 같은 사다리꼴 ABCD에서 $\overline{AD} \parallel \overline{EF} \parallel \overline{BC}$일 때, 다음을 구하시오.

(1) 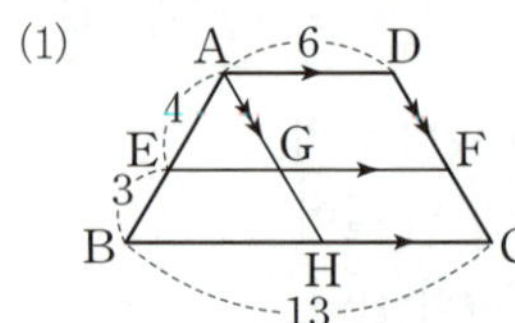

① $\overline{BH}$의 길이
② $\overline{EG}$의 길이
③ $\overline{GF}$의 길이
④ $\overline{EF}$의 길이

(2) 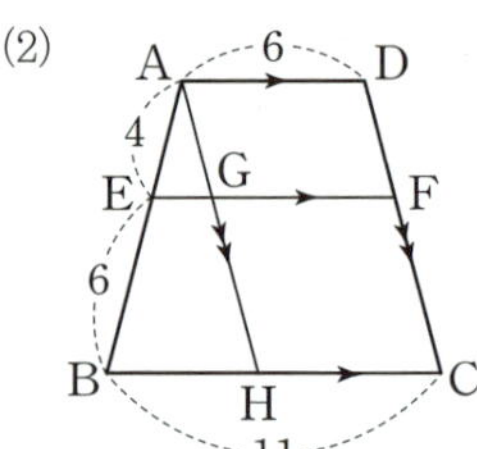

① $\overline{BH}$의 길이
② $\overline{EG}$의 길이
③ $\overline{GF}$의 길이
④ $\overline{EF}$의 길이

(3) 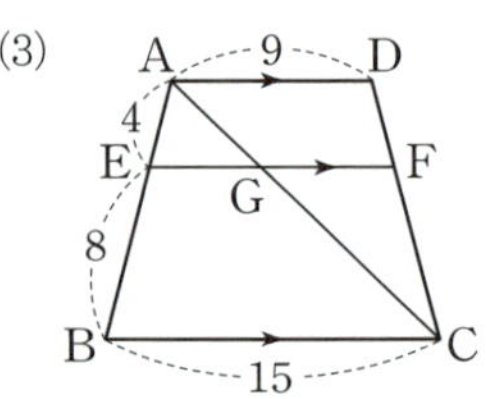

① $\overline{EG}$의 길이
② $\overline{GF}$의 길이
③ $\overline{EF}$의 길이

(4) 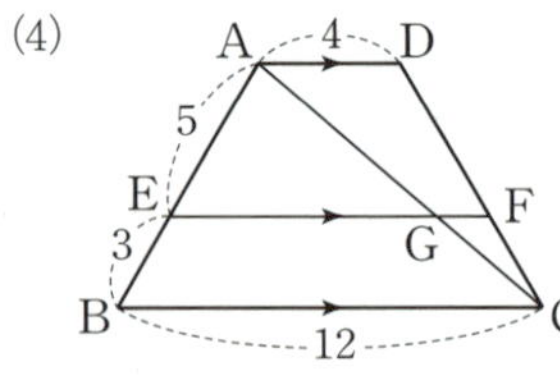

① $\overline{EG}$의 길이
② $\overline{GF}$의 길이
③ $\overline{EF}$의 길이

4

다음 그림에서 $\overline{AB}/\!/\overline{EF}/\!/\overline{DC}$일 때, 물음에 답하시오.

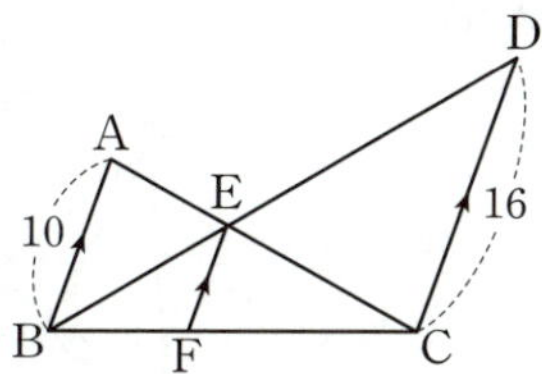

(1) $\overline{BE}:\overline{DE}$를 가장 간단한 자연수의 비로 나타내시오.

(2) $\overline{EF}$의 길이를 구하시오.

5

오른쪽 그림에서 $l/\!/m/\!/n$
일 때, x의 값을 구하시오.

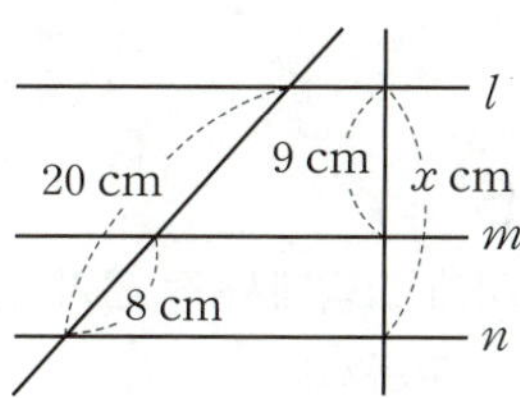

6

다음 그림에서 $l/\!/m/\!/n$일 때, $x+y$의 값을 구하시오.

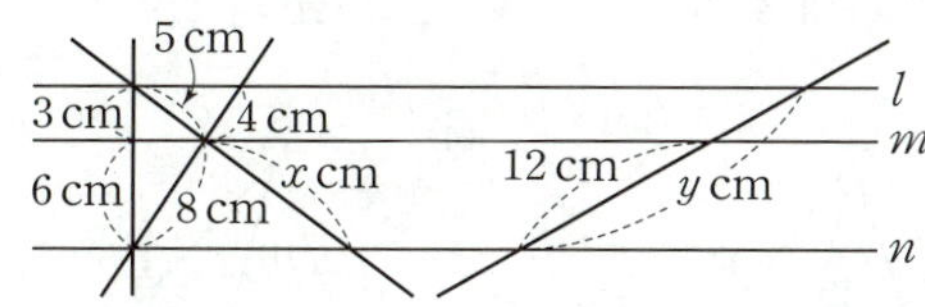

7

다음 그림과 같은 사다리꼴 ABCD에서
$\overline{AD}/\!/\overline{EF}/\!/\overline{BC}$일 때, x, y의 값을 각각 구하시오.

(1)

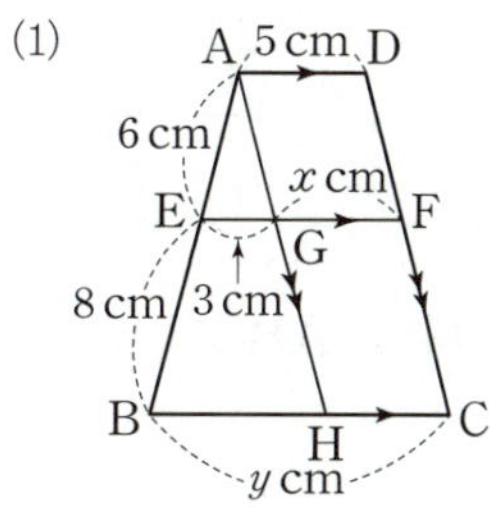

(2)

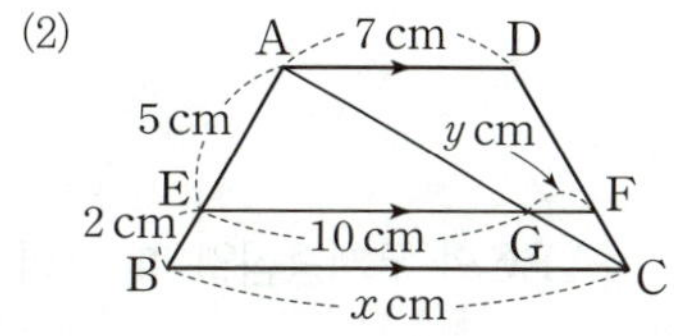

8

다음 그림에서 $\overline{AB}/\!/\overline{EF}/\!/\overline{DC}$일 때, x, y의 값을 각각
구하시오.

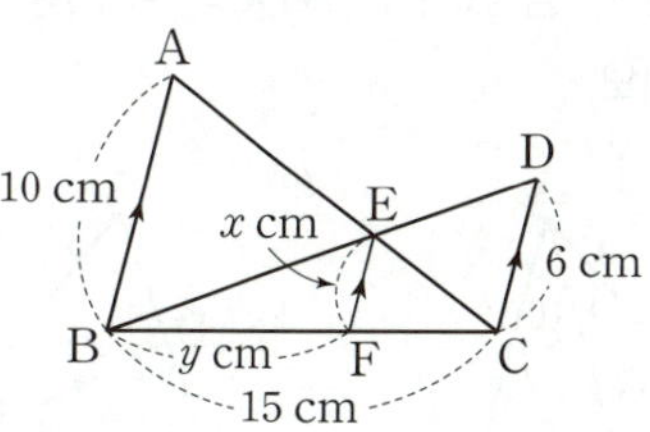

삼각형의 무게중심

1

오른쪽 그림에서 $\overline{AD}$가 △ABC의 중선일 때, 다음 물음에 답하시오.

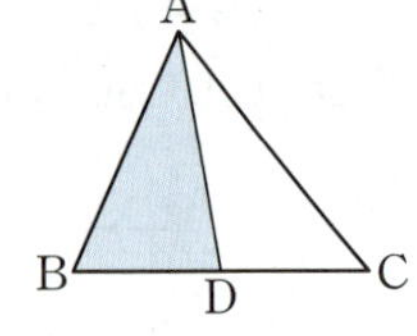

(1) $\overline{BC}=10\,\text{cm}$일 때, $\overline{BD}$의 길이를 구하시오.

(2) △ABC의 넓이가 $40\,\text{cm}^2$일 때, △ABD의 넓이를 구하시오.

2

다음 그림에서 점 G가 △ABC의 무게중심일 때, x의 값을 구하시오.

(1)
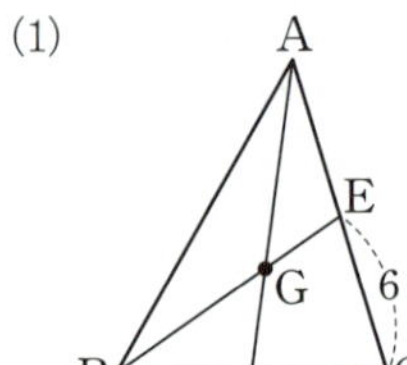

(2)
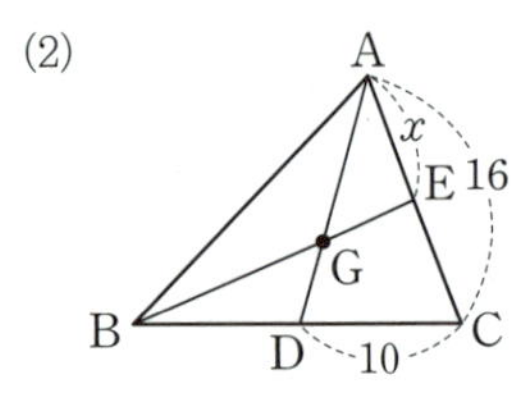

3

다음 그림에서 점 G가 △ABC의 무게중심일 때, x의 값을 구하시오.

(1)
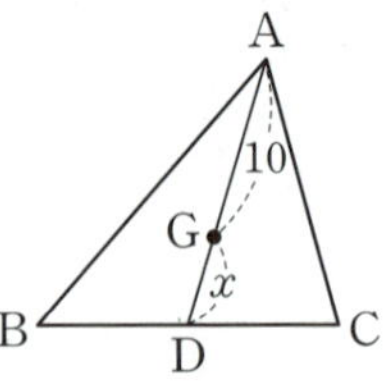

(2)
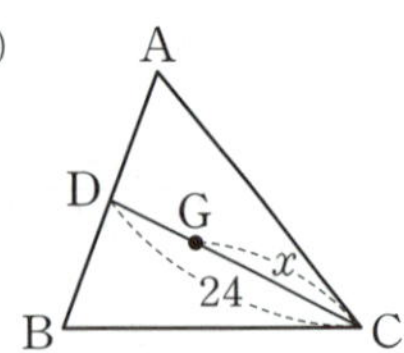

(3)
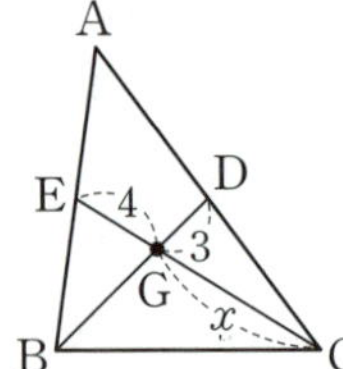

(4)
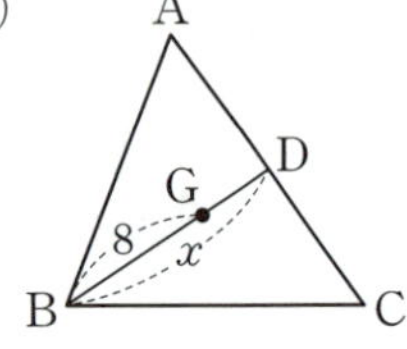

4

다음 그림에서 점 G가 △ABC의 무게중심일 때, x, y의 값을 각각 구하시오.

(1)
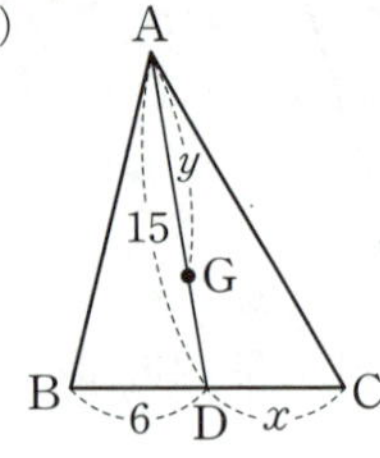

(2)
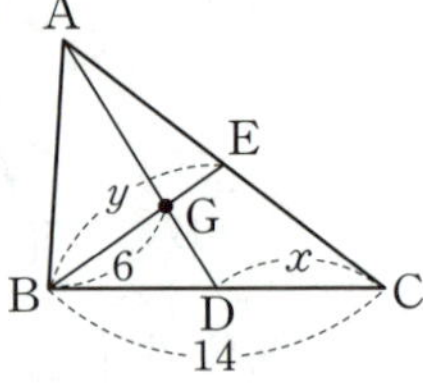

(3)
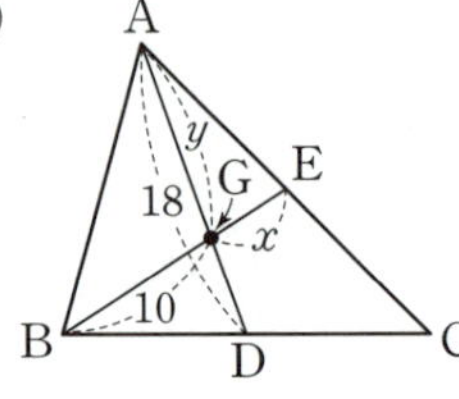

(4)
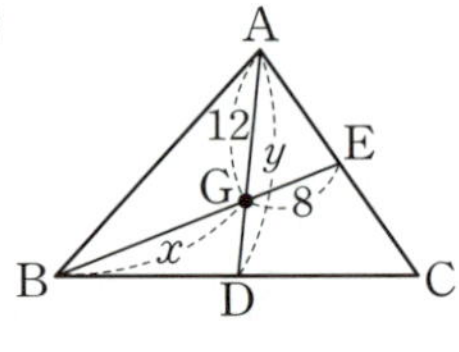

5

아래 그림에서 점 G가 △ABC의 무게중심일 때, 다음을 구하시오.

(1)
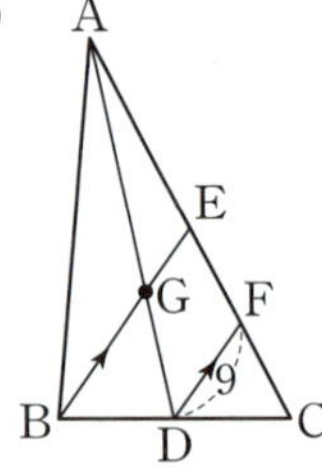

① $\overline{BE}$의 길이
② $\overline{BG}$의 길이

(2)
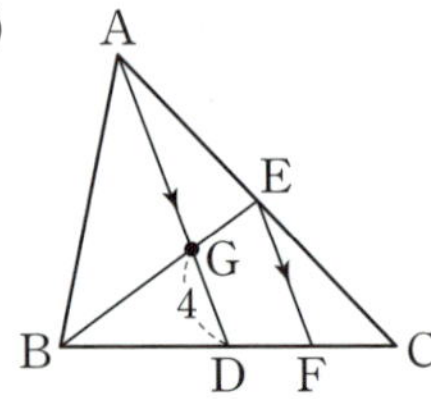

① $\overline{AG}$의 길이
② $\overline{EF}$의 길이

(3)
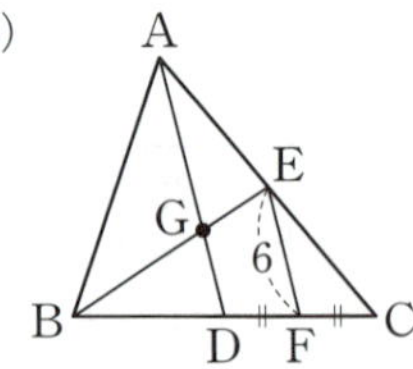

① $\overline{AD}$의 길이
② $\overline{AG}$의 길이

(4)
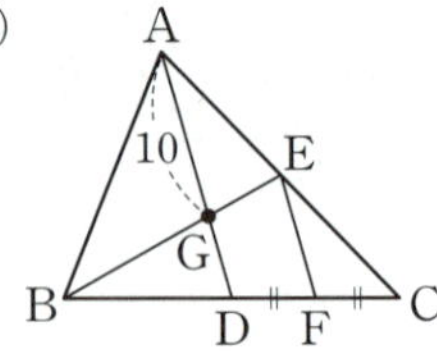

① $\overline{AD}$의 길이
② $\overline{EF}$의 길이

6

아래 그림에서 점 G는 △ABC의 무게중심이다. 다음은 $\overline{BC} /\!/ \overline{EF}$일 때, x, y의 값을 구하는 과정이다. □ 안에 알맞은 수를 쓰시오.

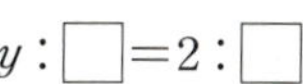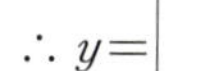

△ADC에서
$\overline{AF} : \overline{FC} = \overline{AG} : \overline{GD}$이므로
$6 : x = \boxed{} : \boxed{}$ ∴ $x = \boxed{}$
또 $\overline{DC} = \overline{BD} = \boxed{}$이고
$\overline{GF} : \overline{DC} = \overline{AG} : \overline{AD}$이므로
$y : \boxed{} = 2 : \boxed{}$ ∴ $y = \boxed{}$

7

다음 그림에서 점 G는 △ABC의 무게중심이다.
△ABC = 30일 때, 색칠한 부분의 넓이를 구하시오.

(1) 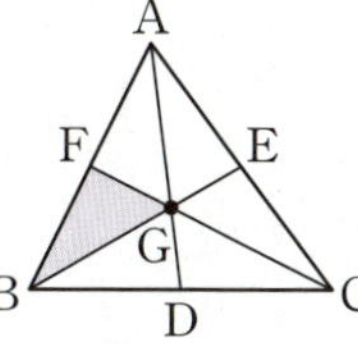

(2) 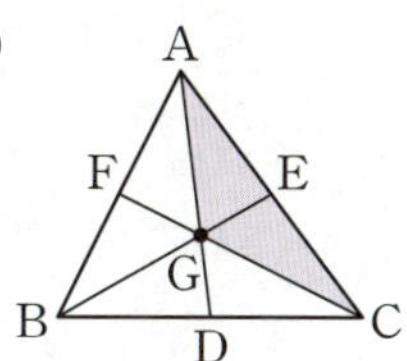

(3) 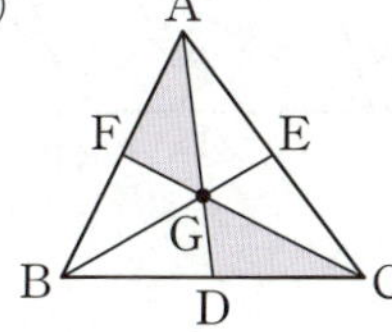

(4) 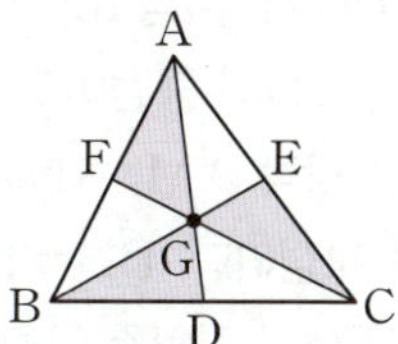

8

다음 그림에서 점 G는 △ABC의 무게중심이다.
△GDC = 4일 때, 색칠한 부분의 넓이를 구하시오.

(1) 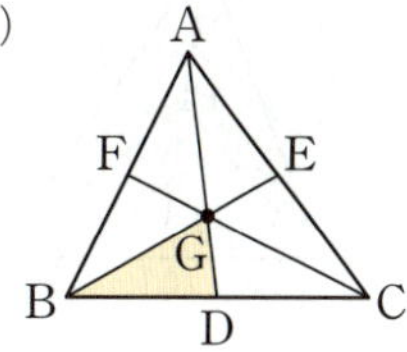

(2) 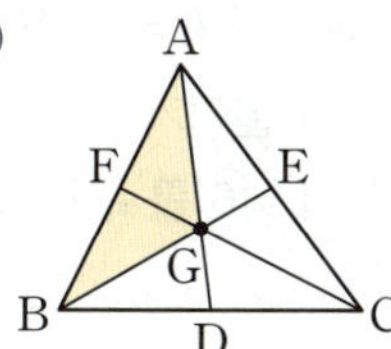

(3) 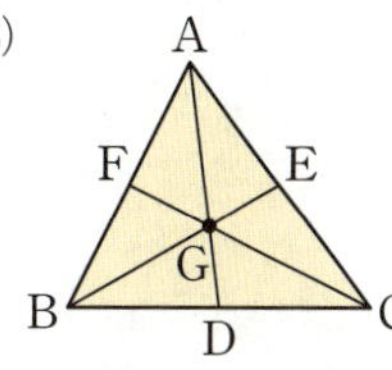

(4) 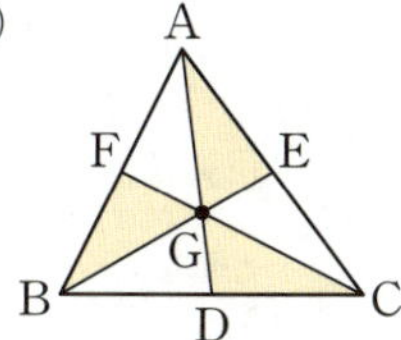

9

다음 그림에서 평행사변형 ABCD의 두 변 BC, CD의 중점을 각각 M, N이라 할 때, $\overline{PQ}$의 길이를 구하시오.

(1) 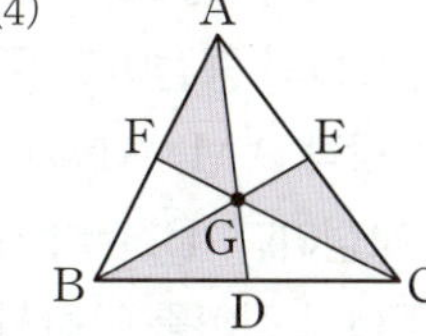

(2) 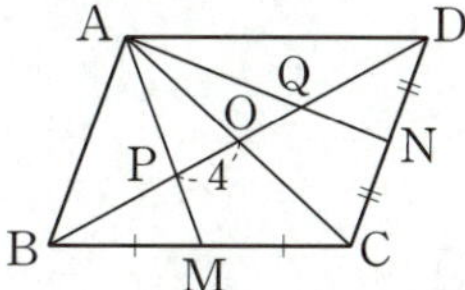

(3) 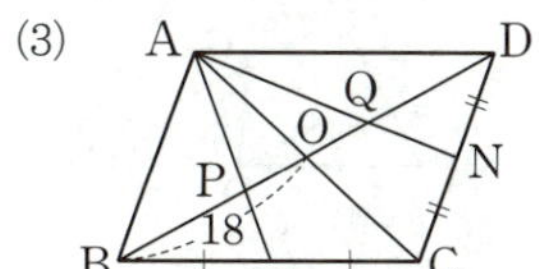

(4) 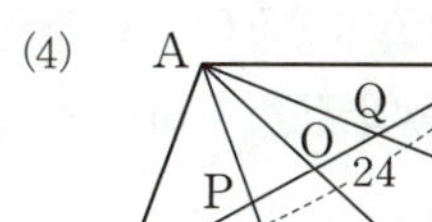

대표 예제 　한번 더!

10

오른쪽 그림과 같은 △ABC에서
$\overline{BM}=\overline{MC}$, $\overline{AP}=\overline{PM}$이다.
△ABC의 넓이가 48 cm²일 때,
△ABP의 넓이를 구하시오.

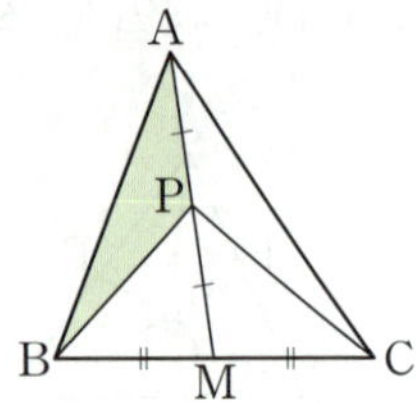

11

오른쪽 그림에서 점 G는
△ABC의 무게중심이고
$\overline{AD}=36$ cm, $\overline{BG}=30$ cm일
때, $\overline{AG}+\overline{GE}$의 값을 구하시오.

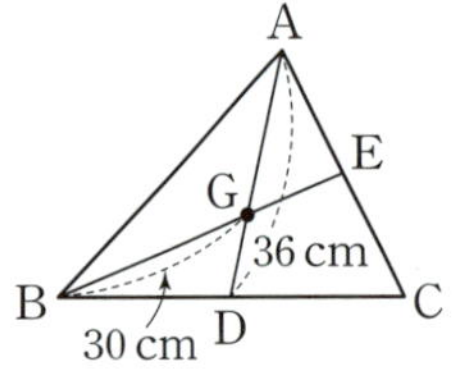

12

오른쪽 그림에서 점 G는
△ABC의 무게중심이고
$\overline{CE}\ /\!/\ \overline{DF}$이다. $\overline{EG}=8$ cm일
때, $x+y$의 값을 구하시오.

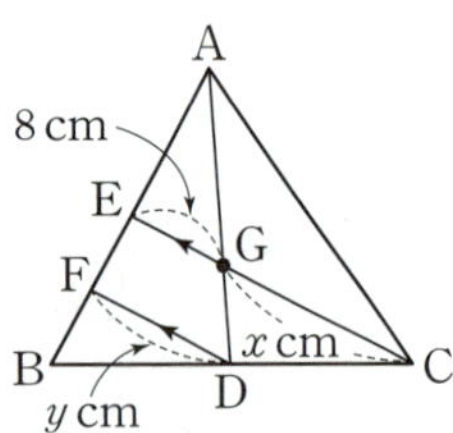

13

오른쪽 그림에서 점 G는
△ABC의 무게중심이다.
$\overline{AB}\ /\!/\ \overline{EF}$이고 $\overline{AD}=12$ cm,
$\overline{DG}=6$ cm일 때, x, y의 값을
각각 구하시오.

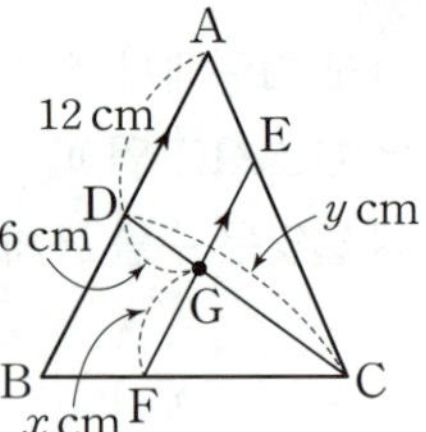

14

다음 그림에서 점 G는 △ABC의 무게중심이다.
△ABC$=30$ cm²일 때, 색칠한 부분의 넓이를 구하시오.

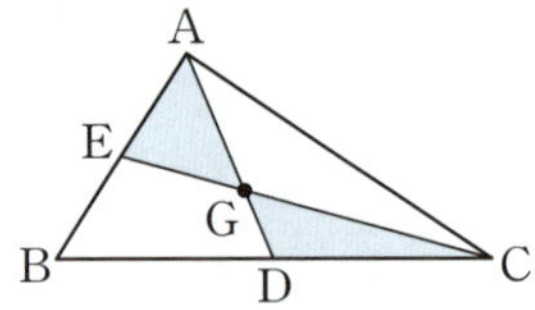

15

오른쪽 그림과 같은 평행사변형
ABCD에서 두 점 M, N은 각
각 $\overline{BC}$, $\overline{CD}$의 중점이고 두 점
P, Q는 각각 $\overline{AM}$, $\overline{AN}$과
$\overline{BD}$의 교점이다. $\overline{BD}=12$ cm
일 때, $\overline{PQ}$의 길이를 구하시오.

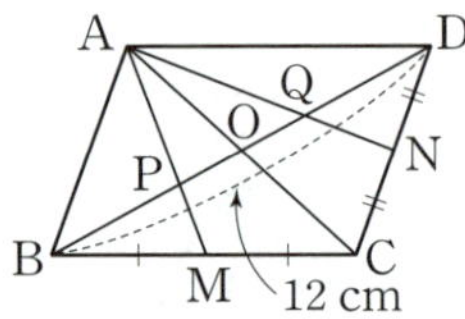

1

다음 그림의 직각삼각형에서 x의 값을 구하려고 한다. □ 안에 알맞은 것을 쓰고, x의 값을 구하시오.

(1) 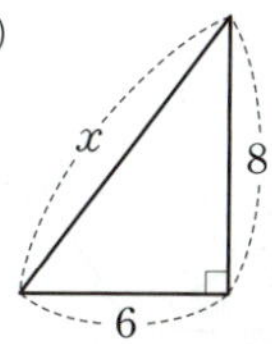

(2) 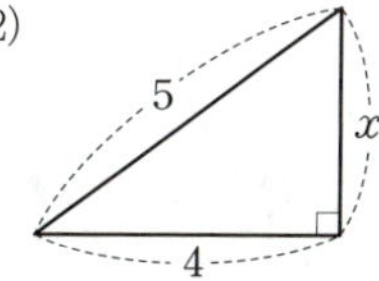

$\Rightarrow 6^2 + \boxed{}^2 = x^2$

$\Rightarrow 4^2 + \boxed{}^2 = \boxed{}^2$

2

다음 그림의 직각삼각형에서 x의 값을 구하시오.

(1) 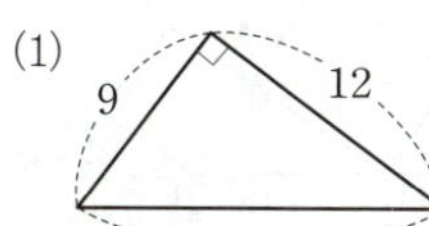

(2) 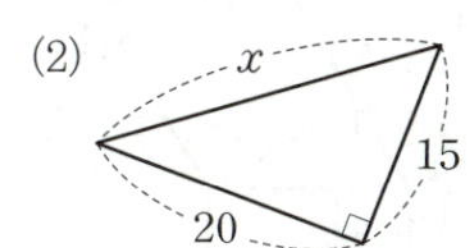

(3) 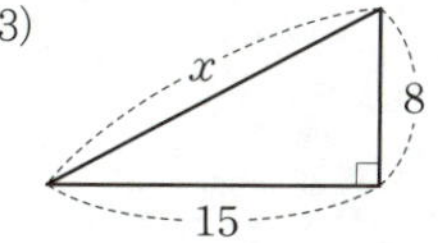

(4) 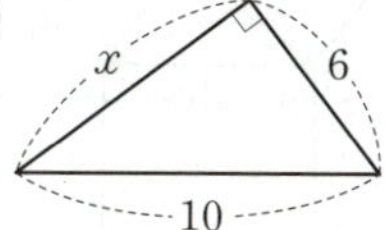

(5)

(6)

3

다음 그림의 $\triangle ABC$에서 $\overline{AD} \perp \overline{BC}$일 때, x, y의 값을 각각 구하시오.

(1) 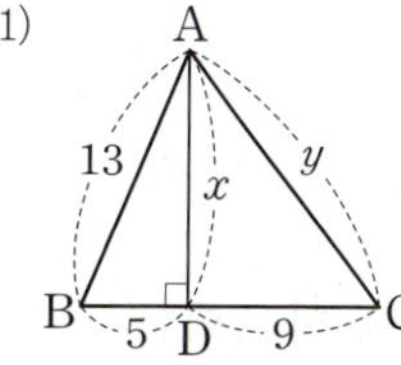

(2) 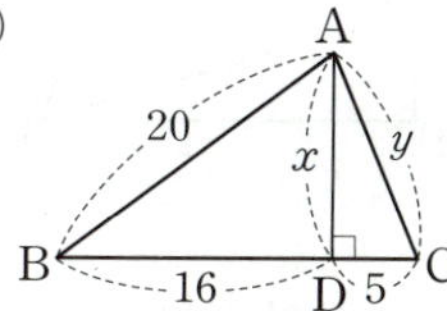

(3) 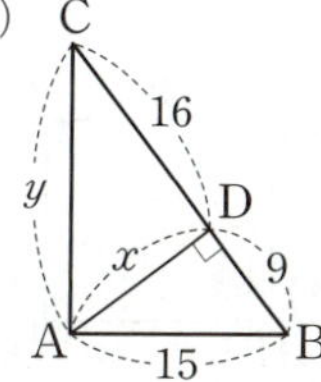

(4) 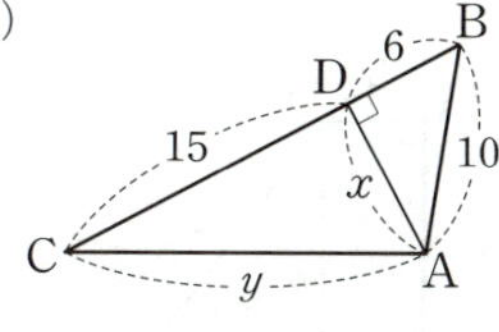

4

다음 그림의 직각삼각형 ABC에서 x, y의 값을 각각 구하시오.

(1) 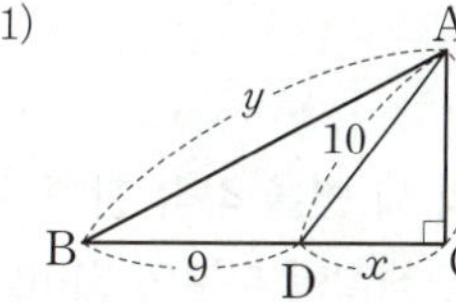

(2) 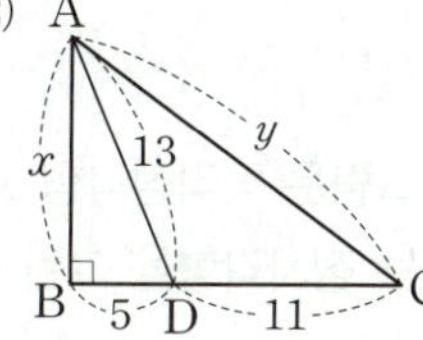

(3) 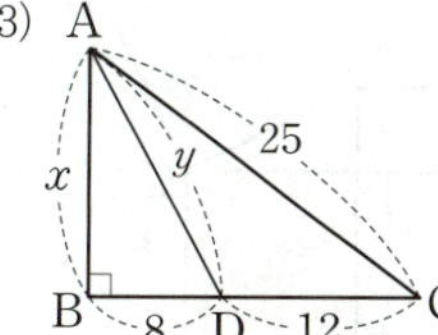

(4) 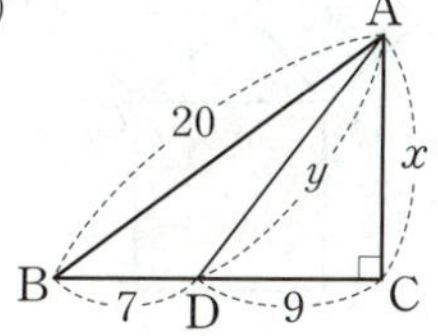

5

아래 그림의 □ABCD에서 다음을 구하시오.

(1)
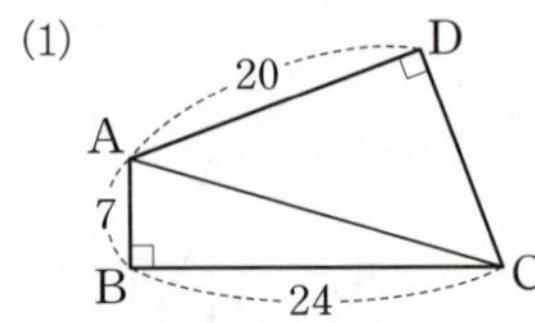

① $\overline{AC}$의 길이
② $\overline{CD}$의 길이

(2)
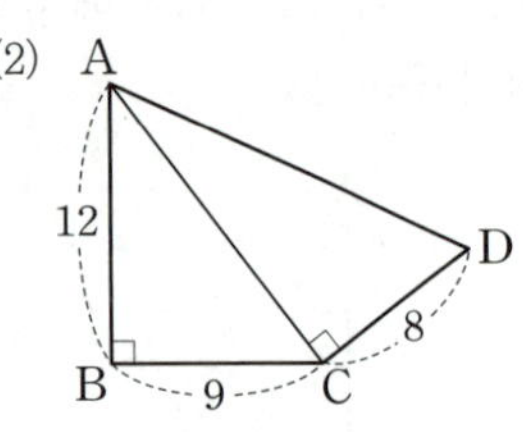

① $\overline{AC}$의 길이
② $\overline{AD}$의 길이

(3)

① $\overline{CH}$의 길이
② $\overline{DH}$의 길이
③ $\overline{AB}$의 길이

(4)
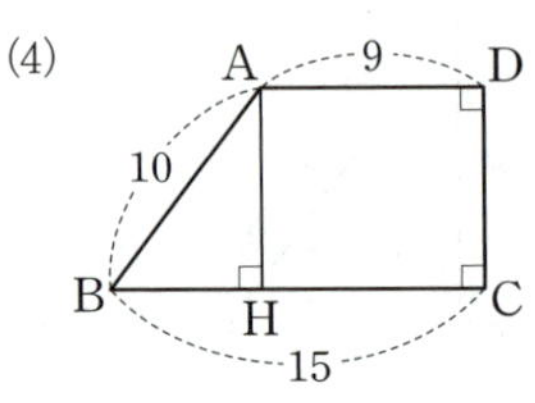

① $\overline{BH}$의 길이
② $\overline{AH}$의 길이
③ $\overline{CD}$의 길이

6

다음 그림은 직각삼각형 ABC의 세 변을 각각 한 변으로 하는 정사각형을 그린 것이다. 색칠한 부분의 넓이를 구하시오.

(1)
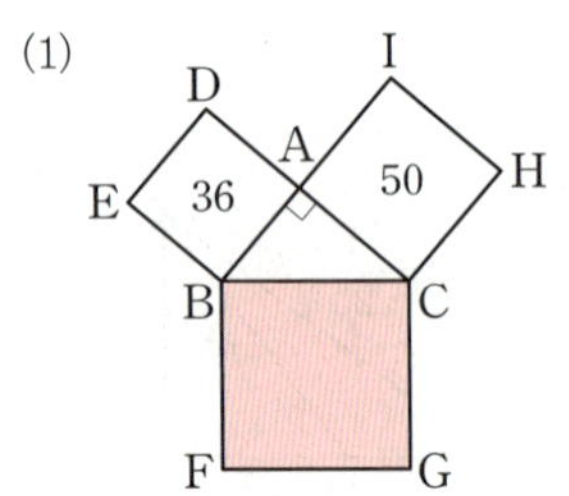

(2)
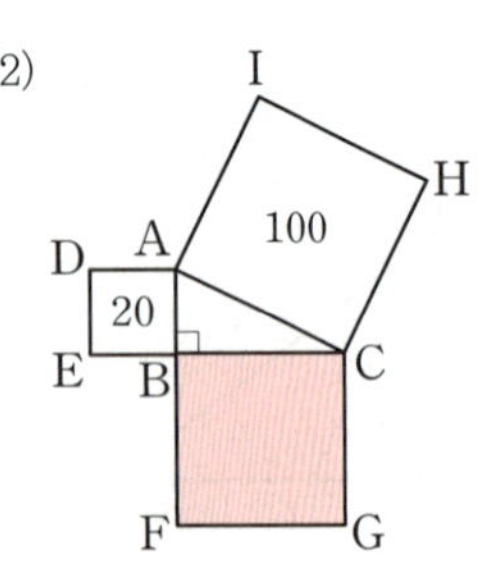

7

다음 그림은 직각삼각형 ABC의 세 변을 각각 한 변으로 하는 정사각형을 그린 것이다. 색칠한 부분의 넓이를 구하시오.

(1)
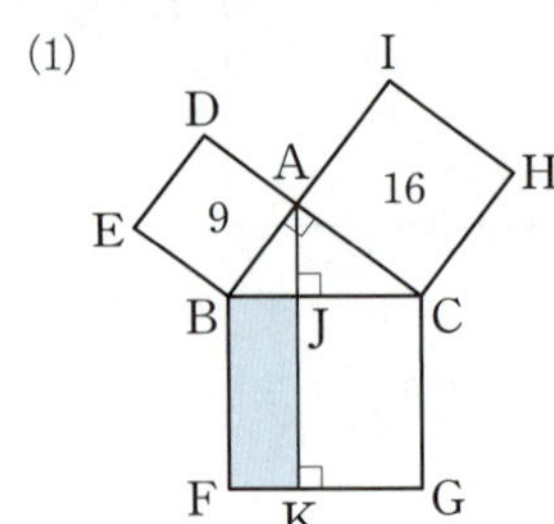

(2)
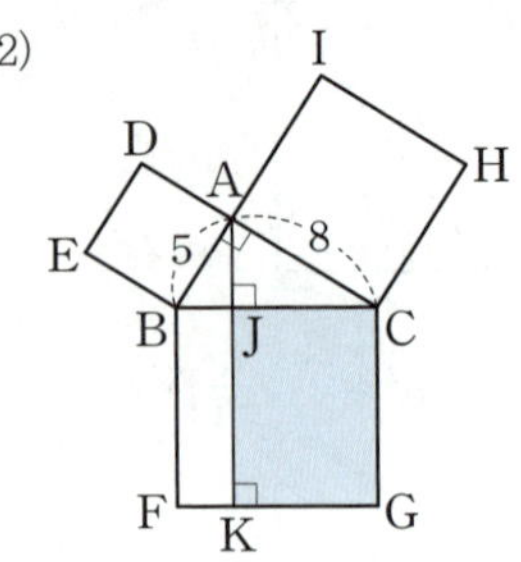

(3)
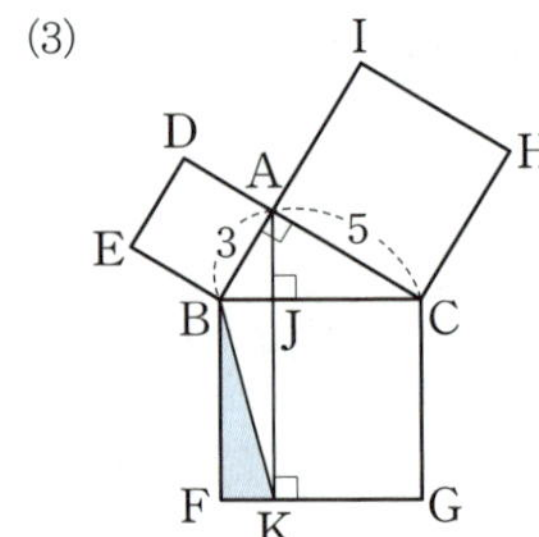

(4)
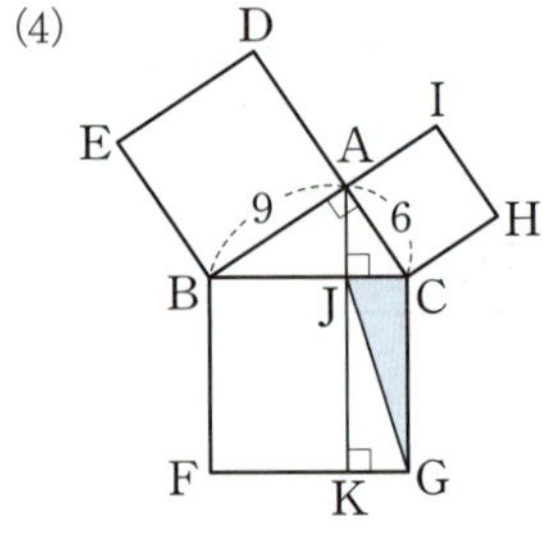

(5)
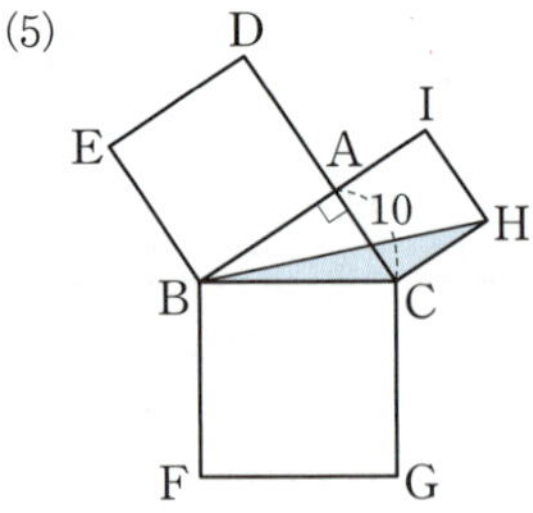

(6)
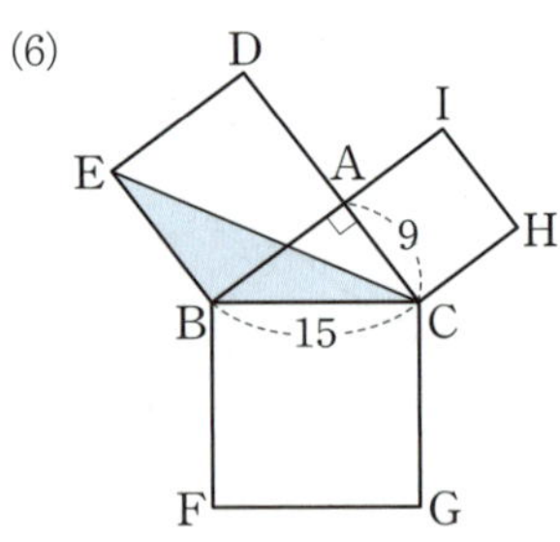

8

아래 그림에서 □ABCD는 정사각형이고 4개의 직각삼각형이 모두 합동일 때, 다음을 구하시오.

(1) 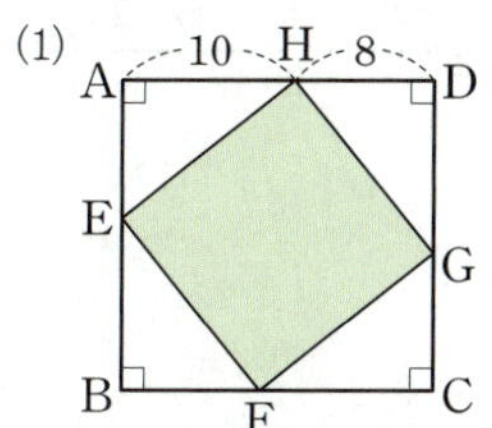

① $\overline{AE}$의 길이
② □EFGH의 넓이

(2) 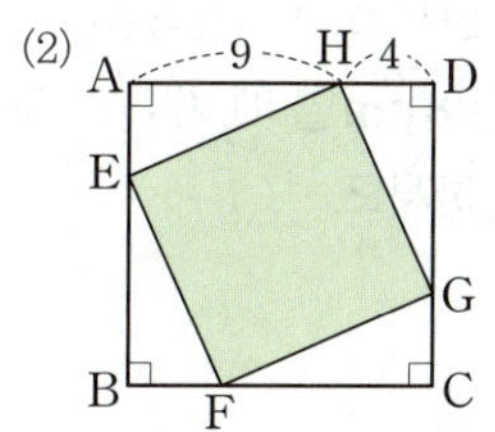

① $\overline{AE}$의 길이
② □EFGH의 넓이

9

아래 그림에서 □ABCD는 정사각형이고 4개의 직각삼각형이 모두 합동일 때, 다음을 구하시오.

(1) 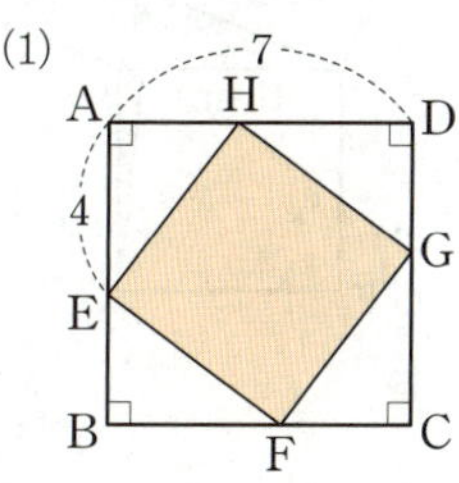

① $\overline{AH}$의 길이
② □EFGH의 넓이

(2) 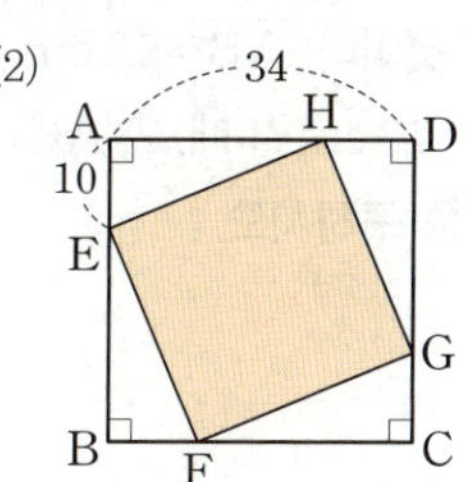

① $\overline{AH}$의 길이
② □EFGH의 넓이

10

아래 그림에서 □ABCD는 정사각형이고 4개의 직각삼각형이 모두 합동일 때, 다음을 구하시오.

(1) 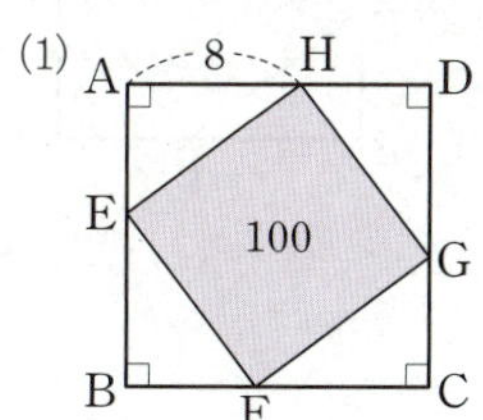

① $\overline{EH}$의 길이
② $\overline{AE}$의 길이

(2) 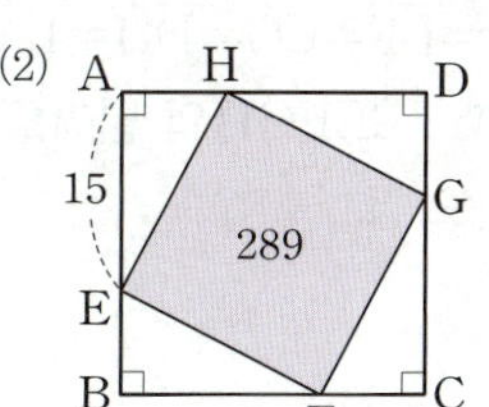

① $\overline{EH}$의 길이
② $\overline{AH}$의 길이

11

오른쪽 그림과 같이 ∠C＝90°인 직각삼각형 ABC에서 $\overline{AB}＝20\,cm$, $\overline{AC}＝12\,cm$일 때, $\overline{BC}$의 길이를 구하시오.

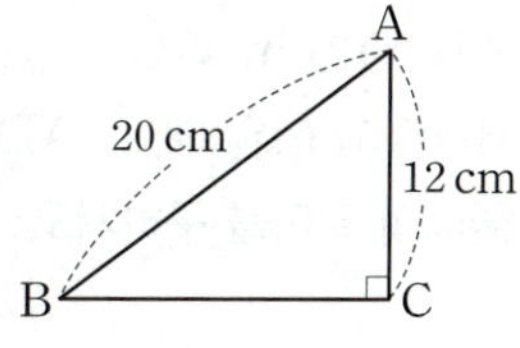

12

오른쪽 그림과 같이 가로, 세로의 길이가 각각 14 cm, 10 cm인 직사각형 ABCD의 대각선을 한 변으로 하는 정사각형 BEFD의 넓이를 구하시오.

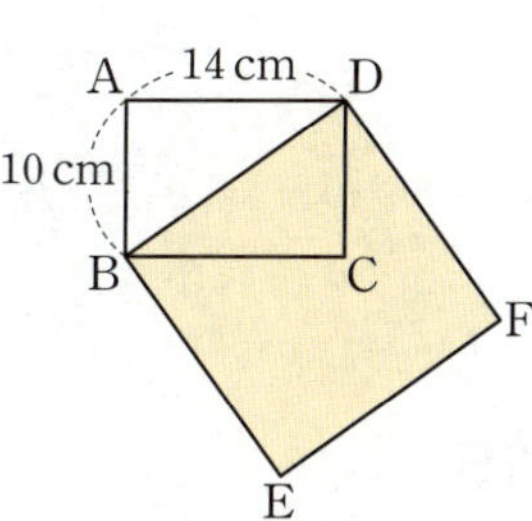

13

오른쪽 그림과 같은 △ABC에서 $\overline{AD}\perp\overline{BC}$이고 $\overline{AB}=13\,cm$, $\overline{AC}=15\,cm$, $\overline{BD}=5\,cm$일 때, △ADC의 둘레의 길이를 구하시오.

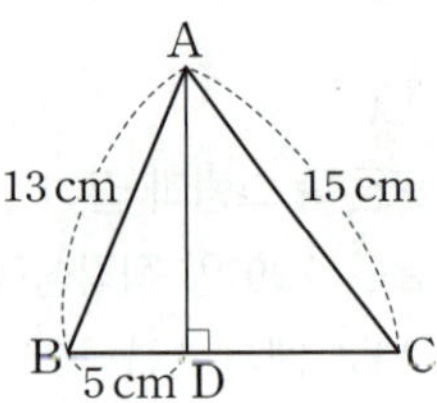

16

오른쪽 그림과 같이 $\angle A=90°$인 직각삼각형 ABC에서 $\overline{AD}\perp\overline{BC}$이고 $\overline{AB}=6\,cm$, $\overline{AC}=8\,cm$일 때, $\overline{CD}$의 길이를 구하시오.

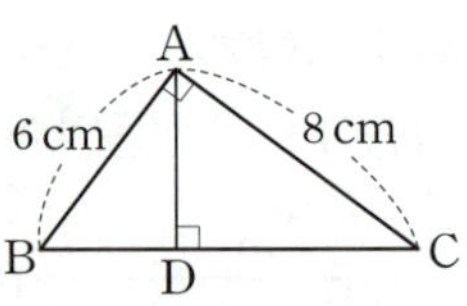

14

오른쪽 그림과 같은 사다리꼴 ABCD에서 $\overline{AD}=2\,cm$, $\overline{BC}=5\,cm$, $\overline{CD}=5\,cm$일 때, 이 사다리꼴의 높이를 구하시오.

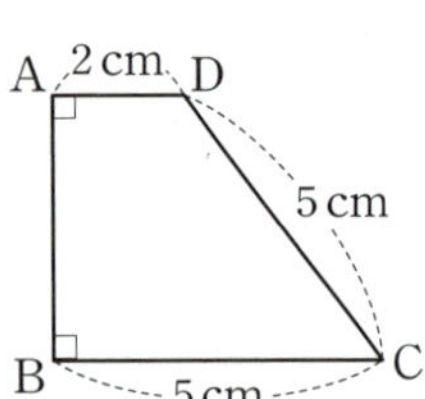

17

오른쪽 그림은 $\angle A=90°$인 직각삼각형 ABC의 세 변을 각각 한 변으로 하는 정사각형을 그린 것이다. $\overline{AB}=12\,cm$, $\overline{BC}=13\,cm$일 때, △AGC의 넓이를 구하시오.

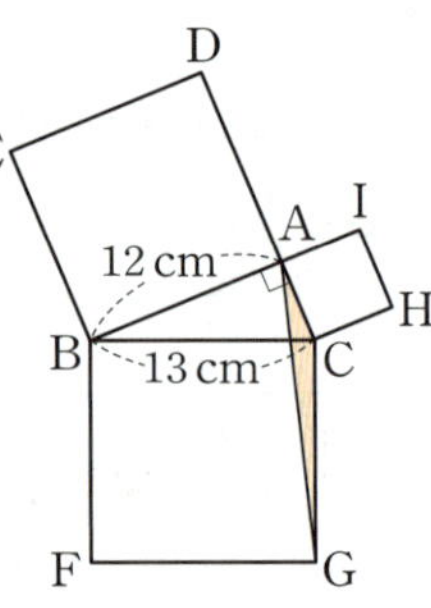

15

오른쪽 그림은 직사각형 ABCD를 꼭짓점 B가 점 D에 오도록 접은 것이다. $\overline{AB}=15\,cm$, $\overline{QD}=17\,cm$일 때, $\overline{AD}$의 길이를 구하시오.

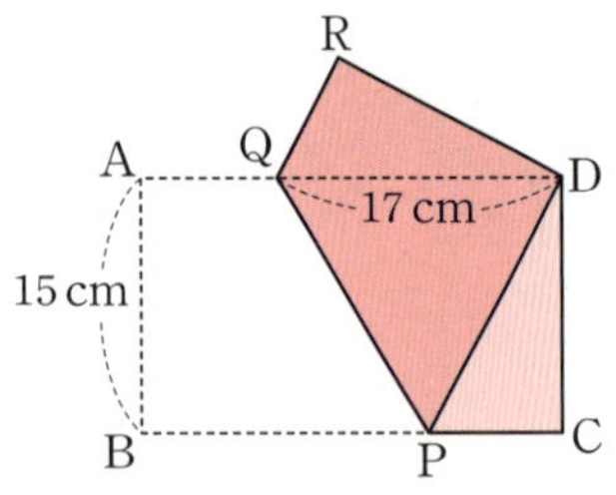

18

오른쪽 그림과 같이 한 변의 길이가 21 cm인 정사각형 ABCD에서 $\overline{AE}=\overline{BF}=\overline{CG}=\overline{DH}=12\,cm$일 때, □EFGH의 넓이를 구하시오.

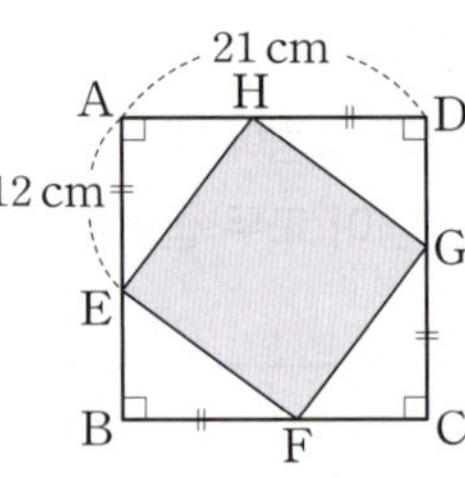

1

세 변의 길이가 각각 다음과 같은 삼각형이 직각삼각형
인 것은 ○표, 직각삼각형이 <u>아닌</u> 것은 ×표를 (　　) 안
에 쓰시오.

⑴ 3, 4, 5 　　　　　　　　　　　　　　　　（　　）

⑵ 2, 4, 5 　　　　　　　　　　　　　　　　（　　）

⑶ 6, 8, 10 　　　　　　　　　　　　　　　（　　）

⑷ 5, 12, 13 　　　　　　　　　　　　　　（　　）

⑸ 7, 9, 11 　　　　　　　　　　　　　　（　　）

⑹ 8, 15, 17 　　　　　　　　　　　　　（　　）

2

세 변의 길이가 각각 다음과 같은 삼각형이 직각삼각형
이 되도록 하는 x의 값을 구하시오.

（단, x는 가장 긴 변의 길이이다.）

⑴ 5, 12, x

⑵ 9, 12, x

⑶ 8, 15, x

⑷ 7, 24, x

3

세 변의 길이가 각각 다음과 같은 삼각형은 예각삼각형,
직각삼각형, 둔각삼각형 중 어떤 삼각형인지 말하시오.

⑴ 6, 8, 12 　　　　　　　　⑵ 4, 7, 8

⑶ 5, 9, 10 　　　　　　　　⑷ 4, 6, 9

⑸ 8, 15, 17 　　　　　　　⑹ 7, 12, 13

대표 예제   한번 더!

4

세 변의 길이가 각각 다음과 같은 삼각형 중 직각삼각형
인 것은?

① 3 cm, 4 cm, 6 cm
② 4 cm, 5 cm, 8 cm
③ 5 cm, 9 cm, 10 cm
④ 6 cm, 8 cm, 10 cm
⑤ 9 cm, 10 cm, 15 cm

5

$\triangle ABC$에서 $\overline{AB}=c$, $\overline{BC}=a$, $\overline{AC}=b$이고 가장 긴 변
의 길이가 a일 때, 다음 중 옳지 <u>않은</u> 것을 모두 고르면?

（정답 2개）

① $a^2=b^2+c^2$이면 $\triangle ABC$는 직각삼각형이다.
② $a^2>b^2+c^2$이면 $\triangle ABC$는 예각삼각형이다.
③ $a^2<b^2+c^2$이면 $\triangle ABC$는 둔각삼각형이다.
④ $a^2=b^2+c^2$이면 $\angle A=90°$이다.
⑤ $a^2>b^2+c^2$이면 $\angle A>90°$이다.

1

다음 그림의 직각삼각형 ABC에서 x^2의 값을 구하시오.

(1) 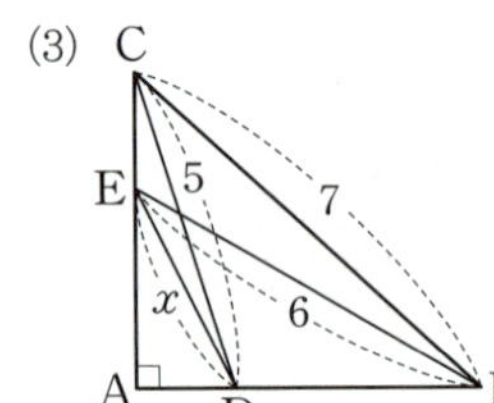

(2) 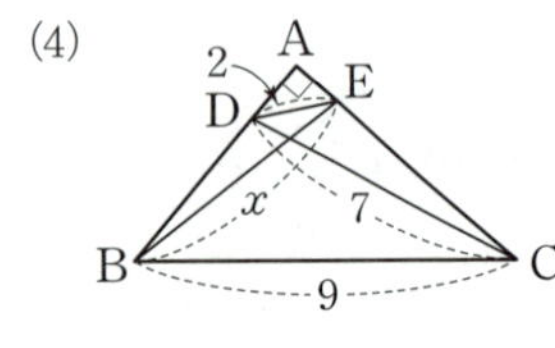

(3) 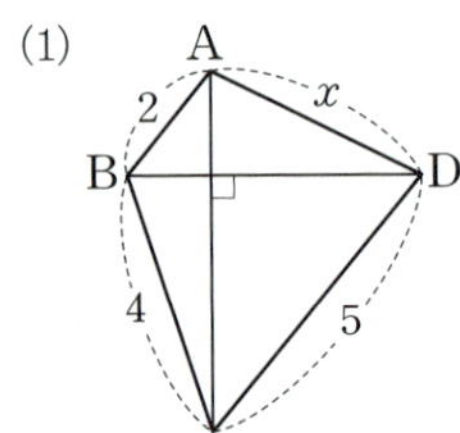

(4) 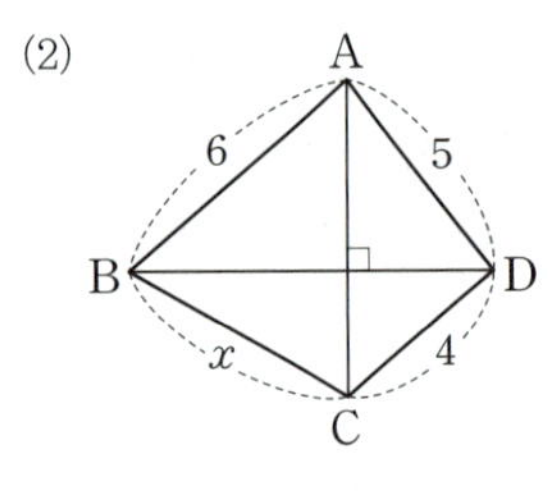

2

다음 그림의 사각형 ABCD에서 $\overline{AC}\perp\overline{BD}$일 때, x^2의 값을 구하시오.

(1) 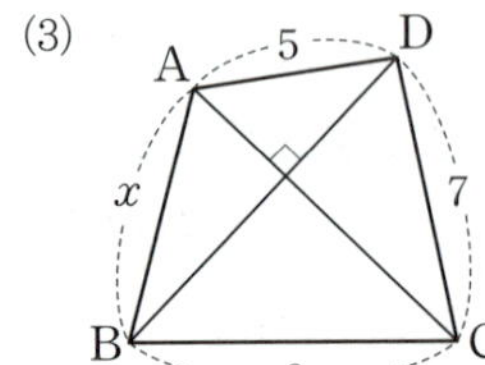

(2) 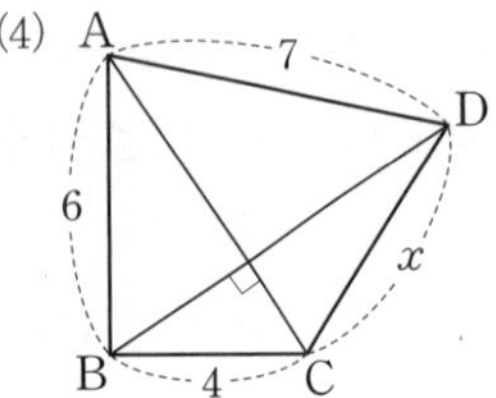

(3)

(4)

3

다음 그림과 같이 직사각형 ABCD의 내부에 한 점 P가 있을 때, x^2+y^2의 값을 구하시오.

(1) 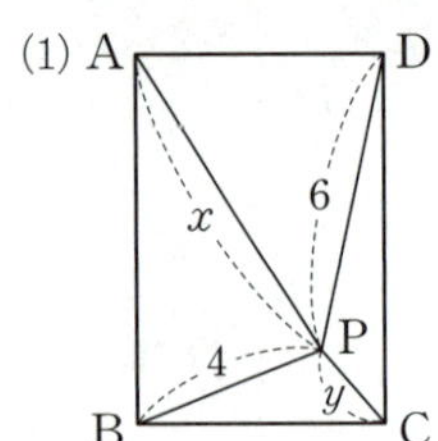

(2) 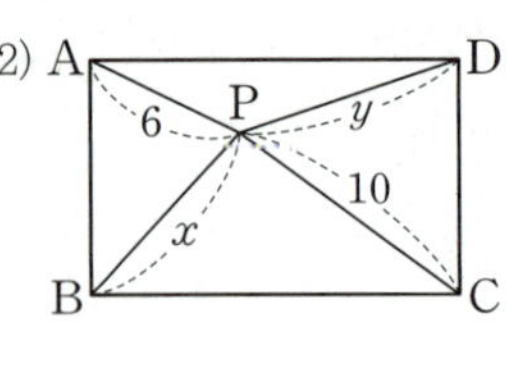

대표 예제　한번 더!

4

오른쪽 그림과 같이 $\angle A=90°$인 직각삼각형 ABC에서 $\overline{AD}=8$, $\overline{AE}=6$, $\overline{BC}=25$, $\overline{BD}=12$일 때, $\overline{CD}^2$의 값을 구하시오.

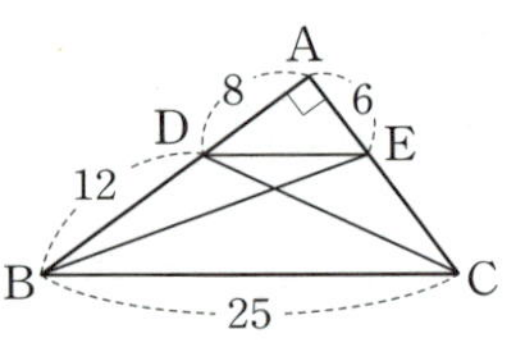

5

오른쪽 그림과 같이 □ABCD의 두 대각선이 점 O에서 직교할 때, $\overline{AB}^2+\overline{CD}^2$의 값을 구하시오.

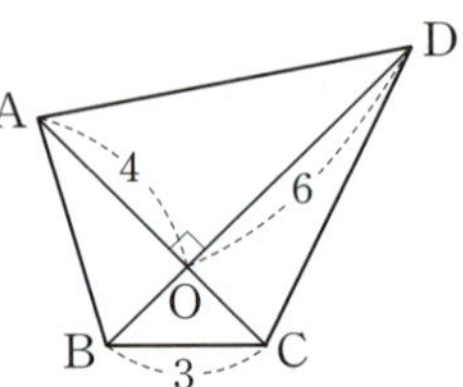

1

다음 그림은 직각삼각형 ABC의 세 변을 각각 지름으로 하는 반원을 그린 것이다. 색칠한 부분의 넓이를 구하시오.

(1)
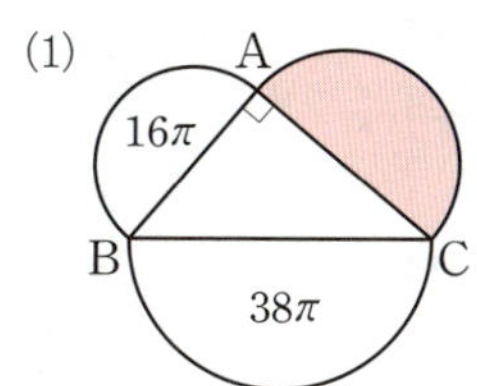

(2)
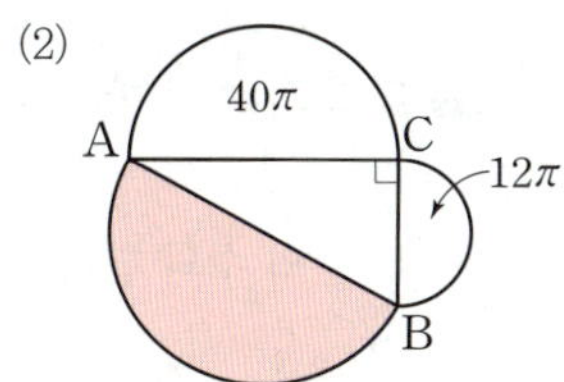

(3)
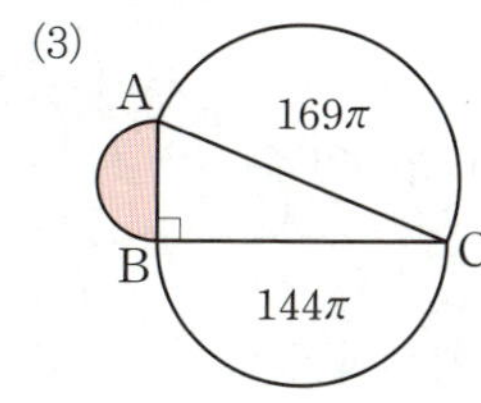

(4)
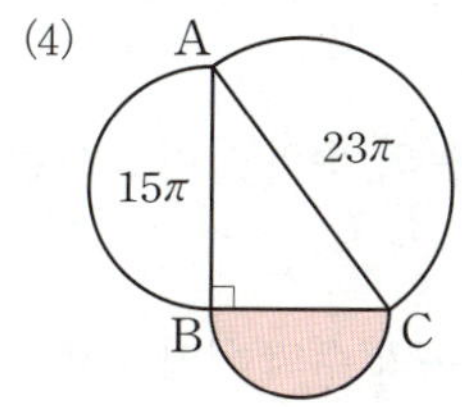

2

다음 그림은 직각삼각형 ABC의 세 변을 각각 지름으로 하는 반원을 그린 것이다. 색칠한 부분의 넓이를 구하시오.

(1)
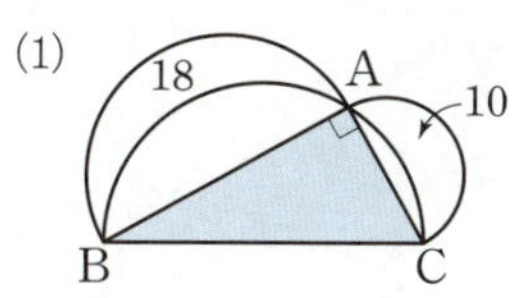

(2)
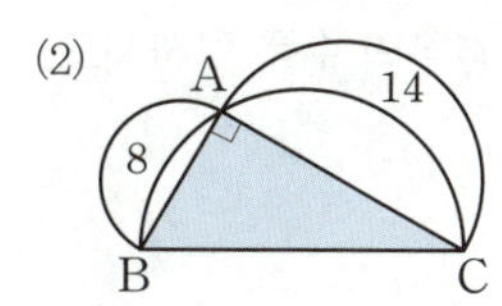

(3)
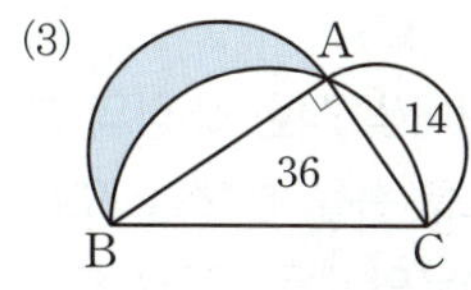

(4)
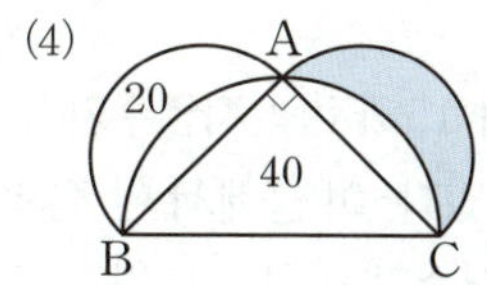

3

다음 그림은 직각삼각형 ABC의 세 변을 각각 지름으로 하는 반원을 그린 것이다. 색칠한 부분의 넓이를 구하시오.

(1)
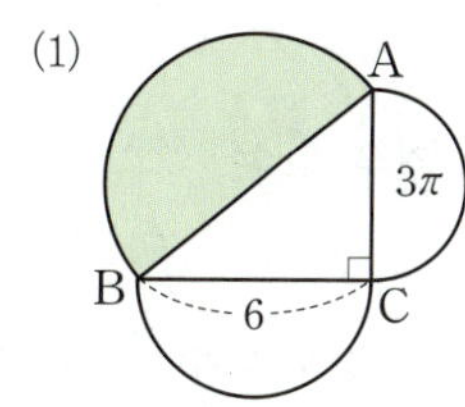

(2)
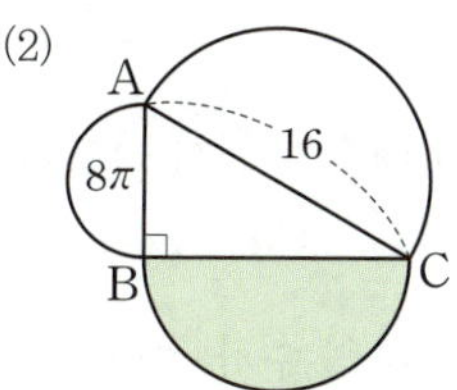

(3)
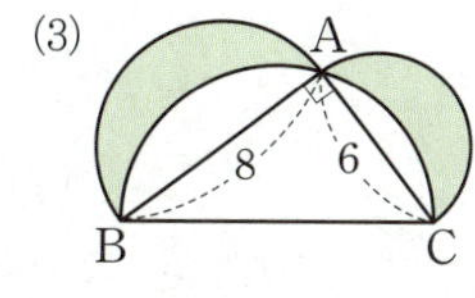

(4)
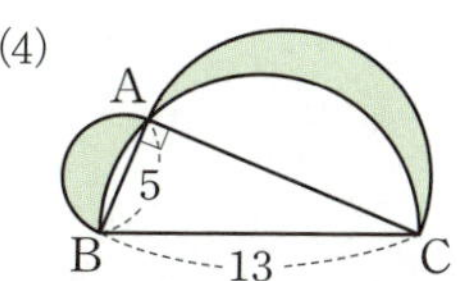

 한번 더!

4

오른쪽 그림과 같이 $\angle A = 90°$인 직각삼각형 ABC의 세 변을 각각 지름으로 하는 반원의 넓이를 P, Q, R이라 하자. $\overline{BC} = 10\,cm$일 때, $P+Q+R$의 값을 구하시오.

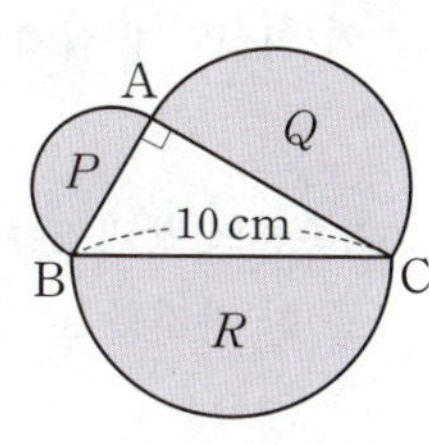

5

오른쪽 그림은 $\angle A = 90°$인 직각삼각형 ABC의 세 변을 각각 지름으로 하는 반원을 그린 것이다. $\overline{AB} = 16\,cm$, $\overline{BC} = 20\,cm$일 때, 색칠한 부분의 넓이를 구하시오.

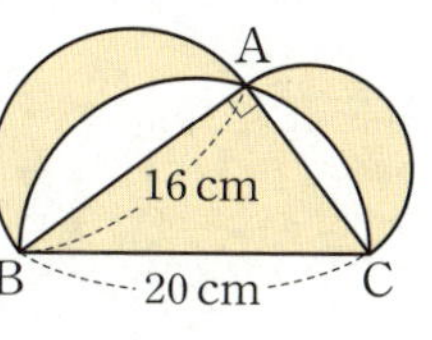

1

1부터 10까지의 자연수가 각각 하나씩 적힌 10장의 카드 중에서 한 장의 카드를 뽑을 때, 다음을 구하시오.

(1) 짝수가 적힌 카드가 나오는 경우의 수

(2) 3의 배수가 적힌 카드가 나오는 경우의 수

(3) 6 이하의 수가 적힌 카드가 나오는 경우의 수

(4) 소수가 적힌 카드가 나오는 경우의 수

2

다음을 구하시오.

(1) 희선이네 집에서 미술관까지 가는 버스 노선은 3개, 지하철 노선은 2개일 때, 버스 또는 지하철을 이용하여 희선이네 집에서 미술관까지 가는 경우의 수

(2) 5종류의 빵과 2종류의 쿠키가 있을 때, 빵이나 쿠키 중 한 가지를 고르는 경우의 수

(3) 만화책 6권과 소설책 4권이 있을 때, 만화책이나 소설책 중 한 권을 고르는 경우의 수

(4) 꽃 가게에 장미 4송이, 백합 2송이, 튤립 3송이가 있을 때, 이 중 꽃 한 송이를 고르는 경우의 수

3

서로 다른 두 개의 주사위를 동시에 던질 때, ☐ 안에 알맞은 수를 쓰고, 다음을 구하시오.

(1) 두 눈의 수의 합이 3 또는 6인 경우의 수

> ❶ 두 눈의 수의 합이 3인 경우의 수
> ⇨ ☐
> ❷ 두 눈의 수의 합이 6인 경우의 수
> ⇨ ☐
> ❸ 두 눈의 수의 합이 3 또는 6인 경우의 수
> ⇨ ☐ + ☐ = ☐

(2) 두 눈의 수의 합이 5 또는 12인 경우의 수

(3) 두 눈의 수의 차가 1 또는 3인 경우의 수

대표 예제 **한번 더!**

4

어느 서점에 5종류의 수학 참고서와 7종류의 영어 참고서가 있을 때, 수학 참고서 또는 영어 참고서 중 한 권을 사는 경우의 수를 구하시오.

5

1부터 15까지의 자연수가 각각 하나씩 적힌 15장의 카드가 있다. 이 중에서 한 장의 카드를 뽑을 때, 소수 또는 4의 배수가 적힌 카드가 나오는 경우의 수를 구하시오.

사건 A와 사건 B가 동시에 일어나는 경우의 수

1

다음을 구하시오.

(1) 파랑, 보라, 노랑의 3가지 색의 상자와 빨강, 초록의 2가지 색의 리본이 있을 때, 상자와 리본을 각각 하나씩 고르는 경우의 수

(2) 3종류의 공책과 5종류의 문제집이 있을 때, 공책과 문제집을 각각 하나씩 고르는 경우의 수

(3) 자음 'ㄱ, ㄴ'과 모음 'ㅏ, ㅓ, ㅗ, ㅜ'에서 자음 한 개와 모음 한 개를 짝 지어 만들 수 있는 글자의 개수

2

A지점, B지점, C지점 사이의 길이 다음 그림과 같을 때, A지점에서 B지점을 거쳐 C지점으로 가는 방법의 수를 구하시오. (단, 한 번 지나간 지점은 다시 지나지 않는다.)

(1)
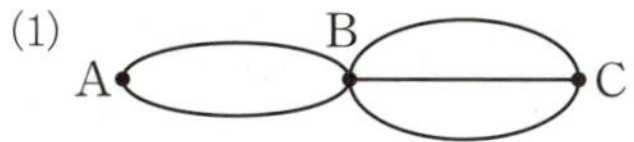

(2)
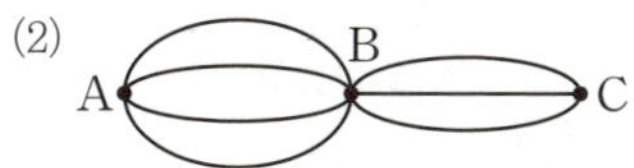

3

A, B 두 주사위를 동시에 던질 때, 다음을 구하시오.

(1) A주사위에서 6의 약수의 눈이 나오고, B주사위에서 3의 배수의 눈이 나오는 경우의 수

(2) A주사위에서 3 미만의 눈이 나오고, B주사위에서 2의 배수의 눈이 나오는 경우의 수

(3) A, B 두 주사위에서 모두 짝수의 눈이 나오는 경우의 수

대표 예제 한번 더!

4

배드민턴 혼합 복식은 남녀 각각 한 명씩 두 명이 한 조가 되어 시합하는 경기이다. 어느 배드민턴 동아리에 남학생 5명과 여학생 7명이 있을 때, 남학생과 여학생을 각각 한 명씩 뽑아 혼합 복식조를 만드는 경우의 수를 구하시오.

5

세 마을 A, B, C 사이에 다음 그림과 같은 길이 있다. A마을에서 B마을을 거쳐 C마을로 가는 경우의 수를 구하시오. (단, 한 번 지나간 마을은 다시 지나지 않는다.)

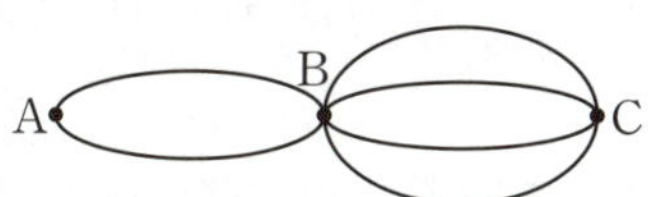

6

서로 다른 동전 2개와 주사위 1개를 동시에 던질 때, 동전은 서로 같은 면이 나오고 주사위는 소수의 눈이 나오는 경우의 수를 구하시오.

1

다음을 구하시오.

⑴ A, B, C 3명을 한 줄로 세우는 경우의 수

⑵ A, B, C, D 4명을 한 줄로 세우는 경우의 수

⑶ A, B, C, D, E 5명을 한 줄로 세우는 경우의 수

2

다음을 구하시오.

⑴ 3명 중에서 2명을 뽑아 한 줄로 세우는 경우의 수

⑵ 4명 중에서 3명을 뽑아 한 줄로 세우는 경우의 수

⑶ 6명 중에서 2명을 뽑아 한 줄로 세우는 경우의 수

3

A, B, C, D, E 5명을 한 줄로 세울 때, 다음을 구하시오.

⑴ C를 맨 앞에 세우는 경우의 수

⑵ B를 맨 앞에서 두 번째 자리에 세우는 경우의 수

⑶ A를 맨 앞에, E를 맨 뒤에 세우는 경우의 수

4

□ 안에 알맞은 수를 쓰고, 다음을 구하시오.

⑴ A, B, C 3명을 한 줄로 세울 때, A, B를 이웃하게 세우는 경우의 수

> ❶ 2명을 한 줄로 세우는 경우의 수
> 　→ A, B를 한 명으로 생각하여 (A, B), C의 2명이다.
> 　⇨ □
> ❷ A, B가 자리를 바꾸는 경우의 수
> 　⇨ □
> ❸ A, B를 이웃하게 세우는 경우의 수
> 　⇨ □ × □ = □

⑵ 미연, 지유, 서현, 경민, 진수 5명의 학생을 한 줄로 세울 때, 미연이와 지유를 이웃하게 세우는 경우의 수

⑶ 미연, 지유, 서현, 경민, 진수 5명의 학생을 한 줄로 세울 때, 서현, 경민, 진수를 이웃하게 세우는 경우의 수

대표 예제　한번 더!

5

5개의 전시관으로 구성된 박물관에서 3개의 전시관을 택하여 관람 순서를 정하는 경우의 수를 구하시오.

6

어머니, 아버지, 형, 동생으로 이루어진 4명의 가족이 한 줄로 앉아 영화를 관람할 때, 부모님이 이웃하여 앉는 경우의 수를 구하시오.

1

다음의 숫자가 각각 하나씩 적힌 카드 중에서 2장을 동시에 뽑아 두 자리의 자연수를 만들 때, □ 안에 알맞은 수를 쓰고, 만들 수 있는 두 자리의 자연수의 개수를 구하시오.

(1) 1, 2, 7

> ❶ 십의 자리에 올 수 있는 숫자의 개수
> 　⇨ □개
> 　일의 자리에 올 수 있는 숫자의 개수
> 　⇨ □개
> ❷ 만들 수 있는 두 자리의 자연수의 개수
> 　⇨ □×□=□(개)

(2) 3, 4, 5, 8

(3) 1, 2, 4, 5, 7, 8

2

다음의 숫자가 각각 하나씩 적힌 카드 중에서 2장을 동시에 뽑아 두 자리의 자연수를 만들 때, □ 안에 알맞은 수를 쓰고, 만들 수 있는 두 자리의 자연수의 개수를 구하시오.

(1) 0, 3, 4

> ❶ 십의 자리에 올 수 있는 숫자의 개수
> 　⇨ □개
> 　일의 자리에 올 수 있는 숫자의 개수
> 　⇨ □개
> ❷ 만들 수 있는 두 자리의 자연수의 개수
> 　⇨ □×□=□(개)

(2) 0, 1, 4, 7

(3) 0, 2, 4, 6, 9

대표 예제 　한번 더!

3

1, 2, 3, 4, 5의 숫자가 각각 하나씩 적힌 5장의 카드 중에서 2장을 동시에 뽑아 두 자리의 자연수를 만들 때, 31 이상인 자연수의 개수를 구하시오.

4

0, 1, 4, 5, 7, 9의 숫자가 각각 하나씩 적힌 6장의 카드 중에서 2장을 동시에 뽑아 만들 수 있는 두 자리의 자연수의 개수를 a개, 3장을 동시에 뽑아 만들 수 있는 세 자리의 자연수의 개수를 b개라 할 때, $a+b$의 값을 구하시오.

1

A, B, C, D, E 5명의 학생이 있다. □ 안에 알맞은 수를 쓰시오.

⑴ 회장 1명, 부회장 1명을 뽑는 경우의 수

> ❶ 회장이 될 수 있는 학생 수 ⇨ □명
> 　부회장이 될 수 있는 학생 수 ⇨ □명
> ❷ 회장 1명, 부회장 1명을 뽑는 경우의 수
> 　⇨ □ × □ = □

⑵ 회장 1명, 부회장 1명, 총무 1명을 뽑는 경우의 수

> ❶ 회장이 될 수 있는 학생 수 ⇨ □명
> 　부회장이 될 수 있는 학생 수 ⇨ □명
> 　총무가 될 수 있는 학생 수 ⇨ □명
> ❷ 회장 1명, 부회장 1명, 총무 1명을 뽑는 경우의 수
> 　⇨ □ × □ × □ = □

2

A, B, C, D, E 5명의 학생이 있다. □ 안에 알맞은 수를 쓰시오.

⑴ 회장 2명을 뽑는 경우의 수

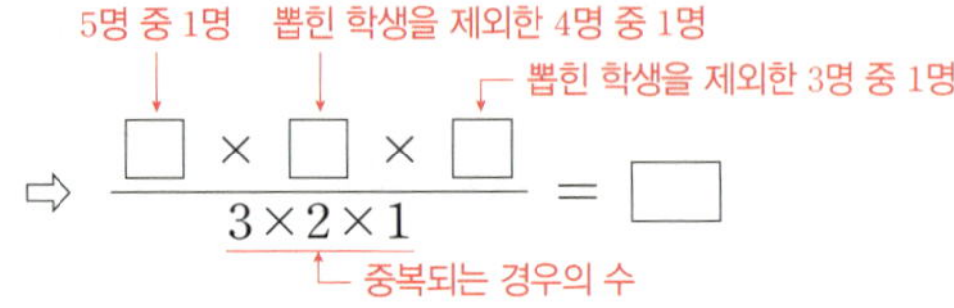

$$\Rightarrow \dfrac{\boxed{} \times \boxed{}}{2} = \boxed{}$$

⑵ 부회장 3명을 뽑는 경우의 수

$$\Rightarrow \dfrac{\boxed{} \times \boxed{} \times \boxed{}}{3 \times 2 \times 1} = \boxed{}$$

3

남학생 2명, 여학생 4명 중에서 다음과 같이 대표를 뽑는 경우의 수를 구하시오.

⑴ 회장 1명, 부회장 1명

⑵ 회장 1명, 부회장 1명, 총무 1명

⑶ 회장 2명

⑷ 회장 3명

⑸ 남학생 회장 1명, 여학생 회장 1명

⑹ 회장 1명, 부회장 2명

대표 예제  한번 더!

4

어느 댄스 대회의 결승전에 7개의 팀이 진출하였다. 이 팀 중에서 대상, 최우수상을 한 팀씩 뽑는 경우의 수를 구하시오.

5

10명의 학생 중에서 3명의 학급 도우미를 뽑는 경우의 수를 구하시오.

1

1부터 10까지의 자연수가 각각 하나씩 적힌 10장의 카드가 들어 있는 상자에서 한 장의 카드를 꺼낼 때, □ 안에 알맞은 수를 쓰고, 다음을 구하시오.

(1) 짝수가 적힌 카드가 나올 확률

 모든 경우의 수
　⇨ □

❷ 짝수가 적힌 카드가 나오는 경우의 수
　⇨ □

❸ 짝수가 적힌 카드가 나올 확률
　⇨ □

(2) 10의 약수가 적힌 카드가 나올 확률

2

서로 다른 두 개의 주사위를 동시에 던질 때, □ 안에 알맞은 수를 쓰고, 다음을 구하시오.

(1) 두 눈의 수의 합이 5일 확률

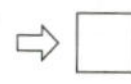 모든 경우의 수
　⇨ □

 두 눈의 수의 합이 5인 경우의 수
　⇨ □

❸ 두 눈의 수의 합이 5일 확률
　⇨ □

(2) 두 눈의 수의 합이 7일 확률

(3) 두 눈의 수의 차가 5일 확률

(4) 두 눈의 수의 곱이 4일 확률

3

다음을 구하시오.

(1) 한 개의 주사위를 던질 때, 0의 눈이 나올 확률

(2) 모양과 크기가 같은 노란 공 4개, 빨간 공 3개가 들어 있는 상자에서 한 개의 공을 꺼낼 때, 파란 공이 나올 확률

(3) 여학생 5명 중에서 대표 2명을 뽑을 때, 모두 여학생이 뽑힐 확률

(4) 한 개의 주사위를 던질 때, 6 이하의 눈이 나올 확률

(5) 검은 바둑돌 10개가 들어 있는 주머니에서 바둑돌 한 개를 꺼낼 때, 흰 바둑돌이 나올 확률

(6) 검은 바둑돌 10개가 들어 있는 주머니에서 바둑돌 한 개를 꺼낼 때, 검은 바둑돌이 나올 확률

4

□ 안에 알맞은 수를 쓰고, 다음을 구하시오.

(1) 한 개의 주사위를 던질 때, 5의 약수의 눈이 나오지 않을 확률

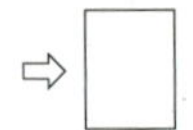
❶ 5의 약수의 눈이 나올 확률
⇨ ☐

❷ 5의 약수의 눈이 나오지 않을 확률
⇨ 1−(5의 약수의 눈이 나올 확률)
$=1-$ ☐ $=$ ☐

(2) A, B 두 사람의 수영 시합에서 A가 이길 확률이 $\dfrac{3}{5}$일 때, B가 이길 확률 (단, 비기는 경우는 없다.)

(3) 3개의 당첨 제비를 포함한 7개의 제비 중에서 한 개의 제비를 뽑을 때, 당첨되지 않을 확률

(4) 1부터 15까지의 자연수가 각각 하나씩 적힌 15장의 카드 중에서 한 장의 카드를 뽑을 때, 카드에 적힌 수가 6의 배수가 아닐 확률

5

□ 안에 알맞은 수를 쓰고, 다음을 구하시오.

(1) 서로 다른 두 개의 동전을 동시에 던질 때, 적어도 한 개는 앞면이 나올 확률

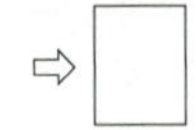
❶ 두 개 모두 뒷면이 나올 확률
⇨ ☐

❷ 적어도 한 개는 앞면이 나올 확률
⇨ 1−(두 개 모두 뒷면이 나올 확률)
$=1-$ ☐ $=$ ☐

(2) 서로 다른 세 개의 동전을 동시에 던질 때, 적어도 한 개는 뒷면이 나올 확률

(3) 서로 다른 두 개의 주사위를 동시에 던질 때, 적어도 한 개는 짝수의 눈이 나올 확률

(4) 2개의 ○, × 문제에 임의로 답할 때, 적어도 한 문제는 맞힐 확률

6

흰 바둑돌 6개, 검은 바둑돌 4개가 들어 있는 주머니에서 한 개의 바둑돌을 꺼낼 때, 검은 바둑돌이 나올 확률을 구하시오.

7

서로 다른 세 개의 동전을 동시에 던질 때, 앞면이 1개, 뒷면이 2개 나올 확률을 구하시오.

8

주머니에 1부터 10까지의 자연수가 각각 하나씩 적힌 10개의 구슬이 들어 있다. 이 주머니에서 한 개의 구슬을 꺼낼 때, 다음 중 옳은 것을 모두 고르면? (정답 2개)

① 1이 적힌 구슬이 나올 확률은 1이다.
② 0이 적힌 구슬이 나올 확률은 0이다.
③ 3이 적힌 구슬이 나올 확률은 $\dfrac{3}{10}$이다.
④ 10 이상의 수가 적힌 구슬이 나올 확률은 0이다.
⑤ 10 이하의 수가 적힌 구슬이 나올 확률은 1이다.

9

서로 다른 두 개의 주사위를 동시에 던질 때, 나오는 두 눈의 수의 합이 10 이하일 확률을 구하시오.

1

모양과 크기가 같은 빨간 공 5개, 노란 공 3개, 파란 공 4개가 들어 있는 주머니에서 한 개의 공을 꺼낼 때, □ 안에 알맞은 수를 쓰고, 다음을 구하시오.

(1) 노란 공 또는 파란 공이 나올 확률

❶ 노란 공이 나올 확률 ⇨ ☐

❷ 파란 공이 나올 확률 ⇨ ☐

❸ 노란 공 또는 파란 공이 나올 확률

⇨ ☐ + ☐ = ☐

(2) 빨간 공 또는 노란 공이 나올 확률

(3) 빨간 공 또는 파란 공이 나올 확률

2

서로 다른 두 개의 주사위를 동시에 던질 때, □ 안에 알맞은 수를 쓰고, 다음을 구하시오.

(1) 두 눈의 수의 합이 6 또는 11일 확률

❶ 두 눈의 수의 합이 6일 확률 ⇨ ☐

❷ 두 눈의 수의 합이 11일 확률 ⇨ ☐

❸ 두 눈의 수의 합이 6 또는 11일 확률

⇨ ☐ + ☐ = ☐

(2) 두 눈의 수의 합이 7 또는 12일 확률

(3) 두 눈의 수의 차가 2 또는 3일 확률

대표 예제　한번 더!

3

사과 8개, 배 6개, 귤 3개가 들어 있는 바구니에서 한 개의 과일을 꺼낼 때, 사과 또는 귤을 꺼낼 확률을 구하시오.

4

A, B, C, D, E 5명의 학생이 한 줄로 설 때, B 또는 D가 맨 앞에 설 확률을 구하시오.

1

A주머니에는 모양과 크기가 같은 빨간 공 5개, 파란 공 2개가 들어 있고, B주머니에는 모양과 크기가 같은 빨간 공 5개, 파란 공 3개가 들어 있다. A, B 두 주머니에서 각각 공을 한 개씩 꺼낼 때, □ 안에 알맞은 수를 쓰고, 다음을 구하시오.

⑴ A주머니에서 빨간 공, B주머니에서 파란 공이 나올 확률

❶ A주머니에서 빨간 공이 나올 확률 ⇨ ☐

❷ B주머니에서 파란 공이 나올 확률 ⇨ ☐

❸ A주머니에서 빨간 공, B주머니에서 파란 공이 나올 확률 ⇨ ☐ × ☐ = ☐

⑵ A주머니에서 파란 공, B주머니에서 빨간 공이 나올 확률

⑶ A, B 두 주머니에서 모두 파란 공이 나올 확률

2

A, B 두 주사위를 동시에 던질 때, □ 안에 알맞은 수를 쓰고, 다음을 구하시오.

⑴ A주사위는 소수의 눈이 나오고, B주사위는 짝수의 눈이 나올 확률

❶ A주사위에서 소수의 눈이 나올 확률 ⇨ ☐

❷ B주사위에서 짝수의 눈이 나올 확률 ⇨ ☐

❸ A주사위는 소수의 눈이 나오고, B주사위는 짝수의 눈이 나올 확률 ⇨ ☐ × ☐ = ☐

⑵ A주사위는 3 이하의 눈이 나오고, B주사위는 6의 약수의 눈이 나올 확률

3

영희가 약속을 지킬 확률은 $\dfrac{8}{9}$이고, 재호가 약속을 지킬 확률은 $\dfrac{5}{8}$이다. 이번 주 일요일에 영희와 재호가 만나기로 약속할 때, 다음 물음에 답하시오.

⑴ 두 사람이 만날 확률

⑵ 두 사람이 만나지 못할 확률

4

서로 다른 두 개의 동전과 한 개의 주사위를 동시에 던질 때, 두 개의 동전은 서로 다른 면이 나오고, 주사위는 4보다 작은 눈이 나올 확률을 구하시오.

5

지민이가 A, B 두 문제를 맞힐 확률이 각각 $\dfrac{4}{5}$, $\dfrac{5}{8}$일 때, 다음을 구하시오.

⑴ 두 문제를 모두 맞힐 확률
⑵ 두 문제를 모두 맞히지 못할 확률
⑶ A문제만 맞힐 확률

1

주머니에 모양과 크기가 같은 흰 공 5개, 검은 공 2개가 들어 있다. 다음은 이 주머니에서 2개의 공을 차례로 꺼낼 때, 꺼낸 2개의 공이 모두 흰 공일 확률을 구하는 과정이다. ☐ 안에 알맞은 수를 쓰시오.

(1) 꺼낸 공을 다시 넣을 때

❶ 첫 번째에 흰 공을 꺼낼 확률 ⇨ ☐

❷ 두 번째에 흰 공을 꺼낼 확률
⇨ 남은 공은 ☐개, 흰 공은 ☐개이므로
그 확률은 ☐

❸ 꺼낸 2개의 공이 모두 흰 공일 확률
⇨ ☐ × ☐ = ☐

(2) 꺼낸 공을 다시 넣지 않을 때

❶ 첫 번째에 흰 공을 꺼낼 확률 ⇨ ☐

❷ 두 번째에 흰 공을 꺼낼 확률
⇨ 남은 공은 ☐개, 흰 공은 ☐개이므로
그 확률은 ☐

❸ 꺼낸 2개의 공이 모두 흰 공일 확률
⇨ ☐ × ☐ = ☐

2

3개의 당첨 제비를 포함한 10개의 당첨 제비가 들어 있는 상자에서 A가 한 개의 제비를 뽑아 확인하고 다시 넣은 후 B가 한 개의 제비를 뽑을 때, 다음을 구하시오.

(1) A, B가 모두 당첨될 확률

(2) A, B가 모두 당첨되지 않을 확률

(3) A만 당첨될 확률

3

3개의 당첨 제비를 포함한 10개의 당첨 제비가 들어 있는 상자에서 A, B가 차례로 제비를 한 개씩 뽑을 때, 다음을 구하시오. (단, 뽑은 제비는 다시 넣지 않는다.)

(1) A, B가 모두 당첨될 확률

(2) A, B가 모두 당첨되지 않을 확률

(3) A만 당첨될 확률

대표 예제  한번 더!

4

주머니에 모양과 크기가 같은 파란 공 2개, 빨간 공 4개가 들어 있다. 이 주머니에서 A가 한 개의 공을 뽑아 확인하고 다시 넣은 후 B가 한 개의 공을 꺼낼 때, A는 파란 공을 꺼내고, B는 빨간 공을 꺼낼 확률을 구하시오.

5

상자에 모양과 크기가 같은 딸기 맛 사탕 6개, 포도 맛 사탕 4개가 들어 있다. 이 상자에서 민호와 수진이가 차례로 사탕을 한 개씩 꺼낼 때, 두 사람 모두 딸기 맛 사탕을 꺼낼 확률을 구하시오.
(단, 꺼낸 사탕은 다시 넣지 않는다.)

수학이 쉬워지는 완벽한 솔루션
완쏠
개념

진짜 공부 챌린지 내!가/스/터/디

공부는 스스로 해야 실력이 됩니다. 아무리 뛰어난 스타강사도, 아무리 좋은 참고서도 학습자의 실력을 바로 높여 줄 수는 없습니다.
내가 무엇을 공부하고 있는지, 아는 것과 모르는 것은 무엇인지 스스로 인지하고 학습할 때 진짜 실력이 만들어집니다.
메가스터디북스는 스스로 하는 공부, 내가스터디를 응원합니다.
메가스터디북스는 여러분의 내가스터디를 돕는 좋은 책을 만듭니다.

메가스터디BOOKS

내용 문의 02-6984-6901 | **구입 문의** 02-6984-6868,9 | www.megastudybooks.com

ISBN 979-11-297-1294-3

값 17,500원

KC마크는 이 제품이 공통안전기준에 적합
하였음을 의미합니다.

수학이 쉬워지는 완벽한 솔루션

완쓰 개념

2022 개정 교육과정
2026년 중2 적용

중등수학
2-2

정답 및 해설

메가스터디 BOOKS

1 삼각형의 성질

개념 01 이등변삼각형의 성질 ·9~11쪽

개념 확인하기

1 (1) $72°$ (2) $68°$ (3) $140°$

2 (1) $x=10$, $y=90$ (2) $x=5$, $y=57$
　(3) $x=90$, $y=65$

3 $52°$, $26°$, $26°$, $78°$

4 $30°$, $30°$, $60°$, $60°$, $60°$, $60°$, $60°$

5 (1) 10 (2) 4 (3) 8

대표 예제로 개념 익히기

예제1 $24°$

1-1 $50°$　　　　　**1-2** (1) $40°$ (2) $30°$

예제2 44　　　　　**2-1** (1) $90°$ (2) $3\,cm$

예제3 $37°$　　　　　**3-1** $126°$

예제4 (1) $32.5°$ (2) $57.5°$ (3) $25°$

4-1 $20°$　　　　　**4-2** $75°$

예제5 $7\,cm$

5-1 $5\,cm$　　　　　**5-2** ㄷ, ㄹ

개념 02 직각삼각형의 합동 조건 ·12~13쪽

개념 확인하기

1 (1) $\triangle ABC \equiv \triangle DFE$, RHS 합동
　(2) $\triangle ABC \equiv \triangle EFD$, RHA 합동

2 (1) ○ (2) × (3) ○ (4) ○

3 (1) 5 (2) 8

대표 예제로 개념 익히기

예제1 (1) $\triangle ADB \equiv \triangle BEC$ (RHA 합동) (2) $7\,cm$

1-1 48　　　　　**1-2** $8\,cm$

예제2 $3\,cm$

2-1 (1) $50°$ (2) $40°$　　**2-2** $27°$

개념 03 직각삼각형의 합동 조건의 응용 ·14~15쪽

개념 확인하기

1 $\angle PBO$, $\overline{OP}$, $\angle BOP$, RHA, $\overline{PB}$

2 (1) 4 (2) 15

3 $\angle PBO$, $\overline{OP}$, $\overline{PB}$, RHS, $\angle BOP$

4 (1) $29°$ (2) $56°$

대표 예제로 개념 익히기

예제1 ㄱ, ㄹ

1-1 $x=6$, $y=58$　　　**1-2** $61°$

예제2 (1) $3\,cm$ (2) $3\,cm$

2-1 $104\,cm^2$　　　　**2-2** $6\,cm$

개념 04 삼각형의 외심 ·16~17쪽

개념 확인하기

1 (1) ○ (2) × (3) ○ (4) × (5) ○ (6) ○

2 (1) 6 (2) 4

3 (1) 9 (2) 5 (3) 25

대표 예제로 개념 익히기

예제1 ②

1-1 $36\,cm$　　　　　**1-2** $55°$

예제2 (1) $14\,cm$ (2) $100°$

2-1 $8\,cm$　　　　　**2-2** $86°$

개념 05 삼각형의 외심의 응용 ·18~19쪽

개념 확인하기

1 (1) $35°$ (2) $20°$ (3) $32°$

2 (1) $150°$ (2) $112°$ (3) $70°$

3 (1) $30°$ (2) $75°$

대표 예제로 개념 익히기

예제1 (1) $35°$ (2) $13°$

1-1 $20°$　　　　　**1-2** ①

예제2 $128°$

2-1 $22°$　　　　　**2-2** $70°$

개념 06 삼각형의 내심 ·20~21쪽

개념 확인하기

1 (1) ○ (2) × (3) × (4) ○ (5) × (6) ○

2 (1) $30°$ (2) $28°$ (3) $34°$

3 (1) 6 (2) 4

대표 예제로 개념 익히기

예제1 ㄴ, ㄷ, ㄹ, ㅁ

1-1 ②　　　　　**1-2** $x=68$, $y=7$

예제2 $26°$

2-1 $84°$　　　　　**2-2** $125°$

개념 07 삼각형의 내심의 응용 ·23~25쪽

개념 확인하기

1 (1) $32°$ (2) $30°$ (3) $55°$

2 (1) $124°$ (2) $110°$ (3) $70°$

3 (1) $110°$　(2) $32°$

4 (1) 54　(2) 84

5 (1) 8　(2) 8

대표 예제로 개념 익히기

예제1 (1) $30°$　(2) $19°$　(3) $131°$

1-1 $\angle x=26°$, $\angle y=34°$　**1-2** ①

예제2 $125°$

2-1 $136°$　　　　　**2-2** $180°$

예제3 (1) $96\,\mathrm{cm}^2$　(2) $4\,\mathrm{cm}$

3-1 $51\,\mathrm{cm}^2$　　　　　**3-2** $3\,\mathrm{cm}$

예제4 (1) $(11-2x)\,\mathrm{cm}$　(2) $2\,\mathrm{cm}$

4-1 $20\,\mathrm{cm}$　　　　　**4-2** $2\,\mathrm{cm}$

실전 문제로 단원 마무리하기　　·26~28쪽

1 $125°$	**2** ②, ④	**3** $35°$	**4** ②, ③	**5** $7\,\mathrm{cm}$
6 ②, ④	**7** $18\,\mathrm{cm}^2$		**8** $69°$	**9** ⑤
10 $60\,\mathrm{cm}^2$		**11** $65°$	**12** ④	**13** $6\,\mathrm{cm}$
14 $\dfrac{64}{9}\pi\,\mathrm{cm}^2$		**15** $20°$	**16** $23\,\mathrm{cm}$	**17** $\dfrac{5}{2}\,\mathrm{cm}^2$
18 $\dfrac{49}{2}\,\mathrm{cm}^2$		**19** $18°$		

OX 문제로 개념 점검!　　·29쪽

❶ ○　❷ ○　❸ ○　❹ ×　❺ ○　❻ ×　❼ ○
❽ ×　❾ ○

2 사각형의 성질

개념 08 평행사변형의 성질　　·32~33쪽

개념 확인하기

1 (1) $x=47$, $y=40$　(2) $x=7$, $y=4$
　(3) $x=4$, $y=6$　(4) $x=67$, $y=113$
　(5) $x=120$, $y=60$　(6) $x=3$, $y=8$

2 (1) ○　(2) ○　(3) ×　(4) ○　(5) ○　(6) ×

대표 예제로 개념 익히기

예제1 $\angle x=70°$, $\angle y=60°$

1-1 $102°$　　　　　**1-2** $3\,\mathrm{cm}$

예제2 $29\,\mathrm{cm}$

2-1 $x=5$, $y=9$　　　　　**2-2** $21\,\mathrm{cm}$

개념 09 평행사변형이 되는 조건　　·35~37쪽

개념 확인하기

1 (1) $\overline{DC}$, $\overline{BC}$　(2) $\overline{DC}$, $\overline{BC}$　(3) $\angle BCD$, $\angle ADC$
　(4) $\overline{OC}$, $\overline{OD}$　(5) $\overline{DC}$, $\overline{DC}$

2 (1) ○　(2) ×　(3) ○　(4) ○　(5) ×　(6) ○

3 (1) $x=38$, $y=46$　(2) $x=5$, $y=4$
　(3) $x=110$, $y=70$　(4) $x=4$, $y=5$
　(5) $x=70$, $y=8$

대표 예제로 개념 익히기

예제1 ③　　　　　**1-1** ⑤

예제2 ①, ③

2-1 $x=34$, $y=30$　　　　　**2-2** 7

예제3 ⑤　　　　　**3-1** ④

예제4 한 쌍의 대변이 평행하고 그 길이가 같다.

4-1 ㈎ $\overline{CO}$　㈏ $\overline{BO}$　㈐ $\overline{FO}$

4-2 두 쌍의 대각의 크기가 각각 같다.

개념 10 평행사변형과 넓이　　·38~39쪽

개념 확인하기

1 (1) 18　(2) 9　(3) 18

2 (1) 12　(2) 10　(3) 8

3 (1) 풀이 참조　(2) 30　(3) 30　(4) 같다.

대표 예제로 개념 익히기

예제1 ④

1-1 $18\,\mathrm{cm}^2$

1-2 (1) $12\,\mathrm{cm}^2$　(2) $48\,\mathrm{cm}^2$

예제2 (1) $18\,\mathrm{cm}^2$　(2) $12\,\mathrm{cm}^2$

2-1 $36\,\mathrm{cm}^2$　　　　　**2-2** $64\,\mathrm{cm}^2$

개념 11 직사각형의 성질　　·40~41쪽

개념 확인하기

1 (1) 8　(2) 6　(3) 29　(4) 57

2 (1) 90　(2) $\overline{BD}$　(3) ABC, ADC

3 (1) ×　(2) ×　(3) ○

대표 예제로 개념 익히기

예제1 50

1-1 $24\,\mathrm{cm}$　　　　　**1-2** $55°$

예제2 ㄱ, ㄷ

2-1 ㄴ, ㅁ　　　　　**2-2** 25

개념18 닮은 도형의 성질　·63~64쪽

개념 확인하기

1 (1) $1:2$　(2) 12　(3) $70°$

2 (1) 6　(2) 6　(3) $65°$　(4) $75°$

3 (1) $3:2$　(2) 12　(3) 4

4 (1) 4　(2) 8　(3) 9

5 (1) $3:5$　(2) $2:7$

대표 예제로 개념 익히기

예제1 ④

1-1 $x=3$, $y=95$

1-2 (1) 9 cm　(2) 18π cm

예제2 ④, ⑤

2-1 $x=6$, $y=15$

2-2 (1) 5 cm　(2) 375π cm^3

개념19 닮은 도형의 넓이의 비와 부피의 비　·65~66쪽

개념 확인하기

1 (1) $3:4$　(2) $9:16$　(3) 48

2 (1) $5:3$　(2) $25:9$　(3) $125:27$　(4) 72　(5) 500

대표 예제로 개념 익히기

예제1 32 cm^2

1-1 16 cm^2　　　　**1-2** 25장

예제2 36π cm^2

2-1 243 cm^3　　　　**2-2** 64개

개념20 삼각형의 닮음 조건　·68~69쪽

개념 확인하기

1 (1) 1, 2, 1, 2, $\overline{\mathrm{DF}}$, 12, 1, 2, $\triangle\mathrm{DEF}$, SSS
　(2) $\overline{\mathrm{DE}}$, 6, 3, 2, $\overline{\mathrm{BC}}$, 12, 3, 2, E, $50°$, $\triangle\mathrm{DEF}$, SAS
　(3) $30°$, F, $70°$, $\triangle\mathrm{DEF}$, AA

2 (1) $\angle\mathrm{A}$, $\triangle\mathrm{ADE}$, ① $2:1$, ② 12
　(2) $\angle\mathrm{B}$, $\triangle\mathrm{EBD}$, ① $3:2$, ② 6

3 (1) $\angle\mathrm{A}$, $\triangle\mathrm{ACD}$, ① $4:3$, ② 9
　(2) $\angle\mathrm{B}$, $\triangle\mathrm{DBA}$, ① $3:2$, ② 15

대표 예제로 개념 익히기

예제1 (1) 닮은 도형이다., $\triangle\mathrm{ABC}\backsim\triangle\mathrm{EDF}$ (SSS 닮음)
　(2) 닮은 도형이다., $\triangle\mathrm{ABC}\backsim\triangle\mathrm{EDF}$ (SAS 닮음)
　(3) 닮은 도형이다., $\triangle\mathrm{ABC}\backsim\triangle\mathrm{EFD}$ (AA 닮음)

1-1 $\triangle\mathrm{ABC}\backsim\triangle\mathrm{QPR}$, $\triangle\mathrm{DEF}\backsim\triangle\mathrm{MON}$,
　$\triangle\mathrm{GHI}\backsim\triangle\mathrm{KJL}$

1-2 ⑤

예제2 5 cm　　　　**2-1** 9

개념21 직각삼각형의 닮음　·70~71쪽

개념 확인하기

1 (1) $\triangle\mathrm{DBE}$, $x=9$　(2) $\triangle\mathrm{EDC}$, $x=12$
　(3) $\triangle\mathrm{AED}$, $x=12$

2 (1) $\overline{\mathrm{CB}}$, $x=\dfrac{32}{5}$　(2) $\overline{\mathrm{CA}}$, $x=6$　(3) $\overline{\mathrm{DC}}$, $x=16$

대표 예제로 개념 익히기

예제1 (1) $\triangle\mathrm{ABC}\backsim\triangle\mathrm{MBD}$, AA 닮음　(2) $\dfrac{36}{5}$ cm

1-1 6 cm　　　　**1-2** 16 cm

예제2 (1) $\dfrac{25}{2}$ cm　(2) $\dfrac{9}{2}$ cm　(3) $\dfrac{15}{2}$ cm　(4) 6 cm

2-1 29　　　　**2-2** (1) 12 cm　(2) 45 cm^2

실전 문제로 단원 마무리하기　·72~74쪽

1 ②, ④　**2** ㄴ, ㄷ　**3** 36 cm　**4** ③　**5** 10 cm
6 5π cm^2　　**7** 243 cm^3
8 B음료 1개　**9** ㄴ과 ㄹ　**10** ③
11 15　**12** 8 cm　**13** 9 cm　**14** $\dfrac{25}{4}$ cm
15 $\dfrac{15}{4}$ cm　　**16** 12 m　**17** B피자 4판
18 $\dfrac{243}{8}$ cm^2

OX 문제로 개념 점검!　·75쪽

❶ ○　❷ ×　❸ ○　❹ ×　❺ ×　❻ ×　❼ ○
❽ ○

4 평행선과 선분의 길이의 비

개념22 삼각형에서 평행선과 선분의 길이의 비　·78~79쪽

개념 확인하기

1 (1) 6　(2) 4　(3) 6　(4) $\dfrac{8}{3}$　(5) 9　(6) $\dfrac{15}{2}$

2 (1) ○　(2) ×　(3) ○

대표 예제로 개념 익히기

예제1 ④

1-1 $x=6$, $y=10$　　　　**1-2** 40 cm

예제2 4 cm

2-1 $\dfrac{7}{2}$ cm　　　　**2-2** (1) $2:1$　(2) 3 cm

5 피타고라스 정리

개념 27 피타고라스 정리와 그 증명 ·103~107쪽

개념 확인하기

1 (1) 3, $x=5$ (2) 9, 15, $x=12$

2 (1) 10 (2) 13 (3) 12 (4) 8

3 (1) 12 (2) 16

4 (1) 25 (2) 7

5 $\overline{BC}$, $\angle GBC$, SAS, $\triangle BLG$, $\triangle BCG$, $\triangle BLG$

6 (1) 9 (2) 4

7 (1) 4 (2) 52

대표 예제로 개념 익히기

예제1 56 cm

1-1 17 cm　　　　　**1-2** 25 cm

예제2 120 cm²

2-1 52 cm²　　　　**2-2** 10π cm

예제3 $x=12$, $y=13$

3-1 10 cm　　　　　**3-2** 36 cm

예제4 15 cm

4-1 17 cm　　　　　**4-2** 14 cm

예제5 3 cm

5-1 32 cm　　　　　**5-2** 5 cm

예제6 $x=\dfrac{48}{5}$, $y=\dfrac{64}{5}$

6-1 ①　　　　　　**6-2** $\dfrac{36}{5}$ cm

예제7 7 cm

7-1 9 cm²　　　　　**7-2** 72 cm²

예제8 ①

8-1 (1) 15 cm (2) 23 cm (3) 529 cm²

개념 28 직각삼각형이 되기 위한 조건 ·108~109쪽

개념 확인하기

1 (1) ○ (2) × (3) × (4) ○

2 (1) 둔각삼각형 (2) 예각삼각형 (3) 직각삼각형
　 (4) 예각삼각형 (5) 둔각삼각형 (6) 직각삼각형

대표 예제로 개념 익히기

예제1 ①, ③

1-1 ⑤

1-2 28, 100

예제2 ②, ⑤

2-1 ②, ④

2-2 ③

개념 29 피타고라스 정리의 활용 (1) ·110~111쪽

개념 확인하기

1 (가) $\overline{AE}^2$ (나) $\overline{BC}^2$ (다) $\overline{AE}^2$ (라) $\overline{AC}^2$ (마) $\overline{CD}^2$

2 (가) b^2 (나) c^2 (다) d^2 (라) a^2

대표 예제로 개념 익히기

예제1 (1) 5 (2) 46

1-1 164　　　　　　**1-2** 30

예제2 (1) 24 (2) 12

2-1 108　　　　　　**2-2** 36

개념 30 피타고라스 정리의 활용 (2) ·112~113쪽

개념 확인하기

1 (1) 26 (2) 15 (3) 39

2 (1) ① $\dfrac{25}{2}\pi$, ② $\dfrac{25}{2}\pi$ (2) ① 6, ② 6

대표 예제로 개념 익히기

예제1 ②

1-1 9π cm²　　　　**1-2** 18π cm²

예제2 24 cm²

2-1 108 cm²　　　　**2-2** 13 cm

실전 문제로 단원 마무리하기 ·114~116쪽

1 12 cm　**2** ③　　**3** 17 cm　**4** 50 m

5 $\dfrac{14}{5}$ cm　　**6** 180　**7** 24 cm²

8 ③　**9** 196 cm²　　**10** ①, ⑤　**11** ①

12 15　**13** ②　**14** 3　**15** ③　**16** 90 cm²

17 32 cm　**18** 36초

OX 문제로 개념 점검! ·117쪽

❶ ○　❷ ○　❸ ×　❹ ×　❺ ○　❻ ×

6 경우의 수와 확률

개념 31 사건 A 또는 사건 B가 일어나는 경우의 수 ·120~121쪽

개념 확인하기

1 (1) 3 (2) 4 (3) 3 (4) 4

2 (1) 2 (2) 3 (3) 5

3 (1) 3 (2) 1 (3) 4

대표 예제로 개념 익히기

대표 예제로 개념 익히기

예제**1** (1) 4　(2) 2　(3) 6

1-1 9　　　　　　　　　**1-2** 8

예제**2** (1) 3　(2) 6　(3) 9

2-1 ③　　　　　　　　　**2-2** 10

개념 **32** 사건 A와 사건 B가 동시에 일어나는 경우의 수　·122~123쪽

개념 확인하기

1 (1) 4　(2) 2　(3) 8

2 (1) 3　(2) 2　(3) 6

3 (1) 3　(2) 3　(3) 9

4 (1) 4　(2) 36　(3) 12

대표 예제로 개념 익히기

예제**1** 20개　　　　　　　　**1-1** 20

예제**2** 12　　　　　　　　　**2-1** 10

예제**3** 3

3-1 9　　　　　　　　　**3-2** 8

개념 **33** 경우의 수의 응용 (1) - 한 줄로 세우기　·124~125쪽

개념 확인하기

1 (1) 3, 2, 1, 6　(2) 120　(3) 720

2 (1) 5, 4, 20　(2) 60　(3) 120

3 (1) 3, 2, 1, 6　(2) 6　(3) 2

4 (1) ① 6, ② 2, ③ 6, 2, 12

　　(2) 12

대표 예제로 개념 익히기

예제**1** 360

1-1 6　　　　　　　　　**1-2** 840

예제**2** (1) 24　(2) 48

2-1 24　　　　　　　　　**2-2** 48

2-3 48

개념 **34** 경우의 수의 응용 (2) - 자연수 만들기　·126~127쪽

개념 확인하기

1 (1) 5, 4, 20　(2) 60개

2 (1) 12개　(2) 24개

3 (1) 4, 4, 16　(2) 48개

4 (1) 9개　(2) 18개

대표 예제로 개념 익히기

예제**1** (1) 20개　(2) 8개

1-1 120개　　　　　　　　**1-2** 16개

예제**2** (1) 16개　(2) 7개

2-1 ④　　　　　　　　　**2-2** 10개

개념 **35** 경우의 수의 응용 (3) - 대표 뽑기　·128~129쪽

개념 확인하기

1 (1) 4, 3, 12　(2) 4, 3, 2, 24

2 (1) 42　(2) 210

3 (1) 4, 3, 6　(2) 4, 3, 2, 4

4 (1) 21　(2) 35

대표 예제로 개념 익히기

예제**1** (1) 30　(2) 120

1-1 110　　　　　　　　**1-2** ④

예제**2** (1) 10　(2) 10

2-1 56　　　　　　　　　**2-2** 10

개념 **36** 확률의 뜻과 성질　·131~133쪽

개념 확인하기

1 (1) ① 7, ② 2, ③ $\dfrac{2}{7}$　(2) $\dfrac{5}{7}$

2 (1) ① 6, ② 2, ③ $\dfrac{1}{3}$　(2) $\dfrac{1}{2}$

3 (1) ① 4, ② 1, ③ $\dfrac{1}{4}$　(2) $\dfrac{1}{2}$

4 (1) ① 36, ② 6, ③ $\dfrac{1}{6}$　(2) $\dfrac{1}{12}$

5 (1) 1　(2) 0

6 (1) $\dfrac{4}{9}$　(2) 0.7

7 (1) $\dfrac{1}{3}$　(2) $\dfrac{1}{3}$, $\dfrac{2}{3}$

8 (1) $\dfrac{1}{8}$　(2) $\dfrac{1}{8}$, $\dfrac{7}{8}$

대표 예제로 개념 익히기

예제**1** (1) $\dfrac{1}{2}$　(2) $\dfrac{2}{5}$

1-1 $\dfrac{1}{2}$　　　　　　　**1-2** $\dfrac{1}{5}$

예제**2** $\dfrac{1}{2}$

2-1 $\dfrac{2}{9}$　　　　　　　**2-2** $\dfrac{2}{5}$

2-3 $\dfrac{1}{12}$

예제**3** ③, ⑤

3-1 (1) $\dfrac{1}{2}$　(2) 0　(3) 1　　**3-2** ㄱ, ㄹ, ㄴ, ㄷ

예제**4** (1) $\dfrac{3}{10}$　(2) $\dfrac{7}{10}$

4-1 $\dfrac{5}{6}$　　　　　　　**4-2** ⑤

개념 37 사건 A 또는 사건 B가 일어날 확률 ·134~135쪽

개념 확인하기

1 (1) $\dfrac{1}{5}$ (2) $\dfrac{1}{2}$ (3) $\dfrac{1}{5}$, $\dfrac{1}{2}$, $\dfrac{7}{10}$

2 (1) $\dfrac{4}{9}$ (2) $\dfrac{2}{9}$ (3) $\dfrac{2}{3}$

3 (1) $\dfrac{1}{5}$ (2) $\dfrac{2}{15}$ (3) $\dfrac{1}{3}$

4 (1) $\dfrac{1}{12}$ (2) $\dfrac{5}{36}$ (3) $\dfrac{2}{9}$

대표 예제로 개념 익히기

예제**1** $\dfrac{1}{2}$

1-1 $\dfrac{3}{10}$ **1-2** $\dfrac{2}{5}$

예제**2** $\dfrac{3}{10}$

2-1 $\dfrac{11}{20}$ **2-2** $\dfrac{5}{18}$

개념 38 사건 A와 사건 B가 동시에 일어날 확률 ·136~137쪽

개념 확인하기

1 (1) $\dfrac{3}{5}$ (2) $\dfrac{1}{3}$ (3) $\dfrac{3}{5}$, $\dfrac{1}{3}$, $\dfrac{1}{5}$

2 (1) $\dfrac{1}{2}$ (2) $\dfrac{2}{3}$ (3) $\dfrac{1}{3}$

3 (1) $\dfrac{1}{2}$ (2) $\dfrac{1}{2}$ (3) $\dfrac{1}{4}$

4 (1) $\dfrac{2}{7}$ (2) $\dfrac{3}{10}$

대표 예제로 개념 익히기

예제**1** (1) $\dfrac{6}{49}$ (2) $\dfrac{20}{49}$ (3) $\dfrac{15}{49}$

1-1 $\dfrac{3}{10}$ **1-2** ③

예제**2** (1) $\dfrac{1}{3}$ (2) $\dfrac{3}{4}$ (3) $\dfrac{1}{4}$

2-1 $\dfrac{9}{40}$

2-2 (1) $\dfrac{21}{50}$ (2) $\dfrac{9}{50}$ (3) $\dfrac{41}{50}$

개념 39 확률의 응용 – 연속하여 꺼내기 ·138~139쪽

개념 확인하기

1 (1) 9, 4, $\dfrac{4}{9}$, $\dfrac{4}{9}$, $\dfrac{16}{81}$

  (2) 8, 3, $\dfrac{3}{8}$, $\dfrac{3}{8}$, $\dfrac{1}{6}$

2 (1) ① $\dfrac{2}{5}$, ② $\dfrac{2}{5}$, ③ $\dfrac{4}{25}$

  (2) ① $\dfrac{2}{5}$, ② $\dfrac{1}{4}$, ③ $\dfrac{1}{10}$

대표 예제로 개념 익히기

예제**1** $\dfrac{9}{25}$

1-1 $\dfrac{4}{25}$ **1-2** $\dfrac{1}{4}$

예제**2** $\dfrac{1}{20}$

2-1 $\dfrac{2}{9}$

2-2 (1) $\dfrac{8}{45}$ (2) $\dfrac{8}{45}$ (3) $\dfrac{16}{45}$

실전 문제로 단원 마무리하기 ·140~143쪽

1 24	**2** ⑤	**3** ②	**4** 8	**5** ④
6 24	**7** 36개	**8** 60번	**9** 15	**10** ③, ⑤
11 ④	**12** $\dfrac{9}{32}$	**13** ①	**14** $\dfrac{12}{25}$	**15** ①
16 0.38	**17** ⑤	**18** $\dfrac{1}{4}$	**19** 24	**20** 35
21 $\dfrac{1}{18}$	**22** $\dfrac{4}{9}$			

OX 문제로 개념 점검! ·144쪽

❶ × ❷ ○ ❸ ○ ❹ × ❺ ○ ❻ × ❼ ○
❽ ○

1 삼각형의 성질

개념 01 이등변삼각형의 성질 ·3~6쪽

1 (1) $75°$ (2) $45°$ (3) $55°$ (4) $65°$

2 (1) $115°$ (2) $106°$ (3) $90°$ (4) $80°$

3 (1) 7 (2) 12 (3) 90 (4) 55

4 (1) $\angle x=28°$, $\angle y=84°$ (2) $\angle x=36°$, $\angle y=72°$
  (3) $\angle x=35°$, $\angle y=75°$ (4) $\angle x=25°$, $\angle y=75°$

5 (1) $\angle x=60°$, $\angle y=60°$ (2) $\angle x=50°$, $\angle y=65°$
  (3) $\angle x=84°$, $\angle y=48°$ (4) $\angle x=36°$, $\angle y=54°$

6 (1) $60°$ (2) $105°$ (3) $84°$ (4) $99°$

7 (1) 7 (2) 11

8 (1) 10 (2) 12

9 (1) 10 (2) 7

10 $\angle x=69°$, $\angle y=27°$

11 95

12 $32°$

13 $24°$

14 $5\,\mathrm{cm}$

개념 02 직각삼각형의 합동 조건 ·7쪽

1 (1) $\triangle ABC\equiv\triangle EFD$, RHS 합동
  (2) $\triangle ABC\equiv\triangle FDE$, RHA 합동
  (3) $\triangle ABC\equiv\triangle FED$, RHA 합동

2 (1) 6 (2) 30

3 ㄴ과 ㄹ (RHS 합동), ㄷ과 ㅁ (RHA 합동)

4 40

5 $2\,\mathrm{cm}$

개념 03 직각삼각형의 합동 조건의 응용 ·8쪽

1 (1) 2 (2) 2 (3) 7 (4) 5

2 (1) $30°$ (2) $37°$ (3) $63°$ (4) $18°$

3 (1) $\bigcirc$ (2) $\bigcirc$ (3) $\times$ (4) $\bigcirc$ (5) $\bigcirc$ (6) $\times$

4 10

5 $12\,\mathrm{cm}^2$

개념 04 삼각형의 외심 ·9쪽

1 (1) $\bigcirc$ (2) $\times$ (3) $\times$ (4) $\bigcirc$ (5) $\times$ (6) $\bigcirc$

2 (1) 4 (2) 12 (3) 7 (4) 10

3 (1) $32°$ (2) $25°$ (3) $140°$ (4) $31°$

4 ②

5 $25\pi\,\mathrm{cm}^2$

개념 05 삼각형의 외심의 응용 ·10쪽

1 (1) $23°$ (2) $34°$ (3) $46°$ (4) $20°$

2 (1) $92°$ (2) $68°$ (3) $68°$ (4) $60°$

3 (1) $60°$ (2) $68°$ (3) $55°$ (4) $26°$

4 $65°$

5 $120°$

개념 06 삼각형의 내심 ·11쪽

1 (1) $\times$ (2) $\bigcirc$ (3) $\times$ (4) $\bigcirc$ (5) $\bigcirc$ (6) $\times$

2 (1) $20°$ (2) $35°$ (3) $70°$ (4) $36°$

3 (1) 2 (2) 3 (3) 3 (4) 7

4 ④, ⑤

5 $120°$

개념 07 삼각형의 내심의 응용 ·12~14쪽

1 (1) $39°$ (2) $17°$ (3) $25°$ (4) $33°$

2 (1) $119°$ (2) $111°$ (3) $100°$ (4) $68°$

3 (1) $126°$ (2) $118°$ (3) $30°$ (4) $16°$

4 (1) 24 (2) 54

5 (1) 30 (2) 12

6 (1) $\dfrac{7}{2}$ (2) $\dfrac{4}{3}$

7 (1) 5 (2) 4 (3) 14 (4) 8

8 (1) 60 (2) 36

9 $41°$

10 $\angle x=115°$, $\angle y=45°$

11 $145\,\mathrm{cm}^2$

12 $5\,\mathrm{cm}$

2 사각형의 성질

개념 08 평행사변형의 성질 ·15쪽

1 (1) $x=50$, $y=55$ (2) $x=9$, $y=12$
  (3) $x=3$, $y=3$ (4) $x=110$, $y=70$

2 (1) 3 (2) 4 (3) 14 (4) 1

3 (1) $\bigcirc$ (2) $\bigcirc$ (3) $\times$ (4) $\times$ (5) $\bigcirc$ (6) $\times$ (7) $\bigcirc$

4 $x=2$, $y=65$

5 $\dfrac{47}{2}\,\mathrm{cm}$

개념 09 평행사변형이 되는 조건 •16~17쪽

1 (1) 두 쌍의 대변의 길이가 각각 같다.
  (2) 한 쌍의 대변이 평행하고 그 길이가 같다.
  (3) 두 쌍의 대각의 크기가 각각 같다.
  (4) 두 쌍의 대변이 각각 평행하다.
  (5) 두 대각선이 서로 다른 것을 이등분한다.
2 (1) $x=10$, $y=7$ (2) $x=50$, $y=130$ (3) $x=5$, $y=8$
  (4) $x=13$, $y=38$ (5) $x=70$, $y=40$
3 (1) ○ (2) ○ (3) ○ (4) × (5) × (6) ○
4 ②, ⑤
5 80
6 ㄱ
7 두 대각선이 서로 다른 것을 이등분한다.

개념 10 평행사변형과 넓이 •18쪽

1 (1) 30 (2) 15 (3) 30 (4) 30
2 (1) 10 (2) 12 (3) 9 (4) 16
3 (1) 24 (2) 18 (3) 8 (4) 8
4 28 cm^2
5 10 cm^2

개념 11 직사각형의 성질 •19쪽

1 (1) 5 (2) 2 (3) 30 (4) 50
2 $\overline{DC}$, SSS, ∠C, ∠D, 직사각형
3 (1) × (2) ○ (3) ○ (4) × (5) × (6) ○
4 $x=80$, $y=3$
5 ㄹ, ㅁ

개념 12 마름모의 성질 •20쪽

1 (1) $x=7$, $y=7$ (2) $x=4$, $y=10$
  (3) $x=30$, $y=120$ (4) $x=61$, $y=90$
2 $\overline{DO}$, ∠AOD, SAS, $\overline{AD}$, $\overline{AD}$, 마름모
3 (1) × (2) ○ (3) ○ (4) × (5) ○ (6) ○
4 ③   **5** 54

개념 13 정사각형의 성질 •21쪽

1 (1) $x=10$, $y=12$ (2) $x=8$, $y=16$
  (3) $x=5$, $y=90$ (4) $x=45$, $y=45$
2 (1) 10 (2) 90 (3) 45
3 (1) 90 (2) 12 (3) 7
4 (1) ㄱ, ㄷ, ㅁ (2) ㄴ, ㄹ, ㅂ
5 73°   **6** ①, ⑤

개념 14 등변사다리꼴의 성질 •22쪽

1 (1) 7 (2) 6 (3) 3 (4) 5
2 (1) 55° (2) 140° (3) 50° (4) 23°
3 (1) × (2) ○ (3) ○ (4) ○
  (5) ○ (6) × (7) × (8) ○
4 3 cm
5 11 cm

개념 15 여러 가지 사각형 사이의 관계 •23쪽

1 (1) ○ (2) × (3) × (4) ○
  (5) ○ (6) × (7) ○ (8) ○
2 (1) ㄴ, ㄹ, ㅂ (2) ㄷ, ㄹ, ㅁ, ㅂ (3) ㅁ, ㅂ
  (4) ㅁ, ㅂ (5) ㅂ
3 (1) 직사각형 (2) 마름모 (3) 마름모 (4) 정사각형
  (5) 정사각형 (6) 정사각형
4 ④
5 ③, ④

개념 16 평행선과 넓이 •24쪽

1 (1) △DBC (2) △DOC (3) 18 (4) 12 (5) 20
2 (1) 16 (2) 8 (3) 12
3 12 cm^2
4 39 cm^2
5 ⑤

3 도형의 닮음

개념 17 닮은 도형 •25쪽

1 (1) 점 E (2) $\overline{AC}$ (3) ∠F
2 (1) 점 G (2) $\overline{EH}$ (3) ∠D
3 점 C (2) $\overline{AB}$ (3) ∠E
4 (1) 점 A (2) $\overline{HG}$ (3) ∠B
5 $\overline{KL}$, 면 GJKH
6 ㄱ, ㄷ, ㄹ, ㅇ

개념 18 닮은 도형의 성질 •26~27쪽

1 (1) 2 : 1 (2) 4 (3) 30° (4) 50°
2 (1) 3 : 2 (2) 6 (3) 8 (4) 18 (5) 45° (6) 105°
3 (1) 1 : 2 (2) 39 (3) 60°

4 (1) $1:2$　(2) 7　(3) 10　(4) 8

5 (1) 8　(2) 28　(3) 12　(4) 48

6 (1) $3:5$　(2) 3 cm　(3) $18\pi \text{ cm}^3$

7 ③, ⑤

8 $\dfrac{26}{3}$

 닮은 도형의 넓이의 비와 부피의 비　•28쪽

1 (1) $2:3$　(2) $4:9$　(3) 12

2 (1) $3:4$　(2) $9:16$　(3) $27:64$　(4) 512　(5) 324

3 $\dfrac{16}{3} \text{ cm}^2$

4 (1) $3:4$　(2) $27:64$　(3) 128 cm^3

 삼각형의 닮음 조건　•29~30쪽

1 (1) 6, 1, 2, $\overline{\text{BC}}$, 4, 1, 2, $\overline{\text{ED}}$, 10, 1, 2, SSS

　　(2) 3, 2, $\overline{\text{EF}}$, 6, 3, 2, 60°, SAS

　　(3) E, 45°, D, 70°, AA

2 (1) ○　(2) ×　(3) ×　(4) ○　(5) ×

3 (1) $\triangle \text{ABC} \backsim \triangle \text{EDC}$, SAS 닮음

　　(2) $\triangle \text{ABC} \backsim \triangle \text{DAB}$, SSS 닮음

　　(3) $\triangle \text{ABC} \backsim \triangle \text{ACD}$, AA 닮음

　　(4) $\triangle \text{ABC} \backsim \triangle \text{DEC}$, SAS 닮음

　　(5) $\triangle \text{ABC} \backsim \triangle \text{ADB}$, AA 닮음

4 (1) $\triangle \text{DBE}$, $x = \dfrac{50}{3}$

　　(2) $\triangle \text{ADB}$, $x = 8$

　　(3) $\triangle \text{DAC}$, $x = \dfrac{16}{3}$

5 (1) $\triangle \text{ABC} \backsim \triangle \text{OMN}$

　　(2) $\triangle \text{DEF} \backsim \triangle \text{KJL}$

　　(3) $\triangle \text{GHI} \backsim \triangle \text{RPQ}$

6 10 cm

 직각삼각형의 닮음　•31쪽

1 (1) $\triangle \text{EDC}$　(2) 12

2 (1) $\triangle \text{DEC}$　(2) 3

3 (1) AA, $\overline{\text{CB}}$, $\overline{\text{AB}}$, $\overline{\text{CB}}$, $x = 8$

　　(2) AA, $\overline{\text{BC}}$, $\overline{\text{AC}}$, $\overline{\text{BC}}$, $x = \dfrac{18}{5}$

　　(3) AA, $\overline{\text{DA}}$, $\overline{\text{DA}}$, $\overline{\text{DA}}$, $\overline{\text{DC}}$, $x = \dfrac{49}{3}$

4 $\dfrac{25}{2} \text{ cm}$

5 255 cm^2

 삼각형에서 평행선과 선분의 길이의 비　•32쪽

1 (1) $\dfrac{48}{5}$　(2) 12　(3) 2　(4) 12

2 (1) 9　(2) 4　(3) 2　(4) $\dfrac{32}{3}$

3 ㄱ, ㄴ

4 $x = 6$, $y = 3$

5 $\dfrac{45}{2}$

 삼각형의 각의 이등분선　•33쪽

1 (1) 12　(2) 6　(3) 3　(4) 5　(5) 7　(6) 5

2 (1) 10　(2) 12　(3) 3　(4) 2

3 12 cm

4 16 cm

 삼각형의 두 변의 중점을 연결한 선분의 성질　•34~35쪽

1 (1) 5　(2) 6　(3) 7　(4) 18

2 (1) 4　(2) 6　(3) 9　(4) 20　(5) $\dfrac{7}{2}$　(6) 10

3 (1) ① 5, ② 3, ③ 4, ④ 12

　　(2) ① 4, ② 6, ③ 6, ④ 16

4 (1) ① 6, ② 4, ③ 10

　　(2) ① 10, ② 7, ③ 17

　　(3) ① 8, ② 5, ③ 13

5 (1) ① 10, ② 6, ③ 4

　　(2) ① 7, ② 4, ③ 3

　　(3) ① $\dfrac{15}{2}$, ② $\dfrac{7}{2}$, ③ 4

6 $x = 30$, $y = 4$

7 17

8 25 cm

9 10 cm

 평행선 사이의 선분의 길이의 비　•36~37쪽

1 (1) $\dfrac{15}{2}$　(2) 20　(3) 25　(4) 20

2 (1) 12　(2) 12　(3) 15　(4) $\dfrac{35}{2}$

3 (1) ① 7, ② 4, ③ 6, ④ 10

　　(2) ① 5, ② 2, ③ 6, ④ 8

　　(3) ① 5, ② 6, ③ 11

　　(4) ① $\dfrac{15}{2}$, ② $\dfrac{3}{2}$, ③ 9

4 (1) $5:8$　(2) $\dfrac{80}{13}$

5 15

6 28

7 (1) $x=5,\ y=12$　(2) $x=14,\ y=2$

8 $x=\dfrac{15}{4},\ y=\dfrac{75}{8}$

개념 26 **삼각형의 무게중심**　•38~40쪽

1 (1) $5\,\text{cm}$　(2) $20\,\text{cm}^2$

2 (1) 10　(2) 8

3 (1) 5　(2) 16　(3) 8　(4) 12

4 (1) $x=6,\ y=10$　(2) $x=7,\ y=9$
　(3) $x=5,\ y=12$　(4) $x=16,\ y=18$

5 (1) ① 18, ② 12　(2) ① 8, ② 6
　(3) ① 12, ② 8　(4) ① 15, ② $\dfrac{15}{2}$

6 $2,\ 1,\ 3,\ 4,\ 4,\ 3,\ \dfrac{8}{3}$

7 (1) 5　(2) 10　(3) 10　(4) 15

8 (1) 4　(2) 8　(3) 24　(4) 12

9 (1) 6　(2) 8　(3) 12　(4) 8

10 $12\,\text{cm}^2$

11 $39\,\text{cm}$

12 28

13 $x=8,\ y=18$

14 $10\,\text{cm}^2$

15 $4\,\text{cm}$

5 피타고라스 정리

개념 27 **피타고라스 정리와 그 증명**　•41~44쪽

1 (1) $8,\ x=10$　(2) $x,\ 5,\ x=3$

2 (1) 15　(2) 25　(3) 17
　(4) 12　(5) 8　(6) 24

3 (1) $x=12,\ y=15$
　(2) $x=12,\ y=13$
　(3) $x=12,\ y=20$
　(4) $x=8,\ y=17$

4 (1) $x=6,\ y=17$
　(2) $x=12,\ y=20$
　(3) $x=15,\ y=17$
　(4) $x=12,\ y=15$

5 (1) ① 25, ② 15
　(2) ① 15, ② 17
　(3) ① 9, ② 12, ③ 12
　(4) ① 6, ② 8, ③ 8

6 (1) 86　(2) 80

7 (1) 9　(2) 64　(3) $\dfrac{9}{2}$
　(4) 18　(5) 50　(6) 72

8 (1) ① 8, ② 164　(2) ① 4, ② 97

9 (1) ① 3, ② 25　(2) ① 24, ② 676

10 (1) ① 10, ② 6　(2) ① 17, ② 8

11 $16\,\text{cm}$

12 $296\,\text{cm}^2$

13 $36\,\text{cm}$

14 $4\,\text{cm}$

15 $25\,\text{cm}$

16 $\dfrac{32}{5}\,\text{cm}$

17 $\dfrac{25}{2}\,\text{cm}^2$

18 $225\,\text{cm}^2$

개념 28 **직각삼각형이 되기 위한 조건**　•45쪽

1 (1) ○　(2) ×　(3) ○
　(4) ○　(5) ×　(6) ○

2 (1) 13　(2) 15　(3) 17　(4) 25

3 (1) 둔각삼각형　(2) 예각삼각형　(3) 예각삼각형
　(4) 둔각삼각형　(5) 직각삼각형　(6) 예각삼각형

4 ④

5 ②, ③

개념 29 **피타고라스 정리의 활용 (1)**　•46쪽

1 (1) 5　(2) 20　(3) 12　(4) 36

2 (1) 13　(2) 27　(3) 40　(4) 29

3 (1) 52　(2) 136

4 289

5 61

개념 30 **피타고라스 정리의 활용 (2)**　•47쪽

1 (1) 22π　(2) 52π　(3) 25π　(4) 8π

2 (1) 28　(2) 22　(3) 22　(4) 20

3 (1) $\dfrac{15}{2}\pi$　(2) 24π　(3) 24　(4) 30

4 $25\pi\,\text{cm}^2$

5 $192\,\text{cm}^2$

6 경우의 수와 확률

개념 31 사건 A 또는 사건 B가 일어나는 경우의 수 ·48쪽

1 (1) 5 (2) 3 (3) 6 (4) 4
2 (1) 5 (2) 7 (3) 10 (4) 9
3 (1) 2, 5, 2, 5, 7 (2) 5 (3) 16
4 12
5 9

개념 32 사건 A와 사건 B가 동시에 일어나는 경우의 수 ·49쪽

1 (1) 6 (2) 15 (3) 8
2 (1) 6 (2) 12
3 (1) 8 (2) 6 (3) 9
4 35
5 8
6 6

개념 33 경우의 수의 응용 (1) – 한 줄로 세우기 ·50쪽

1 (1) 6 (2) 24 (3) 120
2 (1) 6 (2) 24 (3) 30
3 (1) 24 (2) 24 (3) 6
4 (1) 2, 2, 2, 2, 4 (2) 48 (3) 36
5 60
6 12

개념 34 경우의 수의 응용 (2) – 자연수 만들기 ·51쪽

1 (1) 3, 2, 3, 2, 6 (2) 12개 (3) 30개
2 (1) 2, 2, 2, 2, 4 (2) 9개 (3) 16개
3 12개
4 125

개념 35 경우의 수의 응용 (3) – 대표 뽑기 ·52쪽

1 (1) 5, 4, 5, 4, 20 (2) 5, 4, 3, 5, 4, 3, 60
2 (1) 5, 4, 10 (2) 5, 4, 3, 10
3 (1) 30 (2) 120 (3) 15 (4) 20 (5) 8 (6) 60
4 42
5 120

개념 36 확률의 뜻과 성질 ·53~55쪽

1 (1) 10, 5, $\dfrac{1}{2}$ (2) $\dfrac{2}{5}$

2 (1) 36, 4, $\dfrac{1}{9}$ (2) $\dfrac{1}{6}$ (3) $\dfrac{1}{18}$ (4) $\dfrac{1}{12}$
3 (1) 0 (2) 0 (3) 1 (4) 1 (5) 0 (6) 1
4 (1) $\dfrac{1}{3}$, $\dfrac{1}{3}$, $\dfrac{2}{3}$ (2) $\dfrac{2}{5}$ (3) $\dfrac{4}{7}$ (4) $\dfrac{13}{15}$
5 (1) $\dfrac{1}{4}$, $\dfrac{1}{4}$, $\dfrac{3}{4}$ (2) $\dfrac{7}{8}$ (3) $\dfrac{3}{4}$ (4) $\dfrac{3}{4}$
6 $\dfrac{2}{5}$
7 $\dfrac{3}{8}$
8 ②, ⑤
9 $\dfrac{11}{12}$

개념 37 사건 A 또는 사건 B가 일어날 확률 ·56쪽

1 (1) $\dfrac{1}{4}$, $\dfrac{1}{3}$, $\dfrac{1}{4}$, $\dfrac{1}{3}$, $\dfrac{7}{12}$
   (2) $\dfrac{2}{3}$ (3) $\dfrac{3}{4}$
2 (1) $\dfrac{5}{36}$, $\dfrac{1}{18}$, $\dfrac{5}{36}$, $\dfrac{1}{18}$, $\dfrac{7}{36}$
   (2) $\dfrac{7}{36}$ (3) $\dfrac{7}{18}$
3 $\dfrac{11}{17}$ **4** $\dfrac{2}{5}$

개념 38 사건 A와 사건 B가 동시에 일어날 확률 ·57쪽

1 (1) $\dfrac{5}{7}$, $\dfrac{3}{8}$, $\dfrac{5}{7}$, $\dfrac{3}{8}$, $\dfrac{15}{56}$ (2) $\dfrac{5}{28}$ (3) $\dfrac{3}{28}$
2 (1) $\dfrac{1}{2}$, $\dfrac{1}{2}$, $\dfrac{1}{2}$, $\dfrac{1}{2}$, $\dfrac{1}{4}$ (2) $\dfrac{1}{3}$
3 (1) $\dfrac{5}{9}$ (2) $\dfrac{4}{9}$
4 $\dfrac{1}{4}$
5 (1) $\dfrac{1}{2}$ (2) $\dfrac{3}{40}$ (3) $\dfrac{3}{10}$

개념 39 확률의 응용 – 연속하여 꺼내기 ·58쪽

1 (1) $\dfrac{5}{7}$, 7, 5, $\dfrac{5}{7}$, $\dfrac{5}{7}$, $\dfrac{5}{7}$, $\dfrac{25}{49}$
   (2) $\dfrac{5}{7}$, 6, 4, $\dfrac{2}{3}$, $\dfrac{5}{7}$, $\dfrac{2}{3}$, $\dfrac{10}{21}$
2 (1) $\dfrac{9}{100}$ (2) $\dfrac{49}{100}$ (3) $\dfrac{21}{100}$
3 (1) $\dfrac{1}{15}$ (2) $\dfrac{7}{15}$ (3) $\dfrac{7}{30}$
4 $\dfrac{2}{9}$
5 $\dfrac{1}{3}$

정답 및 해설

1 삼각형의 성질

개념 01 이등변삼각형의 성질 ·9~11쪽

·개념 확인하기

1 답 (1) $72°$ (2) $68°$ (3) $140°$

(1) $\angle C=\angle B=54°$이므로

$\quad \angle x=180°-(54°+54°)=72°$

(2) $\angle x=\dfrac{1}{2}\times(180°-44°)=68°$

(3) $\angle C=\angle B=70°$이므로

$\quad \angle x=70°+70°=140°$

2 답 (1) $x=10$, $y=90$ (2) $x=5$, $y=57$
$\quad\quad$ (3) $x=90$, $y=65$

(1) $x=\dfrac{1}{2}\overline{BC}=\dfrac{1}{2}\times20=10$

$\quad \overline{AD}\perp\overline{BC}$이므로 $\angle ADC=90°$ $\quad \therefore y=90$

(2) $x=\overline{CD}=5$

$\quad \overline{AD}\perp\overline{BC}$이므로 $\angle ADC=90°$

$\quad$ 이때 $\angle CAD=\angle BAD=33°$이므로 $\triangle ADC$에서

$\quad \angle C=180°-(33°+90°)=57°$ $\quad \therefore y=57$

(3) $\overline{AD}\perp\overline{BC}$이므로 $\angle ADB=90°$ $\quad \therefore x=90$

$\quad \triangle ABD$에서 $\angle B=180°-(25°+90°)=65°$

$\quad$ 이때 $\angle C=\angle B=65°$이므로 $y=65$

3 답 $52°$, $26°$, $26°$, $78°$

4 답 $30°$, $30°$, $60°$, $60°$, $60°$, $60°$, $60°$

5 답 (1) 10 (2) 4 (3) 8

(1) $\angle B=\angle C$이므로 $\triangle ABC$는 $\overline{AB}=\overline{AC}$인 이등변삼각형이다.

$\quad \therefore x=\overline{AC}=10$

(2) $\angle A=54°-27°=27°$

$\quad$ 따라서 $\angle A=\angle C$이므로 $\triangle ABC$는 $\overline{BA}=\overline{BC}$인 이등변삼각형이다.

$\quad \therefore x=\overline{BA}=4$

(3) $\angle B=\angle C$이므로 $\triangle ABC$는 $\overline{AB}=\overline{AC}$인 이등변삼각형이다.

$\quad$ 이때 $\overline{AD}\perp\overline{BC}$이므로 $\overline{AD}$는 $\angle BAC$의 이등분선이다.

$\quad \therefore x=\dfrac{1}{2}\overline{BC}=\dfrac{1}{2}\times16=8$

예제 1 답 $24°$

$\angle ACB=180°-102°=78°$

$\triangle ABC$에서 $\overline{AB}=\overline{AC}$이므로 $\angle B=\angle ACB=78°$

$\therefore \angle A=180°-(78°+78°)=24°$

1-1 답 $50°$

$\triangle ABC$에서 $\overline{BA}=\overline{BC}$이므로 $\angle C=\angle x$

따라서 $\angle x+\angle x=100°$이므로

$2\angle x=100°$ $\quad \therefore \angle x=50°$

1-2 답 (1) $40°$ (2) $30°$

(1) $\triangle DBC$에서 $\overline{CB}=\overline{CD}$이므로

$\quad \angle CDB=\angle B=70°$

$\quad \therefore \angle BCD=180°-(70°+70°)=40°$

(2) $\triangle ABC$에서 $\overline{AB}=\overline{AC}$이므로

$\quad \angle ACB=\angle B=70°$

$\quad \therefore \angle ACD=\angle ACB-\angle BCD=70°-40°=30°$

오개념 바로잡기

(1) $\angle BCD$의 크기 구하기

$\xrightarrow{(\times)}$ $\angle BCD=\angle B=70°$

$\xrightarrow{(\bigcirc)}$ $\angle CDB=\angle B=70°$

$\quad \therefore \angle BCD=180°-(70°+70°)=40°$

➡ 이등변삼각형의 성질을 이용할 때는 길이가 같은 두 변을 확인하여 꼭지각, 밑변, 밑각의 위치를 혼동하지 않도록 해야 해!

예제 2 답 44

$\triangle ABC$에서 $\overline{AB}=\overline{AC}$이므로 $\angle B=\angle C=52°$

$\overline{AD}$는 $\angle A$의 이등분선이므로 $\overline{AD}\perp\overline{BC}$

$\triangle ABD$에서 $\angle BAD=180°-(90°+52°)=38°$

$\therefore x=38$

또 $\overline{BD}=\overline{CD}$이므로

$\overline{BD}=\dfrac{1}{2}\overline{BC}=\dfrac{1}{2}\times12=6\,(\text{cm})$ $\quad \therefore y=6$

$\therefore x+y=38+6=44$

2-1 답 (1) $90°$ (2) $3\,\text{cm}$

(1) 이등변삼각형 ABC에서 $\overline{AD}$는 $\angle A$의 이등분선이므로

$\quad \overline{AD}\perp\overline{BC}$ $\quad \therefore \angle ADB=90°$

(2) $\triangle ABC$에서 $\angle B=\angle C=60°$이므로

$\quad \angle A=180°-(60°+60°)=60°$

$\quad$ 따라서 $\triangle ABC$는 정삼각형이므로 $\overline{BC}=\overline{AC}=6\,\text{cm}$

$\quad \therefore \overline{BD}=\dfrac{1}{2}\overline{BC}=\dfrac{1}{2}\times6=3\,(\text{cm})$

예제 3 **답** 37°

$\triangle$ADC에서 $\overline{CA}=\overline{CD}$이므로 $\angle$ADC$=\angle$A$=74°$

이때 $\triangle$DBC에서 $\overline{DB}=\overline{DC}$이므로 $\angle$B$=\angle$DCB

즉, $\angle$B$+\angle$DCB$=74°$에서

$2\angle$B$=74°$ $\therefore \angle$B$=37°$

3-1 **답** 126°

$\triangle$ABC에서 $\overline{AB}=\overline{AC}$이므로 $\angle$ACB$=\angle$B$=42°$

$\therefore \angle$DAC$=42°+42°=84°$

$\triangle$CDA에서 $\overline{CA}=\overline{CD}$이므로 $\angle$CDA$=\angle$CAD$=84°$

따라서 $\triangle$DBC에서 $\angle x=42°+84°=126°$

예제 4 **답** (1) 32.5° (2) 57.5° (3) 25°

(1) $\triangle$ABC에서 $\overline{AB}=\overline{AC}$이므로

$\quad \angle$ABC$=\angle$ACB$=\dfrac{1}{2}\times(180°-50°)=65°$

$\quad \therefore \angle$DBC$=\dfrac{1}{2}\angle$ABC$=\dfrac{1}{2}\times65°=32.5°$

(2) $\angle$ACE$=180°-65°=115°$

$\quad \therefore \angle$DCE$=\dfrac{1}{2}\angle$ACE$=\dfrac{1}{2}\times115°=57.5°$

(3) $\triangle$DBC에서 $\angle$D$=\angle$DCE$-\angle$DBC$=57.5°-32.5°=25°$

4-1 **답** 20°

$\triangle$ABC에서 $\overline{AB}=\overline{AC}$이므로

$\angle$ABC$=\angle$ACB$=\dfrac{1}{2}\times(180°-40°)=70°$

$\therefore \angle$DBC$=\dfrac{1}{2}\angle$ABC$=\dfrac{1}{2}\times70°=35°$

$\angle$ACE$=180°-70°=110°$이므로

$\angle$DCE$=\dfrac{1}{2}\angle$ACE$=\dfrac{1}{2}\times110°=55°$

따라서 $\triangle$DBC에서

$\angle$D$=\angle$DCE$-\angle$DBC$=55°-35°=20°$

4-2 **답** 75°

$\triangle$ABC에서 $\overline{AB}=\overline{AC}$이므로

$\angle$ABC$=\angle$C$=\dfrac{1}{2}\times(180°-40°)=70°$

$\therefore \angle$ABD$=\dfrac{1}{2}\angle$ABC$=\dfrac{1}{2}\times70°=35°$

따라서 $\triangle$ABD에서 $\angle$BDC$=40°+35°=75°$

예제 5 **답** 7 cm

$\triangle$DBC에서 $\angle$DBC$=\angle$DCB이므로

$\triangle$DBC는 이등변삼각형이다.

$\therefore \overline{CD}=\overline{BD}=7$ cm

$\triangle$ABC에서 $\angle$A$=180°-(90°+50°)=40°$이고

$\angle$ACD$=90°-50°=40°$이므로 $\angle$A$=\angle$ACD

따라서 $\triangle$ADC는 이등변삼각형이므로

$\overline{AD}=\overline{CD}=7$ cm

5-1 **답** 5 cm

$\triangle$ABD에서 $\angle$DBA$=56°-28°=28°$이므로

$\angle$DAB$=\angle$DBA

즉, $\triangle$ABD는 이등변삼각형이므로

$\overline{BD}=\overline{AD}=5$ cm

$\triangle$BCD에서 $\angle$BCD$=180°-124°=56°$이므로

$\angle$BDC$=\angle$BCD

따라서 $\triangle$BCD는 이등변삼각형이므로

$\overline{BC}=\overline{BD}=5$ cm

5-2 **답** ㄷ, ㄹ

ㄱ, ㄴ, ㄹ. $\angle$FEC$=\angle$FEG (접은 각),

$\quad \angle$FEC$=\angle$EFG (엇각)이므로 $\angle$FEG$=\angle$EFG

$\quad$ 따라서 $\triangle$GEF는 $\overline{GE}=\overline{GF}$인 이등변삼각형이다.

ㄷ. $\angle$AGH$=\angle$EGF$=180°-2\angle$FEG$=180°-2\angle$FEC

따라서 옳은 것은 ㄷ, ㄹ이다.

참고 직사각형 모양의 종이를 접었을 때, 접은 각과 엇각의 크기는 같다.

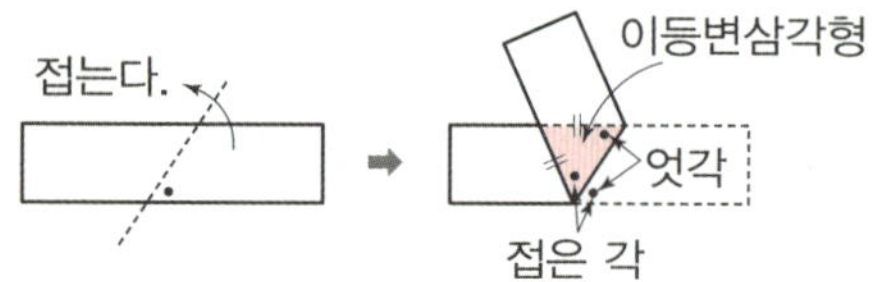

개념 **02** **직각삼각형의 합동 조건** ·12~13쪽

· **개념 확인하기**

1 **답** (1) $\triangle$ABC$\equiv\triangle$DFE, RHS 합동

$\quad$ (2) $\triangle$ABC$\equiv\triangle$EFD, RHA 합동

(1) $\triangle$ABC와 $\triangle$DFE에서

$\quad \angle$B$=\angle$F$=90°$, $\overline{AC}=\overline{DE}$, $\overline{BC}=\overline{FE}$이므로

$\quad \triangle$ABC$\equiv\triangle$DFE (RHS 합동)

(2) $\triangle$ABC와 $\triangle$EFD에서

$\quad \angle$B$=\angle$F$=90°$, $\overline{AC}=\overline{ED}$, $\angle$C$=\angle$D이므로

$\quad \triangle$ABC$\equiv\triangle$EFD (RHA 합동)

2 **답** (1) ○ (2) × (3) ○ (4) ○

(1) RHS 합동

(2) 모양은 같지만 크기가 같다고 할 수 없으므로 합동이 되는 조건이 아니다.

(3) ASA 합동

(4) RHA 합동

3 답 (1) 5　(2) 8

(1) △ABC와 △EDF에서
　∠B=∠D=90°, $\overline{AC}=\overline{EF}$, $\overline{AB}=\overline{ED}$이므로
　△ABC≡△EDF (RHS 합동)
　∴ $x=\overline{BC}=5$

(2) △ABC와 △FDE에서
　∠C=∠E=90°, $\overline{AB}=\overline{FD}$, ∠A=∠F이므로
　△ABC≡△FDE (RHA 합동)
　∴ $x=\overline{BC}=8$

대표 예제로 개념 익히기

예제 **1** 답 (1) △ADB≡△BEC (RHA 합동)　(2) 7 cm

(1) △ADB와 △BEC에서
　∠D=∠E=90°, $\overline{AB}=\overline{BC}$,
　∠DAB=90°−∠ABD=∠EBC이므로
　△ADB≡△BEC (RHA 합동)

(2) $\overline{DB}=\overline{EC}=5$ cm, $\overline{BE}=\overline{AD}=2$ cm이므로
　$\overline{DE}=\overline{DB}+\overline{BE}=5+2=7$ (cm)

1-1 답 48

△APC와 △BPD에서
∠ACP=∠BDP=90°, $\overline{AP}=\overline{BP}$,
∠APC=∠BPD (맞꼭지각)이므로
△APC≡△BPD (RHA 합동)
이때 $\overline{AC}=\overline{BD}=8$ cm이므로 $x=8$
∠BPD=∠APC=180°−(90°+50°)=40°이므로 $y=40$
∴ $x+y=8+40=48$

1-2 답 8 cm

△ABD와 △CAE에서
∠BDA=∠AEC=90°, $\overline{AB}=\overline{CA}$,
∠ABD=90°−∠BAD=∠CAE이므로
△ABD≡△CAE (RHA 합동)
따라서 $\overline{AD}=\overline{CE}=5$ cm, $\overline{AE}=\overline{BD}=13$ cm이므로
$\overline{DE}=\overline{AE}-\overline{AD}=13-5=8$ (cm)

예제 **2** 답 3 cm

△EBD와 △CBD에서
∠BED=∠BCD=90°, $\overline{BD}$는 공통, $\overline{BE}=\overline{BC}$이므로
△EBD≡△CBD (RHS 합동)
∴ $\overline{DE}=\overline{DC}=3$ cm

2-1 답 (1) 50°　(2) 40°

(1) △ABE에서 ∠BAE=180°−(90°+65°)=25°
　△ABE와 △ADE에서
　∠ABE=∠ADE=90°, $\overline{AE}$는 공통, $\overline{AB}=\overline{AD}$이므로
　△ABE≡△ADE (RHS 합동)

따라서 ∠DAE=∠BAE=25°이므로
　∠BAC=25°+25°=50°

(2) △ABC에서 ∠C=180°−(90°+50°)=40°

2-2 답 27°

△BCE와 △CBD에서
∠BEC=∠CDB=90°, $\overline{BC}$는 공통,
$\overline{BE}=\overline{CD}$이므로
△BCE≡△CBD (RHS 합동)
이때 ∠EBC=∠DCB이므로
$\angle EBC=\dfrac{1}{2}\times(180°-54°)=63°$
따라서 △BCE에서
∠BCE=180°−(90°+63°)=27°

개념 **03** 직각삼각형의 합동 조건의 응용　•14~15쪽

• 개념 확인하기

1 답 ∠PBO, $\overline{OP}$, ∠BOP, RHA, $\overline{PB}$

2 답 (1) 4　(2) 15

(1) △AOP≡△BOP (RHA 합동)이므로 $x=\overline{AP}=4$

(2) △AOP≡△BOP (RHA 합동)이므로 $x=\overline{AO}=15$

3 답 ∠PBO, $\overline{OP}$, $\overline{PB}$, RHS, ∠BOP

4 답 (1) 29°　(2) 56°

(1) △AOP≡△BOP (RHS 합동)이므로 $\angle x=$∠BOP=29°

(2) △AOP≡△BOP (RHS 합동)이므로 ∠AOP=∠BOP=34°
　따라서 △AOP에서 ∠x=180°−(90°+34°)=56°

대표 예제로 개념 익히기

예제 **1** 답 ㄱ, ㄹ

△AOP와 △BOP에서
∠PAO=∠PBO=90°, $\overline{OP}$는 공통,
∠AOP=∠BOP이므로
△AOP≡△BOP (RHA 합동)
∴ $\overline{OA}=\overline{OB}$, ∠APO=∠BPO
따라서 옳은 것은 ㄱ, ㄹ이다.

1-1 답 $x=6$, $y=58$

△AOP와 △BOP에서
∠PAO=∠PBO=90°, $\overline{OP}$는 공통,
∠AOP=∠BOP이므로
△AOP≡△BOP (RHA 합동)

즉, $\overline{PA}=\overline{PB}=6\,cm$ $\therefore x=6$

$\triangle BOP$에서 $\angle OPB=180°-(90°+32°)=58°$

$\therefore y=58$

1-2 답 $61°$

$\triangle COP$와 $\triangle DOP$에서

$\angle PCO=\angle PDO=90°$, $\overline{OP}$는 공통, $\overline{PC}=\overline{PD}$이므로

$\triangle COP\equiv\triangle DOP$ (RHS 합동)

$\therefore \angle COP=\angle DOP-\dfrac{1}{2}\angle AOB=\dfrac{1}{2}\times58°=29°$

따라서 $\triangle COP$에서

$\angle OPC=180°-(90°+29°)=61°$

예제 2 답 (1) $3\,cm$ (2) $3\,cm$

(1) $\triangle ABD$의 넓이가 $18\,cm^2$이므로

  $\dfrac{1}{2}\times12\times\overline{DE}=18$ $\therefore \overline{DE}=3\,cm$

(2) $\triangle AED$와 $\triangle ACD$에서

  $\angle AED=\angle C=90°$, $\overline{AD}$는 공통,

  $\angle DAE=\angle DAC$이므로

  $\triangle AED\equiv\triangle ACD$ (RHA 합동)

  $\therefore \overline{CD}=\overline{ED}=3\,cm$

2-1 답 $104\,cm^2$

$\triangle AED$와 $\triangle ACD$에서

$\angle AED=\angle C=90°$, $\overline{AD}$는 공통,

$\angle DAE=\angle DAC$이므로

$\triangle AED\equiv\triangle ACD$ (RHA 합동)

따라서 $\overline{DE}=\overline{DC}=8\,cm$이므로

$\triangle ABD=\dfrac{1}{2}\times26\times8=104\,(cm^2)$

2-2 답 $6\,cm$

$\triangle ABD$와 $\triangle AED$에서

$\angle ABD=\angle AED=90°$, $\overline{AD}$는 공통,

$\angle BAD=\angle EAD$이므로

$\triangle ABD\equiv\triangle AED$ (RHA 합동)

따라서 $\overline{AE}=\overline{AB}=9\,cm$이므로

$\overline{CE}=\overline{AC}-\overline{AE}=15-9=6\,(cm)$

개념 04 **삼각형의 외심**   •16~17쪽

•개념 확인하기

1 답 (1) ○   (2) ×   (3) ○   (4) ×   (5) ○   (6) ○

(1) 삼각형의 외심에서 세 꼭짓점에 이르는 거리는 같으므로

  $\overline{OA}=\overline{OB}=\overline{OC}$

(3) 삼각형의 외심은 세 변의 수직이등분선의 교점이므로

  $\overline{BE}=\overline{CE}$

(5) $\triangle OBC$에서 $\overline{OB}=\overline{OC}$이므로 $\angle OBE=\angle OCE$

(6) $\triangle OAF$와 $\triangle OCF$에서

  $\angle OFA=\angle OFC=90°$, $\overline{OA}=\overline{OC}$, $\overline{OF}$는 공통이므로

  $\triangle OAF\equiv\triangle OCF$ (RHS 합동)

2 답 (1) 6   (2) 4

(1) $x=\overline{CD}=6$

(2) $x=\dfrac{1}{2}\overline{AC}=\dfrac{1}{2}\times8=4$

3 답 (1) 9   (2) 5   (3) 25

(1) $x=\overline{OC}=9$

(2) $x=\overline{OB}=5$

(3) $\triangle OBC$에서 $\overline{OB}=\overline{OC}$이므로

  $\angle OCB=\angle OBC=25°$ $\therefore x=25$

대표 예제로 개념 익히기

예제 1 답 ②

① 삼각형의 외심에서 세 꼭짓점에 이르는 거리는 같으므로

  $\overline{OA}=\overline{OB}=\overline{OC}$

③ $\triangle OAD$와 $\triangle OBD$에서

  $\angle ODA=\angle ODB=90°$, $\overline{OA}=\overline{OB}$, $\overline{OD}$는 공통이므로

  $\triangle OAD\equiv\triangle OBD$ (RHS 합동)

④ $\triangle OAC$에서 $\overline{OA}=\overline{OC}$이므로 $\angle OAF=\angle OCF$

⑤ 삼각형의 외심은 세 변의 수직이등분선의 교점이므로

  $\overline{BE}=\overline{CE}$ $\therefore \overline{BC}=\overline{BE}+\overline{CE}=2\overline{CE}$

따라서 옳지 않은 것은 ②이다.

1-1 답 $36\,cm$

점 O가 $\triangle ABC$의 외심이므로

$\overline{AD}=\overline{BD}$, $\overline{BE}=\overline{CE}$, $\overline{AF}=\overline{CF}$

$\therefore$ ($\triangle ABC$의 둘레의 길이)$=\overline{AB}+\overline{BC}+\overline{CA}$

          $=2(\overline{AD}+\overline{BE}+\overline{AF})$

          $=2\times(6+7+5)=36\,(cm)$

1-2 답 $55°$

$\triangle OAB$에서 $\overline{OA}=\overline{OB}$이므로 $\angle OBA=\angle OAB=30°$

$\triangle OBC$에서 $\overline{OB}=\overline{OC}$이므로 $\angle OBC=\angle OCB=25°$

$\therefore \angle ABC=\angle OBA+\angle OBC=30°+25°=55°$

예제 2 답 (1) $14\,cm$ (2) $100°$

(1) $\overline{OA}=\overline{OB}=\overline{OC}=7\,cm$이므로

  $\overline{AB}=\overline{AO}+\overline{OB}=7+7=14\,(cm)$

(2) $\triangle OCA$에서 $\overline{OA}=\overline{OC}$이므로 $\angle OCA=\angle A=50°$

  $\therefore \angle BOC=50°+50°=100°$

2-1 답 8 cm

점 O가 직각삼각형 ABC의 외심이므로

$\overline{OC}=\overline{OA}=\overline{OB}=\dfrac{1}{2}\overline{AB}=\dfrac{1}{2}\times16=8(cm)$

2-2 답 $86\degree$

점 O가 직각삼각형 ABC의 외심이므로

$\overline{OA}=\overline{OB}=\overline{OC}$

따라서 △AOC는 $\overline{OA}=\overline{OC}$인 이등변삼각형이므로

$\angle OAC=\angle C=43\degree$

$\therefore \angle AOB=43\degree+43\degree=86\degree$

• 18~19쪽

개념 **05** 삼각형의 외심의 응용

• 개념 확인하기

1 답 (1) $35\degree$　(2) $20\degree$　(3) $32\degree$

(1) $\angle x+25\degree+30\degree=90\degree$　　$\therefore \angle x=35\degree$

(2) $\angle x+30\degree+40\degree=90\degree$　　$\therefore \angle x=20\degree$

(3) $25\degree+\angle x+33\degree=90\degree$　　$\therefore \angle x=32\degree$

2 답 (1) $150\degree$　(2) $112\degree$　(3) $70\degree$

(1) $\angle x=2\angle A=2\times75\degree=150\degree$

(2) $\angle x=2\angle B=2\times56\degree=112\degree$

(3) $\angle x=\dfrac{1}{2}\angle BOC=\dfrac{1}{2}\times140\degree=70\degree$

3 답 (1) $30\degree$　(2) $75\degree$

(1) $\angle BOC=2\angle A=2\times60\degree=120\degree$

따라서 △OBC에서 $\overline{OB}=\overline{OC}$이므로

$\angle x=\dfrac{1}{2}\times(180\degree-120\degree)=30\degree$

(2) △OCA에서 $\overline{OA}=\overline{OC}$이므로

$\angle OCA=\angle OAC=15\degree$

$\therefore \angle AOC=180\degree-(15\degree+15\degree)=150\degree$

$\therefore \angle x=\dfrac{1}{2}\angle AOC=\dfrac{1}{2}\times150\degree=75\degree$

〈 대표 예제로 **개념 익히기** 〉

예제 1 답 (1) $35\degree$　(2) $13\degree$

점 O가 △ABC의 외심이므로

(1) △OAB에서 $\overline{OA}=\overline{OB}$이다.

$\therefore \angle OAB=\dfrac{1}{2}\times(180\degree-110\degree)=35\degree$

(2) $35\degree+\angle OBC+42\degree=90\degree$

$\therefore \angle OBC=13\degree$

1-1 답 $20\degree$

점 O가 △ABC의 외심이므로

$\angle ABO+28\degree+42\degree=90\degree$　　$\therefore \angle ABO=20\degree$

1-2 답 ①

△OCA에서 $\overline{OA}=\overline{OC}$이므로 $\angle OAC=\angle OCA=35\degree$

△OBC에서 $\overline{OB}=\overline{OC}$이므로

$\angle OBC=\angle OCB=\dfrac{1}{2}\times(180\degree-114\degree)=33\degree$

따라서 $\angle BAO+33\degree+35\degree=90\degree$이므로 $\angle BAO=22\degree$

예제 2 답 $128\degree$

△OAB에서 $\overline{OA}=\overline{OB}$이므로 $\angle ABO=\angle BAO=30\degree$

따라서 $\angle ABC=30\degree+34\degree=64\degree$이므로

$\angle x=2\angle ABC=2\times64\degree=128\degree$

2-1 답 $22\degree$

점 O가 △ABC의 외심이므로

$\angle BOC=2\angle A=2\times68\degree=136\degree$

따라서 △OBC에서 $\overline{OB}=\overline{OC}$이므로

$\angle OBC=\dfrac{1}{2}\times(180\degree-136\degree)=22\degree$

2-2 답 $70\degree$

△OBC에서 $\overline{OB}=\overline{OC}$이므로 $\angle OBC=\angle OCB=20\degree$

따라서 $\angle BOC=180\degree-(20\degree+20\degree)=140\degree$이므로

$\angle A=\dfrac{1}{2}\angle BOC=\dfrac{1}{2}\times140\degree=70\degree$

개념 **06** 삼각형의 내심

• 20~21쪽

• 개념 확인하기

1 답 (1) ○　(2) ×　(3) ×　(4) ○　(5) ×　(6) ○

(1) 삼각형의 내심에서 세 변에 이르는 거리는 같으므로

$\overline{ID}=\overline{IE}=\overline{IF}$

(4) 삼각형의 내심은 세 내각의 이등분선의 교점이므로

$\angle IAD=\angle IAF$

(6) △IBD와 △IBE에서

$\angle IDB=\angle IEB=90\degree$, $\overline{IB}$는 공통, $\angle IBD=\angle IBE$이므로

△IBD≡△IBE (RHA 합동)

2 답 (1) $30\degree$　(2) $28\degree$　(3) $34\degree$

(1) $\angle x=\angle ICA=30\degree$

(2) $\angle x=\angle IAB=28\degree$

(3) $\angle x=\dfrac{1}{2}\angle BAC=\dfrac{1}{2}\times68\degree=34\degree$

3 탭 (1) 6 (2) 4

(1) $x=\overline{\text{ID}}=6$

(2) $x=\overline{\text{IF}}=4$

예제 1 탭 ㄴ, ㄷ, ㄹ, ㅁ

ㄴ. 삼각형의 내심은 세 내각의 이등분선의 교점이므로

$\angle\text{DAI}=\angle\text{FAI}$

ㄷ. △ICF와 △ICE에서

$\angle\text{IFC}=\angle\text{IEC}=90°$, $\overline{\text{IC}}$는 공통, $\angle\text{ICF}=\angle\text{ICE}$이므로

$\triangle\text{ICF}\equiv\triangle\text{ICE}$ (RHA 합동)

ㄹ. △IBD와 △IBE에서

$\angle\text{IDB}=\angle\text{IEB}=90°$, $\overline{\text{IB}}$는 공통, $\angle\text{IBD}=\angle\text{IBE}$이므로

$\triangle\text{IBD}\equiv\triangle\text{IBE}$ (RHA 합동)

$\therefore \overline{\text{BD}}=\overline{\text{BE}}$

ㅁ. 삼각형의 내심에서 세 변에 이르는 거리는 같으므로

$\overline{\text{ID}}=\overline{\text{IE}}=\overline{\text{IF}}$

따라서 옳은 것은 ㄴ, ㄷ, ㄹ, ㅁ이다.

오개념 바로잡기

ㅂ. $\overline{\text{IA}}=\overline{\text{IB}}=\overline{\text{IC}}$인지 판단하기

(×) 삼각형의 내심에서 세 꼭짓점에 이르는 거리는 같으므로

$\overline{\text{IA}}=\overline{\text{IB}}=\overline{\text{IC}}$

(○) 삼각형의 내심에서 세 변에 이르는 거리가 같으므로

$\overline{\text{ID}}=\overline{\text{IE}}=\overline{\text{IF}}$

즉, $\overline{\text{IA}}=\overline{\text{IB}}=\overline{\text{IC}}$인지 알 수 없다.

➡ 삼각형의 내심에서 세 변에 이르는 거리는 내접원의 반지름의 길이로 같아. 이때 세 꼭짓점에 이르는 거리가 같은 것은 삼각형의 외심이므로 외심과 내심을 헷갈리지 않도록 주의해야 해!

1-1 탭 ②

①, ⑤ △IAD와 △IAF에서

$\angle\text{IDA}=\angle\text{IFA}=90°$, $\overline{\text{AI}}$는 공통,

$\angle\text{IAD}=\angle\text{IAF}$이므로

$\triangle\text{IAD}\equiv\triangle\text{IAF}$ (RHA 합동)

$\therefore \overline{\text{AD}}=\overline{\text{AF}}$

③ △IBD와 △IBE에서

$\angle\text{IDB}=\angle\text{IEB}=90°$, $\overline{\text{IB}}$는 공통,

$\angle\text{IBD}=\angle\text{IBE}$이므로

$\triangle\text{IBD}\equiv\triangle\text{IBE}$ (RHA 합동)

$\therefore \angle\text{BID}=\angle\text{BIE}$

④ 삼각형의 내심은 세 내각의 이등분선의 교점이므로

$\angle\text{ICE}=\angle\text{ICF}$

따라서 옳지 않은 것은 ②이다.

1-2 탭 $x=68$, $y=7$

점 I가 △ABC의 내심이므로

$\angle\text{BAC}=2\angle\text{IAC}=2\times34°=68°$　　$\therefore x=68$

$\overline{\text{IE}}=\overline{\text{ID}}=7\,\text{cm}$이므로 $y=7$

예제 2 탭 26°

$\angle\text{IAB}=\angle\text{IAC}=35°$, $\angle\text{ICA}=\angle\text{ICB}=\angle x$이므로

△ABC에서 $2\times35°+58°+2\angle x=180°$

$2\angle x=52°$　　$\therefore \angle x=26°$

2-1 탭 84°

점 I가 △ABC의 내심이므로

$\angle\text{ABC}=2\angle\text{IBC}=2\times42°=84°$

2-2 탭 125°

점 I가 △ABC의 내심이므로

$\angle\text{IBC}=\angle\text{IBA}=20°$, $\angle\text{ICB}=\angle\text{ICA}=35°$

따라서 △IBC에서

$\angle x=180°-(20°+35°)=125°$

개념 **07** 삼각형의 내심의 응용　·23~25쪽

개념 확인하기

1 탭 (1) 32° (2) 30° (3) 55°

(1) $35°+\angle x+23°=90°$

$\therefore \angle x=32°$

(2) $28°+32°+\angle x=90°$

$\therefore \angle x=30°$

(3) $\angle x+15°+20°=90°$

$\therefore \angle x=55°$

2 탭 (1) 124° (2) 110° (3) 70°

(1) $\angle x=90°+\dfrac{1}{2}\angle\text{A}=90°+\dfrac{1}{2}\times68°=124°$

(2) $\angle x=90°+\dfrac{1}{2}\angle\text{A}=90°+\dfrac{1}{2}\times40°=110°$

(3) $125°=90°+\dfrac{1}{2}\angle x$

$\dfrac{1}{2}\angle x=35°$　　$\therefore \angle x=70°$

3 탭 (1) 110° (2) 32°

(1) $\angle x=90°+\dfrac{1}{2}\angle\text{ACB}$이므로

$\angle x=90°+\angle\text{ICB}=90°+20°=110°$

(2) $122°=90°+\dfrac{1}{2}\angle\text{ACB}$이므로

$122°=90°+\angle x$　　$\therefore \angle x=32°$

4 답 (1) 54 (2) 84

(1) △ABC의 내접원의 반지름의 길이가 3이므로
$$\triangle ABC = \frac{1}{2} \times 3 \times (12+15+9) = 54$$

(2) △ABC의 내접원의 반지름의 길이가 4이므로
$$\triangle ABC = \frac{1}{2} \times 4 \times (14+15+13) = 84$$

5 답 (1) 8 (2) 8

(1) $\overline{BE} = \overline{BD} = 3$이므로
$$\overline{CE} = \overline{BC} - \overline{BE} = 11 - 3 = 8$$
$$\therefore x = \overline{CE} = 8$$

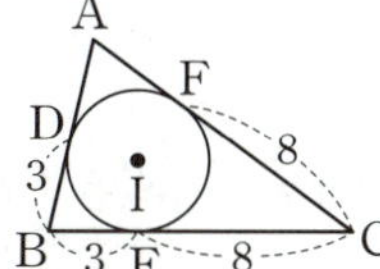

(2) $\overline{BD} = \overline{AB} - \overline{AD} = 6 - 3 = 3$이므로
$$\overline{BE} = \overline{BD} = 3$$
$\overline{AF} = \overline{AD} = 3$이므로
$$\overline{CF} = \overline{AC} - \overline{AF} = 8 - 3 = 5$$
$$\therefore \overline{CE} = \overline{CF} = 5$$
$$\therefore x = \overline{BE} + \overline{CE} = 3 + 5 = 8$$

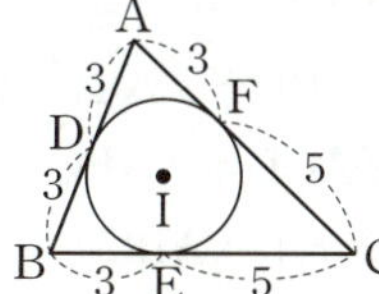

대표 예제로 개념 익히기

예제 1 답 (1) 30° (2) 19° (3) 131°

점 I가 △ABC의 내심이므로

(1) $\angle ICA = \angle ICB = 30°$

(2) $\angle IAC + 41° + 30° = 90°$ $\therefore \angle IAC = 19°$

(3) △ICA에서 $\angle AIC = 180° - (19° + 30°) = 131°$

1-1 답 $\angle x = 26°$, $\angle y = 34°$

점 I가 △ABC의 내심이므로
$$\angle x = \angle IBC = 26°$$
이때 $\angle y + 26° + 30° = 90°$이므로 $\angle y = 34°$

1-2 답 ①

점 I가 △ABC의 내심이므로
오른쪽 그림과 같이 $\overline{IC}$를 그으면
$$\angle ICA = \frac{1}{2}\angle BCA = \frac{1}{2} \times 74° = 37°$$
따라서 $\angle x + 25° + 37° = 90°$이므로
$$\angle x = 28°$$

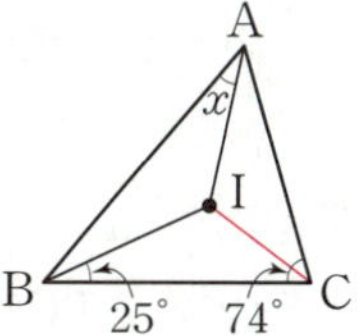

예제 2 답 125°

점 I가 △ABC의 내심이므로
$$\angle BAC = 2\angle IAB = 2 \times 35° = 70°$$
$$\therefore \angle BIC = 90° + \frac{1}{2}\angle BAC = 90° + \frac{1}{2} \times 70° = 125°$$

2-1 답 136°

점 I는 ∠B의 이등분선과 ∠C의 이등분선의 교점이므로
△ABC의 내심이다.
$$\therefore \angle x = 90° + \frac{1}{2}\angle BAC = 90° + \angle IAB$$
$$= 90° + 46° = 136°$$

2-2 답 180°

점 I가 △ABC의 내심이므로 $\angle IAB = \angle IAC = 40°$
따라서 △IAB에서 $\angle x = 180° - (40° + 20°) = 120°$
이때 $120° = 90° + \frac{1}{2}\angle y$이므로 $\angle y = 60°$
$$\therefore \angle x + \angle y = 120° + 60° = 180°$$

예제 3 답 (1) 96 cm² (2) 4 cm

(1) $\triangle ABC = \frac{1}{2} \times 16 \times 12 = 96(\text{cm}^2)$

(2) △ABC의 내접원의 반지름의 길이를 r cm라 하면
$$\frac{1}{2} \times r \times (20 + 16 + 12) = 96$$
$$24r = 96 \quad \therefore r = 4$$
따라서 △ABC의 내접원의 반지름의 길이는 4 cm이다.

3-1 답 51 cm²

$$\triangle ABC = \frac{1}{2} \times 3 \times (\triangle ABC의 둘레의 길이)$$
$$= \frac{1}{2} \times 3 \times 34 = 51(\text{cm}^2)$$

3-2 답 3 cm

$$\triangle ABC = \frac{1}{2} \times 8 \times 15 = 60(\text{cm}^2)$$
△ABC의 내접원의 반지름의 길이를 r cm라 하면
$$\frac{1}{2} \times r \times (17 + 8 + 15) = 60$$
$$20r = 60 \quad \therefore r = 3$$
따라서 내접원의 반지름의 길이는 3 cm이다.

예제 4 답 (1) $(11 - 2x)$ cm (2) 2 cm

(1) $\overline{AD} = \overline{AF} = x$ cm이므로
$$\overline{BE} = \overline{BD} = (6-x)\,\text{cm}, \ \overline{CE} = \overline{CF} = (5-x)\,\text{cm}$$
$$\therefore \overline{BC} = \overline{BE} + \overline{CE}$$
$$= (6-x) + (5-x) = 11 - 2x(\text{cm})$$

(2) $\overline{BC} = 7$ cm이므로 $11 - 2x = 7$
$$2x = 4 \quad \therefore x = 2$$
$$\therefore \overline{AF} = 2\,\text{cm}$$

4-1 답 20 cm

$$\overline{AF} = \overline{AD} = 2\,\text{cm}, \ \overline{BE} = \overline{BD} = 5\,\text{cm}, \ \overline{CF} = \overline{CE} = 3\,\text{cm}$$
$$\therefore (\triangle ABC의 둘레의 길이) = 2 \times (2 + 5 + 3)$$
$$= 20(\text{cm})$$

 답 2 cm

$\overline{AF}=x$ cm라 하면
$\overline{AD}=\overline{AF}=x$ cm, $\overline{BE}=\overline{BD}=(10-x)$ cm,
$\overline{CE}=\overline{CF}=(8-x)$ cm
이때 $\overline{BC}=\overline{BE}+\overline{CE}$이므로
$14=(10-x)+(8-x)$
$2x=4$　　$\therefore x=2$
$\therefore \overline{AF}=2$ cm

실전 문제로 단원 마무리하기

·26~28쪽

1 125°	**2** ②, ④	**3** 35°	**4** ②, ③	**5** 7 cm
6 ②, ④	**7** 18 cm²	**8** 69°	**9** ⑤	**10** 60 cm²
11 65°	**12** ④	**13** 6 cm	**14** $\frac{64}{9}\pi$ cm²	
15 20°	**16** 23 cm	**17** $\frac{5}{2}$ cm²		

서술형

18 $\frac{49}{2}$ cm²　　　　**19** 18°

---

1 답 125°

$\angle x=180°-110°=70°$
$\triangle ABC$에서 $\overline{AB}=\overline{AC}$이므로
$\angle y=\frac{1}{2}\times(180°-70°)=55°$
$\therefore \angle x+\angle y=70°+55°=125°$

2 답 ②, ④

②, ④ 이등변삼각형의 꼭지각의 이등분선은 밑변을 수직이등분
　하므로 $\overline{BD}=\overline{CD}$, $\overline{AD}\perp\overline{BC}$
⑤ $\angle BAD=28°$이면 $\angle CAD=\angle BAD=28°$이므로
　$\triangle ADC$에서 $\angle C=180°-(90°+28°)=62°$
따라서 옳은 것은 ②, ④이다.

3 답 35°

$\angle B=\angle x$라 하면
$\triangle ABC$에서 $\overline{AB}=\overline{AC}$이므로
$\angle ACB=\angle B=\angle x$
$\therefore \angle DAC=\angle x+\angle x=2\angle x$
$\triangle ACD$에서 $\overline{AC}=\overline{DC}$이므로
$\angle ADC=\angle DAC=2\angle x$
따라서 $\triangle DBC$에서 $\angle DCE=\angle x+2\angle x=3\angle x$이므로
$3\angle x=105°$　　$\therefore \angle x=35°$
$\therefore \angle B=35°$

4 답 ②, ③

$\triangle ABC$에서 $\overline{AB}=\overline{AC}$이므로
$\angle ABC=\angle ACB=\frac{1}{2}\times(180°-36°)=72°$
① $\angle ABD=\frac{1}{2}\angle ABC=\frac{1}{2}\times72°=36°$
② $\triangle DAB$에서 $\angle BDC=36°+36°=72°$
④ $\angle A=\angle ABD$이므로 $\triangle ABD$는 $\overline{DA}=\overline{DB}$인 이등변삼각형
　이다.
⑤ $\angle C=\angle BDC$이므로 $\triangle BCD$는 $\overline{BC}=\overline{BD}$인 이등변삼각형
　이다.
따라서 옳지 않은 것은 ②, ③이다.

5 답 7 cm

$\angle CBD=\angle ACB$ (엇각), $\angle ABC=\angle CBD$ (접은 각)이므로
$\angle ACB=\angle ABC$
따라서 $\triangle ABC$는 $\overline{AB}=\overline{AC}$인 이등변삼각형이므로
$\overline{AB}=\overline{AC}=7$ cm

6 답 ②, ④

② $\triangle ABC$와 $\triangle HIG$에서
　$\angle B=\angle I=90°$, $\overline{AC}=\overline{HG}$, $\overline{AB}=\overline{HI}$이므로
　$\triangle ABC\equiv\triangle HIG$ (RHS 합동)
④ $\triangle DEF$와 $\triangle MON$에서
　$\angle E=\angle O=90°$, $\overline{DF}=\overline{MN}$이고
　$\triangle DEF$에서 $\angle D=180°-(90°+30°)=60°$이므로
　$\angle D=\angle M$
　$\therefore \triangle DEF\equiv\triangle MON$ (RHA 합동)

오개념 바로잡기

⑤ **△JKL과 △QPR이 합동인지 확인하기**

(×) → $\triangle JKL$과 $\triangle QPR$에서
　$\angle L=\angle R=90°$, $\overline{KJ}=\overline{PR}$, $\overline{JL}=\overline{QR}$이므로
　$\triangle JKL\equiv\triangle QPR$ (RHS 합동)

(○) → 두 직각삼각형 $\triangle JKL$과 $\triangle QPR$에서 직각을 낀 두 변
　중 한 변의 길이가 같지만 빗변의 길이가 다르므로 합동
　이라 할 수 없다.

➡ 직각삼각형의 합동 조건을 이용할 때는 반드시 빗변의 길이
　가 같은지 확인해야 해!

7 답 18 cm²

$\triangle ABF$와 $\triangle BCG$에서
$\angle AFB=\angle BGC=90°$, $\overline{AB}=\overline{BC}$,
$\angle BAF=90°-\angle ABF=\angle CBG$이므로
$\triangle ABF\equiv\triangle BCG$ (RHA 합동)
따라서 $\overline{BG}=\overline{AF}=9$ cm, $\overline{BF}=\overline{CG}=5$ cm이므로
$\overline{FG}=\overline{BG}-\overline{BF}=9-5=4$ (cm)
$\therefore \triangle AFG=\frac{1}{2}\times4\times9=18$ (cm²)

8 답 $69°$

$\triangle BDE$와 $\triangle CDF$에서
$\angle BED=\angle CFD=90°$, $\overline{BD}=\overline{CD}$, $\overline{BE}=\overline{CF}$이므로
$\triangle BDE\equiv\triangle CDF$ (RHS 합동)
따라서 $\angle B=\angle C$이므로 $\triangle ABC$에서
$\angle B=\dfrac{1}{2}\times(180°-42°)=69°$

9 답 ⑤

$\triangle AOP$와 $\triangle BOP$에서
$\angle OAP=\angle OBP=90°$, $\overline{OP}$는 공통, $\overline{PA}=\overline{PB}$이므로
$\triangle AOP\equiv\triangle BOP$ (RHS 합동)
$\therefore \overline{AO}=\overline{BO}$, $\angle APO=\angle BPO$ (ㄴ), $\angle AOP=\angle BOP$,
$\quad \triangle AOP=\triangle BOP$ (ㄹ)
이때 $\angle AOB=\angle AOP+\angle BOP=2\angle AOP$ (ㄷ)
따라서 옳은 것은 ㄴ, ㄷ, ㄹ이다.

10 답 $60\,cm^2$

오른쪽 그림과 같이 점 D에서 $\overline{AB}$에
수선을 긋고, 그 수선의 발을 E라 하자.
$\triangle ADC$와 $\triangle ADE$에서
$\angle ACD=\angle AED=90°$,
$\overline{AD}$는 공통, $\angle DAC=\angle DAE$이므로
$\triangle ADC\equiv\triangle ADE$ (RHA 합동)
$\therefore \overline{DE}=\overline{DC}=6\,cm$
$\therefore \triangle ABD=\dfrac{1}{2}\times20\times6=60\,(cm^2)$

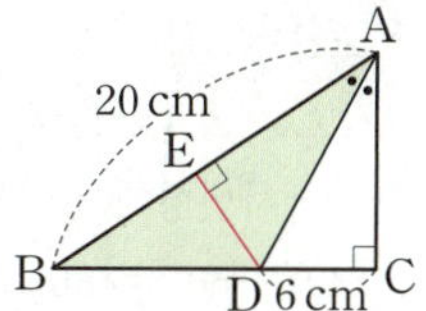

11 답 $65°$

오른쪽 그림과 같이 $\overline{OC}$를 그으면
$\overline{OA}=\overline{OB}=\overline{OC}$이므로
$\angle OCA=\angle OAC=30°$,
$\angle OCB=\angle OBC=35°$
$\therefore \angle C=\angle OCA+\angle OCB$
$\qquad =30°+35°=65°$

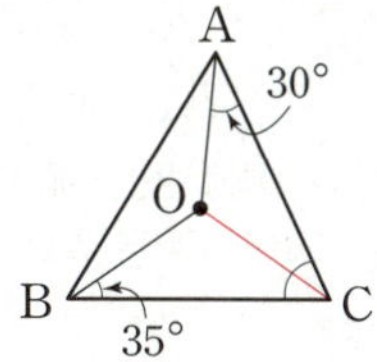

12 답 ④

④ 찾으려고 하는 원의 중심은 $\triangle ABC$의 외심이므로
$\overline{AB}$, $\overline{BC}$, $\overline{AC}$의 수직이등분선의 교점이다.

13 답 $6\,cm$

$\triangle OCA$와 $\triangle OBC$에서 $\overline{OA}=\overline{OB}$이고
$\overline{OA}$, $\overline{OB}$가 밑변일 때, 높이가 같으므로
$\triangle OCA=\triangle OBC=12\,cm^2$
$\triangle ABC=\triangle OCA+\triangle OBC=12+12=24\,(cm^2)$이므로
$\dfrac{1}{2}\times8\times\overline{AC}=24$ $\quad\therefore \overline{AC}=6\,(cm)$

14 답 $\dfrac{64}{9}\pi\,cm^2$

$\triangle OAB$에서 $\overline{OA}=\overline{OB}$이므로 $\angle OAB=\angle OBA=35°$
$\triangle OCA$에서 $\overline{OA}=\overline{OC}$이므로 $\angle OAC=\angle OCA=45°$
즉, $\angle BAC=\angle OAB+\angle OAC=35°+45°=80°$이므로
$\angle BOC=2\angle BAC=2\times80°=160°$
$\overline{OA}$는 외접원 O의 반지름이므로 부채꼴 BOC의 반지름의 길이
는 $4\,cm$이다.
$\therefore$ (부채꼴 BOC의 넓이)$=\pi\times4^2\times\dfrac{160}{360}=\dfrac{64}{9}\pi\,(cm^2)$

15 답 $20°$

점 I가 $\triangle ABC$의 내심이므로
오른쪽 그림과 같이 $\overline{IB}$를 그으면
$\angle IBC=\dfrac{1}{2}\angle ABC=\dfrac{1}{2}\times68°=34°$
따라서 $36°+34°+\angle ICB=90°$이므로
$\angle ICB=20°$

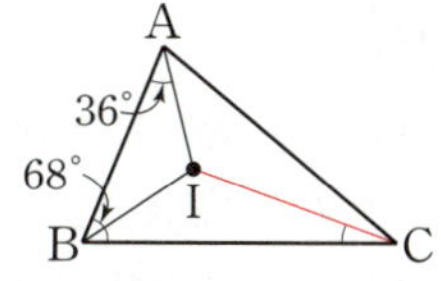

16 답 $23\,cm$

점 I는 $\triangle ABC$의 내심이므로 오른쪽
그림과 같이 $\overline{IB}$, $\overline{IC}$를 각각 그으면
$\angle DBI=\angle IBC$, $\angle ECI=\angle ICB$
이때 $\overline{DE}\,/\!/\,\overline{BC}$이므로
$\angle DIB=\angle IBC$ (엇각), $\angle EIC=\angle ICB$ (엇각)
$\therefore \angle DBI=\angle DIB$, $\angle ECI=\angle EIC$
즉, $\triangle DBI$와 $\triangle EIC$는 각각 이등변삼각형이므로
$\overline{DI}=\overline{DB}$, $\overline{EI}=\overline{EC}$
$\therefore$ ($\triangle ADE$의 둘레의 길이)$=\overline{AD}+\overline{DE}+\overline{AE}$
$\qquad\qquad =\overline{AD}+\overline{DI}+\overline{IE}+\overline{AE}$
$\qquad\qquad =\overline{AD}+\overline{DB}+\overline{EC}+\overline{AE}$
$\qquad\qquad =\overline{AB}+\overline{AC}$
$\qquad\qquad =11+12=23\,(cm)$

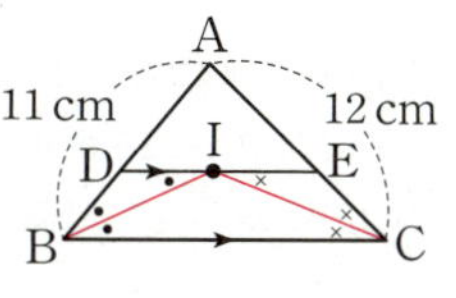

17 답 $\dfrac{5}{2}\,cm^2$

내접원 I의 반지름의 길이를 $r\,cm$라 하면
$\dfrac{1}{2}\times r\times(3+4+5)=\dfrac{1}{2}\times3\times4$
$6r=6$ $\quad\therefore r=1$
따라서 내접원 I의 반지름의 길이는 $1\,cm$이므로
$\triangle IAB=\dfrac{1}{2}\times5\times1=\dfrac{5}{2}\,(cm^2)$

18 답 $\dfrac{49}{2}\,cm^2$

$\triangle ADB$와 $\triangle CEA$에서
$\angle ADB=\angle CEA=90°$, $\overline{AB}=\overline{CA}$,
$\angle DAB=90°-\angle EAC=\angle ECA$
$\therefore \triangle ADB\equiv\triangle CEA$ (RHA 합동) $\qquad\qquad\cdots$(i)

따라서 $\overline{DA}=\overline{EC}=3\,cm$, $\overline{AE}=\overline{BD}=4\,cm$이므로

$\overline{DE}=\overline{DA}+\overline{AE}=3+4=7(cm)$ $\cdots$ (ii)

$\therefore$ (사각형 DBCE의 넓이)$=\dfrac{1}{2}\times(\overline{DB}+\overline{EC})\times\overline{DE}$

$\qquad\qquad\qquad\qquad\quad=\dfrac{1}{2}\times(4+3)\times7$

$\qquad\qquad\qquad\qquad\quad=\dfrac{49}{2}(cm^2)$ $\cdots$ (iii)

채점 기준	배점
(i) 합동인 삼각형 찾기	40 %
(ii) $\overline{DE}$의 길이 구하기	40 %
(iii) 사각형 DBCE의 넓이 구하기	20 %

19 답 $18°$

점 O가 $\triangle ABC$의 외심이므로

$\angle BOC=2\angle A=2\times72°=144°$ $\cdots$ (i)

점 I가 $\triangle ABC$의 내심이므로

$\angle BIC=90°+\dfrac{1}{2}\angle A=90°+\dfrac{1}{2}\times72°=126°$ $\cdots$ (ii)

$\therefore \angle BOC-\angle BIC=144°-126°=18°$ $\cdots$ (iii)

채점 기준	배점
(i) $\angle BOC$의 크기 구하기	40 %
(ii) $\angle BIC$의 크기 구하기	40 %
(iii) $\angle BOC-\angle BIC$의 값 구하기	20 %

OX 문제로 개념 점검! •29쪽

❶ ○ ❷ ○ ❸ ○ ❹ × ❺ ○ ❻ × ❼ ○ ❽ ×
❾ ○

❹ 다음 그림의 두 직각삼각형은 한 변의 길이가 15 cm이고, 다른 한 변의 길이가 9 cm이지만 서로 합동이 아니다.

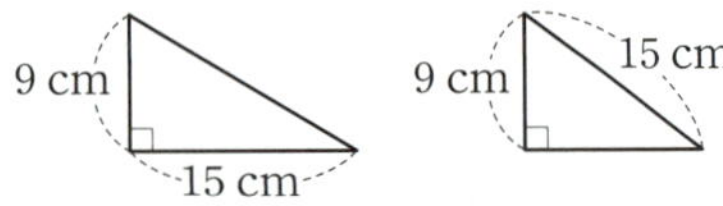

❻ 삼각형의 모든 꼭짓점이 한 원 위에 있을 때, 그 원은 삼각형에 외접한다.

❽ 삼각형의 세 변의 수직이등분선의 교점은 그 삼각형의 외심이다.

2 사각형의 성질

개념 08 평행사변형의 성질 •32~33쪽

• 개념 확인하기

1 답 (1) $x=47$, $y=40$ (2) $x=7$, $y=4$ (3) $x=4$, $y=6$
(4) $x=67$, $y=113$ (5) $x=120$, $y=60$ (6) $x=3$, $y=8$

(1) 평행사변형에서 두 쌍의 대변이 각각 평행하므로

$\angle DBC=\angle ADB=47°$(엇각) $\therefore x=47$

$\angle ACD=\angle CAB=40°$(엇각) $\therefore y=40$

(2) 평행사변형에서 두 쌍의 대변의 길이가 각각 같으므로

$x=\overline{BC}=7$, $y=\overline{DC}=4$

(3) 평행사변형에서 두 쌍의 대변의 길이가 각각 같으므로

$\overline{AD}=\overline{BC}$에서 $2x=8$ $\therefore x=4$

$y=\overline{AB}=6$

(4) 평행사변형에서 두 쌍의 대각의 크기가 각각 같으므로

$\angle B=\angle D=67°$ $\therefore x=67$

$\angle C=\angle A=113°$ $\therefore y=113$

(5) 평행사변형에서 이웃하는 두 내각의 크기의 합은 $180°$이므로

$\angle A+60°=180°$, $\angle A=120°$ $\therefore x=120$

평행사변형에서 두 쌍의 대각의 크기가 각각 같으므로

$\angle B=\angle D=60°$ $\therefore y=60$

(6) 평행사변형에서 두 대각선은 서로 다른 것을 이등분하므로

$x=3$, $y=2\times4=8$

✎ 오개념 바로잡기

(5) x의 값 구하기

$\overset{(\times)}{\longrightarrow}$ $\angle A=\angle D=60°$ $\therefore x=60$

$\overset{(\bigcirc)}{\longrightarrow}$ $\angle A+60°=180°$이므로 $\angle A=120°$ $\therefore x=120$

➡ 평행사변형에서 크기가 같은 각은 마주 보는 각이야.
마주 보는 각과 이웃하는 각을 헷갈리지 않도록 주의해야 해!

2 답 (1) ○ (2) ○ (3) × (4) ○ (5) ○ (6) ×

(1) 평행사변형에서 두 쌍의 대변의 길이는 각각 같다.

(2) 평행사변형에서 두 쌍의 대각의 크기는 각각 같다.

(4) 평행사변형에서 두 대각선은 서로 다른 것을 이등분한다.

(5) 평행사변형에서 이웃하는 두 내각의 크기의 합은 $180°$이다.

(대표 예제로 개념 익히기)

예제 1 답 $\angle x=70°$, $\angle y=60°$

$110°+\angle x=180°$이므로 $\angle x=70°$

$\angle B=\angle D=70°$이므로

$\triangle ABE$에서 $\angle y=180°-(70°+50°)=60°$

$110°+\angle x=180°$이므로 $\angle x=70°$

$\overline{AD}/\!/\overline{BC}$이므로 $\angle DAE=\angle AEB=50°$ (엇각)

$\angle BAD=\angle C=110°$이므로

$\angle y=110°-50°=60°$

1-1 답 $102°$

$\triangle BCD$에서 $\angle C=180°-(40°+38°)=102°$

따라서 $\angle A=\angle C=102°$이므로 $\angle x=102°$

1-2 답 $3\,cm$

$\overline{AD}/\!/\overline{BC}$이므로 $\angle BEA=\angle DAE$ (엇각)

$\therefore\ \angle BAE=\angle BEA$

즉, $\triangle ABE$는 $\overline{BA}=\overline{BE}$인 이등변삼각형이므로

$\overline{BE}=\overline{BA}=5\,cm$

이때 $\overline{BC}=\overline{AD}=8\,cm$이므로

$\overline{EC}=\overline{BC}-\overline{BE}=8-5=3\,(cm)$

예제 2 답 $29\,cm$

$\overline{AO}=\dfrac{1}{2}\overline{AC}=\dfrac{1}{2}\times16=8\,(cm)$

$\overline{BO}=\dfrac{1}{2}\overline{BD}=\dfrac{1}{2}\times20=10\,(cm)$

$\therefore\ (\triangle ABO$의 둘레의 길이$)=\overline{AB}+\overline{AO}+\overline{BO}$
$=11+8+10=29\,(cm)$

2-1 답 $x=5,\ y=9$

$\overline{AO}=\overline{CO}$이므로 $3x-5=2x$ $\therefore\ x=5$

$\overline{BO}=\overline{DO}$이므로 $2y-6=\dfrac{1}{2}\times24$

$2y=18$ $\therefore\ y=9$

2-2 답 $21\,cm$

$\overline{BC}=\overline{AD}=9\,cm$

$\overline{OB}=\dfrac{1}{2}\overline{BD},\ \overline{OC}=\dfrac{1}{2}\overline{AC}$이므로

$\overline{OB}+\overline{OC}=\dfrac{1}{2}\overline{BD}+\dfrac{1}{2}\overline{AC}=\dfrac{1}{2}(\overline{BD}+\overline{AC})$
$=\dfrac{1}{2}\times24=12\,(cm)$

$\therefore\ (\triangle OBC$의 둘레의 길이$)=\overline{BC}+\overline{OB}+\overline{OC}$
$=9+12=21\,(cm)$

개념 09 평행사변형이 되는 조건 ·35~37쪽

· 개념 확인하기

1 답 (1) $\overline{DC}$, $\overline{BC}$ (2) $\overline{DC}$, $\overline{BC}$ (3) $\angle BCD$, $\angle ADC$
(4) $\overline{OC}$, $\overline{OD}$ (5) $\overline{DC}$, $\overline{DC}$

2 답 (1) ○ (2) × (3) ○ (4) ○ (5) × (6) ○

(1) 두 쌍의 대변의 길이가 각각 같으므로 평행사변형이다.

(3) $\angle C=360°-(115°+65°+65°)=115°$

즉, 두 쌍의 대각의 크기가 각각 같으므로 평행사변형이다.

(4) 두 대각선이 서로 다른 것을 이등분하므로 평행사변형이다.

(6) 한 쌍의 대변이 평행하고 그 길이가 같으므로 평행사변형이다.

3 답 (1) $x=38,\ y=46$ (2) $x=5,\ y=4$
(3) $x=110,\ y=70$ (4) $x=4,\ y=5$
(5) $x=70,\ y=8$

$\square ABCD$가 평행사변형이 되려면

(1) $\overline{AD}/\!/\overline{BC}$, $\overline{AB}/\!/\overline{DC}$이어야 하므로

$\angle DAC=\angle ACB=38°$ (엇각) $\therefore\ x=38$

$\angle BDC=\angle ABD=46°$ (엇각) $\therefore\ y=46$

(2) $\overline{AB}=\overline{DC}$, $\overline{AD}=\overline{BC}$이어야 하므로

$x+1=6$ $\therefore\ x=5$

$2y+2=10,\ 2y=8$ $\therefore\ y=4$

(3) $\angle A=\angle C$, $\angle B=\angle D$이어야 하므로

$\angle A=\angle C=110°$ $\therefore\ x=110$

$\angle A+\angle B=180°$에서

$\angle B=180°-110°=70°$ $\therefore\ y=70$

(4) $\overline{AO}=\overline{CO}$, $\overline{BO}=\overline{DO}$이어야 하므로

$x=4,\ y=\dfrac{1}{2}\overline{BD}=\dfrac{1}{2}\times10=5$

(5) $\overline{AB}/\!/\overline{DC}$, $\overline{AB}=\overline{DC}$이어야 하므로

$\angle ACD=\angle BAC=70°$ (엇각) $\therefore\ x=70$

$y=\overline{DC}=8$

대표 예제로 개념 익히기

예제 1 답 ③

① 엇각의 크기가 같으므로 두 쌍의 대변이 각각 평행하다.
즉, 평행사변형이다.

② 두 쌍의 대변의 길이가 각각 같으므로 평행사변형이다.

③ 두 쌍의 대각의 크기가 각각 같은지 알 수 없으므로 평행사변
형이라 할 수 없다.

④ 두 대각선이 서로 다른 것을 이등분하므로 평행사변형이다.

⑤ 엇각의 크기가 같으므로 한 쌍의 대변이 평행하고 그 길이가
같다. 즉, 평행사변형이다.

따라서 평행사변형이 아닌 것은 ③이다.

1-1 답 ⑤

① 엇각의 크기가 같으므로 두 쌍의 대변이 각각 평행하다.
즉, 평행사변형이다.

② 두 대각선이 서로 다른 것을 이등분하므로 평행사변형이다.

③ 두 쌍의 대각의 크기가 각각 같으므로 평행사변형이다.

④ 두 쌍의 대변의 길이가 각각 같으므로 평행사변형이다.

⑤ 길이가 같은 한 쌍의 대변이 평행한지 알 수 없으므로 평행사
변형이라 할 수 없다.
따라서 평행사변형이 아닌 것은 ⑤이다.

예제 2 답 ①, ③
① $\overline{AB}=\overline{DC}$, $\overline{AD}=\overline{BC}$이므로 평행사변형이다.
③ $\overline{AD}=\overline{BC}$, $\overline{AD}/\!/\overline{BC}$이므로 평행사변형이다.

2-1 답 $x=34$, $y=30$
□ABCD가 평행사변형이 되려면
$\overline{AB}/\!/\overline{DC}$, $\overline{AD}/\!/\overline{BC}$이어야 한다.
즉, $\angle DBC=\angle ADB=34°$ (엇각)이므로 $x=34$
또 $\angle C=\angle A=116°$이므로 △BCD에서
$\angle BDC=180°-(34°+116°)=30°$
$\therefore y=30$

2-2 답 7
□ABCD가 평행사변형이 되려면
$\overline{OA}=\overline{OC}$이어야 하므로
$7=2x+1$, $2x=6$ $\therefore x=3$
$\overline{OB}=\overline{OD}$이어야 하므로
$3y-2=10$, $3y=12$ $\therefore y=4$
$\therefore x+y=3+4=7$

예제 3 답 ⑤
① $\angle A \neq \angle C$이므로 평행사변형이 아니다.
② $\overline{AB}=\overline{DC}$ 또는 $\overline{AD}/\!/\overline{BC}$인지 알 수 없으므로 평행사변형이
라 할 수 없다.
③ $\overline{AB}\neq\overline{DC}$, $\overline{AD}\neq\overline{BC}$이므로 평행사변형이 아니다.
④ $\overline{OA}\neq\overline{OC}$, $\overline{OB}\neq\overline{OD}$이므로 평행사변형이 아니다.
⑤ $\angle DAC=\angle BCA=40°$에서 엇각의 크기가 같으므로
$\overline{AD}/\!/\overline{BC}$
즉, 한 쌍의 대변이 평행하고 그 길이가 같으므로 평행사변형
이다.
따라서 □ABCD가 평행사변형인 것은 ⑤이다.

✏ 오개념 바로잡기

② $\overline{AB}/\!/\overline{DC}$, $\overline{AD}=\overline{BC}=3\,\text{cm}$일 때, 평행사변형인지 확인하기

(×)→ 한 쌍의 대변이 평행하고, 한 쌍의 대변의 길이가 같으므
로 평행사변형이다.

(○)→ 한 쌍의 대변이 평행하지만 다른 한 쌍의 대변의 길이가
같으므로 평행사변형이라 할 수 없다.

➡ 한 쌍의 대변이 평행하고 그 길이가 같아야 평행사변형이야.
평행한 대변이 아닌 다른 한 쌍의 대변의 길이가 같으면 평행
사변형이 아니야!

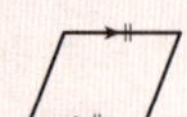

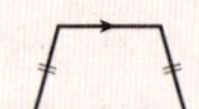

3-1 답 ④
① 두 쌍의 대변의 길이가 각각 같으므로 평행사변형이다.
② $\angle D=360°-(\angle A+\angle B+\angle C)$
$=360°-(130°+50°+130°)=50°$
즉, 두 쌍의 대각의 크기가 각각 같으므로 평행사변형이다.
③ $\angle A+\angle B=180°$, $\angle B+\angle C=180°$에서 $\angle A=\angle C$
$\angle D=360°-(\angle A+\angle B+\angle C)$
$=360°-(180°+\angle C)=180°-\angle C=\angle B$
즉, 두 쌍의 대각의 크기가 각각 같으므로 평행사변형이다.
④ $\overline{OA}\neq\overline{OC}$, $\overline{OB}\neq\overline{OD}$이므로 평행사변형이 아니다.
⑤ $\angle BAC=\angle DCA=60°$에서 엇각의 크기가 같으므로
$\overline{AB}/\!/\overline{DC}$
즉, 한 쌍의 대변이 평행하고 그 길이가 같으므로 평행사변형
이다.
따라서 □ABCD가 평행사변형이 아닌 것은 ④이다.

예제 4 답 한 쌍의 대변이 평행하고 그 길이가 같다.
□ABCD가 평행사변형이므로
$\overline{AB}/\!/\overline{DC}$에서 $\overline{MB}/\!/\overline{DN}$
또 $\overline{AB}=\overline{DC}$이므로 $\overline{MB}=\dfrac{1}{2}\overline{AB}=\dfrac{1}{2}\overline{DC}=\overline{DN}$
따라서 한 쌍의 대변이 평행하고 그 길이가 같으므로
□MBND는 평행사변형이다.

4-1 답 ㈎ $\overline{CO}$ ㈏ $\overline{BO}$ ㈐ $\overline{FO}$

4-2 답 두 쌍의 대각의 크기가 각각 같다.
□ABCD가 평행사변형이므로
$\angle B=\angle D$에서 $\angle PBQ=\dfrac{1}{2}\angle B=\dfrac{1}{2}\angle D=\angle PDQ$
또 $\overline{AD}/\!/\overline{BC}$이므로
$\angle APB=\angle PBQ$ (엇각), $\angle PDQ=\angle DQC$ (엇각)에서
$\angle APB=\angle DQC$ $\therefore \angle DPB=\angle BQD$
따라서 두 쌍의 대각의 크기가 각각 같으므로 □PBQD는 평행
사변형이다.

개념 10 평행사변형과 넓이 ·38~39쪽

· 개념 확인하기

1 답 (1) 18 (2) 9 (3) 18
(1) $\triangle ABC=\dfrac{1}{2}$□ABCD$=\dfrac{1}{2}\times36=18$
(2) $\triangle OBC=\dfrac{1}{4}$□ABCD$=\dfrac{1}{4}\times36=9$
(3) $\triangle ABO=\triangle CDO=\dfrac{1}{4}$□ABCD$=\dfrac{1}{4}\times36=9$
$\therefore \triangle ABO+\triangle CDO=9+9=18$

2 탑 (1) 12 (2) 10 (3) 8

(1) $\triangle BCD=\dfrac{1}{2}\square ABCD=\dfrac{1}{2}\times24=12$

(2) $\triangle ABO=\dfrac{1}{4}\square ABCD=\dfrac{1}{4}\times40=10$

(3) $\square ABCD=2\triangle ABC=2\times16=32$

$\therefore \triangle CDO=\dfrac{1}{4}\square ABCD=\dfrac{1}{4}\times32=8$

3 탑 (1) 풀이 참조 (2) 30 (3) 30 (4) 같다.

(1)
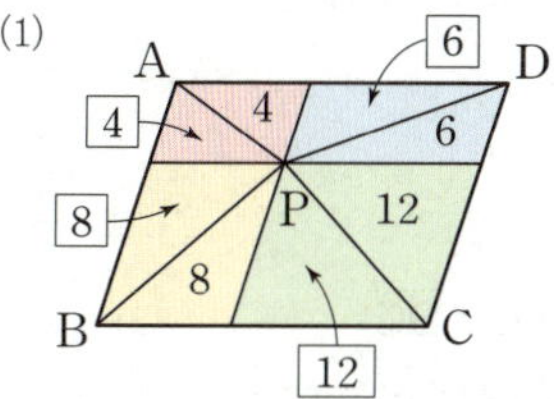

(2) $\triangle PAB+\triangle PCD=(4+8)+(6+12)=30$

(3) $\triangle PDA+\triangle PBC=(4+6)+(8+12)=30$

(4) (2), (3)에서 구한 두 값은 30으로 같다.

대표 예제로 개념 익히기

예제 1 탑 ④

①, ③, ⑤ $\triangle OAB=\triangle OBC=\triangle OCD=\triangle ODA$

$=\dfrac{1}{4}\square ABCD$

② $\triangle ODA$와 $\triangle OBC$에서

$\angle ODA=\angle OBC$(엇각), $\overline{DA}=\overline{BC}$, $\angle OAD=\angle OCB$(엇각)

$\therefore \triangle ODA\equiv\triangle OBC$ (ASA 합동)

따라서 옳지 않은 것은 ④이다.

1-1 탑 $18\,cm^2$

$\triangle ABC=\dfrac{1}{2}\square ABCD$, $\triangle DBC=\dfrac{1}{2}\square ABCD$이므로

$\triangle ABC=\triangle DBC=18\,cm^2$

1-2 탑 (1) $12\,cm^2$ (2) $48\,cm^2$

(1) $\triangle BCD=2\triangle AOD=2\times6=12\,(cm^2)$

(2) $\overline{BC}=\overline{CE}$, $\overline{DC}=\overline{CF}$이므로 $\square BFED$는 평행사변형이다.

$\therefore \square BFED=4\triangle BCD=4\times12=48\,(cm^2)$

예제 2 탑 (1) $18\,cm^2$ (2) $12\,cm^2$

(1) $\triangle PAB+\triangle PCD=\dfrac{1}{2}\square ABCD=\dfrac{1}{2}\times36=18\,(cm^2)$

(2) $\triangle PAB=(\triangle PAB+\triangle PCD)-\triangle PCD$

$=18-6=12\,(cm^2)$

2-1 탑 $36\,cm^2$

$\triangle PDA+\triangle PBC=\triangle PAB+\triangle PCD=32+16=48\,(cm^2)$

$\therefore \triangle PDA=(\triangle PDA+\triangle PBC)-\triangle PBC$

$=48-12=36\,(cm^2)$

2-2 탑 $64\,cm^2$

$\triangle PAB+\triangle PCD=\dfrac{1}{2}\square ABCD$이므로

$20+12=\dfrac{1}{2}\square ABCD$

$\therefore \square ABCD=2\times32=64\,(cm^2)$

개념 11 직사각형의 성질

• 40~41쪽

개념 확인하기

1 탑 (1) 8 (2) 6 (3) 29 (4) 57

(1) $x=\overline{BD}=8$

(2) $x=\overline{AC}=2\overline{OC}=2\times3=6$

(3) $\triangle ODA$에서 $\overline{OA}=\overline{OD}$이므로

$\angle OAD=\angle ODA=29°$ $\therefore x=29$

(4) $\angle ADC=90°$이므로 $\angle ODC=90°-33°=57°$

$\triangle OCD$에서 $\overline{OC}=\overline{OD}$이므로

$\angle OCD=\angle ODC=57°$ $\therefore x=57$

2 탑 (1) 90 (2) $\overline{BD}$ (3) ABC, ADC

3 탑 (1) × (2) × (3) ○

(3) $\overline{OA}=\overline{OC}$, $\overline{OB}=\overline{OD}$에서 $\overline{OA}=\overline{OB}$이면

$\overline{OA}=\overline{OB}=\overline{OC}=\overline{OD}$ $\therefore \overline{AC}=\overline{BD}$

따라서 두 대각선의 길이가 같으므로 평행사변형 ABCD는

직사각형이 된다.

대표 예제로 개념 익히기

예제 1 탑 50

$\overline{BD}=\overline{AC}=2\overline{AO}=2\times5=10\,(cm)$ $\therefore x=10$

$\triangle ABO$에서 $\overline{OA}=\overline{OB}$이므로 $\angle ABO=\angle BAO=60°$

$\therefore \angle AOB=180°-(60°+60°)=60°$

이때 $\angle DOC=\angle AOB=60°$ (맞꼭지각) $\therefore y=60$

$\therefore y-x=60-10=50$

1-1 탑 $24\,cm$

$\overline{OA}=\overline{OB}=\dfrac{1}{2}\overline{AC}=\dfrac{15}{2}\,(cm)$

$\therefore (\triangle ABO의 둘레의 길이)=\overline{AB}+\overline{BO}+\overline{OA}$

$=9+\dfrac{15}{2}+\dfrac{15}{2}=24\,(cm)$

1-2 탑 $55°$

$\overline{AB}\,/\!/\,\overline{DC}$이므로 $\angle BDC=\angle ABD=55°$ (엇각)

따라서 $\triangle OCD$에서 $\overline{OC}=\overline{OD}$이므로

$\angle OCD=\angle ODC=55°$

예제 2 답 ㄱ, ㄷ

ㄱ. $\overline{AC}=10\,\text{cm}$이면 $\overline{AC}=\overline{BD}$

　　즉, 두 대각선의 길이가 같은 평행사변형은 직사각형이 된다.

ㄷ. 한 내각이 직각인 평행사변형은 직사각형이 된다.

2-1 답 ㄴ, ㅁ

ㄴ. $\overline{OC}=4\,\text{cm}$이면 $\overline{AC}=2\overline{OC}=2\times4=8(\text{cm})$

　　$\therefore \overline{AC}=\overline{BD}$

　　즉, 두 대각선의 길이가 같은 평행사변형 ABCD는 직사각형
　　이 된다.

ㅁ. 한 내각이 직각인 평행사변형 ABCD는 직사각형이 된다.

2-2 답 25

평행사변형 ABCD가 직사각형이 되려면 $\angle A=90°$이어야 하므로

$4x-10=90,\ 4x=100 \qquad \therefore x=25$

개념 **12**　마름모의 성질

•42~43쪽

•개념 확인하기

1 답 (1) 11　(2) 6　(3) 90　(4) 49

(1) $x=\overline{AB}=11$

(2) $x=\overline{OB}=6$

(3) $\overline{AC}\perp\overline{BD}$이므로 $\angle AOB=90°$ $\qquad \therefore x=90$

(4) $\triangle ABC$에서 $\overline{BA}=\overline{BC}$이므로 $\angle BCA=\angle BAC=41°$

　　$\overline{AC}\perp\overline{BD}$이므로 $\angle BOC=90°$

　　따라서 $\triangle OBC$에서 $\angle OBC=180°-(90°+41°)=49°$

　　$\therefore x=49$

2 답 (1) 9　(2) 90　(3) 65

(3) $\angle AOB=90°$이어야 하므로 $\triangle ABO$에서

　　$\angle BAO=180°-(90°+25°)=65°$

3 답 (1) ○　(2) ×　(3) ×　(4) ○

(2) $\angle ABC+\angle BCD=180°$이므로 $\angle ABC=\angle BCD=90°$

　　따라서 평행사변형 ABCD는 직사각형이 된다.

(3) 두 대각선의 길이가 같으면 평행사변형 ABCD는 직사각형
　　이 된다.

(대표 예제로 개념 익히기)

예제 1 답 76

$\overline{AD}=\overline{AB}=10\,\text{cm} \qquad \therefore x=10$

$\triangle OCD$에서 $\angle COD=90°$이므로

$\angle DCO=180°-(90°+24°)=66°$

이때 $\triangle ACD$에서 $\overline{DA}=\overline{DC}$이므로

$\angle DAC=\angle DCA=66° \qquad \therefore y=66$

$\therefore x+y=10+66=76$

1-1 답 130°

$\overline{AB}=\overline{AD}$이므로 $\angle ADB=\angle ABD=25°$

$\triangle ABD$에서 $\angle A=180°-(25°+25°)=130°$

$\therefore \angle C=\angle A=130°$

1-2 답 ②

① 네 변의 길이가 모두 같으므로 $\overline{AB}=\overline{DC}$

② 두 대각선은 서로 다른 것을 수직이등분하지만 두 대각선의
　 길이가 항상 같은 것은 아니므로 $\overline{OA}=\overline{OD}$인지 알 수 없다.

③ 두 쌍의 대변의 길이가 각각 같으므로 평행사변형이다.
　 즉, $\overline{AB}/\!/\overline{DC}$

④ 두 대각선은 서로 다른 것을 수직이등분하므로
　 $\overline{AC}\perp\overline{BD}$

⑤ $\triangle ABO$와 $\triangle CBO$에서
　 $\overline{AB}=\overline{CB}$, $\overline{OA}=\overline{OC}$, $\overline{OB}$는 공통이므로
　 $\triangle ABO\equiv\triangle CBO$ (SSS 합동)
　 $\therefore \angle ABO=\angle CBO$

따라서 옳지 않은 것은 ②이다.

✎ 오개념 바로잡기

② 마름모 ABCD에서 $\overline{OA}=\overline{OD}$인지 확인하기

(×)→ 두 대각선은 서로 다른 것을 수직이등분하므로
$\overline{OA}=\overline{OB}=\overline{OC}=\overline{OD}$, 즉 $\overline{OA}=\overline{OD}$

(○)→ $\overline{OA}=\overline{OC}$, $\overline{OB}=\overline{OD}$이지만 두 대각선의 길이가 항상
같은 것은 아니므로 $\overline{OA}=\overline{OD}$인지 알 수 없다.

➡ 마름모의 두 대각선의 길이가 항상 같은 것은 아니므로 대각
선을 이등분한 모든 선분의 길이가 같은 것은 아니야!

예제 2 답 $x=10,\ y=54$

$\overline{AD}/\!/\overline{BC}$이므로 $\angle ADO=\angle OBC=54°$ (엇각)

$\triangle AOD$에서 $\angle AOD=180°-(36°+54°)=90°$

즉, $\overline{AC}\perp\overline{BD}$이므로 □ABCD는 마름모이다.

$\overline{AB}=\overline{AD}=10\,\text{cm}$이므로 $x=10$

$\overline{BC}=\overline{DC}$이므로 $\angle BDC=\angle DBC=54° \qquad \therefore y=54$

2-1 답 39

$\overline{AB}=\overline{DC}$이므로 $2x+1=3x-11 \qquad \therefore x=12$

이때 $\overline{AB}=\overline{AD}$이어야 하므로 $2x+1=x+4y$

$25=12+4y,\ 4y=13 \qquad \therefore y=\dfrac{13}{4}$

$\therefore xy=12\times\dfrac{13}{4}=39$

2-2 답 ④

①, ② 이웃하는 두 변의 길이가 같으므로 평행사변형 ABCD는
　마름모가 된다.
③ 두 대각선이 직교하므로 평행사변형 ABCD는 마름모가 된다.
⑤ △CDB에서 ∠CBD=∠CDB이면 $\overline{CB}=\overline{CD}$
　즉, 이웃하는 두 변의 길이가 같으므로 평행사변형 ABCD는
　마름모가 된다.
따라서 마름모가 되는 조건이 아닌 것은 ④이다.

개념 **13** 정사각형의 성질
· 44~45쪽

· **개념 확인하기**

1 답 (1) $x=6$, $y=90$　(2) $x=2$, $y=90$　(3) $x=10$, $y=45$

(1) $x=\overline{BC}=6$
　$\overline{AC}\perp\overline{BD}$이므로 ∠AOD=90°　∴ $y=90$
(2) $x=\overline{OA}=2$
　$\overline{AC}\perp\overline{BD}$이므로 ∠DOC=90°　∴ $y=90$
(3) $x=\overline{BD}=2\overline{OD}=2\times5=10$
　△OBC에서 $\overline{OB}=\overline{OC}$이므로
　$\angle OBC=\dfrac{1}{2}\times(180°-90°)=45°$　∴ $y=45$

2 답 (1) ○　(2) ×　(3) ○　(4) ×

(1) 이웃하는 두 변의 길이가 같으므로 직사각형 ABCD는 정사
　각형이 된다.
(3) ∠AOB=90°이면 $\overline{AC}\perp\overline{BD}$이므로 직사각형 ABCD는 정
　사각형이 된다.

3 답 (1) ×　(2) ○　(3) ○　(4) ×

(2) ∠BAD+∠ABC=180°이므로 ∠BAD=∠ABC이면
　∠BAD=∠ABC=90°
　따라서 마름모 ABCD는 정사각형이 된다.
(3) $\overline{OA}=\overline{OC}$, $\overline{OB}=\overline{OD}$이므로 $\overline{OA}=\overline{OD}$이면
　$\overline{OA}=\overline{OB}=\overline{OC}=\overline{OD}$　∴ $\overline{AC}=\overline{BD}$
　따라서 마름모 ABCD는 정사각형이 된다.

(**대표 예제로 개념 익히기**)

예제 1 답 80°

△AED와 △CED에서
$\overline{AD}=\overline{CD}$, ∠ADE=∠CDE=45°, $\overline{DE}$는 공통이므로
△AED≡△CED (SAS 합동)
∴ ∠ECD=∠EAD=35°
따라서 △ECD에서 ∠BEC=45°+35°=80°

1-1 답 25°

△AED와 △CED에서
$\overline{AD}=\overline{CD}$, ∠ADE=∠CDE=45°, $\overline{DE}$는 공통이므로
△AED≡△CED (SAS 합동)
∴ ∠AED=∠CED=70°
△ABE에서 ∠ABE=45°이므로
45°+∠BAE=70°　∴ ∠BAE=25°

1-2 답 ③

예제 2 답 (1) ㄱ, ㄹ　(2) ㄴ, ㄷ

2-1 답 ㄱ, ㄷ

ㄱ. 이웃하는 두 변의 길이가 같은 직사각형 ABCD는 정사각형
　이 된다.
ㄷ. 두 대각선이 서로 수직인 직사각형은 ABCD는 정사각형이
　된다.

2-2 답 ②, ④

② $\overline{AC}=2\overline{AO}=2\times4=8$ (cm)이므로 $\overline{AC}=\overline{BD}$
　즉, 두 대각선의 길이가 같으므로 마름모 ABCD는 정사각형
　이 된다.
④ 한 내각이 직각이므로 마름모 ABCD는 정사각형이다.

개념 **14** 등변사다리꼴의 성질
· 46~47쪽

· **개념 확인하기**

1 답 (1) 5　(2) 16　(3) 65　(4) 77

(1) $x=\overline{AB}=5$
(2) $x=\overline{BD}=\overline{BO}+\overline{OD}=9+7=16$
(3) ∠B=∠C=65°　∴ $x=65$
(4) ∠A+∠B=180°이므로
　∠B=180°-103°=77°
　이때 ∠C=∠B=77°　∴ $x=77$

2 답 (1) $\overline{DC}$　(2) $\overline{BD}$　(3) ∠DCB　(4) ∠CDA
　　　(5) △ABC　(6) △DCA

(4) ∠ABC=∠DCB이므로
　∠BAD=180°-∠ABC=180°-∠DCB=∠CDA
(5) △ABC와 △DCB에서
　$\overline{AB}=\overline{DC}$, ∠ABC=∠DCB, $\overline{BC}$는 공통이므로
　△ABC≡△DCB (SAS 합동)

(6) △ABD와 △DCA에서
　　$\overline{AB}=\overline{DC}$, $\angle BAD=\angle CDA$, $\overline{AD}$는 공통이므로
　　△ABD≡△DCA (SAS 합동)

〔 대표 예제로 **개념 익히기** 〕

예제 1 답 (1) 8 cm　(2) 70°
(1) $\overline{BD}=\overline{AC}=\overline{AO}+\overline{OC}=5+3=8\,(\mathrm{cm})$
(2) $\angle DCB=\angle ABC=110°$이고
　　$\angle ADC+\angle DCB=180°$이므로
　　$\angle ADC=180°-110°=70°$

1-1 답 $x=6$, $y=56$
$\overline{DC}=\overline{AB}=6\,\mathrm{cm}$이므로 $x=6$
$\angle A+\angle B=180°$이므로 $\angle B=180°-124°=56°$
이때 $\angle C=\angle B=56°$이므로 $y=56$

1-2 답 40°
$\overline{AD}\,/\!/\,\overline{BC}$이므로 $\angle DBC=\angle ADB=35°$ (엇각)
이때 $\angle ABC=\angle C=75°$이므로
$\angle ABD=75°-35°=40°$

예제 2 답 2 cm
△ABE와 △DCF에서
$\angle AEB=\angle DFC=90°$, $\overline{AB}=\overline{DC}$, $\angle B=\angle C$이므로
△ABE≡△DCF (RHA 합동)
$\therefore \overline{BE}=\overline{CF}$
이때 $\overline{EF}=\overline{AD}=6\,\mathrm{cm}$이므로
$\overline{BE}=\dfrac{1}{2}\times(10-6)=2\,(\mathrm{cm})$

2-1 답 26 cm
오른쪽 그림과 같이 꼭짓점 D에서
$\overline{BC}$에 내린 수선의 발을 F라 하면
$\angle B=\angle EAB=45°$이므로
△ABE는 $\overline{BE}=\overline{AE}$인 이등변삼각
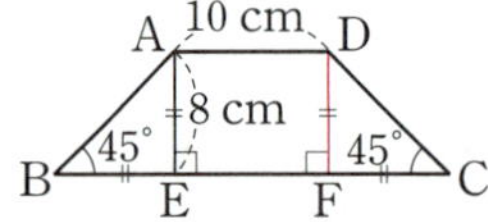
형이고, $\angle C=\angle FDC=45°$이므로 △DFC는 $\overline{CF}=\overline{DF}$인 이등
변삼각형이다.
따라서 $\overline{BE}=\overline{AE}=\overline{DF}=\overline{FC}=8\,\mathrm{cm}$이고
$\overline{EF}=\overline{AD}=10\,\mathrm{cm}$이므로
$\overline{BC}=\overline{BE}+\overline{EF}+\overline{FC}=8+10+8=26\,(\mathrm{cm})$

2-2 답 14 cm
□AECD는 평행사변형이므로 $\overline{EC}=\overline{AD}=6\,\mathrm{cm}$
$\overline{AB}=\overline{DC}=\overline{AE}$이므로 $\angle AEB=\angle ABE=60°$
따라서 △ABE는 정삼각형이므로
$\overline{BE}=8\,\mathrm{cm}$
$\therefore \overline{BC}=\overline{BE}+\overline{EC}=8+6=14\,(\mathrm{cm})$

참고 $\overline{AD}\,/\!/\,\overline{BC}$인 등변사다리꼴 ABCD에서
➡ △ABE는 이등변삼각형
　　□AECD는 평행사변형
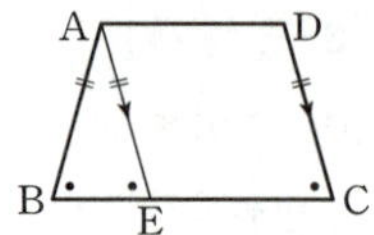

개념 15 여러 가지 사각형 사이의 관계 ·48~49쪽

· 개념 확인하기

1 답 ①-ㄷ, ②-ㄴ, ③-ㄱ, ④-ㄱ, ⑤-ㄴ

2 답 풀이 참조

	평행사변형	직사각형	마름모	정사각형	등변사다리꼴
(1)	○	○	○	○	×
(2)	×	○	×	○	○
(3)	×	×	○	○	×

〔 대표 예제로 **개념 익히기** 〕

예제 1 답 ⑤
⑤에 알맞은 조건은 '한 내각의 크기가 90°이다.' 또는 '두 대각선
의 길이가 같다.'이다.

1-1 답 ⑤
⑤ 두 대각선의 길이가 같고, 서로 다른 것을 이등분하는 평행사
변형은 직사각형이다.

1-2 답 ①, ④
① $\angle BAD=90°$이면 □ABCD는 직사각형이다.
③ $\angle ACB=\angle DAC$이므로 $\angle ACB=\angle ACD$이면
　　$\angle DAC=\angle ACD$
　　즉, △DAC에서 $\overline{DA}=\overline{DC}$이므로 □ABCD는 마름모이다.
④ $\overline{AB}=\overline{AD}$이면 □ABCD는 마름모이다.
⑤ $\overline{AO}=\overline{BO}$이면 평행사변형 ABCD는 직사각형이고,
　　$\overline{AC}\perp\overline{BD}$이면 직사각형 ABCD는 정사각형이다.
　　즉, □ABCD는 정사각형이다.
따라서 옳지 않은 것은 ①, ④이다.

예제 2 답 ①, ③
두 대각선이 서로 다른 것을 수직이등분하는 사각형은
정사각형, 마름모이다.

2-1 답 ㄴ
기준 ㄴ을 만족시키는 것은 등변사다리꼴, 직사각형, 정사각형이고,
기준 ㄴ을 만족시키지 않는 것은 사다리꼴, 마름모, 평행사변형
이다.

· 개념 확인하기

1 답 (1) 80 (2) 48

(1) $\triangle DBC = \triangle ABC = \dfrac{1}{2} \times 16 \times 10 = 80$

(2) $\triangle ACD = \triangle ABD = \dfrac{1}{2} \times 12 \times 8 = 48$

2 답 (1) △DBC (2) △ACD (3) △DOC

(3) $\triangle ABD = \triangle ACD$이므로

$\begin{aligned} \triangle ABO &= \triangle ABD - \triangle AOD \\ &= \triangle ACD - \triangle AOD = \triangle DOC \end{aligned}$

3 답 (1) 3 : 4 (2) 15 (3) 20

(1) $\triangle ABP : \triangle APC = \overline{BP} : \overline{PC} = 3 : 4$

(2) $\triangle ABP : \triangle APC = 3 : 4$이므로

$\triangle ABP = \dfrac{3}{3+4} \triangle ABC = \dfrac{3}{7} \times 35 = 15$

(3) $\triangle ABP : \triangle APC = 3 : 4$이므로

$\triangle APC = \dfrac{4}{3+4} \triangle ABC = \dfrac{4}{7} \times 35 = 20$

참고 ●를 $a : b$로 나누기

●를 $A : B = a : b$가 되도록 나눌 때

$A = \bullet \times \dfrac{a}{a+b}$, $B = \bullet \times \dfrac{b}{a+b}$

4 답 (1) $6\,\text{cm}^2$ (2) $3\,\text{cm}^2$ (3) $3\,\text{cm}^2$

(1) $\triangle ABC = \dfrac{1}{2} \square ABCD = \dfrac{1}{2} \times 12 = 6(\text{cm}^2)$

(2) $\triangle ABE = \dfrac{1}{2} \triangle ABC = \dfrac{1}{2} \times 6 = 3(\text{cm}^2)$

(3) $\triangle DEC = \triangle ABE = 3\,\text{cm}^2$

· 대표 예제로 개념 익히기

예제 **1** 답 $4\,\text{cm}^2$

$\triangle DBC = \triangle ABC$이므로

$\begin{aligned} \triangle DOC &= \triangle DBC - \triangle OBC = \triangle ABC - \triangle OBC \\ &= 10 - 6 = 4(\text{cm}^2) \end{aligned}$

1-1 답 $10\,\text{cm}^2$

$\triangle DBC = \triangle ABC = 15\,\text{cm}^2$이므로

$\triangle OBC = \triangle DBC - \triangle DOC = 15 - 5 = 10(\text{cm}^2)$

예제 **2** 답 $9\,\text{cm}^2$

$\begin{aligned} \triangle ABE &= \triangle ABC + \triangle ACE = \triangle ABC + \triangle ACD \\ &= \square ABCD = 9\,\text{cm}^2 \end{aligned}$

2-1 답 $6\,\text{cm}^2$

$\square ABCD = \triangle ABC + \triangle ACD = \triangle ABC + \triangle ACE$이므로

$14 = 8 + \triangle ACE$ ∴ $\triangle ACE = 6(\text{cm}^2)$

예제 **3** 답 $24\,\text{cm}^2$

$\triangle ABP : \triangle APC = \overline{BP} : \overline{PC} = 2 : 3$이므로

$\triangle ABP = \dfrac{2}{5} \triangle ABC = \dfrac{2}{5} \times 60 = 24(\text{cm}^2)$

3-1 답 ⑤

$\triangle ABD : \triangle ADC = \overline{BD} : \overline{DC} = 7 : 3$이므로

$\triangle ABD : 12 = 7 : 3$, $3\triangle ABD = 84$

∴ $\triangle ABD = 28(\text{cm}^2)$

∴ $\triangle ABC = \triangle ABD + \triangle ADC = 28 + 12 = 40(\text{cm}^2)$

다른 풀이

$\triangle ABC : \triangle ADC = \overline{BC} : \overline{DC} = 10 : 3$이므로

$\triangle ABC = \dfrac{10}{3} \triangle ADC = \dfrac{10}{3} \times 12 = 40(\text{cm}^2)$

실전 문제로 단원 마무리하기 · 53~56쪽

1 13	**2** 100°	**3** ④	
4 한 쌍의 대변이 평행하고 그 길이가 같다.			**5** 13 cm²
6 32 cm	**7** ⑤	**8** 9 cm	**9** 55°	**10** 마름모
11 36°	**12** ④	**13** ③	**14** 34°	**15** 7 cm
16 ②	**17** ㄱ, ㄴ, ㄷ		**18** 16 cm²	**19** 12 cm²
서술형				
20 122°	**21** (1) 20° (2) 70°	**22** 10 cm	**23** 49 cm²

1 답 13

$\overline{AD} = \overline{BC} = 9\,\text{cm}$이므로 $x = 9$

$\overline{AO} = \dfrac{1}{2}\overline{AC} = \dfrac{1}{2} \times 8 = 4(\text{cm})$이므로 $y = 4$

∴ $x + y = 9 + 4 = 13$

2 답 100°

$\angle A + \angle B = 180°$이고, $\angle A : \angle B = 5 : 4$이므로

$\angle A = \dfrac{5}{9} \times 180° = 100°$

∴ $\angle C = \angle A = 100°$

3 답 ④

① 두 쌍의 대변이 각각 평행하므로 평행사변형이다.

② 두 쌍의 대변의 길이가 각각 같으므로 평행사변형이다.

③ $\angle D = 360° - (115° + 65° + 115°) = 65°$

즉, 두 쌍의 대각의 크기가 각각 같으므로 평행사변형이다.

④ $\overline{OA} \neq \overline{OC}$, $\overline{OB} \neq \overline{OD}$이므로 평행사변형이 아니다.

⑤ 한 쌍의 대변이 평행하고 그 길이가 같으므로 평행사변형이다.

따라서 평행사변형이 되는 조건이 아닌 것은 ④이다.

4 답 한 쌍의 대변이 평행하고 그 길이가 같다.

△ABE와 △CDF에서

$\angle AEB = \angle CFD = 90°$, $\overline{AB} = \overline{CD}$, $\angle ABE = \angle CDF$ (엇각)

이므로

$\triangle ABE \equiv \triangle CDF$ (RHA 합동)

$\therefore \overline{AE} = \overline{CF}$

$\angle AEF = \angle CFE = 90°$이므로 $\overline{AE} /\!/ \overline{CF}$

따라서 □AECF는 한 쌍의 대변이 평행하고 그 길이가 같으므로 평행사변형이다.

5 답 13 cm²

$\triangle PAB + \triangle PCD = \triangle PDA + \triangle PBC$이므로

$10 + 19 = \triangle PDA + 16$ $\quad \therefore \triangle PDA = 13(cm^2)$

6 답 32 cm

$\overline{BO} = \overline{AO} = \dfrac{1}{2}\overline{AC} = \dfrac{1}{2} \times 20 = 10(cm)$이므로

$(\triangle ABO의 둘레의 길이) = \overline{AB} + \overline{BO} + \overline{AO}$
$= 12 + 10 + 10 = 32(cm)$

7 답 ⑤

$\angle AFE = \angle CFE$ (접은 각), $\angle AEF = \angle CFE$ (엇각)이므로

$\angle AFE = \angle AEF$

즉, △AFE는 $\overline{AF} = \overline{AE}$인 이등변삼각형이다.

또 $\angle D'AF = \angle C = 90°$이고, $\angle D'AE = 32°$이므로

$\angle EAF = 90° - 32° = 58°$

따라서 △AFE에서 $\angle AFE = \dfrac{1}{2} \times (180° - 58°) = 61°$

8 답 9 cm

$\overline{AB} = \overline{AD}$이므로 △ABD에서

$\angle ABD = \angle ADB = \dfrac{1}{2} \times (180° - 60°) = 60°$

따라서 △ABD는 정삼각형이므로 구하는 둘레의 길이는

$3 \times 3 = 9(cm)$

9 답 55°

△CEP에서 $\angle ECP = 180° - (90° + 35°) = 55°$

$\therefore \angle ACD = \angle ECP = 55°$ (맞꼭지각)

이때 $\overline{AB} /\!/ \overline{DC}$이므로 $\angle x = \angle ACD = 55°$ (엇각)

10 답 마름모

조건 ㈎, ㈏에서 □ABCD는 평행사변형이다.

조건 ㈐에서 평행사변형 ABCD는 마름모이다.

11 답 36°

$\overline{AB} = \overline{AD}$, $\overline{AD} = \overline{AE}$이므로

△ABE에서 $\overline{AB} = \overline{AE}$

즉, $\angle AEB = \angle ABE = 27°$이므로

$\angle EAB = 180° - (27° + 27°) = 126°$

$\therefore \angle EAD = \angle EAB - \angle DAB = 126° - 90° = 36°$

12 답 ④

△AED와 △CED에서

$\overline{AD} = \overline{CD}$, $\angle ADE = \angle CDE = 45°$, $\overline{DE}$는 공통이므로

$\triangle AED \equiv \triangle CED$ (SAS 합동)

$\therefore \angle DCE = \angle DAE = 32°$

이때 $\angle DCB = 90°$이므로

$\angle ECB = 90° - 32° = 58°$

13 답 ③

①, ② 평행사변형 ABCD가 마름모가 되는 조건이다.

③ $\overline{AC} \perp \overline{BD}$이면 평행사변형 ABCD는 마름모가 된다.

　이때 $\overline{AO} = \overline{BO}$이면 $\overline{AC} = \overline{BD}$이므로 마름모 ABCD는
　정사각형이 된다.

④, ⑤ 평행사변형 ABCD가 직사각형이 되는 조건이다.

따라서 평행사변형 ABCD가 정사각형이 되는 조건은 ③이다.

14 답 34°

$\overline{AD} = \overline{CE}$이고, $\overline{AD} /\!/ \overline{CE}$이므로 □ACED는 평행사변형이다.

$\therefore \overline{AC} /\!/ \overline{DE}$

△ABC와 △DCB에서

□ABCD는 등변사다리꼴이므로

$\overline{AB} = \overline{DC}$, $\angle ABC = \angle DCB$, $\overline{BC}$는 공통

따라서 △ABC ≡ △DCB (SAS 합동)이므로

$\angle ACB = \angle DBC = 34°$

$\therefore \angle DEC = \angle ACB = 34°$ (동위각)

15 답 7 cm

오른쪽 그림과 같이 점 D에서 $\overline{BC}$에 내린
수선의 발을 F라 하자.

□AEFD는 직사각형이므로

$\overline{EF} = \overline{AD} = 3$ cm

△ABE와 △DCF에서

$\angle AEB = \angle DFC = 90°$, $\overline{AB} = \overline{DC}$, $\angle B = \angle C$이므로

△ABE ≡ △DCF (RHA 합동)

$\therefore \overline{CF} = \overline{BE} = 2$ cm

$\therefore \overline{BC} = \overline{BE} + \overline{EF} + \overline{FC} = 2 + 3 + 2 = 7(cm)$

16 답 ②

② ㈏ 직사각형

17 답 ㄱ, ㄴ, ㄷ

18 답 $16 \, cm^2$

$$\square ABCD = \triangle ABC + \triangle ACD = \triangle ABC + \triangle ACE$$
$$= \triangle ABE = \frac{1}{2} \times (6+2) \times 4 = 16(cm^2)$$

19 답 $12 \, cm^2$

$\overline{BD} : \overline{DC} = 3 : 2$이므로 $\triangle ABD : \triangle ADC = 3 : 2$에서

$$\triangle ABD = \frac{3}{3+2} \times \triangle ABC = \frac{3}{5} \triangle ABC$$

$$\therefore \triangle AED = \frac{1}{2} \triangle ABD = \frac{1}{2} \times \frac{3}{5} \triangle ABC = \frac{3}{10} \triangle ABC$$

$$= \frac{3}{10} \times 40 = 12(cm^2)$$

20 답 $122°$

$\square ABCD$가 평행사변형이므로

$\angle DAB = \angle C = 116°$

$$\therefore \angle DAE = \frac{1}{2} \angle DAB = \frac{1}{2} \times 116° = 58° \qquad \cdots (i)$$

$\overline{AD} /\!/ \overline{BC}$이므로

$$\angle AEB = \angle DAE = 58° (엇각) \qquad \cdots (ii)$$

$$\therefore \angle AEC = 180° - \angle AEB = 180° - 58° = 122° \qquad \cdots (iii)$$

채점 기준	배점
(i) $\angle DAE$의 크기 구하기	40 %
(ii) $\angle AEB$의 크기 구하기	40 %
(iii) $\angle AEC$의 크기 구하기	20 %

21 답 (1) $20°$ (2) $70°$

(1) $\triangle CDB$에서 $\overline{CB} = \overline{CD}$이므로

$$\angle CDB = \frac{1}{2} \times (180° - 140°) = 20° \qquad \cdots (i)$$

(2) $\triangle FED$에서

$$\angle DFE = 180° - (90° + 20°) = 70°$$

$$\therefore \angle AFB = \angle DFE = 70° (맞꼭지각) \qquad \cdots (ii)$$

채점 기준	배점
(i) $\angle CDB$의 크기 구하기	40 %
(ii) $\angle AFB$의 크기 구하기	60 %

22 답 $10 \, cm$

오른쪽 그림과 같이 꼭짓점 D를 지나 고 $\overline{AB}$에 평행한 직선이 $\overline{BC}$와 만나 는 점을 E라 하면 $\square ABED$는 평행 사변형이므로

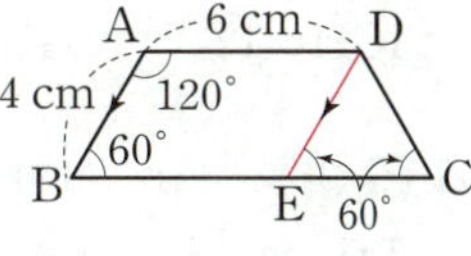

$$\overline{BE} = \overline{AD} = 6 \, cm \qquad \cdots (i)$$

이때 $\angle DEC = \angle B = 60°$ (동위각), $\angle C = \angle D = 60°$이므로

$\triangle DEC$는 정삼각형이다.

즉, $\overline{EC} = \overline{DC} = \overline{AB} = 4 \, cm \qquad \cdots (ii)$

$$\therefore \overline{BC} = \overline{BE} + \overline{EC} = 6 + 4 = 10(cm) \qquad \cdots (iii)$$

채점 기준	배점
(i) $\overline{BE}$의 길이 구하기	40 %
(ii) $\overline{EC}$의 길이 구하기	40 %
(iii) $\overline{BC}$의 길이 구하기	20 %

23 답 $49 \, cm^2$

$\overline{OB} : \overline{OD} = 4 : 3$이므로 $\triangle OBC : \triangle OCD = 4 : 3$에서

$16 : \triangle OCD = 4 : 3$, $4\triangle OCD = 48$

$$\therefore \triangle OCD = 12(cm^2) \qquad \cdots (i)$$

$\triangle ABC = \triangle DCB$이므로

$$\triangle OAB = \triangle OCD = 12 \, cm^2 \qquad \cdots (ii)$$

또 $\triangle OAB : \triangle ODA = 4 : 3$이므로

$12 : \triangle ODA = 4 : 3$

$4\triangle ODA = 36 \qquad \therefore \triangle ODA = 9(cm^2) \qquad \cdots (iii)$

$$\therefore \square ABCD = \triangle ODA + \triangle OAB + \triangle OCD + \triangle OBC$$
$$= 9 + 12 + 12 + 16 = 49(cm^2) \qquad \cdots (iv)$$

채점 기준	배점
(i) $\triangle OCD$의 넓이 구하기	30 %
(ii) $\triangle OAB$의 넓이 구하기	30 %
(iii) $\triangle ODA$의 넓이 구하기	30 %
(iv) $\square ABCD$의 넓이 구하기	10 %

OX 문제로 개념 점검! • 57쪽

❷ 평행사변형에서 한 내각의 크기가 40°일 때, 이 각과 마주 보 는 각의 크기는 40°이다.

❹ $\square ABCD$에서 $\overline{AD} /\!/ \overline{BC}$이고 $\overline{AD} = \overline{BC}$이면 $\square ABCD$는 평 행사변형이다.

❺ 평행사변형의 넓이는 한 대각선에 의해 이등분된다.

❽ 두 대각선의 길이가 같고 서로 다른 것을 수직이등분하는 사 각형은 정사각형이다.

3 도형의 닮음

·개념 확인하기

1 답 ⑴ 점 G　⑵ 점 B　⑶ $\overline{\text{EF}}$　⑷ $\overline{\text{AD}}$　⑸ ∠H　⑹ ∠C

2 답 ⑴ △ABC∽△DFE　⑵ 점 F　⑶ $\overline{\text{AC}}$　⑷ ∠D

대표 예제로 개념 익히기

예제 1 답 ②, ⑤
① $\overline{\text{AC}}$의 대응변은 $\overline{\text{DF}}$이다.
③ ∠A의 대응각은 ∠D이다.
④ ∠B의 대응각은 ∠E이다.
따라서 옳은 것은 ②, ⑤이다.

1-1 답 ㄴ, ㄹ
ㄴ. $\overline{\text{BC}}$에 대응하는 모서리는 $\overline{\text{FG}}$이다.
ㄹ. 면 ABD에 대응하는 면은 면 EFH이다.

예제 2 답 ㄱ, ㄷ, ㅁ
다음의 경우에는 닮은 도형이 아니다.
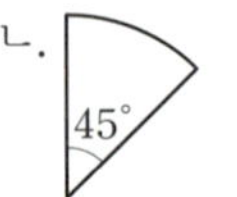 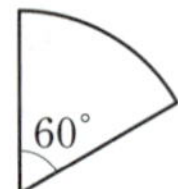　　　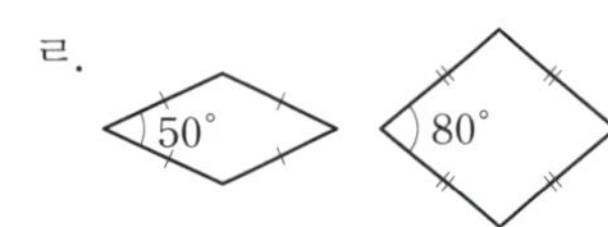

참고 항상 닮음인 도형
• 항상 닮음인 평면도형
　① 모든 원
　② 중심각의 크기가 같은 모든 부채꼴
　③ 꼭지각의 크기가 같은 모든 이등변삼각형
　④ 변의 개수가 같은 모든 정다각형
• 항상 닮음인 입체도형
　① 모든 구
　② 면의 개수가 같은 모든 정다면체

2-1 답 ①, ④
다음의 경우에는 닮은 도형이 아니다.
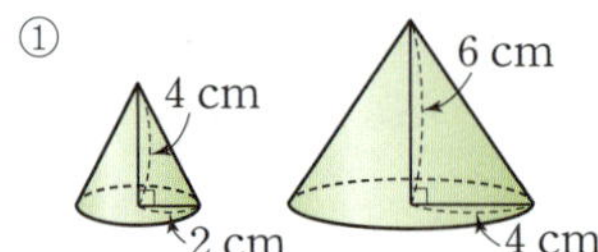
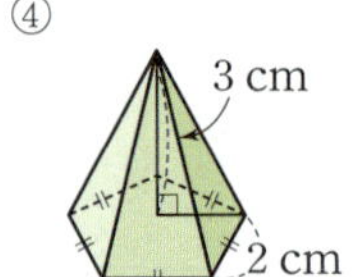 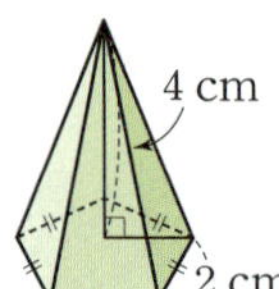

2-2 답 ①, ④
② 다음 그림의 두 원기둥은 닮은 도형이 아니다.
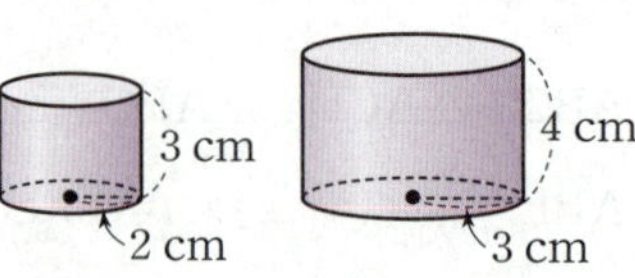
③ 중심각의 크기가 다른 두 부채꼴은 닮은 도형이 아니다.
⑤ 서로 합동인 두 도형은 닮은 도형이다.
따라서 옳은 것은 ①, ④이다.

·개념 확인하기

1 답 ⑴ 1 : 2　⑵ 12　⑶ 70°
⑴ △ABC와 △DEF의 닮음비는
　$\overline{\text{AB}} : \overline{\text{DE}} = 4 : 8 = 1 : 2$
⑵ $\overline{\text{BC}} : \overline{\text{EF}} = 1 : 2$에서 $6 : \overline{\text{EF}} = 1 : 2$
　∴ $\overline{\text{EF}} = 12$
⑶ ∠D = ∠A = 70°

2 답 ⑴ 6　⑵ 6　⑶ 65°　⑷ 75°
⑴ $\overline{\text{AB}} : \overline{\text{EF}} = 2 : 3$에서 $4 : \overline{\text{EF}} = 2 : 3$
　$2\overline{\text{EF}} = 12$　∴ $\overline{\text{EF}} = 6$
⑵ $\overline{\text{CD}} : \overline{\text{GH}} = 2 : 3$에서 $\overline{\text{CD}} : 9 = 2 : 3$
　$3\overline{\text{CD}} = 18$　∴ $\overline{\text{CD}} = 6$
⑶ ∠F = ∠B = 65°
⑷ ∠A = ∠E = 130°이므로 □ABCD에서
　∠D = 360° - (130° + 65° + 90°) = 75°

3 답 ⑴ 3 : 2　⑵ 12　⑶ 4
⑴ 두 사면체의 닮음비는
　$\overline{\text{BC}} : \overline{\text{FG}} = 9 : 6 = 3 : 2$
⑵ $\overline{\text{AD}} : \overline{\text{EH}} = 3 : 2$에서 $\overline{\text{AD}} : 8 = 3 : 2$
　$2\overline{\text{AD}} = 24$　∴ $\overline{\text{AD}} = 12$
⑶ $\overline{\text{CD}} : \overline{\text{GH}} = 3 : 2$에서 $6 : \overline{\text{GH}} = 3 : 2$
　$3\overline{\text{GH}} = 12$　∴ $\overline{\text{GH}} = 4$

4 답 ⑴ 4　⑵ 8　⑶ 9
⑴ $\overline{\text{AB}} : \overline{\text{IJ}} = 3 : 4$에서 $3 : \overline{\text{IJ}} = 3 : 4$
　∴ $\overline{\text{IJ}} = 4$
⑵ $\overline{\text{AD}} : \overline{\text{IL}} = 3 : 4$에서 $6 : \overline{\text{IL}} = 3 : 4$
　$3\overline{\text{IL}} = 24$　∴ $\overline{\text{IL}} = 8$
⑶ $\overline{\text{BF}} : \overline{\text{JN}} = 3 : 4$에서 $\overline{\text{BF}} : 12 = 3 : 4$
　$4\overline{\text{BF}} = 36$　∴ $\overline{\text{BF}} = 9$

5 답 (1) $3:5$ (2) $2:7$

(1) 두 구의 닮음비는 반지름의 길이의 비와 같으므로

$6:10=3:5$

(2) 두 원뿔의 닮음비는 모선의 길이의 비와 같으므로

$4:14=2:7$

(대표 예제로 개념 익히기)

예제 1 답 ④

① $\angle D=\angle A=85°$

② $\triangle DEF$에서 $\angle F=180°-(55°+85°)=40°$

③ $\triangle ABC$와 $\triangle DEF$의 닮음비는

$\overline{BC}:\overline{EF}=9:6=3:2$

즉, $\overline{AB}:\overline{DE}=3:2$에서

$\overline{AB}:4=3:2$

$2\overline{AB}=12$ ∴ $\overline{AB}=6(cm)$

④, ⑤ $\overline{AC}:\overline{DF}=3:2$이지만 $\overline{AC}$, $\overline{DF}$의 길이는 알 수 없다.

따라서 옳지 않은 것은 ④이다.

✐오개념 바로잡기

③ $\overline{AB}$의 길이 구하기

$\overset{(\times)}{\longrightarrow}$ $\triangle ABC$와 $\triangle DEF$의 닮음비가 $3:2$이므로

$4:\overline{AB}=3:2$ ∴ $\overline{AB}=\dfrac{8}{3}(cm)$

$\overset{(\bigcirc)}{\longrightarrow}$ $\triangle ABC$와 $\triangle DEF$의 닮음비가 $3:2$이므로

$\overline{AB}:4=3:2$ ∴ $\overline{AB}=6(cm)$

➡ 닮음비를 이용하여 비례식을 세울 때, 항을 쓰는 순서를 헷갈리지 않도록 주의해야 해!

1-1 답 $x=3$, $y=95$

□$ABCD$와 □$EFGH$의 닮음비는

$\overline{AB}:\overline{EF}=4:8=1:2$

$\overline{DC}:\overline{HG}=1:2$에서 $x:6=1:2$

∴ $x=3$

$\angle H=\angle D=120°$이므로 □$EFGH$에서

$\angle E=360°-(120°+70°+75°)=95°$

∴ $y=95$

1-2 답 (1) $9\,cm$ (2) $18\pi\,cm$

(1) 두 원 O와 O′의 닮음비가 $3:5$이므로 원 O의 반지름의 길이를 $r\,cm$라 하면

$r:15=3:5$

$5r=45$ ∴ $r=9$

따라서 원 O의 반지름의 길이는 $9\,cm$이다.

(2) 원 O의 둘레의 길이는

$2\pi\times9=18\pi(cm)$

예제 2 답 ④, ⑤

① $\triangle BCD$에 대응하는 면은 $\triangle FGH$이므로

$\triangle BCD \backsim \triangle FGH$

② 두 삼각뿔의 닮음비는 $\overline{CD}:\overline{GH}=3:6=1:2$

∴ $\overline{AC}:\overline{EG}=1:2$

③ $\overline{BC}:\overline{FG}=1:2$에서 $\overline{BC}:8=1:2$

$2\overline{BC}=8$ ∴ $\overline{BC}=4(cm)$

④ $\overline{AB}:\overline{EF}=1:2$에서 $5:\overline{EF}=1:2$

∴ $\overline{EF}=10(cm)$

⑤ $\overline{BD}$에 대응하는 모서리는 $\overline{FH}$, $\overline{BC}$에 대응하는 모서리는 $\overline{FG}$이므로

$\overline{BD}:\overline{FH}=\overline{BC}:\overline{FG}$

따라서 옳지 않은 것은 ④, ⑤이다.

2-1 답 $x=6$, $y=15$

두 직육면체의 닮음비는 $\overline{FG}:\overline{F'G'}=3:5$

$\overline{DH}:\overline{D'H'}=3:5$에서 $x:10=3:5$

$5x=30$ ∴ $x=6$

$\overline{GH}:\overline{G'H'}=3:5$에서 $9:y=3:5$

$3y=45$ ∴ $y=15$

2-2 답 (1) $5\,cm$ (2) $375\pi\,cm^3$

(1) 두 원기둥 A와 B의 닮음비는 높이의 비와 같으므로

$12:15=4:5$

원기둥 B의 밑면의 반지름의 길이를 $r\,cm$라 하면

$4:r=4:5$ ∴ $r=5$

따라서 원기둥 B의 반지름의 길이는 $5\,cm$이다.

(2) 원기둥 B의 부피는 $\pi\times5^2\times15=375\pi(cm^3)$

개념 19 닮은 도형의 넓이의 비와 부피의 비 · 65~66쪽

· 개념 확인하기

1 답 (1) $3:4$ (2) $9:16$ (3) 48

(1) $\overline{BC}:\overline{FG}=6:8=3:4$

(2) 닮음비가 $3:4$이므로

넓이의 비는 $3^2:4^2=9:16$

(3) 넓이의 비가 $9:16$이므로

$27:□EFGH=9:16$, $9□EFGH=432$

∴ □$EFGH=48$

2 답 (1) $5:3$ (2) $25:9$ (3) $125:27$ (4) 72 (5) 500

(1) 두 원기둥의 닮음비는 두 원기둥의 높이의 비와 같으므로

$5:3$

(2) 닮음비가 $5:3$이므로

겉넓이의 비는 $5^2:3^2=25:9$

(3) 닮음비가 5 : 3이므로
　　부피의 비는 $5^3 : 3^3 = 125 : 27$
(4) 겉넓이의 비가 25 : 9이므로 원기둥 B의 겉넓이를 x라 하면
　　$200 : x = 25 : 9$
　　$25x = 1800$　　∴ $x = 72$
　　따라서 원기둥 B의 겉넓이는 72이다.
(5) 부피의 비가 125 : 27이므로 원기둥 A의 부피를 y라 하면
　　$y : 108 = 125 : 27$
　　$27y = 13500$　　∴ $y = 500$
　　따라서 원기둥 A의 부피는 500이다.

대표 예제로 개념 익히기

예제 1 답 $32\,\mathrm{cm}^2$

△ABC와 △DEF의 닮음비가
$\overline{BC} : \overline{EF} = 4 : 8 = 1 : 2$이므로
넓이의 비는 $1^2 : 2^2 = 1 : 4$
따라서 $8 : △DEF = 1 : 4$이므로
$△DEF = 32\,(\mathrm{cm}^2)$

1-1 답 $16\,\mathrm{cm}^2$

□ABCD와 □EFGH의 닮음비가 2 : 3이므로
넓이의 비는 $2^2 : 3^2 = 4 : 9$
따라서 □ABCD : 36 = 4 : 9이므로
$9□ABCD = 144$　　∴ $□ABCD = 16\,(\mathrm{cm}^2)$

1-2 답 25장

$2.4\,\mathrm{m} = 240\,\mathrm{cm}$이고, 벽면과 타일의 닮음비가
$240 : 48 = 5 : 1$이므로 넓이의 비는 $5^2 : 1^2 = 25 : 1$
따라서 필요한 타일은 모두 25장이다.

예제 2 답 $36\pi\,\mathrm{cm}^2$

(A의 옆넓이) $= (2\pi \times 1) \times 2 = 4\pi\,(\mathrm{cm}^2)$
두 원기둥 A, B의 닮음비가 2 : 6 = 1 : 3이므로
옆넓이의 비는 $1^2 : 3^2 = 1 : 9$
따라서 $4\pi :$ (B의 옆넓이) $= 1 : 9$이므로
(B의 옆넓이) $= 36\pi\,(\mathrm{cm}^2)$

2-1 답 $243\,\mathrm{cm}^3$

두 직육면체 A, B의 닮음비가 6 : 9 = 2 : 3이므로
부피의 비는 $2^3 : 3^3 = 8 : 27$
따라서 72 : (B의 부피) = 8 : 27이므로
$8 \times$ (B의 부피) $= 1944$　　∴ (B의 부피) $= 243\,(\mathrm{cm}^3)$

2-2 답 64개

두 초콜릿 A, B의 닮음비가 16 : 4 = 4 : 1이므로
부피의 비는 $4^3 : 1^3 = 64 : 1$
따라서 초콜릿 B를 모두 64개 만들 수 있다.

• 개념 확인하기

1 답 (1) 1, 2, 1, 2, $\overline{DF}$, 12, 1, 2, △DEF, SSS
　　(2) $\overline{DE}$, 6, 3, 2, $\overline{BC}$, 12, 3, 2, E, 50°, △DEF, SAS
　　(3) 30°, F, 70°, △DEF, AA

(3) △DEF에서
　　∠F $= 180° - (80° + 30°) = 70°$

2 답 (1) ∠A, △ADE, ① 2 : 1, ② 12
　　　(2) ∠B, △EBD, ① 3 : 2, ② 6

(1) △ABC와 △ADE에서
　　$\overline{AB} : \overline{AD} = (5+3) : 4 = 2 : 1$,
　　$\overline{AC} : \overline{AE} = (4+6) : 5 = 2 : 1$, ∠A는 공통
　　∴ △ABC∽△ADE (SAS 닮음)
　　① 닮음비는 2 : 1
　　② $\overline{BC} : \overline{DE} = 2 : 1$에서 $\overline{BC} : 6 = 2 : 1$
　　　∴ $\overline{BC} = 12$

(2) △ABC와 △EBD에서
　　$\overline{AB} : \overline{EB} = 12 : 8 = 3 : 2$,
　　$\overline{BC} : \overline{BD} = (8+1) : 6 = 3 : 2$, ∠B는 공통
　　∴ △ABC∽△EBD (SAS 닮음)
　　① 닮음비는 3 : 2
　　② $\overline{CA} : \overline{DE} = 3 : 2$에서 $9 : \overline{DE} = 3 : 2$
　　　$3\overline{DE} = 18$　　∴ $\overline{DE} = 6$

3 답 (1) ∠A, △ACD, ① 4 : 3, ② 9
　　　(2) ∠B, △DBA, ① 3 : 2, ② 15

(1) △ABC와 △ACD에서
　　∠A는 공통, ∠B = ∠ACD
　　∴ △ABC∽△ACD (AA 닮음)
　　① 닮음비는 $\overline{AB} : \overline{AC} = 16 : 12 = 4 : 3$
　　② $\overline{AC} : \overline{AD} = 4 : 3$에서 $12 : \overline{AD} = 4 : 3$
　　　$4\overline{AD} = 36$　　∴ $\overline{AD} = 9$

(2) △ABC와 △DBA에서
　　∠B는 공통, ∠C = ∠DAB
　　∴ △ABC∽△DBA (AA 닮음)
　　① 닮음비는 $\overline{AB} : \overline{DB} = 12 : 8 = 3 : 2$
　　② $\overline{AC} : \overline{DA} = 3 : 2$에서 $\overline{AC} : 10 = 3 : 2$
　　　$2\overline{AC} = 30$　　∴ $\overline{AC} = 15$

대표 예제로 개념 익히기

예제 1 답 (1) 닮은 도형이다., △ABC∽△EDF (SSS 닮음)
　　　(2) 닮은 도형이다., △ABC∽△EDF (SAS 닮음)
　　　(3) 닮은 도형이다., △ABC∽△EFD (AA 닮음)

(1) △ABC와 △EDF에서
$\overline{AB}:\overline{ED}=3:6=1:2$, $\overline{BC}:\overline{DF}=4:8=1:2$,
$\overline{AC}:\overline{EF}=5:10=1:2$
∴ △ABC∽△EDF (SSS 닮음)
(2) △ABC와 △EDF에서
$\overline{AB}:\overline{ED}=8:4=2:1$, $\overline{AC}:\overline{EF}=6:3=2:1$,
∠A=∠E=80°
∴ △ABC∽△EDF (SAS 닮음)
(3) △ABC와 △EFD에서
∠A=∠E=180°−(70°+50°)=60°, ∠B=∠F=50°
∴ △ABC∽△EFD (AA 닮음)

1-1 답 △ABC∽△QPR, △DEF∽△MON,
　　　　△GHI∽△KJL

△ABC와 △QPR에서
$\overline{AB}:\overline{QP}=12:4=3:1$, $\overline{BC}:\overline{PR}=9:3=3:1$,
$\overline{AC}:\overline{QR}=6:2=3:1$
∴ △ABC∽△QPR (SSS 닮음)
△DEF와 △MON에서
∠E=∠O=180°−(80°+70°)=30°, ∠F=∠N=70°
∴ △DEF∽△MON (AA 닮음)
△GHI와 △KJL에서
$\overline{GH}:\overline{KJ}=4:2=2:1$, $\overline{HI}:\overline{JL}=3:1.5=2:1$,
∠H=∠J=30°
∴ △GHI∽△KJL (SAS 닮음)

1-2 답 ⑤

⑤ △ABC에서
∠B=180°−(120°+25°)=35°
△ABC와 △DEF에서
∠A=∠D=25°, ∠B=∠E=35°
∴ △ABC∽△DEF (AA 닮음)

예제 2 답 5 cm

△ABC와 △DBA에서
$\overline{AB}:\overline{DB}=6:3=2:1$, $\overline{BC}:\overline{BA}=(3+9):6=2:1$,
∠B는 공통
∴ △ABC∽△DBA (SAS 닮음)
이때 닮음비는 2 : 1이므로
$\overline{AC}:\overline{DA}=2:1$에서 $10:\overline{AD}=2:1$
$2\overline{AD}=10$ ∴ $\overline{AD}=5$(cm)

2-1 답 9

△ABC와 △EDC에서
∠C는 공통, ∠ABC=∠EDC
∴ △ABC∽△EDC (AA 닮음)

이때 닮음비는 $\overline{BC}:\overline{DC}=(11+9):12=5:3$이므로
$\overline{AC}:\overline{EC}=5:3$에서 $(x+12):9=5:3$
$3(x+12)=45$, $x+12=15$ ∴ $x=3$
$\overline{AB}:\overline{ED}=5:3$에서 $10:y=5:3$
$5y=30$ ∴ $y=6$
∴ $x+y=3+6=9$

•개념 확인하기

1 답 (1) △DBE, $x=9$ (2) △EDC, $x=12$
　　　(3) △AED, $x=12$

(1) △ABC와 △DBE에서
∠C=∠DEB=90°, ∠B는 공통
∴ △ABC∽△DBE (AA 닮음)
이때 닮음비는 $\overline{BC}:\overline{BE}=(4+8):4=3:1$이므로
$\overline{AC}:\overline{DE}=3:1$에서
$x:3=3:1$ ∴ $x=9$
(2) △ABC와 △EDC에서
∠A=∠DEC=90°, ∠C는 공통
∴ △ABC∽△EDC (AA 닮음)
이때 닮음비는 $\overline{BC}:\overline{DC}=15:5=3:1$이므로
$\overline{AB}:\overline{ED}=3:1$에서
$x:4=3:1$ ∴ $x=12$
(3) △ABC와 △AED에서
∠B=∠AED=90°, ∠A는 공통
∴ △ABC∽△AED (AA 닮음)
이때 닮음비는 $\overline{AC}:\overline{AD}=(8+12):10=2:1$이므로
$\overline{BC}:\overline{ED}=2:1$에서
$x:6=2:1$ ∴ $x=12$

2 답 (1) $\overline{CB}$, $x=\dfrac{32}{5}$ (2) $\overline{CA}$, $x=6$ (3) $\overline{DC}$, $x=16$

(1) △ABC∽△DAC (AA 닮음)이므로
$\overline{AC}:\overline{DC}=\overline{BC}:\overline{AC}$에서 $\overline{AC}^2=\overline{CD}\times\overline{CB}$
$8^2=x\times10$, $10x=64$ ∴ $x=\dfrac{32}{5}$
(2) △ABC∽△BDC (AA 닮음)이므로
$\overline{BC}:\overline{DC}=\overline{CA}:\overline{CB}$에서 $\overline{BC}^2=\overline{CD}\times\overline{CA}$
$x^2=3\times(3+9)=36$
이때 $x>0$이므로 $x=6$
(3) △DBA∽△DAC (AA 닮음)이므로
$\overline{DB}:\overline{DA}=\overline{DA}:\overline{DC}$에서 $\overline{AD}^2=\overline{DB}\times\overline{DC}$
$8^2=x\times4$, $4x=64$ ∴ $x=16$

예제 1 답 (1) △ABC∽△MBD, AA 닮음 (2) $\dfrac{36}{5}$ cm

(1) △ABC와 △MBD에서

∠A=∠BMD=90°, ∠B는 공통

∴ △ABC∽△MBD (AA 닮음)

(2) $\overline{AB}:\overline{MB}=\overline{BC}:\overline{BD}$이므로

$10:6=12:\overline{BD}$, $10\overline{BD}=72$ ∴ $\overline{BD}=\dfrac{36}{5}$ (cm)

1-1 답 6 cm

△ABC와 △DEC에서

∠ABC=∠DEC=90°, ∠C는 공통

∴ △ABC∽△DEC (AA 닮음)

따라서 $\overline{AC}:\overline{DC}=\overline{BC}:\overline{EC}$이므로

$(7+5):10=\overline{BC}:5$, $10\overline{BC}=60$ ∴ $\overline{BC}=6$(cm)

1-2 답 16 cm

△ADB와 △BEC에서

∠ADB=∠BEC=90°, ∠DAB=90°−∠ABD=∠EBC

∴ △ADB∽△BEC (AA 닮음)

따라서 $\overline{AD}:\overline{BE}=\overline{DB}:\overline{EC}$이므로

$12:\overline{BE}=15:20$, $15\overline{BE}=240$ ∴ $\overline{BE}=16$(cm)

예제 2 답 (1) $\dfrac{25}{2}$ cm (2) $\dfrac{9}{2}$ cm (3) $\dfrac{15}{2}$ cm (4) 6 cm

(1) $\overline{AB}^2=\overline{BH}\times\overline{BC}$이므로 $10^2=8\times\overline{BC}$ ∴ $\overline{BC}=\dfrac{25}{2}$(cm)

(2) $\overline{CH}=\overline{BC}-\overline{BH}=\dfrac{25}{2}-8=\dfrac{9}{2}$(cm)

(3) $\overline{AC}^2=\overline{CH}\times\overline{CB}$이므로 $\overline{AC}^2=\dfrac{9}{2}\times\dfrac{25}{2}=\dfrac{225}{4}$

이때 $\overline{AC}>0$이므로 $\overline{AC}=\dfrac{15}{2}$(cm)

(4) $\overline{AH}^2=\overline{BH}\times\overline{CH}$이므로 $\overline{AH}^2=8\times\dfrac{9}{2}=36$

이때 $\overline{AH}>0$이므로 $\overline{AH}=6$(cm)

2-1 답 29

$\overline{AB}^2=\overline{BH}\times\overline{BC}$이므로 $15^2=x\times25$

$25x=225$ ∴ $x=9$

$\overline{AC}^2=\overline{CH}\times\overline{CB}$이므로 $y^2=(25-9)\times25=400$

이때 $y>0$이므로 $y=20$

∴ $x+y=9+20=29$

2-2 답 (1) 12 cm (2) 45 cm²

(1) $\overline{AD}^2=\overline{DB}\times\overline{DC}$이므로

$6^2=\overline{DB}\times3$ ∴ $\overline{DB}=12$(cm)

(2) $\triangle ABC=\dfrac{1}{2}\times\overline{BC}\times\overline{AD}$

$\qquad=\dfrac{1}{2}\times(12+3)\times6=45$(cm²)

1 ②, ④	**2** ㄴ, ㄷ	**3** 36 cm	**4** ③	**5** 10 cm
6 5π cm²		**7** 243 cm³		
8 B음료 1개		**9** ㄴ과 ㄹ		**10** ③
11 15	**12** 8 cm	**13** 9 cm		
14 $\dfrac{25}{4}$ cm		**15** $\dfrac{15}{4}$ cm		**16** 12 m

서술형

17 B피자 4판 **18** $\dfrac{243}{8}$ cm²

1 답 ②, ④

② 닮은 두 도형은 대응변의 길이의 비가 같다.

④ 오른쪽 그림의 두 부채꼴은 닮은 도형이 아니다.

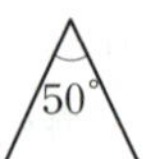

2 답 ㄴ, ㄷ

ㄱ. $\overline{AB}$의 길이는 알 수 없다.

ㄴ. $\overline{AB}:\overline{EF}=2\overline{EF}:\overline{EF}=2:1$이므로 두 사각형의 닮음비는 2 : 1이다.

$\overline{CD}:\overline{GH}=2:1$에서 $20:\overline{GH}=2:1$

$2\overline{GH}=20$ ∴ $\overline{GH}=10$(cm)

ㄷ. ∠C=∠G=55°이므로 □ABCD에서

∠D=360°−(120°+80°+55°)=105°

ㄹ. ∠E=∠A=120°

따라서 옳은 것은 ㄴ, ㄷ이다.

3 답 36 cm

$\overline{AB}:\overline{DE}=2:3$에서 $6:\overline{DE}=2:3$

$2\overline{DE}=18$ ∴ $\overline{DE}=9$(cm)

$\overline{AC}:\overline{DF}=2:3$에서 $8:\overline{DF}=2:3$

$2\overline{DF}=24$ ∴ $\overline{DF}=12$(cm)

따라서 △DEF의 둘레의 길이는

$\overline{DE}+\overline{EF}+\overline{FD}=9+15+12=36$(cm)

4 답 ③

①, ③ 두 직육면체의 닮음비가 1 : 2이므로

$\overline{GH}:\overline{OP}=1:2$에서 $\overline{GH}:8=1:2$

$2\overline{GH}=8$ ∴ $\overline{GH}=4$(cm)

⑤ □BFGC와 □JNOK의 넓이의 비는 $1^2:2^2=1:4$

즉, $(2\times3):(□JNOK의 넓이)=1:4$

∴ (□JNOK의 넓이)=24(cm²)

따라서 옳지 않은 것은 ③이다.

5 답 10 cm

처음 원뿔과 잘린 원뿔의 높이의 비가 $(14+6):14=10:7$이므로 밑면의 반지름의 길이의 비도 10 : 7이다.

이때 처음 원뿔의 밑면의 반지름의 길이를 r cm라 하면
$r : 7 = 10 : 7$　∴ $r = 10$
따라서 처음 원뿔의 밑면의 반지름의 길이는 10 cm이다.

6 답 5π cm^2

가장 작은 원과 가장 큰 원의 닮음비는 $1 : 3$이므로
넓이의 비는 $1^2 : 3^2 = 1 : 9$
이때 가장 작은 원의 넓이를 x cm^{2}라 하면
$x : 45\pi = 1 : 9$
$9x = 45\pi$　∴ $x = 5\pi$
따라서 가장 작은 원의 넓이는 5π cm^{2}이다.

7 답 243 cm^3

□BFGC와 □JNOK의 넓이의 비가
$36 : 81 = 4 : 9 = 2^2 : 3^2$이므로
두 직육면체의 닮음비는 $2 : 3$
즉, 부피의 비는 $2^3 : 3^3 = 8 : 27$이므로
큰 직육면체의 부피를 x cm^{3}라 하면
$72 : x = 8 : 27$
$8x = 1944$　∴ $x = 243$
따라서 큰 직육면체의 부피는 243 cm^{3}이다.

8 답 B음료 1개

두 음료 A와 B의 닮음비가 $4 : 6 = 2 : 3$이므로
부피의 비는 $2^3 : 3^3 = 8 : 27$
즉, A음료 3개와 B음료 1개의 부피의 비는
$(8 \times 3) : (27 \times 1) = 24 : 27$
따라서 B음료 1개의 양이 더 많다.

9 답 ㄴ, ㄹ

ㄴ과 ㄹ의 두 삼각형은 두 쌍의 대응변의 길이의 비가 같고,
그 끼인각의 크기가 같으므로 SAS 닮음이다.

10 답 ③

③ $\angle C = 60°$이므로 $\angle A = 180° - (45° + 60°) = 75°$
　△ABC와 △DEF에서
　$\angle A = \angle D = 75°$, $\angle C = \angle F = 60°$
　∴ △ABC∽△DEF (AA 닮음)

11 답 15

△ABC와 △ACD에서
$\overline{AB} : \overline{AC} = 16 : 12 = 4 : 3$,
$\overline{AC} : \overline{AD} = 12 : 9 = 4 : 3$,
$\angle A$는 공통
∴ △ABC∽△ACD (SAS 닮음)
이때 닮음비는 $4 : 3$이므로
$\overline{BC} : \overline{CD} = 4 : 3$에서 $20 : x = 4 : 3$
$4x = 60$　∴ $x = 15$

12 답 8 cm

△ABC와 △AED에서
$\angle ABC = \angle AED$, $\angle A$는 공통
∴ △ABC∽△AED (AA 닮음)
따라서 $\overline{AB} : \overline{AE} = \overline{AC} : \overline{AD}$이므로
$6 : (4 + \overline{CE}) = 4 : (6 + 2)$, $4(4 + \overline{CE}) = 48$
$4 + \overline{CE} = 12$　∴ $\overline{CE} = 8$(cm)

13 답 9 cm

△ABD와 △CBE에서
$\angle ADB = \angle CEB = 90°$, $\angle B$는 공통
∴ △ABD∽△CBE (AA 닮음)
$\overline{BD} : \overline{DC} = 1 : 2$이므로 $\overline{BD} = \dfrac{1}{3}\overline{BC} = \dfrac{1}{3} \times 18 = 6$(cm)
$\overline{AB} : \overline{CB} = \overline{BD} : \overline{BE}$이므로 $12 : 18 = 6 : \overline{BE}$
$12\overline{BE} = 108$　∴ $\overline{BE} = 9$(cm)

14 답 $\dfrac{25}{4}$ cm

△POD와 △BAD에서
$\angle POD = \angle A = 90°$, $\angle PDO$는 공통
∴ △POD∽△BAD (AA 닮음)
이때 $\overline{PD} : \overline{BD} = \overline{OD} : \overline{AD}$이고
$\overline{OD} = \overline{BO} = 5$ cm, $\overline{BD} = 5 + 5 = 10$(cm),
$\overline{AD} = \overline{BC} = 8$ cm이므로 $\overline{PD} : 10 = 5 : 8$
$8\overline{PD} = 50$　∴ $\overline{PD} = \dfrac{25}{4}$(cm)

15 답 $\dfrac{15}{4}$ cm

△FBD는 $\overline{FB} = \overline{FD}$인 이등변삼각형이므로
$\overline{BG} = \dfrac{1}{2}\overline{BD} = \dfrac{1}{2} \times 10 = 5$(cm)
△BGF와 △BED에서
$\angle BGF = \angle BED = 90°$, $\angle FBG$는 공통
∴ △BGF∽△BED (AA 닮음)
따라서 $\overline{BG} : \overline{BE} = \overline{FG} : \overline{DE}$이므로
$5 : 8 = \overline{FG} : 6$, $8\overline{FG} = 30$　∴ $\overline{FG} = \dfrac{15}{4}$(cm)

16 답 12 m

△ABC와 △DEC에서
$\angle B = \angle E = 90°$
입사각과 반사각의 크기는 같으
므로 $\angle ACB = \angle DCE$
∴ △ABC∽△DEC (AA 닮음)
이때 닮음비는 $\overline{BC} : \overline{EC} = 2.5 : 20 = 1 : 8$이므로
$\overline{AB} : \overline{DE} = 1 : 8$에서
$1.5 : \overline{DE} = 1 : 8$　∴ $\overline{DE} = 12$(m)
따라서 건물의 높이는 12 m이다.

17 답 B피자 4판

A피자와 B피자의 닮음비는 $48:36=4:3$이므로 $\cdots$ (i)

넓이의 비는 $4^2:3^2=16:9$

즉, A피자 2판과 B피자 4판의 넓이의 비는

$(16\times2):(9\times4)=32:36=8:9$ $\cdots$ (ii)

따라서 B피자 4판을 사는 것이 더 경제적이다. $\cdots$ (iii)

채점 기준	배점
(i) 두 피자 A, B의 닮음비 구하기	40 %
(ii) 두 피자 A, B의 넓이의 비 구하기	40 %
(iii) A피자 2판과 B피자 4판을 사는 것 중 어느 쪽이 더 경제적인지 구하기	20 %

18 답 $\dfrac{243}{8}\ \text{cm}^2$

$\overline{AB}^2=\overline{BH}\times\overline{BC}$이므로

$15^2=12\times\overline{BC}$ $\quad\therefore\ \overline{BC}=\dfrac{75}{4}\,(\text{cm})$ $\cdots$ (i)

$\overline{CH}=\overline{BC}-\overline{BH}=\dfrac{75}{4}-12=\dfrac{27}{4}\,(\text{cm})$이고 $\cdots$ (ii)

$\overline{AH}^2=\overline{BH}\times\overline{CH}$이므로

$\overline{AH}^2=12\times\dfrac{27}{4}=81$

이때 $\overline{AH}>0$이므로 $\overline{AH}=9(\text{cm})$ $\cdots$ (iii)

$\therefore\ \triangle AHC=\dfrac{1}{2}\times\overline{CH}\times\overline{AH}$

$\qquad\quad =\dfrac{1}{2}\times\dfrac{27}{4}\times9=\dfrac{243}{8}\,(\text{cm}^2)$ $\cdots$ (iv)

채점 기준	배점
(i) $\overline{BC}$의 길이 구하기	30 %
(ii) $\overline{CH}$의 길이 구하기	30 %
(iii) $\overline{AH}$의 길이 구하기	30 %
(iv) $\triangle AHC$의 넓이 구하기	10 %

OX 문제로 개념 점검!

·75쪽

❶ ◯ ❷ × ❸ ◯ ❹ × ❺ × ❻ × ❼ ◯ ❽ ◯

❷ $\triangle ABC \backsim \triangle DEF$일 때, $\angle A=55°$이면 $\angle D=55°$이다. 이때 $\angle F=55°$인지는 알 수 없다.

❹ 서로 닮은 두 입체도형에서 대응하는 면은 서로 닮은 도형이다.

❺ 닮음비가 $3:4$인 서로 닮은 두 입체도형의 겉넓이의 비는 $3^2:4^2=9:16$이다.

❻ 두 쌍의 대응변의 길이의 비가 같은 두 삼각형에서 두 쌍의 대응변의 끼인각의 크기가 다르면 서로 닮은 도형이 아니다.

개념 22 삼각형에서 평행선과 선분의 길이의 비 ·78~79쪽

· 개념 확인하기

1 답 (1) 6 (2) 4 (3) 6 (4) $\dfrac{8}{3}$ (5) 9 (6) $\dfrac{15}{2}$

(1) $\overline{AB}:\overline{AD}=\overline{AC}:\overline{AE}$이므로

$9:x=6:4$

$6x=36$ $\quad\therefore\ x=6$

(2) $\overline{AB}:\overline{AD}=\overline{BC}:\overline{DE}$이므로

$(8+6):8=7:x$

$14x=56$ $\quad\therefore\ x=4$

(3) $\overline{AB}:\overline{AD}=\overline{AC}:\overline{AE}$이므로

$9:6=x:4$

$6x=36$ $\quad\therefore\ x=6$

(4) $\overline{AD}:\overline{DB}=\overline{AE}:\overline{EC}$이므로

$4:3=x:2$

$3x=8$ $\quad\therefore\ x=\dfrac{8}{3}$

(5) $\overline{AD}:\overline{DB}=\overline{AE}:\overline{EC}$이므로

$x:3=(8+4):4$

$4x=36$ $\quad\therefore\ x=9$

(6) $\overline{AD}:\overline{DB}=\overline{AE}:\overline{EC}$이므로

$4:10=3:x$

$4x=30$ $\quad\therefore\ x=\dfrac{15}{2}$

2 답 (1) ◯ (2) × (3) ◯

(1) $\overline{AB}:\overline{AD}=9:6=3:2$, $\overline{AC}:\overline{AE}=12:8=3:2$

따라서 $\overline{AB}:\overline{AD}=\overline{AC}:\overline{AE}$이므로

$\overline{BC}\,/\!/\,\overline{DE}$

(2) $\overline{AD}:\overline{DB}=(24-8):8=2:1$

$\overline{AE}:\overline{EC}=21:7=3:1$

따라서 $\overline{AD}:\overline{DB}\neq\overline{AE}:\overline{EC}$이므로 $\overline{BC}$와 $\overline{DE}$는 평행하지 않다.

(3) $\overline{AB}:\overline{AD}=6:12=1:2$, $\overline{BC}:\overline{DE}=9:18=1:2$

따라서 $\overline{AB}:\overline{AD}=\overline{BC}:\overline{DE}$이므로

$\overline{BC}\,/\!/\,\overline{DE}$

대표 예제로 개념 익히기

예제 **1** 답 ④

$\overline{AD}:\overline{DB}=\overline{AE}:\overline{EC}$이므로

$12:x=9:(15-9)$

$9x=72$ $\quad\therefore\ x=8$

$\overline{AE}:\overline{AC}=\overline{DE}:\overline{BC}$이므로

$9:15=y:10$

$15y=90$ $\quad\therefore\ y=6$

$\therefore\ x+y=8+6=14$

y의 값 구하기

$\overset{(\times)}{\longrightarrow}\ \overline{AE}:\overline{EC}=\overline{DE}:\overline{BC}$이므로

$9:(15-9)=y:10$ $\quad\therefore\ y=15$

$\overset{(\bigcirc)}{\longrightarrow}\ \overline{AE}:\overline{AC}=\overline{DE}:\overline{BC}$이므로

$9:15=y:10$ $\quad\therefore\ y=6$

➡ $\overline{AE}:\overline{EC}\neq\overline{DE}:\overline{BC}$임에 주의해야 해!

1-1 답 $x=6,\ y=10$

$\overline{AD}:\overline{AB}=\overline{DE}:\overline{BC}$이므로

$x:18=4:12$

$12x=72$ $\quad\therefore\ x=6$

$\overline{AD}:\overline{DB}=\overline{AE}:\overline{EC}$이므로

$6:(18-6)=5:y$

$6y=60$ $\quad\therefore\ y=10$

1-2 답 $40\,\mathrm{cm}$

$\overline{AD}:\overline{AB}=\overline{AE}:\overline{AC}$이므로

$7:\overline{AB}=5:10$

$5\overline{AB}=70$ $\quad\therefore\ \overline{AB}=14(\mathrm{cm})$

$\overline{AE}:\overline{AC}=\overline{DE}:\overline{BC}$이므로

$5:10=8:\overline{BC}$

$5\overline{BC}=80$ $\quad\therefore\ \overline{BC}=16(\mathrm{cm})$

$\therefore\ (\triangle ABC의\ 둘레의\ 길이)=\overline{AB}+\overline{BC}+\overline{CA}$
$$=14+16+10=40(\mathrm{cm})$$

예제 2 답 $4\,\mathrm{cm}$

$\triangle AFC에서\ \overline{AG}:\overline{AF}=\overline{GE}:\overline{FC}=6:9=2:3$

$\triangle ABF에서\ \overline{DG}:\overline{BF}=\overline{AG}:\overline{AF}=2:3$이므로

$\overline{DG}:6=2:3$

$3\overline{DG}=12$ $\quad\therefore\ \overline{DG}=4(\mathrm{cm})$

2-1 답 $\dfrac{7}{2}\,\mathrm{cm}$

$\triangle AGE에서\ \overline{AF}:\overline{AG}=\overline{AC}:\overline{AE}=2:(2+5)=2:7$

$\triangle ADG에서\ \overline{BF}:\overline{DG}=\overline{AF}:\overline{AG}=2:7$이므로

$1:\overline{DG}=2:7$

$2\overline{DG}=7$ $\quad\therefore\ \overline{DG}=\dfrac{7}{2}(\mathrm{cm})$

2-2 답 (1) $2:1$ (2) $3\,\mathrm{cm}$

(1) $\triangle ABE에서\ \overline{BE}\,/\!/\,\overline{DF}$이므로

$\overline{AD}:\overline{DB}=\overline{AF}:\overline{FE}=4:2=2:1$

---

(2) $\triangle ABC에서\ \overline{BC}\,/\!/\,\overline{DE}$이므로

$\overline{AE}:\overline{EC}=\overline{AD}:\overline{DB}=2:1$

따라서 $(4+2):\overline{EC}=2:1$이므로

$2\overline{EC}=6$ $\quad\therefore\ \overline{CE}=3(\mathrm{cm})$

• 개념 확인하기

1 답 (1) 4 (2) 9 (3) 10

(1) $\overline{AB}:\overline{AC}=\overline{BD}:\overline{CD}$이므로

$14:8=7:x$

$14x=56$ $\quad\therefore\ x=4$

(2) $\overline{AB}:\overline{AC}=\overline{BD}:\overline{CD}$이므로

$9:x=5:(10-5)$

$5x=45$ $\quad\therefore\ x=9$

(3) $\overline{AB}:\overline{AC}=\overline{BD}:\overline{CD}$이므로

$12:15=(18-x):x,\ 12x=270-15x$

$27x=270$ $\quad\therefore\ x=10$

2 답 (1) 5 (2) 20

(1) $\overline{AB}:\overline{AC}=\overline{BD}:\overline{CD}$이므로

$7:x=14:(14-4)$

$14x=70$ $\quad\therefore\ x=5$

(2) $\overline{AB}:\overline{AC}=\overline{BD}:\overline{CD}$이므로

$10:6=x:12$

$6x=120$ $\quad\therefore\ x=20$

• 대표 예제로 **개념 익히기**

예제 1 답 $3\,\mathrm{cm}$

$\overline{AB}:\overline{AC}=\overline{BD}:\overline{CD}$이므로

$8:4=(9-\overline{CD}):\overline{CD},\ 8\overline{CD}=36-4\overline{CD}$

$12\overline{CD}=36$ $\quad\therefore\ \overline{CD}=3(\mathrm{cm})$

1-1 답 $8\,\mathrm{cm}$

$\overline{AB}:\overline{AC}=\overline{BD}:\overline{CD}$이므로

$12:9=\overline{BD}:(14-\overline{BD}),\ 9\overline{BD}=168-12\overline{BD}$

$21\overline{BD}=168$ $\quad\therefore\ \overline{BD}=8(\mathrm{cm})$

1-2 답 $12\,\mathrm{cm}^2$

$\overline{BD}:\overline{CD}=\overline{AB}:\overline{AC}=8:6=4:3$이므로

$\triangle ABD:\triangle ADC=\overline{BD}:\overline{CD}=4:3$

$\therefore\ \triangle ABD=\dfrac{4}{7}\triangle ABC=\dfrac{4}{7}\times21=12(\mathrm{cm}^2)$

예제 2 답 12 cm

$\overline{AB}:\overline{AC}=\overline{BD}:\overline{CD}$이므로

$6:4=\overline{BD}:(\overline{BD}-4)$, $4\overline{BD}=6\overline{BD}-24$

$2\overline{BD}=24$ ∴ $\overline{BD}=12\,(cm)$

2-1 답 6 cm

$\overline{AB}:\overline{AC}=\overline{BD}:\overline{CD}=(6+9):9=5:3$이므로

$10:\overline{AC}=5:3$

$5\overline{AC}=30$ ∴ $\overline{AC}=6\,(cm)$

2-2 답 30 cm²

$\overline{BD}:\overline{CD}=\overline{AB}:\overline{AC}=5:3$이므로

$\overline{BC}:\overline{BD}=2:5$

따라서 △ABC : △ABD $=2:5$이므로

$12:$ △ABD $=2:5$, 2△ABD $=60$

∴ △ABD $=30\,(cm^2)$

개념 24 삼각형의 두 변의 중점을 연결한 선분의 성질 ·83~85쪽

·개념 확인하기

1 답 (1) 60° (2) 6

$\overline{AM}=\overline{MB}$, $\overline{AN}=\overline{NC}$이므로

$\overline{MN}/\!/\overline{BC}$, $\overline{MN}=\dfrac{1}{2}\overline{BC}$

(1) $\overline{MN}/\!/\overline{BC}$이므로

  ∠AMN $=$ ∠B $=60°$ (동위각)

(2) $\overline{MN}=\dfrac{1}{2}\overline{BC}=\dfrac{1}{2}\times12=6$

2 답 (1) 14 (2) 15

(1) $\overline{AM}=\overline{MB}$, $\overline{AN}=\overline{NC}$이므로

  $x=2\overline{MN}=2\times7=14$

(2) $\overline{BM}=\overline{MA}$, $\overline{BN}=\overline{NC}$이므로

  $x=\dfrac{1}{2}\overline{AC}=\dfrac{1}{2}\times30=15$

3 답 (1) 7 (2) 16

(1) $\overline{AM}=\overline{MB}$, $\overline{MN}/\!/\overline{BC}$이므로

  $\overline{NC}=\overline{AN}=7$

(2) $\overline{AM}=\overline{MB}$, $\overline{AN}=\overline{NC}$이므로

  $\overline{BC}=2\overline{MN}=2\times8=16$

4 답 (1) 10 (2) 6

(1) $\overline{AN}=\overline{NC}$, $\overline{MN}/\!/\overline{BC}$이므로

  $\overline{AM}=\overline{MB}$

  ∴ $x=2\overline{MB}=2\times5=10$

(2) $\overline{AM}=\overline{MB}$, $\overline{MN}/\!/\overline{BC}$이므로 $\overline{AN}=\overline{NC}$

  ∴ $x=\dfrac{1}{2}\overline{BC}=\dfrac{1}{2}\times12=6$

5 답 (1) 7 (2) 4 (3) 6 (4) 17

(1) $\overline{DE}=\dfrac{1}{2}\overline{AC}=\dfrac{1}{2}\times14=7$

(2) $\overline{EF}=\dfrac{1}{2}\overline{AB}=\dfrac{1}{2}\times8=4$

(3) $\overline{FD}=\dfrac{1}{2}\overline{BC}=\dfrac{1}{2}\times12=6$

(4) (△DEF의 둘레의 길이) $=\overline{DE}+\overline{EF}+\overline{FD}$

  $\qquad\qquad\qquad\qquad =7+4+6=17$

6 답 (1) 5 (2) 3 (3) 8

$\overline{AD}/\!/\overline{BC}$, $\overline{AM}=\overline{MB}$, $\overline{DN}=\overline{NC}$이므로

$\overline{AD}/\!/\overline{MN}/\!/\overline{BC}$

(1) △ABC에서 $\overline{AM}=\overline{MB}$, $\overline{MP}/\!/\overline{BC}$이므로

  $\overline{MP}=\dfrac{1}{2}\overline{BC}=\dfrac{1}{2}\times10=5$

(2) △ACD에서 $\overline{DN}=\overline{NC}$, $\overline{AD}/\!/\overline{PN}$이므로

  $\overline{PN}=\dfrac{1}{2}\overline{AD}=\dfrac{1}{2}\times6=3$

(3) $\overline{MN}=\overline{MP}+\overline{PN}=5+3=8$

7 답 (1) 8 (2) 6 (3) 2

$\overline{AD}/\!/\overline{BC}$, $\overline{AM}=\overline{MB}$, $\overline{DN}=\overline{NC}$이므로

$\overline{AD}/\!/\overline{MN}/\!/\overline{BC}$

(1) △ABC에서 $\overline{AM}=\overline{MB}$, $\overline{MQ}/\!/\overline{BC}$이므로

  $\overline{MQ}=\dfrac{1}{2}\overline{BC}=\dfrac{1}{2}\times16=8$

(2) △ABD에서 $\overline{AM}=\overline{MB}$, $\overline{AD}/\!/\overline{MP}$이므로

  $\overline{MP}=\dfrac{1}{2}\overline{AD}=\dfrac{1}{2}\times12=6$

(3) $\overline{PQ}=\overline{MQ}-\overline{MP}=8-6=2$

대표 예제로 개념 익히기

예제 1 답 $x=50$, $y=16$

$\overline{AM}=\overline{MB}$, $\overline{AN}=\overline{NC}$이므로 $\overline{MN}/\!/\overline{BC}$

∴ ∠ABC $=$ ∠AMN $=40°$ (동위각)

△ABC에서 ∠ACB $=180°-(90°+40°)=50°$

∴ $x=50$

$\overline{BC}=2\overline{MN}=2\times8=16\,(cm)$

∴ $y=16$

1-1 답 55

$\overline{AM}=\overline{MB}$, $\overline{AN}=\overline{NC}$이므로

$\overline{MN}=\dfrac{1}{2}\overline{BC}=\dfrac{1}{2}\times10=5\,(cm)$

∴ $x=5$

$\overline{MN} /\!/ \overline{BC}$이므로

$\angle AMN = \angle B = 50°$ (동위각)

$\therefore y = 50$

$\therefore x + y = 5 + 50 = 55$

1-2 답 7 cm

$\triangle DBC$에서 $\overline{DP} = \overline{PB}$, $\overline{DQ} = \overline{QC}$이므로

$\overline{BC} = 2\overline{PQ} = 2 \times 7 = 14 \text{(cm)}$

$\triangle ABC$에서 $\overline{AM} = \overline{MB}$, $\overline{AN} = \overline{NC}$이므로

$\overline{MN} = \dfrac{1}{2}\overline{BC} = \dfrac{1}{2} \times 14 = 7 \text{(cm)}$

예제 2 답 8

$\overline{AM} = \overline{MB}$, $\overline{MN} /\!/ \overline{BC}$이므로 $\overline{AN} = \overline{NC}$

$\therefore \overline{AC} = 2\overline{AN} = 2 \times 10 = 20 \text{(cm)}$ $\therefore x = 20$

$\overline{MN} = \dfrac{1}{2}\overline{BC} = \dfrac{1}{2} \times 24 = 12 \text{(cm)}$ $\therefore y = 12$

$\therefore x - y = 20 - 12 = 8$

2-1 답 $x = 5$, $y = \dfrac{7}{2}$

$\overline{BD} = \overline{DA}$, $\overline{DE} /\!/ \overline{AC}$이므로 $\overline{BE} = \overline{EC}$

$\therefore x = 5$

$\overline{DE} = \dfrac{1}{2}\overline{AC} = \dfrac{1}{2} \times 7 = \dfrac{7}{2} \text{(cm)}$ $\therefore y = \dfrac{7}{2}$

2-2 답 9 cm

$\triangle ABC$에서 $\overline{AD} = \overline{DB}$, $\overline{DE} /\!/ \overline{BC}$이므로

$\overline{BC} = 2\overline{DE} = 2 \times 9 = 18 \text{(cm)}$

이때 $\square DBFE$는 평행사변형이므로

$\overline{BF} = \overline{DE} = 9 \text{ cm}$

$\therefore \overline{FC} = \overline{BC} - \overline{BF} = 18 - 9 = 9 \text{(cm)}$

예제 3 답 18 cm

$\overline{DE} = \dfrac{1}{2}\overline{AC} = \dfrac{1}{2} \times 12 = 6 \text{(cm)}$

$\overline{EF} = \dfrac{1}{2}\overline{AB} = \dfrac{1}{2} \times 15 = \dfrac{15}{2} \text{(cm)}$

$\overline{FD} = \dfrac{1}{2}\overline{BC} = \dfrac{1}{2} \times 9 = \dfrac{9}{2} \text{(cm)}$

$\therefore (\triangle DEF$의 둘레의 길이$) = \overline{DE} + \overline{EF} + \overline{FD}$
$$= 6 + \dfrac{15}{2} + \dfrac{9}{2} = 18 \text{(cm)}$$

3-1 답 24 cm

$\overline{BC} = 2\overline{PR} = 2 \times 5 = 10 \text{(cm)}$

$\overline{AB} = 2\overline{RQ} = 2 \times 3 = 6 \text{(cm)}$

$\overline{AC} = 2\overline{PQ} = 2 \times 4 = 8 \text{(cm)}$

$\therefore (\triangle ABC$의 둘레의 길이$) = \overline{AB} + \overline{BC} + \overline{CA}$
$$= 6 + 10 + 8 = 24 \text{(cm)}$$

3-2 답 ①, ④

① $\overline{AF} = \overline{FC}$, $\overline{BE} = \overline{EC}$이므로 $\overline{AB} /\!/ \overline{FE}$

  $\therefore \angle B = \angle FEC$ (동위각)

  이때 $\angle FEC$, $\angle EFC$의 크기가 같은지 알 수 없으므로

  $\angle B = \angle EFC$라 할 수 없다.

② $\overline{AF} = \overline{FC}$, $\overline{BE} = \overline{EC}$이므로

  $\overline{EF} = \dfrac{1}{2}\overline{AB}$ $\therefore \overline{EF} = \overline{BD}$

③ $\overline{AD} = \overline{DB}$, $\overline{AF} = \overline{FC}$이므로
  $\overline{BC} /\!/ \overline{DF}$

  이때 $\triangle ABC$와 $\triangle ADF$에서

  $\angle B = \angle ADF$ (동위각), $\angle A$는 공통

  $\therefore \triangle ABC \backsim \triangle ADF$ (AA 닮음)

④ $\overline{AD} = \overline{DB}$, $\overline{AF} = \overline{FC}$이므로 $\overline{DF} = \dfrac{1}{2}\overline{BC}$

  또 $\overline{CF} = \dfrac{1}{2}\overline{AC}$

  이때 $\overline{BC}$, $\overline{AC}$의 길이가 같은지 알 수 없으므로 $\overline{DF} = \overline{CF}$라
  할 수 없다.

⑤ $\triangle FEC$와 $\triangle EFD$에서

  $\overline{EF}$는 공통,

  $\overline{EC} = \dfrac{1}{2}\overline{BC}$, $\overline{FD} = \dfrac{1}{2}\overline{BC}$이므로

  $\overline{EC} = \overline{FD}$,

  $\overline{CF} = \dfrac{1}{2}\overline{AC}$, $\overline{DE} = \dfrac{1}{2}\overline{AC}$이므로

  $\overline{CF} = \overline{DE}$

  $\therefore \triangle FEC \equiv \triangle EFD$ (SSS 합동)

따라서 옳지 않은 것은 ①, ④이다.

예제 4 답 10 cm

$\overline{AD} /\!/ \overline{BC}$, $\overline{AM} = \overline{MB}$, $\overline{DN} = \overline{NC}$이므로
$\overline{AD} /\!/ \overline{MN} /\!/ \overline{BC}$

$\triangle ACD$에서 $\overline{DN} = \overline{NC}$, $\overline{AD} /\!/ \overline{PN}$이므로
$\overline{AD} = 2\overline{PN} = 2 \times 3 = 6 \text{(cm)}$

$\triangle ABC$에서 $\overline{AM} = \overline{MB}$, $\overline{MP} /\!/ \overline{BC}$이므로
$\overline{MP} = \dfrac{1}{2}\overline{BC} = \dfrac{1}{2} \times 8 = 4 \text{(cm)}$

$\therefore \overline{AD} + \overline{MP} = 6 + 4 = 10 \text{(cm)}$

4-1 답 15 cm

$\overline{AD} /\!/ \overline{BC}$, $\overline{AM} = \overline{MB}$, $\overline{DN} = \overline{NC}$이므로
$\overline{AD} /\!/ \overline{MN} /\!/ \overline{BC}$

$\triangle ABC$에서 $\overline{AM} = \overline{MB}$, $\overline{MP} /\!/ \overline{BC}$이므로
$\overline{MP} = \dfrac{1}{2}\overline{BC} = \dfrac{1}{2} \times 18 = 9 \text{(cm)}$

$\triangle ACD$에서 $\overline{DN} = \overline{NC}$, $\overline{AD} /\!/ \overline{PN}$이므로
$\overline{PN} = \dfrac{1}{2}\overline{AD} = \dfrac{1}{2} \times 12 = 6 \text{(cm)}$

$\therefore \overline{MN} = \overline{MP} + \overline{PN} = 9 + 6 = 15 \text{(cm)}$

$\overline{AD}/\!/\overline{BC}$, $\overline{AM}=\overline{MB}$, $\overline{DN}=\overline{NC}$이므로

$\overline{AD}/\!/\overline{MN}/\!/\overline{BC}$

$\triangle ABC$에서 $\overline{AM}=\overline{MB}$, $\overline{MQ}/\!/\overline{BC}$이므로

$\overline{MQ}=\dfrac{1}{2}\overline{BC}=\dfrac{1}{2}\times14=7(cm)$

$\triangle ABD$에서 $\overline{AM}=\overline{MB}$, $\overline{AD}/\!/\overline{MP}$이므로

$\overline{MP}=\dfrac{1}{2}\overline{AD}=\dfrac{1}{2}\times6=3(cm)$

$\therefore \overline{PQ}=\overline{MQ}-\overline{MP}=7-3=4(cm)$

개념 25　평행선 사이의 선분의 길이의 비 ·87~89쪽

·개념 확인하기

1　답 (1) 10　(2) 8　(3) 3　(4) 4

(1) $6:4=15:x$에서

$\quad 6x=60$　$\therefore x=10$

(2) $x:12=12:18$에서

$\quad 18x=144$　$\therefore x=8$

(3) $x:5=6:10$에서

$\quad 10x=30$　$\therefore x=3$

(4) $3:x=6:8$에서

$\quad 6x=24$　$\therefore x=4$

2　답 (1) 6　(2) 2　(3) 6　(4) 8

(1) $\overline{AD}/\!/\overline{BC}$, $\overline{AH}/\!/\overline{DC}$이므로

　□AHCD는 평행사변형이다.

　$\therefore \overline{HC}=\overline{AD}=6$

　$\therefore \overline{BH}=\overline{BC}-\overline{HC}=12-6=6$

(2) $\triangle ABH$에서 $\overline{EG}/\!/\overline{BH}$이므로

　$\overline{AE}:\overline{AB}=\overline{EG}:\overline{BH}$에서

　$3:(3+6)=\overline{EG}:6$

　$9\overline{EG}=18$　$\therefore \overline{EG}=2$

(3) $\overline{AD}/\!/\overline{EF}$, $\overline{AH}/\!/\overline{DC}$이므로

　□AGFD는 평행사변형이다.

　$\therefore \overline{GF}=\overline{AD}=6$

(4) $\overline{EF}=\overline{EG}+\overline{GF}=2+6=8$

3　답 (1) 10　(2) 9　(3) 19

(1) $\triangle ABC$에서 $\overline{EG}/\!/\overline{BC}$이므로

　$\overline{AE}:\overline{AB}=\overline{EG}:\overline{BC}$에서

　$6:(6+9)=\overline{EG}:25$

　$15\overline{EG}=150$　$\therefore \overline{EG}=10$

(2) $\overline{AD}/\!/\overline{EF}/\!/\overline{BC}$이므로

　$\overline{CF}:\overline{FD}=\overline{BE}:\overline{EA}=9:6=3:2$

이때 $\triangle ACD$에서 $\overline{AD}/\!/\overline{GF}$이므로

$\overline{GF}:\overline{AD}=\overline{CF}:\overline{CD}$에서

$\overline{GF}:15=3:(3+2)$

$5\overline{GF}=45$　$\therefore \overline{GF}=9$

(3) $\overline{EF}=\overline{EG}+\overline{GF}=10+9=19$

4　답 (1) $1:2$　(2) $\dfrac{10}{3}$

(1) $\triangle ABE \backsim \triangle CDE$ (AA 닮음)이므로

　$\overline{BE}:\overline{DE}=\overline{AB}:\overline{CD}=5:10=1:2$

(2) $\triangle BCD$에서 $\overline{EF}:10=1:(1+2)$

　$3\overline{EF}=10$　$\therefore \overline{EF}=\dfrac{10}{3}$

대표 예제로 **개념 익히기**

예제 1　답 ④

$(12-8):8=5:x$에서 $4x=40$　$\therefore x=10$

1-1　답 15

$x:5=12:(16-12)$에서 $4x=60$　$\therefore x=15$

1-2　답 $x=6$, $y=\dfrac{16}{3}$

$x:2=9:3$에서 $3x=18$　$\therefore x=6$

$(x+2):y=(9+3):8$에서 $8:y=12:8$

$12y=64$　$\therefore y=\dfrac{16}{3}$

예제 2　답 29

$7:14=(x-16):16$에서

$14(x-16)=112$, $14x-224=112$

$14x=336$　$\therefore x=24$

$7:14=y:10$에서

$14y=70$　$\therefore y=5$

$\therefore x+y=24+5=29$

2-1　답 $x=15$, $y=\dfrac{24}{5}$

$10:4=x:6$에서 $4x=60$　$\therefore x=15$

$10:4=(9+3):y$에서 $10y=48$　$\therefore y=\dfrac{24}{5}$

2-2　답 21

$3:(x-3)=4:10$에서 $4(x-3)=30$

$4x-12=30$, $4x=42$　$\therefore x=\dfrac{21}{2}$

$y:(7-y)=4:10$에서 $4(7-y)=10y$

$28-4y=10y$, $14y=28$　$\therefore y=2$

$\therefore xy=\dfrac{21}{2}\times2=21$

오른쪽 그림과 같이 점 A를 지나고
$\overline{CD}$에 평행한 직선과 $\overline{EF}$, $\overline{BC}$의 교
점을 각각 G, H라 하면

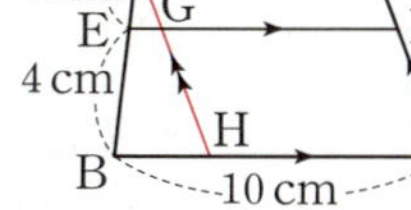

$\overline{GF}=\overline{HC}=\overline{AD}=7\,cm$

$\therefore \overline{BH}=\overline{BC}-\overline{HC}=10-7=3(cm)$

$\triangle ABH$에서 $\overline{EG}:\overline{BH}=\overline{AE}:\overline{AB}$이므로

$\overline{EG}:3=2:(2+4)$

$6\overline{EG}=6 \quad \therefore \overline{EG}=1(cm)$

$\therefore \overline{EF}=\overline{EG}+\overline{GF}=1+7=8(cm)$

다른 풀이

오른쪽 그림과 같이 대각선 $\overline{AC}$를 긋
고, $\overline{AC}$와 $\overline{EF}$의 교점을 G라 하자.

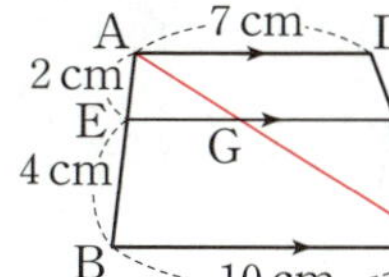

$\triangle ABC$에서

$\overline{EG}:\overline{BC}=\overline{AE}:\overline{AB}$이므로

$\overline{EG}:10=2:(2+4)$

$6\overline{EG}=20 \quad \therefore \overline{EG}=\dfrac{10}{3}(cm)$

또 $\overline{AD}/\!/\overline{EF}/\!/\overline{BC}$이므로

$\overline{DF}:\overline{FC}=\overline{AE}:\overline{EB}=2:4=1:2$

이때 $\triangle ACD$에서

$\overline{GF}:\overline{AD}=\overline{CF}:\overline{CD}$이므로

$\overline{GF}:7=2:(2+1)$

$3\overline{GF}=14 \quad \therefore \overline{GF}=\dfrac{14}{3}(cm)$

$\therefore \overline{EF}=\overline{EG}+\overline{GF}=\dfrac{10}{3}+\dfrac{14}{3}=8(cm)$

3-1 답 60

$\triangle ACD$에서 $\overline{CF}:\overline{CD}=\overline{GF}:\overline{AD}$이므로

$4:(4+8)=x:12,\ 12x=48 \quad \therefore x=4$

또 $\overline{AD}/\!/\overline{EF}/\!/\overline{BC}$이므로

$\overline{AE}:\overline{EB}=\overline{DF}:\overline{FC}=8:4=2:1$

이때 $\triangle ABC$에서

$\overline{EG}:\overline{BC}=\overline{AE}:\overline{AB}$이므로

$10:y=2:(2+1),\ 2y=30 \quad \therefore y=15$

$\therefore xy=4\times15=60$

3-2 답 (1) 16 cm　(2) 6 cm　(3) 10 cm

(1) $\triangle ABC$에서

$\overline{AE}:\overline{AB}=\overline{EN}:\overline{BC}$이므로

$12:(12+6)=\overline{EN}:24$

$18\overline{EN}=288 \quad \therefore \overline{EN}=16(cm)$

(2) $\triangle ABD$에서

$\overline{BE}:\overline{BA}=\overline{EM}:\overline{AD}$이므로

$6:(6+12)=\overline{EM}:18$

$\therefore \overline{EM}=6(cm)$

(3) $\overline{MN}=\overline{EN}-\overline{EM}=16-6=10(cm)$

예제 **4** 답 6 cm

$\triangle ABE \circ \triangle CDE$ (AA 닮음)이므로

$\overline{BE}:\overline{DE}=\overline{AB}:\overline{CD}=15:10=3:2$

$\triangle BCD$에서

$\overline{EF}:10=3:(3+2)$

$5\overline{EF}=30 \quad \therefore \overline{EF}=6(cm)$

4-1 답 1 : 4

$\triangle ABE \circ \triangle CDE$ (AA 닮음)이므로

$\overline{BE}:\overline{DE}=\overline{AB}:\overline{CD}=4:12=1:3$

$\triangle BCD$에서

$\overline{BF}:\overline{BC}=\overline{BE}:\overline{BD}=1:(1+3)=1:4$

4-2 답 12 cm

$\triangle ABC$에서

$\overline{CE}:\overline{CA}=\overline{EF}:\overline{AB}=4:6=2:3$

$\therefore \overline{AE}:\overline{CE}=1:2$

$\triangle ABE \circ \triangle CDE$ (AA 닮음)이므로

$6:\overline{CD}=1:2 \quad \therefore \overline{CD}=12(cm)$

개념 26　삼각형의 무게중심

·91~94쪽

·개념 확인하기

1 답 (1) 6　(2) 15

$\overline{AD}$는 $\triangle ABC$의 중선이므로

(1) $\overline{BD}=\dfrac{1}{2}\overline{BC}=\dfrac{1}{2}\times12=6$

(2) $\triangle ABD=\dfrac{1}{2}\triangle ABC=\dfrac{1}{2}\times30=15$

2 답 (1) $x=15,\ y=14$　(2) $x=2,\ y=3$　(3) $x=9,\ y=8$

(1) $\overline{AD}$는 $\triangle ABC$의 중선이므로

$x=\overline{CD}=15$

$\overline{AG}:\overline{GD}=2:1$이므로

$y=\dfrac{2}{3}\overline{AD}=\dfrac{2}{3}\times21=14$

(2) $\overline{AG}:\overline{GD}=2:1$이므로

$x=\dfrac{1}{2}\overline{AG}=\dfrac{1}{2}\times4=2$

$\overline{AD}$는 $\triangle ABC$의 중선이므로

$y=\dfrac{1}{2}\overline{BC}=\dfrac{1}{2}\times6=3$

(3) $\overline{AG}:\overline{GD}=2:1$이므로

$x=3\overline{GD}=3\times3=9$

$\overline{CG}:\overline{GE}=2:1$이므로

$y=2\overline{GE}=2\times4=8$

3 답 (1) 4 (2) 8 (3) 16

(1) $\triangle \mathrm{GDC}=\dfrac{1}{6}\triangle \mathrm{ABC}=\dfrac{1}{6}\times 24=4$

(2) $\triangle \mathrm{AFG}+\triangle \mathrm{BGE}=\dfrac{1}{6}\triangle \mathrm{ABC}+\dfrac{1}{6}\triangle \mathrm{ABC}$

$\qquad\qquad\qquad =\dfrac{1}{3}\triangle \mathrm{ABC}=\dfrac{1}{3}\times 24=8$

(3) $\triangle \mathrm{ABG}+\triangle \mathrm{AGC}=\dfrac{1}{3}\triangle \mathrm{ABC}+\dfrac{1}{3}\triangle \mathrm{ABC}$

$\qquad\qquad\qquad =\dfrac{2}{3}\triangle \mathrm{ABC}=\dfrac{2}{3}\times 24=16$

4 답 (1) 30 (2) 21 (3) 36

(1) $\triangle \mathrm{ABC}=6\triangle \mathrm{EGC}=6\times 5=30$

(2) $\triangle \mathrm{ABC}=3\triangle \mathrm{GBC}=3\times 7=21$

(3) $\triangle \mathrm{ABC}=3(\triangle \mathrm{FBG}+\triangle \mathrm{GBD})=3\times 12=36$

5 답 (1) 6 (2) 18

(1) $\overline{\mathrm{AO}}=\overline{\mathrm{CO}}$, $\overline{\mathrm{BM}}=\overline{\mathrm{MC}}$이므로 점 P는 $\triangle \mathrm{ABC}$의 무게중심이다.

$\qquad \therefore \overline{\mathrm{BP}}=2\overline{\mathrm{PO}}=2\times 3=6$

(2) $\overline{\mathrm{BO}}=\overline{\mathrm{BP}}+\overline{\mathrm{PO}}=6+3=9$이고

이때 $\square \mathrm{ABCD}$는 평행사변형이므로

$\qquad \overline{\mathrm{DO}}=\overline{\mathrm{BO}}=9$

$\qquad \therefore \overline{\mathrm{BD}}=\overline{\mathrm{BO}}+\overline{\mathrm{DO}}=9+9=18$

(대표 예제로 **개념 익히기**)

예제 1 답 ③

$\triangle \mathrm{AEC}=\dfrac{1}{2}\triangle \mathrm{ADC}=\dfrac{1}{2}\times \dfrac{1}{2}\triangle \mathrm{ABC}$

$\qquad\quad =\dfrac{1}{4}\triangle \mathrm{ABC}=\dfrac{1}{4}\times 24=6\,(\mathrm{cm}^2)$

1-1 답 $32\,\mathrm{cm}^2$

$\triangle \mathrm{ABC}=2\triangle \mathrm{ADC}=2\times 2\triangle \mathrm{CED}=4\triangle \mathrm{CED}$

$\qquad\quad =4\times 8=32\,(\mathrm{cm}^2)$

1-2 답 $6\,\mathrm{cm}^2$

$\triangle \mathrm{PBQ}=\dfrac{1}{3}\triangle \mathrm{ABD}=\dfrac{1}{3}\times \dfrac{1}{2}\triangle \mathrm{ABC}$

$\qquad\quad =\dfrac{1}{6}\triangle \mathrm{ABC}=\dfrac{1}{6}\times 36=6\,(\mathrm{cm}^2)$

예제 2 답 13

$\overline{\mathrm{AD}}$는 $\triangle \mathrm{ABC}$의 중선이므로

$\overline{\mathrm{BD}}=\dfrac{1}{2}\overline{\mathrm{BC}}=\dfrac{1}{2}\times 16=8\,(\mathrm{cm})$ $\qquad \therefore x=8$

$\overline{\mathrm{BG}}:\overline{\mathrm{GE}}=2:1$이므로

$\overline{\mathrm{GE}}=\dfrac{1}{3}\overline{\mathrm{BE}}=\dfrac{1}{3}\times 15=5\,(\mathrm{cm})$ $\qquad \therefore y=5$

$\therefore x+y=8+5=13$

2-1 답 72

$\overline{\mathrm{AG}}:\overline{\mathrm{GD}}=2:1$이므로

$\overline{\mathrm{GD}}=\dfrac{1}{2}\overline{\mathrm{AG}}=\dfrac{1}{2}\times 9=\dfrac{9}{2}\,(\mathrm{cm})$ $\qquad \therefore x=\dfrac{9}{2}$

$\overline{\mathrm{AD}}$는 $\triangle \mathrm{ABC}$의 중선이므로

$\overline{\mathrm{BC}}=2\overline{\mathrm{DC}}=2\times 8=16\,(\mathrm{cm})$ $\qquad \therefore y=16$

$\therefore xy=\dfrac{9}{2}\times 16=72$

2-2 답 $x=6$, $y=4$

$\triangle \mathrm{ABC}$는 직각삼각형이므로 점 D는 $\triangle \mathrm{ABC}$의 외심이다.

즉, $\overline{\mathrm{AD}}=\overline{\mathrm{BD}}=\overline{\mathrm{CD}}=6\,\mathrm{cm}$이므로 $x=6$

$\overline{\mathrm{BG}}:\overline{\mathrm{GD}}=2:1$이므로

$y=\dfrac{2}{3}\overline{\mathrm{BD}}=\dfrac{2}{3}\times 6=4$

예제 3 답 (1) $18\,\mathrm{cm}$ (2) $9\,\mathrm{cm}$

(1) $\overline{\mathrm{AG}}:\overline{\mathrm{GD}}=2:1$이므로

$\qquad \overline{\mathrm{AD}}=\dfrac{3}{2}\overline{\mathrm{AG}}=\dfrac{3}{2}\times 12=18\,(\mathrm{cm})$

(2) $\triangle \mathrm{ADC}$에서 $\overline{\mathrm{AE}}=\overline{\mathrm{EC}}$, $\overline{\mathrm{AD}}/\!/\overline{\mathrm{EF}}$이므로

$\qquad \overline{\mathrm{EF}}=\dfrac{1}{2}\overline{\mathrm{AD}}=\dfrac{1}{2}\times 18=9\,(\mathrm{cm})$

3-1 답 ④

$\triangle \mathrm{BCE}$에서 $\overline{\mathrm{BD}}=\overline{\mathrm{DC}}$, $\overline{\mathrm{BE}}/\!/\overline{\mathrm{DF}}$이므로

$\overline{\mathrm{BE}}=2\overline{\mathrm{DF}}=2\times 15=30\,(\mathrm{cm})$

이때 $\overline{\mathrm{BG}}:\overline{\mathrm{GE}}=2:1$이므로

$\overline{\mathrm{BG}}=\dfrac{2}{3}\overline{\mathrm{BE}}=\dfrac{2}{3}\times 30=20\,(\mathrm{cm})$

예제 4 답 (1) $\dfrac{15}{2}\,\mathrm{cm}$ (2) $15\,\mathrm{cm}$

(1) $\overline{\mathrm{EG}}:\overline{\mathrm{BD}}=\overline{\mathrm{AG}}:\overline{\mathrm{AD}}=2:3$에서

$\qquad 5:\overline{\mathrm{BD}}=2:3$

$\qquad 2\overline{\mathrm{BD}}=15$ $\qquad \therefore \overline{\mathrm{BD}}=\dfrac{15}{2}\,(\mathrm{cm})$

(2) $\overline{\mathrm{AD}}$는 $\triangle \mathrm{ABC}$의 중선이므로

$\qquad \overline{\mathrm{BC}}=2\overline{\mathrm{BD}}=2\times \dfrac{15}{2}=15\,(\mathrm{cm})$

4-1 답 2

$\overline{\mathrm{AG}}:\overline{\mathrm{GD}}=2:1$이므로

$\overline{\mathrm{AG}}=2\overline{\mathrm{GD}}=2\times 3=6\,(\mathrm{cm})$ $\qquad \therefore x=6$

$\overline{\mathrm{AD}}$는 $\triangle \mathrm{ABC}$의 중선이므로

$\overline{\mathrm{DC}}=\overline{\mathrm{BD}}=6\,\mathrm{cm}$

이때 $\triangle \mathrm{ADC}$에서

$\overline{\mathrm{GF}}:\overline{\mathrm{DC}}=\overline{\mathrm{AG}}:\overline{\mathrm{AD}}=2:3$이므로

$y:6=2:3$, $3y=12$ $\qquad \therefore y=4$

$\therefore x-y=6-4=2$

4-2 답 6 cm (2) 9 cm

(1) $\overline{AE}=\overline{BE}$, $\overline{AF}=\overline{CF}$이므로 $\overline{EF}\,/\!/\,\overline{BC}$

이때 $\triangle BDG\backsim\triangle FHG$ (AA 닮음)이므로

$\overline{GD}:\overline{GH}=\overline{BG}:\overline{FG}=2:1$에서

$\overline{GD}:3=2:1$ $\therefore \overline{GD}=6(\text{cm})$

(2) $\overline{AG}:\overline{GD}=2:1$이므로

$\overline{AG}:6=2:1$ $\therefore \overline{AG}=12(\text{cm})$

$\therefore \overline{AH}=\overline{AG}-\overline{GH}=12-3=9(\text{cm})$

예제 5 답 54 cm²

(색칠한 부분의 넓이)$=\triangle ABC-\triangle GBC$

$\qquad\qquad\qquad\quad=\triangle ABC-\dfrac{1}{3}\triangle ABC=\dfrac{2}{3}\triangle ABC$

$\therefore \triangle ABC=\dfrac{3}{2}\times$(색칠한 부분의 넓이)

$\qquad\qquad=\dfrac{3}{2}\times36=54(\text{cm}^2)$

5-1 답 ③

오른쪽 그림과 같이 $\overline{CG}$를 그으면

$\square DCEG=\triangle GDC+\triangle GCE$

$\qquad\qquad=\dfrac{1}{6}\triangle ABC+\dfrac{1}{6}\triangle ABC$

$\qquad\qquad=\dfrac{1}{3}\triangle ABC$

$\qquad\qquad=\dfrac{1}{3}\times42=14(\text{cm}^2)$

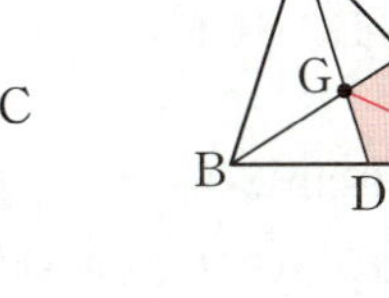

예제 6 답 $x=2$, $y=4$

$\overline{AO}=\overline{CO}$, $\overline{BM}=\overline{MC}$이므로 점 P는 $\triangle ABC$의 무게중심이다.

$\therefore \overline{PO}=\dfrac{1}{3}\overline{BO}=\dfrac{1}{3}\times\dfrac{1}{2}\overline{BD}$

$\qquad\quad=\dfrac{1}{6}\overline{BD}=\dfrac{1}{6}\times12=2(\text{cm})$

$\therefore x=2$

또 $\overline{AO}=\overline{CO}$, $\overline{CN}=\overline{ND}$이므로 점 Q는 $\triangle ACD$의 무게중심이다.

$\therefore \overline{QD}=\dfrac{2}{3}\overline{OD}=\dfrac{2}{3}\times\dfrac{1}{2}\overline{BD}$

$\qquad\quad=\dfrac{1}{3}\overline{BD}=\dfrac{1}{3}\times12=4(\text{cm})$

$\therefore y=4$

6-1 답 8 cm

점 P는 $\triangle ABC$의 무게중심이므로

$\overline{PO}=\dfrac{1}{3}\overline{BO}$

점 Q는 $\triangle ACD$는 무게중심이므로

$\overline{OQ}=\dfrac{1}{3}\overline{OD}$

$\therefore \overline{PQ}=\overline{PO}+\overline{OQ}=\dfrac{1}{3}\overline{BO}+\dfrac{1}{3}\overline{OD}=\dfrac{1}{3}(\overline{BO}+\overline{OD})$

$\qquad\quad=\dfrac{1}{3}\overline{BD}=\dfrac{1}{3}\times24=8(\text{cm})$

6-2 답 36 cm²

오른쪽 그림과 같이 $\overline{PC}$를 그으면

$\square PMCO=\triangle PMC+\triangle PCO$

$\qquad\qquad=\dfrac{1}{6}\triangle ABC+\dfrac{1}{6}\triangle ABC$

$\qquad\qquad=\dfrac{1}{3}\triangle ABC$

$\qquad\qquad=\dfrac{1}{3}\times\dfrac{1}{2}\square ABCD=\dfrac{1}{6}\square ABCD$

$\therefore \square ABCD=6\square PMCO=6\times6=36(\text{cm}^2)$

• 95~98쪽

실전 문제로 단원 마무리하기

1 $x=3,\ y=18$	**2** ③	**3** ㄹ	**4** 3 cm
5 4 cm	**6** ④	**7** 9 cm	**8** 60 cm	**9** ③
10 $x=12,\ y=8$	**11** 8 cm	**12** 9 cm	**13** 5 cm
14 6 cm	**15** (20, 0)	**16** 5 cm	**17** ③
18 ⑤	**19** 12 cm		

서술형

20 $\dfrac{45}{8}$ cm	**21** 12 cm	**22** 8 cm	**23** 20 cm²

1 답 $x=3$, $y=18$

$\overline{AD}:\overline{DB}=\overline{AE}:\overline{EC}$이므로

$6:x=10:5$

$10x=30$ $\therefore x=3$

$\overline{AE}:\overline{AC}=\overline{DE}:\overline{BC}$이므로

$10:(10+5)=12:y$

$10y=180$ $\therefore y=18$

2 답 ③

$\overline{AD}:\overline{DB}=\overline{AE}:\overline{EC}$이므로 $\overline{AD}:24=10:(10+6)$에서

$16\overline{AD}=240$ $\therefore \overline{AD}=15(\text{cm})$

3 답 ㄹ

ㄱ. $\overline{AE}:\overline{EC}=15:5=3:1$

$\overline{AD}:\overline{DB}=16:4=4:1$

즉, $\overline{AE}:\overline{EC}\neq\overline{AD}:\overline{DB}$이므로 $\overline{BC}$와 $\overline{DE}$는 평행하지 않다.

ㄴ. $\overline{AB}:\overline{BD}=4:2=2:1$

$\overline{AC}:\overline{CE}=(8-3):3=5:3$

즉, $\overline{AB}:\overline{BD}\neq\overline{AC}:\overline{CE}$이므로 $\overline{BC}$와 $\overline{DE}$는 평행하지 않다.

ㄷ. $\overline{AB}:\overline{AD}=3:6=1:2$

$\overline{AC}:\overline{AE}=4:7$

즉, $\overline{AB}:\overline{AD}\neq\overline{AC}:\overline{AE}$이므로 $\overline{BC}$와 $\overline{DE}$는 평행하지 않다.

ㄹ. $\overline{AB}:\overline{BD}=7.5:10=3:4$

$\overline{AC}:\overline{CE}=9:12=3:4$

즉, $\overline{AB}:\overline{BD}=\overline{AC}:\overline{CE}$이므로 $\overline{BC}\,/\!/\,\overline{DE}$

따라서 $\overline{BC}\,/\!/\,\overline{DE}$인 것은 ㄹ이다.

4 답 3 cm

$\overline{AG}:\overline{AF}=\overline{DG}:\overline{BF}=8:10=4:5$이므로

$\overline{AG}:\overline{GF}=4:1$

$\overline{AE}:\overline{EC}=\overline{AG}:\overline{GF}$에서 $12:\overline{EC}=4:1$

$4\overline{EC}=12$ $\therefore \overline{EC}=3(\mathrm{cm})$

5 답 4 cm

$\overline{AD}$는 $\angle A$의 이등분선이므로 $\overline{AB}:\overline{AC}=\overline{BD}:\overline{CD}$에서

$10:8=(9-\overline{CD}):\overline{CD}$, $10\overline{CD}=72-8\overline{CD}$

$18\overline{CD}=72$ $\therefore \overline{CD}=4(\mathrm{cm})$

6 답 ④

④ $\triangle AMN:\triangle ABC=1^2:2^2=1:4$이므로

$\triangle AMN:\square MBCN=1:(4-1)=1:3$

7 답 9 cm

$\triangle AEC$에서 $\overline{AD}=\overline{DE}$, $\overline{AF}=\overline{FC}$이므로

$\overline{DF}\,/\!/\,\overline{EC}$

즉, $\triangle BFD$에서 $\overline{BE}=\overline{ED}$, $\overline{EP}\,/\!/\,\overline{DF}$이므로

$\overline{DF}=2\overline{EP}=2\times3=6(\mathrm{cm})$

$\triangle AEC$에서 $\overline{EC}=2\overline{DF}=2\times6=12(\mathrm{cm})$

$\overline{CP}=\overline{EC}-\overline{EP}=12-3=9(\mathrm{cm})$

8 답 60 cm

$\overline{EH}\,/\!/\,\overline{BD}\,/\!/\,\overline{FG}$, $\overline{HG}\,/\!/\,\overline{AC}\,/\!/\,\overline{EF}$이므로 사각형 EFGH는

평행사변형이다.

$\triangle ABC$와 $\triangle ACD$에서

$\overline{EF}=\overline{HG}=\dfrac{1}{2}\overline{AC}=\dfrac{1}{2}\times34=17(\mathrm{cm})$

$\triangle ABD$와 $\triangle BCD$에서

$\overline{EH}=\overline{FG}=\dfrac{1}{2}\overline{BD}=\dfrac{1}{2}\times26=13(\mathrm{cm})$

$\therefore$ ($\square$EFGH의 둘레의 길이)$=\overline{EF}+\overline{FG}+\overline{GH}+\overline{HE}$
$=17+13+17+13=60(\mathrm{cm})$

9 답 ③

$\overline{AD}\,/\!/\,\overline{BC}$, $\overline{AM}=\overline{MB}$, $\overline{DN}=\overline{NC}$이므로

$\overline{AD}\,/\!/\,\overline{MN}\,/\!/\,\overline{BC}$

오른쪽 그림과 같이 $\overline{AC}$를 긋고, $\overline{AC}$와

$\overline{MN}$의 교점을 P라 하면 $\triangle ABC$에서

$\overline{AM}=\overline{MB}$, $\overline{MP}\,/\!/\,\overline{BC}$이므로

$\overline{MP}=\dfrac{1}{2}\overline{BC}=\dfrac{1}{2}\times15=\dfrac{15}{2}(\mathrm{cm})$

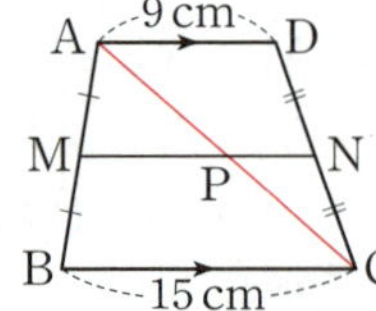

$\triangle ACD$에서 $\overline{DN}=\overline{NC}$, $\overline{AD}\,/\!/\,\overline{PN}$이므로

$\overline{PN}=\dfrac{1}{2}\overline{AD}=\dfrac{1}{2}\times9=\dfrac{9}{2}(\mathrm{cm})$

$\therefore \overline{MN}=\overline{MP}+\overline{PN}=\dfrac{15}{2}+\dfrac{9}{2}=12(\mathrm{cm})$

10 답 $x=12$, $y=8$

$x:6=8:4$에서 $4x=48$ $\therefore x=12$

$(24-y):y=8:4$에서 $8y=96-4y$

$12y=96$ $\therefore y=8$

11 답 8 cm

$\triangle AOD\backsim\triangle COB$(AA 닮음)이므로

$\overline{OA}:\overline{OC}=\overline{AD}:\overline{BC}=6:12=1:2$

$\triangle ABC$에서 $\overline{AO}:\overline{AC}=\overline{EO}:\overline{BC}$이므로

$1:(1+2)=\overline{EO}:12$

$3\overline{EO}=12$ $\therefore \overline{EO}=4(\mathrm{cm})$

$\triangle ACD$에서 $\overline{CO}:\overline{CA}=\overline{OF}:\overline{AD}$이므로

$2:(2+1)=\overline{OF}:6$

$3\overline{OF}=12$ $\therefore \overline{OF}=4(\mathrm{cm})$

$\therefore \overline{EF}=\overline{EO}+\overline{OF}=4+4=8(\mathrm{cm})$

12 답 9 cm

$\triangle ABE\backsim\triangle CDE$(AA 닮음)이므로

$\overline{BE}:\overline{DE}=\overline{AB}:\overline{CD}=12:20=3:5$

$\triangle ABD$에서

$\overline{AF}:\overline{AD}=\overline{BE}:\overline{BD}=3:(3+5)=3:8$이므로

$\overline{AF}:24=3:8$

$8\overline{AF}=72$ $\therefore \overline{AF}=9(\mathrm{cm})$

13 답 5 cm

$\overline{AD}$는 $\triangle ABC$의 중선이고, 직각삼각형에서 빗변의 중점은

외심이므로

$\overline{AD}=\overline{BD}=\overline{CD}=\dfrac{1}{2}\overline{BC}$

$=\dfrac{1}{2}\times15=\dfrac{15}{2}(\mathrm{cm})$

이때 $\overline{AG}:\overline{GD}=2:1$이므로

$\overline{AG}=\dfrac{2}{3}\overline{AD}=\dfrac{2}{3}\times\dfrac{15}{2}=5(\mathrm{cm})$

14 답 6 cm

점 G는 $\triangle ABC$의 무게중심이므로

$\overline{AG}:\overline{GD}=2:1$

$\therefore \overline{GD}=\dfrac{1}{3}\overline{AD}=\dfrac{1}{3}\times27=9(\mathrm{cm})$

점 G′은 $\triangle GBC$의 무게중심이므로

$\overline{GG'}:\overline{G'D}=2:1$

$\therefore \overline{GG'}=\dfrac{2}{3}\overline{GD}=\dfrac{2}{3}\times9=6(\mathrm{cm})$

15 탑 (20, 0)

오른쪽 그림과 같이 $\overline{AB}$와 x축이 만
나는 점을 C라 하면 $\overline{OC}$는 $\triangle AOB$
의 중선이므로 $\triangle AOB$의 무게중심은
$\overline{OC}$, 즉 x축 위에 있다.

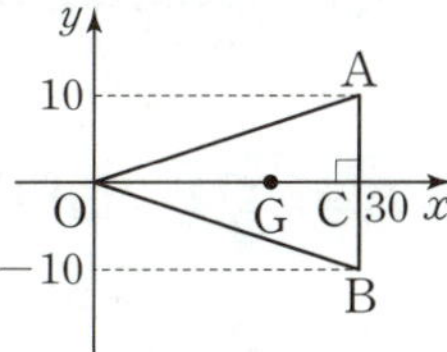

$\triangle AOB$의 무게중심을 G라 하면
$\overline{OG} : \overline{GC} = 2 : 1$이므로

$$\overline{OG} = \frac{2}{3}\overline{OC} = \frac{2}{3} \times 30 = 20$$

따라서 $\triangle AOB$의 무게중심의 위치를 좌표로 나타내면 (20, 0)
이다.

16 탑 5 cm

점 G는 $\triangle ABC$의 무게중심이므로 $\overline{AG} : \overline{GM} = 2 : 1$에서

$$\overline{GM} = \frac{1}{2}\overline{AG} = \frac{1}{2} \times 20 = 10(\text{cm})$$

이때 $\triangle GDE \backsim \triangle GBM$ (AA 닮음)이므로

$$\overline{GE} : \overline{GM} = \overline{GD} : \overline{GB} = 1 : 2$$

$$\therefore \overline{GE} = \frac{1}{2}\overline{GM} = \frac{1}{2} \times 10 = 5(\text{cm})$$

17 탑 ③

③ $\overline{AG} = \frac{2}{3}\overline{AD}$, $\overline{BG} = \frac{2}{3}\overline{BE}$, $\overline{CG} = \frac{2}{3}\overline{CF}$

이때 $\overline{AD}$, $\overline{BE}$, $\overline{CF}$의 길이를 알 수 없으므로
$\overline{AG} = \overline{BG} = \overline{CG}$라 할 수 없다.

18 탑 ⑤

$\triangle DBG$와 $\triangle DGE$의 밑변을 각각 $\overline{BG}$, $\overline{GE}$라 하면 두 삼각형은
높이가 같고 밑변의 길이의 비가 $\overline{BG} : \overline{GE} = 2 : 1$이므로

$$\triangle DBG : \triangle DGE = 2 : 1$$

따라서 $\triangle DBG = 2\triangle DGE = 2 \times 5 = 10(\text{cm}^2)$이므로

$$\triangle ABC = 6\triangle DBG = 6 \times 10 = 60(\text{cm}^2)$$

19 탑 12 cm

$\overline{AC}$와 $\overline{BD}$의 교점을 O라 하면
점 P는 $\triangle ABC$의 무게중심이므로

$$\overline{PO} = \frac{1}{2}\overline{BP} = \frac{1}{2} \times 8 = 4(\text{cm})$$

$$\therefore \overline{BD} = 2\overline{BO} = 2(\overline{BP} + \overline{PO}) = 2 \times (8+4) = 24(\text{cm})$$

$\triangle BCD$에서 $\overline{BM} = \overline{MC}$, $\overline{CN} = \overline{ND}$이므로

$$\overline{MN} = \frac{1}{2}\overline{BD} = \frac{1}{2} \times 24 = 12(\text{cm})$$

20 탑 $\dfrac{45}{8}$ cm

$\triangle ABC$에서 $\overline{DE} /\!/ \overline{BC}$이므로

$$\overline{AE} : \overline{EC} = \overline{AD} : \overline{DB} = 5 : 3$$

$$\therefore \overline{AE} = \frac{5}{8}\overline{AC} = \frac{5}{8} \times 24 = 15(\text{cm}) \qquad \cdots \text{(i)}$$

$\triangle ABE$에서 $\overline{DF} /\!/ \overline{BE}$이므로

$$\overline{AF} : \overline{FE} = \overline{AD} : \overline{DB} = 5 : 3$$

$$\therefore \overline{EF} = \frac{3}{8}\overline{AE} = \frac{3}{8} \times 15 = \frac{45}{8}(\text{cm}) \qquad \cdots \text{(ii)}$$

채점 기준	배점
(i) $\overline{AE}$의 길이 구하기	50 %
(ii) $\overline{EF}$의 길이 구하기	50 %

21 탑 12 cm

$\overline{AB} : \overline{AC} = \overline{BD} : \overline{CD}$이므로

$6 : 4 = 3 : \overline{CD}$, $6\overline{CD} = 12$ $\therefore \overline{CD} = 2(\text{cm})$ $\qquad \cdots \text{(i)}$

$\overline{AB} : \overline{AC} = \overline{BE} : \overline{CE}$이므로

$6 : 4 = (3 + 2 + \overline{CE}) : \overline{CE}$

$6\overline{CE} = 20 + 4\overline{CE}$, $2\overline{CE} = 20$ $\therefore \overline{CE} = 10(\text{cm})$ $\qquad \cdots \text{(ii)}$

$\therefore \overline{DE} = \overline{DC} + \overline{CE} = 2 + 10 = 12(\text{cm})$ $\qquad \cdots \text{(iii)}$

채점 기준	배점
(i) $\overline{CD}$의 길이 구하기	40 %
(ii) $\overline{CE}$의 길이 구하기	40 %
(iii) $\overline{DE}$의 길이 구하기	20 %

22 탑 8 cm

오른쪽 그림과 같이 점 A를 지나고
$\overline{DC}$에 평행한 직선을 그어 $\overline{EF}$, $\overline{BC}$와
만나는 점을 각각 G, H라 하면

$$\overline{HC} = \overline{GF} = \overline{AD} = 4 \text{ cm}$$

$$\therefore \overline{BH} = \overline{BC} - \overline{HC}$$
$$= 10 - 4 = 6(\text{cm}) \qquad \cdots \text{(i)}$$

$\triangle ABH$에서 $\overline{AE} : \overline{AB} = \overline{EG} : \overline{BH}$이므로

$6 : (6 + 3) = \overline{EG} : 6$

$9\overline{EG} = 36$ $\therefore \overline{EG} = 4(\text{cm})$ $\qquad \cdots \text{(ii)}$

$\therefore \overline{EF} = \overline{EG} + \overline{GF} = 4 + 4 = 8(\text{cm})$ $\qquad \cdots \text{(iii)}$

채점 기준	배점
(i) $\overline{BH}$의 길이 구하기	40 %
(ii) $\overline{EG}$의 길이 구하기	40 %
(iii) $\overline{EF}$의 길이 구하기	20 %

다른 풀이

오른쪽 그림과 같이 $\overline{AC}$를 긋고 $\overline{EF}$와
만나는 점을 G라 하자.

$\triangle ABC$에서 $\overline{AE} : \overline{AB} = \overline{EG} : \overline{BC}$
이므로

$6 : (6 + 3) = \overline{EG} : 10$

$9\overline{EG} = 60$ $\therefore \overline{EG} = \frac{20}{3}(\text{cm})$ $\qquad \cdots \text{(i)}$

또 $\overline{AD} /\!/ \overline{EF} /\!/ \overline{BC}$이므로

$$\overline{DF} : \overline{FC} = \overline{AE} : \overline{EB} = 6 : 3 = 2 : 1$$

이때 $\triangle ACD$에서 $\overline{GF} : \overline{AD} = \overline{CF} : \overline{CD}$이므로

$\overline{GF} : 4 = 1 : (1 + 2)$, $3\overline{GF} = 4$ $\therefore \overline{GF} = \frac{4}{3}(\text{cm})$ $\qquad \cdots \text{(ii)}$

$$\therefore \overline{EF}=\overline{EG}+\overline{GF}=\frac{20}{3}+\frac{4}{3}=8(\text{cm}) \qquad \cdots \text{(iii)}$$

채점 기준	배점
(i) $\overline{EG}$의 길이 구하기	40 %
(ii) $\overline{GF}$의 길이 구하기	40 %
(iii) $\overline{EF}$의 길이 구하기	20 %

23 답 $20\,\text{cm}^2$

오른쪽 그림과 같이 $\overline{PC}$, $\overline{QC}$를 각각
긋자.
$\square ABCD$는 평행사변형이므로
$\overline{OA}=\overline{OC}$, $\overline{OB}=\overline{OD}$
즉, 점 P는 $\triangle ABC$의 무게중심이므로

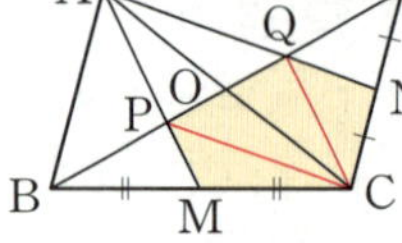

$$\square PMCO=\triangle PMC+\triangle PCO$$
$$=\frac{1}{6}\triangle ABC+\frac{1}{6}\triangle ABC$$
$$=\frac{1}{3}\triangle ABC$$
$$=\frac{1}{3}\times\frac{1}{2}\square ABCD$$
$$=\frac{1}{6}\square ABCD=\frac{1}{6}\times 60=10(\text{cm}^2) \qquad \cdots \text{(i)}$$

점 Q는 $\triangle ACD$의 무게중심이므로

$$\square OCNQ=\triangle QOC+\triangle QCN$$
$$=\frac{1}{6}\triangle ACD+\frac{1}{6}\triangle ACD$$
$$=\frac{1}{3}\triangle ACD$$
$$=\frac{1}{3}\times\frac{1}{2}\square ABCD$$
$$=\frac{1}{6}\square ABCD=\frac{1}{6}\times 60=10(\text{cm}^2) \qquad \cdots \text{(ii)}$$

$$\therefore (\text{색칠한 부분의 넓이})=\square PMCO+\square OCNQ$$
$$=10+10=20(\text{cm}^2) \qquad \cdots \text{(iii)}$$

채점 기준	배점
(i) $\square PMCO$의 넓이 구하기	40 %
(ii) $\square OCNQ$의 넓이 구하기	40 %
(iii) 색칠한 부분의 넓이 구하기	20 %

참고 두 점 P, Q는 각각 $\triangle ABC$, $\triangle ACD$에서 중선의 교점이므로
두 점 P, Q는 각각 $\triangle ABC$, $\triangle ACD$의 무게중심이다.

OX 문제로 개념 점검! ·99쪽

❶ $\times$ ❷ ○ ❸ ○ ❹ $\times$ ❺ ○ ❻ $\times$ ❼ ○ ❽ ○

❶ 삼각형의 두 변의 중점을 연결한 선분은 나머지 변과 평행하다.
❹ $2:4=x:6$이므로 $4x=12$ $\therefore x=3$
❻ 삼각형의 세 중선의 교점은 무게중심이다.

---

5 피타고라스 정리

개념 27 피타고라스 정리와 그 증명 ·103~107쪽

· 개념 확인하기

1 답 (1) 3, $x=5$ (2) 9, 15, $x=12$
(1) $4^2+3^2=x^2$에서 $x^2=25$
이때 $x>0$이므로 $x=5$
(2) $x^2+9^2=15^2$에서 $x^2=15^2-9^2=144$
이때 $x>0$이므로 $x=12$

2 답 (1) 10 (2) 13 (3) 12 (4) 8
(1) $6^2+8^2=x^2$에서 $x^2=100$
이때 $x>0$이므로 $x=10$
(2) $5^2+12^2=x^2$에서 $x^2=169$
이때 $x>0$이므로 $x=13$
(3) $16^2+x^2=20^2$에서 $x^2=20^2-16^2=144$
이때 $x>0$이므로 $x=12$
(4) $x^2+15^2=17^2$에서 $x^2=17^2-15^2=64$
이때 $x>0$이므로 $x=8$

3 답 (1) 12 (2) 16
(1) $\triangle ABD$에서 $\overline{AD}^2=15^2-9^2=144$
이때 $\overline{AD}>0$이므로 $\overline{AD}=12$
(2) $\overline{AD}=12$이므로 $\triangle ADC$에서
$\overline{CD}^2=20^2-12^2=256$
이때 $\overline{CD}>0$이므로 $\overline{CD}=16$

4 답 (1) 25 (2) 7
(1) $\triangle ABC$에서 $\overline{AC}^2=20^2+15^2=625$
이때 $\overline{AC}>0$이므로 $\overline{AC}=25$
(2) $\overline{AC}=25$이므로 $\triangle ACD$에서
$\overline{CD}^2=25^2-24^2=49$
이때 $\overline{CD}>0$이므로 $\overline{CD}=7$

5 답 $\overline{BC}$, $\angle GBC$, SAS, $\triangle BLG$, $\triangle BCG$, $\triangle BLG$

6 답 (1) 9 (2) 4
(1) $\square BHML=\square BAFG=\overline{AB}^2=3^2=9$
(2) $\square BHIC=\square BAFG+\square CDEA$이므로
$12=\square BAFG+8$ $\therefore \square BAFG=4$

7 답 (1) 4 (2) 52
(1) $\triangle AEH\equiv\triangle DHG$ (SAS 합동)이므로 $\overline{AE}=\overline{DH}=4$

(2) $\triangle$AEH에서 $\overline{\text{EH}}^2 = 6^2 + 4^2 = 52$

이때 $\square$EFGH는 정사각형이므로 $\square$EFGH $= \overline{\text{EH}}^2 = 52$

예제 1 답 56 cm

$\overline{\text{AC}}^2 = 25^2 - 7^2 = 576$

이때 $\overline{\text{AC}} > 0$이므로 $\overline{\text{AC}} = 24(\text{cm})$

$\therefore$ ($\triangle$ABC의 둘레의 길이) $= 7 + 25 + 24 = 56(\text{cm})$

1-1 답 17 cm

$\triangle$ABC의 넓이가 $60\,\text{cm}^2$이므로

$\dfrac{1}{2} \times 15 \times \overline{\text{AC}} = 60$ $\therefore \overline{\text{AC}} = 8(\text{cm})$

$\therefore \overline{\text{BC}}^2 = 15^2 + 8^2 = 289$

이때 $\overline{\text{BC}} > 0$이므로 $\overline{\text{BC}} = 17(\text{cm})$

1-2 답 25 cm

마름모의 두 대각선은 서로를 수직이등분하므로

$\overline{\text{AC}} \perp \overline{\text{BD}}$, $\overline{\text{AO}} = \overline{\text{CO}}$, $\overline{\text{BO}} = \overline{\text{DO}}$

따라서 직각삼각형 ABO에서 $\overline{\text{AO}} = 15\,\text{cm}$, $\overline{\text{BO}} = 20\,\text{cm}$이므로

$\overline{\text{AB}}^2 = 15^2 + 20^2 = 625$

이때 $\overline{\text{AB}} > 0$이므로 $\overline{\text{AB}} = 25(\text{cm})$

따라서 마름모 ABCD의 한 변의 길이는 $25\,\text{cm}$이다.

예제 2 답 $120\,\text{cm}^2$

$\triangle$ABC에서 $\overline{\text{BC}}^2 = 17^2 - 8^2 = 225$

이때 $\overline{\text{BC}} > 0$이므로 $\overline{\text{BC}} = 15(\text{cm})$

$\therefore \square$ABCD $= 15 \times 8 = 120(\text{cm}^2)$

2-1 답 $52\,\text{cm}^2$

$\triangle$ABD에서 $\overline{\text{BD}}^2 = 4^2 + 6^2 = 52$

이때 $\square$BEFD는 정사각형이므로

$\square$BEFD $= \overline{\text{BD}}^2 = 52(\text{cm}^2)$

2-2 답 $10\pi\,\text{cm}$

직사각형 ABCD의 대각선 BD는 원의 지름과 같다.

이때 $\overline{\text{BD}}^2 = 8^2 + 6^2 = 100$이고, $\overline{\text{BD}} > 0$이므로 $\overline{\text{BD}} = 10(\text{cm})$

따라서 직사각형 ABCD에 외접하는 원의 지름의 길이가 $10\,\text{cm}$,

즉 반지름의 길이가 $\dfrac{10}{2} = 5(\text{cm})$이므로 그 둘레의 길이는

$2\pi \times 5 = 10\pi(\text{cm})$

예제 3 답 $x = 12$, $y = 13$

$\triangle$ABD에서 $x^2 = 15^2 - 9^2 = 144$

이때 $x > 0$이므로 $x = 12$

$\triangle$ADC에서 $y^2 = 5^2 + 12^2 = 169$

이때 $y > 0$이므로 $y = 13$

3-1 답 10 cm

$\triangle$ABC에서 $\overline{\text{AB}}^2 = 17^2 - (6+9)^2 = 64$

이때 $\overline{\text{AB}} > 0$이므로 $\overline{\text{AB}} = 8(\text{cm})$

$\triangle$ABD에서 $\overline{\text{AD}}^2 = 6^2 + 8^2 = 100$

이때 $\overline{\text{AD}} > 0$이므로 $\overline{\text{AD}} = 10(\text{cm})$

3-2 답 36 cm

$\triangle$BCD에서 $\overline{\text{CD}}^2 = 20^2 - 16^2 = 144$

이때 $\overline{\text{CD}} > 0$이므로 $\overline{\text{CD}} = 12(\text{cm})$

$\triangle$ADC에서 $\overline{\text{AD}}^2 = 15^2 - 12^2 = 81$

이때 $\overline{\text{AD}} > 0$이므로 $\overline{\text{AD}} = 9(\text{cm})$

$\therefore$ ($\triangle$ADC의 둘레의 길이) $= \overline{\text{AD}} + \overline{\text{DC}} + \overline{\text{CA}}$

$= 9 + 12 + 15 = 36(\text{cm})$

예제 4 답 15 cm

오른쪽 그림과 같이 꼭짓점 D에서 $\overline{\text{BC}}$에 내린 수선의 발을 H라 하면

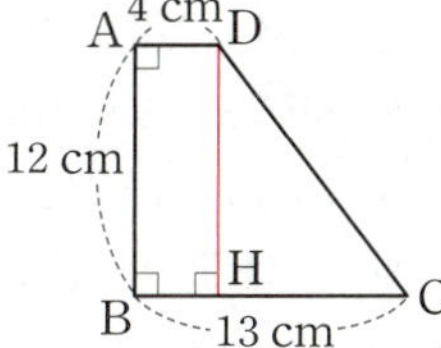

$\overline{\text{BH}} = \overline{\text{AD}} = 4\,\text{cm}$,

$\overline{\text{DH}} = \overline{\text{AB}} = 12\,\text{cm}$

$\overline{\text{HC}} = \overline{\text{BC}} - \overline{\text{BH}} = 13 - 4 = 9(\text{cm})$

이므로 $\triangle$DHC에서

$\overline{\text{CD}}^2 = 9^2 + 12^2 = 225$

이때 $\overline{\text{CD}} > 0$이므로 $\overline{\text{CD}} = 15(\text{cm})$

4-1 답 17 cm

오른쪽 그림과 같이 꼭짓점 A에서 $\overline{\text{BC}}$에 내린 수선의 발을 H라 하면

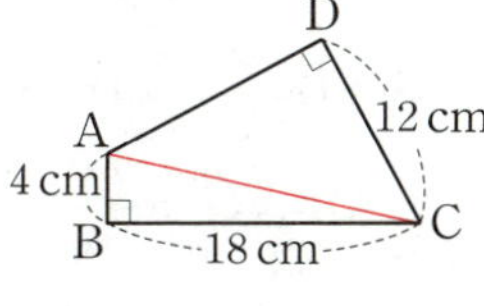

$\overline{\text{HC}} = \overline{\text{AD}} = 9\,\text{cm}$

$\overline{\text{BH}} = \overline{\text{BC}} - \overline{\text{HC}} = 15 - 9 = 6(\text{cm})$

이므로 $\triangle$ABH에서 $\overline{\text{AH}}^2 = 10^2 - 6^2 = 64$

이때 $\overline{\text{AH}} > 0$이므로 $\overline{\text{AH}} = 8(\text{cm})$

따라서 $\overline{\text{DC}} = \overline{\text{AH}} = 8\,\text{cm}$이므로 $\triangle$DBC에서

$\overline{\text{BD}}^2 = 15^2 + 8^2 = 289$

이때 $\overline{\text{BD}} > 0$이므로 $\overline{\text{BD}} = 17(\text{cm})$

4-2 답 14 cm

오른쪽 그림과 같이 $\overline{\text{AC}}$를 그으면

$\triangle$ABC에서

$\overline{\text{AC}}^2 = 18^2 + 4^2 = 340$

$\triangle$ACD에서

$\overline{\text{AD}}^2 = 340 - 12^2 = 196$

이때 $\overline{\text{AD}} > 0$이므로 $\overline{\text{AD}} = 14(\text{cm})$

예제 5 답 3 cm

$\overline{\text{DQ}} = \overline{\text{AD}} = 15\,\text{cm}$이므로

$\triangle$DQC에서

$\overline{\text{QC}}^2 = 15^2 - 9^2 = 144$

이때 $\overline{QC}>0$이므로 $\overline{QC}=12\,(\mathrm{cm})$

$\therefore\ \overline{BQ}=\overline{BC}-\overline{QC}=15-12=3\,(\mathrm{cm})$

5-1 답 32 cm

$\angle PBD=\angle DBC$ (접은 각), $\angle PDB=\angle DBC$ (엇각)이므로

$\angle PBD=\angle PDB$

즉, $\triangle PBD$는 이등변삼각형이므로

$\overline{PB}=\overline{PD}=20\,\mathrm{cm}$

$\triangle ABP$에서 $\overline{AB}=\overline{DC}=16\,\mathrm{cm}$이므로

$\overline{AP}^2=20^2-16^2=144$

이때 $\overline{AP}>0$이므로 $\overline{AP}=12\,(\mathrm{cm})$

$\therefore\ \overline{AD}=\overline{AP}+\overline{PD}=12+20=32\,(\mathrm{cm})$

5-2 답 5 cm

$\overline{AE}=\overline{AD}=10\,\mathrm{cm}$이므로

$\triangle ABE$에서 $\overline{BE}^2=10^2-8^2=36$

이때 $\overline{BE}>0$이므로 $\overline{BE}=6\,(\mathrm{cm})$

$\therefore\ \overline{CE}=10-6=4\,(\mathrm{cm})$

이때 $\triangle ABE\backsim\triangle ECF$ (AA 닮음)이므로

$8:4=10:\overline{EF}$, $8\overline{EF}=40$

$\therefore\ \overline{EF}=5\,(\mathrm{cm})$

예제 6 답 $x=\dfrac{48}{5}$, $y=\dfrac{64}{5}$

$\triangle ABC$에서 $\overline{AC}^2=20^2-12^2=256$

이때 $\overline{AC}>0$이므로 $\overline{AC}=16\,(\mathrm{cm})$

$\overline{AB}\times\overline{AC}=\overline{BC}\times\overline{AD}$이므로

$12\times16=20\times x\qquad\therefore\ x=\dfrac{48}{5}$

$\overline{AC}^2=\overline{CD}\times\overline{CB}$이므로

$16^2=y\times20\qquad\therefore\ y=\dfrac{64}{5}\,(\mathrm{cm})$

6-1 답 ①

$\triangle AHC$에서 $\overline{AH}^2=5^2-3^2=16$

이때 $\overline{AH}>0$이므로 $\overline{AH}=4\,(\mathrm{cm})$

$\overline{AC}^2=\overline{CH}\times\overline{BC}$이므로

$5^2=3\times\overline{BC}\qquad\therefore\ \overline{BC}=\dfrac{25}{3}\,(\mathrm{cm})$

$\therefore\ \triangle ABC=\dfrac{1}{2}\times\dfrac{25}{3}\times4=\dfrac{50}{3}\,(\mathrm{cm}^2)$

6-2 답 $\dfrac{36}{5}$ cm

$\triangle ABC$에서 $\overline{BC}^2=12^2+9^2=225$

이때 $\overline{BC}>0$이므로 $\overline{BC}=15\,(\mathrm{cm})$

$\overline{AB}\times\overline{AC}=\overline{BC}\times\overline{AD}$이므로

$12\times9=15\times\overline{AD}\qquad\therefore\ \overline{AD}=\dfrac{36}{5}\,(\mathrm{cm})$

예제 7 답 7 cm

$\square AFGB=\square ACDE+\square BHIC$

$\qquad\quad=33+16=49\,(\mathrm{cm}^2)$

따라서 $\overline{AB}^2=49$이고, $\overline{AB}>0$이므로 $\overline{AB}=7\,(\mathrm{cm})$

7-1 답 9 cm²

$\square BFGC=\square ADEB-\square ACHI$

$\qquad\quad=25-16=9\,(\mathrm{cm}^2)$

7-2 답 72 cm²

$\triangle ABC$에서 $\overline{AB}^2=15^2-9^2=144$

이때 $\overline{AB}>0$이므로 $\overline{AB}=12\,(\mathrm{cm})$

이때 $\triangle ABF\equiv\triangle EBC$ (SAS 합동)이므로

$\triangle ABF=\triangle EBC=\triangle EBA=\dfrac{1}{2}\square ADEB=\dfrac{1}{2}\overline{AB}^2$

$\qquad\qquad\qquad=\dfrac{1}{2}\times12^2=72\,(\mathrm{cm}^2)$

예제 8 답 ①

$\overline{DH}=3\,\mathrm{cm}$이므로

$\overline{AH}=\overline{AD}-\overline{DH}=10-3=7\,(\mathrm{cm})$

$\triangle AEH$에서 $\overline{EH}^2=3^2+7^2=58$이고,

$\square EFGH$는 정사각형이므로

$\square EFGH=\overline{EH}^2=58\,(\mathrm{cm}^2)$

8-1 답 (1) 15 cm (2) 23 cm (3) 529 cm²

(1) $\square EFGH$는 정사각형이고

$\quad\square EFGH=\overline{EF}^2=289\,\mathrm{cm}^2$

$\quad$이때 $\overline{EF}>0$이므로 $\overline{EF}=17\,(\mathrm{cm})$

$\quad\triangle EBF$에서 $\overline{BE}^2=17^2-8^2=225$

$\quad$이때 $\overline{BE}>0$이므로 $\overline{BE}=15\,(\mathrm{cm})$

(2) $\overline{AB}=\overline{AE}+\overline{EB}=8+15=23\,(\mathrm{cm})$

(3) $\square ABCD=\overline{AB}^2=23^2=529\,(\mathrm{cm}^2)$

개념 **28** 직각삼각형이 되기 위한 조건 ·108~109쪽

• 개념 확인하기

1 답 (1) ○ (2) × (3) × (4) ○

(1) $3^2+4^2=5^2$이므로 직각삼각형이다.

(2) $5^2+6^2\neq7^2$이므로 직각삼각형이 아니다.

(3) $10^2+12^2\neq15^2$이므로 직각삼각형이 아니다.

(4) $15^2+8^2=17^2$이므로 직각삼각형이다.

2 답 (1) 둔각삼각형 (2) 예각삼각형 (3) 직각삼각형

$\qquad$ (4) 예각삼각형 (5) 둔각삼각형 (6) 직각삼각형

(1) $2^2+3^2<4^2$이므로 둔각삼각형이다.
(2) $4^2+5^2>6^2$이므로 예각삼각형이다.
(3) $5^2+12^2=13^2$이므로 직각삼각형이다.
(4) $6^2+10^2>11^2$이므로 예각삼각형이다.
(5) $8^2+14^2<17^2$이므로 둔각삼각형이다.
(6) $9^2+40^2=41^2$이므로 직각삼각형이다.

대표 예제로 개념 익히기

예제 1 답 ①, ③

① $3^2+3^2\neq4^2$이므로 직각삼각형이 아니다.
② $7^2+24^2=25^2$이므로 직각삼각형이다.
③ $8^2+10^2\neq15^2$이므로 직각삼각형이 아니다.
④ $9^2+12^2=15^2$이므로 직각삼각형이다.
⑤ $15^2+20^2=25^2$이므로 직각삼각형이다.
따라서 직각삼각형이 아닌 것은 ①, ③이다.

1-1 답 ⑤

① $2^2+4^2\neq5^2$이므로 직각삼각형이 아니다.
② $4^2+5^2\neq8^2$이므로 직각삼각형이 아니다.
③ $5^2+10^2\neq13^2$이므로 직각삼각형이 아니다.
④ $6^2+8^2\neq11^2$이므로 직각삼각형이 아니다.
⑤ $9^2+12^2=15^2$이므로 직각삼각형이다.
따라서 직각삼각형인 것은 ⑤이다.

1-2 답 28, 100

(i) 가장 긴 막대의 길이가 $8\,cm$일 때
　$6^2+x^2=8^2$이므로 $x^2=28$
(ii) 가장 긴 막대의 길이가 $x\,cm$일 때
　$x^2=6^2+8^2=100$
따라서 (i), (ii)에서 가능한 x^2의 값은 28, 100이다.

예제 2 답 ②, ⑤

② $\angle C<90°$이면 $c^2<a^2+b^2$이다.
⑤ $b^2=a^2+c^2$이면 $\angle B=90°$인 직각삼각형이다.

2-1 답 ②, ④

① $2^2+4^2<5^2$이므로 둔각삼각형이다.
② $4^2+6^2>7^2$이므로 예각삼각형이다.
③ $5^2+10^2<12^2$이므로 둔각삼각형이다.
④ $6^2+9^2>10^2$이므로 예각삼각형이다.
⑤ $7^2+24^2=25^2$이므로 직각삼각형이다.
따라서 예각삼각형인 것은 ②, ④이다.

2-2 답 ③

$7^2>3^2+5^2$이므로 $\triangle ABC$는 $\angle B>90°$인 둔각삼각형이다.

개념 **29** **피타고라스 정리의 활용(1)** ·110~111쪽

· 개념 확인하기

1 답 (가) $\overline{AE}^2$　(나) $\overline{BC}^2$　(다) $\overline{AE}^2$　(라) $\overline{AC}^2$　(마) $\overline{CD}^2$

2 답 (가) b^2　(나) c^2　(다) d^2　(라) a^2

대표 예제로 개념 익히기

예제 1 답 (1) 5　(2) 46

(1) $x^2+6^2=5^2+4^2$　　∴ $x^2=5$
(2) $11^2+5^2=x^2+10^2$　　∴ $x^2=46$

1-1 답 164

$\overline{DE}^2+\overline{BC}^2=\overline{BE}^2+\overline{CD}^2=8^2+10^2=164$

1-2 답 30

$\triangle ABC$에서 $\overline{BC}^2=8^2+6^2=100$
이때 $\overline{BC}>0$이므로 $\overline{BC}=10$
$\overline{DE}^2+10^2=9^2+7^2$　　∴ $\overline{DE}^2=30$

예제 2 답 (1) 24　(2) 12

(1) $2^2+6^2=4^2+x^2$　　∴ $x^2=24$
(2) $x^2+7^2=5^2+6^2$　　∴ $x^2=12$

2-1 답 108

$8^2+12^2=\overline{BC}^2+10^2$　　∴ $\overline{BC}^2=108$
따라서 $\triangle OBC$에서
$\overline{OB}^2+\overline{OC}^2=\overline{BC}^2=108$

2-2 답 36

$y^2+10^2=x^2+8^2$
∴ $x^2-y^2=100-64=36$

개념 **30** **피타고라스 정리의 활용(2)** ·112~113쪽

· 개념 확인하기

1 답 (1) 26　(2) 15　(3) 39

(1) (색칠한 부분의 넓이)$=10+16=26$
(2) (색칠한 부분의 넓이)$=28-13=15$
(3) (색칠한 부분의 넓이)$=26+13=39$

2 답 (1) ① $\dfrac{25}{2}\pi$, ② $\dfrac{25}{2}\pi$ (2) ① 6, ② 6

(1) ① $\dfrac{1}{2}\times\pi\times\left(\dfrac{1}{2}\times10\right)^2=\dfrac{25}{2}\pi$

② (색칠한 부분의 넓이)

$=(\overline{BC}$를 지름으로 하는 반원의 넓이)

$=\dfrac{25}{2}\pi$

(2) ① $\triangle ABC=\dfrac{1}{2}\times4\times3=6$

② (색칠한 부분의 넓이)$=\triangle ABC=6$

예제 1 답 ②

색칠한 부분의 넓이는 $\overline{BC}$를 지름으로 하는 반원의 넓이와 같으므로

$\dfrac{1}{2}\times\pi\times\left(\dfrac{1}{2}\times14\right)^2=\dfrac{49}{2}\pi\,(\text{cm}^2)$

1-1 답 $9\pi\,\text{cm}^2$

$\overline{AB}$, $\overline{AC}$, $\overline{BC}$를 각각 지름으로 하는 반원의 넓이를 P, Q, R 이라 하면 $P+Q=R$이므로

(색칠한 부분의 넓이)$=P+Q+R=2R$

$=2\times\left(\dfrac{1}{2}\times\pi\times3^2\right)=9\pi\,(\text{cm}^2)$

1-2 답 $18\pi\,\text{cm}^2$

$(\overline{AC}$를 지름으로 하는 반원의 넓이)$=\dfrac{1}{2}\times\pi\times4^2=8\pi\,(\text{cm}^2)$

∴ (색칠한 부분의 넓이)$=26\pi-8\pi=18\pi\,(\text{cm}^2)$

예제 2 답 $24\,\text{cm}^2$

$\triangle ABC$에서 $\overline{AB}^2=10^2-8^2=36$

이때 $\overline{AB}>0$이므로 $\overline{AB}=6\,(\text{cm})$

∴ (색칠한 부분의 넓이)$=\triangle ABC$

$=\dfrac{1}{2}\times6\times8=24\,(\text{cm}^2)$

2-1 답 $108\,\text{cm}^2$

(색칠한 부분의 넓이)$=2\triangle ABC$

$=2\times\left(\dfrac{1}{2}\times12\times9\right)=108\,(\text{cm}^2)$

2-2 답 $13\,\text{cm}$

색칠한 부분의 넓이는 $\triangle ABC$의 넓이와 같으므로

$30=\dfrac{1}{2}\times\overline{AB}\times5$ ∴ $\overline{AB}=12\,(\text{cm})$

따라서 $\triangle ABC$에서 $\overline{BC}^2=12^2+5^2=169$

이때 $\overline{BC}>0$이므로 $\overline{BC}=13\,(\text{cm})$

---

1 12 cm	**2** ③	**3** 17 cm	**4** 50 m	**5** $\dfrac{14}{5}$ cm
6 180	**7** 24 cm²	**8** ③	**9** 196 cm²	
10 ①, ⑤	**11** ①	**12** 15	**13** ②	**14** 3
15 ③	**16** 90 cm²			

서술형

17 32 cm **18** 36초

1 답 12 cm

$\overline{BC}^2=13^2-5^2=144$

이때 $\overline{BC}>0$이므로 $\overline{BC}=12\,(\text{cm})$

2 답 ③

$\overline{BC}=4a$, $\overline{CD}=3a\,(a>0)$라 하면

$\triangle BCD$에서 $(4a)^2+(3a)^2=15^2$

$25a^2=225$, $a^2=9$ ∴ $a=3$

∴ $\overline{BC}=4a=4\times3=12\,(\text{cm})$

3 답 17 cm

$\triangle BCD$에서 $\overline{BC}^2=10^2-6^2=64$

이때 $\overline{BC}>0$이므로 $\overline{BC}=8\,(\text{cm})$

$\triangle ABC$에서 $\overline{AB}^2=8^2+(6+9)^2=289$

이때 $\overline{AB}>0$이므로 $\overline{AB}=17\,(\text{cm})$

4 답 50 m

오른쪽 그림과 같이 점 C에서 $\overline{AB}$에 내린 수선의 발을 H라 하면

$\overline{CH}=\overline{AD}=40\,\text{m}$

$\overline{AH}=\overline{CD}=20\,\text{m}$이므로

$\overline{BH}=50-20=30\,(\text{m})$

$\triangle BCH$에서 $\overline{BC}^2=40^2+30^2=2500$

이때 $\overline{BC}>0$이므로 $\overline{BC}=50\,(\text{m})$

따라서 새가 날아가야 하는 최단 거리는 50 m이다.

5 답 $\dfrac{14}{5}$ cm

$\triangle ABD$에서 $\overline{BD}^2=6^2+8^2=100$

이때 $\overline{BD}>0$이므로 $\overline{BD}=10\,(\text{cm})$

$\overline{AB}^2=\overline{BE}\times\overline{BD}$이므로 $6^2=\overline{BE}\times10$

∴ $\overline{BE}=\dfrac{18}{5}\,(\text{cm})$

$\triangle BCD$에서 $\overline{CD}^2=\overline{DF}\times\overline{DB}$이므로

$6^2=\overline{DF}\times10$ ∴ $\overline{DF}=\dfrac{18}{5}\,(\text{cm})$

∴ $\overline{EF}=\overline{BD}-(\overline{BE}+\overline{DF})$

$=10-\left(\dfrac{18}{5}+\dfrac{18}{5}\right)=\dfrac{14}{5}\,(\text{cm})$

6 답 180

$\overline{AD}=3\overline{GD}=3\times3=9$

점 D가 직각삼각형 ABC의 빗변의 중점이므로

점 D는 △ABC의 외심이다.

즉, $\overline{BD}=\overline{CD}=\overline{AD}=9$

따라서 $\overline{BC}=2\overline{BD}=18$이므로

$\overline{AB}^2=18^2-12^2=180$

7 답 $24\,\text{cm}^2$

$\square AFGB=\square ACDE+\square BHIC$이므로

$\square BHIC=100-36=64\,(\text{cm}^2)$

즉, $\overline{BC}^2=64$이고, $\overline{BC}>0$이므로 $\overline{BC}=8\,(\text{cm})$

이때 $\overline{AC}^2=36$이고, $\overline{AC}>0$이므로 $\overline{AC}=6\,(\text{cm})$

$\therefore \triangle ABC=\dfrac{1}{2}\times\overline{AC}\times\overline{BC}=\dfrac{1}{2}\times6\times8=24\,(\text{cm}^2)$

8 답 ③

① $4\times3=\overline{AL}\times5$　$\therefore \overline{AL}=\dfrac{12}{5}$

② $\triangle EBC=\triangle EBA=\dfrac{1}{2}\times4\times4=8$

③ $\triangle ABF=\triangle EBC=8$

④ $\square LMGC=\square ACHI=3\times3=9$

⑤ $\triangle ABC=\dfrac{1}{2}\times4\times3=6$

$\dfrac{1}{2}\square ACHI=\dfrac{1}{2}\times9=\dfrac{9}{2}$

$\therefore \triangle ABC\neq\dfrac{1}{2}\square ACHI$

따라서 옳은 것은 ③이다.

9 답 $196\,\text{cm}^2$

$\square EFGH$는 정사각형이고 $\square EFGH=100\,\text{cm}^2$이므로

$\overline{EH}^2=100$

이때 $\overline{EH}>0$이므로 $\overline{EH}=10\,(\text{cm})$

$\triangle AEH$에서 $\overline{AH}^2=10^2-6^2=64$

이때 $\overline{AH}>0$이므로 $\overline{AH}=8\,(\text{cm})$

$\therefore \overline{AD}=\overline{AH}+\overline{HD}=8+6=14\,(\text{cm})$

$\therefore \square ABCD=\overline{AD}^2=14^2=196\,(\text{cm}^2)$

10 답 ①, ⑤

① $3^2+4^2=5^2$이므로 직각삼각형이다.

⑤ $20^2+21^2=29^2$이므로 직각삼각형이다.

11 답 ①

$\triangle AHC$에서 $\overline{AH}^2=13^2-5^2=144$

이때 $\overline{AH}>0$이므로 $\overline{AH}=12\,(\text{cm})$

$\triangle ABH$에서 $\overline{AB}^2=16^2+12^2=400$

이때 $\overline{AB}>0$이므로 $\overline{AB}=20\,(\text{cm})$

따라서 $(16+5)^2<20^2+13^2$이므로 △ABC는 예각삼각형이다.

12 답 15

삼각형의 세 변의 길이 사이의 관계에 의하여

$x<4+5$에서 $x<9$

이때 $x>0$이므로 $0<x<9$　　…㉠

△ABC는 둔각삼각형이므로

$x^2>4^2+5^2$에서 $x^2>41$　　…㉡

따라서 ㉠, ㉡을 모두 만족시키는 자연수 x는 7, 8이므로

구하는 합은 $7+8=15$

13 답 ②

$\triangle ADE$에서 $\overline{DE}^2=5^2+3^2=34$

$\triangle ADC$에서 $\overline{CD}^2=5^2+(3+7)^2=125$

이때 $\overline{DE}^2+\overline{BC}^2=\overline{BE}^2+\overline{CD}^2$이므로

$34+\overline{BC}^2=\overline{BE}^2+125$

$\therefore \overline{BC}^2-\overline{BE}^2=125-34=91$

14 답 3

$\overline{AB}^2+\overline{CD}^2=\overline{BC}^2+\overline{AD}^2$이므로

$10^2+11^2=14^2+\overline{AD}^2$　　$\therefore \overline{AD}^2=25$

이때 $\overline{AD}>0$이므로 $\overline{AD}=5$

$\triangle AOD$에서 $\overline{AO}^2=5^2-4^2=9$

이때 $\overline{AO}>0$이므로 $\overline{AO}=3$

15 답 ③

($\overline{BC}$를 지름으로 하는 반원의 넓이)$=32\pi+18\pi=50\pi\,(\text{cm}^2)$

이므로

$\dfrac{1}{2}\times\pi\times\left(\dfrac{\overline{BC}}{2}\right)^2=50\pi$에서 $\overline{BC}^2=400$

이때 $\overline{BC}>0$이므로 $\overline{BC}=20\,(\text{cm})$

16 답 $90\,\text{cm}^2$

오른쪽 그림과 같이 색칠한 부분의 넓이를

각각 S_1, S_2, S_3, S_4라 하자.

$\overline{BD}$를 그으면 △ABD, △BCD는 각각

직각삼각형이므로

$S_1+S_2=\triangle ABD$,

$S_3+S_4=\triangle BCD$

$\therefore$ (색칠한 부분의 넓이)$=S_1+S_2+S_3+S_4$

$=\triangle ABD+\triangle BCD$

$=\square ABCD$

$=9\times10=90\,(\text{cm}^2)$

17 답 $32\,\text{cm}$

$\overline{RD}=\overline{AB}=16\,\text{cm}$이므로 △QDR에서

$\overline{RQ}^2=20^2-16^2=144$

이때 $\overline{RQ}>0$이므로 $\overline{RQ}=12\,(\text{cm})$　　…(i)

$\overline{AQ}=\overline{RQ}=12\,\text{cm}$이므로

$\overline{BC}=\overline{AD}=\overline{AQ}+\overline{QD}=12+20=32\,(\text{cm})$　　…(ii)

채점 기준	배점
(i) $\overline{RQ}$의 길이 구하기	60 %
(ii) $\overline{BC}$의 길이 구하기	40 %

18 답 36초

$\overline{AP}=x$ m라 하면 $\overline{AP}^2+\overline{CP}^2=\overline{BP}^2+\overline{DP}^2$이므로

$x^2+20^2=12^2+34^2,\ x^2=900$

이때 $x>0$이므로 $x=30$ $\cdots$ (i)

따라서 집 A에서 공원 P까지의 거리는 30 m, 즉 0.03 km이므로 집 A에서 출발하여 시속 3 km로 걸어서 공원 P까지 가는 데 걸리는 시간은

$\dfrac{0.03}{3}=0.01$(시간)$=0.6$(분)$=36$(초) $\cdots$ (ii)

채점 기준	배점
(i) $\overline{AP}$의 길이 구하기	60 %
(ii) 공원 P까지 가는 데 걸린 시간 구하기	40 %

OX 문제로 개념 점검! ·117쪽

❶ ○ ❷ ○ ❸ × ❹ × ❺ ○ ❻ ×

❸ $\square BFGC=\square ADEB+\square ACHI$

❹ $6^2+8^2\neq12^2$이므로 세 변의 길이가 각각 6 cm, 8 cm, 12 cm인 삼각형은 직각삼각형이 아니다.

❻ 세 변의 길이가 각각 a, b, c인 △ABC에서 c가 가장 긴 변의 길이일 때, $c^2<a^2+b^2$이면 △ABC는 예각삼각형이다.

6 경우의 수와 확률

개념 31 사건 A 또는 사건 B가 일어나는 경우의 수 ·120~121쪽

·개념 확인하기

1 답 (1) 3 (2) 4 (3) 3 (4) 4

(1) 짝수의 눈이 나오는 경우는 2, 4, 6이므로 구하는 경우의 수는 3이다.

(2) 4 이하의 눈이 나오는 경우는 1, 2, 3, 4이므로 구하는 경우의 수는 4이다.

(3) 소수의 눈이 나오는 경우는 2, 3, 5이므로 구하는 경우의 수는 3이다.

(4) 6의 약수의 눈이 나오는 경우는 1, 2, 3, 6이므로 구하는 경우의 수는 4이다.

2 답 (1) 2 (2) 3 (3) 5

(1) 고속버스를 타고 가는 경우는 일반 고속버스, 우등 고속버스이므로 구하는 경우의 수는 2이다.

(2) 기차를 타고 가는 경우는 KTX, 새마을호, 무궁화호이므로 구하는 경우의 수는 3이다.

(3) 고속버스 또는 기차를 타고 가는 경우의 수는

$2+3=5$

3 답 (1) 3 (2) 1 (3) 4

(1) 4보다 작은 수가 적힌 공이 나오는 경우는 1, 2, 3이므로 구하는 경우의 수는 3이다.

(2) 9보다 큰 수가 적힌 공이 나오는 경우는 10이므로 구하는 경우의 수는 1이다.

(3) 4보다 작거나 9보다 큰 수가 적힌 공이 나오는 경우의 수는

$3+1=4$

대표 예제로 개념 익히기

예제 **1** 답 (1) 4 (2) 2 (3) 6

(3) 버스 노선으로 가는 경우의 수는 4

지하철 노선으로 가는 경우의 수는 2

따라서 버스 또는 지하철 노선으로 가는 경우의 수는

$4+2=6$

1-1 답 9

김밥을 주문하는 경우의 수는 5

라면을 주문하는 경우의 수는 4

따라서 구하는 경우의 수는 $5+4=9$

파란 구슬이 나오는 경우의 수는 3
빨간 구슬이 나오는 경우의 수는 5
따라서 구하는 경우의 수는 $3+5=8$

예제 2 답 (1) 3 (2) 6 (3) 9

두 주사위에서 나오는 눈의 수를 순서쌍으로 나타내면
(1) 눈의 수의 합이 4가 되는 경우는
 $(1, 3), (2, 2), (3, 1)$의 3가지
(2) 눈의 수의 합이 7이 되는 경우는
 $(1, 6), (2, 5), (3, 4), (4, 3), (5, 2), (6, 1)$의 6가지
(3) 구하는 경우의 수는 $3+6=9$

2-1 답 ③

두 주사위에서 나오는 눈의 수를 순서쌍으로 나타내면
두 눈의 수의 차가 3인 경우는
$(1, 4), (2, 5), (3, 6), (4, 1), (5, 2), (6, 3)$의 6가지
두 눈의 수의 차가 5인 경우는
$(1, 6), (6, 1)$의 2가지
따라서 구하는 경우의 수는 $6+2=8$

2-2 답 10

5의 배수가 적힌 카드가 나오는 경우는 5, 10, 15, 20, 25, 30의
6가지
21의 약수가 적힌 카드가 나오는 경우는 1, 3, 7, 21의 4가지
따라서 구하는 경우의 수는 $6+4=10$

개념 32 사건 A와 사건 B가 동시에 일어나는 경우의 수 •122~123쪽

• 개념 확인하기

1 답 (1) 4 (2) 2 (3) 8

(3) 티셔츠와 바지를 각각 하나씩 짝 지어 입는 경우의 수는
 $4×2=8$

2 답 (1) 3 (2) 2 (3) 6

(3) A지점에서 B지점을 거쳐 C지점으로 가는 방법의 수는
 $3×2=6$

3 답 (1) 3 (2) 3 (3) 9

(1) 소수의 눈이 나오는 경우는 2, 3, 5이므로 경우의 수는 3이다.
(2) 짝수의 눈이 나오는 경우는 2, 4, 6이므로 경우의 수는 3이다.
(3) A주사위에서 소수의 눈이 나오고, B주사위에서 짝수의 눈이
 나오는 경우의 수는 $3×3=9$

4 답 (1) 4 (2) 36 (3) 12

(1) 동전 한 개를 던질 때 일어나는 모든 경우는 앞면, 뒷면이므로
 경우의 수는 2이다.
 따라서 구하는 모든 경우의 수는 $2×2=4$
(2) 주사위 한 개를 던질 때 일어나는 모든 경우는 1, 2, 3, 4, 5,
 6이므로 경우의 수는 6이다.
 따라서 구하는 모든 경우의 수는 $6×6=36$
(3) 동전 한 개를 던질 때 일어나는 모든 경우의 수는 2
 주사위 한 개를 던질 때 일어나는 모든 경우의 수는 6
 따라서 구하는 모든 경우의 수는 $2×6=12$

대표 예제로 개념 익히기

예제 1 답 20개

자음이 적힌 카드를 뽑는 경우의 수는 5
모음이 적힌 카드를 뽑는 경우의 수는 4
따라서 만들 수 있는 글자의 개수는
$5×4=20$(개)

1-1 답 20

햄버거를 선택하는 경우의 수는 4
음료수를 선택하는 경우의 수는 5
따라서 구하는 경우의 수는 $4×5=20$

예제 2 답 12

학교에서 도서관으로 가는 방법의 수는 3
도서관에서 집으로 가는 방법의 수는 4
따라서 구하는 방법의 수는
$3×4=12$

2-1 답 10

A지점에서 B지점으로 가는 방법의 수는 3,
B지점에서 C지점으로 가는 방법의 수는 3이므로
A지점에서 B지점을 거쳐 C지점으로 가는 방법의 수는
$3×3=9$
또 A지점에서 B지점을 거치지 않고 C지점으로 가는 방법의 수는
1
따라서 A지점에서 C지점으로 가는 방법의 수는
$9+1=10$

예제 3 답 3

동전의 뒷면이 나오는 경우는 뒷면이므로
경우의 수는 1
주사위의 홀수의 눈이 나오는 경우는 1, 3, 5이므로
경우의 수는 3
따라서 동전은 뒷면이 나오고, 주사위는 홀수의 눈이 나오는 경
우의 수는 $1×3=3$

3-1 답 9

한 개의 주사위에서 2의 배수가 나오는 경우는 2, 4, 6이므로
경우의 수는 3이다.
따라서 구하는 경우의 수는
$3 \times 3 = 9$

3-2 답 8

동전 2개에서 앞면이 한 개만 나오는 경우를 순서쌍으로 나타내
면 (앞면, 뒷면), (뒷면, 앞면)의 2가지
주사위에서 6의 약수의 눈이 나오는 경우는
1, 2, 3, 6의 4가지
따라서 구하는 경우의 수는
$2 \times 4 = 8$

개념 **33** 경우의 수의 응용 (1) – 한 줄로 세우기 ·124~125쪽

·개념 확인하기

1 답 (1) 3, 2, 1, 6 (2) 120 (3) 720
(2) $5 \times 4 \times 3 \times 2 \times 1 = 120$
(3) $6 \times 5 \times 4 \times 3 \times 2 \times 1 = 720$

2 답 (1) 5, 4, 20 (2) 60 (3) 120
(2) $5 \times 4 \times 3 = 60$
(3) $5 \times 4 \times 3 \times 2 = 120$

3 답 (1) 3, 2, 1, 6 (2) 6 (3) 2
(2) B를 맨 뒤에 세우는 경우의 수는 B를 제외한 3명을 한 줄로
세우는 경우의 수와 같으므로
$3 \times 2 \times 1 = 6$
(3) A를 맨 앞에, B를 맨 뒤에 세우는 경우의 수는 A, B를 제외
한 2명을 한 줄로 세우는 경우의 수와 같으므로
$2 \times 1 = 2$

4 답 (1) ① 6, ② 2, ③ 6, 2, 12
     (2) 12
(1) ① $3 \times 2 \times 1 = 6$
   ② $2 \times 1 = 2$
(2) A, B, C를 한 명으로 생각하여 2명을 한 줄로 세우는 경우의
수는 $2 \times 1 = 2$
이때 A, B, C가 자리를 바꾸는 경우의 수는 3명을 한 줄로
세우는 경우의 수와 같으므로
$3 \times 2 \times 1 = 6$
따라서 구하는 경우의 수는
$2 \times 6 = 12$

예제 1 답 360
$6 \times 5 \times 4 \times 3 = 360$

1-1 답 6

3편의 영화의 상영 순서를 정하는 경우의 수는 3명을 한 줄로 세
우는 경우의 수와 같으므로
$3 \times 2 \times 1 = 6$

1-2 답 840

4권의 소설책을 꽂는 경우의 수는 7명 중에서 4명을 뽑아 한 줄
로 세우는 경우의 수와 같으므로
$7 \times 6 \times 5 \times 4 = 840$

예제 2 답 (1) 24 (2) 48
(1) A를 제외한 4명을 한 줄로 세우면 된다.
따라서 구하는 경우의 수는
$4 \times 3 \times 2 \times 1 = 24$
(2) B, C를 한 명으로 생각하여 4명을 한 줄로 세우는 경우의 수는
$4 \times 3 \times 2 \times 1 = 24$
B, C가 자리를 바꾸는 경우의 수는
$2 \times 1 = 2$
따라서 구하는 경우의 수는
$24 \times 2 = 48$

2-1 답 24

D가 적힌 카드가 한가운데 오도록 나열하는 경우의 수는 D가
적힌 카드를 제외한 나머지 네 장의 카드를 한 줄로 나열하는 경
우의 수와 같으므로
$4 \times 3 \times 2 \times 1 = 24$

2-2 답 48

B, D를 한 명으로 생각하여 4명을 한 줄로 세우는 경우의 수는
$4 \times 3 \times 2 \times 1 = 24$
B, D가 자리를 바꾸는 경우의 수는
$2 \times 1 = 2$
따라서 구하는 경우의 수는
$24 \times 2 = 48$

2-3 답 48

선생님을 제외한 학생 4명이 한 줄로 앉는 경우의 수는
$4 \times 3 \times 2 \times 1 = 24$
선생님 2명이 자리를 바꾸는 경우의 수는
$2 \times 1 = 2$
따라서 구하는 경우의 수는
$24 \times 2 = 48$

1 답 (1) 5, 4, 20　(2) 60개

(1) 십의 자리에 올 수 있는 숫자는 5개,

　일의 자리에 올 수 있는 숫자는 십의 자리의 숫자를 제외한 4개이므로 만들 수 있는 두 자리의 자연수의 개수는

　$5 \times 4 = 20$(개)

(2) 백의 자리에 올 수 있는 숫자는 5개,

　십의 자리에 올 수 있는 숫자는 백의 자리의 숫자를 제외한 4개,

　일의 자리에 올 수 있는 숫자는 백의 자리와 십의 자리의 숫자를 제외한 3개이므로 만들 수 있는 세 자리의 자연수의 개수는

　$5 \times 4 \times 3 = 60$(개)

2 답 (1) 12개　(2) 24개

(1) 십의 자리에 올 수 있는 숫자는 4개,

　일의 자리에 올 수 있는 숫자는 십의 자리의 숫자를 제외한 3개이므로 만들 수 있는 두 자리의 자연수의 개수는

　$4 \times 3 = 12$(개)

(2) 백의 자리에 올 수 있는 숫자는 4개,

　십의 자리에 올 수 있는 숫자는 백의 자리의 숫자를 제외한 3개,

　일의 자리에 올 수 있는 숫자는 백의 자리와 십의 자리의 숫자를 제외한 2개이므로 만들 수 있는 세 자리의 자연수의 개수는

　$4 \times 3 \times 2 = 24$(개)

3 답 (1) 4, 4, 16　(2) 48개

(1) 십의 자리에 올 수 있는 숫자는 0을 제외한 4개,

　일의 자리에 올 수 있는 숫자는 십의 자리의 숫자를 제외한 4개이므로 만들 수 있는 두 자리의 자연수의 개수는

　$4 \times 4 = 16$(개)

(2) 백의 자리에 올 수 있는 숫자는 0을 제외한 4개,

　십의 자리에 올 수 있는 숫자는 백의 자리의 숫자를 제외한 4개,

　일의 자리에 올 수 있는 숫자는 백의 자리와 십의 자리의 숫자를 제외한 3개이므로 만들 수 있는 세 자리의 자연수의 개수는

　$4 \times 4 \times 3 = 48$(개)

4 답 (1) 9개　(2) 18개

(1) 십의 자리에 올 수 있는 숫자는 0을 제외한 3개,

　일의 자리에 올 수 있는 숫자는 십의 자리의 숫자를 제외한 3개이므로 만들 수 있는 두 자리의 자연수의 개수는

　$3 \times 3 = 9$(개)

(2) 백의 자리에 올 수 있는 숫자는 0을 제외한 3개,

　십의 자리에 올 수 있는 숫자는 백의 자리의 숫자를 제외한 3개,

　일의 자리에 올 수 있는 숫자는 백의 자리와 십의 자리의 숫자를 제외한 2개이므로 만들 수 있는 세 자리의 자연수의 개수는

　$3 \times 3 \times 2 = 18$(개)

대표 예제로 개념 익히기

예제 **1** 답 (1) 20개　(2) 8개

(1) 십의 자리에 올 수 있는 숫자는 5개,

　일의 자리에 올 수 있는 숫자는 십의 자리의 숫자를 제외한 4개이므로 만들 수 있는 두 자리의 자연수의 개수는

　$5 \times 4 = 20$(개)

(2) 십의 자리에 올 수 있는 숫자는 2, 3의 2개,

　일의 자리에 올 수 있는 숫자는 십의 자리의 숫자를 제외한 4개이므로 만들 수 있는 40보다 작은 두 자리의 자연수의 개수는

　$2 \times 4 = 8$(개)

1-1 답 120개

백의 자리에 올 수 있는 숫자는 6개,

십의 자리에 올 수 있는 숫자는 백의 자리의 숫자를 제외한 5개,

일의 자리에 올 수 있는 숫자는 백의 자리와 십의 자리의 숫자를 제외한 4개이므로 만들 수 있는 세 자리의 자연수의 개수는

$6 \times 5 \times 4 = 120$(개)

1-2 답 16개

십의 자리에 올 수 있는 숫자는 2, 3, 4, 5의 4개,

일의 자리에 올 수 있는 숫자는 십의 자리의 숫자를 제외한 4개이므로 만들 수 있는 20보다 큰 두 자리의 자연수의 개수는

$4 \times 4 = 16$(개)

예제 **2** 답 (1) 16개　(2) 7개

(1) 십의 자리에 올 수 있는 숫자는 0을 제외한 4개,

　일의 자리에 올 수 있는 숫자는 십의 자리의 숫자를 제외한 4개이므로 만들 수 있는 두 자리의 자연수의 개수는

　$4 \times 4 = 16$(개)

(2) 5의 배수이려면 일의 자리의 숫자가 0 또는 5이어야 한다.

　(i) □0의 꼴인 경우: 20, 50, 70, 90의 4개

　(ii) □5의 꼴인 경우: 25, 75, 95의 3개

　따라서 (i), (ii)에서 구하는 5의 배수의 개수는

　$4 + 3 = 7$(개)

백의 자리에 올 수 있는 숫자는 0을 제외한 5개,

십의 자리에 올 수 있는 숫자는 백의 자리의 숫자를 제외한 5개,

일의 자리에 올 수 있는 숫자는 백의 자리와 십의 자리의 숫자를

제외한 4개이므로 만들 수 있는 세 자리의 자연수의 개수는

$5 \times 5 \times 4 = 100$(개)

✏️ 오개념 바로잡기

3장을 동시에 뽑아 만들 수 있는 세 자리의 자연수의 개수 구하기

(×) → 백의 자리에 올 수 있는 숫자는 6개,

십의 자리에 올 수 있는 숫자는 5개,

일의 자리에 올 수 있는 숫자는 4개

이므로 만들 수 있는 세 자리의 자연수의 개수는

$6 \times 5 \times 4 = 120$(개)

(○) → 백의 자리에 올 수 있는 숫자는 0을 제외한 5개,

십의 자리에 올 수 있는 숫자는 5개,

일의 자리에 올 수 있는 숫자는 4개

이므로 만들 수 있는 세 자리의 자연수의 개수는

$5 \times 5 \times 4 = 100$(개)

➡ 맨 앞자리에는 0이 올 수 없어.

따라서 맨 앞자리에 올 수 있는 숫자의 개수를 구할 때는 0이

있는지 없는지 꼭 확인해야 해!

2-2 답 10개

짝수가 되려면 일의 자리의 숫자가 0 또는 2 또는 4이어야 한다.

(i) □0의 꼴인 경우: 10, 20, 30, 40의 4개

(ii) □2의 꼴인 경우: 12, 32, 42의 3개

(iii) □4의 꼴인 경우: 14, 24, 34의 3개

따라서 (i)~(iii)에서 구하는 짝수의 개수는

$4 + 3 + 3 = 10$(개)

개념 **35** 경우의 수의 응용 (3) – 대표 뽑기
·128~129쪽

·개념 확인하기

1 답 (1) 4, 3, 12 (2) 4, 3, 2, 24

2 답 (1) 42 (2) 210

(1) $7 \times 6 = 42$

(2) $7 \times 6 \times 5 = 210$

3 답 (1) 4, 3, 6 (2) 4, 3, 2, 4

4 답 (1) 21 (2) 35

(1) $\dfrac{7 \times 6}{2} = 21$

(2) $\dfrac{7 \times 6 \times 5}{3 \times 2 \times 1} = 35$

대표 예제로 **개념 익히기**

예제 1 답 (1) 30 (2) 120

(1) $6 \times 5 = 30$

(2) $6 \times 5 \times 4 = 120$

1-1 답 110

$11 \times 10 = 110$

1-2 답 ④

여학생 중에서 회장 1명을 뽑는 경우의 수는 4

남학생 중에서 부회장 1명, 총무 1명을 뽑는 경우의 수는

$5 \times 4 = 20$

따라서 구하는 경우의 수는 $4 \times 20 = 80$

예제 2 답 (1) 10 (2) 10

(1) $\dfrac{5 \times 4}{2} = 10$

(2) $\dfrac{5 \times 4 \times 3}{3 \times 2 \times 1} = 10$

2-1 답 56

$\dfrac{8 \times 7 \times 6}{3 \times 2 \times 1} = 56$

✏️ 오개념 바로잡기

8명 중에서 대표 3명을 뽑는 경우의 수 구하기

(×) → $8 \times 7 \times 6 = 336$

(○) → $\dfrac{8 \times 7 \times 6}{3 \times 2 \times 1} = 56$

➡ 자격이 같은 대표를 뽑는 경우의 수를 구할 때는

중복되는 경우의 수로 꼭 나누어야 해!

2-2 답 10

구하는 경우의 수는 두 학생 B, F를 제외한 5명의 학생 중에서

자격이 같은 대표 2명을 뽑는 경우의 수와 같으므로

$\dfrac{5 \times 4}{2} = 10$

개념 **36** 확률의 뜻과 성질
·131~133쪽

·개념 확인하기

1 답 (1) ① 7, ② 2, ③ $\dfrac{2}{7}$ (2) $\dfrac{5}{7}$

(2) 모든 경우의 수는 $2 + 5 = 7$

파란 구슬이 나오는 경우의 수는 5

따라서 구하는 확률은 $\dfrac{5}{7}$

2 답 (1) ① 6, ② 2, ③ $\dfrac{1}{3}$ (2) $\dfrac{1}{2}$

(1) ② 3의 배수의 눈이 나오는 경우는 3, 6의 2가지이므로 경우의
　　수는 2

　　③ 3의 배수의 눈이 나올 확률은 $\dfrac{2}{6}=\dfrac{1}{3}$

(2) 모든 경우의 수는 6

　소수의 눈이 나오는 경우는 2, 3, 5의 3가지

　따라서 구하는 확률은 $\dfrac{3}{6}=\dfrac{1}{2}$

3 답 (1) ① 4, ② 1, ③ $\dfrac{1}{4}$ (2) $\dfrac{1}{2}$

(1) ① 모든 경우의 수는 $2\times2=4$

　② 모두 앞면이 나오는 경우는

　　(앞면, 앞면)의 1가지이므로 경우의 수는 1

(2) 모든 경우의 수는 $2\times2=4$

　뒷면이 1개 나오는 경우는

　(앞면, 뒷면), (뒷면, 앞면)의 2가지

　따라서 구하는 확률은 $\dfrac{2}{4}=\dfrac{1}{2}$

4 답 (1) ① 36, ② 6, ③ $\dfrac{1}{6}$ (2) $\dfrac{1}{12}$

(1) ① 모든 경우의 수는 $6\times6=36$

　② 두 눈의 수가 같은 경우는

　　$(1, 1), (2, 2), (3, 3), (4, 4), (5, 5), (6, 6)$

　　의 6가지이므로 경우의 수는 6

　③ $\dfrac{6}{36}=\dfrac{1}{6}$

(2) 모든 경우의 수는 $6\times6=36$

　두 눈의 수의 합이 10인 경우는

　$(4, 6), (5, 5), (6, 4)$의 3가지

　따라서 구하는 확률은 $\dfrac{3}{36}=\dfrac{1}{12}$

5 답 (1) 1 (2) 0

(1) 항상 빨간 공 또는 파란 공이 나오므로 구하는 확률은 1이다.

(2) 노란 공이 나오는 경우는 없으므로 구하는 확률은 0이다.

6 답 (1) $\dfrac{4}{9}$ (2) 0.7

(1) (A문제를 맞히지 못할 확률)=1-(A문제를 맞힐 확률)

　　　　　　　　　　　$=1-\dfrac{5}{9}=\dfrac{4}{9}$

(2) (내일 비가 오지 않을 확률)=1-(내일 비가 올 확률)

　　　　　　　　　　　$=1-0.3=0.7$

7 답 (1) $\dfrac{1}{3}$ (2) $\dfrac{1}{3}$, $\dfrac{2}{3}$

(1) 모든 경우의 수는 15

　공에 적힌 수가 3의 배수인 경우는 3, 6, 9, 12, 15의 5가지

　따라서 구하는 확률은 $\dfrac{5}{15}=\dfrac{1}{3}$

8 답 (1) $\dfrac{1}{8}$ (2) $\dfrac{1}{8}$, $\dfrac{7}{8}$

(1) 모든 경우의 수는 $2\times2\times2=8$

　세 번 모두 뒷면이 나오는 경우는 (뒷면, 뒷면, 뒷면)의 1가지

　따라서 구하는 확률은 $\dfrac{1}{8}$

예제 1 답 (1) $\dfrac{1}{2}$ (2) $\dfrac{2}{5}$

(1) 카드에 적힌 수가 짝수인 경우는 2, 4, 6, 8, 10의 5가지이므로

　구하는 확률은 $\dfrac{5}{10}=\dfrac{1}{2}$

(2) 카드에 적힌 수가 소수인 경우는 2, 3, 5, 7의 4가지이므로

　구하는 확률은 $\dfrac{4}{10}=\dfrac{2}{5}$

1-1 답 $\dfrac{1}{2}$

전체 공의 개수는 $3+2+5=10$(개)

노란 공의 개수는 5개

따라서 구하는 확률은 $\dfrac{5}{10}=\dfrac{1}{2}$

1-2 답 $\dfrac{1}{5}$

전체 학생 수는 $60+45+30+15=150$(명)

O형인 학생 수는 30명

따라서 구하는 확률은 $\dfrac{30}{150}=\dfrac{1}{5}$

예제 2 답 $\dfrac{1}{2}$

만들 수 있는 두 자리의 자연수의 개수는

$4\times3=12$(개)

30 이상인 두 자리의 자연수의 개수는

십의 자리에 올 수 있는 숫자는 3, 4의 2개,

일의 자리에 올 수 있는 숫자는 십의 자리의 숫자를 제외한 3개

이므로

$2\times3=6$(개)

따라서 구하는 확률은 $\dfrac{6}{12}=\dfrac{1}{2}$

2-1 답 $\dfrac{2}{9}$

모든 경우의 수는 $6\times6=36$

두 눈의 수의 차가 2인 경우는

$(1, 3), (2, 4), (3, 1), (3, 5), (4, 2), (4, 6), (5, 3), (6, 4)$

의 8가지

따라서 구하는 확률은 $\dfrac{8}{36}=\dfrac{2}{9}$

2-2 답 $\dfrac{2}{5}$

모든 경우의 수는 $5 \times 4 \times 3 \times 2 \times 1 = 120$

B, C를 한 명으로 생각하여 4명을 한 줄로 세우는 경우의 수는

$4 \times 3 \times 2 \times 1 = 24$

B, C가 자리를 바꾸는 경우의 수는 $2 \times 1 = 2$

즉, B, C가 이웃하여 서게 되는 경우의 수는

$24 \times 2 = 48$

따라서 구하는 확률은

$\dfrac{48}{120} = \dfrac{2}{5}$

2-3 답 $\dfrac{1}{12}$

모든 경우의 수는 $6 \times 6 = 36$

$2x + y = 10$을 만족시키는 순서쌍 (x, y)는

$(2, 6), (3, 4), (4, 2)$의 3가지

따라서 구하는 확률은

$\dfrac{3}{36} = \dfrac{1}{12}$

예제 3 답 ③, ⑤

① 전체 공의 개수는 7개, 검은 공의 개수는 5개이므로 그 확률은
$\dfrac{5}{7}$이다.

② 파란 공이 나오는 경우는 없으므로 그 확률은 0이다.

③ 빨간 공이 나오는 경우는 없으므로 그 확률은 0이다.

④ 전체 공의 개수는 7개, 흰 공의 개수는 2개이므로 그 확률은
$\dfrac{2}{7}$이다.

⑤ 항상 검은 공 또는 흰 공이 나오므로 그 확률은 1이다.

따라서 옳지 않은 것은 ③, ⑤이다.

3-1 답 (1) $\dfrac{1}{2}$　(2) 0　(3) 1

(1) 홀수가 나오는 경우는 1, 3, 5, 7, 9의 5가지이므로

　　구하는 확률은 $\dfrac{5}{10} = \dfrac{1}{2}$

3-2 답 ㄱ, ㄹ, ㄴ, ㄷ

ㄱ. 한 개의 주사위를 던져 나오는 눈의 수는 항상 7 미만이므로

　　구하는 확률은 1

ㄴ. 5의 약수의 눈이 나오는 경우는 1, 5의 2가지이므로

　　구하는 확률은 $\dfrac{2}{6} = \dfrac{1}{3}$

ㄷ. 7의 배수의 눈이 나오는 경우는 없으므로 구하는 확률은 0

ㄹ. 소수의 눈이 나오는 경우는 2, 3, 5의 3가지이므로

　　구하는 확률은 $\dfrac{3}{6} = \dfrac{1}{2}$

따라서 확률이 큰 값부터 차례로 나열하면 ㄱ, ㄹ, ㄴ, ㄷ이다.

예제 4 답 (1) $\dfrac{3}{10}$　(2) $\dfrac{7}{10}$

(1) 3의 배수가 나오는 경우는 3, 6, 9, 12, 15, 18의 6가지이므로

　　구하는 확률은

　　$\dfrac{6}{20} = \dfrac{3}{10}$

(2) $1 - \dfrac{3}{10} = \dfrac{7}{10}$

4-1 답 $\dfrac{5}{6}$

모든 경우의 수는 $6 \times 6 = 36$

서로 같은 눈의 수가 나오는 경우는

$(1, 1), (2, 2), (3, 3), (4, 4), (5, 5), (6, 6)$

의 6가지이므로 그 확률은

$\dfrac{6}{36} = \dfrac{1}{6}$

따라서 구하는 확률은

$1 - \dfrac{1}{6} = \dfrac{5}{6}$

4-2 답 ⑤

모든 경우의 수는 $2 \times 2 \times 2 \times 2 = 16$

4개의 문제를 모두 틀리는 경우는 1가지이므로 그 확률은 $\dfrac{1}{16}$

따라서 구하는 확률은

$1 - \dfrac{1}{16} = \dfrac{15}{16}$

개념 37　사건 A 또는 사건 B가 일어날 확률　·134~135쪽

· 개념 확인하기

1 답 (1) $\dfrac{1}{5}$　(2) $\dfrac{1}{2}$　(3) $\dfrac{1}{5}$, $\dfrac{1}{2}$, $\dfrac{7}{10}$

(1) 전체 공의 개수는 $4 + 6 + 10 = 20$(개)

　　빨간 공의 개수는 4개

　　따라서 구하는 확률은

　　$\dfrac{4}{20} = \dfrac{1}{5}$

(2) 전체 공의 개수는 $4 + 6 + 10 = 20$(개)

　　노란 공의 개수는 10개

　　따라서 구하는 확률은

　　$\dfrac{10}{20} = \dfrac{1}{2}$

(3) (빨간 공 또는 노란 공이 나올 확률)

　　$=$ (빨간 공이 나올 확률) $+$ (노란 공이 나올 확률)

　　$= \dfrac{1}{5} + \dfrac{1}{2} = \dfrac{7}{10}$

2 탑 (1) $\dfrac{4}{9}$ (2) $\dfrac{2}{9}$ (3) $\dfrac{2}{3}$

(1) 전체 필기구의 개수는 $3+4+2=9$(자루)

볼펜의 개수는 4자루

따라서 구하는 확률은 $\dfrac{4}{9}$

(2) 전체 필기구의 개수는 $3+4+2=9$(자루)

색연필의 개수는 2자루

따라서 구하는 확률은 $\dfrac{2}{9}$

(3) (볼펜 또는 색연필이 나올 확률)

$=$(볼펜이 나올 확률)$+$(색연필이 나올 확률)

$=\dfrac{4}{9}+\dfrac{2}{9}=\dfrac{2}{3}$

3 탑 (1) $\dfrac{1}{5}$ (2) $\dfrac{2}{15}$ (3) $\dfrac{1}{3}$

(1) 모든 경우의 수는 15

4의 배수가 적힌 카드가 나오는 경우는 4, 8, 12의 3가지

따라서 구하는 확률은

$\dfrac{3}{15}=\dfrac{1}{5}$

(2) 모든 경우의 수는 15

7의 배수가 적힌 카드가 나오는 경우는 7, 14의 2가지

따라서 구하는 확률은

$\dfrac{2}{15}$

(3) (4의 배수 또는 7의 배수가 적힌 카드가 나올 확률)

$=$(4의 배수가 적힌 카드가 나올 확률)

$\quad+$(7의 배수가 적힌 카드가 나올 확률)

$=\dfrac{1}{5}+\dfrac{2}{15}=\dfrac{1}{3}$

4 탑 (1) $\dfrac{1}{12}$ (2) $\dfrac{5}{36}$ (3) $\dfrac{2}{9}$

(1) 모든 경우의 수는 $6\times6=36$

두 눈의 수의 합이 4인 경우는

$(1,\ 3),\ (2,\ 2),\ (3,\ 1)$의 3가지

따라서 구하는 확률은

$\dfrac{3}{36}=\dfrac{1}{12}$

(2) 모든 경우의 수는 $6\times6=36$

두 눈의 수의 합이 8인 경우는

$(2,\ 6),\ (3,\ 5),\ (4,\ 4),\ (5,\ 3),\ (6,\ 2)$의 5가지

따라서 구하는 확률은

$\dfrac{5}{36}$

(3) (두 눈의 수의 합이 4 또는 8일 확률)

$=$(두 눈의 수의 합이 4일 확률)

$\quad+$(두 눈의 수의 합이 8일 확률)

$=\dfrac{1}{12}+\dfrac{5}{36}=\dfrac{2}{9}$

예제 1 탑 $\dfrac{1}{2}$

전체 학생 수는 $7+4+6+8+5=30$(명)

축구부의 학생 수는 7명이므로 가입한 동아리가 축구부일 확률은

$\dfrac{7}{30}$

야구부의 학생 수는 8명이므로 가입한 동아리가 야구부일 확률은

$\dfrac{8}{30}$

따라서 구하는 확률은 $\dfrac{7}{30}+\dfrac{8}{30}=\dfrac{1}{2}$

1-1 탑 $\dfrac{3}{10}$

전체 제비의 개수는 20개

1등 제비의 개수는 1개이므로 1등 제비를 뽑을 확률은 $\dfrac{1}{20}$

3등 제비의 개수는 5개이므로 3등 제비를 뽑을 확률은 $\dfrac{5}{20}$

따라서 구하는 확률은 $\dfrac{1}{20}+\dfrac{5}{20}=\dfrac{3}{10}$

1-2 탑 $\dfrac{2}{5}$

전체 학생 수는 25명

방문 횟수가 3회인 학생 수는 6명이므로 그 확률은 $\dfrac{6}{25}$

방문 횟수가 4회인 학생 수는 4명이므로 그 확률은 $\dfrac{4}{25}$

따라서 구하는 확률은 $\dfrac{6}{25}+\dfrac{4}{25}=\dfrac{2}{5}$

예제 2 탑 $\dfrac{3}{10}$

모든 경우의 수는 30

8의 배수가 적힌 카드가 나오는 경우는 8, 16, 24의 3가지이므로 그 확률은 $\dfrac{3}{30}$

18의 약수가 적힌 카드가 나오는 경우는 1, 2, 3, 6, 9, 18의 6가지이므로 그 확률은 $\dfrac{6}{30}$

따라서 구하는 확률은 $\dfrac{3}{30}+\dfrac{6}{30}=\dfrac{3}{10}$

2-1 탑 $\dfrac{11}{20}$

모든 경우의 수는 20

소수가 적힌 카드가 나오는 경우는 2, 3, 5, 7, 11, 13, 17, 19의 8가지이므로 그 확률은 $\dfrac{8}{20}$

6의 배수가 적힌 카드가 나오는 경우는 6, 12, 18의 3가지이므로 그 확률은 $\dfrac{3}{20}$

따라서 구하는 확률은 $\dfrac{8}{20}+\dfrac{3}{20}=\dfrac{11}{20}$

2-2 답 $\dfrac{5}{18}$

모든 경우의 수는 $6\times6=36$

두 눈의 수의 차가 3인 경우는

$(1, 4), (2, 5), (3, 6), (4, 1), (5, 2), (6, 3)$

의 6가지이므로 그 확률은 $\dfrac{6}{36}$

두 눈의 수의 차가 4인 경우는 $(1, 5), (2, 6), (5, 1), (6, 2)$

의 4가지이므로 그 확률은 $\dfrac{4}{36}$

따라서 구하는 확률은 $\dfrac{6}{36}+\dfrac{4}{36}=\dfrac{5}{18}$

개념 38 사건 A와 사건 B가 동시에 일어날 확률 ·136~137쪽

·개념 확인하기

1 답 (1) $\dfrac{3}{5}$ (2) $\dfrac{1}{3}$ (3) $\dfrac{3}{5}$, $\dfrac{1}{3}$, $\dfrac{1}{5}$

(1) 전체 공의 개수는 $3+2=5$(개)

　흰 공의 개수는 3개

　따라서 구하는 확률은 $\dfrac{3}{5}$

(2) 전체 공의 개수는 $4+2=6$(개)

　검은 공의 개수는 2개

　따라서 구하는 확률은 $\dfrac{2}{6}=\dfrac{1}{3}$

(3) (A주머니에서는 흰 공이 나오고, B주머니에서는 검은 공이
　나올 확률)

　　=(A주머니에서 흰 공이 나올 확률)

　　　×(B주머니에서 검은 공이 나올 확률)

　　$=\dfrac{3}{5}\times\dfrac{1}{3}=\dfrac{1}{5}$

2 답 (1) $\dfrac{1}{2}$ (2) $\dfrac{2}{3}$ (3) $\dfrac{1}{3}$

(1) 모든 경우의 수는 2

　뒷면이 나오는 경우는 뒷면의 1가지

　따라서 구하는 확률은 $\dfrac{1}{2}$

(2) 모든 경우의 수는 6

　4 이하의 눈이 나오는 경우는 1, 2, 3, 4의 4가지

　따라서 구하는 확률은 $\dfrac{4}{6}=\dfrac{2}{3}$

(3) (동전은 뒷면이 나오고, 주사위는 4 이하의 눈이 나올 확률)

　　=(동전의 뒷면이 나올 확률)

　　　×(주사위에서 4 이하의 눈이 나올 확률)

　　$=\dfrac{1}{2}\times\dfrac{2}{3}=\dfrac{1}{3}$

3 답 (1) $\dfrac{1}{2}$ (2) $\dfrac{1}{2}$ (3) $\dfrac{1}{4}$

(1) 모든 경우의 수는 6

　짝수의 눈이 나오는 경우는 2, 4, 6의 3가지

　따라서 구하는 확률은 $\dfrac{3}{6}=\dfrac{1}{2}$

(2) 모든 경우의 수는 6

　홀수의 눈이 나오는 경우는 1, 3, 5의 3가지

　따라서 구하는 확률은 $\dfrac{3}{6}=\dfrac{1}{2}$

(3) (A주사위는 짝수의 눈이 나오고, B주사위는 홀수의 눈이
　나올 확률)

　　=(A주사위에서 짝수의 눈이 나올 확률)

　　　×(B주사위에서 홀수의 눈이 나올 확률)

　　$=\dfrac{1}{2}\times\dfrac{1}{2}=\dfrac{1}{4}$

4 답 (1) $\dfrac{2}{7}$ (2) $\dfrac{3}{10}$

(1) (두 사람 모두 오늘 도서관에 갈 확률)

　　=(지민이가 오늘 도서관에 갈 확률)

　　　×(수현이가 오늘 도서관에 갈 확률)

　　$=\dfrac{2}{3}\times\dfrac{3}{7}=\dfrac{2}{7}$

(2) (두 사람 모두 문제를 맞힐 확률)

　　=(태준이가 문제를 맞힐 확률)

　　　×(하연이가 문제를 맞힐 확률)

　　$=\dfrac{4}{5}\times\dfrac{3}{8}=\dfrac{3}{10}$

(대표 예제로 **개념 익히기**)

예제 1 답 (1) $\dfrac{6}{49}$ (2) $\dfrac{20}{49}$ (3) $\dfrac{15}{49}$

(1) $\dfrac{3}{7}\times\dfrac{2}{7}=\dfrac{6}{49}$　　　　(2) $\dfrac{4}{7}\times\dfrac{5}{7}=\dfrac{20}{49}$

(3) $\dfrac{3}{7}\times\dfrac{5}{7}=\dfrac{15}{49}$

1-1 답 $\dfrac{3}{10}$

$\dfrac{3}{4}\times\dfrac{2}{5}=\dfrac{3}{10}$

1-2 답 ③

주사위를 한 번 던질 때 모든 경우의 수는 6

소수의 눈이 나오는 경우는 2, 3, 5의 3가지이므로

그 확률은 $\dfrac{3}{6}=\dfrac{1}{2}$

짝수의 눈이 나오는 나오는 경우는 2, 4, 6의 3가지이므로

그 확률은 $\dfrac{3}{6}=\dfrac{1}{2}$

따라서 구하는 확률은 $\dfrac{1}{2}\times\dfrac{1}{2}=\dfrac{1}{4}$

예제 **2** 답 (1) $\dfrac{1}{3}$ (2) $\dfrac{3}{4}$ (3) $\dfrac{1}{4}$

(1) $1-\dfrac{2}{3}=\dfrac{1}{3}$

(2) $1-\dfrac{1}{4}=\dfrac{3}{4}$

(3) (두 사람 모두 문제를 풀지 못할 확률)

    =(A가 문제를 풀지 못할 확률)

       ×(B가 문제를 풀지 못할 확률)

    $=\dfrac{1}{3}\times\dfrac{3}{4}=\dfrac{1}{4}$

2-1 답 $\dfrac{9}{40}$

두 사격 선수가 모두 명중시키지 못할 확률은

$\left(1-\dfrac{5}{8}\right)\times\left(1-\dfrac{2}{5}\right)=\dfrac{3}{8}\times\dfrac{3}{5}=\dfrac{9}{40}$

2-2 답 (1) $\dfrac{21}{50}$ (2) $\dfrac{9}{50}$ (3) $\dfrac{41}{50}$

(1) A오디션에 합격할 확률은 $\dfrac{7}{10}$

    B오디션에 불합격할 확률은 $1-\dfrac{2}{5}=\dfrac{3}{5}$

    따라서 구하는 확률은

    $\dfrac{7}{10}\times\dfrac{3}{5}=\dfrac{21}{50}$

(2) A오디션에 불합격할 확률은 $1-\dfrac{7}{10}=\dfrac{3}{10}$

    B오디션에 불합격할 확률은 $1-\dfrac{2}{5}=\dfrac{3}{5}$

    따라서 구하는 확률은

    $\dfrac{3}{10}\times\dfrac{3}{5}=\dfrac{9}{50}$

(3) (수연이가 적어도 한 오디션에는 합격할 확률)

    =1-(수연이가 두 오디션에 모두 불합격할 확률)

    $=1-\dfrac{9}{50}=\dfrac{41}{50}$

참고 두 사건 A, B가 서로 영향을 끼치지 않을 때, 사건 A가 일어날 확률을 p, 사건 B가 일어날 확률을 q라 하면

• 사건 A가 일어나고 사건 B가 일어나지 않을 확률은

  ➡ $p\times(1-q)$

• 두 사건 A, B 중 적어도 하나가 일어날 확률은

  ➡ 1-(두 사건 A, B가 모두 일어나지 않을 확률)

  ➡ $1-(1-p)\times(1-q)$

개념 **39** 확률의 응용 – 연속하여 꺼내기
•138~139쪽

•개념 확인하기

1 답 (1) 9, 4, $\dfrac{4}{9}$, $\dfrac{4}{9}$, $\dfrac{16}{81}$ (2) 8, 3, $\dfrac{3}{8}$, $\dfrac{3}{8}$, $\dfrac{1}{6}$

2 답 (1) ① $\dfrac{2}{5}$, ② $\dfrac{2}{5}$, ③ $\dfrac{4}{25}$ (2) ① $\dfrac{2}{5}$, ② $\dfrac{1}{4}$, ③ $\dfrac{1}{10}$

(1) ③ $\dfrac{2}{5}\times\dfrac{2}{5}=\dfrac{4}{25}$

(2) ② A가 당첨 제비를 뽑고 남은 4개의 제비 중 당첨 제비는

    1개이므로 B가 당첨될 확률은 $\dfrac{1}{4}$

    ③ $\dfrac{2}{5}\times\dfrac{1}{4}=\dfrac{1}{10}$

대표 예제로 **개념 익히기**

예제 **1** 답 $\dfrac{9}{25}$

첫 번째에 주황색 공이 나올 확률은 $\dfrac{6}{10}=\dfrac{3}{5}$

두 번째에 주황색 공이 나올 확률은 $\dfrac{6}{10}=\dfrac{3}{5}$

따라서 구하는 확률은 $\dfrac{3}{5}\times\dfrac{3}{5}=\dfrac{9}{25}$

1-1 답 $\dfrac{4}{25}$

첫 번째에 흰 공이 나올 확률은 $\dfrac{4}{10}=\dfrac{2}{5}$

두 번째에 흰 공이 나올 확률은 $\dfrac{4}{10}=\dfrac{2}{5}$

따라서 구하는 확률은 $\dfrac{2}{5}\times\dfrac{2}{5}=\dfrac{4}{25}$

1-2 답 $\dfrac{1}{4}$

첫 번째에 8의 약수가 적힌 카드가 나오는 경우는 1, 2, 4, 8의

4가지이므로 그 확률은 $\dfrac{4}{8}=\dfrac{1}{2}$

두 번째에 소수가 적힌 카드가 나오는 경우는 2, 3, 5, 7의

4가지이므로 그 확률은 $\dfrac{4}{8}=\dfrac{1}{2}$

따라서 구하는 확률은 $\dfrac{1}{2}\times\dfrac{1}{2}=\dfrac{1}{4}$

예제 **2** 답 $\dfrac{1}{20}$

첫 번째 꺼낸 사탕에 행운권이 들어 있을 확률은 $\dfrac{6}{25}$

두 번째 꺼낸 사탕에 행운권이 들어 있을 확률은 $\dfrac{5}{24}$

따라서 구하는 확률은 $\dfrac{6}{25}\times\dfrac{5}{24}=\dfrac{1}{20}$

2-1 답 $\dfrac{2}{9}$

첫 번째 꺼낸 카드가 홀수일 확률은 $\dfrac{5}{10}=\dfrac{1}{2}$

두 번째 꺼낸 카드가 홀수일 확률은 $\dfrac{4}{9}$

따라서 구하는 확률은 $\dfrac{1}{2}\times\dfrac{4}{9}=\dfrac{2}{9}$

2-2 답 (1) $\dfrac{8}{45}$ (2) $\dfrac{8}{45}$ (3) $\dfrac{16}{45}$

(1) 성재가 불량품을 꺼낼 확률은 $\dfrac{2}{10}=\dfrac{1}{5}$

민호가 불량품을 꺼내지 않을 확률은 $\dfrac{8}{9}$

따라서 구하는 확률은

$\dfrac{1}{5}\times\dfrac{8}{9}=\dfrac{8}{45}$

(2) 성재가 불량품을 꺼내지 않을 확률은 $\dfrac{8}{10}=\dfrac{4}{5}$

민호가 불량품을 꺼낼 확률은 $\dfrac{2}{9}$

따라서 구하는 확률은

$\dfrac{4}{5}\times\dfrac{2}{9}=\dfrac{8}{45}$

(3) (성재와 민호 중 한 사람만 불량품을 꺼낼 확률)
　＝(성재만 불량품을 꺼낼 확률)＋(민호만 불량품을 꺼낼 확률)
　＝$\dfrac{8}{45}+\dfrac{8}{45}=\dfrac{16}{45}$

실전 문제로 단원 마무리하기

•140~143쪽

1 24	**2** ⑤	**3** ②	**4** 8	**5** ④
6 24	**7** 36개	**8** 60번	**9** 15	**10** ③, ⑤
11 ④	**12** $\dfrac{9}{32}$	**13** ①	**14** $\dfrac{12}{25}$	**15** ①
16 0.38	**17** ⑤	**18** $\dfrac{1}{4}$		

서술형

19 24	**20** 35	**21** $\dfrac{1}{18}$	**22** $\dfrac{4}{9}$

1 답 24

$9+15=24$

2 답 ⑤

주사위에서 나오는 두 눈의 수의 합이 4의 배수인 경우는
합이 4, 8, 12인 경우이다.
두 주사위에서 나오는 눈의 수를 순서쌍으로 나타내면
(i) 두 눈의 수의 합이 4인 경우는
　(1, 3), (2, 2), (3, 1)의 3가지
(ii) 두 눈의 수의 합이 8인 경우는
　(2, 6), (3, 5), (4, 4), (5, 3), (6, 2)의 5가지
(iii) 두 눈의 수의 합이 12인 경우는
　(6, 6)의 1가지
따라서 (i)~(iii)에서 구하는 경우의 수는
$3+5+1=9$

3 답 ②

주어진 사건의 경우의 수를 구하면
① 6　　② $2\times2=4$　　③ $3\times3=9$
④ $6\times2=12$　　⑤ $2\times2\times2\times2=16$
따라서 경우의 수가 가장 작은 것은 ②이다.

4 답 8

집에서 문구점을 거쳐 학교로 가는 방법의 수는
$3\times2=6$
집에서 문구점을 거치지 않고 학교로 가는 방법의 수는 2
따라서 구하는 모든 방법의 수는 $6+2=8$

5 답 ④

4대의 놀이기구를 타는 순서를 정하는 경우의 수는 4명을 한 줄
로 세우는 경우의 수와 같으므로 $4\times3\times2\times1=24$

6 답 24

A, B, C에 서로 다른 색을 칠하는 경우의 수는 4가지 색 중에서
3가지 색을 뽑아 한 줄로 세우는 경우의 수와 같으므로
$4\times3\times2=24$

다른 풀이

A에 칠할 수 있는 색은 4가지,
B에 칠할 수 있는 색은 A에 칠한 색을 제외한 3가지,
C에 칠할 수 있는 색은 A, B에 칠한 색을 제외한 2가지이므로
구하는 경우의 수는 $4\times3\times2=24$

7 답 36개

5의 배수이려면 일의 자리의 숫자가 0 또는 5이어야 한다.
(i) □□0의 꼴인 경우
　백의 자리에 올 수 있는 숫자는 0을 제외한 5개,
　십의 자리에 올 수 있는 숫자는 0과 백의 자리의 숫자를 제외
　한 4개이므로 $5\times4=20$(개)
(ii) □□5의 꼴인 경우
　백의 자리에 올 수 있는 숫자는 5와 0을 제외한 4개,
　십의 자리에 올 수 있는 숫자는 5와 백의 자리의 숫자를 제외
　한 4개이므로 $4\times4=16$(개)
따라서 (i), (ii)에서 구하는 5의 배수의 개수는 $20+16=36$(개)

8 답 60번

[힌트 1]에서 비밀번호는 □□3□의 꼴이다.
[힌트 2]에서 비밀번호가 5000보다 크므로 천의 자리에 올 수
있는 숫자는 5, 6, 7의 3개이다.
[힌트 3]에서 중복되는 숫자가 없으므로 백의 자리에 올 수 있는
숫자는 3과 천의 자리의 숫자를 제외한 5개,
일의 자리에 올 수 있는 숫자는 3과 천의 자리, 백의 자리의 숫
자를 제외한 4개이므로 비밀번호로 가능한 네 자리의 자연수의
개수는 $3\times5\times4=60$(개)
따라서 예상한 비밀번호를 최대 60번 눌러 보아야 한다.

9 답 15

구하는 경우의 수는 6명의 학생 중에서 자격이 같은 대표 2명을
뽑는 경우의 수와 같으므로

$$\frac{6\times5}{2}=15$$

10 답 ③, ⑤

① 0이 나오는 경우는 없으므로 그 확률은 0이다.

② 3의 배수가 나오는 경우는 3, 6, 9, 12의 4가지이므로

그 확률은 $\dfrac{4}{12}=\dfrac{1}{3}$이다.

③ 12의 약수가 나오는 경우는 1, 2, 3, 4, 6, 12의 6가지이므로

그 확률은 $\dfrac{6}{12}=\dfrac{1}{2}$이다.

④ 12 이상의 수가 나오는 경우는 12의 1가지이므로 그 확률은

$\dfrac{1}{12}$이다.

⑤ 항상 12 이하의 수가 나오므로 그 확률은 1이다.

따라서 옳은 것은 ③, ⑤이다.

11 답 ④

여학생 5명, 남학생 3명 중에서 대표 2명을 뽑는 모든 경우의 수는

$$\frac{8\times7}{2}=28$$

2명 모두 남학생이 뽑히는 경우의 수는 $\dfrac{3\times2}{2}=3$이므로

그 확률은 $\dfrac{3}{28}$

따라서 구하는 확률은 $1-\dfrac{3}{28}=\dfrac{25}{28}$

12 답 $\dfrac{9}{32}$

6의 배수인 경우는 6, 12, 18, 24, 30의 5가지이므로

그 확률은 $\dfrac{5}{32}$

7의 배수인 경우는 7, 14, 21, 28의 4가지이므로

그 확률은 $\dfrac{4}{32}$

따라서 구하는 확률은

$$\frac{5}{32}+\frac{4}{32}=\frac{9}{32}$$

13 답 ①

모든 경우의 수는 $5\times4\times3=60$

(i) 200 미만인 수는 1□□의 꼴이고, 이때 십의 자리에 올 수
있는 숫자는 1을 제외한 4개

일의 자리에 올 수 있는 숫자는 1과 십의 자리의 숫자를 제외
한 3개이므로

$$4\times3=12(개)$$

즉, 그 확률은 $\dfrac{12}{60}=\dfrac{1}{5}$

(ii) 530 이상인 수는 531, 532, 534, 541, 542, 543의 6개이므로

그 확률은 $\dfrac{6}{60}=\dfrac{1}{10}$

따라서 (i), (ii)에서 구하는 확률은

$$\frac{1}{5}+\frac{1}{10}=\frac{3}{10}$$

14 답 $\dfrac{12}{25}$

A주머니에서 흰 바둑돌을 꺼낼 확률은 $\dfrac{3}{5}$

B주머니에서 검은 바둑돌을 꺼낼 확률은 $\dfrac{4}{5}$

따라서 구하는 확률은

$$\frac{3}{5}\times\frac{4}{5}=\frac{12}{25}$$

15 답 ①

동전은 앞면이 나오고, 주사위는 소수의 눈, 즉 2, 3, 5가 나올
확률은

$$\frac{1}{2}\times\frac{1}{2}=\frac{1}{4}$$

동전은 뒷면이 나오고, 주사위는 3 미만의 눈, 즉 1, 2가 나올 확
률은

$$\frac{1}{2}\times\frac{1}{3}=\frac{1}{6}$$

따라서 구하는 확률은

$$\frac{1}{4}+\frac{1}{6}=\frac{5}{12}$$

16 답 0.38

홍민이가 실패할 확률은 $1-0.7=0.3$이므로

강인이만 성공할 확률은 $0.8\times0.3=0.24$

강인이가 실패할 확률은 $1-0.8=0.2$이므로

홍민이만 성공할 확률은 $0.2\times0.7=0.14$

따라서 구하는 확률은

$$0.24+0.14=0.38$$

17 답 ⑤

세 사람이 모두 목표물을 맞히지 못할 확률은

$$\left(1-\frac{3}{4}\right)\times\left(1-\frac{1}{2}\right)\times\left(1-\frac{2}{3}\right)=\frac{1}{4}\times\frac{1}{2}\times\frac{1}{3}=\frac{1}{24}$$

따라서 구하는 확률은 $1-\dfrac{1}{24}=\dfrac{23}{24}$

18 답 $\dfrac{1}{4}$

두 번 모두 L이 적힌 카드를 뽑을 확률은

$$\frac{1}{4}\times\frac{1}{4}=\frac{1}{16}$$

마찬가지로 O, V, E가 적힌 카드를 뽑을 확률도 모두 $\dfrac{1}{16}$이다.

따라서 구하는 확률은

$$\frac{1}{16}+\frac{1}{16}+\frac{1}{16}+\frac{1}{16}=\frac{1}{4}$$

19 답 24

남학생 3명, 여학생 2명을 각각 한 묶음으로 생각하여 2명을 한 줄로 세우는 경우의 수는

$2 \times 1 = 2$ ... (i)

남학생 3명이 서로 자리를 바꾸는 경우의 수는

$3 \times 2 \times 1 = 6$ ... (ii)

여학생 2명이 서로 자리를 바꾸는 경우의 수는

$2 \times 1 = 2$ ... (iii)

따라서 구하는 경우의 수는

$2 \times 6 \times 2 = 24$ ... (iv)

채점 기준	배점
(i) 남학생 3명, 여학생 2명을 각각 한 묶음으로 생각하여 경우의 수 구하기	25 %
(ii) 남학생끼리 자리를 바꾸는 경우의 수 구하기	25 %
(iii) 여학생끼리 자리를 바꾸는 경우의 수 구하기	25 %
(iv) 남학생은 남학생끼리, 여학생은 여학생끼리 이웃하는 경우의 수 구하기	25 %

20 답 35

6개의 점 중에서 2개의 점을 선택하여 만들 수 있는 선분의 개수는 6명 중에서 자격이 같은 대표 2명을 뽑는 경우의 수와 같으므로

$\dfrac{6 \times 5}{2} = 15$ $\therefore a = 15$ ... (i)

6개의 점 중에서 3개의 점을 선택하여 만들 수 있는 삼각형의 개수는 6명 중에서 자격이 같은 대표 3명을 뽑는 경우의 수와 같으므로

$\dfrac{6 \times 5 \times 4}{3 \times 2 \times 1} = 20$ $\therefore b = 20$ ... (ii)

$\therefore a + b = 15 + 20 = 35$ ... (iii)

채점 기준	배점
(i) a의 값 구하기	40 %
(ii) b의 값 구하기	40 %
(iii) $a+b$의 값 구하기	20 %

21 답 $\dfrac{1}{18}$

모든 경우의 수는 $6 \times 6 = 36$ ... (i)

일차함수 $y = ax + b$의 그래프가 점 $(3, 11)$을 지나므로

$11 = 3a + b$

즉, $3a + b = 11$을 만족시키는 순서쌍 (a, b)는

$(2, 5), (3, 2)$의 2가지   ... (ii)

따라서 구하는 확률은

$\dfrac{2}{36} = \dfrac{1}{18}$ ... (iii)

채점 기준	배점
(i) 모든 경우의 수 구하기	20 %
(ii) $3a+b=11$을 만족시키는 순서쌍 (a, b)의 가짓수 구하기	60 %
(iii) 일차함수 $y=ax+b$의 그래프가 점 $(3, 11)$을 지날 확률 구하기	20 %

22 답 $\dfrac{4}{9}$

첫 번째에 빨간 공이 나올 확률은 $\dfrac{4}{9}$,

두 번째에 빨간 공이 나올 확률은 $\dfrac{3}{8}$이므로

두 개 모두 빨간 공이 나올 확률은

$\dfrac{4}{9} \times \dfrac{3}{8} = \dfrac{1}{6}$ ... (i)

첫 번째에 파란 공이 나올 확률은 $\dfrac{5}{9}$,

두 번째에 파란 공이 나올 확률은 $\dfrac{4}{8}$이므로

두 개 모두 파란 공이 나올 확률은

$\dfrac{5}{9} \times \dfrac{4}{8} = \dfrac{5}{18}$ ... (ii)

따라서 구하는 확률은

$\dfrac{1}{6} + \dfrac{5}{18} = \dfrac{4}{9}$ ... (iii)

채점 기준	배점
(i) 두 개의 공이 모두 빨간 공일 확률 구하기	40 %
(ii) 두 개의 공이 모두 파란 공일 확률 구하기	40 %
(iii) 같은 색의 공이 나올 확률 구하기	20 %

OX 문제로 개념 점검!   •144쪽

❶ ×   ❷ ○   ❸ ○   ❹ ×   ❺ ○   ❻ ×   ❼ ○   ❽ ○

❶ 한국 영화 2편과 외국 영화 3편 중에서 한 편의 영화를 택하여 관람하는 경우의 수는 $2 + 3 = 5$

❸ 5명 중에서 3명을 뽑아 한 줄로 세우는 경우의 수는
$5 \times 4 \times 3 = 60$

❹ 십의 자리에 올 수 있는 숫자는 0을 제외한 2, 4, 6, 8의 4개이다.

❺ 4의 배수가 적힌 카드가 나오는 경우는 4, 8의 2가지이므로 그 확률은 $\dfrac{2}{9}$이다.

❻ 한 개의 주사위를 던질 때, 항상 6 이하의 눈이 나오므로 그 확률은 1이다.

❼ 내일 눈이 오지 않을 확률은
$1 - 0.6 = 0.4$

정답 및 해설 워크북

1 삼각형의 성질

개념 01 이등변삼각형의 성질

•3~6쪽

1 답 (1) $75°$ (2) $45°$ (3) $55°$ (4) $65°$

(1) $\angle x = \angle C = 75°$

(2) $\angle x = \angle B = 45°$

(3) $\angle x = \angle B = 55°$

(4) $\angle B = \angle C$이므로 $\angle x = \dfrac{1}{2} \times (180° - 50°) = 65°$

2 답 (1) $115°$ (2) $106°$ (3) $90°$ (4) $80°$

(1) $\angle ACB = \angle B = 65°$이므로 $\angle x = 180° - 65° = 115°$

(2) $\angle B = \angle ACB$이므로 $\angle ACB = \dfrac{1}{2} \times (180° - 32°) = 74°$

$\quad \therefore \angle x = 180° - 74° = 106°$

(3) $\angle C = \angle ABC = 180° - 135° = 45°$이므로

$\quad \angle x = 180° - (45° + 45°) = 90°$

(4) $\angle C = \angle B = 40°$이므로 $\angle x = 40° + 40° = 80°$

3 답 (1) 7 (2) 12 (3) 90 (4) 55

(1) $x = \dfrac{1}{2}\overline{BC} = \dfrac{1}{2} \times 14 = 7$

(2) $x = 2\overline{BD} = 2 \times 6 = 12$

(3) $\overline{AD} \perp \overline{BC}$이므로 $\angle ADC = 90°$ $\quad \therefore x = 90$

(4) $\overline{AD} \perp \overline{BC}$이므로 $\angle ADB = 90°$

$\quad \triangle ABD$에서 $\angle B = 180° - (35° + 90°) = 55°$ $\quad \therefore x = 55$

4 답 (1) $\angle x = 28°$, $\angle y = 84°$ (2) $\angle x = 36°$, $\angle y = 72°$

$\quad$ (3) $\angle x = 35°$, $\angle y = 75°$ (4) $\angle x = 25°$, $\angle y = 75°$

(1) $\triangle ABC$에서 $\overline{AB} = \overline{AC}$이므로 $\angle ACB = \angle B = 56°$

$\quad \therefore \angle x = \dfrac{1}{2}\angle ACB = \dfrac{1}{2} \times 56° = 28°$

$\quad \triangle DBC$에서 $\angle y = 56° + 28° = 84°$

(2) $\triangle ABC$에서 $\overline{AB} = \overline{AC}$이므로

$\quad \angle ABC = \angle C = \dfrac{1}{2} \times (180° - 36°) = 72°$

$\quad \therefore \angle x = \dfrac{1}{2}\angle ABC = \dfrac{1}{2} \times 72° = 36°$

$\quad \triangle ABD$에서 $\angle y = 36° + 36° = 72°$

(3) $\triangle ABC$에서 $\overline{AB} = \overline{AC}$이므로

$\quad \angle B = \angle ACB = \dfrac{1}{2} \times (180° - 40°) = 70°$

$\quad \therefore \angle x = \dfrac{1}{2}\angle ACB = \dfrac{1}{2} \times 70° = 35°$

$\quad \triangle ADC$에서 $\angle y = 40° + 35° = 75°$

(4) $\triangle ABC$에서 $\overline{AB} = \overline{AC}$이므로

$\quad \angle ABC = \angle C = \dfrac{1}{2} \times (180° - 80°) = 50°$

$\quad \therefore \angle x = \dfrac{1}{2}\angle ABC = \dfrac{1}{2} \times 50° = 25°$

$\quad \triangle ABD$에서 $\angle y = 180° - (80° + 25°) = 75°$

5 답 (1) $\angle x = 60°$, $\angle y = 60°$ (2) $\angle x = 50°$, $\angle y = 65°$

$\quad$ (3) $\angle x = 84°$, $\angle y = 48°$ (4) $\angle x = 36°$, $\angle y = 54°$

(1) $\triangle ADC$에서 $\angle DAC = \angle C = 30°$이므로

$\quad \angle x = 30° + 30° = 60°$

$\quad \triangle ABD$에서 $\angle DAB = \angle B$이므로

$\quad \angle y = \dfrac{1}{2} \times (180° - 60°) = 60°$

(2) $\triangle ABD$에서 $\angle DAB = \angle B = 25°$이므로

$\quad \angle x = 25° + 25° = 50°$

$\quad \triangle ADC$에서 $\angle DAC = \angle C$이므로

$\quad \angle y = \dfrac{1}{2} \times (180° - 50°) = 65°$

(3) $\triangle ADC$에서 $\angle DAC = \angle C = 42°$이므로

$\quad \angle x = 42° + 42° = 84°$

$\quad \triangle ABD$에서 $\angle DAB = \angle B$이므로

$\quad \angle y = \dfrac{1}{2} \times (180° - 84°) = 48°$

(4) $\triangle ADC$에서 $\angle x = \angle DAC = 36°$

$\quad \angle BDC = 36° + 36° = 72°$

$\quad \triangle DBC$에서 $\angle DBC = \angle C$이므로

$\quad \angle y = \dfrac{1}{2} \times (180° - 72°) = 54°$

6 답 (1) $60°$ (2) $105°$ (3) $84°$ (4) $99°$

(1) $\triangle DBC$에서 $\angle DCB = \angle B = 20°$이므로

$\quad \angle ADC = 20° + 20° = 40°$

$\quad \triangle CAD$에서 $\angle CAD = \angle CDA = 40°$

$\quad$ 따라서 $\triangle ABC$에서 $\angle x = 20° + 40° = 60°$

(2) $\triangle DBC$에서 $\angle DCB = \angle B = 35°$이므로

$\quad \angle ADC = 35° + 35° = 70°$

$\quad \triangle CAD$에서 $\angle CAD = \angle CDA = 70°$

$\quad$ 따라서 $\triangle ABC$에서 $\angle x = 35° + 70° = 105°$

(3) $\triangle DBC$에서 $\angle B = \angle DCB = \dfrac{1}{2} \times (180° - 124°) = 28°$이므로

$\quad \angle ADC = 28° + 28° = 56°$

$\quad \triangle CAD$에서 $\angle CAD = \angle CDA = 56°$

$\quad$ 따라서 $\triangle ABC$에서 $\angle x = 28° + 56° = 84°$

(4) $\triangle DBC$에서 $\angle B = \angle DCB = \dfrac{1}{2} \times (180° - 114°) = 33°$이므로

$\quad \angle ADC = 33° + 33° = 66°$

$\quad \triangle CAD$에서 $\angle CAD = \angle CDA = 66°$

$\quad$ 따라서 $\triangle ABC$에서 $\angle x = 33° + 66° = 99°$

7 답 (1) 7 (2) 11

(1) $\angle B = \angle C$이므로 $\triangle ABC$는 $\overline{AB} = \overline{AC}$인 이등변삼각형이다.
 $\therefore x = \overline{AB} = 7$

(2) $\angle A = 180° - (25° + 130°) = 25°$이므로
 $\angle B = \angle A$
 따라서 $\triangle ABC$는 $\overline{BC} = \overline{AC}$인 이등변삼각형이므로
 $x = \overline{AC} = 11$

8 답 (1) 10 (2) 12

(1) $\angle ACB = 180° - 124° = 56°$이므로 $\angle B = \angle ACB$
 따라서 $\triangle ABC$는 $\overline{AB} = \overline{AC}$인 이등변삼각형이므로
 $x = \overline{AB} = 10$

(2) $\angle ABC = 180° - 110° = 70°$이므로
 $\angle C = 180° - (55° + 70°) = 55°$
 따라서 $\angle A = \angle C$, 즉 $\triangle ABC$는 $\overline{BA} = \overline{BC}$인 이등변삼각형
 이므로
 $x = \overline{BC} = 12$

9 답 (1) 10 (2) 7

(1) $\angle B = \angle C$이므로 $\triangle ABC$는 $\overline{AB} = \overline{AC}$인 이등변삼각형이다.
 이때 $\angle BAD = \angle CAD$이므로
 $x = 2\overline{DC} = 2 \times 5 = 10$

(2) $\angle B = \angle C$이므로 $\triangle ABC$는 $\overline{AB} = \overline{AC}$인 이등변삼각형이다.
 이때 $\overline{AD} \perp \overline{BC}$이므로 $\overline{AD}$는 $\angle BAC$의 이등분선이다.
 $\therefore x = \dfrac{1}{2}\overline{BC} = \dfrac{1}{2} \times 14 = 7$

10 답 $\angle x = 69°$, $\angle y = 27°$

$\triangle ABC$에서 $\overline{AB} = \overline{AC}$이므로
$\angle x = \angle ACB = \dfrac{1}{2} \times (180° - 42°) = 69°$
$\triangle CDB$에서 $\overline{CD} = \overline{CB}$이므로 $\angle CDB = \angle B = 69°$
이때 $\triangle ADC$에서 $42° + \angle y = 69°$
$\therefore \angle y = 27°$

11 답 95

$\overline{AD}$는 $\angle A$의 이등분선이므로 $\overline{BD} = \overline{CD}$에서
$\overline{BD} = \dfrac{1}{2}\overline{BC} = \dfrac{1}{2} \times 10 = 5\,(\text{cm})$ $\therefore x = 5$
또 $\overline{AD} \perp \overline{BC}$이므로 $\angle ADC = 90°$ $\therefore y = 90$
$\therefore x + y = 5 + 90 = 95$

12 답 $32°$

$\triangle DBC$에서 $\overline{DB} = \overline{DC}$이므로 $\angle B = \angle DCB = \angle x$
$\therefore \angle CDA = \angle x + \angle x = 2\angle x$
$\triangle CAD$에서 $\overline{CA} = \overline{CD}$이므로 $\angle CAD = \angle CDA = 2\angle x$
따라서 $\triangle ABC$에서 $\angle x + 2\angle x = 96°$
$3\angle x = 96°$ $\therefore \angle x = 32°$

13 답 $24°$

$\triangle ABC$에서 $\overline{AB} = \overline{AC}$이므로
$\angle ABC = \angle ACB = \dfrac{1}{2} \times (180° - 48°) = 66°$
$\therefore \angle DBC = \dfrac{1}{2}\angle ABC = \dfrac{1}{2} \times 66° = 33°$
$\angle ACE = 180° - 66° = 114°$이므로
$\angle DCE = \dfrac{1}{2}\angle ACE = \dfrac{1}{2} \times 114° = 57°$
따라서 $\triangle DBC$에서
$\angle BDC = \angle DCE - \angle DBC = 57° - 33° = 24°$

14 답 5 cm

$\triangle ADC$에서 $\angle ADB = 30° + 30° = 60°$
즉, $\angle B = \angle ADB$이므로 $\triangle ABD$에서 $\overline{AD} = \overline{AB} = 5\,\text{cm}$
따라서 $\triangle ADC$에서 $\angle DAC = \angle DCA$이므로
$\overline{CD} = \overline{AD} = 5\,\text{cm}$

1 답 (1) $\triangle ABC \equiv \triangle EFD$, RHS 합동
　　(2) $\triangle ABC \equiv \triangle FDE$, RHA 합동
　　(3) $\triangle ABC \equiv \triangle FED$, RHA 합동

(1) $\triangle ABC$와 $\triangle EFD$에서
 $\angle B = \angle F = 90°$, $\overline{AB} = \overline{EF}$, $\overline{AC} = \overline{ED}$이므로
 $\triangle ABC \equiv \triangle EFD$ (RHS 합동)

(2) $\triangle ABC$와 $\triangle FDE$에서
 $\angle A = \angle F = 90°$, $\overline{BC} = \overline{DE}$, $\angle C = \angle E$이므로
 $\triangle ABC \equiv \triangle FDE$ (RHA 합동)

(3) $\triangle ABC$와 $\triangle FED$에서
 $\angle B = \angle E = 90°$, $\overline{AC} = \overline{FD}$이고
 $\triangle FED$에서 $\angle D = 180° - (90° + 25°) = 65°$이므로
 $\angle C = \angle D$
 $\therefore \triangle ABC \equiv \triangle FED$ (RHA 합동)

2 답 (1) 6 (2) 30

(1) $\triangle ABC$와 $\triangle FDE$에서
 $\angle C = \angle E = 90°$, $\overline{AB} = \overline{FD}$, $\angle B = \angle D$이므로
 $\triangle ABC \equiv \triangle FDE$ (RHA 합동)
 $\therefore x = \overline{AC} = 6$

(2) $\triangle ABC$와 $\triangle FDE$에서
 $\angle C = \angle E = 90°$, $\overline{AB} = \overline{FD}$, $\overline{BC} = \overline{DE}$이므로
 $\triangle ABC \equiv \triangle FDE$ (RHS 합동)
 이때 $\angle A = \angle F = 180° - (60° + 90°) = 30°$이므로
 $x = 30$

3 답 ㄴ과 ㄹ (RHS 합동), ㄷ과 ㅁ (RHA 합동)

4 답 40

△ADC와 △BEC에서

∠ADC=∠BEC=90°, $\overline{AC}=\overline{BC}$,

∠ACD=∠BCE (맞꼭지각)

이므로

△ADC≡△BEC (RHA 합동)

따라서 ∠CAD=∠CBE=55°이므로 △ADC에서

∠ACD=180°-(90°+55°)=35°　　∴ x=35

또 $\overline{BE}=\overline{AD}$=5 cm이므로 y=5

∴ $x+y$=35+5=40

5 답 2 cm

△ACE와 △ADE에서

∠C=∠ADE=90°, $\overline{AE}$는 공통, $\overline{AC}=\overline{AD}$이므로

△ACE≡△ADE (RHS 합동)

∴ $\overline{DE}=\overline{CE}$=2 cm

개념 03 직각삼각형의 합동 조건의 응용 ·8쪽

1 답 (1) 2　(2) 2　(3) 7　(4) 5

(1) △AOP≡△BOP (RHA 합동)이므로 $x=\overline{PB}$=2

(2) △AOP≡△BOP (RHA 합동)이므로

　　$2x=\overline{PB}$에서 $2x$=4　　∴ x=2

(3) △AOP≡△BOP (RHA 합동)이므로

　　$\overline{AP}=\overline{BP}$에서 10=$x$+3　　∴ x=7

(4) ∠POB=180°-(60°+90°)=30°이므로

　　△AOP≡△BOP (RHA 합동)

　　∴ $x=\overline{PB}$=5

2 답 (1) 30°　(2) 37°　(3) 63°　(4) 18°

(1) △AOP≡△BOP (RHS 합동)이므로 ∠x=∠AOP=30°

(2) △AOP≡△BOP (RHS 합동)이므로 ∠x=∠BOP=37°

(3) △AOP≡△BOP (RHS 합동)이므로

　　∠BOP=∠AOP=27°

　　따라서 △BOP에서 ∠x=180°-(90°+27°)=63°

(4) △AOP≡△BOP (RHS 합동)이므로

　　∠OPB=∠OPA=72°

　　따라서 △POB에서 ∠x=180°-(90°+72°)=18°

3 답 (1) ○　(2) ○　(3) ×　(4) ○　(5) ○　(6) ×

△AOP와 △BOP에서

∠PAO=∠PBO=90°, $\overline{OP}$는 공통,

∠AOP=∠BOP이므로

△AOP≡△BOP (RHA 합동) ((5))

∴ ∠OPA=∠OPB ((1)), $\overline{PA}=\overline{PB}$ ((2)), $\overline{OA}=\overline{OB}$ ((4))

4 답 10

△AOP와 △BOP에서

∠PAO=∠PBO=90°, $\overline{OP}$는 공통, $\overline{PA}=\overline{PB}$

따라서 △AOP≡△BOP (RHS 합동)이므로

∠POA=∠POB=20°　　∴ x=20

$\overline{OA}=\overline{OB}$=10 cm　　∴ y=10

∴ $x-y$=20-10=10

5 답 12 cm²

△ABD와 △AED에서

∠B=∠AED=90°, $\overline{AD}$는 공통, ∠BAD=∠EAD이므로

△ABD≡△AED (RHA 합동)

∴ $\overline{DE}=\overline{DB}$=3 cm

∴ △ADE=$\dfrac{1}{2}$×8×3=12(cm²)

개념 04 삼각형의 외심 ·9쪽

1 답 (1) ○　(2) ×　(3) ×　(4) ○　(5) ×　(6) ○

(1) 삼각형의 외심에서 세 꼭짓점에 이르는 거리는 같으므로

　　$\overline{OA}=\overline{OB}=\overline{OC}$

(4) 삼각형의 외심은 세 변의 수직이등분선의 교점이므로

　　$\overline{BE}=\overline{EC}$

(6) △OAD와 △OBD에서

　　∠ODA=∠ODB=90°, $\overline{OA}=\overline{OB}$, $\overline{OD}$는 공통이므로

　　△OAD≡△OBD (RHS 합동)

2 답 (1) 4　(2) 12　(3) 7　(4) 10

(1) $x=\overline{AD}$=4

(2) $x=2\overline{BE}$=2×6=12

(3) $x=\overline{OB}$=7

(4) $x=2\overline{OA}$=2×5=10

3 답 (1) 32°　(2) 25°　(3) 140°　(4) 31°

(1) △OBC에서 $\overline{OB}=\overline{OC}$이므로

　　∠x=∠OCB=32°

(2) △OBC에서 $\overline{OB}=\overline{OC}$이므로 ∠OBC=∠OCB

　　∴ ∠x=$\dfrac{1}{2}$×(180°-130°)=25°

(3) △OAB에서 $\overline{OA}=\overline{OB}$이므로

　　∠OBA=∠OAB=20°

　　∴ ∠x=180°-(20°+20°)=140°

(4) △OAB에서 $\overline{OA}=\overline{OB}$이므로 ∠OAB=∠OBA

　　∴ ∠OAB=$\dfrac{1}{2}$×(180°-62°)=59°

　　따라서 △ABC에서 ∠x=180°-(59°+90°)=31°

(4) △OBC에서 $\overline{OB}=\overline{OC}$이므로

$\angle OBC=\angle OCB=\angle x$

$62°=\angle x+\angle x$ ∴ $\angle x=31°$

4 답 ②

점 O는 $\overline{AC}$, $\overline{BC}$의 수직이등분선의 교점이므로 △ABC의 외심 (⑤)이다.

① 삼각형의 외심에서 세 꼭짓점에 이르는 거리는 같으므로

$\overline{OA}=\overline{OB}=\overline{OC}$

③ △AOE와 △COE에서

$\overline{AE}=\overline{CE}$, $\angle AEO=\angle CEO=90°$, $\overline{OE}$는 공통

∴ △AOE≡△COE (SAS 합동)

④ $\overline{OB}=\overline{OC}$이므로 △OBC는 이등변삼각형이다.

따라서 옳지 않은 것은 ②이다.

5 답 $25\pi\,\mathrm{cm}^2$

직각삼각형의 외심은 빗변의 중점이므로

$\overline{OA}=\overline{OC}=\dfrac{1}{2}\overline{AC}=\dfrac{1}{2}\times10=5(\mathrm{cm})$

따라서 외접원의 반지름의 길이는 $5\,\mathrm{cm}$이므로

(외접원의 넓이)$=\pi\times5^2=25\pi(\mathrm{cm}^2)$

개념 05 삼각형의 외심의 응용 ·10쪽

1 답 (1) $23°$ (2) $34°$ (3) $46°$ (4) $20°$

(1) $42°+\angle x+25°=90°$ ∴ $\angle x=23°$

(2) $\angle x+22°+34°=90°$ ∴ $\angle x=34°$

(3) $24°+20°+\angle x=90°$ ∴ $\angle x=46°$

(4) $\angle x+23°+47°=90°$ ∴ $\angle x=20°$

2 답 (1) $92°$ (2) $68°$ (3) $68°$ (4) $60°$

(1) $\angle x=2\angle A=2\times46°=92°$

(2) $\angle x=2\angle C=2\times34°=68°$

(3) $\angle x=\dfrac{1}{2}\angle BOC=\dfrac{1}{2}\times136°=68°$

(4) $\angle x=\dfrac{1}{2}\angle AOC=\dfrac{1}{2}\times120°=60°$

3 답 (1) $60°$ (2) $68°$ (3) $55°$ (4) $26°$

(1) △OBC에서 $\overline{OB}=\overline{OC}$이므로 $\angle OCB=\angle OBC=30°$

∴ $\angle BOC=180°-(30°+30°)=120°$

∴ $\angle x=\dfrac{1}{2}\angle BOC=\dfrac{1}{2}\times120°=60°$

(2) △OBC에서 $\overline{OB}=\overline{OC}$이므로 $\angle OBC=\angle OCB=22°$

∴ $\angle BOC=180°-(22°+22°)=136°$

∴ $\angle x=\dfrac{1}{2}\angle BOC=\dfrac{1}{2}\times136°=68°$

(3) △OAB에서 $\overline{OA}=\overline{OB}$이므로 $\angle OBA=\angle OAB=35°$

∴ $\angle AOB=180°-(35°+35°)=110°$

∴ $\angle x=\dfrac{1}{2}\angle AOB=\dfrac{1}{2}\times110°=55°$

(4) $\angle BOC=2\angle A=2\times64°=128°$

△OBC에서 $\overline{OB}=\overline{OC}$이므로

$\angle x=\dfrac{1}{2}\times(180°-128°)=26°$

4 답 $65°$

△OAB에서 $\overline{OA}=\overline{OB}$이므로 $\angle OAB=\angle OBA=35°$

이때 $\angle OAC+35°+25°=90°$이므로 $\angle OAC=30°$

∴ $\angle BAC=\angle OAB+\angle OAC=35°+30°=65°$

5 답 $120°$

△OBC에서 $\overline{OB}=\overline{OC}$이므로 $\angle OBC=\angle OCB=18°$

∴ $\angle ABC=42°+18°=60°$

∴ $\angle AOC=2\angle ABC=2\times60°=120°$

개념 06 삼각형의 내심 ·11쪽

1 답 (1) $\times$ (2) $\bigcirc$ (3) $\times$ (4) $\bigcirc$ (5) $\bigcirc$ (6) $\times$

(2) 삼각형의 내심에서 세 변에 이르는 거리는 같으므로

$\overline{ID}=\overline{IE}=\overline{IF}$

(4) 삼각형의 내심은 세 내각의 이등분선의 교점이므로

$\angle IBD=\angle IBE$

(5) △IEC와 △IFC에서

$\angle IEC=\angle IFC=90°$, $\overline{IC}$는 공통, $\angle ICE=\angle ICF$

△IEC≡△IFC (RHA 합동)

2 답 (1) $20°$ (2) $35°$ (3) $70°$ (4) $36°$

(1) $\angle x=\angle IAC=20°$

(2) $\angle x=\angle ICA=35°$

(3) $\angle IBC=\angle IBA=30°$, $\angle ICB=\angle ICA=25°$이므로

$\angle ABC=2\times30°=60°$, $\angle ACB=2\times25°=50°$

∴ $\angle x=180°-(60°+50°)=70°$

(4) $\angle IAC=\angle IAB=40°$, $\angle IBA=\angle IBC=32°$이므로

$\angle CAB=2\times40°=80°$, $\angle CBA=2\times32°=64°$

∴ $\angle x=180°-(80°+64°)=36°$

3 답 (1) 2 (2) 3 (3) 3 (4) 7

(1) $x=\overline{IE}=2$

(2) $x=\overline{IF}=3$

(3) $x=\overline{IE}=3$

(4) $x=\overline{IF}=7$

4 답 ④, ⑤

④ △ADI와 △AFI에서

$\angle ADI = \angle AFI = 90°$, $\overline{AI}$는 공통, $\angle DAI = \angle FAI$

∴ △ADI≡△AFI (RHA 합동)

⑤ 삼각형의 내심에서 세 변에 이르는 거리는 같으므로

$\overline{ID} = \overline{IE} = \overline{IF}$

5 답 120°

점 I가 △ABC의 내심이므로

$\angle IBA = \angle IBC = 28°$, $\angle IAB = \angle IAC = 32°$

따라서 △IAB에서

$\angle x = 180° - (28° + 32°) = 120°$

개념 **07** **삼각형의 내심의 응용** · 12~14쪽

1 답 (1) 39° (2) 17° (3) 25° (4) 33°

(1) $\angle x + 26° + 25° = 90°$ ∴ $\angle x = 39°$

(2) $30° + 43° + \angle x = 90°$ ∴ $\angle x = 17°$

(3) $\dfrac{1}{2} \times 84° + \angle x + 23° = 90°$

$42° + \angle x + 23° = 90°$ ∴ $\angle x = 25°$

(4) $\angle x + \dfrac{1}{2} \times 62° + 26° = 90°$

$\angle x + 31° + 26° = 90°$ ∴ $\angle x = 33°$

2 답 (1) 119° (2) 111° (3) 100° (4) 68°

(1) $\angle x = 90° + \dfrac{1}{2} \angle A = 90° + \dfrac{1}{2} \times 58° = 119°$

(2) $\angle x = 90° + \dfrac{1}{2} \angle C = 90° + \dfrac{1}{2} \times 42° = 111°$

(3) $140° = 90° + \dfrac{1}{2} \angle x$, $\dfrac{1}{2} \angle x = 50°$ ∴ $\angle x = 100°$

(4) $124° = 90° + \dfrac{1}{2} \angle x$, $\dfrac{1}{2} \angle x = 34°$ ∴ $\angle x = 68°$

3 답 (1) 126° (2) 118° (3) 30° (4) 16°

(1) $\angle x = 90° + \dfrac{1}{2} \angle BAC$이므로

$\angle x = 90° + \angle IAC = 90° + 36° = 126°$

(2) $\angle x = 90° + \dfrac{1}{2} \angle BAC$이므로

$\angle x = 90° + \angle IAB = 90° + 28° = 118°$

(3) $120° = 90° + \dfrac{1}{2} \angle BAC$이므로

$120° = 90° + \angle x$ ∴ $\angle x = 30°$

(4) $106° = 90° + \dfrac{1}{2} \angle ABC$이므로

$106° = 90° + \angle x$ ∴ $\angle x = 16°$

4 답 (1) 24 (2) 54

(1) △ABC의 내접원의 반지름의 길이가 2이므로

$\triangle ABC = \dfrac{1}{2} \times 2 \times (6 + 10 + 8) = 24$

(2) △ABC의 내접원의 반지름의 길이가 3이므로

$\triangle ABC = \dfrac{1}{2} \times 3 \times (9 + 12 + 15) = 54$

5 답 (1) 30 (2) 12

(1) △ABC의 내접원의 반지름의 길이가 3이므로

$\dfrac{1}{2} \times 3 \times (\triangle ABC의 둘레의 길이) = 45$

∴ (△ABC의 둘레의 길이) $= 30$

(2) △ABC의 내접원의 반지름의 길이가 1이므로

$\dfrac{1}{2} \times 1 \times (\triangle ABC의 둘레의 길이) = 6$

∴ (△ABC의 둘레의 길이) $= 12$

6 답 (1) $\dfrac{7}{2}$ (2) $\dfrac{4}{3}$

(1) △ABC의 내접원의 반지름의 길이를 r이라 하면

$\dfrac{1}{2} \times r \times (10 + 21 + 17) = 84$

$24r = 84$ ∴ $r = \dfrac{7}{2}$

따라서 △ABC의 내접원의 반지름의 길이는 $\dfrac{7}{2}$이다.

(2) △ABC의 내접원의 반지름의 길이를 r이라 하면

$\dfrac{1}{2} \times r \times (5 + 5 + 8) = 12$

$9r = 12$ ∴ $r = \dfrac{4}{3}$

따라서 △ABC의 내접원의 반지름의 길이는 $\dfrac{4}{3}$이다.

7 답 (1) 5 (2) 4 (3) 14 (4) 8

(1) $x = \overline{AD} = 5$

(2) $x = \overline{CF} = 4$

(3) $\overline{AF} = \overline{AD} = 8$이므로

$x = \overline{AF} + \overline{FC} = 8 + 6 = 14$

(4) $\overline{AD} = \overline{AF} = 3$이므로

$\overline{BE} = \overline{BD} = \overline{AB} - \overline{AD} = 6 - 3 = 3$

$\overline{EC} = \overline{FC} = 5$

∴ $x = \overline{BE} + \overline{EC} = 3 + 5 = 8$

8 답 (1) 60 (2) 36

(1) $\overline{BD} = \overline{BE} = 10$, $\overline{CE} = \overline{CF} = 12$, $\overline{AF} = \overline{AD} = 8$

∴ (△ABC의 둘레의 길이) $= 2 \times (8 + 10 + 12) = 60$

(2) $\overline{CE} = \overline{CF} = 6$

$\overline{BD} = \overline{BE} = 8$이므로 $\overline{AF} = \overline{AD} = \overline{AB} - \overline{DB} = 12 - 8 = 4$

∴ (△ABC의 둘레의 길이) $= 2 \times (4 + 8 + 6) = 36$

9 답 $41°$

점 I는 $\triangle ABC$의 내심이므로 오른쪽 그림과 같이 $\overline{IA}$를 그으면

$\angle IAC = \dfrac{1}{2}\angle BAC = \dfrac{1}{2} \times 48° = 24°$

따라서 $\angle x + 24° + 25° = 90°$이므로

$\angle x = 41°$

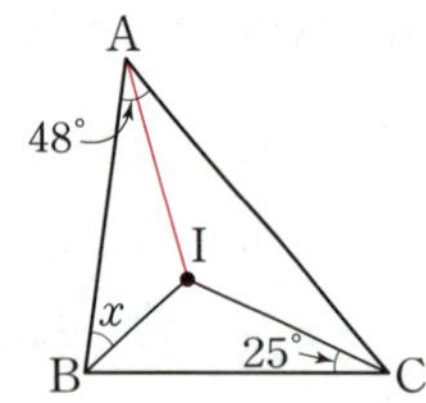

10 답 $\angle x = 115°$, $\angle y = 45°$

점 I는 $\triangle ABC$의 내심이므로

$\angle x = 90° + \dfrac{1}{2}\angle A = 90° + \dfrac{1}{2} \times 50° = 115°$

이때 $\triangle IBC$에서 $\angle ICB = \angle ICA = 20°$이므로

$\angle IBC = 180° - (115° + 20°) = 45°$

$\therefore \angle y = \angle IBC = 45°$

11 답 $145\,\text{cm}^2$

$\triangle ABC = \dfrac{1}{2} \times 5 \times (\triangle ABC$의 둘레의 길이$)$

$\qquad\quad = \dfrac{1}{2} \times 5 \times 58 = 145(\text{cm}^2)$

12 답 $5\,\text{cm}$

$\overline{BE} = x\,\text{cm}$라 하면

$\overline{BD} = \overline{BE} = x\,\text{cm}$, $\overline{AF} = \overline{AD} = (8-x)\,\text{cm}$

$\overline{CF} = \overline{CE} = (12-x)\,\text{cm}$

이때 $\overline{AC} = \overline{AF} + \overline{CF}$이므로

$10 = (8-x) + (12-x)$

$2x = 10 \qquad \therefore x = 5$

$\therefore \overline{BE} = 5\,\text{cm}$

2 사각형의 성질

개념 08 평행사변형의 성질
·15쪽

1 답 (1) $x=50$, $y=55$　(2) $x=9$, $y=12$
　　(3) $x=3$, $y=3$　(4) $x=110$, $y=70$

(1) 평행사변형에서 두 쌍의 대변이 각각 평행하므로

$\quad \angle BDC = \angle ABD = 50°$　　$\therefore x = 50$

$\quad \angle ADB = \angle DBC = 55°$　　$\therefore y = 55$

(2) 평행사변형에서 두 쌍의 대변의 길이가 각각 같으므로

$\quad x = \overline{DC} = 9$, $y = \overline{AD} = 12$

(3) 평행사변형에서 두 쌍의 대변의 길이가 각각 같으므로

$\quad \overline{AB} = \overline{DC}$에서 $9 = 3x$　　$\therefore x = 3$

$\quad \overline{AD} = \overline{BC}$에서 $2y = 6$　　$\therefore y = 3$

(4) 평행사변형에서 두 쌍의 대각의 크기가 각각 같으므로

$\quad \angle C = \angle A = 110°$　　$\therefore x = 110$

$\quad \angle D = \angle B = 70°$　　$\therefore y = 70$

2 답 (1) 3　(2) 4　(3) 14　(4) 1

평행사변형에서 두 대각선은 서로 다른 것을 이등분하므로

(1) $x = \overline{AO} = 3$

(2) $x = \dfrac{1}{2}\overline{BD} = \dfrac{1}{2} \times 8 = 4$

(3) $x = 2\overline{AO} = 2 \times 7 = 14$

(4) $\overline{OA} = \overline{OC}$이므로 $3x = x+2$

$\quad 2x = 2 \qquad \therefore x = 1$

3 답 (1) ○　(2) ○　(3) ×　(4) ×　(5) ○　(6) ×　(7) ○

(1) 평행사변형에서 두 쌍의 대변의 길이는 각각 같다.

(2) 평행사변형에서 두 쌍의 대각의 크기는 각각 같다.

(5) 평행사변형에서 두 대각선은 서로 다른 것을 이등분한다.

(7) 평행사변형에서 이웃하는 두 내각의 크기의 합은 $180°$이다.

4 답 $x=2$, $y=65$

$\overline{AD} = \overline{BC}$이므로 $12 = 5x+2$

$5x = 10 \qquad \therefore x = 2$

또 $\angle D = \angle B = 75°$이므로

$\triangle ACD$에서 $\angle ACD = 180° - (40° + 75°) = 65°$

$\therefore y = 65$

5 답 $\dfrac{47}{2}\,\text{cm}$

$\overline{OB} = \dfrac{1}{2}\overline{BD} = \dfrac{1}{2} \times 11 = \dfrac{11}{2}(\text{cm})$

$\overline{BC} = \overline{AD} = 10\,\text{cm}$

$\overline{CO} = \dfrac{1}{2}\overline{AC} = \dfrac{1}{2} \times 16 = 8(\text{cm})$

$$\therefore (\triangle \text{OBC의 둘레의 길이}) = \overline{OB} + \overline{BC} + \overline{CO}$$
$$= \frac{11}{2} + 10 + 8 = \frac{47}{2} \, (\text{cm})$$

1 답 (1) 두 쌍의 대변의 길이가 각각 같다.

(2) 한 쌍의 대변이 평행하고 그 길이가 같다.

(3) 두 쌍의 대각의 크기가 각각 같다.

(4) 두 쌍의 대변이 각각 평행하다.

(5) 두 대각선이 서로 다른 것을 이등분한다.

2 답 (1) $x=10$, $y=7$ (2) $x=50$, $y=130$ (3) $x=5$, $y=8$

     (4) $x=13$, $y=38$ (5) $x=70$, $y=40$

(1) $\overline{AB}=\overline{DC}$, $\overline{AD}=\overline{BC}$이어야 하므로

   $x=10$, $y=7$

(2) $\angle A = \angle C$, $\angle B = \angle D$이어야 하므로

   $\angle A = \angle C = 50°$ $\therefore x=50$

   $\angle A + \angle D = 180°$에서 $\angle D = 180° - 50° = 130°$

   $\therefore y = 130$

(3) $\overline{OA}=\overline{OC}$, $\overline{OB}=\overline{OD}$이어야 하므로

   $x=5$, $y=8$

(4) $\overline{AD} /\!/ \overline{BC}$, $\overline{AD}=\overline{BC}$이어야 하므로

   $x=13$

   $\angle ACB = \angle DAC = 38°$ (엇각) $\therefore y=38$

(5) $\overline{AD} /\!/ \overline{BC}$, $\overline{AB} /\!/ \overline{DC}$이어야 하므로

   $\angle ACB = \angle DAC = 70°$ (엇각) $\therefore x=70$

   $\angle BAC = \angle ACD = 40°$ (엇각) $\therefore y=40$

3 답 (1) ○   (2) ○   (3) ○   (4) ×   (5) ×   (6) ○

(1) 두 쌍의 대변의 길이가 각각 같으므로 평행사변형이다.

(2) 두 쌍의 대각의 크기가 각각 같으므로 평행사변형이다.

(3) 두 쌍의 대변이 각각 평행하므로 평행사변형이다.

(6) 두 쌍의 대변이 각각 평행하므로 평행사변형이다.

4 답 ②, ⑤

① 두 쌍의 대변의 길이가 각각 같으므로 평행사변형이다.

③ 두 쌍의 대변이 각각 평행하므로 평행사변형이다.

④ 한 쌍의 대변이 평행하고 그 길이가 같으므로 평행사변형이다.

따라서 평행사변형이 아닌 것은 ②, ⑤이다.

5 답 80

한 쌍의 대변이 평행하고 그 길이가 같아야 하므로

$\overline{AB}=\overline{DC}$에서 $x=4$

$\angle DAE = \angle BEA = 52°$ (엇각)

$\therefore \angle BAD = 2 \times 52° = 104°$

$\angle BAD + \angle D = 180°$에서

$\angle D = 180° - 104° = 76°$

$\therefore y = 76$

$\therefore x + y = 4 + 76 = 80$

6 답 ㄱ

ㄱ. $\overline{AB} \neq \overline{DC}$, $\overline{AD} \neq \overline{BC}$이므로 평행사변형이 아니다.

7 답 두 대각선이 서로 다른 것을 이등분한다.

□ABCD가 평행사변형이므로 $\overline{OA}=\overline{OC}$, $\overline{OB}=\overline{OD}$

$\overline{OA}=\overline{OC}$에서

$\overline{OP} = \frac{1}{2}\overline{OA} = \frac{1}{2}\overline{OC} = \overline{OR}$

$\overline{OB}=\overline{OD}$에서

$\overline{OQ} = \frac{1}{2}\overline{OB} = \frac{1}{2}\overline{OD} = \overline{OS}$

따라서 두 대각선이 서로 다른 것을 이등분하므로 □PQRS는
평행사변형이다.

1 답 (1) 30   (2) 15   (3) 30   (4) 30

(1) $\triangle ABC = \frac{1}{2}\square ABCD = \frac{1}{2} \times 60 = 30$

(2) $\triangle OBC = \frac{1}{4}\square ABCD = \frac{1}{4} \times 60 = 15$

(3) $\triangle DBC = \frac{1}{2}\square ABCD = \frac{1}{2} \times 60 = 30$

(4) $\triangle ODA = \triangle OBC = \frac{1}{4}\square ABCD = \frac{1}{4} \times 60 = 15$이므로

   $\triangle ODA + \triangle OBC = 15 + 15 = 30$

2 답 (1) 10   (2) 12   (3) 9   (4) 16

(1) $\square ABCD = 2\triangle ABC = 2 \times 5 = 10$

(2) $\triangle DBC = \frac{1}{2}\square ABCD = \triangle ABD = 12$

(3) $\triangle OAB = \frac{1}{4}\square ABCD = \frac{1}{2}\triangle ABC = \frac{1}{2} \times 18 = 9$

(4) $\square ABCD = 4\triangle OCD = 4 \times 4 = 16$

3 답 (1) 24   (2) 18   (3) 8   (4) 8

(1) $\triangle ABP + \triangle PCD = \frac{1}{2}\square ABCD = \frac{1}{2} \times 48 = 24$

(2) $\triangle APD + \triangle PBC = \frac{1}{2}\square ABCD = \frac{1}{2} \times 36 = 18$

(3) $\triangle ABP + \triangle PCD = \frac{1}{2}\square ABCD = \frac{1}{2} \times 26 = 13$

   $\therefore \triangle PCD = 13 - 5 = 8$

(4) $\triangle ABP + \triangle PCD = \frac{1}{2}\square ABCD = \frac{1}{2} \times 52 = 26$

   $\therefore \triangle ABP = 26 - 18 = 8$

4 답 28 cm^2

$\square\text{ABCD}=4\triangle\text{AOD}=4\times7=28(\text{cm}^2)$

5 답 10 cm^2

$\triangle\text{PAB}+\triangle\text{PCD}=\triangle\text{PDA}+\triangle\text{PBC}$이므로

$15+\triangle\text{PCD}=14+11$ $\therefore \triangle\text{PCD}=10(\text{cm}^2)$

개념 11 **직사각형의 성질** ·19쪽

1 답 (1) 5 (2) 2 (3) 30 (4) 50

(1) $x=\dfrac{1}{2}\overline{\text{BD}}=\dfrac{1}{2}\times10=5$

(2) $\overline{\text{OB}}=\overline{\text{OC}}$이므로

$3x-1=7-x,\ 4x=8$ $\therefore x=2$

(3) $\triangle\text{OBC}$에서 $\overline{\text{OB}}=\overline{\text{OC}}$이므로

$\angle\text{OCB}=\angle\text{OBC}=30°$ $\therefore x=30$

(4) $\angle\text{ABC}=90°$이므로

$\angle\text{ACB}=180°-(40°+90°)=50°$ $\therefore x=50$

2 답 $\overline{\text{DC}}$, SSS, $\angle\text{C}$, $\angle\text{D}$, 직사각형

3 답 (1) ✕ (2) ◯ (3) ◯ (4) ✕ (5) ✕ (6) ◯

(2) 두 대각선의 길이가 같으므로 평행사변형 ABCD는 직사각형
이 된다.

(3) $\angle\text{DAB}+\angle\text{ABC}=180°$이고, $\angle\text{DAB}=\angle\text{ABC}$이므로

$\angle\text{DAB}=\angle\text{ABC}=90°$

따라서 한 내각이 직각이므로 평행사변형 ABCD는 직사각형
이 된다.

(6) 한 내각이 직각이므로 평행사변형 ABCD는 직사각형이 된다.

4 답 $x=80,\ y=3$

$\triangle\text{OBC}$에서 $\overline{\text{OB}}=\overline{\text{OC}}$이므로 $\angle\text{OBC}=\angle\text{OCB}=50°$

즉, $\angle\text{BOC}=180°-(50°+50°)=80°$ $\therefore x=80$

또 $\overline{\text{OA}}=\overline{\text{OD}}$이므로 $3y=4y-3$ $\therefore y=3$

5 답 ㄹ, ㅁ

ㄹ. 평행사변형 ABCD에서 $\overline{\text{AC}}=\overline{\text{BD}}$이므로 직사각형이 된다.

ㅁ. 평행사변형 ABCD에서 $\angle\text{A}=90°$이므로 직사각형이 된다.

개념 12 **마름모의 성질** ·20쪽

1 답 (1) $x=7,\ y=7$ (2) $x=4,\ y=10$
　　　(3) $x=30,\ y=120$ (4) $x=61,\ y=90$

(1) $x=y=\overline{\text{AB}}=7$

(2) $x=\overline{\text{OC}}=4,\ y=2\overline{\text{OD}}=2\times5=10$

(3) $\triangle\text{ABD}$에서 $\overline{\text{AB}}=\overline{\text{AD}}$이므로

$\angle\text{ADB}=\angle\text{ABD}=30°$ $\therefore x=30$

$\angle\text{BCD}=\angle\text{BAD}=180°-(30°+30°)=120°$

$\therefore y=120$

(4) $\overline{\text{AC}}\perp\overline{\text{BD}}$이므로 $\angle\text{DOC}=90°$ $\therefore y=90$

$\triangle\text{ABO}$에서 $\angle\text{AOB}=\angle\text{DOC}=90°$ (맞꼭지각)이므로

$\angle\text{BAO}=180°-(29°+90°)=61°$

$\therefore x=61$

2 답 $\overline{\text{DO}}$, $\angle\text{AOD}$, SAS, $\overline{\text{AD}}$, $\overline{\text{AD}}$, 마름모

3 답 (1) ✕ (2) ◯ (3) ◯ (4) ✕ (5) ◯ (6) ◯

(1) $\angle\text{DAB}+\angle\text{ABC}=180°$이므로

$\angle\text{DAB}=\angle\text{ABC}=90°$

따라서 평행사변형 ABCD는 직사각형이 된다.

4 답 ③

③ $\overline{\text{AC}}=2\overline{\text{AO}}=2\times6=12(\text{cm})$

이때 $\overline{\text{BD}}$의 길이는 알 수 없다.

5 답 54

$\overline{\text{AD}}\,/\!/\,\overline{\text{BC}}$이므로 $\angle\text{ADO}=\angle\text{OBC}=38°$ (엇각)

$\triangle\text{AOD}$에서 $\angle\text{AOD}=180°-(52°+38°)=90°$

즉, $\overline{\text{AC}}\perp\overline{\text{BD}}$이므로 $\square\text{ABCD}$는 마름모이다.

$\overline{\text{AB}}=\overline{\text{AD}}$이므로 $x=16$

$\overline{\text{BC}}=\overline{\text{DC}}$이므로 $\angle\text{BDC}=\angle\text{DBC}=38°$ $\therefore y=38$

$\therefore x+y=16+38=54$

개념 13 **정사각형의 성질** ·21쪽

1 답 (1) $x=10,\ y=12$ (2) $x=8,\ y=16$
　　　(3) $x=5,\ y=90$ (4) $x=45,\ y=45$

(1) $\overline{\text{AB}}=\overline{\text{AD}}$이므로 $12=x+2$ $\therefore x=10$

$y=\overline{\text{AB}}=12$

(2) $x=\overline{\text{OC}}=8$

$y=\overline{\text{AC}}=2\overline{\text{OC}}=2\times8=16$

(3) $\overline{\text{AC}}=\overline{\text{BD}}$이므로 $2x=2\overline{\text{OB}}=2\times5=10$ $\therefore x=5$

$\overline{\text{AC}}\perp\overline{\text{BD}}$이므로 $\angle\text{AOB}=90°$ $\therefore y=90$

(4) $\triangle\text{OAD}$에서 $\overline{\text{OA}}=\overline{\text{OD}}$이므로

$\angle\text{OAD}=\angle\text{ODA}=\dfrac{1}{2}\times(180°-90°)=45°$

$\therefore x=45,\ y=45$

2 답 (1) 10 (2) 90 (3) 45

3 답 (1) 90 (2) 12 (3) 7

4 답 (1) ㄱ, ㄷ, ㅁ (2) ㄴ, ㄹ, ㅂ

(1) ㄱ. 이웃하는 두 변의 길이가 같으므로 직사각형 ABCD는
정사각형이 된다.

ㄷ. ∠AOB=90°이면 $\overline{AC}\perp\overline{BD}$이므로 직사각형 ABCD는
정사각형이 된다.

ㅁ. 두 대각선이 직교하므로 직사각형 ABCD는 정사각형이
된다.

(2) ㄴ. 두 대각선의 길이가 같으므로 마름모 ABCD는 정사각형
이 된다.

ㄹ. $\overline{AO}=\overline{CO}$, $\overline{BO}=\overline{DO}$이므로 $\overline{BO}=\overline{CO}$이면
$\overline{AO}=\overline{BO}=\overline{CO}=\overline{DO}$ ∴ $\overline{AC}=\overline{BD}$
따라서 마름모 ABCD는 정사각형이 된다.

ㅂ. 한 내각이 직각이므로 마름모 ABCD는 정사각형이 된다.

5 답 73°

∠DAE=45°이므로 △AED에서
∠CED=45°+28°=73°

6 답 ①, ⑤

① 평행사변형 ABCD가 직사각형이 되는 조건이다.
⑤ 평행사변형 ABCD가 직사각형이 되는 조건이다.

개념 14 등변사다리꼴의 성질 ·22쪽

1 답 (1) 7 (2) 6 (3) 3 (4) 5

(1) $x=\overline{AB}=7$
(2) $\overline{AC}=\overline{DB}$이므로
$2x=12$ ∴ $x=6$
(3) $\overline{AC}=\overline{DO}+\overline{OB}$이므로
$\overline{DO}=10-7=3$ ∴ $x=3$
(4) $\overline{AC}=\overline{DB}$이므로
$2x+5=3x$ ∴ $x=5$

2 답 (1) 55° (2) 140° (3) 50° (4) 23°

(1) ∠C=∠B=55°   ∴ $x=55$
(2) ∠D=∠A=140°   ∴ $x=140$
(3) ∠C=∠ABD+∠DBC이므로
∠DBC=65°-15°=50°   ∴ $x=50$
(4) $\overline{AD}\,/\!/\,\overline{BC}$이므로 ∠ACB=∠DAC=47°
∠B=∠ACB+∠ACD이므로
∠ACD=70°-47°=23°   ∴ $x=23$

3 답 (1) × (2) ○ (3) ○ (4) ○ (5) ○ (6) × (7) × (8) ○

(4) △ABC와 △DCB에서
$\overline{AB}=\overline{DC}$, ∠ABC=∠DCB, $\overline{BC}$는 공통이므로
△ABC≡△DCB (SAS 합동)

---

(5) △ABC≡△DCB이므로 ∠ACB=∠DBC
∠B=∠C이므로 ∠B-∠DBC=∠C-∠ACB
∴ ∠ABD=∠DCA
(8) ∠ABD=∠DCA, ∠B=∠C이므로
∠DBC=∠ACB에서 $\overline{OC}=\overline{OB}$

4 답 3 cm

$\overline{AC}=\overline{BD}$이므로
$5x=2x+3$, $3x=3$ ∴ $x=1$
이때 $\overline{CD}=3x=3\times1=3(cm)$이므로
$\overline{AB}=\overline{CD}=3$ cm

5 답 11 cm

오른쪽 그림과 같이 꼭짓점 D를 지나
고 $\overline{AB}$에 평행한 직선이 $\overline{BC}$와 만나는
점을 E라 하면 □ABED는 평행사변
형이므로

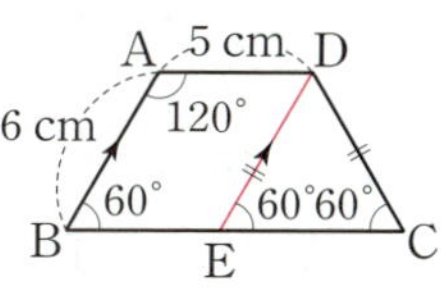

$\overline{BE}=\overline{AD}=5$ cm
∠A+∠B=180°이므로 ∠B=180°-120°=60°
∴ ∠C=∠B=60°, ∠DEC=∠B=60° (동위각)
따라서 △DEC는 정삼각형이므로 $\overline{EC}=\overline{DC}=\overline{AB}=6$ cm
∴ $\overline{BC}=\overline{BE}+\overline{EC}=5+6=11(cm)$

개념 15 여러 가지 사각형 사이의 관계 ·23쪽

1 답 (1) ○ (2) × (3) × (4) ○ (5) ○ (6) × (7) ○ (8) ○

(2) 평행사변형의 두 대각선이 직교하면 마름모이다.
(3) 직사각형의 두 대각선이 직교하면 정사각형이다.
(6) 평행사변형은 사다리꼴이다.

2 답 (1) ㄴ, ㄹ, ㅂ (2) ㄷ, ㄹ, ㅁ, ㅂ (3) ㅁ, ㅂ
(4) ㅁ, ㅂ (5) ㅂ

3 답 (1) 직사각형 (2) 마름모 (3) 마름모 (4) 정사각형
(5) 정사각형 (6) 정사각형

(4) $\overline{AC}=\overline{BD}$이면 평행사변형 ABCD는 직사각형이고,
∠AOD=90°이면 직사각형 ABCD는 정사각형이다.
(5) ∠ADC=90°이면 평행사변형 ABCD는 직사각형이고,
$\overline{AD}=\overline{DC}$이면 직사각형 ABCD는 정사각형이다.
(6) ∠BAD=∠ABC이면 평행사변형 ABCD는 직사각형이고,
$\overline{AC}\perp\overline{BD}$이면 직사각형 ABCD는 정사각형이다.

4 답 ④

④ 이웃하는 두 변의 길이가 같거나 두 대각선이 직교해야 한다.

5 답 ③, ④

1 답 (1) △DBC　(2) △DOC　(3) 18　(4) 12　(5) 20

(2) △ABD＝△ACD이므로
　△ABO＝△ABD－△AOD
　　　　＝△ACD－△AOD＝△DOC

(3) △ACD＝△ABD＝18

(4) △ABD＝△ACD이므로
　△AOD＝△ACD－△DOC
　　　　＝△ABD－△DOC＝32－20＝12

(5) △ABC＝△DBC이므로
　△DOC＝△DBC－△OBC
　　　　＝△ABC－△OBC＝50－30＝20

2 답 (1) 16　(2) 8　(3) 12

(1) △ABD : △ADC＝$\overline{BD}$: $\overline{DC}$＝5 : 4이므로
　$\triangle ADC=\dfrac{4}{9}\triangle ABC=\dfrac{4}{9}\times 36=16$

(2) △ABD : △ADC＝$\overline{BD}$: $\overline{DC}$＝1 : 3이므로
　$\triangle ABD=\dfrac{1}{4}\triangle ABC=\dfrac{1}{4}\times 32=8$

(3) △ABD : △ADC＝$\overline{BD}$: $\overline{DC}$＝5 : 3이므로
　20 : △ADC＝5 : 3, 5△ADC＝60
　∴ △ADC＝12

3 답 $12\,\text{cm}^2$

△ABD＝△ACD이므로
△ABO＝△ABD－△AOD
　　　＝△ACD－△AOD
　　　＝18－6＝12(cm^2)

4 답 $39\,\text{cm}^2$

$\overline{AC}\,/\!/\,\overline{DE}$이므로 △ACD＝△ACE
∴ □ABCD＝△ABC＋△ACD
　　　　＝△ABC＋△ACE
　　　　＝$\triangle ABE=\dfrac{1}{2}\times(8+5)\times 6=39(\text{cm}^2)$

5 답 ⑤

△ABD : △ADC＝$\overline{BD}$: $\overline{DC}$＝2 : 5이므로
△ABD : 35＝2 : 5, 5△ABD＝70
∴ △ABD＝14(cm^2)
∴ △ABC＝△ABD＋△ADC
　　　　＝14＋35＝49(cm^2)

（다른 풀이）

△ABC : △ADC＝$\overline{BC}$: $\overline{DC}$＝7 : 5이므로
$\triangle ABC=\dfrac{7}{5}\triangle ADC=\dfrac{7}{5}\times 35=49(\text{cm}^2)$

3 도형의 닮음

개념 **17**　**닮은 도형**　　•25쪽

1 답 (1) 점 E　(2) $\overline{AC}$　(3) ∠F

2 답 (1) 점 G　(2) $\overline{EH}$　(3) ∠D

3 답 점 C　(2) $\overline{AB}$　(3) ∠E

4 답 (1) 점 A　(2) $\overline{HG}$　(3) ∠B

5 답 $\overline{KL}$, 면 GJKH

6 답 ㄱ, ㄷ, ㄹ, ㅇ

ㄴ. 다음 그림의 두 이등변삼각형은 닮은 도형이 아니다.

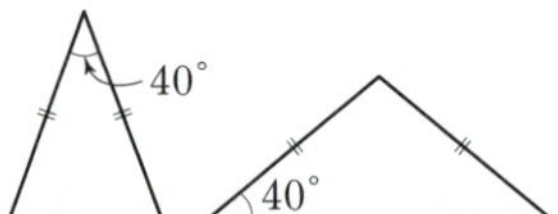

ㅁ. 다음 그림의 두 직육면체는 닮은 도형이 아니다.

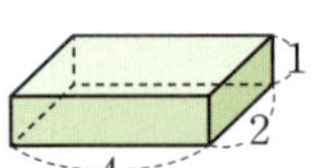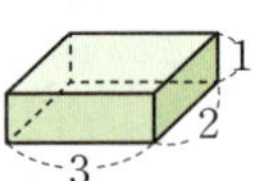

ㅂ. 다음 그림의 두 원기둥은 닮은 도형이 아니다.

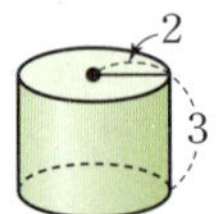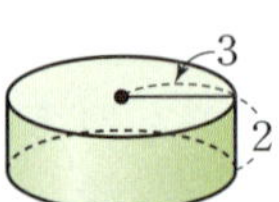

ㅅ. 다음 그림의 두 원뿔은 닮은 도형이 아니다.

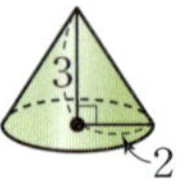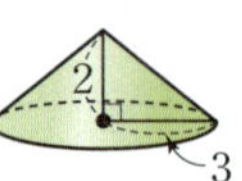

따라서 항상 닮은 도형인 것은 ㄱ, ㄷ, ㄹ, ㅇ이다.

（참고）
• 항상 닮음인 평면도형: 모든 원, 중심각의 크기가 같은 모든 부채꼴, 꼭지각의 크기가 같은 모든 이등변삼각형, 변의 개수가 같은 모든 정다각형
• 항상 닮음인 입체도형: 모든 구, 면의 개수가 같은 모든 정다면체

개념 **18**　**닮은 도형의 성질**　　•26～27쪽

1 답 (1) 2 : 1　(2) 4　(3) 30°　(4) 50°

(1) △ABC와 △DEF의 닮음비는
　$\overline{AC}$: $\overline{DF}$＝4 : 2＝2 : 1

(2) $\overline{BC}$: $\overline{EF}$＝2 : 1에서 8 : $\overline{EF}$＝2 : 1
　$2\overline{EF}=8$　∴ $\overline{EF}=4$

(3) $\angle E = \angle B = 30°$

(4) $\angle F = \angle C = 50°$

2 답 (1) $3:2$　(2) 6　(3) 8　(4) 18　(5) $45°$　(6) $105°$

(1) $\triangle ABC$와 $\triangle DEF$의 닮음비는
$$\overline{AB} : \overline{DE} = 6 : 4 = 3 : 2$$

(2) $\overline{AC} : \overline{DF} = 3 : 2$에서 $9 : \overline{DF} = 3 : 2$
$$3\overline{DF} = 18 \qquad \therefore \overline{DF} = 6$$

(3) $\overline{BC} : \overline{EF} = 3 : 2$에서 $12 : \overline{EF} = 3 : 2$
$$3\overline{EF} = 24 \qquad \therefore \overline{EF} = 8$$

(4) $\triangle DEF$의 둘레의 길이는
$$\overline{DE} + \overline{EF} + \overline{DF} = 4 + 8 + 6 = 18$$

(5) $\angle E = \angle B = 45°$

(6) $\triangle DEF$에서
$$\begin{aligned}\angle D &= 180° - (\angle E + \angle F)\\&= 180° - (45° + 30°) = 105°\end{aligned}$$

3 답 (1) $1:2$　(2) 39　(3) $60°$

(1) $\square ABCD$와 $\square EFGH$의 닮음비는
$$\overline{AD} : \overline{EH} = 8 : 16 = 1 : 2$$

(2) $\overline{AB} : \overline{EF} = 1 : 2$에서 $\overline{AB} : 20 = 1 : 2$
$$2\overline{AB} = 20 \qquad \therefore \overline{AB} = 10$$
$\overline{BC} : \overline{FG} = 1 : 2$에서 $\overline{BC} : 24 = 1 : 2$
$$2\overline{BC} = 24 \qquad \therefore \overline{BC} = 12$$
따라서 $\square ABCD$의 둘레의 길이는
$$\overline{AB} + \overline{BC} + \overline{CD} + \overline{DA} = 10 + 12 + 9 + 8 = 39$$

(3) $\angle E = \angle A = 70°$이므로 $\square EFGH$에서
$$\begin{aligned}\angle G &= 360° - (\angle E + \angle F + \angle H)\\&= 360° - (70° + 90° + 140°) = 60°\end{aligned}$$

4 답 (1) $1:2$　(2) 7　(3) 10　(4) 8

(1) 두 삼각기둥의 닮음비는
$$\overline{AB} : \overline{GH} = 3 : 6 = 1 : 2$$

(2) $\overline{CF} : \overline{IL} = 1 : 2$에서 $\overline{CF} : 14 = 1 : 2$
$$2\overline{CF} = 14 \qquad \therefore \overline{CF} = 7$$

(3) $\overline{AC} : \overline{GI} = 1 : 2$에서 $5 : \overline{GI} = 1 : 2$
$$\therefore \overline{GI} = 10$$

(4) $\overline{BC} : \overline{HI} = 1 : 2$에서 $4 : \overline{HI} = 1 : 2$
$$\therefore \overline{HI} = 8$$

5 답 (1) 8　(2) 28　(3) 12　(4) 48

(1) $\overline{GH} : \overline{OP} = 2 : 3$에서 $\overline{GH} : 12 = 2 : 3$
$$3\overline{GH} = 24 \qquad \therefore \overline{GH} = 8$$

(2) $\square EFGH$의 둘레의 길이는
$$2(\overline{FG} + \overline{GH}) = 2 \times (6 + 8) = 28$$

(3) $\overline{DH} : \overline{LP} = 2 : 3$에서 $8 : \overline{LP} = 2 : 3$
$$2\overline{LP} = 24 \qquad \therefore \overline{LP} = 12$$

(4) $\overline{NM} = \overline{OP} = 12$, $\overline{IM} = \overline{LP} = 12$이므로
$\square JNMI$의 둘레의 길이는
$$2(\overline{NM} + \overline{IM}) = 2 \times (12 + 12) = 48$$

6 답 (1) $3:5$　(2) $3\,\mathrm{cm}$　(3) $18\pi\,\mathrm{cm}^3$

(1) 두 원뿔의 닮음비는 높이의 비와 같으므로
$$6 : 10 = 3 : 5$$

(2) 작은 원뿔의 밑면의 반지름의 길이를 $r\,\mathrm{cm}$라 하면
$$r : 5 = 3 : 5 \qquad \therefore r = 3$$
따라서 작은 원뿔의 밑면의 반지름의 길이는 $3\,\mathrm{cm}$이다.

(3) (작은 원뿔의 부피) $= \dfrac{1}{3} \times (\pi \times 3^2) \times 6 = 18\pi\,(\mathrm{cm}^3)$

7 답 ③, ⑤

① $\triangle ABC$와 $\triangle DEF$의 닮음비는
$$\overline{AC} : \overline{DF} = 15 : 9 = 5 : 3$$

③ $\overline{BC} : \overline{EF} = 5 : 3$에서 $10 : \overline{EF} = 5 : 3$
$$5\overline{EF} = 30 \qquad \therefore \overline{EF} = 6\,(\mathrm{cm})$$

⑤ $\angle E = \angle B = 80°$이므로 $\triangle DEF$에서
$$\angle D = 180° - (60° + 80°) = 40°$$
따라서 옳지 않은 것은 ③, ⑤이다.

8 답 $\dfrac{26}{3}$

두 직육면체의 닮음비는
$$\overline{FG} : \overline{NO} = 12 : 8 = 3 : 2$$
$\overline{GH} : \overline{OP} = 3 : 2$에서 $\overline{GH} : 4 = 3 : 2$
$$2\overline{GH} = 12 \qquad \therefore \overline{GH} = 6\,(\mathrm{cm}) \qquad \therefore x = 6$$
$\overline{DH} : \overline{LP} = 3 : 2$에서 $4 : \overline{LP} = 3 : 2$
$$3\overline{LP} = 8 \qquad \therefore \overline{LP} = \dfrac{8}{3}\,(\mathrm{cm}) \qquad \therefore y = \dfrac{8}{3}$$
$$\therefore x + y = 6 + \dfrac{8}{3} = \dfrac{26}{3}$$

개념 19　닮은 도형의 넓이의 비와 부피의 비　·28쪽

1 답 (1) $2:3$　(2) $4:9$　(3) 12

(1) $\overline{BC} : \overline{FG} = 4 : 6 = 2 : 3$

(2) 닮음비가 $2 : 3$이므로 넓이의 비는 $2^2 : 3^2 = 4 : 9$

(3) 넓이의 비가 $4 : 9$이므로 $\square ABCD$의 넓이를 x라 하면
$$x : 27 = 4 : 9,\ 9x = 108 \qquad \therefore x = 12$$

2 답 (1) $3:4$　(2) $9:16$　(3) $27:64$　(4) 512　(5) 324

(1) 두 직육면체의 닮음비는 두 직육면체의 대응변의 길이의 비와 같으므로 $9 : 12 = 3 : 4$

(2) 닮음비가 $3 : 4$이므로 옆넓이의 비는
$$3^2 : 4^2 = 9 : 16$$

(3) 닮음비가 $3:4$이므로 부피의 비는
$$3^3:4^3=27:64$$
(4) 닮음비가 $3:4$이므로 겉넓이의 비는 $3^2:4^2=9:16$
직육면체 B의 겉넓이를 x라 하면
$$288:x=9:16,\ 9x=4608 \qquad \therefore x=512$$
(5) 부피의 비가 $27:64$이므로 직육면체 A의 부피를 x라 하면
$$x:768=27:64,\ 64x=20736 \qquad \therefore x=324$$

3 답 $\dfrac{16}{3}\,\mathrm{cm}^2$

$\triangle ABC$와 $\triangle DEF$의 닮음비가 $3:2$이므로 넓이의 비는
$3^2:2^2=9:4$
따라서 $12:\triangle DEF=9:4$이므로
$$9\triangle DEF=48 \qquad \therefore \triangle DEF=\dfrac{16}{3}\,(\mathrm{cm}^2)$$

4 답 (1) $3:4$ (2) $27:64$ (3) $128\,\mathrm{cm}^3$

(1) 두 직육면체 A와 B의 겉넓이의 비가 $9:16=3^2:4^2$이므로
두 직육면체 A와 B의 닮음비는 $3:4$
(2) 두 직육면체 A와 B의 부피의 비는 $3^3:4^3=27:64$
(3) 직육면체 B의 부피를 $x\,\mathrm{cm}^3$라 하면
$$54:x=27:64에서$$
$$27x=3456 \qquad \therefore x=128$$
따라서 직육면체 B의 부피는 $128\,\mathrm{cm}^3$이다.

개념 20 **삼각형의 닮음 조건** ·29~30쪽

1 답 (1) 6, 1, 2, $\overline{BC}$, 4, 1, 2, $\overline{ED}$, 10, 1, 2, SSS
(2) 3, 2, $\overline{EF}$, 6, 3, 2, 60°, SAS
(3) E, 45°, D, 70°, AA

2 답 (1) ○ (2) × (3) × (4) ○ (5) ×

(1) $\triangle ABC$와 $\triangle DEF$에서
$\overline{AB}:\overline{DE}=6:4=3:2,\ \overline{BC}:\overline{EF}=12:8=3:2$
$\angle B=\angle E=65°$
$\therefore \triangle ABC\backsim\triangle DEF$ (SAS 닮음)
(4) $\triangle ABC$와 $\triangle DEF$에서
$\angle A=\angle D=75°,\ \angle B=\angle E=65°$
$\therefore \triangle ABC\backsim\triangle DEF$ (AA 닮음)

3 답 (1) $\triangle ABC\backsim\triangle EDC$, SAS 닮음
(2) $\triangle ABC\backsim\triangle DAB$, SSS 닮음
(3) $\triangle ABC\backsim\triangle ACD$, AA 닮음
(4) $\triangle ABC\backsim\triangle DEC$, SAS 닮음
(5) $\triangle ABC\backsim\triangle ADB$, AA 닮음

(1) $\triangle ABC$와 $\triangle EDC$에서
$\overline{BC}:\overline{DC}=8:4=2:1,\ \overline{AC}:\overline{EC}=6:3=2:1$
$\angle C$는 공통
$\therefore \triangle ABC\backsim\triangle EDC$ (SAS 닮음)
(2) $\triangle ABC$와 $\triangle DAB$에서
$\overline{AB}:\overline{DA}=6:3=2:1,\ \overline{BC}:\overline{AB}=12:6=2:1$
$\overline{AC}:\overline{DB}=8:4=2:1$
$\therefore \triangle ABC\backsim\triangle DAB$ (SSS 닮음)
(3) $\triangle ABC$와 $\triangle ACD$에서
$\angle B=\angle ACD,\ \angle A$는 공통
$\therefore \triangle ABC\backsim\triangle ACD$ (AA 닮음)
(4) $\triangle ABC$와 $\triangle DEC$에서
$\overline{BC}:\overline{EC}=3:9=1:3,\ \overline{AC}:\overline{DC}=2:6=1:3$
$\angle ACB=\angle DCE$ (맞꼭지각)
$\therefore \triangle ABC\backsim\triangle DEC$ (SAS 닮음)
(5) $\triangle ABC$와 $\triangle ADB$에서
$\angle C=\angle ABD,\ \angle A$는 공통
$\therefore \triangle ABC\backsim\triangle ADB$ (AA 닮음)

4 답 (1) $\triangle DBE$, $x=\dfrac{50}{3}$
(2) $\triangle ADB$, $x=8$
(3) $\triangle DAC$, $x=\dfrac{16}{3}$

(1) $\triangle ABC$와 $\triangle DBE$에서
$\overline{AB}:\overline{DB}=(4+6):6=5:3,$
$\overline{BC}:\overline{BE}=(9+6):9=5:3,$
$\angle B$는 공통
$\therefore \triangle ABC\backsim\triangle DBE$ (SAS 닮음)
이때 닮음비는 $5:3$이므로
$\overline{AC}:\overline{DE}=5:3$에서 $x:10=5:3$
$$3x=50 \qquad \therefore x=\dfrac{50}{3}$$
(2) $\triangle ABC$와 $\triangle ADB$에서
$\overline{AB}:\overline{AD}=12:8=3:2,$
$\overline{AC}:\overline{AB}=(8+10):12=3:2,$
$\angle A$는 공통
$\therefore \triangle ABC\backsim\triangle ADB$ (SAS 닮음)
이때 닮음비는 $3:2$이므로
$\overline{BC}:\overline{DB}=3:2$에서 $12:x=3:2$
$$3x=24 \qquad \therefore x=8$$
(3) $\triangle ABC$와 $\triangle DAC$에서
$\angle B=\angle DAC,\ \angle C$는 공통
$\therefore \triangle ABC\backsim\triangle DAC$ (AA 닮음)
이때 닮음비는 $\overline{BC}:\overline{AC}=12:8=3:2$이므로
$\overline{AC}:\overline{DC}=3:2$에서 $8:x=3:2$
$$3x=16 \qquad \therefore x=\dfrac{16}{3}$$

5 답 (1) $\triangle ABC \backsim \triangle OMN$　(2) $\triangle DEF \backsim \triangle KJL$
　　　(3) $\triangle GHI \backsim \triangle RPQ$

(1) $\triangle ABC$와 $\triangle OMN$에서
　$\overline{AB} : \overline{OM} = 3 : 6 = 1 : 2,$
　$\overline{BC} : \overline{MN} = 7 : 14 = 1 : 2,$
　$\overline{AC} : \overline{ON} = 5 : 10 = 1 : 2$
　$\therefore \triangle ABC \backsim \triangle OMN$ (SSS 닮음)
(2) $\triangle DEF$와 $\triangle KJL$에서
　$\overline{DE} : \overline{KJ} = 4 : 8 = 1 : 2,$
　$\overline{EF} : \overline{JL} = 6 : 12 = 1 : 2,$
　$\angle E = \angle J = 110°$
　$\therefore \triangle DEF \backsim \triangle KJL$ (SAS 닮음)
(3) $\triangle GHI$와 $\triangle RPQ$에서
　$\angle G = \angle R = 55°,$
　$\angle H = \angle P = 65°$
　$\therefore \triangle GHI \backsim \triangle RPQ$ (AA 닮음)

6 답 10 cm
$\triangle ABC$와 $\triangle EBD$에서
$\overline{AB} : \overline{EB} = (11+9) : 12 = 5 : 3,$
$\overline{BC} : \overline{BD} = (12+3) : 9 = 5 : 3,$
$\angle B$는 공통
$\therefore \triangle ABC \backsim \triangle EBD$ (SAS 닮음)
이때 닮음비는 5 : 3이므로
$\overline{AC} : \overline{ED} = 5 : 3$에서 $\overline{AC} : 6 = 5 : 3$
$3\overline{AC} = 30$　$\therefore \overline{AC} = 10 (cm)$

개념 **21**　직각삼각형의 닮음　　•31쪽

1 답 (1) $\triangle EDC$　(2) 12

(1) $\triangle ABC$와 $\triangle EDC$에서
　$\angle A = \angle DEC = 90°,$ $\angle C$는 공통
　$\therefore \triangle ABC \backsim \triangle EDC$ (AA 닮음)
(2) 닮음비는 $\overline{BC} : \overline{DC} = (7+8) : 10 = 3 : 2$이므로
　$\overline{AC} : \overline{EC} = 3 : 2$에서 $\overline{AC} : 8 = 3 : 2$
　$2\overline{AC} = 24$　$\therefore \overline{AC} = 12$

2 답 (1) $\triangle DEC$　(2) 3

(1) $\triangle ABC$와 $\triangle DEC$에서
　$\angle B = \angle DEC = 90°,$ $\angle C$는 공통
　$\therefore \triangle ABC \backsim \triangle DEC$ (AA 닮음)
(2) 닮음비는 $\overline{AB} : \overline{DE} = 6 : 2 = 3 : 1$이므로
　$\overline{BC} : \overline{EC} = 3 : 1$에서 $9 : \overline{EC} = 3 : 1$
　$3\overline{EC} = 9$　$\therefore \overline{EC} = 3$

3 답 (1) AA, $\overline{CB}$, $\overline{AB}$, $\overline{CB}$, $x = 8$
　　(2) AA, $\overline{BC}$, $\overline{AC}$, $\overline{BC}$, $x = \dfrac{18}{5}$
　　(3) AA, $\overline{DA}$, $\overline{DA}$, $\overline{DA}$, $\overline{DC}$, $x = \dfrac{49}{3}$

(1) $\overline{AB}^2 = \overline{DB} \times \overline{CB}$이므로
　$4^2 = 2 \times x$　$\therefore x = 8$
(2) $\overline{AC}^2 = \overline{DC} \times \overline{BC}$이므로
　$6^2 = x \times 10$　$\therefore x = \dfrac{18}{5}$
(3) $\overline{DA}^2 = \overline{DB} \times \overline{DC}$이므로
　$7^2 = x \times 3$　$\therefore x = \dfrac{49}{3}$

4 답 $\dfrac{25}{2}$ cm
$\triangle ABC$와 $\triangle MBD$에서
$\angle A = \angle BMD = 90°,$ $\angle B$는 공통
$\therefore \triangle ABC \backsim \triangle MBD$ (AA 닮음)
이때 $\triangle ABC$와 $\triangle MBD$의 닮음비는
$\overline{AB} : \overline{MB} = 16 : \left(\dfrac{1}{2} \times 20\right) = 8 : 5$이므로
$\overline{BC} : \overline{BD} = 8 : 5$에서
$20 : \overline{BD} = 8 : 5$
$8\overline{BD} = 100$　$\therefore \overline{BD} = \dfrac{25}{2} (cm)$

5 답 $255 \, cm^2$
$\overline{AD}^2 = \overline{DB} \times \overline{DC}$이므로
$\overline{AD}^2 = 9 \times 25 = 225$
이때 $\overline{AD} > 0$이므로 $\overline{AD} = 15 (cm)$
$\therefore \triangle ABC = \dfrac{1}{2} \times \overline{BC} \times \overline{AD}$
　　　　$= \dfrac{1}{2} \times (9+25) \times 15$
　　　　$= 255 (cm^2)$

개념22 삼각형에서 평행선과 선분의 길이의 비 · 32쪽

1 답 (1) $\dfrac{48}{5}$ (2) 12 (3) 2 (4) 12

(1) $\overline{AB}:\overline{AD}=\overline{AC}:\overline{AE}$이므로

$8:5=x:6,\ 5x=48$ $\therefore x=\dfrac{48}{5}$

(2) $\overline{AB}:\overline{AD}=\overline{BC}:\overline{DE}$이므로

$20:15=16:x,\ 20x=240$ $\therefore x=12$

(3) $\overline{AB}:\overline{AD}=\overline{AC}:\overline{AE}$이므로

$6:4=3:x,\ 6x=12$ $\therefore x=2$

(4) $\overline{AB}:\overline{AD}=\overline{BC}:\overline{DE}$이므로

$10:5=x:6,\ 5x=60$ $\therefore x=12$

2 답 (1) 9 (2) 4 (3) 2 (4) $\dfrac{32}{3}$

(1) $\overline{AB}:\overline{BD}=\overline{AC}:\overline{CE}$이므로

$x:3=6:2,\ 2x=18$ $\therefore x=9$

(2) $\overline{AB}:\overline{BD}=\overline{AC}:\overline{CE}$이므로

$7:x=14:8,\ 14x=56$ $\therefore x=4$

(3) $\overline{AD}:\overline{DB}=\overline{AE}:\overline{EC}$이므로

$3:12=x:8,\ 12x=24$ $\therefore x=2$

(4) $\overline{AB}:\overline{BD}=\overline{AC}:\overline{CE}$이므로

$8:x=9:(9+3),\ 9x=96$ $\therefore x=\dfrac{32}{3}$

3 답 ㄱ, ㄴ

ㄱ. $\overline{AB}:\overline{AD}=9:6=3:2$

$\overline{AC}:\overline{AE}=(4+2):4=3:2$

즉, $\overline{AB}:\overline{AD}=\overline{AC}:\overline{AE}$이므로 $\overline{BC}\,/\!/\,\overline{DE}$

ㄴ. $\overline{AD}:\overline{DB}=3:2$

$\overline{AE}:\overline{EC}=6:4=3:2$

즉, $\overline{AD}:\overline{DB}=\overline{AE}:\overline{EC}$이므로 $\overline{BC}\,/\!/\,\overline{DE}$

ㄷ. $\overline{AB}:\overline{AD}=3:6=1:2$

$\overline{AC}:\overline{AE}=4:7$

즉, $\overline{AB}:\overline{AD}\neq\overline{AC}:\overline{AE}$이므로 $\overline{BC}$와 $\overline{DE}$는 평행하지 않다.

ㄹ. $\overline{AD}:\overline{AB}=3:5$

$\overline{DE}:\overline{BC}=5:7.5=2:3$

즉, $\overline{AD}:\overline{AB}\neq\overline{DE}:\overline{BC}$이므로 $\overline{BC}$와 $\overline{DE}$는 평행하지 않다.

따라서 $\overline{BC}\,/\!/\,\overline{DE}$인 것은 ㄱ, ㄴ이다.

4 답 $x=6,\ y=3$

$\overline{AD}:\overline{AB}=\overline{DE}:\overline{BC}$이므로

$4:(4+2)=x:9,\ 6x=36$ $\therefore x=6$

$\overline{AD}:\overline{DB}=\overline{AE}:\overline{EC}$이므로

$4:2=6:y,\ 4y=12$ $\therefore y=3$

5 답 $\dfrac{45}{2}$

$\triangle ABG$에서 $\overline{AF}:\overline{AG}=\overline{DF}:\overline{BG}=5:8$

$\triangle AGC$에서 $\overline{FE}:\overline{GC}=\overline{AF}:\overline{AG}=5:8$이므로

$x:6=5:8,\ 8x=30$ $\therefore x=\dfrac{15}{4}$

$\overline{AE}:\overline{AC}=\overline{AF}:\overline{AG}=5:8$이므로

$10:(10+y)=5:8,\ 50+5y=80$

$5y=30$ $\therefore y=6$

$\therefore xy=\dfrac{15}{4}\times6=\dfrac{45}{2}$

개념23 삼각형의 각의 이등분선 · 33쪽

1 답 (1) 12 (2) 6 (3) 3 (4) 5 (5) 7 (6) 5

(1) $\overline{AB}:\overline{AC}=\overline{BD}:\overline{CD}$이므로

$x:8=9:6,\ 6x=72$ $\therefore x=12$

(2) $\overline{AB}:\overline{AC}=\overline{BD}:\overline{CD}$이므로

$12:8=x:4,\ 8x=48$ $\therefore x=6$

(3) $\overline{AB}:\overline{AC}=\overline{BD}:\overline{CD}$이므로

$6:10=x:5,\ 10x=30$ $\therefore x=3$

(4) $\overline{AB}:\overline{AC}=\overline{BD}:\overline{CD}$이므로

$x:10=3:(9-3),\ 6x=30$ $\therefore x=5$

(5) $\overline{AB}:\overline{AC}=\overline{BD}:\overline{CD}$이므로

$6:8=(x-4):4,\ 8x-32=24$

$8x=56$ $\therefore x=7$

(6) $\overline{AB}:\overline{AC}=\overline{BD}:\overline{CD}$이므로

$10:16=x:(13-x),\ 16x=130-10x$

$26x=130$ $\therefore x=5$

2 답 (1) 10 (2) 12 (3) 3 (4) 2

(1) $\overline{AB}:\overline{AC}=\overline{BD}:\overline{CD}$이므로

$9:6=15:x,\ 9x=90$ $\therefore x=10$

(2) $\overline{AB}:\overline{AC}=\overline{BD}:\overline{CD}$이므로

$3:2=x:8,\ 2x=24$ $\therefore x=12$

(3) $\overline{AB}:\overline{AC}=\overline{BD}:\overline{CD}$이므로

$5:x=(4+6):6,\ 10x=30$ $\therefore x=3$

(4) $\overline{AC}:\overline{AB}=\overline{DC}:\overline{DB}$이므로

$6:5=(10+x):10,\ 50+5x=60$

$5x=10$ $\therefore x=2$

3 답 12 cm

$\overline{AB}:\overline{AC}=\overline{BD}:\overline{CD}$이므로 $10:15=(20-\overline{CD}):\overline{CD}$

$10\overline{CD}=300-15\overline{CD},\ 25\overline{CD}=300$

$\therefore \overline{CD}=12\,(\text{cm})$

4 **답** 16 cm

$\overline{AB}:\overline{AC}=\overline{BD}:\overline{CD}$이므로

$8:6=(4+\overline{CD}):\overline{CD}$

$8\overline{CD}=24+6\overline{CD}$, $2\overline{CD}=24$　∴ $\overline{CD}=12(\text{cm})$

∴ $\overline{BD}=\overline{BC}+\overline{CD}=4+12=16(\text{cm})$

개념 **24**　삼각형의 두 변의 중점을 연결한 선분의 성질 · 34~35쪽

1 **답** (1) 5　(2) 6　(3) 7　(4) 18

(1) $\overline{MN}=\dfrac{1}{2}\overline{BC}=\dfrac{1}{2}\times10=5$

(2) $\overline{BC}=2\overline{MN}=2\times3=6$

(3) $\overline{MN}=\dfrac{1}{2}\overline{BC}=\dfrac{1}{2}\times14=7$

(4) $\overline{BC}=2\overline{MN}=2\times9=18$

2 **답** (1) 4　(2) 6　(3) 9　(4) 20　(5) $\dfrac{7}{2}$　(6) 10

(1) $\overline{AM}=\overline{MB}$, $\overline{MN}\,/\!/\,\overline{BC}$이므로

$\overline{AN}=\overline{NC}=4$　∴ $x=4$

(2) $\overline{AM}=\overline{MB}$, $\overline{MN}\,/\!/\,\overline{BC}$이므로

$\overline{NC}=\overline{AN}=6$　∴ $x=6$

(3) $\overline{AM}=\overline{MB}$, $\overline{MN}\,/\!/\,\overline{BC}$이므로

$\overline{AN}=\overline{NC}$

∴ $x=\dfrac{1}{2}\overline{BC}=\dfrac{1}{2}\times18=9$

(4) $\overline{AM}=\overline{MB}$, $\overline{MN}\,/\!/\,\overline{BC}$이므로

$\overline{AN}=\overline{NC}$

∴ $x=2\overline{MN}=2\times10=20$

(5) $\overline{AM}=\overline{MB}$, $\overline{MN}\,/\!/\,\overline{BC}$이므로

$\overline{AN}=\overline{NC}$

∴ $x=\dfrac{1}{2}\overline{AC}=\dfrac{1}{2}\times7=\dfrac{7}{2}$

(6) $\overline{AM}=\overline{MB}$, $\overline{MN}\,/\!/\,\overline{BC}$이므로

$\overline{AN}=\overline{NC}$

∴ $x=2\overline{NC}=2\times5=10$

3 **답** (1) ① 5, ② 3, ③ 4, ④ 12

(2) ① 4, ② 6, ③ 6, ④ 16

(1) ① $\overline{DE}=\dfrac{1}{2}\overline{AC}=\dfrac{1}{2}\times10=5$

② $\overline{EF}=\dfrac{1}{2}\overline{AB}=\dfrac{1}{2}\times6=3$

③ $\overline{FD}=\dfrac{1}{2}\overline{BC}=\dfrac{1}{2}\times8=4$

④ ($\triangle$DEF의 둘레의 길이)$=\overline{DE}+\overline{EF}+\overline{FD}$

$=5+3+4=12$

(2) ① $\overline{DE}=\dfrac{1}{2}\overline{AC}=\dfrac{1}{2}\times8=4$

② $\overline{EF}=\dfrac{1}{2}\overline{AB}=\dfrac{1}{2}\times12=6$

③ $\overline{FD}=\dfrac{1}{2}\overline{BC}=\dfrac{1}{2}\times12=6$

④ ($\triangle$DEF의 둘레의 길이)$=\overline{DE}+\overline{EF}+\overline{FD}$

$=4+6+6=16$

4 **답** (1) ① 6, ② 4, ③ 10

(2) ① 10, ② 7, ③ 17

(3) ① 8, ② 5, ③ 13

$\overline{AD}\,/\!/\,\overline{BC}$, $\overline{AM}=\overline{MB}$, $\overline{DN}=\overline{NC}$이므로 $\overline{AD}\,/\!/\,\overline{MN}\,/\!/\,\overline{BC}$

(1) ① $\triangle$ABC에서 $\overline{AM}=\overline{MB}$, $\overline{MP}\,/\!/\,\overline{BC}$이므로

$\overline{MP}=\dfrac{1}{2}\overline{BC}=\dfrac{1}{2}\times12=6$

② $\triangle$ACD에서 $\overline{DN}=\overline{NC}$, $\overline{AD}\,/\!/\,\overline{PN}$이므로

$\overline{PN}=\dfrac{1}{2}\overline{AD}=\dfrac{1}{2}\times8=4$

③ $\overline{MN}=\overline{MP}+\overline{PN}=6+4=10$

(2) ① $\triangle$ABC에서 $\overline{AM}=\overline{MB}$, $\overline{MP}\,/\!/\,\overline{BC}$이므로

$\overline{MP}=\dfrac{1}{2}\overline{BC}=\dfrac{1}{2}\times20=10$

② $\triangle$ACD에서 $\overline{DN}=\overline{NC}$, $\overline{AD}\,/\!/\,\overline{PN}$이므로

$\overline{PN}=\dfrac{1}{2}\overline{AD}=\dfrac{1}{2}\times14=7$

③ $\overline{MN}=\overline{MP}+\overline{PN}=10+7=17$

(3) ① $\triangle$ABC에서 $\overline{AM}=\overline{MB}$, $\overline{MP}\,/\!/\,\overline{BC}$이므로

$\overline{MP}=\dfrac{1}{2}\overline{BC}=\dfrac{1}{2}\times16=8$

② $\triangle$ACD에서 $\overline{DN}=\overline{NC}$, $\overline{AD}\,/\!/\,\overline{PN}$이므로

$\overline{PN}=\dfrac{1}{2}\overline{AD}=\dfrac{1}{2}\times10=5$

③ $\overline{MN}=\overline{MP}+\overline{PN}=8+5=13$

5 **답** (1) ① 10, ② 6, ③ 4

(2) ① 7, ② 4, ③ 3

(3) ① $\dfrac{15}{2}$, ② $\dfrac{7}{2}$, ③ 4

$\overline{AD}\,/\!/\,\overline{BC}$, $\overline{AM}=\overline{MB}$, $\overline{DN}=\overline{NC}$이므로 $\overline{AD}\,/\!/\,\overline{MN}\,/\!/\,\overline{BC}$

(1) ① $\triangle$ABC에서 $\overline{AM}=\overline{MB}$, $\overline{MQ}\,/\!/\,\overline{BC}$이므로

$\overline{MQ}=\dfrac{1}{2}\overline{BC}=\dfrac{1}{2}\times20=10$

② $\triangle$ABD에서 $\overline{AM}=\overline{MB}$, $\overline{AD}\,/\!/\,\overline{MP}$이므로

$\overline{MP}=\dfrac{1}{2}\overline{AD}=\dfrac{1}{2}\times12=6$

③ $\overline{PQ}=\overline{MQ}-\overline{MP}=10-6=4$

(2) ① $\triangle$ABC에서 $\overline{AM}=\overline{MB}$, $\overline{MQ}\,/\!/\,\overline{BC}$이므로

$\overline{MQ}=\dfrac{1}{2}\overline{BC}=\dfrac{1}{2}\times14=7$

② $\triangle$ABD에서 $\overline{AM}=\overline{MB}$, $\overline{AD}\,/\!/\,\overline{MP}$이므로

$\overline{MP}=\dfrac{1}{2}\overline{AD}=\dfrac{1}{2}\times8=4$

③ $\overline{PQ}=\overline{MQ}-\overline{MP}=7-4=3$

(3) ① △ABC에서 $\overline{AM}=\overline{MB}$, $\overline{MQ}\,/\!/\,\overline{BC}$이므로

$\overline{MQ}=\dfrac{1}{2}\overline{BC}=\dfrac{1}{2}\times15=\dfrac{15}{2}$

② △ABD에서 $\overline{AM}=\overline{MB}$, $\overline{AD}\,/\!/\,\overline{MP}$이므로

$\overline{MP}=\dfrac{1}{2}\overline{AD}=\dfrac{1}{2}\times7=\dfrac{7}{2}$

③ $\overline{PQ}=\overline{MQ}-\overline{MP}=\dfrac{15}{2}-\dfrac{7}{2}=4$

6 답 $x=30$, $y=4$

$\overline{AN}=\overline{NC}$, $\overline{BM}=\overline{MC}$이므로 $\overline{MN}\,/\!/\,\overline{BA}$

$\therefore \angle MNC=\angle A=90°$ (동위각)

△NMC에서

$\angle NMC=180°-(90°+60°)=30°$ $\quad \therefore x=30$

$\overline{MN}=\dfrac{1}{2}\overline{AB}=\dfrac{1}{2}\times8=4\,(\mathrm{cm})$ $\quad \therefore y=4$

7 답 17

$\overline{AM}=\overline{MB}$, $\overline{MN}\,/\!/\,\overline{BC}$이므로

$\overline{BC}=2\overline{MN}=2\times5=10\,(\mathrm{cm})$ $\quad \therefore x=10$

$\overline{NC}=\dfrac{1}{2}\overline{AC}=\dfrac{1}{2}\times14=7\,(\mathrm{cm})$ $\quad \therefore y=7$

$\therefore x+y=10+7=17$

8 답 $25\,\mathrm{cm}$

$\overline{DE}=\dfrac{1}{2}\overline{AC}=\dfrac{1}{2}\times20=10\,(\mathrm{cm})$

$\overline{EF}=\dfrac{1}{2}\overline{AB}=\dfrac{1}{2}\times12=6\,(\mathrm{cm})$

$\overline{FD}=\dfrac{1}{2}\overline{BC}=\dfrac{1}{2}\times18=9\,(\mathrm{cm})$

$\therefore$ (△DEF의 둘레의 길이)$=\overline{DE}+\overline{EF}+\overline{FD}$
$=10+6+9=25\,(\mathrm{cm})$

9 답 $10\,\mathrm{cm}$

$\overline{AD}\,/\!/\,\overline{BC}$, $\overline{AM}=\overline{MB}$, $\overline{DN}=\overline{NC}$이므로

$\overline{AD}\,/\!/\,\overline{MN}\,/\!/\,\overline{BC}$

△ABC에서 $\overline{AM}=\overline{MB}$, $\overline{MQ}\,/\!/\,\overline{BC}$이므로

$\overline{MQ}=\dfrac{1}{2}\overline{BC}=\dfrac{1}{2}\times16=8\,(\mathrm{cm})$

$\therefore \overline{MP}=\overline{MQ}-\overline{PQ}=8-3=5\,(\mathrm{cm})$

△ABD에서 $\overline{AM}=\overline{MB}$, $\overline{AD}\,/\!/\,\overline{MP}$이므로

$\overline{AD}=2\overline{MP}=2\times5=10\,(\mathrm{cm})$

 개념 **25** **평행선 사이의 선분의 길이의 비** ·36~37쪽

1 답 (1) $\dfrac{15}{2}$ (2) 20 (3) 25 (4) 20

(1) $6:8=x:10$, $8x=60$ $\quad \therefore x=\dfrac{15}{2}$

(2) $10:x=7:14$, $7x=140$ $\quad \therefore x=20$

(3) $x:10=30:12$, $12x=300$ $\quad \therefore x=25$

(4) $3:12=5:x$, $3x=60$ $\quad \therefore x=20$

2 답 (1) 12 (2) 12 (3) 15 (4) $\dfrac{35}{2}$

(1) $3:x=2:8$, $2x=24$ $\quad \therefore x=12$

(2) $x:6=16:8$, $8x=96$ $\quad \therefore x=12$

(3) $4:10=6:x$, $4x=60$ $\quad \therefore x=15$

(4) $25:10=x:7$, $10x=175$ $\quad \therefore x=\dfrac{35}{2}$

3 답 (1) ① 7, ② 4, ③ 6, ④ 10

(2) ① 5, ② 2, ③ 6, ④ 8

(3) ① 5, ② 6, ③ 11

(4) ① $\dfrac{15}{2}$, ② $\dfrac{3}{2}$, ③ 9

(1) ① $\overline{AD}\,/\!/\,\overline{BC}$, $\overline{AH}\,/\!/\,\overline{DC}$이므로

□AHCD는 평행사변형이다.

$\therefore \overline{HC}=\overline{AD}=6$

$\therefore \overline{BH}=\overline{BC}-\overline{HC}=13-6=7$

② △ABH에서 $\overline{AE}:\overline{AB}=\overline{EG}:\overline{BH}$이므로

$4:(4+3)=\overline{EG}:7$

$7\overline{EG}=28$ $\quad \therefore \overline{EG}=4$

③ $\overline{AD}\,/\!/\,\overline{GF}$, $\overline{AG}\,/\!/\,\overline{DF}$이므로

□AGFD는 평행사변형이다.

$\therefore \overline{GF}=\overline{AD}=6$

④ $\overline{EF}=\overline{EG}+\overline{GF}=4+6=10$

(2) ① $\overline{AD}\,/\!/\,\overline{BC}$, $\overline{AH}\,/\!/\,\overline{DC}$이므로

□AHCD는 평행사변형이다.

$\therefore \overline{HC}=\overline{AD}=6$

$\therefore \overline{BH}=\overline{BC}-\overline{HC}=11-6=5$

② △ABH에서 $\overline{AE}:\overline{AB}=\overline{EG}:\overline{BH}$이므로

$4:(4+6)=\overline{EG}:5$

$10\overline{EG}=20$ $\quad \therefore \overline{EG}=2$

③ $\overline{AD}\,/\!/\,\overline{GF}$, $\overline{AG}\,/\!/\,\overline{DF}$이므로

□AGFD는 평행사변형이다.

$\therefore \overline{GF}=\overline{AD}=6$

④ $\overline{EF}=\overline{EG}+\overline{GF}=2+6=8$

(3) ① △ABC에서 $\overline{AE}:\overline{AB}=\overline{EG}:\overline{BC}$이므로

$4:(4+8)=\overline{EG}:15$

$12\overline{EG}=60$ $\quad \therefore \overline{EG}=5$

② $\overline{AD}\,/\!/\,\overline{EF}\,/\!/\,\overline{BC}$이므로

$\overline{CF}:\overline{FD}=\overline{BE}:\overline{EA}=8:4=2:1$

이때 △ACD에서 $\overline{GF}:\overline{AD}=\overline{CF}:\overline{CD}$이므로

$\overline{GF}:9=2:(2+1)$

$3\overline{GF}=18$ $\quad \therefore \overline{GF}=6$

③ $\overline{EF}=\overline{EG}+\overline{GF}=5+6=11$

(4) ① $\triangle ABC$에서 $\overline{AE} : \overline{AB} = \overline{EG} : \overline{BC}$이므로

$\quad 5 : (5+3) = \overline{EG} : 12$

$\quad 8\overline{EG} = 60 \qquad \therefore \overline{EG} = \dfrac{15}{2}$

② $\overline{AD} /\!/ \overline{EF} /\!/ \overline{BC}$이므로

$\quad \overline{CF} : \overline{FD} = \overline{BE} : \overline{EA} = 3 : 5$

이때 $\triangle ACD$에서 $\overline{GF} : \overline{AD} = \overline{CF} : \overline{CD}$이므로

$\quad \overline{GF} : 4 = 3 : (3+5)$

$\quad 8\overline{GF} = 12 \qquad \therefore \overline{GF} = \dfrac{3}{2}$

③ $\overline{EF} = \overline{EG} + \overline{GF} = \dfrac{15}{2} + \dfrac{3}{2} = 9$

4 답 (1) $5 : 8$ (2) $\dfrac{80}{13}$

(1) $\triangle ABE \backsim \triangle CDE$ (AA 닮음)이므로

$\quad \overline{BE} : \overline{DE} = \overline{AB} : \overline{CD} = 10 : 16 = 5 : 8$

(2) $\triangle BCD$에서 $\overline{BE} : \overline{BD} = \overline{EF} : \overline{CD}$이므로

$\quad 5 : (5+8) = \overline{EF} : 16, \ 13\overline{EF} = 80$

$\quad \therefore \overline{EF} = \dfrac{80}{13}$

5 답 15

$(20-8) : 8 = 9 : (x-9)$에서

$12(x-9) = 72, \ 12x - 108 = 72$

$12x = 180 \qquad \therefore x = 15$

6 답 28

$4 : 8 = 5 : x$에서 $4x = 40 \qquad \therefore x = 10$

$4 : 8 = (y-12) : 12$에서 $8y - 96 = 48$

$8y = 144 \qquad \therefore y = 18$

$\therefore x + y = 10 + 18 = 28$

7 답 (1) $x=5, y=12$ (2) $x=14, y=2$

(1) $\overline{GF} = \overline{HC} = \overline{AD} = 5 \, cm \qquad \therefore x = 5$

$\quad \triangle ABH$에서 $\overline{AE} : \overline{AB} = \overline{EG} : \overline{BH}$이므로

$\quad 6 : (6+8) = 3 : (y-5)$

$\quad 6y - 30 = 42, \ 6y = 72 \qquad \therefore y = 12$

(2) $\triangle ABC$에서 $\overline{AE} : \overline{AB} = \overline{EG} : \overline{BC}$이므로

$\quad 5 : (5+2) = 10 : x, \ 5x = 70 \qquad \therefore x = 14$

$\quad \overline{AD} /\!/ \overline{EF} /\!/ \overline{BC}$이므로

$\quad \overline{CF} : \overline{CD} = \overline{BE} : \overline{BA} = 2 : (2+5) = 2 : 7$

$\quad \triangle ACD$에서 $\overline{CF} : \overline{CD} = \overline{GF} : \overline{AD}$이므로

$\quad 2 : 7 = y : 7 \qquad \therefore y = 2$

8 답 $x = \dfrac{15}{4}, y = \dfrac{75}{8}$

$\triangle ABE \backsim \triangle CDE$ (AA 닮음)이므로

$\overline{BE} : \overline{DE} = \overline{AB} : \overline{CD} = 10 : 6 = 5 : 3$

따라서 $\triangle BCD$에서

$x : 6 = 5 : (5+3), \ 8x = 30 \qquad \therefore x = \dfrac{15}{4}$

$y : 15 = 5 : (5+3), \ 8y = 75 \qquad \therefore y = \dfrac{75}{8}$

1 답 (1) $5 \, cm$ (2) $20 \, cm^2$

(1) $\overline{BD} = \dfrac{1}{2}\overline{BC} = \dfrac{1}{2} \times 10 = 5 \, (cm)$

(2) $\triangle ABD = \dfrac{1}{2}\triangle ABC = \dfrac{1}{2} \times 40 = 20 \, (cm^2)$

2 답 (1) 10 (2) 8

(1) $\overline{AD}$는 $\triangle ABC$의 중선이므로

$\quad x = 2\overline{CD} = 2 \times 5 = 10$

(2) $\overline{BE}$는 $\triangle ABC$의 중선이므로

$\quad x = \dfrac{1}{2}\overline{AC} = \dfrac{1}{2} \times 16 = 8$

3 답 (1) 5 (2) 16 (3) 8 (4) 12

(1) $\overline{AG} : \overline{GD} = 2 : 1$이므로

$\quad x = \dfrac{1}{2}\overline{AG} = \dfrac{1}{2} \times 10 = 5$

(2) $\overline{CG} : \overline{GD} = 2 : 1$이므로

$\quad x = \dfrac{2}{3}\overline{CD} = \dfrac{2}{3} \times 24 = 16$

(3) $\overline{CG} : \overline{GE} = 2 : 1$이므로

$\quad x = 2\overline{GE} = 2 \times 4 = 8$

(4) $\overline{BG} : \overline{GD} = 2 : 1$이므로

$\quad x = \dfrac{3}{2}\overline{BG} = \dfrac{3}{2} \times 8 = 12$

4 답 (1) $x=6, y=10$ (2) $x=7, y=9$

$\qquad$ (3) $x=5, y=12$ (4) $x=16, y=18$

(1) $\overline{AD}$는 $\triangle ABC$의 중선이므로

$\quad x = \overline{BD} = 6$

$\quad \overline{AG} : \overline{GD} = 2 : 1$이므로

$\quad y = \dfrac{2}{3}\overline{AD} = \dfrac{2}{3} \times 15 = 10$

(2) $\overline{AD}$는 $\triangle ABC$의 중선이므로

$\quad x = \dfrac{1}{2}\overline{BC} = \dfrac{1}{2} \times 14 = 7$

$\quad \overline{BG} : \overline{GE} = 2 : 1$이므로

$\quad y = \dfrac{3}{2}\overline{BG} = \dfrac{3}{2} \times 6 = 9$

(3) $\overline{BG} : \overline{GE} = 2 : 1$이므로

$\quad x = \dfrac{1}{2}\overline{BG} = \dfrac{1}{2} \times 10 = 5$

$$\overline{AG} : \overline{GD} = 2 : 1 이므로$$
$$y = \frac{2}{3}\overline{AD} = \frac{2}{3} \times 18 = 12$$
(4) $\overline{BG} : \overline{GE} = 2 : 1$ 이므로
$$x = 2\overline{GE} = 2 \times 8 = 16$$
$$\overline{AG} : \overline{GD} = 2 : 1 이므로$$
$$y = \frac{3}{2}\overline{AG} = \frac{3}{2} \times 12 = 18$$

5 🔁 (1) ① 18, ② 12 (2) ① 8, ② 6
(3) ① 12, ② 8 (4) ① 15, ② $\dfrac{15}{2}$

(1) ① $\triangle BCE$에서 $\overline{BD} = \overline{DC}$, $\overline{BE} /\!/ \overline{DF}$이므로
$$\overline{BE} = 2\overline{DF} = 2 \times 9 = 18$$
② $\overline{BG} : \overline{GE} = 2 : 1$이므로
$$\overline{BG} = \frac{2}{3}\overline{BE} = \frac{2}{3} \times 18 = 12$$
(2) ① $\overline{AG} : \overline{GD} = 2 : 1$이므로
$$\overline{AG} = 2\overline{GD} = 2 \times 4 = 8$$
② $\triangle ADC$에서 $\overline{AE} = \overline{EC}$, $\overline{AD} /\!/ \overline{EF}$이므로
$$\overline{EF} = \frac{1}{2}\overline{AD} = \frac{1}{2} \times (8+4) = 6$$
(3) ① $\triangle ADC$에서 $\overline{AE} = \overline{EC}$, $\overline{DF} = \overline{FC}$이므로
$$\overline{AD} = 2\overline{EF} = 2 \times 6 = 12$$
② $\overline{AG} : \overline{GD} = 2 : 1$이므로
$$\overline{AG} = \frac{2}{3}\overline{AD} = \frac{2}{3} \times 12 = 8$$
(4) ① $\overline{AG} : \overline{GD} = 2 : 1$이므로
$$\overline{AD} = \frac{3}{2}\overline{AG} = \frac{3}{2} \times 10 = 15$$
② $\triangle ADC$에서 $\overline{AE} = \overline{EC}$, $\overline{DF} = \overline{FC}$이므로
$$\overline{EF} = \frac{1}{2}\overline{AD} = \frac{1}{2} \times 15 = \frac{15}{2}$$

6 🔁 2, 1, 3, 4, 4, 3, $\dfrac{8}{3}$

7 🔁 (1) 5 (2) 10 (3) 10 (4) 15

(1) (색칠한 부분의 넓이) $= \dfrac{1}{6}\triangle ABC = \dfrac{1}{6} \times 30 = 5$

(2) (색칠한 부분의 넓이) $= \dfrac{2}{6}\triangle ABC = \dfrac{2}{6} \times 30 = 10$

(3) (색칠한 부분의 넓이) $= \dfrac{2}{6}\triangle ABC = \dfrac{2}{6} \times 30 = 10$

(4) (색칠한 부분의 넓이) $= \dfrac{3}{6}\triangle ABC = \dfrac{3}{6} \times 30 = 15$

8 🔁 (1) 4 (2) 8 (3) 24 (4) 12

(1) (색칠한 부분의 넓이) $= \triangle GDC = 4$

(2) (색칠한 부분의 넓이) $= 2\triangle GDC = 2 \times 4 = 8$

(3) (색칠한 부분의 넓이) $= 6\triangle GDC = 6 \times 4 = 24$

(4) (색칠한 부분의 넓이) $= 3\triangle GDC = 3 \times 4 = 12$

9 🔁 (1) 6 (2) 8 (3) 12 (4) 8

(1) $\overline{AO} = \overline{CO}$, $\overline{BM} = \overline{MC}$이므로 점 P는 $\triangle ABC$의 무게중심
이다.
$$\therefore \overline{PO} = \frac{1}{2}\overline{BP} = \frac{1}{2} \times 6 = 3$$
마찬가지 방법으로 $\overline{OQ} = 3$이므로
$$\overline{PQ} = \overline{PO} + \overline{OQ} = 3 + 3 = 6$$
(2) $\overline{OQ} = \overline{PO} = 4$
$$\overline{PQ} = \overline{PO} + \overline{OQ} = 4 + 4 = 8$$
(3) $\overline{PO} = \dfrac{1}{3}\overline{BO} = \dfrac{1}{3} \times 18 = 6$
$$\overline{OQ} = \overline{PO} = 6$$
$$\overline{PQ} = \overline{PO} + \overline{OQ} = 6 + 6 = 12$$
(4) $\overline{OB} = \overline{OD}$이고
$\overline{BP} : \overline{PO} = 2 : 1$, $\overline{DQ} : \overline{QO} = 2 : 1$이므로
$$\overline{BP} = \overline{PQ} = \overline{QD} = \frac{1}{3}\overline{BD} = \frac{1}{3} \times 24 = 8$$

10 🔁 $12\,\text{cm}^2$

$$\triangle ABP = \frac{1}{2}\triangle ABM = \frac{1}{2} \times \frac{1}{2}\triangle ABC$$
$$= \frac{1}{4}\triangle ABC = \frac{1}{4} \times 48 = 12\,(\text{cm}^2)$$

11 🔁 $39\,\text{cm}$

$\overline{AG} : \overline{GD} = 2 : 1$이므로
$$\overline{AG} = \frac{2}{3}\overline{AD} = \frac{2}{3} \times 36 = 24\,(\text{cm})$$
$\overline{BG} : \overline{GE} = 2 : 1$이므로
$$\overline{GE} = \frac{1}{2}\overline{BG} = \frac{1}{2} \times 30 = 15\,(\text{cm})$$
$$\therefore \overline{AG} + \overline{GE} = 24 + 15 = 39\,(\text{cm})$$

12 🔁 28

$\overline{CG} : \overline{GE} = 2 : 1$이므로
$$\overline{GC} = 2\overline{GE} = 2 \times 8 = 16\,(\text{cm}) \qquad \therefore x = 16$$
$\triangle BCE$에서 $\overline{BD} = \overline{DC}$, $\overline{CE} /\!/ \overline{DF}$이므로
$$\overline{DF} = \frac{1}{2}\overline{CE} = \frac{1}{2}(\overline{CG} + \overline{GE})$$
$$= \frac{1}{2} \times (16 + 8) = 12\,(\text{cm})$$
$$\therefore y = 12$$
$$\therefore x + y = 16 + 12 = 28$$

13 🔁 $x = 8,\ y = 18$

$\overline{BD} = \overline{AD} = 12\,\text{cm}$이고
$\triangle CDB$에서 $\overline{GF} : \overline{DB} = \overline{CG} : \overline{CD}$이므로
$$x : 12 = 2 : 3,\ 3x = 24 \qquad \therefore x = 8$$
$\overline{CG} : \overline{GD} = 2 : 1$이므로
$$\overline{CD} = 3\overline{GD} = 3 \times 6 = 18\,(\text{cm}) \qquad \therefore y = 18$$

14 탑 $10\,\mathrm{cm}^2$

$\triangle\mathrm{AEG}=\triangle\mathrm{GDC}=\dfrac{1}{6}\triangle\mathrm{ABC}=\dfrac{1}{6}\times30=5(\mathrm{cm}^2)$

$\therefore$ (색칠한 부분의 넓이)$=\triangle\mathrm{AEG}+\triangle\mathrm{GDC}$
$\qquad\qquad\qquad\qquad=5+5=10(\mathrm{cm}^2)$

15 탑 $4\,\mathrm{cm}$

점 P는 $\triangle\mathrm{ABC}$의 무게중심이므로

$\overline{\mathrm{PO}}=\dfrac{1}{3}\overline{\mathrm{BO}}$

점 Q는 $\triangle\mathrm{ACD}$의 무게중심이므로

$\overline{\mathrm{OQ}}=\dfrac{1}{3}\overline{\mathrm{OD}}$

$\therefore\ \overline{\mathrm{PQ}}=\overline{\mathrm{PO}}+\overline{\mathrm{OQ}}=\dfrac{1}{3}\overline{\mathrm{BO}}+\dfrac{1}{3}\overline{\mathrm{OD}}=\dfrac{1}{3}(\overline{\mathrm{BO}}+\overline{\mathrm{OD}})$
$\qquad=\dfrac{1}{3}\overline{\mathrm{BD}}=\dfrac{1}{3}\times12=4(\mathrm{cm})$

5 피타고라스 정리

개념 **27** **피타고라스 정리와 그 증명** ·41~44쪽

1 탑 (1) 8, $x=10$　(2) x, 5, $x=3$

2 탑 (1) 15　(2) 25　(3) 17　(4) 12　(5) 8　(6) 24
(1) $9^2+12^2=x^2$에서 $x^2=225$
　　이때 $x>0$이므로 $x=15$
(2) $20^2+15^2=x^2$에서 $x^2=625$
　　이때 $x>0$이므로 $x=25$
(3) $15^2+8^2=x^2$에서 $x^2=289$
　　이때 $x>0$이므로 $x=17$
(4) $x^2+5^2=13^2$에서 $x^2=13^2-5^2=144$
　　이때 $x>0$이므로 $x=12$
(5) $x^2+6^2=10^2$에서 $x^2=10^2-6^2=64$
　　이때 $x>0$이므로 $x=8$
(6) $7^2+x^2=25^2$에서 $x^2=25^2-7^2=576$
　　이때 $x>0$이므로 $x=24$

3 탑 (1) $x=12$, $y=15$　(2) $x=12$, $y=13$
　　　(3) $x=12$, $y=20$　(4) $x=8$, $y=17$
(1) $\triangle\mathrm{ABD}$에서 $x^2=13^2-5^2=144$
　　이때 $x>0$이므로 $x=12$
　　$\triangle\mathrm{ADC}$에서 $y^2=9^2+12^2=225$
　　이때 $y>0$이므로 $y=15$
(2) $\triangle\mathrm{ABD}$에서 $x^2=20^2-16^2=144$
　　이때 $x>0$이므로 $x=12$
　　$\triangle\mathrm{ADC}$에서 $y^2=5^2+12^2=169$
　　이때 $y>0$이므로 $y=13$
(3) $\triangle\mathrm{ABD}$에서 $x^2=15^2-9^2=144$
　　이때 $x>0$이므로 $x=12$
　　$\triangle\mathrm{ADC}$에서 $y^2=16^2+12^2=400$
　　이때 $y>0$이므로 $y=20$
(4) $\triangle\mathrm{ABD}$에서 $x^2=10^2-6^2=64$
　　이때 $x>0$이므로 $x=8$
　　$\triangle\mathrm{ADC}$에서 $y^2=15^2+8^2=289$
　　이때 $y>0$이므로 $y=17$

4 탑 (1) $x=6$, $y=17$　(2) $x=12$, $y=20$
　　　(3) $x=15$, $y=17$　(4) $x=12$, $y=15$
(1) $\triangle\mathrm{ADC}$에서 $x^2=10^2-8^2=36$
　　이때 $x>0$이므로 $x=6$
　　$\triangle\mathrm{ABC}$에서 $y^2=(9+6)^2+8^2=289$
　　이때 $y>0$이므로 $y=17$

(2) $\triangle$ABD에서 $x^2=13^2-5^2=144$

  이때 $x>0$이므로 $x=12$

  $\triangle$ABC에서 $y^2=(5+11)^2+12^2=400$

  이때 $y>0$이므로 $y=20$

(3) $\triangle$ABC에서 $x^2=25^2-(8+12)^2=225$

  이때 $x>0$이므로 $x=15$

  $\triangle$ABD에서 $y^2=8^2+15^2=289$

  이때 $y>0$이므로 $y=17$

(4) $\triangle$ABC에서 $x^2=20^2-(7+9)^2=144$

  이때 $x>0$이므로 $x=12$

  $\triangle$ADC에서 $y^2=9^2+12^2=225$

  이때 $y>0$이므로 $y=15$

5 답 (1) ① 25, ② 15 (2) ① 15, ② 17

      (3) ① 9, ② 12, ③ 12 (4) ① 6, ② 8, ③ 8

(1) ① $\triangle$ABC에서 $\overline{AC}^2=7^2+24^2=625$

  이때 $\overline{AC}>0$이므로 $\overline{AC}=25$

  ② $\triangle$ACD에서 $\overline{CD}^2=25^2-20^2=225$

  이때 $\overline{CD}>0$이므로 $\overline{CD}=15$

(2) ① $\triangle$ABC에서 $\overline{AC}^2=12^2+9^2=225$

  이때 $\overline{AC}>0$이므로 $\overline{AC}=15$

  ② $\triangle$ACD에서 $\overline{AD}^2=8^2+15^2=289$

  이때 $\overline{AD}>0$이므로 $\overline{AD}=17$

(3) ① $\overline{BH}=\overline{AD}=4$이므로 $\overline{CH}=13-4=9$

  ② $\triangle$DHC에서 $\overline{DH}^2=15^2-9^2=144$

  이때 $\overline{DH}>0$이므로 $\overline{DH}=12$

  ③ $\overline{AB}=\overline{DH}=12$

(4) ① $\overline{HC}=\overline{AD}=9$이므로 $\overline{BH}=15-9=6$

  ② $\triangle$ABH에서 $\overline{AH}^2=10^2-6^2=64$

  이때 $\overline{AH}>0$이므로 $\overline{AH}=8$

  ③ $\overline{CD}=\overline{AH}=8$

6 답 (1) 86 (2) 80

(1) $\square$BFGC$=\square$ADEB$+\square$ACHI$=36+50=86$

(2) $\square$BFGC$=\square$ACHI$-\square$ADEB$=100-20=80$

7 답 (1) 9 (2) 64 (3) $\dfrac{9}{2}$ (4) 18 (5) 50 (6) 72

(1) $\square$BFKJ$=\square$ADEB$=9$

(2) $\square$JKGC$=\square$ACHI$=8^2=64$

(3) $\triangle$BFK$=\dfrac{1}{2}\square$BFKJ$=\dfrac{1}{2}\square$ADEB

  $=\dfrac{1}{2}\times3^2=\dfrac{9}{2}$

(4) $\triangle$JGC$=\dfrac{1}{2}\square$JKGC$=\dfrac{1}{2}\square$ACHI

  $=\dfrac{1}{2}\times6^2=18$

(5) $\triangle$BCH$=\triangle$ACH$=\dfrac{1}{2}\square$ACHI

  $=\dfrac{1}{2}\times10^2=50$

(6) $\triangle$ABC에서 $\overline{AB}^2=15^2-9^2=144$

  이때 $\overline{AB}>0$이므로 $\overline{AB}=12$

  $\therefore \triangle$EBC$=\triangle$EBA$=\dfrac{1}{2}\square$ADEB

  $=\dfrac{1}{2}\times12^2=72$

8 답 (1) ① 8, ② 164 (2) ① 4, ② 97

(1) ① $\triangle$AEH$\equiv\triangle$DHG이므로 $\overline{AE}=\overline{DH}=8$

  ② $\triangle$AEH에서 $\overline{EH}^2=8^2+10^2=164$이고

  $\square$EFGH는 정사각형이므로

  $\square$EFGH$=\overline{EH}^2=164$

(2) ① $\triangle$AEH$\equiv\triangle$DHG이므로 $\overline{AE}=\overline{DH}=4$

  ② $\triangle$AEH에서 $\overline{EH}^2=4^2+9^2=97$이고

  $\square$EFGH는 정사각형이므로

  $\square$EFGH$=\overline{EH}^2=97$

9 답 (1) ① 3, ② 25 (2) ① 24, ② 676

(1) ① $\triangle$AEH$\equiv\triangle$DHG이므로 $\overline{AE}=\overline{DH}=4$

  $\therefore \overline{AH}=\overline{AD}-\overline{HD}=7-4=3$

  ② $\triangle$AEH에서 $\overline{EH}^2=4^2+3^2=25$이고

  $\square$EFGH는 정사각형이므로

  $\square$EFGH$=\overline{EH}^2=25$

(2) ① $\triangle$AEH$\equiv\triangle$DHG이므로 $\overline{AE}=\overline{DH}=10$

  $\therefore \overline{AH}=\overline{AD}-\overline{HD}=34-10=24$

  ② $\triangle$AEH에서 $\overline{EH}^2=10^2+24^2=676$이고

  $\square$EFGH는 정사각형이므로

  $\square$EFGH$=\overline{EH}^2=676$

10 답 (1) ① 10, ② 6 (2) ① 17, ② 8

(1) ① $\square$EFGH는 정사각형이고 $\square$EFGH$=100$이므로

  $\overline{EH}^2=100$

  이때 $\overline{EH}>0$이므로 $\overline{EH}=10$

  ② $\triangle$AEH에서 $\overline{AE}^2=10^2-8^2=36$

  이때 $\overline{AE}>0$이므로 $\overline{AE}=6$

(2) ① $\square$EFGH는 정사각형이고 $\square$EFGH$=289$이므로

  $\overline{EH}^2=289$

  이때 $\overline{EH}>0$이므로 $\overline{EH}=17$

  ② $\triangle$AEH에서 $\overline{AH}^2=17^2-15^2=64$

  이때 $\overline{AH}>0$이므로 $\overline{AH}=8$

11 답 16 cm

$\overline{BC}^2=20^2-12^2=256$

이때 $\overline{BC}>0$이므로 $\overline{BC}=16\,(\text{cm})$

12 답 $296\,\text{cm}^2$

$\triangle ABD$에서 $\overline{BD}^2=10^2+14^2=296$

이때 $\square BEFD$는 정사각형이므로

$\square BEFD=\overline{BD}^2=296(\text{cm}^2)$

13 답 $36\,\text{cm}$

$\triangle ABD$에서 $\overline{AD}^2=13^2-5^2=144$

이때 $\overline{AD}>0$이므로 $\overline{AD}=12(\text{cm})$

또 $\triangle ADC$에서 $\overline{DC}^2=15^2-12^2=81$

이때 $\overline{DC}>0$이므로 $\overline{DC}=9(\text{cm})$

$\therefore$ ($\triangle ADC$의 둘레의 길이)$=12+9+15=36(\text{cm})$

14 답 $4\,\text{cm}$

오른쪽 그림과 같이 꼭짓점 D에서 $\overline{BC}$에

내린 수선의 발을 H라 하면

$\overline{BH}=\overline{AD}=2\,\text{cm}$이므로

$\overline{CH}=\overline{BC}-\overline{BH}=5-2=3(\text{cm})$

$\triangle DHC$에서 $\overline{DH}^2=5^2-3^2=16$

이때 $\overline{DH}>0$이므로 $\overline{DH}=4(\text{cm})$

따라서 사다리꼴의 높이는 $4\,\text{cm}$이다.

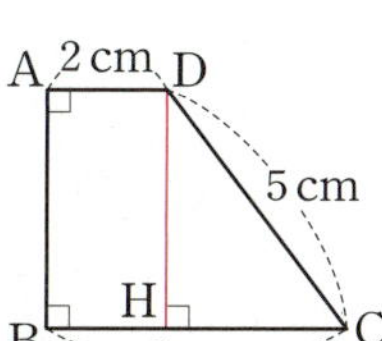

15 답 $25\,\text{cm}$

$\overline{RD}=\overline{AB}=15\,\text{cm}$이므로

$\triangle QDR$에서 $\overline{QR}^2=17^2-15^2=64$

이때 $\overline{QR}>0$이므로 $\overline{QR}=8(\text{cm})$

$\overline{AQ}=\overline{QR}=8\,\text{cm}$이므로

$\overline{AD}=\overline{AQ}+\overline{QD}=8+17=25(\text{cm})$

16 답 $\dfrac{32}{5}\,\text{cm}$

$\triangle ABC$에서 $\overline{BC}^2=6^2+8^2=100$

이때 $\overline{BC}>0$이므로 $\overline{BC}=10(\text{cm})$

$\overline{AC}^2=\overline{CD}\times\overline{BC}$이므로

$8^2=\overline{CD}\times10$ $\therefore \overline{CD}=\dfrac{32}{5}(\text{cm})$

17 답 $\dfrac{25}{2}\,\text{cm}^2$

$\triangle ABC$에서 $\overline{AC}^2=13^2-12^2=25$

이때 $\overline{AC}>0$이므로 $\overline{AC}=5(\text{cm})$

$\therefore \triangle AGC=\triangle HAC=\dfrac{1}{2}\square ACHI$

$=\dfrac{1}{2}\times5^2=\dfrac{25}{2}(\text{cm}^2)$

18 답 $225\,\text{cm}^2$

$\overline{AH}=\overline{AD}-\overline{DH}=21-12=9(\text{cm})$이므로

$\triangle AEH$에서 $\overline{EH}^2=9^2+12^2=225$

이때 $\square EFGH$는 정사각형이므로

$\square EFGH=\overline{EH}^2=225(\text{cm}^2)$

---

1 답 (1) ◯ (2) × (3) ◯ (4) ◯ (5) × (6) ◯

(1) $3^2+4^2=5^2$이므로 직각삼각형이다.

(2) $2^2+4^2\neq5^2$이므로 직각삼각형이 아니다.

(3) $6^2+8^2=10^2$이므로 직각삼각형이다.

(4) $5^2+12^2=13^2$이므로 직각삼각형이다.

(5) $7^2+9^2\neq11^2$이므로 직각삼각형이 아니다.

(6) $8^2+15^2=17^2$이므로 직각삼각형이다.

2 답 (1) 13 (2) 15 (3) 17 (4) 25

가장 긴 변의 길이가 x이므로

(1) $x^2=5^2+12^2=169$

이때 $x>0$이므로 $x=13$

(2) $x^2=9^2+12^2=225$

이때 $x>0$이므로 $x=15$

(3) $x^2=8^2+15^2=289$

이때 $x>0$이므로 $x=17$

(4) $x^2=7^2+24^2=625$

이때 $x>0$이므로 $x=25$

3 답 (1) 둔각삼각형 (2) 예각삼각형 (3) 예각삼각형

(4) 둔각삼각형 (5) 직각삼각형 (6) 예각삼각형

(1) $6^2+8^2<12^2$이므로 둔각삼각형이다.

(2) $4^2+7^2>8^2$이므로 예각삼각형이다.

(3) $5^2+9^2>10^2$이므로 예각삼각형이다.

(4) $4^2+6^2<9^2$이므로 둔각삼각형이다.

(5) $8^2+15^2=17^2$이므로 직각삼각형이다.

(6) $7^2+12^2>13^2$이므로 예각삼각형이다.

4 답 ④

④ $6^2+8^2=10^2$이므로 직각삼각형이다.

5 답 ②, ③

② $a^2>b^2+c^2$이면 $\triangle ABC$는 둔각삼각형이다.

③ $a^2<b^2+c^2$이면 $\triangle ABC$는 예각삼각형이다.

---

1 답 (1) 5 (2) 20 (3) 12 (4) 36

(1) $x^2+6^2=4^2+5^2$ $\therefore x^2=5$

(2) $x^2+12^2=10^2+8^2$ $\therefore x^2=20$

(3) $x^2+7^2=6^2+5^2$ $\therefore x^2=12$

(4) $2^2+9^2=x^2+7^2$ $\therefore x^2=36$

2 답 (1) 13　(2) 27　(3) 40　(4) 29

(1) $2^2+5^2=4^2+x^2$　∴ $x^2=13$

(2) $6^2+4^2=x^2+5^2$　∴ $x^2=27$

(3) $x^2+7^2=5^2+8^2$　∴ $x^2=40$

(4) $6^2+x^2=7^2+4^2$　∴ $x^2=29$

3 답 (1) 52　(2) 136

(1) $x^2+y^2=4^2+6^2=52$

(2) $x^2+y^2=6^2+10^2=136$

4 답 289

$\triangle$ADE에서 $\overline{DE}^2=8^2+6^2=100$

$\triangle$ABE에서 $\overline{BE}^2=(12+8)^2+6^2=436$

따라서 $\overline{BE}^2+\overline{CD}^2=\overline{DE}^2+\overline{BC}^2$이므로

$436+\overline{CD}^2=100+25^2$

$436+\overline{CD}^2=725$　∴ $\overline{CD}^2=289$

5 답 61

$\triangle$AOD에서 $\overline{AD}^2=4^2+6^2=52$

∴ $\overline{AB}^2+\overline{CD}^2=\overline{AD}^2+\overline{BC}^2=52+3^2=61$

(4) $\triangle$ABC에서 $\overline{AC}^2=13^2-5^2=144$

　　이때 $\overline{AC}>0$이므로 $\overline{AC}=12$

　　∴ (색칠한 부분의 넓이)$=\triangle$ABC$=\dfrac{1}{2}\times5\times12=30$

4 답 $25\pi\,\mathrm{cm}^2$

$P+Q=R$이므로

$P+Q+R=2R=2\times\left(\dfrac{1}{2}\times\pi\times5^2\right)=25\pi\,(\mathrm{cm}^2)$

5 답 $192\,\mathrm{cm}^2$

$\triangle$ABC에서 $\overline{AC}^2=20^2-16^2=144$

이때 $\overline{AC}>0$이므로 $\overline{AC}=12\,(\mathrm{cm})$

∴ (색칠한 부분의 넓이)$=2\triangle$ABC

$\qquad\qquad=2\times\left(\dfrac{1}{2}\times16\times12\right)$

$\qquad\qquad=192\,(\mathrm{cm}^2)$

개념 30　피타고라스 정리의 활용 (2) • 47쪽

1 답 (1) 22π　(2) 52π　(3) 25π　(4) 8π

(1) (색칠한 부분의 넓이)$=38\pi-16\pi=22\pi$

(2) (색칠한 부분의 넓이)$=40\pi+12\pi=52\pi$

(3) (색칠한 부분의 넓이)$=169\pi-144\pi=25\pi$

(4) (색칠한 부분의 넓이)$=23\pi-15\pi=8\pi$

2 답 (1) 28　(2) 22　(3) 22　(4) 20

(1) (색칠한 부분의 넓이)$=18+10=28$

(2) (색칠한 부분의 넓이)$=8+14=22$

(3) (색칠한 부분의 넓이)$=36-14=22$

(4) (색칠한 부분의 넓이)$=40-20=20$

3 답 (1) $\dfrac{15}{2}\pi$　(2) 24π　(3) 24　(4) 30

(1) ($\overline{BC}$를 지름으로 하는 반원의 넓이)$=\dfrac{1}{2}\times\pi\times3^2=\dfrac{9}{2}\pi$

　　∴ (색칠한 부분의 넓이)$=\dfrac{9}{2}\pi+3\pi=\dfrac{15}{2}\pi$

(2) ($\overline{AC}$를 지름으로 하는 반원의 넓이)$=\dfrac{1}{2}\times\pi\times8^2=32\pi$

　　∴ (색칠한 부분의 넓이)$=32\pi-8\pi=24\pi$

(3) (색칠한 부분의 넓이)$=\triangle$ABC$=\dfrac{1}{2}\times8\times6=24$

6 경우의 수와 확률

1 답 (1) 5   (2) 3   (3) 6   (4) 4

(1) 짝수가 적힌 카드가 나오는 경우는 2, 4, 6, 8, 10이므로
   구하는 경우의 수는 5이다.

(2) 3의 배수가 적힌 카드가 나오는 경우는 3, 6, 9이므로
   구하는 경우의 수는 3이다.

(3) 6 이하의 수가 적힌 카드가 나오는 경우의 수는
   1, 2, 3, 4, 5, 6이므로 구하는 경우의 수는 6이다.

(4) 소수가 적힌 카드가 나오는 경우는 2, 3, 5, 7이므로
   구하는 경우의 수는 4이다.

2 답 (1) 5   (2) 7   (3) 10   (4) 9

(1) $3+2=5$ (2) $5+2=7$

(3) $6+4=10$ (4) $4+2+3=9$

3 답 (1) 2, 5, 2, 5, 7   (2) 5   (3) 16

두 주사위에서 나오는 눈의 수를 순서쌍으로 나타내면

(2) 두 눈의 수의 합이 5인 경우는
   $(1, 4), (2, 3), (3, 2), (4, 1)$의 4가지
   두 눈의 수의 합이 12인 경우는
   $(6, 6)$의 1가지
   따라서 구하는 경우의 수는 $4+1=5$

(3) 두 눈의 수의 차가 1인 경우는
   $(1, 2), (2, 1), (2, 3), (3, 2), (3, 4), (4, 3),$
   $(4, 5), (5, 4), (5, 6), (6, 5)$의 10가지
   두 눈의 수의 차가 3인 경우는
   $(1, 4), (2, 5), (3, 6), (4, 1), (5, 2), (6, 3)$의 6가지
   따라서 구하는 경우의 수는 $10+6=16$

4 답 12

$5+7=12$

5 답 9

소수가 적힌 카드가 나오는 경우는 2, 3, 5, 7, 11, 13의 6가지
4의 배수가 적힌 카드가 나오는 경우는 4, 8, 12의 3가지
따라서 구하는 경우의 수는 $6+3=9$

1 답 (1) 6   (2) 15   (3) 8

(1) $3\times2=6$ (2) $3\times5=15$

(3) $2\times4=8$

2 답 (1) 6   (2) 12

(1) $2\times3=6$

(2) $4\times3=12$

3 답 (1) 8   (2) 6   (3) 9

(1) A주사위에서 6의 약수의 눈이 나오는 경우는 1, 2, 3, 6이므
   로 경우의 수는 4이고, B주사위에서 3의 배수의 눈이 나오는
   경우는 3, 6이므로 경우의 수는 2이다.
   따라서 구하는 경우의 수는 $4\times2=8$

(2) A주사위에서 3 미만의 눈이 나오는 경우는 1, 2이므로 경우
   의 수는 2이고, B주사위에서 2의 배수의 눈이 나오는 경우는
   2, 4, 6이므로 경우의 수는 3이다.
   따라서 구하는 경우의 수는 $2\times3=6$

(3) 각 주사위에서 짝수가 나오는 경우는 2, 4, 6이므로 경우의 수
   는 3이다.
   따라서 구하는 경우의 수는 $3\times3=9$

4 답 35

남학생을 뽑는 경우의 수는 5
여학생을 뽑는 경우의 수는 7
따라서 구하는 경우의 수는 $5\times7=35$

5 답 8

A마을에서 B마을까지 가는 경우는 2가지
B마을에서 C마을까지 가는 경우는 4가지
따라서 구하는 경우의 수는 $2\times4=8$

6 답 6

동전 2개에서 서로 같은 면이 나오는 경우를 순서쌍으로 나타내면
(앞면, 앞면), (뒷면, 뒷면)의 2가지이고, 주사위에서 소수의 눈
이 나오는 경우는 2, 3, 5의 3가지이므로 구하는 경우의 수는
$2\times3=6$

1 답 (1) 6   (2) 24   (3) 120

(1) $3\times2\times1=6$

(2) $4\times3\times2\times1=24$

(3) $5\times4\times3\times2\times1=120$

2 답 (1) 6   (2) 24   (3) 30

(1) $3\times2=6$

(2) $4\times3\times2=24$

(3) $6\times5=30$

3 답 (1) 24 (2) 24 (3) 6

(1) C를 맨 앞에 세우는 경우의 수는 C를 제외한 4명을 한 줄로
　세우는 경우의 수와 같으므로
　$4 \times 3 \times 2 \times 1 = 24$

(2) B를 맨 앞에서 두 번째 자리에 세우는 경우의 수는 B를 제외
　한 4명을 한 줄로 세우는 경우의 수와 같으므로
　$4 \times 3 \times 2 \times 1 = 24$

(3) A를 맨 앞에, E를 맨 뒤에 세우는 경우의 수는 A, E를 제외
　한 3명을 한 줄로 세우는 경우의 수와 같으므로
　$3 \times 2 \times 1 = 6$

4 답 (1) 2, 2, 2, 2, 4 (2) 48 (3) 36

(2) 미연이와 지유를 한 명으로 생각하여 4명을 한 줄로 세우는
　경우의 수는 $4 \times 3 \times 2 \times 1 = 24$
　이때 미연이와 지유가 자리를 바꾸는 경우의 수는 $2 \times 1 = 2$
　따라서 구하는 경우의 수는 $24 \times 2 = 48$

(3) 서현, 경민, 진수를 한 명으로 생각하여 3명을 한 줄로 세우는
　경우의 수는 $3 \times 2 \times 1 = 6$
　이때 서현, 경민, 진수가 자리를 바꾸는 경우의 수는
　$3 \times 2 \times 1 = 6$
　따라서 구하는 경우의 수는 $6 \times 6 = 36$

5 답 60

3개의 전시관을 택하여 관람 순서를 정하는 경우의 수는 5명 중
에서 3명을 뽑아 한 줄로 세우는 경우의 수와 같으므로
$5 \times 4 \times 3 = 60$

6 답 12

어머니, 아버지를 한 명으로 생각하여 3명을 한 줄로 세우는
경우의 수는
$3 \times 2 \times 1 = 6$
이때 부모님끼리 자리를 바꾸는 경우의 수는 $2 \times 1 = 2$
따라서 구하는 경우의 수는 $6 \times 2 = 12$

개념 **34** 경우의 수의 응용 (2) – 자연수 만들기 ·51쪽

1 답 (1) 3, 2, 3, 2, 6 (2) 12개 (3) 30개

(2) 십의 자리에 올 수 있는 숫자는 4개,
　일의 자리에 올 수 있는 숫자는 십의 자리의 숫자를 제외한
　3개이므로 만들 수 있는 두 자리의 자연수의 개수는
　$4 \times 3 = 12$(개)

(3) 십의 자리에 올 수 있는 숫자는 6개,
　일의 자리에 올 수 있는 숫자는 십의 자리의 숫자를 제외한
　5개이므로 만들 수 있는 두 자리의 자연수의 개수는
　$6 \times 5 = 30$(개)

---

2 답 (1) 2, 2, 2, 2, 4 (2) 9개 (3) 16개

(2) 십의 자리에 올 수 있는 숫자는 0을 제외한 3개,
　일의 자리에 올 수 있는 숫자는 십의 자리의 숫자를 제외한
　3개이므로 만들 수 있는 두 자리의 자연수의 개수는
　$3 \times 3 = 9$(개)

(3) 십의 자리에 올 수 있는 숫자는 0을 제외한 4개,
　일의 자리에 올 수 있는 숫자는 십의 자리의 숫자를 제외한
　4개이므로 만들 수 있는 두 자리의 자연수의 개수는
　$4 \times 4 = 16$(개)

3 답 12개

십의 자리에 올 수 있는 숫자는 3, 4, 5의 3개,
일의 자리에 올 수 있는 숫자는 십의 자리의 숫자를 제외한 4개
이므로 만들 수 있는 31 이상인 자연수의 개수는
$3 \times 4 = 12$(개)

4 답 125

십의 자리에 올 수 있는 숫자는 0을 제외한 5개,
일의 자리에 올 수 있는 숫자는 십의 자리의 숫자를 제외한 5개
이므로 만들 수 있는 두 자리의 자연수의 개수는
$5 \times 5 = 25$(개)　　∴ $a = 25$
백의 자리에 올 수 있는 숫자는 0을 제외한 5개,
십의 자리에 올 수 있는 숫자는 백의 자리의 숫자를 제외한 5개,
일의 자리에 올 수 있는 숫자는 백의 자리와 십의 자리의 숫자를
제외한 4개이므로 만들 수 있는 세 자리의 자연수의 개수는
$5 \times 5 \times 4 = 100$(개)　　∴ $b = 100$
∴ $a + b = 25 + 100 = 125$

개념 **35** 경우의 수의 응용 (3) – 대표 뽑기 ·52쪽

1 답 (1) 5, 4, 5, 4, 20 (2) 5, 4, 3, 5, 4, 3, 60

2 답 (1) 5, 4, 10 (2) 5, 4, 3, 10

3 답 (1) 30 (2) 120 (3) 15 (4) 20 (5) 8 (6) 60

(1) $6 \times 5 = 30$

(2) $6 \times 5 \times 4 = 120$

(3) $\dfrac{6 \times 5}{2} = 15$

(4) $\dfrac{6 \times 5 \times 4}{3 \times 2 \times 1} = 20$

(5) $2 \times 4 = 8$

(6) 회장 1명을 뽑는 경우의 수는 6
　부회장 2명을 뽑는 경우의 수는 $\dfrac{5 \times 4}{2} = 10$
　따라서 구하는 경우의 수는 $6 \times 10 = 60$

4 답 42

$7 \times 6 = 42$

5 답 120

$\dfrac{10 \times 9 \times 8}{3 \times 2 \times 1} = 120$

개념 36 **확률의 뜻과 성질** ·53~55쪽

1 답 (1) 10, 5, $\dfrac{1}{2}$　(2) $\dfrac{2}{5}$

(2) 모든 경우의 수는 10

　10의 약수가 적힌 카드가 나오는 경우는 1, 2, 5, 10이므로
　경우의 수는 4

　따라서 구하는 확률은 $\dfrac{4}{10} = \dfrac{2}{5}$

2 답 (1) 36, 4, $\dfrac{1}{9}$　(2) $\dfrac{1}{6}$　(3) $\dfrac{1}{18}$　(4) $\dfrac{1}{12}$

(2) 모든 경우의 수는 $6 \times 6 = 36$

　두 눈의 수의 합이 7인 경우는 $(1, 6), (2, 5), (3, 4),$
　$(4, 3), (5, 2), (6, 1)$의 6가지

　따라서 구하는 확률은 $\dfrac{6}{36} = \dfrac{1}{6}$

(3) 모든 경우의 수는 $6 \times 6 = 36$

　두 눈의 수의 차가 5인 경우는 $(1, 6), (6, 1)$의 2가지

　따라서 구하는 확률은 $\dfrac{2}{36} = \dfrac{1}{18}$

(4) 모든 경우의 수는 $6 \times 6 = 36$

　두 눈의 수의 곱이 4인 경우는
　$(1, 4), (2, 2), (4, 1)$의 3가지

　따라서 구하는 확률은 $\dfrac{3}{36} = \dfrac{1}{12}$

3 답 (1) 0　(2) 0　(3) 1　(4) 1　(5) 0　(6) 1

(2) 파란 공이 나오는 경우는 없으므로 구하는 확률은 0이다.

4 답 (1) $\dfrac{1}{3}$, $\dfrac{1}{3}$, $\dfrac{2}{3}$　(2) $\dfrac{2}{5}$　(3) $\dfrac{4}{7}$　(4) $\dfrac{13}{15}$

(2) (B가 이길 확률)$=1-$(A가 이길 확률)

　　　　　　　　$=1-\dfrac{3}{5}=\dfrac{2}{5}$

(3) (당첨되지 않을 확률)$=1-$(당첨될 확률)

　　　　　　　　　$=1-\dfrac{3}{7}=\dfrac{4}{7}$

(4) 6의 배수가 나오는 경우는 6, 12의 2가지이므로

　6의 배수일 확률은 $\dfrac{2}{15}$

　∴ (6의 배수가 아닐 확률)$=1-$(6의 배수일 확률)

　　　　　　　　　　　$=1-\dfrac{2}{15}=\dfrac{13}{15}$

5 답 (1) $\dfrac{1}{4}$, $\dfrac{1}{4}$, $\dfrac{3}{4}$　(2) $\dfrac{7}{8}$　(3) $\dfrac{3}{4}$　(4) $\dfrac{3}{4}$

(2) 모든 경우의 수는 $2 \times 2 \times 2 = 8$

　모두 앞면이 나오는 경우는 1가지이므로 그 확률은 $\dfrac{1}{8}$

　따라서 구하는 확률은 $1-\dfrac{1}{8}=\dfrac{7}{8}$

(3) 모든 경우의 수는 $6 \times 6 = 36$

　모두 홀수의 눈이 나오는 경우는 $3 \times 3 = 9$(가지)이므로

　그 확률은 $\dfrac{9}{36} = \dfrac{1}{4}$

　따라서 구하는 확률은 $1-\dfrac{1}{4}=\dfrac{3}{4}$

(4) 모든 경우의 수는 $2 \times 2 = 4$

　2개의 문제를 모두 틀리는 경우는 1가지이므로

　그 확률은 $\dfrac{1}{4}$

　따라서 구하는 확률은 $1-\dfrac{1}{4}=\dfrac{3}{4}$

6 답 $\dfrac{2}{5}$

$\dfrac{4}{10} = \dfrac{2}{5}$

7 답 $\dfrac{3}{8}$

모든 경우의 수는 $2 \times 2 \times 2 = 8$

앞면이 1개, 뒷면이 2개 나오는 경우는 (앞면, 뒷면, 뒷면),
(뒷면, 앞면, 뒷면), (뒷면, 뒷면, 앞면)의 3가지

따라서 구하는 확률은 $\dfrac{3}{8}$

8 답 ②, ⑤

① 1이 적힌 구슬이 나올 확률은 $\dfrac{1}{10}$이다.

② 0이 적힌 구슬이 나오는 경우는 없으므로 그 확률은 0이다.

③ 3이 적힌 구슬이 나올 확률은 $\dfrac{1}{10}$이다.

④ 10 이상의 수가 적힌 구슬이 나오는 경우는 10의 1가지이므
　로 그 확률은 $\dfrac{1}{10}$이다.

⑤ 항상 10 이하의 수가 적힌 구슬이 나오므로 그 확률은 1이다.
따라서 옳은 것은 ②, ⑤이다.

9 답 $\dfrac{11}{12}$

모든 경우의 수는 $6 \times 6 = 36$

두 눈의 수의 합이 10 초과인 경우는 $(5, 6), (6, 5), (6, 6)$의

3가지이므로 그 확률은 $\dfrac{3}{36} = \dfrac{1}{12}$

∴ (두 눈의 수의 합이 10 이하일 확률)

　$=1-$(두 눈의 수의 합이 10 초과일 확률)

　$=1-\dfrac{1}{12}=\dfrac{11}{12}$

1 답 (1) $\dfrac{1}{4}$, $\dfrac{1}{3}$, $\dfrac{1}{4}$, $\dfrac{1}{3}$, $\dfrac{7}{12}$ (2) $\dfrac{2}{3}$ (3) $\dfrac{3}{4}$

(2) 빨간 공이 나올 확률은 $\dfrac{5}{12}$

노란 공이 나올 확률은 $\dfrac{3}{12}$

따라서 빨간 공 또는 노란 공이 나올 확률은

$\dfrac{5}{12}+\dfrac{3}{12}=\dfrac{2}{3}$

(3) 빨간 공이 나올 확률은 $\dfrac{5}{12}$

파란 공이 나올 확률은 $\dfrac{4}{12}$

따라서 빨간 공 또는 파란 공이 나올 확률은

$\dfrac{5}{12}+\dfrac{4}{12}=\dfrac{3}{4}$

2 답 (1) $\dfrac{5}{36}$, $\dfrac{1}{18}$, $\dfrac{5}{36}$, $\dfrac{1}{18}$, $\dfrac{7}{36}$ (2) $\dfrac{7}{36}$ (3) $\dfrac{7}{18}$

(2) 모든 경우의 수는 $6\times6=36$

두 눈의 수의 합이 7인 경우는 $(1, 6)$, $(2, 5)$, $(3, 4)$,
$(4, 3)$, $(5, 2)$, $(6, 1)$의 6가지이므로

그 확률은 $\dfrac{6}{36}$

두 눈의 수의 합이 12인 경우는 $(6, 6)$의 1가지이므로

그 확률은 $\dfrac{1}{36}$

따라서 구하는 확률은

$\dfrac{6}{36}+\dfrac{1}{36}=\dfrac{7}{36}$

(3) 모든 경우의 수는 $6\times6=36$

두 눈의 수의 차가 2인 경우는 $(1, 3)$, $(2, 4)$, $(3, 1)$,
$(3, 5)$, $(4, 2)$, $(4, 6)$, $(5, 3)$, $(6, 4)$의 8가지이므로

그 확률은 $\dfrac{8}{36}$

두 눈의 수의 차가 3인 경우는 $(1, 4)$, $(2, 5)$, $(3, 6)$,
$(4, 1)$, $(5, 2)$, $(6, 3)$의 6가지이므로

그 확률은 $\dfrac{6}{36}$

따라서 구하는 확률은

$\dfrac{8}{36}+\dfrac{6}{36}=\dfrac{7}{18}$

3 답 $\dfrac{11}{17}$

사과를 꺼낼 확률은 $\dfrac{8}{17}$

귤을 꺼낼 확률은 $\dfrac{3}{17}$

따라서 사과 또는 귤을 꺼낼 확률은

$\dfrac{8}{17}+\dfrac{3}{17}=\dfrac{11}{17}$

4 답 $\dfrac{2}{5}$

모든 경우의 수는 $5\times4\times3\times2\times1=120$

B가 맨 앞에 서는 경우의 수는 $4\times3\times2\times1=24$이므로

그 확률은 $\dfrac{24}{120}$

D가 맨 앞에 서는 경우의 수는 $4\times3\times2\times1=24$이므로

그 확률은 $\dfrac{24}{120}$

따라서 구하는 확률은 $\dfrac{24}{120}+\dfrac{24}{120}=\dfrac{2}{5}$

1 답 (1) $\dfrac{5}{7}$, $\dfrac{3}{8}$, $\dfrac{5}{7}$, $\dfrac{3}{8}$, $\dfrac{15}{56}$ (2) $\dfrac{5}{28}$ (3) $\dfrac{3}{28}$

(2) (A주머니에서 파란 공, B주머니에서 빨간 공이 나올 확률)
  $=$(A주머니에서 파란 공이 나올 확률)
    $\times$(B주머니에서 빨간 공이 나올 확률)
 $=\dfrac{2}{7}\times\dfrac{5}{8}=\dfrac{5}{28}$

(3) (A, B 두 주머니에서 모두 파란 공이 나올 확률)
  $=$(A주머니에서 파란 공이 나올 확률)
    $\times$(B주머니에서 파란 공이 나올 확률)
 $=\dfrac{2}{7}\times\dfrac{3}{8}=\dfrac{3}{28}$

2 답 (1) $\dfrac{1}{2}$, $\dfrac{1}{2}$, $\dfrac{1}{2}$, $\dfrac{1}{2}$, $\dfrac{1}{4}$ (2) $\dfrac{1}{3}$

(2) (A주사위는 3 이하의 눈이 나오고, B주사위는 6의 약수의 눈
이 나올 확률)
  $=$(A주사위에서 3 이하의 눈이 나올 확률)
    $\times$(B주사위에서 6의 약수의 눈이 나올 확률)
 $=\dfrac{1}{2}\times\dfrac{2}{3}=\dfrac{1}{3}$

3 답 (1) $\dfrac{5}{9}$ (2) $\dfrac{4}{9}$

(1) (두 사람이 만날 확률)$=\dfrac{8}{9}\times\dfrac{5}{8}=\dfrac{5}{9}$

(2) (두 사람이 만나지 못할 확률)$=1-$(두 사람이 만날 확률)
 $=1-\dfrac{5}{9}=\dfrac{4}{9}$

4 답 $\dfrac{1}{4}$

서로 다른 두 개의 동전을 던질 때, 모든 경우의 수는 $2\times2=4$
이때 서로 다른 면이 나오는 경우는
(앞면, 뒷면), (뒷면, 앞면)의 2가지이므로 그 확률은
$\dfrac{2}{4}=\dfrac{1}{2}$

한 개의 주사위를 던질 때, 모든 경우의 수는 6
주사위에서 4보다 작은 눈이 나오는 경우는 1, 2, 3의 3가지이
므로 그 확률은

$$\frac{3}{6}=\frac{1}{2}$$

따라서 구하는 확률은

$$\frac{1}{2}\times\frac{1}{2}=\frac{1}{4}$$

5 답 (1) $\dfrac{1}{2}$　(2) $\dfrac{3}{40}$　(3) $\dfrac{3}{10}$

(1) $\dfrac{4}{5}\times\dfrac{5}{8}=\dfrac{1}{2}$

(2) $\left(1-\dfrac{4}{5}\right)\times\left(1-\dfrac{5}{8}\right)=\dfrac{1}{5}\times\dfrac{3}{8}=\dfrac{3}{40}$

(3) 구하는 확률은 A문제는 맞히고 B문제는 맞히지 못할 확률이
므로

$$\frac{4}{5}\times\left(1-\frac{5}{8}\right)=\frac{4}{5}\times\frac{3}{8}=\frac{3}{10}$$

개념 **39** 확률의 응용 – 연속하여 꺼내기 ·58쪽

1 답 (1) $\dfrac{5}{7}$, 7, 5, $\dfrac{5}{7}$, $\dfrac{5}{7}$, $\dfrac{5}{7}$, $\dfrac{25}{49}$

　　(2) $\dfrac{5}{7}$, 6, 4, $\dfrac{2}{3}$, $\dfrac{5}{7}$, $\dfrac{2}{3}$, $\dfrac{10}{21}$

2 답 (1) $\dfrac{9}{100}$　(2) $\dfrac{49}{100}$　(3) $\dfrac{21}{100}$

(1) A가 당첨될 확률은 $\dfrac{3}{10}$

　B가 당첨될 확률은 $\dfrac{3}{10}$

　따라서 구하는 확률은

$$\frac{3}{10}\times\frac{3}{10}=\frac{9}{100}$$

(2) A가 당첨되지 않을 확률은 $\dfrac{7}{10}$

　B가 당첨되지 않을 확률은 $\dfrac{7}{10}$

　따라서 구하는 확률은

$$\frac{7}{10}\times\frac{7}{10}=\frac{49}{100}$$

(3) A가 당첨될 확률은 $\dfrac{3}{10}$

　B가 당첨되지 않을 확률은 $\dfrac{7}{10}$

　따라서 구하는 확률은

$$\frac{3}{10}\times\frac{7}{10}=\frac{21}{100}$$

3 답 (1) $\dfrac{1}{15}$　(2) $\dfrac{7}{15}$　(3) $\dfrac{7}{30}$

(1) A가 당첨될 확률은 $\dfrac{3}{10}$

　B가 당첨될 확률은 $\dfrac{2}{9}$

　따라서 구하는 확률은

$$\frac{3}{10}\times\frac{2}{9}=\frac{1}{15}$$

(2) A가 당첨되지 않을 확률은 $\dfrac{7}{10}$

　B가 당첨되지 않을 확률은 $\dfrac{6}{9}=\dfrac{2}{3}$

　따라서 구하는 확률은

$$\frac{7}{10}\times\frac{2}{3}=\frac{7}{15}$$

(3) A가 당첨될 확률은 $\dfrac{3}{10}$

　B가 당첨되지 않을 확률은 $\dfrac{7}{9}$

　따라서 구하는 확률은

$$\frac{3}{10}\times\frac{7}{9}=\frac{7}{30}$$

4 답 $\dfrac{2}{9}$

A가 파란 공을 꺼낼 확률은 $\dfrac{2}{6}=\dfrac{1}{3}$

B가 빨간 공을 꺼낼 확률은 $\dfrac{4}{6}=\dfrac{2}{3}$

따라서 구하는 확률은

$$\frac{1}{3}\times\frac{2}{3}=\frac{2}{9}$$

5 답 $\dfrac{1}{3}$

민호가 딸기 맛 사탕을 꺼낼 확률은 $\dfrac{6}{10}=\dfrac{3}{5}$

수진이가 딸기 맛 사탕을 꺼낼 확률은 $\dfrac{5}{9}$

따라서 구하는 확률은

$$\frac{3}{5}\times\frac{5}{9}=\frac{1}{3}$$

MEMO.